NOUVELLES SUITES
A
BUFFON,

FORMANT,

avec les œuvres de cet auteur,

UN COURS COMPLET D'HISTOIRE NATURELLE.

Collection

accompagnée de Planches.

A LA LIBRAIRIE ENCYCLOPÉDIQUE DE RORET,

Rue Hautefeuille, N.° 10 bis.

POURRAT Frères, *Rue des Petits Augustins, N.° 5.*

HISTOIRE NATURELLE

DES

VÉGÉTAUX.

PHANÉROGAMES.

VIII.

BELLE ÉDITION, FORMAT IN-OCTAVO.

SUITES A BUFFON

FORMANT, AVEC LES ŒUVRES DE CET AUTEUR,

UN COURS COMPLET D'HISTOIRE NATURELLE

EMBRASSANT LES TROIS RÈGNES DE LA NATURE.

Les possesseurs des Œuvres de BUFFON pourront, avec ses SUITES, compléter toutes les parties qui leur manquent, chaque ouvrage se vendant séparément, et formant, tous réunis, avec les travaux de cet homme illustre, un ouvrage général sur l'Histoire naturelle.

Cette publication scientifique, du plus haut intérêt, préparée en silence depuis plusieurs années, et confiée à ce que l'Institut et le haut enseignement possèdent de plus célèbres naturalistes et de plus habiles écrivains, est appelée à faire époque dans les annales du monde savant.

Les noms des auteurs indiqués ci-après sont pour le public une garantie certaine de la conscience et du talent apportés à la rédaction des différents traités.

ANATOMIE COMPARÉE, par M.

PHYSIOLOGIE COMPARÉE, par M.

CÉTACÉS (Baleines, Dauphins, etc.), ou Recueil et examen des faits dont se compose l'histoire de ces animaux, par M. F. Cuvier, membre de l'Institut, professeur au Muséum d'Histoire naturelle, etc.; 1 vol. in-8. avec deux livraisons de planches (*Ouvrage terminé*). Prix : figures noires, 12 fr. 50 c.; fig. coloriées. 18 fr. 50 c.

REPTILES (Serpents, Lézards, Grenouilles, Tortues, etc.), par M. Duméril, membre de l'Institut, professeur à la faculté de Médecine et au Muséum d'Histoire naturelle; et M. Bibron, aide-naturaliste: 8 vol. et 8 livraisons de planches. *Les tomes 1 à 5 et 8 sont en vente; les tomes 6 et 7 paraîtront incessamment.*

POISSONS, par M.

ENTOMOLOGIE (Introduction à l'), comprenant les principes généraux de l'Anatomie et de la Physiologie des Insectes, des détails sur leurs mœurs, et un résumé des principaux systèmes de classification, etc., par M. Lacordaire, professeur d'histoire naturelle à Liége (*Ouvrage terminé, adopté et recommandé par l'Université pour être placé dans les bibliothèques des Facultés et des Colléges, et donné en prix aux élèves*); 2 vol. in-8. Figures noires, 19 fr.; figures coloriées: 22 fr.

INSECTES COLÉOPTÈRES (Cantharides, Charançons, Hannetons, Scarabées, etc.), par M.

— ORTHOPTÈRES (Grillons, Criquets, Sauterelles), par M. Serville, ex-président de la Société entomologique de France; 1 vol. avec planches. Prix : figures noires, 9 fr. 50 c., et fig. coloriées, 12 fr. 50 c. (*Ouvrage terminé.*)

— HÉMIPTÈRES (Cigales, Punaises, Cochenilles, etc.), par M. Serville.

— LÉPIDOPTÈRES (Papillons), par M. le doct. Boisduval; tome 1er avec deux livraisons de planches. Prix : figures noires, 12 fr. 50 c.; figures coloriées. 18 f. 50 c.

— NÉVROPTÈRES (Demoiselles, Ephémères, etc.), par M. le docteur Rambur.

— HYMÉNOPTÈRES (Abeilles, Guêpes, Fourmis, etc.), par M. le comte Lepeletier de Saint-Fargeau; tome 1er et une livraison de planches. Prix: figures noires, 9 fr. 50 c.; figures coloriées, 12 fr. 50 c.

— DIPTÈRES (Mouches, Cousins, etc.), par M. Macquart, directeur du Muséum d'Histoire naturelle de Lille; 2 vol. in-8° et 2 cahiers de planches (*Ouvrage terminé*), Prix : figures noires, 19 fr.; figures coloriées, 25 fr.

— APTÈRES (Araignées, Scorpions, etc.), par M. le baron Walckenaer, membre de l'Institut; tome 1 avec 3 cahiers de pl. Prix : figures noires, 15 fr. 50 c.; fig. coloriées, 24 fr. 50 c. *Le tome 2 et dernier paraîtra en 18[illegible].*

CRUSTACÉS (Écrevisses, Homards, Crabes, etc.), comprenant l'Anatomie, la Physiologie et la Classification de ces Animaux, par M. Milne-Edwards, membre de l'Institut, professeur d'hist. naturelle, etc.; tomes 1 et 2 avec 2 livraisons de planches. Prix: figures noires, 19 fr.; figures coloriés, 25 fr. *Le tome 3 et dernier paraîtra en 1839.*

MOLLUSQUES (Moules, Huîtres, Escargots, Limaces, Coquilles, etc.), par M. de Blainville, membre de l'Institut, professeur au Muséum d'hist. naturelle, etc.

ANNÉLIDES (Sangsues, etc.), par M.

VERS INTESTINAUX (Ver solitaire, etc.), par M.

ZOOPHYTES ACALÈPHES (Physale, Béroé, Angèle, etc.), par M. Lesson, correspondant de l'Institut, pharmacien en chef de la Marine, à Rochefort.

— ECHINODERMES (Oursins, Palmettes, etc.), par M. Lacordaire, professeur d'histoire naturelle à Liége.

— POLYPIERS (Coraux, Gorgones, Eponges, etc.), par M. Milne-Edwards, membre de l'Institut, professeur d'hist. naturelle, etc.

— INFUSOIRES (Animalcules microscopiques), par M. Dujardin, professeur d'histoire naturelle, à Toulouse.

BOTANIQUE (Introduction à l'Étude de la), *ou* Traité élémentaire de cette science, contenant l'Organographie, la Physiologie, etc., etc., par M. Alph. de Candolle, professeur d'histoire naturelle à Genève (*Ouvrage terminé, autorisé par l'Université pour les Colléges royaux et communaux*); 2 vol. et un cahier de planches. Prix, 16 fr.

VÉGÉTAUX PHANÉROGAMES (à Organes sexuels apparents, Arbres, Arbrisseaux, Plantes d'agrément, etc.), par M. Spach, aide-naturaliste au Muséum d'Histoire naturelle; tomes 1 à 8, et 14 livraisons de planches. Prix : figures noires, 81 fr. 50 c.; fig. col. 117 f. 50 c.

— CRYPTOGAMES (à Organes sexuels peu apparents ou cachés, Mousses, Fougères, Lichens, Champignons, Truffes, etc.), par M. de Brebisson de Falaise.

GÉOLOGIE (Histoire, Formation et Disposition des Matériaux qui composent l'écorce du Globe terrestre), par M. Huot, membre de plusieurs Sociétés savantes; 2 vol. ensemble de plus de 1500 pages (*Ouvrage terminé*). Prix, avec un Atlas de 24 planches, 19 fr.

MINÉRALOGIE (Pierres, Sels, Métaux, etc.), par M. Alex. Brongniart, membre de l'Institut, professeur au Muséum d'Histoire naturelle, etc., etc.; et M. Delafosse, maître des conférences à l'École Normale, aide-naturaliste, etc., au Muséum d'Histoire naturelle.

CONDITIONS DE LA SOUSCRIPTION :

LES SUITES A BUFFON formeront [illegible] vol. in-8° environ, imprimés avec le plus grand soin et sur beau papier; ce nombre paraît suffisant pour donner à cet ensemble toute l'étendue convenable. Ainsi qu'il a été dit précédemment, chaque auteur s'occupant depuis longtemps de la partie qui lui est confiée, l'éditeur sera à même de publier en peu de temps la totalité des traités dont se composera cette utile collection.

En octobre 1839, 28 volumes sont en vente, avec 37 livraisons de planches.

Les personnes qui voudront souscrire pour toute la Collection auront la liberté de prendre par portion jusqu'à ce qu'elles soient au courant de tout ce qui est paru.

POUR LES SOUSCRIPTEURS A TOUTE LA COLLECTION :

Prix du texte, chaque vol. (1) d'environ 500 à 700 pag., 5 fr. 50. — Prix de chaque livraison d'environ 10 pl. noires, 3 fr.; coloriés, 6 fr.

NOTA. — Les personnes qui souscriront pour des parties séparées, paieront chaque volumes 6 fr. 50 c.
Le prix des volumes papier vélin sera double du papier ordinaire.

(1) L'Editeur ayant à payer pour cette collection des honoraires aux auteurs, le prix des volumes ne peut être comparé à celui des réimpressions d'ouvrages appartenant au domaine public et exempts de droits d'auteurs, tels que Buffon, Voltaire, etc., etc.

ON SOUSCRIT SANS RIEN PAYER D'AVANCE, A LA LIBRAIRIE ENCYCLOPÉDIQUE DE RORET, EDITEUR DE LA COLLECTION DES MANUELS, DU COURS D'AGRICULTURE AU XIXe SIÈCLE, ETC., RUE HAUTEFEUILLE, 10 bis.

HISTOIRE NATURELLE

DES

VÉGÉTAUX.

PHANÉROGAMES.

PAR M. ÉDOUARD SPACH,

AIDE-NATURALISTE AU MUSÉUM D'HISTOIRE NATURELLE, MEMBRE
DE PLUSIEURS SOCIÉTÉS SAVANTES.

TOME HUITIÈME.

OUVRAGE ACCOMPAGNÉ DE PLANCHES.

PARIS.
LIBRAIRIE ENCYCLOPÉDIQUE DE RORET,
RUE HAUTEFEUILLE, N° 10 BIS.

OCTOBRE 1839.

IMP. DE SCHNEIDER ET LANGRAND,
Rue d'Erfurth, n. 1.

VÉGÉTAUX PHANÉROGAMES

DICOTYLÉDONES.

VEGETABILIA DICOTYLEDONEA.

VINGT-UNIÈME CLASSE.

LES COCCULINÉES.

CÒCCULINÆ Bartl.

CARACTÈRES.

Arbustes (souvent sarmenteux), ou *herbes.* Tiges et rameaux cylindriques, ou irrégulièrement anguleux, inarticulés, ou rarement articulés. Sucs-propres aqueux.

Feuilles éparses (par exception opposées ou verticillées), pétiolées, simples, ou composées, bistipulées, ou non-stipulées.

Fleurs hermaphrodites, ou polygames, ou unisexuelles, régulières, en général petites, jamais bleues. Inflorescence très-variée.

Calice inadhérent, non-persistant, souvent pétaloïde. Sépales bi-ou pluri-sériés (rarement unisériés), distincts, imbriqués en estivation, le plus souvent disposés en ordre soit ternaire, soit binaire, soit quaternaire.

Pétales (quelquefois nuls) en même nombre que les

sépales, ou rarement soit en moins grand nombre, soit en plus grand nombre que les sépales, caducs, hypogynes, distincts (par exception soudés), le plus souvent insérés devant les sépales. Estivation imbricative.

Étamines en même nombre que les pétales et insérés devant ceux-ci, ou rarement soit moins, soit en plus grand nombre que les pétales, hypogynes. Anthères adnées ou innées, dithèques.

Pistil : Ovaire solitaire, ou ovaires en nombre défini et distincts (rarement en nombre indéfini et cohérents), 1 - loculaires, monostyles. Ovules solitaires, ou en nombre défini, ou en nombre indéfini, anatropes, ou campylotropes, ou amphitropes.

Péricarpe charnu, ou drupacé, ou sec.

Graines suspendues, ou renversées, ou horizontales, ou appendantes, attachées soit au fond des loges, soit à l'angle interne, en général périspermées. Embryon rectiligne, ou plus ou moins arqué, central, ou excentrique.

Cette classe, qui mérite à peine d'être séparée de la précédente, ne se compose que des *Ménispermacées* et des *Berbéridées*.

CENT QUATORZIÈME FAMILLE.

LES MÉNISPERMACÉES—*MENISPERMACEÆ*.

Menisperma Juss. Gen. — *Menispermoideæ* Vent. — *Menispermaceæ* De Cand. Syst. Nat. 1, p. 509; Prodr. 1, p. 95. — Bartl. Ord. Nat. p. 242. — Aug. Saint-Hil. Flor. Brasil. Merid. — Wight et Arnott, Prodr. Penins. Ind. — *Laurineæ*, tribus I: *Menispermeæ* Reichenb. Syst. Nat.

On connaît environ cent espèces de cette famille, qui appartient presque exclusivement à la zone équatoriale. Les *Ménispermacées*, en général, ne se font guère remarquer par un port élégant, et leurs fleurs sont le plus souvent peu apparentes; les racines de beaucoup d'espèces sont très-amères et toniques; quelques espèces produisent des fruits mangeables, tandis que l'amande de la graine renferme souvent un principe vénéneux.

Caractères de la Famille.

Arbrisseaux ou *sous-arbrisseaux*, la plupart volubiles. — Par exception arbustes non-volubiles, ou herbes vivaces. — Rameaux flexibles, subcylindriques.

Feuilles simples (par exception bi-ou tri-ternées, ou surdécomposées), peltinervées, ou palmatinervées, ou rarement penninervées, quelquefois peltées, souvent mucronées (par le prolongement de la nervure médiane), le plus souvent très-entières. Stipules nulles (excepté dans le *Nandina*).

Fleurs dioïques (par exception hermaphrodites, ou monoïques, ou polygames), régulières, en général très-petites. Pédoncules axillaires, ou supra-axillaires, ou latéraux, ou rarement terminaux, uniflores, ou plus souvent multiflores, solitaires, ou fasciculés. Inflorescences en général racémiformes, ou paniculées.

Calice non-persistant, inadhérent; sépales au nombre de 3 à 12, uni-bi-ou pluri-sériés (en ordre soit binaire, soit ternaire, soit quaternaire, ou rarement soit quinaire, soit sénaire), distincts : les verticilles (excepté dans les Schizandrées) disposés en symétrie oppositive. Estivation imbricative. — Dans le *Nandina* les sépales sont très-nombreux. — Les fleurs femelles des *Cissampelos* ont un calice incomplet, à un seul sépale.

Réceptacle en général plane ou petit.

Disque nul.

Pétales (rarement nuls) soit en même nombre que les sépales, soit moins, soit plus, uni- bi- ou pluri-sériés, hypogynes, en général distincts ; la série externe insérée devant les sépales internes : la deuxième série insérée devant la première (et ainsi de suite, lorsqu'il y a plus de deux séries). Estivation en général distante. — Dans les *Schizandrées*, les pétales sont disposés en symétrie alternante, tant entre eux, que relativement aux sépales. — Dans plusieurs *Ménispermées*, les pétales sont soudés en corolle cupuliforme.

Étamines (nulles ou stériles dans les fleurs femelles) hypogynes, soit en même nombre que les pétales et antéposées, soit en nombre double, ou triple, ou quadruple des pétales, soit en nombre indéfini, ou (par exception) en moins grand nombre que les pétales. Filets libres ou soudés. Anthères distinctes, ou soudées bout à bout, verticales, ou horizontales, adnées, ou peltées, extrorses, ou latéralement déhiscentes, ou transversalement bivalves, dithèques; bourses contiguës, ou confluentes, ou séparées par un connectif plus ou moins large, souvent comme didymes, s'ouvrant chacune par une fente médiane.

Pistil : Ovaires en nombre défini (quelquefois solitaires), ou en nombre indéfini, uni-sériés, ou pluri-sériés et agrégés, inadhérents, distincts, ou rarement cohérents par leur bord antérieur, 1-loculaires, monostyles, ou astyles, 1-ovulés, ou moins souvent 2-3-ou pluri-ovulés. Ovules amphitropes, ou rarement anatropes, renversés, ou appendants, ou horizontaux, ou suspendus. Stigmates simples, ou bifides, ou trifides.

Péricarpe en général étairionnaire, composé de drupes ou de baies (par exception de follicules) uniloculaires, monospermes (rarement oligospermes, ou pluriloculaires et polyspermes), souvent semi-lunés ou réniformes (la partie supérieure de l'ovaire se recourbant peu à peu après la floraison, de manière à se rapprocher plus ou moins de la base).

Graines amphitropes, ou rarement anatropes, inarillées, souvent courbées conformément à la loge. Périsperme charnu ou quelquefois nul. Embryon apicilaire (relativement au sommet organique de la graine), minime et rectiligne, ou plus souvent curviligne, aussi long que le périsperme et souvent excentrique; cotylédons contigus ou distants; radicule supère, ou infère, ou centripète.

La famille des Ménispermacées se compose comme suit :

Ire TRIBU. **LES SCHIZANDRÉES.**—*SCHIZANDREÆ* De Cand. (1).

Feuilles simples, ponctuées, penninervées, non-peltées. Fleurs unisexuelles. Enveloppes florales disposées en symétrie alternante, ou sans symétrie régulière. Pistil à ovaires 1-3-ovulés, nombreux, imbriqués en épi ou en capitule sur un gynophore soit globuleux, soit allongé. Graines subréniformes (anatropes?). Périsperme gros. Embryon petit, apicilaire, rectiligne.

Kadsura Juss. (Sarcocarpon Blum.) — *Sphærostemma* Blum. — *Schizandra* Michx.

IIe TRIBU. **LES MÉNISPERMÉES.** — *MENISPERMEÆ* De Cand.

Feuilles simples, palmatinervées, mucronées, souvent peltées. Fleurs unisexuelles. Enveloppes florales (ainsi que les étamines lorsqu'elles sont en même nombre que les pétales) disposées en symétrie oppositive. Pistil à ovaire 1-ovulé, solitaire, ou à ovaires peu nombreux et verticillés au sommet du réceptacle. Ovule amphitrope, médifixe. Périsperme mince, ou quelquefois nul. Embryon circulaire ou subcirculaire, souvent excentrique, en général aussi long que le périsperme.

Spirospernum Petit-Thouars. — *Braunea* Willd. — *Anamirta* Colebr.—*Cocculus* De Cand. (Chondodendron Ruiz et Pav. Cebatha Forsk. Leæba Forsk. Fibraurea Lour. Limacia Lour. Tiliacora Colebr.) — *Cocculidium* Spach. (Androphilax Wendl. Wendlandia Willd. non

---

(1) M. Blume considère ce petit groupe comme une famille particulière, tenant le milieu entre les Anonacées et les Ménispermacées.

Bartl.) — *Calycocarpum* Nutt. — *Menispermum* Linn. — *Epibaterium* Forst. (Nephroia Lour.) — *Bagalatta* Roxb. — *Pselium* Lour. — *Gynostemma* Blum. — *Cissampelos* Linn. — *Stephania* Lour. — *Clypea* Blum. — *Trichoa* Pers. (Batschia Thunb.) — *Phytocrene* Wallich. — *Natsiatum* Roxb. — *Jodes* Blum. — *Coscinium* Colebr. — *Meniscosta* Blum. — *Agdestis* Moç. et Sess. — *Meborea* Aubl. (Rhopium Schreb. Tephranthus Neck.)

IIIe TRIBU. **LES LARDIZABALÉES.** — *LARDIZABALEÆ* De Cand.

Feuilles bi-ou tri-ternées. Fleurs unisexuelles. Pistil à ovaires nombreux, multi-ovulés, devenant pluri-loculaires après la floraison. Enveloppes florales et étamines disposées en symétrie oppositive.

Lardizabala Ruiz et Pav. — *Stauntonia* De Cand. (Hollbœllia Wallich.) — *Burasaia* Petit-Thou.

IVe TRIBU. **LES NANDINÉES.** — *NANDINEÆ* Spach (1).

Feuilles surdécomposées (avec articulation). Fleurs hermaphrodites. Enveloppes florales et étamines disposées en symétrie oppositive. Pistil à ovaire solitaire, bi-ovulé. Ovules anatropes. Périsperme gros, corné. Embryon minime, apicilaire, rectiligne.

Nandina Thunb.

---

(1) Le genre sur lequel nous fondons cette tribu, diffère des Berbéridées (parmi lesquelles on a coutume de le classer) tant par la déhiscence rimale des anthères, que par le nombre indéfini des sépales. M. Bernhardi pense que ce genre doit constituer une tribu dans les Renonculacées; mais le *Nandina* est sans contredit beaucoup plus voisin des Ménispermacées, par la conformation et la symétrie oppositive de tous les organes floraux.

Ire TRIBU. LES SCHIZANDRÉES. — *SCHIZANDREÆ* Blume.

Feuilles ponctuées, simples, non-peltées, penninervées. Fleurs unisexuelles. Enveloppes florales disposées en symétrie alternante, ou sans symétrie régulière. Ovaires 1- ou 3-ovulés, nombreux, imbriqués en épi ou en capitule sur un gynophore soit globuleux, soit allongé. Graines subréniformes. Périsperme gros. Embryon petit, apicilaire, rectiligne.

Genre KADSURA. — *Kadsura* Juss.

Sépales 3 ou 6. Pétales 6 ou 9. — *Fleurs mâles :* Étamines nombreuses, serrées; filets libres ou soudés, courts; anthères adnées, didymes, latéralement déhiscentes : connectif très-large. — *Fleurs femelles* : Ovaires nombreux, 2-ou 3-ovulés; ovules suspendus. Styles pointus, sublatéraux, planes, garnis antérieurement d'un bourrelet stigmatique longitudinal. Étairion à baies nombreuses, distinctes, ou cohérentes par la base, 2-ou 3-spermes, agrégées en capitule subglobuleux : gynophore obovale-globuleux, charnu. Graines unisériées, horizontalement superposées; tégument extérieur testacé; périsperme huileux, aromatique. Embryon minime : radicule très-courte; cotylédons obcordiformes, contigus. (*Blume, Flor. Jav. — Zuccarini, Flor. Japon.*)

Arbustes glabres, volubiles. Bourgeons écailleux : les uns foliaires; les autres aphylles, floraux. Feuilles très-entières ou dentelées. Pédoncules solitaires, ou fasciculés, axillaires, ou latéraux, 1-flores. Fleurs roses, de grandeur médiocre, monoïques, ou dioïques.

Ce genre ne renferme que deux espèces, dont voici la plus remarquable :

Kadsura du Japon. — *Kadsura japonica* Juss. in Ann. du Mus. v. 16, p. 340. — Siebold et Zuccar. Flor. Japon. 1, p. 40; tab. 17. — *Uvaria japonica* Linn.

« Dioïque, polyandre. Feuilles oblongues, acuminées, sinuolées-dentées, ou très-entières. Fleurs solitaires, nutantes. Anthères subsessiles : appendice apicilaire rhomboïdal. Baies 2-3-spermes. Gynophore globuleux. » (*Zuccar.* l. c.)

Arbuste à rameaux tortueux, volubiles, ou décombants, grêles, longs de 3 à 6 pieds ; écorce grisâtre ou brunâtre, subéreuse ; bois mou, d'un blanc tirant sur le rouge. Ramules rougeâtres, glabres. Feuilles alternes, persistantes, pétiolées, d'un vert luisant en été, rougeâtres en hiver, oblongues, ou elliptiques, ou obovales-oblongues, rétrécies aux 2 bouts, acuminées, ou cuspidées, glabres aux 2 faces, longues de 2 à 4 pouces, larges de 1 pouce à 2 pouces ; pétiole long d'environ 1 pouce. Pédoncules solitaires, axillaires, uniflores, nutants, ou horizontaux, à peu près aussi longs que les pétioles, 2-6-bractéolés à la base, et dibractéolés vers le milieu. Bractées-basilaires petites, ovales, pointues, scarieuses ; bractées supérieures alternes, apprimées, charnues. Sépales 3, étalés, presque égaux, ovales, pointus, très-entiers, glabres, un peu charnus, légèrement concaves, d'un blanc jaunâtre. Pétales 6, bisériés, ovales-elliptiques, très-obtus, inonguiculés, concaves, subconnivents de même que les sépales et un peu plus longs. — *Fleurs mâles :* Étamines environ 40 à 50, plurisériées, très-serrées, insérées sur un réceptacle globuleux courtement stipité ; filets très-courts, cylindriques, un peu comprimés ; connectif transversalement oblong, convexe postérieurement et antérieurement ; bourses marginales, subclaviformes. — *Fleurs femelles :* Ovaires environ 30 à 40, plurisériés, serrés, ascendants, rhomboïdaux, planes et carénés au dos, convexes et subtétragones à la face, insérés sur un réceptacle charnu, et agrégés en capitule globuleux. Pédoncules fructifères longs de 2 à 3 pouces, pendants. Étairion à baies obovales-globuleuses, ou subcylindracées, presque en même nombre que les ovaires, du volume d'un petit Pois, charnues, de couleur écarlate, 2-ou rarement 3-spermes, agrégées en capitule d'environ un pouce de diamètre. Gynophore rougeâtre. Graines attachées vers le sommet de l'angle interne des baies, réniformes, comprimées bilatéralement, convexes au dos; tégument extérieur crustacé, mince, fragile, luisant, finement chagriné à un fort grossissement, d'un gris tirant sur le jaune. Tégument interne membraneux, adhérent. (*Zuccarini*, l. c.)

Cette plante croît au Népaul et au Japon, dans les forêts des montagnes. Les fruits, d'un beau rouge, mûrissent tard en automne; ils sont visqueux et non mangeables. En faisant cuire les branches et les feuilles de l'arbuste, les Japonais, au rapport de M. de Siebold, en préparent une espèce de mucilage, qui leur sert à coller le papier fait de l'écorce du *Broussonetia.*

Genre SCHIZANDRA. — *Schizandra* Michx.

Sépales 3 à 6, 1-ou 2-sériés, concaves, connivents, soudés par la base. Pétales 3 à 6 (tantôt en même nombre que les sépales, tantôt plus, tantôt moins), anteposés, ou interposés, ou hors de symétrie relativement aux sépales, concaves, un peu charnus, soudés par les onglets. —*Fleurs mâles :* Étamines 5; filets soudés presque jusqu'au sommet en androphore charnu, court, columnaire, confondu avec le réceptacle et les onglets des pétales; anthères cunéiformes-orbiculaires, continues aux filets, distinctes, convexes en dessus, carénées en dessous, étalées en forme d'étoile: bourses minimes, latérales, infra-apicilaires. — *Fleurs femelles* (suivant Michaux) : Ovaires nombreux, agrégés en capitule. Étairion spiciforme, à baies nombreuses, monospermes, inéquilatérales, disposées en épi lâche : gynophore filiforme, charnu.

Sous-arbrisseau à tiges volubiles ou diffuses. Feuilles très-entières ou denticulées, coriaces, persistantes, pétiolées. Bourgeons écailleux : les uns foliaires; les autres (axillaires) aphylles, 1-flores. Fleurs monoïques, solitaires, axillaires, pédonculées, rouges. Sépales et pétales ponctués. Embryon (suivant Michaux) inclus dans un périsperme charnu de couleur verte; cotylédons ovales; radicule cylindracée.

L'espèce suivante constitue à elle seule le genre :

SCHIZANDRA ÉCARLATE. — *Schizandra coccinea* Michx. Flor. Bor. Amer. 2, tab. 47. — Bot. Mag. tab. 1413.

Tiges glabres, grêles, longues de 6 à 15 pieds, cylindriques, lisses, rameuses, feuillées. Feuilles longues de 2 à 4 pouces, larges de 8 à 20 lignes, très-glabres, luisantes, d'un vert foncé en dessus, d'un vert pâle en dessous, finement penninervées, oblongues-lancéolées, ou ovales-oblongues, ou lancéolées-oblongues, ou lancéolées, acuminées : base arrondie, ou subcordiforme, ou cunéiforme, souvent inéquilatérale; pétiole grêle, rougeâtre, long de 1 pouce à 2 pouces. Pédoncules filiformes, pendants, à peu près aussi longs que les pétioles. Fleurs larges de 4 à 6 lignes. Sépales ovales, ou ovales-orbiculaires, très-obtus, cymbiformes, membraneux aux bords, souvent inéquilatéraux, de couleur pourpre ou rose. Pétales obovales, concaves, inéquilatéraux, à peine plus longs que les sépales, de couleur pourpre. Baies rouges, plus ou moins distantes, petites.

Cet arbuste, qu'on cultive comme plante d'agrément, croît dans les Carolines et la Géorgie; il ne prospère que dans un sol humide et fertile; la floraison se fait en été.

IIe TRIBU. LES MÉNISPERMÉES. — *MENISPERMEÆ* De Cand.

Fleurs unisexuelles. Feuilles simples, palmatinervées, mucronées, souvent peltées. Enveloppes florales (ainsi que les étamines lorsqu'elles sont en même nombre que les pétales) disposées en symétrie oppositive. Ovaires 1-ovulés, solitaires, ou peu nombreux et verticillés au sommet du réceptacle. Ovule amphitrope, médifixe. Périsperme mince ou quelquefois nul. Embryon aussi long que le perisperme, en général circulaire ou subcirculaire, souvent excentrique.

Genre ANAMIRTA. — *Anamirta* Colebr. (Wight et Arnott.)

Fleurs dioïques. Calice dibractéolé à la base : sépales 6, bisériés. Corolle nulle. — *Fleurs mâles :* Étamines soudées en colonne centrale dilatée au sommet ; anthères nombreuses, couvrant tout le sommet globuleux de l'androphore. — *Fleurs femelles* inconnues. Étairion de 1 à 3 drupes 1-loculaires, 1-spermes. Graine subglobuleuse, profondément échancrée au hile. Périsperme charnu, comme bi-loculaire ; cotylédons très-minces, linéaires-oblongs, divergents.

Arbuste volubile, à écorce subéreuse. Feuilles plus ou moins profondément cordiformes à leur base. Panicules racémiformes, latérales. (*Wight et Arnott, Flor. Penins. Ind.*)

Ce genre n'est fondé que sur l'espèce suivante :

Anamirta Cocculus. — *Anamirta Cocculus* Wight et Arn. Flor. Penins. Ind. 1, p. 446; Ann. des Scienc. Nat. 1834, v. 2, p. 65, tab. 3. —*Cocculus suberosus*, *Cocculus orbiculatus*, *Cocculus flavescens* et *Cocculus lacunosus* De Cand. Syst. et Prodr. (ex Wight et Arn.) — *Menispermum Cocculus* Linn. — Gærtn. Fruct. tab. 70, fig. 1. — *Menispermum heteroclitum* et *Menispermum monadelphum* Roxb. — *Anamirta paniculata* Colebr. in Linn. Soc. Trans. v. 13, p. 52 et 66.

Feuilles ovales, pointues, ou acuminées, subcoriaces, tronquées ou cordiformes à leur base : les jeunes submucronulées, plus ou moins pubescentes en dessous. Panicules multiflores. Drupes globuleux, rougeâtres.

Cette espèce croît dans les montagnes de l'Inde, et aux Moluques. C'est elle qui, suivant MM. Colebrooke, Wight et Arnott, produit le fruit connu en Europe sous le nom de *Coque du Le-*

vant. Ce fruit, fameux par la propriété d'enivrer les poissons qui en ont mangé, exerce d'ailleurs une action délétère sur la plupart des animaux. On l'emploie, à l'extérieur, pour faire périr la vermine. D'après les expériences de M. Goupil, le principe vénéneux des Coques du Levant réside essentiellement dans l'amande de la graine, tandis que la partie charnue du drupe est seulement émétique.

Genre COCCULUS. — *Cocculus* De Cand. (Wight et Arn.)

Fleurs dioïques. Sépales 6 à 12, 2-4-sériés (en général en ordre ternaire). Pétales 6, bisériés (en ordre ternaire), ou quelquefois nuls. — *Fleurs mâles* : Étamines 6 (rarement 3), libres ; filets filiformes ou claviformes ; anthères peltées ou verticales : bourses contiguës, ou divergentes inférieurement et séparées par le connectif, déhiscentes transversalement ou longitudinalement. — *Fleurs femelles* : Etamines nulles ou stériles. Ovaires 3, ou 6, ou en nombre indéfini. Styles souvent bifides au sommet. Étairion à drupes 1-spermes, souvent péritropes, soit au nombre de 1 à 6, soit en nombre indéfini.

Arbustes volubiles. Feuilles entières ou lobées, peltées, ou non-peltées, souvent cordiformes à la base. Pédoncules axillaires ou rarement latéraux : ceux des individus femelles en général pauciflores ; ceux des individus mâles le plus souvent multiflores. Bractées nulles ou très-petites. Graines périspermées ou rarement apérispermées, globuleuses, ou cylindriques et soit oncinées, soit plus ou moins complétement circulaires. (*Wight et Arnott, Flor. Penins. Ind.*)

Ce genre, qui paraît composé d'éléments fort hétérogènes, appartient à la zone équatoriale. On en compte environ cinquante espèces, la plupart incomplétement connues. Les suivantes sont les plus remarquables :

Cocculus a larges feuilles. — *Cocculus platyphylla* Aug. Saint-Hil. Plant. Usuelles des Bras. tab. 42.

Tige ligneuse, grimpante, cylindrique, striée, glabre à la base, cotonneuse-ferrugineuse au sommet, un peu anguleuse. Feuilles longues de 3 à 6 pouces, larges de 4 à 6 pouces, cordiformes-ovales, obtuses, légèrement crénelées, glabres en dessus, cotonneuses-blanchâtres en dessous. Fleurs et fruits inconnus.

Cette plante croît au Brésil, dans les forêts de la province des Mines, où on la nomme vulgairement *batua*. Les Brasiliens la considèrent comme un excellent remède contre les fièvres intermittentes et les maladies du foie.

Cocculus grisatre. — *Cocculus cinerascens* Aug. Saint-Hil. Flor. Brasil. Mérid.

Tige grimpante, cylindrique, striée, pubescente. Feuilles longues de 4 à 5 pouces, larges d'environ 3 pouces, ovales, pointues, mucronées, subcordiformes à la base, crénelées, cotonneuses en dessous, quelquefois à 3 ou 5 lobes obtus; pétiole long d'environ un pouce. Fleurs et fruits inconnus.

Cette espèce croît dans les mêmes contrées que la précédente, et les habitants du pays l'emploient aux mêmes usages.

Cocculus a feuilles cordiformes. — *Cocculus cordifolius* De Cand. Syst. et Prodr. — Hort. Malab. v. 7, tab. 21. — *Menispermum cordifolium* Willd. — *Cocculus convolvulaceus* De Cand. Prodr. (ex Wight et Arn.). — *Cocculus verrucosus* Wallich.

Tige volubile, à écorce subéreuse, légèrement tuberculeuse. Feuilles cordiformes-orbiculaires, courtement acuminées, glabres. Grappes axillaires ou latérales : celles des individus mâles plus longues que les feuilles, à pédicelles fasciculés; celles des individus femelles à peine aussi longues que les feuilles, à pédicelles solitaires. Pétales onguiculés : onglet linéaire; lame triangulaire-ovale, réfléchie. Étamines 6 : filets claviformes; anthères à bourses divergentes. Pistil de 3 ovaires. Étairion de 2 ou 3 drupes globuleux. Graine globuleuse, profondément échancrée au hile. Périsperme mince. Embryon à cotylédons orbiculaires, contigus, charnus. (*Wight et Arnott, Flor. Penins. Ind.*)

Cette espèce croît dans l'Inde, où elle passe pour un excellent tonique.

COCCULUS PALMÉ. — *Cocculus palmatus* De Cand. Syst. et Prodr. — Hook. in Bot. Mag. tab. 2970 et 2971. — *Menispermum palmatum* Lam. Dict.

Feuilles poilues aux deux faces, cordiformes à la base, palmatifides, à 5 ou 7 lobes acuminés, très-entiers. Tige et ovaires hérissés de poils courts, horizontaux, glandulifères.

Racine composée de tubercules charnus, descendants, fusiformes, fasciculés, simples ou rameux, de la grosseur du bras d'un enfant, brunâtres à l'extérieur, jaunâtres en dedans. Tiges annuelles, herbacées, peu nombreuses, de la grosseur du petit doigt, volubiles; celles des individus femelles simples, celles des mâles rameuses. Feuilles larges de 6 à 8 pouces, d'un vert foncé en dessus, pâles en dessous, de la longueur du pétiole. *Grappes mâles* solitaires ou géminées, penchées, rameuses, de la longueur du pétiole, poilues, glanduleuses. Sépales ovales, pointus. Pétales oblongs, involutés aux bords, recourbés au sommet, d'un vert pâle. *Grappes femelles* solitaires, simples, défléchies, plus courtes que les grappes mâles. Sépales et pétales comme dans les fleurs mâles, plus courts que le pistil. Pistil de 3 ovaires. Stigmates incisés. Drupe oblong-globuleux, hérissé, de la grosseur d'une noisette. (*Hooker*, l. c.)

On a ignoré longtemps la patrie de cette plante, dont les racines sont connues en thérapeutique sous le nom de *Colombo*. Elle passait pour originaire de l'Inde ou de Ceylan, mais aujourd'hui l'on sait qu'elle croît abondamment dans les forêts de la côte de Mozambique. Depuis 1825, la marine anglaise l'a introduite dans les îles de France et de Bourbon, où l'on est parvenu sans peine à l'acclimater.

La racine de *Colombo* est douée de propriétés toniques très-efficaces. Les naturels de la côte orientale de l'Afrique équatoriale la regardent comme un spécifique contre les dyssenteries, si fréquentes dans ces contrées; elle n'est pas moins estimée dans les possessions anglaises de l'Inde, où les médecins l'administrent souvent avec succès, non-seulement contre les affections chroniques des voies digestives, mais aussi contre le choléra et les dyssenteries.

Cocculus Limacia. — *Cocculus Limacia* De Cand. Syst. et Prodr. — *Limacia scandens* Loureir. Flor. Cochinch.

Arbrisseau à tige très-rameuse. Feuilles glabres, ovales-oblongues, acuminées, très-entières. Fleurs d'un jaune verdâtre : les mâles subterminales, fasciculées, hexandres; les femelles géminées, axillaires, trigynes. Drupe solitaire, glabre, charnu, presque réniforme; noyau creusé de sillons spiralés.

Cette espèce, indigène en Cochinchine, produit un fruit mangeable, de saveur acidule.

Cocculus Cébathe. — *Cocculus Cebatha* De Cand. Syst. et Prodr. — *Cebatha* Forsk. Descr. — *Menispermum edule* Vahl. Symb.

Rameaux glabres, cylindriques. Feuilles ovales-oblongues, glabres, luisantes, mucronées. Pédoncules axillaires, de la longueur des pétioles. Fleurs mâles hexandres, agrégées en capitules. Fleurs femelles trigynes, géminées. Étairion de 3 drupes.

Cette espèce croît dans l'Yémen; ses fruits sont mangeables.

Cocculus Fibrauréa. — *Cocculus Fibraurea* De Cand. Syst. et Prodr. — *Fibraurea tinctoria* Loureir. Flor. Cochinch.

Feuilles glabres, ovales, pointues, très-entières, longuement pétiolées. Grappes oblongues, latérales. Fleurs mâles hexandres, hexapétales. Fleurs femelles trigynes. Stigmates bifides. Étairion de 3 drupes lisses, ovales, un peu comprimés, jaunâtres.

Cette espèce croît en Cochinchine. Loureiro rapporte qu'on prépare avec les tiges de la plante une belle teinture jaune.

Genre COCCULIDE. — *Cocculidium* Spach.

Fleurs dioïques. — *Fleurs mâles :* Sépales 6, bisériés, connivents : les 3 extérieurs minimes, squamuliformes; les 3 intérieurs plus grands, subpétaloïdes. Pétales 6, dis-

tincts, deltoïdes, ou hastiformes-deltoïdes, onguiculés, bombés, convolutés à la base et embrassant chacun l'étamine correspondante. Réceptacle petit, disciforme. Étamines 6, libres; filets claviformes, arqués en avant; anthères innées, peltées, subglobuleuses, tétradymes, transversalement bivalves; bourses contiguës, loculicides; connectif inapparent. Ovaires 3, glanduliformes, rudimentaires, insérés au centre de la fleur. — *Fleurs femelles :* Pétales et sépales semblables à ceux des fleurs mâles. Étamines rudimentaires. Ovaires 3 à 6. Étairion de 1 à 6 drupes charnus, comprimés, monospermes, péritropes : noyau subcirculaire, comprimé, tricaréné aux bords, rugueux. Graine (suivant MM. Gray et Torrey) cylindrique; périsperme charnu; embryon axile; cotylédons linéaires, contigus; radicule infère.

Arbuste sarmenteux, volubile. Feuilles non-peltées, mucronées, subcoriaces, longuement pétiolées, tantôt très-entières, tantôt plus ou moins profondément anguleuses ou lobées; pétiole grêle, cylindrique, à base peu ou point renflée. Fleurs petites, jaunâtres. Inflorescences solitaires, axillaires, aphylles, tantôt cymeuses, tantôt en panicules racémiformes (composées de cymules) plus ou moins allongées; pédicelles courts, dressés, en général 1-bractéolés à la base et au sommet.

L'espèce dont nous allons faire mention est la seule qu'on puisse rapporter avec certitude à ce genre.

Cocculide a feuilles de Peuplier. — *Cocculidium populifolium* Spach. — *Menispermum carolinum* Linn. — Dill. Hort. Elth. tab. 178, fig. 219. — Wendl. Hort. Herrenh. 3, tab. 16. — *Wendlandia populifolia* Willd. — *Cocculus carolinus* De Cand. Syst. et Prodr.

Tiges ligneuses, grêles, grimpant à la hauteur de 10 pieds et plus, cylindriques, finement striées, remplies de moelle, plus ou moins rameuses. Jeunes pousses pubescentes, en général paniculées, feuillées. Feuilles de forme et de grandeur très-variables (sur le même individu), d'un vert gai (luisant) en dessus, plus ou moins fortement pubescentes ou cotonneuses en dessous : les caulinaires-inférieures longues de 2 à 4 pouces, tantôt aussi larges que longues, tantôt plus larges, ou moins larges, ovales, ou suborbiculaires, cordiformes ou réniformes à la base, en général plus ou moins distinctement anguleuses ou sinuées-lobées (lobes ou angles en général arrondis). Feuilles caulinaires-supérieures plus petites, ovales, ou ovales-oblongues, ou ovales-triangulaires, ou ovales-elliptiques, arrondies au sommet ou pointues, en général ni anguleuses, ni lobées, ou moins souvent trilobées (à lobe terminal plus ou moins prolongé) : base tantôt profondément cordiforme, tantôt arrondie ou tronquée. Feuilles-raméaires et feuilles-ramulaires en général petites et ni anguleuses, ni lobées, du reste variant de forme comme les feuilles caulinaires. Inflorescences tantôt axillaires, tantôt supra-axillaires : les caulinaires plus ou moins allongées, racémiformes (mais toujours plus courtes que les feuilles caulinaires); les raméaires et les ramulaires très-courtes, tantôt cymeuses, tantôt racémiformes. Fleurs très-petites. Bractéoles minimes, ciliées, caduques. Pédoncules et pédicelles pubescents. Cymules 3-8-flores, tantôt lâches, tantôt denses, en général assez rapprochées. Sépales glabres ou pubérules, blanchâtres, bombés : les intérieurs longs à peine de 1 ligne, obovales, obtus. Pétales d'un jaune foncé, un peu plus courts que les sépales intérieurs, obtus, ou pointus, ou échancrés, glabres, carénés au dos, involutés chacun en forme de cornet; onglet court, large. Étamines des fleurs mâles un peu plus courtes que les pétales. Drupes rouges, du volume d'un petit pois.

Cette espèce, qu'on cultive parfois comme arbuste d'ornement, habite les provinces méridionales des États-Unis.

Genre MÉNISPERME. — *Menispermum* Linn. (Spach).

Fleurs dioïques. — *Fleurs mâles :* Sépales 4 à 12, 2-4-sériés (en ordre tantôt ternaire, tantôt quaternaire, tantôt quinaire, ou rarement binaire) : les extérieurs plus petits, planes; les autres plus ou moins bombés, subonguiculés. Pétales en même nombre que les sépales (ou accidentellement soit plus, soit moins), cymbiformes, involutés, distincts, connivents, onguiculés. Réceptacle plane, stipitiforme, ou court, tronqué au sommet. Étamines en nombre indéfini (10 à 30), libres; filets divergents, tétraèdres, filiformes, élargis au sommet; anthères peltées, subglobuleuses, tétradymes, ombiliquées au sommet; bourses presque contiguës, déhiscentes latéralement. Aucun rudiment de pistil. —*Fleurs femelles :* Sépales 4 à 6, bisériés (en ordre tantôt ternaire, tantôt binaire), plus ou moins bombés : les extérieurs un peu plus courts, souvent anisomètres. Pétales en même nombre que les sépales, antéposés, distincts, conformes à ceux des fleurs mâles. Réceptacle court, gros, columnaire, tronqué au sommet. Étamines en même nombre que les pétales, libres, stériles, antéposées, insérées autour de la base du réceptacle, enveloppées chacune par le pétale correspondant. Ovaires 2 à 4, distincts, non-stipités, ovoïdes, connivents, 1-loculaires, 1-ovulés, verticillés au sommet du réceptacle. Ovule médifixe, appendant, amphitrope, attaché un peu au-dessus de la base de l'angle interne; exostome supère. Styles gros, très-courts, apicilaires, terminés chacun par un stigmate plissé en trois lobes connivents. Étairion de 2 à 4 drupes (ou par avortement un seul drupe) charnus, subatropes (1), subglobuleux, très-obliques, monospermes. Noyau semiluné, osseux, comprimé, rugueux, tricaréné aux bords, parfaitement uni-loculaire, comprimé bilatéralement, acuminé aux 2 bouts. Graine amphitrope, médifixe, conforme au noyau; périsperme charnu, assez gros; embryon inclus, subpériphérique, grêle, cylindracé, courbé en fer à cheval; radicule supère; cotylédons contigus, linéaires, élargis au sommet.

(1) C'est sans doute faute d'avoir examiné leur position naturelle sur le gynophore, qu'on a avancé par erreur que les drupes des Ménispermes sont péritropes.

Arbustes, ou herbes suffrutescentes à la base. Tiges volubiles ou diffuses. Feuilles anguleuses ou lobées, peltées, minces, non-persistantes, longuement pétiolées; lobes ou angles (du moins les terminaux) mucronés; pétiole grêle, subcylindrique, non-dilaté et immarginé à la base. Inflorescences axillaires ou supra-axillaires, paniculées, ou cymeuses, aphylles, bractéolées. Pédoncules-communs axillaires ou supra-axillaires, pendants, ou inclinés, filiformes, solitaires. Pédicelles nus, ou bractéolés (soit seulement à la base, soit en outre plus haut), filiformes, épaissis au sommet. Bractées et bractéoles petites, jaunâtres, non-persistantes. Fleurs petites, jaunâtres : les femelles un peu plus grandes que les mâles.

Le *Menispermum davuricum* L., et l'espèce dont nous allons faire mention, sont les seules qu'on puisse rapporter, avec certitude, à ce genre.

Ménisperme du Canada. — *Menispermum canadense* Linn. — Bot. Mag. tab. 1910.

Arbuste pluricaule. Tiges atteignant la grosseur de la jambe d'un homme, et jusqu'à 20 pieds de long, ligneuses, cylindriques, flexibles, irrégulièrement rameuses. Rameaux grêles, sarmenteux : les adultes ligneux, aphylles; les jeunes pousses feuillées, paniculées, finement striées, plus ou moins pubescentes, remplies de moelle. Bois mou, poreux, sans couches concentriques distinctes. Écorce verte, luisante. Bourgeons petits, écailleux. Feuilles larges de 1/2 pouce à 4 pouces, ordinairement moins longues que larges, d'un vert gai (un peu luisant) et glabres en dessus, finement réticulées, glauques et tantôt glabres, tantôt pubérules en dessous (les naissantes en général pubescentes aux 2 faces), suborbiculaires, 3-5-ou 7-angulées, ou sinuées-trilobées au sommet et à peine anguleuses inférieurement, du reste très-entières : base cordiforme, ou réniforme, ou tronquée; lobes ou angles arrondis ou pointus : le terminal mucroné, les autres tantôt mucronés, tantôt mutiques; pétiole long de 1 pouce à 4 pouces, très-grêle, épaissi à la base, finement strié, ordinairement pubescent, inséré peu au-dessus de la base de la lame. Panicules racémiformes, pendantes, interrompues, multiflores, plus ou moins longuement pétiolées, tantôt axillaires, tantôt supra-axillaires : les raméaires en général plus courtes que le pétiole; les ramulaires ordinairement plus longues que la feuille. — *Inflorescence mâle* : Pédicelles en partie immédiatement fasciculés sur le pédoncule-commun, en partie disposés en cymules ou en petites grappes 2-5-flores courtement pédonculées : les premiers longs de 2 à 4 lignes, tantôt nus, tantôt 1-ou 2-bractéolés au-dessus de leur base : chaque fascicule accompagné d'une ou de plusieurs bractées basilaires; pédicelles des grappes ou des cymules courts, 1-bractéolés à la base : le pédoncule-commun de la grappe ou de la cymule accompagné d'une bractée basilaire. — *Inflorescence femelle* composée de cymules ou de petites grappes subfasciculées, 3-9-flores, courtement pédonculées : chaque pédoncule secondaire en général accompagné d'un pédicelle uniflore plus ou moins allongé, nu, solitaire à l'aisselle d'une bractée; les pédicelles des grappes ou cymules très-courts, nus, en général uni-bractéolés à la base. Bractées linéaires ou lancéolées-linéaires, jaunâtres, pubescentes. Bractéoles minimes, cymbiformes. — *Fleurs mâles* : Sépales 4 à 12, 2-4-sériés (en ordre variable), plus ou moins pubérules aux bords : les extérieurs linéaires-spathulés, plus petits, longs à peine de 1 ligne; les suivants longs d'environ 1 ½ ligne, oblongs-spathulés, ou obovales, ou obovales-spathulés. Pétales longs d'environ ⅓ de ligne, glabres, courtement onguiculés, cymbiformes-obovales. Réceptacle court, stipitiforme, tronqué au sommet. Étamines au nombre de 10 à 30, longues d'environ 2 lignes. — *Fleurs femelles* : Sépales 6, bi-sériés, glabres, un peu plus grands que ceux des fleurs mâles, plus ou moins bombés : les 3 extérieurs, (en général anisomètres) un peu plus courts que les intérieurs, oblongs, ou elliptiques-oblongs, subacuminés; les intérieurs obovales ou elliptiques-obovales, obtus. Pétales 6, conformes à ceux des fleurs mâles, mais plus petits, un peu plus courts que les étamines stériles. Gynophore court, columnaire, tronqué au sommet. Ovaires 2 à 4 (ordinairement 3). Grappes fructifères longues de 3 à 8 pouces, lâches, pendantes. Étairion courtement stipité par le gynophore; drupes (par avortement solitaires, ou plus souvent géminés et constituant un fruit didyme, rarement ternés) du volume d'un gros Pois, d'un violet noirâtre, mucronés latéralement (du côté intérieur) plus ou moins au-dessous du sommet (géométrique) par les restes du style; noyau brunâtre, dur, long de 3 à 4 lignes, sur presque autant de large: carène médiane tranchante au bord, plus large que les carènes latérales, lesquelles sont convexes.

Cette espèce habite le Canada et les montagnes des États-Unis. On la cultive dans les jardins pour garnir des murs, des treillages, etc., qu'elle couvre promptement de ses nombreux sarments. Sa floraison a lieu en mai et juin.

Genre CLYPÉA. — *Clypea* Blume.

Sépales 9 ou 12, bi- ou tri-sériés (en ordre ternaire): les extérieurs minimes. Pétales nuls. — *Fleurs mâles* : Étamines soudées en androphore columnaire, dilaté et anthérifère au sommet; anthères dithèques, horizontalement déhiscentes, soudées bout à bout en forme d'anneau. — *Fleurs femelles* : Ovaire solitaire, à 3 stigmates. Drupe obliquement réniforme: noyau comprimé, rugueux aux bords, monosperme. Graine oncinée. Périsperme charnu. Embryon cylindrique, conforme à la graine et à peu près aussi long. (*Wight et Arnott, Prodr. Flor. Ind.*)

Arbustes volubiles. Feuilles peltées. Panicules axillaires, sans bractées cordiformes.

Ce genre, dont on connaît environ dix espèces, est propre à l'Asie équatoriale.

Clypéa de Burmann. — *Clypea Burmanni* Wight et Arn. Prodr. Flor. Penins. Ind. 1, p. 14. — *Valli* Hort. Malab. v. 7, tab. 49. — Pluck. Phyt. tab. 24, fig. 6. — Gærtn. Fruct. v. 2, tab. 180. — *Menispermum peltatum* Lamk. Enc. — *Cissampelos discolor* Wall. — *Cocculus Burmanni* et *Cocculus peltatus* De Cand. Syst. et Prodr.

Feuilles triangulaires, acuminées, mucronées, légèrement cordiformes à la base, luisantes et un peu poilues en dessus, plus ou moins fortement pubescentes en dessous. Panicules grêles, beaucoup plus longues que les feuilles : pédoncules secon daires alternes.

Cette espèce croît dans l'Inde. Sa racine, charnue, du volume d'une Carotte, et d'une saveur amère, s'emploie contre les dyssenteries.

Genre CISSAMPÉLOS. — *Cissampelos* Linn.

Fleurs dioïques. — *Fleurs mâles* : Sépales 4, bisériés. Pétales 4, soudés en corolle cupuliforme ordinairement entière au bord. Étamines 2, soudées en androphore grêle, columnaire, dilaté et anthérifère au sommet; anthères dithèques, horizontalement déhiscentes, soudées bout à bout en forme d'anneau terminal, horizontal, 4-lobé. — *Fleurs femelles* : Un seul sépale, latéral. Un seul pétale, inséré devant le sépale. Ovaire solitaire, à 3 stigmates. Drupe monosperme, obliquement réniforme : noyau comprimé, rugueux aux bords. Graine oncinée. Périsperme mince, charnu. Embryon long, cylindrique, inclus. (*Wight et Arnott, Prodr. Flor. Ind.*)

Tiges soit suffrutescentes et dressées, soit volubiles et ligneuses ou herbacées. Feuilles peltées ou cordiformes, mucronées au sommet. Grappes axillaires : celles des fleurs mâles en général trichotomes et subcorymbiformes, non-bractéolées, ou garnies de très-petites bractées; celles des fleurs femelles en général simples, à pédicelles fasciculés : chaque fascicule accompagné d'une grande bractée foliacée. Fleurs petites, verdâtres.

Ce genre, propre à la zone équatoriale, renferme environ quarante espèces, dont voici les plus notables :

a) *Tiges dressées, suffrutescentes, simples, effilées, tétragones.*

CISSAMPÉLOS A FEUILLES OVALES. — *Cissampelos ovalifolia*

De Cand. Syst. et Prodr. — Aug. Saint-Hil. Plant. Us. des Bras. tab. 34.

Plante uni- ou pluri-caule, haute de 1 pied à 2 pieds. Feuilles longues d'environ 2 pouces, sur 14 lignes de large, subsessiles, 5-nervées, ovales, obtuses, très-entières, ou subsinuolées, cotonneuses en dessous ou aux 2 faces. — *Fleurs mâles* en cymes ternées ou quaternées, non-bractéolées, pédonculées, beaucoup plus courtes que les feuilles. Sépales obovales, obtus, hérissés en dessous. Corolle très-courte, 4-partie : segments arrondis. — *Fleurs femelles* en grappes solitaires, pédonculées, beaucoup plus courtes que la feuille, bractéolées; pédoncule et pédicelles cotonneux; bractées rapprochées, cotonneuses, 5-flores, suborbiculaires, rétuses. Pétale velu, 3 fois plus court que le sépale. Style court, tridenté.

Cette plante croît dans les provinces méridionales du Brésil, où l'on en emploie la décoction contre les fièvres intermittentes.

b) *Tiges ligneuses, volubiles.*

Cissampélos Paréira. — *Cissampelos Pareira* Lamk. Ill. tab. 830. — Swartz, Obs. tab. 10, fig. 5. — Turp. in Chaum. Flore Médic. tab. 252.

Racines dures, ligneuses, tortueuses, brunes en dehors, jaunâtres en dedans. Jeunes pousses velues. Feuilles assez grandes, 7-9-nervées, peltées, ovales-orbiculaires, subcordiformes à la base, satinées en dessous. — *Fleurs mâles* en panicules solitaires ou géminées, à peine plus longues que les pétioles. — *Fleurs femelles* en grappes (tantôt solitaires, tantôt géminées, tantôt ternées) plus longues que les feuilles, cotonneuses. Drupe rougeâtre, comprimé, hérissé de longs poils caducs.

Cette espèce croît dans les montagnes des Antilles; on présume qu'elle produit les racines connues en thérapeutique sous le nom de *paréïra brava :* racines qui participent aux propriétés toniques communes à beaucoup d'autres Ménispermacées.

IIIᵉ TRIBU. **LES LARDIZABALÉES.** — *LARDIZABALEÆ* De Cand.

Fleurs unisexuelles. Feuilles bi- ou tri-ternées. Ovaires nombreux, multi-ovulés, devenant pluri-loculaires après la floraison. Enveloppes florales et étamines disposées en symétrie oppositive.

Genre **LARDIZABALA.** — *Lardizabala* Ruiz et Pav.

Fleurs dioïques ou polygames. Sépales 6 ou 9, bi- ou tri-sériés (en ordre ternaire). Pétales 6. — *Fleurs mâles :* Étamines 6, monadelphes ; androphore columnaire. — *Fleurs femelles :* Ovaires 3 ou 6. Étairion de 3 ou 6 baies, chacune à 6 loges polyspermes.

Ce genre renferme trois espèces, dont voici la plus remarquable :

Lardizabala biterné. — *Lardizabala biternata* Ruiz et Pav. Flor. Peruv. tab. 37. — Lapeyr. Voy. 4, p. 265, tab. 6, 7, et 8.

Arbuste volubile; tronc atteignant la grosseur du bras d'un homme. Feuilles bi- ou tri-ternées : folioles oblongues, pointues, inéquilatérales, dentées. Pédoncules garnis à leur base de 2 grandes bractées cordiformes. Fleurs disposées en longues grappes pendantes.

Cette plante croît au Chili. Ses sarments sont très-flexibles et servent en guise de cordes. Le fruit, nommé *coquil* par les habitants du Chili, est mangeable et d'une saveur agréable.

IVe TRIBU. LES NANDINÉES. — *NANDINEÆ* Spach.

Feuilles surdécomposées. Fleurs hermaphrodites. Enveloppes florales et étamines disposées en symétrie oppositive. Pistil à ovaire solitaire, bi-ovulé. Ovules anatropes. Périsperme gros, corné. Embryon minime, apicilaire, rectiligne.

Genre NANDINA. — *Nandina* Thunb.

Calice composé d'un grand nombre de squamules scarieuses, caduques, concaves, plurisériées, imbriquées sur 6 rangs, insérées sur un réceptacle hexagone, obconique, court, tronqué au sommet : les inférieures très-petites ; les autres graduellement plus grandes. Pétales 6, inonguiculés, oblongs, subscarieux, insérés au bord du réceptacle. Étamines 6, conniventes, contiguës ; filets très-courts ; anthères continues au filet, oblongues, apiculées, latéralement déhiscentes : connectif large. Ovaire ellipsoïde, obscurément hexagone, uni-loculaire ; ovules collatéraux, horizontaux, attachés vers le milieu de l'angle interne de la loge. Style court, gros, columnaire. Stigmate terminal, à 3 lobes minces, connivents, suborbiculaires, denticulés. Baie presque sèche, globuleuse, par avortement monosperme. Graine concave d'un côté, convexe de l'autre, suborbiculaire ; tégument mince, crustacé.

Rameaux cylindriques, cannelés. Feuilles ternati-surdécomposées, subpersistantes ; pétiole cylindrique, continu au rameau, lisse en dessus, cannelé en dessous, subamplexicaule, à gaîne chartacée, prolongée supérieurement en appendice liguliforme ; pétiolules très-courts, articulés par leur base de même que les autres ramifications du pétiole commun. Folioles petites, coriaces, subpenniveinées, très-entières, mucronées, en général ternées, rarement solitaires ou géminées. Inflorescence terminale, dressée, thyrsiforme, très-rameuse : les rameaux inférieurs en général naissant à l'aisselle d'une feuille plus ou moins composée; les rameaux suivants et les ramules accompagnés d'une petite bractée basilaire. Pédicelles courts, raides, 1- ou 2-bractéolés à la base et au sommet, disposés tantôt en cymules 3-7-flores, tantôt en courtes grappes. Fleurs très-nombreuses, de grandeur médiocre, articulées au pédicelle. Sépales caducs dès l'épanouissement, blanchâtres en dessus, rougeâtres en dessous, très-serrés : les inférieurs semblables aux bractéoles. Pétales blanchâtres concaves, étalés lors de l'épanouissement, tombant un peu plus tard que les sépales. Anthères jaunes, recouvrant le pistil, presque aussi longues que les pétales. Embryon obcordiforme; radicule pointue, conique; cotylédons très-courts, divergents.

L'espèce que nous allons décrire constitue à elle seule le genre.

NANDINA DOMESTIQUE. — *Nandina domestica* Thunb. Nov. Gen. — Gærtn. Fruct. 2, tab. 92, fig. 3. — Lamk. Ill. tab. 261 (mala). — Herb. de l'Amat. tab. 28. — Bot. Mag. tab. 1109. — Banks, Ic. Kæmpf, tab. 13 et 14.

Buisson haut de 5 à 10 pieds. Racines traçantes. Tiges dressées, rameuses. Feuilles rapprochées en rosette vers l'extrémité des ramules, subtriangulaires en leur contour, très-glabres de même que toutes les autres parties de la plante : les plus grandes atteignant jusqu'à 2 pieds de long. Folioles ovales, ou ovales-lancéolées, ou lancéolées, subacuminées, cunéiformes vers leur base, d'un vert gai et un peu luisantes en dessus, d'un vert pâle et finement réticulées en dessous, longues de 4 lignes à 1 pouce. Panicules solitaires au sommet des jeunes pousses, longues de $^1/_2$ pied à 2 pieds. Bractées courtes, subulées, élargies à la base. Bractéoles minimes, concaves, subulées au sommet, subscarieuses. Boutons ovales, hexagones, subobtus, rougeâtres, semblables à des capitules de *Gnaphalium*. Sépales ovales, obtus. Pétales oblongs, obtus, longs de 3 lignes, sur 1 ligne de large. Baies rouges, du volume d'un petit Pois. Graine jaune, remplissant la loge.

Cet arbrisseau, indigène au Japon, se cultive dans les jardins et les collections d'orangerie; il résiste difficilement, en plein air, aux hivers du nord de la France.

CENT QUINZIÈME FAMILLE.

LES BERBÉRIDÉES. — *BERBERIDEÆ.*

Berberides Juss. Gen. — *Berberideæ* Vent. Tabl. — Bernhardi; in Linnæa, v. 8. — *Berberideæ* et *Podophyllacearum* trib. I. (*Podophylleæ*) De Cand. Syst. Nat. et Prodr. — *Berberideæ* et *Pæoniæarum* genn. Bartl. Ord. Nat. — *Papaveraceæ*, trib. III (*Berberideæ*), Reichb. Syst. Nat. p. 265. — Cfr. R. Brown, in Tuck. Cong. p. 411; Decaisne et Morr. in Ann. des Sc. Nat. 1834, v. 2.

Cette famille, plus conventionnelle que naturelle, se compose d'éléments peu homogènes, et que sans doute on répartira un jour parmi les Helléboracées, les Papavéracées et les Ménispermacées. On connaît environ cinquante espèces de ce groupe; la plupart appartiennent aux régions tempérées; plusieurs méritent d'être cultivées comme plantes d'ornement. Les fruits et les parties herbacées de presque tous les *Berbéris* ou *Vinettiers* (genre qu'on considère, à tort ou à raison, comme le type de la famille), contiennent de l'acide oxalique, tandis que l'écorce de ces mêmes végétaux est amère et astringente. Quelques autres Berbéridées renferment des principes purgatifs.

Caractères de la Famille.

Arbrisseaux, ou *herbes* (quelquefois acaules) vivaces la plupart très-glabres. Sucs-propres aqueux. Tige et rameaux cylindriques (rarement anguleux), inarticulés, ou rarement articulés.

Feuilles éparses (1) (les primordiales, dans les *Berbe-*

(1) Excepté dans le *Podophyllum*, dont la tige se termine par une paire de feuilles opposées.

ris, verticillées), simples, ou composées (soit avec, soit sans articulation des folioles), pétiolées, bistipulées (1), ou non-stipulées. Stipules inadhérentes, ou adhérentes au pétiole presque jusqu'à leur sommet, persistantes, ou caduques, petites. Pétiole articulé par la base, ou inarticulé et amplexicaule.

Fleurs jaunes, ou blanches, ou rouges, régulières, hermaphrodites, solitaires, ou fasciculées, ou en grappes, ou en panicules. Inflorescences terminales, ou oppositifoliées, ou rarement axillaires, souvent centrifuges. Pédicelles en général articulés à la base et au sommet.

Sépales (2) au nombre de 3 à 1-5, 1-5-sériés (en ordre soit binaire, soit ternaire, ou rarement quaternaire) : les sépales de la deuxième série alternant avec ceux de la série externe (et ainsi de suite lorsque les sépales sont 3- ou pluri-sériés), caducs, ou fugaces, distincts, inadhérents, en général colorés. Estivation imbricative.

Réceptacle plane ou concave.

Disque nul ou peu apparent.

Pétales au nombre de 4 à 12 (en général en plus petit nombre que les sépales, moins souvent soit en même nombre que les sépales, soit en nombre double ou triple ou quadruple des sépales), 2-4-sériés (en même ordre que les sépales), distincts, caducs, cuculliformes, ou cymbiformes, ou rarement planes, souvent fovéolés ou bi-

(1) La plupart des auteurs avancent, par erreur, que les feuilles des Berbéridées sont dépourvues de stipules, ou que seulement quelques espèces ont des feuilles stipulées.

(2) Beaucoup d'auteurs envisagent les sépales extérieurs des Berbéridées comme des bractéoles, tandis que, dans la plupart des genres, ils donnent le nom de pétales aux folioles que nous envisageons comme les sépales intérieurs, et celui de nectaires ou de squamules aux organes qui nous paraissent constituer la corolle.

glanduleux à la base, insérés devant les sépales, ou rarement les extérieurs alternes avec les sépales. Estivation imbricative.

Étamines insérées devant les pétales et en même nombre que ceux-ci (par exception en plus grand nombre), hypogynes, libres, non-persistantes. Filets courts ou presque nuls, quelquefois bidentés au sommet, souvent renflés aux 2 bouts. Anthères continues avec leur filet, ou innées, extrorses, ou subextrorses, dithèques : connectif linéaire, ou élargi aux 2 bouts, ou rarement inapparent, souvent prolongé en appendice apicilaire; bourses chacune à deux valvules dont l'une (postérieure) en général plus courte et moins large que l'autre (antérieure) : la valvule postérieure se détachant élastiquement (de bas en haut) tant du bord contigu de la valvule antérieure, que du connectif, en s'enroulant plus ou moins, et restant fixée par son sommet au connectif; la valvule antérieure restant adhérente au connectif, sous forme d'aile ou de rebord (1).

Pistil : Ovaire solitaire, central, 1-loculaire, 1-2- ou pluri-ovulé, inadhérent. Ovules collatéraux (étant géminés) ou superposés (lorsqu'il y en a 3 ou plus), renversés, ou horizontaux, anatropes, attachés à un placentaire soit basilaire, soit pariétal. Style latéral ou central, continu avec l'ovaire, indivisé, persistant, souvent court ou nul.

(1) Le *Podophyllum peltatum* fait en quelque sorte exception à ce mode de déhiscence, en ce que la valvule postérieure de chaque bourse se détache seulement du connectif, mais sans se séparer du bord de l'autre valvule de la même bourse; il en résulte que les anthères de cette plante s'ouvrent en effet postérieurement par 2 fentes longitudinales, mais cette déhiscence n'en est pas moins anomale, comparée à celle des anthères en général, parce que la rupture s'opère le long du bord postérieur de chaque bourse, et non par la suture médiane.

Stigmate terminal, pelté, persistant, le plus souvent très-entier.

Péricarpe sec ou charnu, indéhiscent, ou bivalve, ou (par exception) pyxidien, ou irrégulièrement ruptile, 1-loculaire, 1-6-sperme, ou rarement polysperme.

Graines renversées, ou horizontales, ou vagues, globuleuses, ou ovoïdes, ou cylindracées, lisses, anatropes, quelquefois arillées. Tégument extérieur coriace ou crustacé. Tégument intérieur pelliculaire, adhérent au périsperme. Hile terminal, concave. Raphé filiforme, ou inapparent à l'extérieur. Périsperme corné ou charnu, épais, non-huileux. Embryon axile ou apicilaire (souvent minime), central, rectiligne; radicule columnaire ou conique, obtuse, infère, ou (lorsque la graine est horizontale) centripète; cotylédons minces, planes, très-entiers, contigus, foliacés en germination, souvent palmati-nervés; plumule imperceptible.

Suivant notre manière de voir, les genres des Berbéridées sont à classer comme suit :

Ire TRIBU. **LES BERBÉRÉES.** — *BERBEREÆ* Spach.

Sépales tri- ou pluri-sériés (par exception bisériés.) Pétales en même nombre que les deux séries intérieures de sépales et insérés devant ceux-ci, rarement planes, en général fovéolés ou biglanduleux à la base. Étamines au nombre de 4 ou de 6 (accidentellement 5).

SECTION I. **BERBÉRINÉES.** — *Berberineæ* Spach.

Feuilles uni-foliolées, ou imparipennées (tri- ou pluri-foliolées), stipulées; pétiole articulé et plus ou moins renflé à l'insertion des folioles, mais amplexicaule et non-articulé par la base. Stipules persistantes, sétacées, adnées au pétiole presque jusqu'à leur sommet. Ovules renversés, attachés (moyennant des funicules stipitiformes dressés) à un placentaire basilaire (prolongé jusqu'au sommet de l'ovaire). Péricarpe : baie succulente. Embryon aussi long ou presque aussi long que le périsperme : cotylédons à peu près aussi longs que la radicule.

Berberis Linn. (Berberis et Mahonia Nutt. De Cand.)

Section II. ÉPIMÉDINÉES. — *Epimedineæ* Spach.

Feuilles imparipennées, ou biternées, ou triternées, ou bifoliolées, stipulées. Pétiole articulé et renflé à sa base ainsi qu'à ses ramifications et à l'insertion des folioles. Stipules minimes, squamuliformes, non-persistantes. Ovules obliquement horizontaux, attachés à un placentaire sutural. Péricarpe folliculaire, 2-valve. Embryon petit, apicilaire; cotylédons très-courts.

Epimedium Linn. — *Aceranthus* Morr. et Decaisne. — *Vancouveria* Morr. et Decaisne.

Section III. LÉONTICINÉES. — *Leonticineæ* Spach.

Feuilles ternati-décomposées, ou rarement impari-pennées, non-stipulées, inarticulées : pétiole à base élargie et amplexicaule. Ovules renversés, attachés (moyennant des funicules dressés) à un placentaire basilaire (prolongé sous forme de nervure jusqu'au sommet de la loge). Péricarpe : follicule indéhiscent ou irrégulièrement ruptile, vésiculeux, membranacé. Embryon en général beaucoup plus petit que le périsperme; cotylédons très-courts.

Leontice Linn. — *Bongardia* C. A. Meyer. — *Gymnospermium* Spach. — *Caulophyllum* Michx.

Genre anomale.

Fleurs dépourvues de calice et de corolle. Étamines en nombre indéfini.

Achlys De Cand. (1)

IIe TRIBU. **LES PODOPHYLLÉES.** — *PODOPHYLLEÆ* De Cand.

Sépales et pétales disposés en symétrie alternante. Sépales unisériés, caducs dès l'épanouissement. Pétales en nombre double ou triple des sépales, 2-4-sériés, planes, non fovéolés ni glandulifères à la base. Étamines au nombre de 6 *à* 18.

Diphylleia Michx. — *Jeffersonia* Barton. — *Podophyllum* Linn. (2)

Ire TRIBU. **LES BERBÉRÉES.** — *BERBEREÆ* Spach.

Sépales tri- ou pluri-sériés (par exception bisériés). Pétales en même nombre que les 2 *séries intérieures de sépales et insérés devant ceux-ci, rarement planes, en général fovéolés ou biglanduleux à la base. Étamines au nombre de* 4 *ou* 6 *(accidentellement* 5*).*

---

(1) Ce genre nous paraît avoir les affinités les plus marquées avec les *Actæa*.

(2) Ce genre se rattache aux *Papavéracées*, moyennant le *Sanguinaria*, dont il est tres-voisin.

Section I. BERBÉRINÉES. — *Berberineæ* Spach.

Feuilles 1-foliolées ou imparipennées (3- ou pluri-foliolées), stipulées; pétiole articulé et plus ou moins renflé à l'insertion des folioles, mais inarticulé à la base, laquelle est élargie et amplexicaule. Stipules sétacées, adnées au pétiole presque jusqu'à leur sommet. Ovules renversés, attachés (moyennant des funicules stipitiformes dressés) à un placentaire basilaire (prolongé jusqu'au sommet de l'ovaire). Péricarpe : Baie succulente. Embryon aussi long ou presque aussi long que le périsperme : cotylédons à peu près aussi longs que la radicule.

Genre BERBÉRIS. — *Berberis* Linn.

Sépales 9, 3-sériés (rarement 12, 4-sériés), cymbiformes, pétaloïdes : les 3 extérieurs minimes, squamuliformes, caducs avant l'épanouissement. Pétales 6, égaux, courtement onguiculés (de même que les 3 sépales intérieurs), bombés, inappendiculés, biglanduleux (antérieurement) à la base. Étamines 6 : filets courts, ascendants, renflés aux 2 bouts; anthères adnées, continues, subelliptiques, tronquées ou acuminulées au sommet, quelquefois bi-appendiculées à la base; bourses à valvule postérieure en général beaucoup plus grande que la valvule antérieure. Ovaire 2-10-ovulé, subfusiforme, ou ovoïde. Stigmate sessile ou subsessile, pelté, très-entier, ombiliqué, charnu, persistant. Baie succulente, oligosperme, ou par avortement 1-sperme (rarement 6-10-sperme). Graines inarillées, cylindriques, ou subtrigones, renversées; tégument subcoriace.

Arbrisseaux très-glabres, formant des buissons plus ou moins touffus. Racine en général stolonifère. Branches et rameaux souvent réclinés. Bois de la racine d'un jaune vif, de même que l'écorce interne des tiges et de leurs ramifications. Feuilles primordiales roselées, longuement pétiolées, toujours (même dans les espèces dont les feuilles raméaires sont pennées) 1-foliolées; feuilles raméaires-primaires éparses, soit 3- ou pluri-foliolées, soit dégénérées en épines simples ou palmatiparties (mais dans l'origine articulées et bistipulées au-dessus de leur base) (1), et produisant chacune, à son aisselle, une rosette de feuilles. (En général, les espèces dont les feuilles raméaires-primaires ne dégénèrent pas en épines, n'offrent pas de rosettes de feuilles axillaires.) Pétiole-commun persistant par la base (jusqu'à la première articulation). Folioles coriaces ou subcoriaces, non-persistantes, ou moins souvent persistantes, penniveinées, ou rarement nerveuses dès la base, sessiles, ou pétiolulées, très-entières, ou plus souvent soit denticulées, soit sinuées-dentées (dents ou denticules raides ou spinescentes). Stipules scarieuses ou coriaces, en général courtes et subulées. Bourgeons écailleux : les floraux en général en même temps foliaires. Pédoncules axillaires et terminaux, ou terminaux, solitaires, ou rarement fasciculés, uni- ou pauci- ou multi-flores, aphylles, souvent pendants ou inclinés; pédicelles disposés en grappes, ou rarement en panicules cymeuses, filiformes, dilatés en forme de disque au sommet, naissant chacun à l'aisselle d'une bractée membranacée ou scarieuse, en outre souvent garnis soit au-dessus de leur base, soit plus haut, de 2 ou 3 bractéoles tantôt opposées, tantôt éparses. Fleurs jaunes ou rarement de couleur orange, subéphémères, en général petites, ou de grandeur médiocre : celles de la plupart des espèces répandant une forte odeur spermatique. Pétales et sépales connivents presque en forme de boule. Pétales 3-nervés, un peu plus courts que les 3 sépales intérieurs, souvent bifides au sommet ou échancrés : glandules petites, en général aplaties, adnées chacune à l'une des

(1) A la base des jeunes pousses, ces épines sont souvent plus ou moins foliacées

nervures latérales. Étamines isomètres, un peu plus courtes que les pétales, éloignées du pistil lors de l'épanouissement, mais s'appliquant chacune sur le stigmate au moment de la déhiscence de l'anthère (1), et s'en éloignant de nouveau après l'émission du pollen. Filets épais, jaunes, un peu comprimés en avant et en arrière, en général à peu près aussi longs que les anthères. Anthères jaunes, contiguës en préfloraison, convexes aux 2 faces : base quelquefois prolongée de chaque côté en appendice subulé ou dentiforme, descendant; bourses (rarement contiguës des 2 côtés) en général séparées tant à la face qu'au dos par un connectif plus ou moins élargi aux 2 bouts; valvule antérieure de chaque bourse le plus souvent très-courte et beaucoup plus étroite que la valvule postérieure. Pistil central. Ovaire rectiligne, charnu, non-stipité, obscurément hexagone, sans suture; ovules collatéraux (étant géminés), ou superposés en deux séries. Stigmate suborbiculaire ou hémisphérique, papilleux aux bords. Baie acide ou rarement douceâtre, articulée au pédicelle, oblongue, ou ellipsoïde, ou subglobuleuse, ou fusiforme, finalement caduque, couronnée par un stigmate sessile, ou apiculée par un style court. Graines (en général par avortement en nombre moindre que celui des ovules) oblongues, ou obovées, ou subfusiformes, ou ellipsoïdes, lisses, luisantes, ombiliquées à la base, obtuses aux 2 bouts, ou apiculées par la chalaze, en général carénées du côté du raphé. Périsperme blanc, charnu. Embryon jaunâtre, le plus souvent à peu près aussi long que le périsperme : radicule columnaire, obtuse; cotylédons oblongs, ou elliptiques, ou ovales, obtus, minces, contigus, palmatinervés.

Ce genre, dont on connaît environ quarante espèces, appartient presque exclusivement aux régions tempérées des

(1) La même chose a lieu, lorsqu'on touche ces étamines, encore appliquées contre les pétales, avec la pointe d'une aiguille, ou avec u autre corps acéré.

deux hémisphères; quelques espèces, indigènes dans la zone équatoriale, croissent à des stations très-élevées au-dessus du niveau de la mer.

Les feuilles, les jeunes pousses, et les fruits de la plupart des *Berbéris*, contiennent beaucoup d'acide oxalique. L'écorce de leur racine est amère et astringente. Le bois (surtout celui de la racine) et le liber contiennent une matière tinctoriale de couleur jaune. La plupart des espèces méritent d'être cultivées comme arbustes d'ornement. Nous ne ferons mention que des plus notables.

Section I. EUBERBERIS Spach.

Tiges rameuses. Feuilles 1-foliolées : les primordiales longuement pétiolées, roselées, non-persistantes; les caulinaires-suivantes et les raméaires-primaires éparses, dégénérées en épines simples ou palmées, persistantes, articulées et bistipulées au-dessus de leur base; les autres feuilles roselées à l'aisselle des épines; les rosettes non-florifères produisent souvent un ramule central, garni d'épines et de rosettes. Pétiole plane et canaliculé en dessus : celui des feuilles primordiales très-long, articulé au sommet; celui des autres feuilles articulé plus ou moins près de sa base. Bourgeons-floraux (ordinairement solitaires) naissant aux aisselles des épines sur les rameaux soit de l'année précédente, soit plus anciens. Inflorescences accompagnées chacune d'une rosette de feuilles plus petites et souvent d'autre forme que les feuilles des bourgeons non-florifères. Pédicelles solitaires, ou fasciculés, ou disposés en grappes (ordinairement simples) solitaires. Fleurs répandant une forte odeur spermatique. Sépales au nombre de 9. Anthères inappendiculées à la base : bourses séparées des deux côtés par un connectif plus ou moins élargi aux 2 bouts; valvule antérieure de chaque bourse beaucoup plus petite que la valvule postérieure. Ovaire 2-6-ovulé.

A. *Ovaire 2-ovulé. Grappes simples. Feuilles peu ou point coriaces, non-persistantes.*

a) *Pédicelles solitaires (ou rarement géminés) au centre des rosettes.*

Berbéris de Sibérie. — *Berberis sibirica* Pallas, Flor. Ross. vol. 2, tab. 67. — Pallas, Itin. Ed. Gall. v. 3, p. 211, tab. 13, fig. 2. — Bot. Reg. tab. 487. — Guimp. et Hayn. Fremd. Holz. tab. 64.

Feuilles lancéolées-oblongues, ou lancéolées-obovales, ou obovales, obtuses, sinuolées-denticulées : denticules raides, sétiformes. Fleurs nutantes, courtement pédicellées. Pétales ovales ou elliptiques, bifides au sommet. Baies ellipsoïdes, à stigmate sessile.

Petit arbrisseau, très-touffu. Rameaux diffus ou décombants, grêles. Écorce d'un brun de Châtaigne. Épines tantôt simples, tantôt 3-7-parties, en général plus courtes que les feuilles. Feuilles longues de 3 lignes à 1 pouce, d'un vert foncé et luisantes en dessus, d'un vert pâle en dessous. Pédicelles plus courts que les feuilles. Fleurs d'un jaune vif. Sépales intérieurs obovales ou obovales-spathulés, obtus, longs de 2 à 3 lignes. Pétales un peu plus courts que les sépales intérieurs : lobes obtus, courts, divergents; glandules petites, elliptiques. Baies longues de 4 à 5 lignes, rouges, ordinairement monospermes. Graines semblables à celles du *Berberis vulgaris* (ou Épine-Vinette).

Cette espèce croît dans l'Altaï. On la cultive parfois comme arbuste d'ornement.

b) *Fleurs en grappes solitaires.*

Berbéris commun. — *Berberis vulgaris* Linn. — Gærtn. Fruct. tab. 42. — Flor. Dan. tab. 904. — Engl. Bot. tab. 49. — Schk. Handb. tab. 99. — Hayn. Arzn. I, 42. — Svensk Bot. tab. 24. — Guimp. et Hayn. Deutsch. Holz. tab. 39. — Turp. in Dict. des Sciences Nat. Ic. — Duham. Nouv. v. 4, tab. 4. — Poit. et Turp. Arb. Fruit. tab. 59. — *Berberis ca-*

nadensis Mill. Dict. (non Pursh. Flor. Amer.) — Guimp. et Hayn. Fremd. Holz. tab. 63.

— α : *A fruit rouge.*
— β : *A fruit violet.*
— γ : *A fruit jaune.*
— δ : *A fruit noirâtre.*
— ε : *A fruit blanc.*
— ζ : *A fruit asperme.*
— η : *A fruit douceâtre.*

Branches et rameaux adultes plus ou moins réclinés, un peu flexueux. Feuilles denticulées-ciliolées, ou sinuolées-denticulées, ou sinuolées-dentées. Grappes plus ou moins allongées, multiflores, pendantes. Pétales obovales, ou elliptiques, ou oblongs-obovales, très-entiers, ou érosés au sommet, ou échancrés. Anthères à connectif tronqué et obcurément tridenté au sommet. Baies ellipsoïdes ou oblongues, non-apiculées.

Buisson haut de 3 à 12 pieds. Tiges atteignant 3 à 4 pouces de diamètre. Écorce grisâtre, luisante. Jeunes tiges effilées, longues, dressées. Bourgeons bruns ou rouges, coniques : écailles coriaces, subovales, acuminées. Rameaux cannelés, plus ou moins divergents. Épines longues de quelques lignes à 1 pouce, tantôt simples, tantôt 3-15-parties, jaunes, ou brunes, ou grisâtres, subulées, ou pugioniformes, plus ou moins comprimées, ou subcylindriques. Feuilles longues de quelques lignes à 6 pouces, larges de 3 lignes à 3 pouces, tantôt luisantes, tantôt opaques, en général d'un vert gai en dessus (rarement d'un vert foncé ou un peu glauques), d'un vert pâle ou plus ou moins glauques en dessous, finalement subcoriaces, elliptiques, ou obovales, ou obovales-spathulées, ou lancéolées-obovales, ou oblongues-obovales, ou lancéolées-oblongues, ou lancéolées-spathulées, ou lancéolées (les primordiales ordinairement suborbiculaires), obtuses, ou subacuminées, décurrentes sur le pétiole (excepté les primordiales); dents ou denticules terminées en spinule sétiforme ou subulée, en général très-rapprochées, moins souvent éloignées, quelquefois (surtout sur les vieux rameaux) peu apparentes ou même nulles. Pétiole des feuilles primordiales filiforme, atteignant jusqu'à 2 pouces de long; celui des autres feuilles plus gros, marginé, long de quelques lignes à 1 pouce. Stipules petites, sétiformes. Grappes longues de 1 pouce à 3 pouces, en général dirigées d'un même côté du rameau, tantôt sessiles ou subsessiles, tantôt plus ou moins longuement pédonculées, assez denses, ou plus ou moins lâches: rachis filiforme ou très-grêle, anguleux. Bractées triangulaires ou oblongues, concaves, subulées au sommet, beaucoup plus courtes que les pédicelles. Pédicelles longs de 2 à 6 lignes, épars, ou quelquefois soit subverticillés, soit fasciculés. Fleurs d'un jaune vif. Sépales souvent lavés de rouge en dessous : les 3 extérieurs minimes, inégaux, d'un jaune verdâtre, ovales, ou ovales-triangulaires, pointus; les 3 suivants elliptiques ou elliptiques-obovales, très-obtus et à peu près de moitié plus courts que les intérieurs; ceux-ci obovales, très-obtus, longs de 1 ½ ligne à 2 ½ lignes. Pétales un peu plus courts que les sépales intérieurs; glandules petites, oblongues, de couleur orange. Baies (en général rouges; celles d'autres couleurs ne se rencontrent guère que sur des variétés de culture) longues de 3 à 5 lignes, de la grosseur d'un grain de blé, en général monospermes, acides, ou accidentellement douceâtres. Graines longues de 2 à 3 lignes, obovées, ou oblongues-obovées, ou oblongues, ou subfusiformes, obtuses aux 2 bouts, rétrécies vers leur base, subcylindriques, ou un peu comprimées, ou planes d'un côté et convexes de l'autre, tantôt un peu carénées par le raphé, tantôt non-carénées, d'un brun de Châtaigne, ou jaunâtres. Embryon jaunâtre, presque aussi long que le périsperme : cotylédons elliptiques ou elliptiques-oblongs, à peu près aussi longs que la radicule.

Cette espèce, nommée vulgairement *Vinettier* ou *Épine-Vinette*, est commune dans presque toute l'Europe, ainsi qu'en Orient. Elle croît de préférence dans les sols calcaires et dans les localités découvertes, telles que les collines, le bord des bois, etc. La floraison a lieu en mai ; les fruits mûrissent en automne, et ils ne tombent qu'après de fortes gelées.

Le Vinettier est fréquemment employé à faire des haies vives, qui deviennent fort épaisses, et que les nombreuses épines dont cet arbrisseau est armé rendent impénétrables. On le plante aussi dans les jardins paysagers, où il produit un effet pittoresque tant par ses branches réclinées, que par la multitude de ses fleurs et de ses fruits. L'écorce et la racine servent à teindre en jaune; en Russie et en Pologne, on en fait surtout usage pour donner cette couleur aux cuirs. L'écorce de la racine est astringente et très-amère : suivant Clusius, elle possède des propriétés purgatives. Le bois, très-dur et compacte, est assez recherché des tourneurs et des ébénistes à cause de sa couleur jaunâtre; mais on en trouve difficilement des pièces de grosseur convenable. Les feuilles et les jeunes pousses ont une saveur semblable à celle de l'oseille; aussi peuvent-elles tenir lieu de cette herbe potagère. Les fruits mûrs sont d'une acidité forte, mais agréable, et due à la présence de l'acide oxalique; on les emploie à faire des confitures, des pastilles et des sirops rafraîchissants.

C'est une opinion assez généralement accréditée parmi les cultivateurs, que le Vinettier, planté au voisinage des Céréales, agit d'une manière très-pernicieuse sur ces plantes, en y faisant naître la rouille et la carie; cette influence, qu'on attribuait à tort au pollen du Vinettier, paraît due à la propagation de l'*Æcidium Berberidis* : champignon parasite, dont les feuilles de l'arbuste sont fréquemment infestées.

BERBÉRIS DE CHINE. — *Berberis sinensis* Desfont. Hort. Par. — Loisel. Herb. de l'Amat. tab. 487. — Wats. Dendrol. Brit. tab. 26 (mala).

Branches et rameaux adultes plus ou moins réclinés, un peu flexueux. Feuilles florales très-entières, ou pauci-denticulées. Grappes plus ou moins allongées, multiflores, pendantes. Pétales elliptiques ou elliptiques-oblongs, bifides au sommet. Anthères à connectif érosé-bidenté au sommet. Baies ellipsoïdes, couronnées par un stigmate subsessile.

Buisson atteignant la hauteur de 10 pieds. Tiges grêles. Branches et rameaux effilés, cannelés. Ramules plus ou moins divergents. Écorce luisante, d'un brun de Châtaigne, ou grisâtre. Jeunes tiges effilées, longues, dressées. Bourgeons bruns, coniques; écailles coriaces, subovales, acuminées. Épines longues de quelques lignes à 1 pouce, tantôt simples, tantôt 3-7-parties, subulées, ou pugioniformes, plus ou moins comprimées, grisâtres, ou brunes. Feuilles longues de 2 à 30 lignes, larges de 1 ligne à 1 pouce, tantôt luisantes, tantôt opaques, d'un vert gai en dessus (rarement d'un vert foncé), d'un vert pâle ou (surtout celles des jeunes pousses) glauques en dessous, finalement subcoriaces, oblongues-spathulées, ou obovales-spathulées, ou lancéolées-spathulées, ou lancéolées-oblongues, ou obovales, ou oblongues-obovales, obtuses, ou rétuses, ou pointues, mutiques, ou mucronées, décurrentes sur le pétiole (excepté dans les feuilles primordiales) : les florales en général très-entières, souvent petites; les autres tantôt conformes aux florales, tantôt plus ou moins profondément denticulées ou dentées et sinuolées; celles des jeunes individus souvent sinuées-dentées; dents ou denticules terminées en spinule sétiforme, tantôt minime, tantôt plus ou moins allongée. Stipules minimes, sétiformes. Grappes longues de 1 pouce à 4 pouces, tantôt sessiles ou subsessiles, tantôt plus ou moins longuement pédonculées, assez lâches, ou rarement un peu denses, le plus souvent dirigées d'un même côté du rameau : rachis filiforme, anguleux. Bractées subulées, beaucoup plus courtes que les pédicelles. Pédicelles longs de 3 à 15 lignes, épars, ou rarement subverticillés. Fleurs d'un jaune vif. Sépales souvent lavés de rouge en dessous : les 3 extérieurs minimes, linéaires-lancéolés, mucronés; les 3 suivants ovales ou elliptiques, obtus, à peu près 3 fois plus courts que les intérieurs; ceux-ci longs d'environ 2 lignes, obovales, obtus. Pétales un peu plus courts que les sépales intérieurs; glandules petites, oblongues, de couleur orange. Baies acides, d'un pourpre plus ou moins foncé, du volume de celles du *Berbéris commun*. Graines semblables à celles du *Berbéris commun*.

Cette espèce, originaire du nord de la Chine, se cultive fréquemment comme arbuste d'ornement. Elle fleurit en mai.

Berbéris échancré. — *Berberis emarginata* Willd. — Guimp. et Hayn. Fremd. Holz. tab. 62. — *Berberis ætnensis* Rafin. — Moris, Flor. Sard. tab. 5. — *Berberis provincialis* Audib. Cat. — *Berberis ilicifolia* Hortul.

Branches et rameaux flexueux, non-réclinés. Feuilles pauci-denticulées, ou ciliolées-denticulées, ou sinuolées-denticulées. Grappes courtes, nutantes, 7-ou pluri-flores. Pétales obovales, ou oblongs-obovales, très-entiers, ou échancrés. Anthères à connectif tronqué et tridenticulé au sommet. Baies ellipsoïdes, couronnées par un stigmate sessile.

Buisson haut de 4 à 10 pieds. Rameaux divariqués ou plus ou moins divergents, cannelés. Écorce finalement grisâtre, d'abord d'un brun de Châtaigne. Jeunes pousses dressées, effilées. Feuilles longues de 2 lignes à 2 pouces, larges de 1 ligne à 1 pouce, tantôt luisantes, tantôt opaques, finalement subcoriaces, d'un vert gai en dessus, d'un vert pâle ou (surtout celles des jeunes pousses) glauques en dessous, spathulées-oblongues, ou spathulées-obovales, ou obovales, ou lancéolées-obovales, ou lancéolées-oblongues, ou elliptiques, ou ovales, obtuses, ou pointues, en général mucronées, décurrentes sur le pétiole (excepté dans les feuilles primordiales) : les florales quelquefois très-entières ou à peine denticulées. Dents ou denticules terminées en spinule tantôt minime, tantôt plus ou moins allongée. Pétiole en général court. Stipules minimes, sétiformes. Épines longues de quelques lignes à 1 pouce, tantôt très-simples, tantôt 3-7-parties, pugioniformes, ou subulées, plus ou moins comprimées. Grappes longues de 3 à 15 lignes, sessiles, ou courtement pédonculées, assez denses, en général toutes dirigées d'un même côté du rameau : rachis filiforme. Bractées subulées, beaucoup plus courtes que les pédicelles. Pédicelles longs de 1 ligne à 6 lignes. Fleurs d'un jaune vif, de la grandeur de celles du *Berbéris commun*. Sépales souvent rougeâtres en dessous : les 3 extérieurs linéaires-oblongs, mucronés ; les 3 suivants oblongs, ou elliptiques-oblongs, très-obtus, à peu près de moitié plus courts que les 3 intérieurs ; ceux-ci obovales ou elliptiques-obovales, très-obtus. Pétales un peu plus courts que les sépales intérieurs, tantôt très-entiers, tantôt échancrés : glandules petites, oblongues. Baies acides, en général d'un pourpre violet, longues d'environ 3 lignes. Graines semblables à celles du *Berbéris commun.*

Cette espèce, indigène dans l'Europe australe, se cultive comme arbuste d'ornement. Elle fleurit en mai.

Berbéris de Candie. — *Berberis cretica* Linn. — Sibth. et Smith, Flor. Græc. tab. 342. (var. pauciflora.) — *Berberis cratægina* De Cand. Syst. et Prodr.

Branches et rameaux flexueux ou tortueux, non-réclinés. Feuilles très-entières, ou pauci-denticulées, ou pauci-dentées. Grappes 3-20-flores, nutantes, ou presque dressées, courtes. Pétales elliptiques, échancrés. Anthères à connectif tronqué et tridenticulé au sommet. Baies ellipsoïdes ou oblongues, distinctement apiculées par le style.

Buisson haut de 3 à 5 pieds. Tiges dressées, tortueuses. Rameaux plus ou moins divergents, ou divariqués. Écorce grisâtre ou d'un brun de Châtaigne. Jeunes pousses grêles, effilées, flexueuses, dressées. Feuilles longues de 2 lignes à 2 pouces, larges de 1 ligne à 6 lignes, tantôt luisantes, tantôt opaques, finalement subcoriaces, d'un vert gai en dessus, d'un vert pâle en dessous (celles des jeunes pousses ordinairement glauques en dessous), elliptiques, ou obovales, ou lancéolées-obovales, ou lancéolées-oblongues, ou spathulées, obtuses, ou pointues, mutiques, ou mucronées, décurrentes sur le pétiole : les florales en général très-entières ; les autres tantôt très-entières, tantôt bordées de quelques dents ou denticules aristées ou sétiformes. Pétiole en général court. Stipules minimes, sétiformes. Épines longues de quelques lignes à 1 pouce, tantôt indivisées, tantôt 3-ou 5-fides, subulées, ou pugioniformes, comprimées, d'un brun de Châtaigne, ou jaunâtres, ou (surtout sur les vieilles branches) grisâtres. Grappes longues de 3 lignes à 1 pouce, 3-20-flores, tantôt lâches, tantôt denses, sessiles, ou courtement pédonculées : rachis filiforme, souvent court ou presque inapparent (de sorte qu'alors les fleurs paraissent comme fasciculées au centre de la rosette). Bractées minimes, subulées. Pédicelles longs de 1 ligne à 6 lignes, nutants, ou pendants. Fleurs d'un jaune vif, de la grandeur de celles du *Berbéris commun*. Sépales obtus, souvent rougeâtres en dessous : les 3 extérieurs minimes, oblongs; les 3 suivants elliptiques, longs d'environ 1 ligne; les 3 intérieurs obovales, longs de 2 lignes. Pétales à peu près aussi longs que les sépales intérieurs : glandules oblongues, de couleur orange. Baies d'un violet noirâtre, acides, longues de 3 à 4 lignes. Graines semblables à celles du *Berbéris commun*.

Cette espèce, indigène à Candie et en Orient, se cultive comme arbuste d'ornement; elle fleurit en mai.

B. *Ovaire 4-6-ovulé. Grappes quelquefois rameuses à la base. Feuilles coriaces, subpersistantes.*

Berbéris tinctorial. — *Berberis tinctoria* Leschenault. — Deless. Ic. Sel. 2, tab. 2. — *Berberis nepalensis* Loddig. Cat.

Feuilles très-entières, pauci-dentées, ou sinuolées-dentelées, ou sinuées-dentées. Grappes sessiles ou pédonculées, denses, multiflores, nutantes ou réclinées, quelquefois rameuses à la base. Baies ellipsoïdes ou subglobuleuses, distinctement apiculées par le style, couvertes de poussière glauque.

Buisson atteignant la hauteur de 12 pieds. Branches et rameaux adultes un peu réclinés, plus ou moins flexueux; écorce lisse, grisâtre. Jeunes pousses raides, effilées, dressées. Feuilles longues de quelques lignes à 3 pouces, en général beaucoup moins larges que longues, d'un vert gai en dessus, d'un vert pâle ou glauques (surtout celles des jeunes pousses) en dessous (vers l'automne ordinairement pourpres), luisantes (du moins en dessus), fortement réticulées aux 2 faces, obovales, ou elliptiques-obovales, ou lancéolées-obovales, ou lancéolées-oblongues, ou oblongues-spathulées, ou lancéolées, obtuses, ou pointues, mucronées, ou mutiques, subsessiles, ou courtement pétiolées (excepté les primordiales, lesquelles sont suborbiculaires, ou ovales-elliptiques, subcordiformes à leur base, plus courtes que leur pétiole) : les florales en général très-entières ou pauci-dentées; les autres plus ou moins profondément dentées, ou denticulées, ou dentelées, à spinules tantôt très-courtes, tantôt plus ou moins allongées. Stipules minimes, sétiformes. Épines longues de quelques lignes à 1 pouce, pugioniformes, ou subulées, un peu comprimées, les jeunes jaunâtres, les adultes brunâtres ou grisâtres : celles de la jeune plante en général 7-11-parties; les autres tantôt simples, tantôt 3-fides. Grappes longues de 1 pouce à 3 pouces : rachis grêle, anguleux. Pédicelles longs de 2 à 6 lignes, tantôt épars, tantôt subverticillés, grêles, ou subclaviformes, souvent dibractéolés peu au-dessus de leur base, en général plus ou moins divariqués. Bractées subovales ou lancéolées, petites, mucronées. Fleurs d'un jaune vif, plus grandes que celles du *Berbéris commun.* Les trois sépales extérieurs minimes, inégaux, ovales, acuminés; les 3 suivants ovales-orbiculaires, obtus; les 3 intérieurs elliptiques-obovales, obtus. Pétales un peu plus courts que les sépales intérieurs; glandules petites, oblongues, de couleur orange. Anthères à connectif tronqué et subtridenté au sommet. Baies du volume d'un gros Pois, d'un pourpre noirâtre, couvertes d'une poussière bleuâtre. Graines longues de 2 lignes, d'un brun de Châtaigne, assez grosses, subtrigones, obovées, en général carénées par le raphé. Embryon aussi long que le périsperme; radicule columnaire; cotylédons elliptiques, aussi longs que la radicule.

Cette espèce, qu'on cultive assez fréquemment comme arbuste d'ornement, croît dans les montagnes de l'Inde et du Népaul; dans ces contrées, sa racine s'emploie à teindre en jaune.

SECTION II. CHITRIA Spach.

Feuilles comme celles des espèces de la section I. Grappes souvent paniculées. Sépales au nombre de 12 (4-sériés). Bourses des anthères contiguës des deux côtés (excepté aux 2 bouts), à valvules presque égales.

BERBÉRIS ARISTÉ. — *Berberis aristata* De Cand. Syst. et Prodr. — *Berberis Chitria* Hamilt. — Hook. Exot. Flor. tab. 98. — Bot. Reg. tab. 729.

Feuilles très-entières, ou pauci-dentées, ou sinuolées-dentelées.

Grappes réclinées, ou pendantes, multiflores, pédonculées, ordinairement paniculées. Pétales obovales. Baies subfusiformes, glauques, distinctement apiculées par le style, 2-6-spermes.

Buisson atteignant la hauteur de 12 pieds. Branches et rameaux adultes réclinés : écorce lisse, grisâtre. Feuilles longues de quelques lignes à 3 pouces, luisantes, d'un vert gai en dessus, d'un vert pâle en dessous (se teignant de pourpre aux approches de l'hiver), réticulées aux 2 faces, lancéolées-oblongues, ou lancéolées-obovales, ou lancéolées, ou obovales, ou oblongues-spathulées, obtuses, ou pointues, mucronées, ou mutiques, subsessiles, ou courtement pétiolées (les primordiales longuement pétiolées) : les florales en général très-entières, ou pauci-dentées, ou subsinuolées (sans denticules spinescentes); les autres d'ordinaire plus ou moins profondément sinuolées ou sinuées, et dentées, ou denticulées, ou dentelées, à spinules tantôt très-courtes, tantôt plus ou moins allongées. Stipules minimes, sétiformes. Épines longues de quelques lignes à 1 pouce, pugioniformes, ou subulées, brunes, ou rougeâtres, ou jaunâtres, comprimées, tantôt très-simples, tantôt 3-ou pluri-fides. Grappes longues de 1 pouce à 3 pouces, en général longuement pédonculées, un peu lâches, tantôt subpyramidales et composées de cymules 3-9-flores, tantôt simples ou seulement un peu rameuses à leur base. Rachis, ramifications primaires et pédicelles souvent rouges. Pédicelles longs de 2 à 6 lignes, plus ou moins divariqués, souvent dibractéolés vers leur milieu, 1-5-bractéolés à leur base. Bractées et bractéoles petites, subulées au sommet, plus ou moins élargies à leur base. Fleurs grandes. Les 6 sépales extérieurs rouges ou panachés de jaune et de rouge. Les 6 sépales intérieurs d'un jaune vif, de même que les pétales. Les 3 sépales extérieurs minimes, inégaux, ovales, mucronés, bombés; ceux des 2 séries suivantes cymbiformes, elliptiques-orbiculaires, mutiques; les 3 intérieurs cymbiformes-elliptiques, longs d'environ 3 lignes. Pétales un peu plus courts que les sépales intérieurs : glandules elliptiques. Ovaire 4-6-ovulé. Baies longues de 4 à 6 lignes, d'un pourpre noirâtre. Graines semblables à celles du *Berberis tinctoria*.

Cette espèce croît dans l'Himalaya, dans les régions élevées de 5,000 à 8,000 pieds au-dessus du niveau de la mer. Les habitants du pays la nomment *Kitra*. Au témoignage de M. Royle, on prépare avec le bois de ce *Berbéris*, un extrait astringent appelé *ruzot* en hindou, et *huziz* en arabe. Cette matière, dont Dioscoride déjà a fait mention sous le nom de *Lycium*, et qui jouissait d'une grande vogue dans la thérapeutique des anciens, est d'un usage médical très-répandu dans l'Inde ainsi qu'en Perse et en Arabie. Les fruits de la plante, séchés au soleil, s'exportent en quantité dans les contrées plus méridionales.

Le *Berberis aristata* est introduit depuis une vingtaine d'années en Europe, où on le cultive comme arbrisseau d'ornement, et, à ce titre, il mérite la préférence sur la plupart de ses congénères, à raison de son feuillage élégant, qui persiste jusqu'à la fin de l'hiver. Ses fleurs ne paraissent qu'en juin, et sont beaucoup plus apparentes que celles des *Berbéris* indigènes.

SECTION III. MAHONIA Nuttall.

Tiges simples ou peu rameuses. Feuilles (excepté les primordiales, lesquelles sont roselées et uni-foliolées) imparipennées (3-17-foliolées), persistantes (pendant deux années et plus), toutes éparses, jamais dégénérées en épines. Pétiole anguleux. Folioles sessiles. Écailles des bourgeons coriaces, persistantes. Bourgeons florifères solitaires, naissant soit à l'extrémité des tiges, soit aux aisselles des feuilles anciennes : les axillaires aphylles ; les terminaux produisent en général, après la floraison, un bourgeon central foliaire (moyennant lequel s'opère l'allongement ultérieur de la tige). Inflorescence racémiforme. Grappes multiflores, ordinairement fasciculées. Fleurs répandant une odeur agréable non-spermatique. Sépales au nombre de 9. Anthères en général bi-appendiculées à la base : bourses séparées des deux côtés par un connectif plus ou moins élargi aux 2 bouts; valvule antérieure de chaque bourse beaucoup plus petite que la valvule postérieure. Ovaire 3- ou 4-ovulé.

a) *Folioles pennivcinées : côte très-saillante en-dessous, beaucoup plus grosse que les veines.*

Berbéris a feuilles pennées. — *Berberis pinnata* Lagasc. Elench. Hort. Madrit. — Bot. Reg. tab. 702. — Humb. et Bonpl. Nov. Gen. et Spec. v. 5, tab. 434. — *Berberis fasciculata* Sims, Bot. Mag. tab. 2396. — *Mahonia fascicularis* Deless. Ic. Sel. v. 2, tab. 3.

Feuilles 9-15-foliolées. Stipules subulées. Folioles glauques et peu ou point luisantes aux deux faces, ovales-lancéolées, ou oblongues-lancéolées, sinuées-dentées, plus ou moins ondulées, obliquement tronquées à la base. Écailles ovales ou oblongues, mucronées. Pétales elliptiques, bilobés au sommet ; lobes arrondis, un peu divergents. Baies subglobuleuses, apiculées, 1-3-spermes.

Buisson haut de 3 à 5 pieds. Tiges simples ou peu rameuses, dressées, cylindriques, feuillues. Feuilles longues de 4 pouces à 1 pied. Folioles longues de 8 lignes à 3 pouces, larges de 6 à 18 lignes (la première paire tantôt très-rapprochée de la base du pétiole, tantôt plus ou moins éloignée, en général plus petite que les suivantes ; celles-ci le plus souvent décrescentes), réticulées, cartilagineuses aux bords, équilatérales, ou plus ou moins inéquilatérales ; veines fines ; nervure médiane peu apparente en dessus, quelquefois rougeâtre de même que le pétiole ; dents ou dentelures (au nombre de 5 à 10 de chaque côté des folioles) en général assez éloignées, prolongées en courte spinule subulée. Pétiole grêle, légèrement renflé aux articulations. Écailles longues de 2 à 5 lignes, brunes. Grappes longues de 1 pouce à 4 pouces, ou rarement plus, fasciculées en plus ou moins grand nombre, tantôt axillaires et terminales, tantôt toutes terminales, dressées, ou un peu inclinées, multiflores, assez denses. Bractées petites, ovales, mucronées. Pédicelles filiformes, inclinés, plus longs que les fleurs, en général dibractéolés peu au-dessus de la base, souvent de couleur pourpre ainsi que le rachis. Bractéoles tantôt opposées, tantôt éparses, subulées. Fleurs d'un jaune vif. Sépales souvent lavés de rouge en dessous : les 3 extérieurs minimes, inégaux, ovales-orbiculaires, acuminulés, érosés; les 3 suivants suborbiculaires, très-obtus, environ 4 fois plus petits que les 3 intérieurs; ceux-ci longs d'environ 2 ½ lignes, obovales, très-obtus. Pétales un peu plus courts que les 3 sépales intérieurs. Ovaire 3-ou 4-ovulé, rétréci en style très-court. Baie d'un pourpre noirâtre, du volume d'un petit Pois.

Cette espèce, indigène au Mexique et dans la Nouvelle-Californie (1), se cultive comme arbrisseau d'ornement; mais elle résiste difficilement, en plein air, aux hivers du nord de la France.

BERBÉRIS A FEUILLES DE HOUX. — *Berberis Aquifolium* Lindl. Bot. Reg. tab. 1425. — Pursh, Flor. Amer. Sept. (ex parte). — *Mahonia Aquifolium* β : *nutkana* De Cand. Syst. et Prodr. — *Mahonia diversifolia* Sweet, Brit. Flow. Gard. ser. 2, tab. 94. — *Berberis Aquifolium* : γ, Torr. et Gray, Flor. North. Amer. 1, p. 51.

Feuilles 5-11-foliolées. Stipules subulées. Folioles luisantes aux 2 faces, d'un vert gai en dessous, concolores ou d'un vert foncé en dessus, ovales, ou ovales-oblongues, ou oblongues, ou ovales-lancéolées, ou oblongues-lancéolées, acuminées, sinuées-dentées, ou sinuolées-denticulées, plus ou moins ondulées, arrondies ou tronquées à la base. Écailles ovales, ou ovales-lancéolées, mucronées. Pétales ovales-elliptiques, ou ovales-oblongs, bilobés au sommet : lobes oblongs, obtus, parallèles, ou équitants. Baies subglobuleuses ou obovées, non-apiculées, 1-4-spermes.

Buisson atteignant 6 pieds de haut. Tiges simples ou peu rameuses, grêles, feuillues, dressées. Écorce d'un brun cendré. Feuilles longues de 4 à 8 pouces. Folioles longues de 1 ½ pouce à 3 pouces, larges de 6 à 18 lignes, réticulées, cartilagineuses aux bords, en général la plupart (excepté la terminale de chaque feuille) inéquilatérales, tantôt décrescentes, tantôt les inférieures

(1) Les individus cultivés jadis au jardin de botanique de Madrid, et décrits par Lagasca, provenaient de graines recueillies à Montérey.

plus petites que les suivantes; veines fines; nervure médiane peu apparente en dessus, quelquefois rougeâtre de même que le pétiole; dents ou dentelures (au nombre de 6 à 20 de chaque côté de la foliole) prolongées en pointe raide; la première paire de folioles en général insérée à quelque distance de la base du pétiole, mais quelquefois (surtout sur les feuilles supérieures) très-rapprochée de la base du pétiole (1). Bourgeons gros, ovales, ou coniques. Écailles longues de 1 ligne à 4 lignes, brunes, ou roussâtres. Grappes longues de 6 lignes à 5 pouces, denses, multiflores, subsessiles, dressées, ou un peu inclinées, en général toutes terminales. Bractées ovales, ou obovales, ou suborbiculaires, acuminées, ou mucronées, ou obtuses et mutiques, cymbiformes, quelquefois carénées au dos, verdâtres, ou lavées de rouge, persistantes, 2 à 5 fois plus courtes que les pédicelles. Pédicelles tantôt nus, tantôt dibractéolés au-dessus de leur base, plus ou moins inclinés, longs de 3 à 5 lignes. Fleurs d'un jaune de Citron. Sépales très-obtus : les 3 extérieurs ovales-orbiculaires ou suborbiculaires, ordinairement inégaux, rougeâtres; les 3 suivants elliptiques ou elliptiques-oblongs, de moitié plus courts que les 3 intérieurs; ceux-ci longs d'environ 2 lignes. Pétales ovales-oblongs, ou ovales-elliptiques, un peu plus courts que les sépales intérieurs. Anthères à connectif tronqué au sommet. Baie d'un pourpre noirâtre, du volume d'un petit Pois. Graines longues de 2 lignes, d'un brun de Châtaigne, un peu courbées, oblongues-trigones.

Cette espèce a été observée dans les forêts voisines de la côte occidentale de l'Amérique septentrionale, depuis le 40e jusqu'au 49e degré de latitude. C'est à Douglas qu'on en doit l'introduction en Europe; depuis, on l'a cultivée comme arbuste d'ornement, et, sous ce rapport, elle mérite la préférence sur la plupart de ses congénères, surtout à raison de l'élégance de son feuillage persistant. La floraison a lieu au printemps.

---

(1) Les caractères distinctifs qu'on a voulu fonder sur cette position de la première paire de folioles, ne sont d'aucune valeur.

BERBÉRIS RAMPANT. — *Berberis repens* Lindl. in Bot. Reg. tab. 1176. — *Berberis Aquifolium* Pursh, Flor. Amer. Sept. (ex parte). — *Mahonia Aquifolium* Nutt. Gen. — De Cand. Syst. et Prodr. (exclus. var. β.) — *Berberis Aquifolium α*, Torr. et Gray, Flora of North Amer. 1, p. 50.

Feuilles 3-7-foliolées. Stipules subulées. Folioles d'un vert glauque, ou très-glauques aux deux faces, peu ou point luisantes en dessus, opaques en dessous, ovales, ou elliptiques, ou ovales-oblongues, ou ovales-lancéolées, ou oblongues, arrondies au sommet, ou pointues, sinuolées-denticulées, ou sinuées-dentées, subcordiformes ou arrondies ou tronquées à la base. Écailles ovales ou ovales-lancéolées, pointues. Grappes et pédicelles dressés. Pétales ovales-elliptiques ou ovales-oblongs, bilobés au sommet; lobes oblongs, obtus, parallèles, ou équitants. Baies subglobuleuses ou obovées, non-apiculées, 1-4-spermes.

Arbuste plus ou moins touffu, haut de 1 pied à 2 pieds. Tiges dressées ou procombantes, grêles, cylindriques, feuillues, simples. Feuilles longues de 4 à 8 pouces. Folioles longues de 1 pouce à 3 pouces, larges de 12 à 30 lignes (la terminale en général plus grande que les latérales; les inférieures plus ou moins éloignées de la base du pétiole, ordinairement plus petites que les suivantes), réticulées, cartilagineuses aux bords, tantôt équilatérales, tantôt inéquilatérales (la terminale le plus souvent équilatérale); veines fines; côte peu apparente en dessus, quelquefois rougeâtre de même que le pétiole; dents (au nombre de 5 à 20 de chaque côté des folioles) plus ou moins rapprochées, terminées en spinule subulée. Bourgeons ovales ou coniques, gros. Écailles, grappes, fleurs, fruits et graines semblables à ceux de l'espèce précédente.

Cette espèce, qui croît dans les Rocheuses, sous les latitudes de la Nouvelle-Californie, a aussi été introduite en Europe, par Douglas. Quoique moins élégante que la précédente, elle mérite d'être cultivée comme arbuste d'ornement. Sa floraison se fait au printemps.

b) *Folioles nerveuses dès la base : nervure médiane à peine plus forte que les nervures latérales.*

BERBÉRIS A FOLIOLES NERVEUSES. — *Berberis nervosa* Hook. Flor. Amer. Bor. — Sweet, Brit. Flow. Gard. ser. 2, tab. 171. — *Mahonia nervosa* Nutt. Gen. — *Mahonia nervosa* et *Mahonia glumacea* De Cand. Syst. et Prodr. — *Berberis glumacea* Lindl. Bot. Reg. tab. 1426.

Feuilles 11-17-foliolées. Folioles ovales, ou ovales-lancéolées, ou oblongues-lancéolées, pointues, sinuées-dentées, subcordiformes ou arrondies ou tronquées à la base, d'un vert glauque, peu ou point luisantes. Écailles linéaires-lancéolées, longuement cuspidées.

Arbuste subacaule, ou au plus haut d'environ 1 pied. Tiges plus ou moins touffues, grêles, dressées, feuillues, cylindriques, couvertes vers leur sommet par les écailles des bourgeons anciens. Feuilles longues de 1/2 pied à 2 pieds, dressées. Folioles longues de 1 pouce à 3 pouces, larges de 6 à 18 lignes (les 2 inférieures plus ou moins éloignées de la base du pétiole, en général plus larges, mais moins longues que les suivantes; les autres tantôt décrescentes, tantôt presque égales), réticulées (veines et nervures proéminentes aux 2 faces), cartilagineuses aux bords, 3-7-nervées, très-coriaces, en général plus ou moins inéquilatérales (excepté la terminale et les 2 inférieures, qui sont le plus souvent équilatérales); dents (au nombre de 6 à 12 de chaque côté des folioles) terminées en courte spinule subulée. Pétiole commun plus gros que celui des 3 espèces précédentes, fortement renflé aux articulations. Écailles roussâtres, atteignant jusqu'à 1 pouce de long. Grappes longues de 3 à 8 pouces, courtement pédonculées, denses, multiflores, axillaires et terminales, plus ou moins nombreuses, tantôt dressées ou presque dressées, tantôt diffuses. Pédicelles courts, nutants, tantôt épars, tantôt subverticillés, en général nus, rarement 1-ou 2-bractéolés au-dessus de la base. Bractées lancéolées ou ovales, bombées, acuminées, ou mucronées, tantôt plus courtes que les pédicelles, tantôt plus longues. Fleurs d'un jaune de Citron. Sépales très-obtus, souvent (surtout les 6 extérieurs) lavés de rouge en dessous : les 3 extérieurs minimes ; les 3 suivants elliptiques, à peu près de moitié plus petits que les 3 intérieurs ; ceux-ci cuculliformes-obovales, longs de 2 lignes ou un peu plus. Pétales un peu plus courts que les sépales intérieurs, obovales, bilobés au sommet. Baies d'un bleu noirâtre.

Cette espèce, remarquable par l'élégance de son feuillage, a été observée sur la côte occidentale de l'Amérique septentrionale, depuis le 40e jusqu'au 49e degré de latitude ; elle croît dans les forêts de Pins voisines du littoral. Son introduction en Europe est également due à Douglas. Elle fleurit au printemps et ne prospère que dans les terrains légers.

SECTION II. ÉPIMÉDINÉES. — *Epimedineæ* Spach.

Feuilles imparipennées, ou biternées, ou triternées, ou bifoliolées, stipulées. Pétiole articulé et renflé à sa base ainsi qu'à ses ramifications et à l'insertion des folioles. Stipules minimes, squamuliformes, non-persistantes. Ovules obliquement horizontaux, attachés à un placentaire sutural. Péricarpe folliculaire, bivalve. Embryon petit, apicilaire : cotylédons très-courts.

Genre ÉPIMÉDIUM. — *Epimedium* Linn.

Sépales 10 (disposés en ordre binaire), inonguiculés, pétaloïdes : les 6 extérieurs petits, caducs avant l'épanouissement ; les 4 intérieurs égaux, caducs avec les pétales. Pétales 4, égaux, inonguiculés, cuculliformes, ou prolongés postérieurement en éperon creux. Étamines 4, dressées, conniventes : filets très-courts. Anthères oblongues, courtement appendiculées au sommet : bourses à valvule antérieure aussi grande que la valvule postérieure ; connectif étroit. Ovaire 6- ou pluri-ovulé, columnaire, rétréci à la base ; placentaire nerviforme, sutural. Ovules 2-sériés ou nidulants, obliquement horizontaux. Style excentrique, filiforme, épaissi au sommet, rectiligne. Stigmate indivisé ou bilobé, petit, subdisciforme. Follicule 2-valve, siliquiforme, oligo- ou poly-sperme. Graines (1) oblongues, enveloppées d'un arille membraneux.

Herbes vivaces, plus ou moins poilues : poils claviformes et colorés au sommet. Rhizome rampant, grêle, parsemé d'écailles subcoriaces. Tiges solitaires, très-simples, cylindriques, ordinairement monophylles au sommet et aphylles inférieurement. Feuilles tantôt biternées, tantôt triternées ou incomplétement triternées (c'est-à-dire, que l'une ou deux des ramifications tertiaires du pétiole ne produisent qu'une ou deux folioles) : les radicales dressées, accompagnées d'une ligule membraneuse amplexicaule ; les caulinaires bistipulées : stipules minimes, inadhérentes, membranacées, peu persistantes ; folioles cordiformes-bilobées à leur base, palmatinervées, acuminées, pétiolulées. Pétiole commun plus ou moins barbu aux articulations : celui des feuilles radicales cylindrique presque dès la base ; celui de la feuille caulinaire semi-cylindrique jusqu'à la première trifurcation. Inflorescence centrifuge. Pédoncules solitaires, terminaux, oppositifoliés, multiflores et paniculés, ou rarement pauciflores, uni-bractéolés et articulés aux ramifications ; pédicelles nutants (pendants avant la floraison; les fructifères divariqués), grêles, cupuliformes au sommet, disposés en grappes ou en cymules ; bractées petites, membranacées, apprimées. Sépales étalés, carénés au dos, inonguiculés, violets, ou pourpres, ou blanchâtres : les 6 extérieurs cymbiformes, dissemblables, anisomètres; les 4 intérieurs planes ou naviculaires. Pétales blancs, ou violets, ou jaunâtres, gibbeux et nectarifères au fond du capuchon ou de l'éperon, étalés horizontalement, ou dressés. Étamines plus courtes que les pétales. Filets gros, subtétragones, blanchâtres. Anthères jaunes, un peu compri-

(1) D'après les observations de M. Decaisne sur l'*Epimedium alpinum* ; les graines des autres espèces sont inconnues.

mées; bourses presque contiguës postérieurement, séparées antérieurement par un connectif linéaire : appendice apicilaire ovale-triangulaire, pointu. Réceptacle annulaire.

Ce genre renferme six ou sept espèces; celles dont nous allons donner la description se cultivent comme plantes d'ornement.

SECTION I. MICROCERAS Decaisne et Morr.

Pétales (en forme de capuchon conique, tronqué à la base, très-obtus, non éperonné) jaunâtres, un peu plus courts que les sépales correspondants, rectilignes, étalés horizontalement. Ovaire 6-ovulé : ovules bisériés.

ÉPIMÉDIUM DES ALPES. — *Epimedium alpinum* Linn. — Schk. Handb. tab. 24. — Engl. Bot. tab. 438. — *Epimedium pubigerum* Decaisne et Morr.

Feuilles bi- ou tri-ternées. Pétiole barbu aux articulations. Folioles cordiformes-ovales, ou cordiformes-oblongues, acuminées, denticulées, ou denticulées-ciliolées. Stipules ovales, squamuliformes. Panicule lâche, poilue, ordinairement plus courte que la feuille. Sépales intérieurs ovales-cymbiformes, pointus.

Plante haute de un demi-pied à 1 1/2 pied. Rhizome brunâtre, garni de longues radicelles filiformes. Tiges dressées, glabres, striées, ordinairement monophylles au sommet et aphylles inférieurement, ou rarement garnies d'une feuille infrà-apicilaire et d'une feuille terminale. Feuilles triangulaires en leur contour, et, en général, plus larges que longues : les radicales atteignant jusqu'à 1 1/2 pied de long; les caulinaires longues de 4 pouces à 1 pied. Pétiole aussi gros que la tige (celui des feuilles caulinaires trifurqué à 1 à 2 pouces de distance de sa base), parsemé (outre les barbes des renflements) de poils épars blanchâtres, horizontaux, persistants, ou non-persistants; barbes persistantes, à poils un peu crépus, rougeâtres au sommet. Pétiolules très-grêles : les latéraux en général plus courts que leur foliole; les terminaux aussi longs ou plus longs que leur foliole. Folioles longues de 6 lignes à 4 pouces, tantôt aussi larges que longues, tantôt moins larges que longues, glabres et d'un vert gai en dessus, pubérules ou glabres et d'un vert glauque en dessous (les naissantes pubescentes aux 2 faces), minces, mais fermes et persistant jusque vers la fin de l'hiver : les terminales (de chaque trifurcation) équilatérales et à lobes basilaires arrondis, tantôt plus grandes que les latérales, tantôt moins grandes; les latérales très-inéquilatérales, à lobes basilaires souvent dissemblables (l'un, plus court, arrondi; l'autre, plus long, triangulaire et pointu). Panicule plus ou moins abondamment garnie de poils semblables à ceux des pétioles; rachis très-grêle, avant la floraison récliné, puis dressé; ramifications 2-9-flores (1-flores vers le sommet de la panicule), subdivariquées, subunilatérales, inclinées au sommet; pédicelles filiformes, horizontaux, longs de 2 à 8 lignes. Bractées ovales ou ovales-lancéolées, petites. Fleurs glabres. Sépales dissemblables (les 6 extérieurs d'un violet verdâtre; les 4 intérieurs d'un pourpre foncé) : les 2 extérieurs (bractéoles des auteurs) minimes, oblongs, subnaviculaires; les 2 suivants obtus, cymbiformes-oblongs, carénés; les 2 de la 3ᵉ série obtus, cymbiformes-elliptiques, de moitié plus larges et un peu plus courts que les précédents; les 4 intérieurs (pétales des auteurs) presque égaux, longs d'environ 3 lignes. Pétales (nectaires ou staminodes des auteurs) appliqués contre les sépales correspondants et à peu près aussi larges que ceux-ci, d'un jaune pâle. Étamines un peu plus longues que le pistil. Style à peine aussi long que l'ovaire.

Cette espèce, nommée vulgairement *Chapeau d'évêque*, croît dans les Alpes du Piémont et de l'Autriche, ainsi que dans les montagnes du midi de l'Europe orientale, et de l'Asie Mineure. Elle fleurit en avril et mai.

SECTION II. MACROCERAS Decaisne et Morr.

Pétales blancs ou violets, connivents (par paires), à lame dressée, bombée, arrondie, prolongée postérieurement en éperon ascendant et plus long que le sépale correspondant. Ovaire multi-ovulé : ovules irrégulièrement quadri-sériés.

ÉPIMÉDIUM A GRANDES FLEURS. — *Epimedium macranthum*

Decaisne et Morr. in Ann. des Sciences Nat. 1834, v. 2, tab. 13. — Bot. Reg. tab. 1906.

Feuilles biternées ou triternées. Fleurs (panachées de blanc et de violet) en grappe, ou en panicule peu rameuse, lâche, plus longue que la feuille. Sépales intérieurs ovales-lancéolés, subnaviculaires, carénés, de moitié plus courts que l'éperon des pétales, un peu plus longs que la lame des pétales.

Plante haute de 1/2 pied à 1 pied. Rhizome brunâtre, très-grêle, garni de longues radicelles filiformes. Tiges dressées, cylindriques, striées, glabres, très-grêles, ordinairement monophylles. Feuilles tantôt glabres (excepté aux articulations du pétiole), tantôt poilues : les radicales longues de 6 à 12 pouces; la caulinaire longue de 3 à 6 pouces. Pétiole commun aussi gros que la tige (celui de la feuille caulinaire trifurqué peu au-dessus de sa base), barbu aux articulations de courts poils crépus; ramifications primaires et secondaires très-grêles. Pétiolules filiformes : les latéraux (de chaque trifurcation) en général très-courts; les terminaux aussi longs ou plus longs que leur foliole. Folioles longues de 4 lignes à 2 pouces, larges de 2 lignes à 1 pouce, d'un vert gai et luisantes en dessus, d'un vert pâle en dessous, ovales, ou ovales-lancéolées, ou ovales-oblongues, acuminées, cordiformes ou cordiformes-bilobées à la base, denticulées-ciliolées : les latérales inéquilatérales; les terminales équilatérales; lobes basilaires arrondis. Stipules minimes, dentiformes. Grappe 5-9-flore, poilue ou glabre, longuement pédonculée : rachis grêle, dressé. Pédicelles longs de 2 à 6 lignes, rougeâtres, plus ou moins défléchis, inclinés au sommet. Bractées minimes, rougeâtres, pointues. Les 6 sépales extérieurs d'un pourpre violet lavé de vert; les 2 externes minimes; les 4 suivants oblongs-naviculaires, longs de 2 à 3 lignes. Les 4 sépales intérieurs (pétales des auteurs) longs d'environ 5 lignes, blanchâtres avec un bord violet. Pétales (nectaires des auteurs) longs de près de 1 pouce (y compris l'éperon), blancs : lame cunéiforme-orbiculaire, presque 2 fois plus courte que l'éperon; éperon conique à la base, graduellement rétréci vers l'extrémité, obtus, plus ou moins arqué. Étamines débordées par le style, de moitié plus courtes que la lame des pétales. Style grêle, rectiligne, épaissi au sommet, plus long que l'ovaire. Stigmate disciforme, très-entier, à peine plus large que le sommet du style.

Cette espèce, originaire du Japon, a été introduite en Europe, il y a peu d'années, par M. de Siebold. Elle fleurit en avril et mai.

ÉPIMÉDIUM DE MUSSCHE.—*Épimedium Musschianum* Morr. et Decaisne, in Ann. des Sciences Nat. 1834, v. 2, p. 353.

« Feuilles ternées. Fleurs d'un blanc sale, disposées en pa-
» nicule. Pétales (nectaires) plus grands que les sépales corres-
» pondants. Style filiforme, subcentral. Stigmate sublobé. »

Tige haute de un demi-pied, et plus, grêle, verte, légèrement poilue, barbue aux articulations. Feuilles caulinaires longuement pétiolées; pétiolules inégaux : les latéraux longs de 2 pouces; le terminal long de 2 ½ pouces. Folioles cordiformes, acuminées, ciliées-denticulées, d'un vert foncé en dessus, finement pubérules et glauques en dessous : la terminale équilatérale; les latérales obliques. Panicule oppositifoliée, plus courte que la feuille, plus ou moins rameuse (quelquefois simple), lâche. Pédicelles aussi longs ou plus longs que les fleurs, uni-bractéolés à leur base. Bractéoles apprimées, membranacées, pubescentes, ovoïdes. Sépales (les 6) extérieurs ovales-oblongs, pointus, d'un blanc sale (souvent lavés de rouge ou de jaune avant l'épanouissement), étalés, finalement réfléchis. Les 4 sépales intérieurs ovales, pointus, ondulés aux bords, étalés, plus longs que les sépales extérieurs, un peu plus courts que les pétales (nectaires). Pétales pointus, curvilignes, blancs. Étamines débordées par le style; filets courts, comprimés; anthères ovales-oblongues. Style aussi long que l'ovaire. Stigmate subbilobé. (*Morr. et Decaisne*, l. c.)

Cette espèce a été introduite du Japon en Europe, par M. de Siebold.

ÉPIMÉDIUM VIOLET. — *Epimedium violaceum* Morr. et Decaisne, in Ann. des Sciences Nat. 1834, vol. 2, p. 354; tab. 2.

« Feuilles triternées. Fleurs violettes, subsolitaires. Pétales » (nectaires) plus longs que les sépales correspondants. Style fi- » liforme, sublatéral. »

Tige haute de 4 à 6 pouces, subflexueuse, rougeâtre, poilue aux articulations; poils blancs. Pétiole commun long de 1 demi-pouce; pétioles-secondaires longs de 2 à 4 pouces, horizontaux, velus; pétiolules longs de 1 ½ pouce à 2 pouces. Folioles cordiformes, acuminées, entières, ciliées, 3-5-nervées à la base : la terminale équilatérale; les latérales inéquilatérales; les jeunes pubérules aux 2 faces; les adultes glabrescentes. Pédoncules oppositifoliés, plus longs que les feuilles, pauciflores, rectilignes, fermes, très-glabres. Pédicelles nutants, pubérules, bractéolés à la base. Fleurs larges d'environ 14 lignes. Sépales rougeâtres, ovales, inégaux : les extérieurs petits; les 4 intérieurs ovales-lancéolés, égaux, à peu près 3 fois plus longs que les extérieurs, un peu plus courts que les pétales. Pétales longuement éperonnés. Étamines débordées par le style. Style à peu près aussi long que l'ovaire, un peu épaissi au sommet. Stigmate disciforme, plane. (*Morren et Decaisne*, l. c.)

Cette espèce, originaire du Japon, a été introduite en Europe par M. de Siebold, il y a quelques années.

Genre ACÉRANTHE. — *Aceranthus* Decaisne et Morr.

Sépales 8 (disposés en ordre binaire), inonguiculés, pétaloïdes : les 4 extérieurs plus petits, caducs avant l'épanouissement; les 4 intérieurs égaux, étalés, caducs avec les pétales. Pétales 4, obovales, planes, non-éperonnés. Étamines 4 : filets courts; anthères oblongues, courtement appendiculées au sommet. Ovaire oblong, pluri-ovulé. Style filiforme. Stigmate petit, obtus. Péricarpe et graines inconnus.

Herbe vivace. Tige monophylle au sommet, aphylle inférieurement. Feuilles à pétiole bifurqué : les 2 ramifications en général 1-foliolées; ou moins souvent l'une des ramifications 1-foliolée, l'autre 3-foliolée. Fleurs blanches, disposées en grappe terminale oppositifoliée.

L'espèce suivante constitue à elle seule le genre :

Acéranthe diphylle. — *Aceranthus diphyllus* Morr. et Decaisne, in Ann. des Sciences Nat. 1834, v. 2, p. 350; tab. 14. — *Épimedium diphyllum* Lodd. Bot. Cab. tab. 1858. — Bot. Mag. tab. 3448.

Plante haute de quelques pouces à un demi-pied. Tige dressée, filiforme, subflexueuse, légèrement barbue à l'origine du pétiole. Pétiole-commun long de 6 à 12 lignes. Folioles longues d'environ 18 lignes, sur 9 lignes de large, d'un vert gai et glabres en dessus, glauques et pubérules en dessous, obliquement cordiformes, obtuses, subciliolées; lobes basilaires inégaux : le plus grand ordinairement arrondi, l'autre pointu ou obtus. Pétiolules à peu près aussi longs que le pétiole commun. Grappe lâche, unilatérale, 3-7-flore, non-bractéolée. Pédoncule commun à peu près aussi long que la tige. Pédicelles épars, défléchis, inclinés au sommet, glabres, longs d'environ 6 lignes. Fleurs nutantes, un peu plus grandes que celles du Muguet. Les 4 sépales intérieurs oblongs-cymbiformes, un peu plus courts que les pétales. Étamines de moitié plus courtes que les pétales, débordées par le style; anthères à appendice apicilaire ovale-oblong.

Cette plante, originaire du Japon, où on la cultive dans les jardins, a été introduite en Europe par M. de Siebold.

Section III. LÉONTICINÉES. — *Leonticineæ* Spach.

Feuilles ternati-décomposées, ou digitées, ou rarement impari-pennées, non-stipulées, inarticulées : pétiole à base élargie et amplexicaule. Ovules renversés, attachés (moyennant des funicules dressés) à un placentaire basilaire (prolongé sous forme de nervure jusqu'au sommet de la loge). Péricarpe : follicule indéhiscent, ou irrégulièrement ruptile, vésiculeux, membranacé. Embryon le plus souvent beaucoup plus petit que le périsperme : cotylédons très-courts.

Genre LÉONTICÉ. — *Leontice* Linn.

Sépales 9 (disposés en ordre ternaire), courtement onguiculés. Pétales 6 (accidentellement 5), minimes, courtement onguiculés, spathulés-cunéiformes, condupliqués, fovéolés à la base. Étamines 6, conniventes; filets linéaires-tétraèdres, non-dentés au sommet, un peu plus longs que les anthères. Anthères innées, ovales, mucronées, comprimées bilatéralement; connectif inapparent; bourses à valvules très-inégales. Ovaire obliquement obové, vésiculeux, 1-3-ovulé, rétréci au sommet. Style court, terminal. Stigmate oblique, cyathiforme, condupliqué, plissé. Follicule indéhiscent, membranacé, bouffi, réticulé, 1-3-sperme. Graines subglobuleuses, inarillées.

Herbes vivaces, glabres, glauques, ayant le port des *Bulbocapnos*. Rhizome tubéreux. Tiges simples, feuillées. Feuilles radicales et feuilles caulinaires inférieures longuement pétiolées, tantôt triternées ou biternées, tantôt à 3 pétioles secondaires, chacun digité-2-5-foliolé. Feuilles caulinaires supérieures digitées-3-5-foliolées, subsessiles. Folioles subsessiles, ou sessiles, très-entières, ou subbilobées, non-coriaces, 3-ou 5-nervées. Fleurs jaunâtres, de grandeur médiocre, disposées en grappes axillaires et terminales, solitaires, pédonculées, dressées. Pédicelles solitaires ou rarement géminés à l'aisselle d'une bractée, nus, grêles, dilatés en forme de cupule au sommet, dressés pendant la floraison, puis plus ou moins divergents. Bractées subfoliacées, embrassantes : les inférieures plus grandes, quelquefois lobées au sommet. Ovules collatéraux ou bisériés : funicules stipitiformes. Follicules articulés aux pédicelles, finalement caducs. Graines brunâtres, non-luisantes : tégument subcoriace; chalaze et raphé peu apparents. Périsperme blanchâtre, corné, creusé d'une excavation (remplie par un repli du tégument) centrale, terminale, plus ou moins profonde. Embryon soit très-court (dans le *Leontice Leontopetalum*), soit presque aussi long que le périsperme (dans le *Leontice vesicaria*), central, infra-apicilaire (l'extrémité de la radicule correspondant au fond de la cavité du périsperme); radicule conique ou columnaire, obtuse; cotylédons suborbiculaires.

Dans ses limites actuelles, ce genre ne se compose que de 2 espèces, dont voici la plus notable :

Léonticé Léontopétale.—*Leontice Leontopetalum* Linn. — Lobel. Ic. 685. — Barrel. Ic. 1029 et 1030. — Lamk. Ill. tab. 254, fig. 1.

Plante haute de 1/2 pied à 2 pieds. Rhizome arrondi, chevelu, atteignant le volume d'un poing et plus, d'un vert jaunâtre en dedans, d'une saveur sucrée. Tige dressée, cylindrique, lisse. Feuilles semblables à celles de la *Pivoine officinale* : les radicales et les caulinaires inférieures atteignant jusqu'à 1 pied de long. Folioles longues de 1/2 pouce à 1 pouce, suborbiculaires, ou obovales, ou elliptiques, obtuses, ou acuminulées, très-entières, ou irrégulièrement bilobées au sommet. Grappes assez denses, multiflores, longues de 2 à 6 pouces. Pédicelles fructifères longs de 1 à 3 pouces, raides. Bractées beaucoup plus courtes que les pédicelles, suborbiculaires, ou obovales, quelquefois lobées au sommet. Sépales oblongs-obovales, obtus, longs d'environ 3 lignes. Pétales 2- ou 3-lobés au sommet, un peu plus courts que les filets. Étamines plus longues que les pétales, un peu plus courtes que le pistil. Follicules longs de 12 à 18 lignes, scarieux, subdiaphanes, obovés, acuminés. Graines brunes, non-luisantes, du volume d'un gros Pois.

Cette espèce croît dans les champs, en Italie, en Grèce, en Syrie et dans l'Asie Mineure. Elle fleurit dès la fin de l'hiver. En Orient, on se sert de ses racines pour dégraisser les habits.

Genre BONGARDIA. — *Bongardia* C. A. Meyer.

Sépales 6, inonguiculés. Pétales 6, flabelliformes, subonguiculés, planes, fovéolés à la base. Étamines 6, conniventes : filets très-courts, sublinéaires, non-dentés. Anthères oblongues, adnées, comprimées, appendiculées au sommet; connectif inapparent; bourses à valvules isomètres, presque égales. Ovaire ovoïde, 8-ovulé, vésiculeux, non-stipité, rétréci en col au sommet. Stigmate irrégulièrement sinueux et plissé, cyathiforme, mince. Follicule indéhiscent, membranacé, bouffi, réticulé, par avortement 1-4-sperme. Graines subglobuleuses, inarillées.

Herbe vivace, glauque, très-glabre. Feuilles (toutes radicales) impari-pennées. Tige nue, simple. Fleurs jaunes, de grandeur médiocre, disposées en panicule terminale aphylle, bractéolée aux ramifications. Bractées petites, scarieuses. Graines à périsperme non-fovéolé au sommet, mais offrant une cavité axile, au sommet de laquelle est niché l'embryon. Embryon minime, 2 à 3 fois plus court que le périsperme : radicule courte, claviforme, très-obtuse; cotylédons elliptiques, plus courts que la radicule. Funicules courts.

Ce genre n'est fondé que sur l'espèce suivante :

Bongardia Chrysogone. — *Bongardia Rauwolffii* et *Bongardia Oliverii* C. A. Meyer, Enum. Plant. Caucas. p. 174. — *Leontice Chrysogonum* Linn. — Mor. Hist. 2, sect. 3, tab. 15, fig. 7.

Plante haute de 1/2 pied à 2 pieds. Tubercule rougeâtre. Tige dressée. Feuilles atteignant jusqu'à 1 pied de long. Folioles opposées ou subverticillées, cunéiformes-oblongues, ou cunéiformes, ou ovales-oblongues, ou oblongues, très-entières, ou incisées-dentées au sommet, sessiles. Panicule composée de grappes pauciflores lâches. Pédicelles grêles, raides, longs de 2 à 4 pouces. Sépales longs d'environ 5 lignes, inonguiculés, obovales, subdiaphanes. Pétales un peu plus courts que les sépales. Étamines un peu plus courtes que les pétales : anthères à appendice apicilaire dentiforme-triangulaire, pointu; valvules antérieures à peine plus larges que les valvules postérieures. Follicules longs d'environ 5 lignes, rougeâtres, scarieux, subdiaphanes. Graine d'un brun de Châtaigne, du volume d'un petit Pois.

Cette plante croît en Grèce et dans les îles de l'Archipel, ainsi qu'en Orient et en Perse. Elle se plaît dans les localités découvertes, et fleurit dès la fin de l'hiver. Les Persans en mangent les tubercules, soit cuits, soit rôtis.

Genre GYMNOSPERMIUM. — *Gymnospermium* Spach.

Sépales 6 (disposés en ordre ternaire ; ou accidentellement 4, disposés en ordre binaire), pétaloïdes, inonguiculés, presque égaux. Pétales 6 (accidentellement 4), minimes, courtement onguiculés, spathulés-cunéiformes, condupliqués, fovéolés à la base. Etamines 6 (accidentellement 4), conniventes; filets filiformes, non-dentés au sommet, plus longs que les anthères. Anthères cordiformes-ovales, mucronées : connectif linéaire, postérieur; bourses à valvules inégales. Ovaire ovoïde, substipité, vésiculeux, 2-4-ovulé, s'ouvrant au sommet peu après la floraison. Style filiforme, terminal, plus court que l'ovaire, un peu courbé. Stigmate subcapitellé, bilobé, papilleux. Follicule cyathiforme, membranacé, hiant au sommet longtemps avant la maturité, 1-2-sperme. Graines subglobuleuses, recouvertes d'un arille membraneux et prolongé au delà de l'exostome en crête membraneuse plissée.

Herbe vivace, à rhizome tuberculiforme. Tige très-simple, monophylle au sommet, aphylle inférieurement. Feuilles décomposées : les radicales (en général solitaires) longuement pétiolées; la caulinaire subsessile. Pétiole commun à 3 ramifications courtes et subisomètres, chacune digitée 3-5-foliolée. Folioles subsessiles ou courtement pétiolulées, très-entières, non-coriaces, 3-ou 5-nervées. Fleurs petites, blanchâtres, disposées en grappe terminale sessile. Pédicelles filiformes, nus, naissant chacun à l'aisselle d'une bractée embrassante, foliacée, très-entière, persistante.

Ce genre est remarquable par son fruit, qui s'ouvre au sommet peu après la floraison, de sorte que les graines, longtemps avant la maturité, se trouvent tout à fait à nu, et ne tardent pas à déborder l'embouchure du péricarpe. On ne connaît d'autre espèce que la suivante :

GYMNOSPERMIUM DE L'ALTAÏ. — *Gymnospermium altaicum* Spach. — *Leontice altaica* Pallas, Act. Petrop. 1779, p. 257, tab. 8, fig. 1, 2, 3. — *Leontice odessana* Fisch.

Plante très-glabre, haute de quelques pouces à 1 pied, ayant le port des *Bulbocapnos*. Rhizome subglobuleux, du volume d'une Cerise, garni de radicelles filiformes. Tige grêle, dressée, glabre, ordinairement solitaire. Feuille radicale presque aussi longue que la tige : pétiole commun filiforme, beaucoup plus long que les folioles. Feuille caulinaire débordée par la grappe. Ramifications primaires du pétiole plus courtes que les folioles. Folioles longues de 4 lignes à 1 pouce, larges de 2 à 6 lignes, d'un vert glauque, oblongues, ou elliptiques-oblongues, obtuses, arrondies ou cunéiformes à la base, souvent inéquilatérales : les terminales en général plus grandes que les latérales. Grappe longue de 1 pouce à 2 pouces, lâche : rachis grêle, flexueux. Pédicelles filiformes, longs de 3 à 6 lignes, épaissis en forme de cupule au sommet. Bractées elliptiques ou ovales-elliptiques, obtuses, striées, à peu près aussi longues que les pédicelles. Sépales longs de 3 à 4 lignes, larges de 1 ligne à 2 lignes, finement striés, oblongs, ou oblongs-spathulés, arrondis ou tronqués ou subtrilobés au sommet. Pétales longs à peine de 1 ligne, bifides ou trilobés au sommet, ascendants, creusés antérieurement, au-dessus de leur base, d'une fovéole nectarifère. Étamines débordées par le pistil : filets élargis au sommet, de moitié plus longs que les anthères, un peu plus longs que les pétales. Anthères innées ; bourses contiguës antérieurement ; valvules postérieures de moitié plus larges mais à peine plus longues que les valvules antérieures. Ovules collatéraux ou bisériés : funicules courts, filiformes. Follicule court, de 3 à 4 lignes de diamètre, presque diaphane, veineux, d'ordinaire monosperme par avortement. Graines jaunâtres ou brunâtres, non-luisantes, du volume d'un petit Pois : raphé filiforme, superficiel ; chalaze peu apparente ; tégument mince, crustacé, adhérent au périsperme. Périsperme blanc, corné, creusé d'une profonde excavation (remplie par un repli du tégument) centrale, terminale : embryon minime, rectiligne, central, infra-apicilaire (l'extrémité de la radicule correspondant au fond de la cavité du périsperme) : radicule conique, obtuse, infère ; cotylédons courts, suborbiculaires, un peu écartés.

Cette plante croît dans l'Altaï et dans les contrées voisines de la mer Noire. Ses tubercules sont mangeables.

Genre CAULOPHYLLUM. — *Caulophyllum* Michx.

Sépales 9 (disposés en ordre ternaire) : les 3 extérieurs inégaux, membranacés, caducs dès l'épanouissement ; les 6 intérieurs égaux, pétaloïdes, courtement onguiculés. Pétales 6, minimes, onguiculés, planes, non-fovéolés. Étamines 6, conniventes, à peine plus longues que les pétales : filets tétraèdres-ancipités, bidentés au sommet. Anthères suborbiculaires, très-obtuses ; connectif linéaire, postérieur ; bourses à valvules presque égales. Ovaire obliquement obové, membranacé, bi-ovulé, s'ouvrant peu après la floraison. Style court, dentiforme, obtus, sublatéral. Stigmate inapparent. Follicule vésiculeux, irrégulièrement ruptile longtemps avant la maturité, 2-sperme, ou par avortement monosperme. Graines globuleuses : tégument extérieur (arille?) charnu, bleu.

Herbe vivace. Tiges très-simples, monophylles au sommet, ou diphylles, nues inférieurement. Feuilles triternées (la caulinaire terminale ordinairement biternée) : les radicales longuement pétiolées ; les caulinaires subsessiles. Folioles lobées au sommet, flasques, pétiolulées. Fleurs petites, disposées en panicule terminale, aphylle, pédonculée, racémiforme, composée de cymules. Pédicelles courts, 1-bractéolés à la base et vers le sommet : les fructifères

pendants. Les 3 sépales extérieurs d'un jaune verdâtre : l'un minime, ovale-dentiforme; les deux autres presque égaux, oblongs. Les 6 sépales intérieurs jaunâtres, étalés, un peu connivents, bombés, lancéolés-obovales, ou obovales, ou obovales-orbiculaires, très-obtus. Pétales dolabriformes, ou subréniformes, ou cunéiformes-orbiculaires. Ovules collatéraux : funicules gros, courts, dressés.

Ce genre, dont le fruit offre la même particularité que celui du *Gymnospermium*, n'est fondé que sur l'espèce suivante :

Caulophyllum Faux-Thalictrum. — *Caulophyllum thalictroides* Michx. Flor. Bor. Amer. 1, tab. 21. — *Leontice thalictroides* Linn. — R. Brown, in Linn. Trans. 12, p. 145, tab. 7.

Plante glabre, haute de 1 pied à 2 pieds. Tige dressée, anguleuse, striée. Feuilles radicales dressées, atteignant 1 pied de long. Feuilles caulinaires longues de 3 à 6 pouces. Folioles longues de 6 lignes à 2 pouces, larges de 4 à 15 lignes, glauques, incisées-trilobées au sommet (rarement 5-lobées, ou inégalement bilobées, ou très-entières) : les latérales oblongues, ou cunéiformes-oblongues, ou ovales, ou ovales-oblongues, ou rarement cunéiformes, courtement pétiolulées, en général inéquilatérales; les terminales cunéiformes ou ovales, plus longuement pétiolulées, équilatérales, en général plus grandes. Panicule assez dense, longue d'environ 1 pouce : cymules 3-7-flores, subsessiles, ou courtement pédonculées. Bractéoles petites. Les 6 sépales intérieurs (pétales des auteurs) longs d'environ 2 lignes. Pétales 2 à 3 fois plus courts que les sépales correspondants.

Cette plante croît au Canada et dans les montagnes des États-Unis.

IIe TRIBU. LES PODOPHYLLÉES. — *PODOPHYLLEÆ* De Cand.

Sépales et pétales disposés en symétrie alternante. Sépales uni-sériés, caducs dès l'épanouissement. Pétales en nombre double ou triple des sépales, 2-à 4-sériés, planes, non-fovéolés, ni glandulifères à la base. Étamines au nombre de 6 *à* 18.

Genre PODOPHYLLUM. — *Podophyllum* Linn.

Sépales 3 (accidentellement 4), égaux, cymbiformes, herbacés, inonguiculés. Pétales 6 à 12 (2-4-sériés en ordre ternaire, ou accidentellement en ordre quaternaire), courtement onguiculés : les extérieurs plus larges. Étamines 9-18 (en général une série de plus que les pétales) ; filets courts, comprimés. Anthères linéaires, obtuses : connectif large, linéaire ; bourses latéralement adnées, à 2 valvules égales : la valvule postérieure se détachant du connectif sans se séparer de la valvule antérieure. Ovaire gros, ovoïde, obscurément trigone, sans suture ; placentaire pariétal, nerviforme, gros, multi-ovulé, finalement pulpeux. Ovules plurisériés, superposés, horizontaux. Stigmate subsessile, pelté, charnu, ovoïde, irrégulièrement sinueux et plissé. Baie charnue, polysperme. Graines ovales, comprimées, inarillées, marginées d'un côté, subrostrées au sommet.

Herbe vivace, ayant le port du *Sanguinaria*. Rhizome rampant, charnu, grêle, nu, garni de distance en distance d'un faisceau de racines grêles et peu rameuses ; à chaque faisceau de racines correspond un petit prolongement gemmifère. Bourgeons écailleux, produisant soit seulement une feuille radicale, soit une feuille radicale et une tige florifère. Tige très-simple, cylindrique, aphylle jusqu'au sommet, terminée par deux feuilles opposées. Feuilles longuement pétiolées, non-stipulées, peltées (lame réfléchie et chiffonnée en estivation) : les radicales exactement médifixes, suborbiculaires, profondément lobées; les caulinaires infra-médifixes ou presque basifixes, profondément palmatifides. Pétioles cylindriques, dressés, inarticulés : les caulinaires un peu élargis et connés à la base, continus avec la tige. Fleurs odorantes, assez grandes, blanches, terminales, solitaires : pédoncule incliné, nu, grêle, naissant entre l'insertion des 2 pétioles, beaucoup plus court que ceux-ci, dilaté en forme de disque au sommet.

Ce genre n'est fondé que sur l'espèce suivante (1) :

Podophylle pelté. — *Podophyllum peltatum* Linn. — Bigel. Mat. Med. tab. 35. — Bot. Mag. tab. 1819. — *Podophyllum callicarpum* Rafin. Flor. Ludov. (ex Torr. et Gray.)

Rhizome grêle, brunâtre, charnu. Écailles des bourgeons peu nombreuses, en partie souterraines, grandes, subscarieuses, striées, oblongues : la terminale subfoliacée au sommet, mucronée, atteignant jusqu'à 3 pouces de long. Tige dressée, finement cannelée, grêle, charnue, blanchâtre, glabre, haute de 6 à 18 pouces. Feuilles d'un vert gai en dessus, d'un vert pâle ou un peu glauques en dessous, larges de 5 à 10 pouces, minces, fendues presque jusqu'à leur base ou leur centre en 5 à 11 segments penni-veinés, cunéiformes-oblongs, ou lancéolés-oblongs, ou lancéolés-obovales, tantôt bi- ou tri-fides au sommet (lobules obtus, ou pointus, très-entiers, ou sinués-dentés, ou sinuolés-denticulés), tantôt seulement sinués-dentés ou sinuolés-denticulés au sommet, munis chacun d'une côte assez grosse : les 2 segments basilaires souvent sinuolés-denticulés au bord inférieur ; les autres segments en général très-entiers jusque vers leur sommet. Feuilles caulinaires en général plus larges que longues, à base tantôt réniforme, tantôt plus ou moins profondément cordiforme, tantôt

(1) M. Royle (*Illustr. of Himal. Plant.*) fait mention de deux espèces nouvelles, indigènes dans l'Himalaya ; mais il nous paraît douteux que ce soient de vrais *Podophyllum*.

(mais moins souvent) tronquée. Pétiole des feuilles radicales long de 5 pouces à 1 pied, presque aussi gros que les tiges. Pétiole des feuilles caulinaires long de 3 à 6 pouces, plus grêle que la tige. Pédoncule long de 8 à 15 lignes, récliné après la floraison. Fleurs larges d'environ 16 à 20 lignes, nutantes. Sépales longs d'environ 8 lignes, larges de 3 lignes, obovales, très-obtus, verdâtres, membraneux aux bords. Pétales très-obtus, flabelliveinés : les extérieurs cunéiformes-obovales; les intérieurs elliptiques-oblongs, ou obovales-oblongs, à peu près aussi longs que les intérieurs, mais au moins de moitié moins larges. Étamines à peu près aussi longues que le pistil, 2 fois plus courtes que les pétales : les intérieures un peu plus longues que les extérieures; filets blanchâtres; anthères d'un jaune pâle, 3 à 4 fois plus longues que les filets. Stigmate d'un jaune verdâtre. Baie du volume d'une petite Prune, jaunâtre, pendante, ovoïde, ou subglobuleuse, ou ellipsoïde, rétrécie au sommet en un court col couronné par le stigmate. Graines longues d'environ 3 lignes, nidulantes, subhorizontales, brunâtres, non-luisantes : tégument lisse, membraneux, adhérent au périsperme. Périsperme corné, blanchâtre. Embryon petit (environ 4 fois plus court que le périsperme), apicilaire, subcylindracé : radicule columnaire, atténuée au sommet, à peu près aussi longue que les cotylédons; cotylédons ovales, foliacés, contigus.

Cette espèce croît en Amérique, dans les forêts et les prairies humides, depuis la Louisiane jusqu'au Canada. On la cultive comme plante d'ornement. Ses fleurs, qui paraissent en mai, répandent une odeur aromatique, analogue à celle des fleurs du *Magnolia glauca*. Le fruit est acidule et mangeable. La racine est un purgatif fréquemment employé aux États-Unis.

VINGT-DEUXIÈME CLASSE.

LES OMBELLIFLORES.

UMBELLIFLORÆ Bartl.

CARACTÈRES.

Arbres, ou *arbrisseaux,* ou *herbes.* Tiges et rameaux cylindriques ou anguleux, souvent noueux avec articulation.

Feuilles alternes (moins souvent soit opposées, soit verticillées, soit éparses), non-stipulées, pétiolées (par exception sessiles), simples (soit très-entières, soit dentées, soit lobées ou incisées), ou digitées, ou pennées, ou décomposées.

Fleurs régulières, ou quelquefois irrégulières, hermaphrodites (rarement dioïques ou polygames), disposées en ombelles (soit simples, soit composées), ou moins souvent en panicules, ou en cymes, ou en épis, ou en grappes, ou en capitules.

Calice adhérent (en général presque jusqu'au sommet); limbe tronqué, ou 5-denté (rarement 6-8-denté, ou 4-denté), ou 4-5-fide, épigyne, ou rarement périgyne, le plus souvent persistant; estivation distante ou valvaire.

Disque annulaire, ou convexe, ou laminaire, épigyne (rarement périgyne), charnu, souvent confluent avec la base des styles.

Pétales (par exception nuls) 4 ou 5 (rarement 6 à 8), alternes avec les dents calicinales, insérés sous le disque (rarement sur le disque), unisériés (par exception bisériés : les intérieurs insérés devant les extérieurs); estivation valvaire ou imbricative.

Étamines en même nombre que les pétales et alternes avec ceux-ci (rarement en nombre double des pétales; par exception en nombre indéfini, ou en plus petit nombre que les pétales), épigynes (insérées sous le disque), ou rarement périgynes (insérées sur le disque), libres, non-persistantes. Filets en général infléchis en préfloraison. Anthères incombantes (rarement adnées, ou innées), dithèques, introrses, ou latéralement déhiscentes : bourses longitudinalement bivalves, ou par exception comme univalves.

Pistil : Ovaire adhérent (en général jusqu'au sommet), 2-12-loculaire (le plus souvent biloculaire) : loges 1-ovulées (par exception pluri-ovulées); ovules anatropes, en général suspendus au sommet des loges. Styles en même nombre que les loges, ou soudés en un seul.

Péricarpe drupacé, ou dicoque, ou rarement capsulaire.

Graines inarillées, adhérentes, ou inadhérentes, anatropes, le plus souvent solitaires et suspendues au sommet des loges. Périsperme charnu ou corné, souvent huileux, en général beaucoup plus volumineux que l'embryon. Embryon rectiligne ou subrectiligne, central, le plus souvent apicilaire et très-court : radicule supère; cotylédons très-entiers, minces, foliacés en germination; plumule imperceptible.

Cette classe est très-naturelle; mais peut-être ne diffère-t-elle pas assez des Saxifragacées, tandis que d'un autre côté elle est extrêmement voisine des Caprifoliacées et des Loranthacées. Elle renferme les *Hamamélidées*, les *Cornacées* (*Hédéracées* Bartl.), les *Araliacées* et les *Ombellifères*.

CENT SEIZIÈME FAMILLE.

LES HAMAMÉLIDÉES. — *HAMAMELIDEÆ.*

Hamamelideæ R. Brown, in Abel. Journ. Chin. p. 374. — De Cand. Prodr. v. 4, p. 267. — Bartl. Ord. Nat. p. 239. — *Laurineæ*, tribus II: *Hamamelideæ* Reichenb. Consp. p. 87. — Cfr. Griffith, in Asiat. Res. v. 19, pars I, p. 94 et seq.

Ce groupe ne se compose que de dix espèces, dont aucune n'est indigène d'Europe.

Caractères de la Famille.

Arbres, ou *arbrisseaux*. Rameaux cylindriques. Sucs-propres aqueux.

Feuilles éparses, pétiolées, simples, penni-nervées, indivisées (soit très-entières, soit dentées ou sinuolées), bistipulées, ou non-stipulées. Stipules latérales, inadhérentes, caduques.

Fleurs hermaphrodites ou moins souvent dioïques, régulières, fasciculées, ou en épis, ou en capitules, ou en corymbes. Pédoncules axillaires, ou latéraux, ou terminaux.

Calice 4-7-denté, ou 4-5-fide, adhérent inférieurement. Estivation distante ou valvaire.

Pétales (nuls dans le *Parrotia* et le *Fothergilla*) insérés à la gorge du calice, non-persistants, distincts, en général en même nombre que les lobes du calice et alternes avec ceux-ci. — Dans le *Hamamelis*, les pétales sont bisériés et en nombre double des lobes du calice : ceux de la série interne minimes, insérés devant les extérieurs. — Dans le *Bucklandia*, les pétales (suivant

M. Griffith) sont en nombre indéfini et insérés devant les lobes du calice. — Estivation valvaire.

Étamines insérées à la gorge du calice (soit en même nombre que les lobes de celui-ci et antéposés, soit en nombre indéfini et sans symétrie apparente), non-persistantes. Filets filiformes ou claviformes, libres. Anthères innées, basifixes, dithèques, latéralement déhiscentes, ou introrses ; connectif large, ou linéaire, ou inapparent ; bourses s'ouvrant chacune verticalement, soit en 2 valvules égales et persistantes, soit par une seule valvule (caduque dans le *Loropetalum*).

Pistil : Ovaire semi-infère, 2-loculaire, distyle ; loges en général 1-ovulées (12-ovulées dans le *Bucklandia ;* multi-ovulées dans le *Sedgwickia*). Ovules anatropes, suspendus au sommet des loges (lorsqu'ils sont solitaires), ou bien (lorsque les loges sont pluri-ovulées) les supérieurs suspendus, les inférieurs appendants. Styles filiformes ou subulés, divergents. Stigmates terminaux ou longitudinaux, très-entiers.

Péricarpe : Capsule semi-infère, ou libre presque dès la base, 2-loculaire, incomplétement 2-valve de haut en bas ; valves finalement bifides ou biparties ; endocarpe en général osseux ou testacé, et se séparant avec élasticité de l'épicarpe ; loges monospermes.

Graines suspendues ou appendantes, anatropes. Périsperme charnu ou corné, en général épais, quelquefois huileux. Embryon rectiligne ou subrectiligne, central, presque aussi long que le périsperme : radicule subcolumnaire, supère ; cotylédons minces, contigus, planes, ou involutés aux bords.

Cette famille se compose des genres suivants :

Sedgwickia Griff. — *Bucklandia* R. Br. — *Hamamelis* Linn. — *Loropetalum* R. Br. — *Parrotia* C. A. Meyer.

— *Dicoryphe* Petit-Thou. — *Corylopsis* Zuccar. — *Fothergilla* (1) Linn. — *Trichocladus* Pers. (Dahlia Thunb. non Cavan.)

Genre HAMAMÉLIS. — *Hamamelis* Linn.

Calice subcampanulé, profondément 4-fide; tube très-court à l'époque de la floraison, accrescent. Pétales 8, bisériés : les 4 extérieurs alternes avec les sépales, longs, linéaires, réfléchis, distants et involutés en préfloraison; les 4 intérieurs (étamines stériles des auteurs) minimes, spathulés-cunéiformes, insérés devant les extérieurs. Étamines 4, insérées devant les sépales : filets filiformes, subcylindriques, infléchis avant et après l'anthèse. Anthères subglobuleuses, adnées, mamelonnées au sommet; connectif large, convexe, ovale; bourses contiguës antérieurement, comme 1-valves (2). Ovaire ovoïde, un peu comprimé, dicéphale, biloculaire, distyle, bi-ovulé. Ovules suspendus vers le sommet des loges. Styles filiformes, obtus, finement papilleux au sommet. Capsule presque supère, ovoïde, un peu comprimée, tronquée et quadri-gibbeuse au sommet, incomplétement 4-valve, 2-loculaire, 2-sperme; endocarpe et cloison osseux, se séparant de l'épicarpe. Graines subcylindriques, oblongues-obovées, caronculées : tégument osseux.

Arbrisseau. Pubescence scabre, étoilée. Bourgeons écail-

---

(1) Les caractères que M. De Candolle assigne à sa tribu des *Fothergillées*, tribu qu'il fonde sur ce genre, se retrouvent dans plusieurs autres genres de la famille.

(2) Parce que la valvule latérale de chaque bourse se détache du connectif par tout son contour, mais en restant soudée à l'autre valvule, laquelle est beaucoup plus courte et plus étroite. Ce mode de déhiscence des anthères du *Hamamelis* est tout à fait semblable à celui des anthères du *Podophyllum peltatum*, si ce n'est que dans ce dernier chaque bourse de l'anthère se compose de 2 valvules de même grandeur.

leux : les floraux aphylles. Feuilles non-persistantes, courtement pétiolées, bistipulées, penninervées, inéquilatérales, inégalement crénelées ou dentées. Stipules caduques, subfoliacées. Pédoncules solitaires ou subfasciculés, triflores, axillaires au commencement de la floraison (laquelle est autumnale), puis comme latéraux (par suite de la chute des feuilles). Fleurs sessiles au sommet des pédoncules, verticillées, accompagnées d'un involucre-commun de 3 bractées verticillées, coriaces, persistantes; chaque fleur en outre munie d'un involucelle d'une paire de bractées opposées, semblables à celles de l'involucre. Segments calicinaux à l'époque de la floraison beaucoup plus longs que le tube, non-accrescents, mais persistants, égaux. Disque peu apparent, annulaire, adné à la gorge du calice. Pétales jaunes, subonguiculés : les extérieurs beaucoup plus longs que le calice. Étamines très-courtes, jaunes. Pistil à l'époque de la floraison plus court que le calice. Styles courts, divergents. Capsule engaînée jusque vers le tiers de sa longueur par le calice, loculicide-bivalve du sommet jusque vers la base : chaque valve finalement plus ou moins profondément bifide; épicarpe subcoriace. Graines anatropes, suspendues, obtuses aux 2 bouts, obscurément anguleuses, luisantes, munies vers leur sommet d'une caroncule bilatérale en forme de fer à cheval; hile terminal; raphé et chalaze inapparents. Périsperme blanc, épais. Embryon subrectiligne, central, moins large que le périsperme, mais presque aussi long; cotylédons elliptiques, obtus, foliacés, contigus, de moitié plus longs que la radicule; radicule columnaire, obtuse, un peu oblique.

L'espèce suivante constitue à elle seule le genre (1).

HAMAMÉLIS DE VIRGINIE. — *Hamamelis virginica* Linn. —

---

(1) Le *Hamamelis persica* De Cand., constitue le genre *Parotia* C. A. Meyer. — Le *Hamamelis sinensis* R. Br. est le type du genre *Loropetalum*.

Mill. Ic. tab. 10. — Duham. Arb. ed. 1, tab. 114. — Schk. Handb. tab. 27. — Loddig. Bot. Cab. tab. 598. — Guimp. et Hayn. Fremd. Holz. tab. 75. — *Hamamelis macrophylla* Pursh, Flor. Amer. Sept. — *Hamamelis monoica*, *Hamamelis dioica*, et *Hamamelis androgyna* Walt. Flor. Carol. (1).

Buisson haut de 3 à 12 pieds, ayant le port du Noisetier. Tiges et branches dressées. Rameaux plus ou moins étalés, un peu flexueux. Ramules alternes-distiques, subdivariqués. Bourgeons petits, ovales, pubérules-ferrugineux. Jeunes pousses cotonneuses ou pubescentes. Feuilles longues de 1 pouce à 6 pouces, d'un vert gai et glabres en dessus, d'un vert pâle et plus ou moins pubescentes en dessous (du moins étant jeunes; les adultes souvent glabres, ou seulement pubérules aux nervures, suborbiculaires, ou elliptiques, ou obovales, ou lancéolées-obovales, ou oblongues-obovales, ou subovales, acuminées, ou obtuses, obliquement subcordiformes à la base, en général dentées ou sinuolées presque dès leur base; pétiole long de 3 à 6 lignes, grêle, épaissi à la base, souvent rougeâtre. Stipules ovales, obtuses, pubérules en dessous, plus courtes que le pétiole, caduques avant le complet développement des feuilles. Pédoncules longs de 2 à 4 lignes, inclinés au commencement de la floraison, puis érigés, garnis (avant la floraison) de quelques bractéoles caduques subulées. Bractées florales suborbiculaires ou ovales-orbiculaires, très-obtuses, bombées, glabres en dessus, cotonneuses-ferrugineuses en dessous, 2 à 3 fois plus courtes que les sépales. Calice à l'époque de la floraison long d'environ 1 1/2 li-

(1) Quoique nous ayons examiné quantité de fleurs de cette plante, nous n'en avons jamais trouvé qui fussent unisexuelles. Aussi l'auteur cité a-t-il probablement été induit en erreur à ce sujet, soit par l'accroissement de la partie inférieure du tube calicinal et du pistil de ces fleurs (accroissement qui s'opère durant l'hiver, de sorte qu'au printemps elles ont un aspect très-différent de celui qu'elles offraient en automne), soit par l'avortement assez fréquent d'un grand nombre d'entre elles.

gne : segments elliptiques-oblongs, obtus, un peu recourbés, glabres et jaunâtres en dessus, couverts en dessous d'une pubescence étoilée roussâtre. Pétales extérieurs longs de 5 à 6 lignes, larges de $1/2$ ligne. Pétales intérieurs à peu près aussi longs que les étamines. Étamines beaucoup plus courtes que les pétales externes, 1 fois plus courtes que les segments calicinaux. Ovaire cotonneux. Capsule longue d'environ 6 lignes, de la grosseur d'une petite Noisette, cotonneuse à la surface externe : tube calicinal finalement campanulé ou turbiné, adhérent presque jusqu'à son sommet. Graines d'un brun noirâtre.

Cette plante, qu'on cultive assez fréquemment comme arbrisseau d'ornement, croît dans les montagnes des États-Unis. Elle fleurit en septembre et en octobre, tandis que les fruits ne sont mûrs qu'à pareille époque de l'année suivante, de sorte que les rameaux paraissent produire simultanément des fleurs et des fruits.

Au témoignage de M. Otto, le *Hamamelis* peut se greffer sur le Noisetier; mais les individus qui en proviennent ne sont pas vigoureux.

Genre CORYLOPSIS. — *Corylopsis* Siebold et Zuccar.

Calice 5-fide : lanières un peu inégales. Pétales 5, égaux, onguiculés, obovales-spathulés. Étamines 5, isomètres : filets subulés; anthères latéralement déhiscentes; connectif inapparent. Cinq écailles (étamines stériles) conniventes, alternes avec les étamines, insérées entre celles-ci et le style. Ovaire biloculaire; loges uni-ovulées. Styles 2, persistants, filiformes. Stigmates subcapitellés. Capsule semi-infère, obovale, un peu comprimée, tronquée, biloculaire, incomplétement bivalve, ligneuse; valvules bifides, tronquées au sommet; endocarpe cartilagineux, se séparant en deux coques bivalves. Graines solitaires, oblongues : tégument dur, crustacé, luisant.

Arbrisseaux. Feuilles pétiolées, stipulées, non-persistantes, sinuolées-denticulées, subinéquilatérales, arrondies ou cordiformes à la base. Bourgeons écailleux : les uns à la fois florifères et foliaires; les autres foliaires. Fleurs précoces, disposées en épis simples, terminaux, avant la floraison nutants. Corolle jaunâtre. Périsperme épais, charnu, huileux. Embryon rectiligne : cotylédons planes, foliacés, finement veineux; radicule cylindrique. (*Siebold et Zuccar.* l. c.)

Ce genre, propre au Japon, se compose de deux espèces, dont voici la plus notable :

Corylopsis a épis. — *Corylopsis spicata* Siebold et Zuccar. Flor. Japon. 1, p. 47; tab. 19.

Feuilles obovales, subcordiformes à la base, pointues, sinuolées-denticulées : dents sétacées. Épis 8-12-flores, simples. Segments calicinaux lancéolés. Pétales oblongs-spathulés. Squamules (étamines stériles) bifides.

Arbrisseau rameux, haut de 3 à 4 pieds. Écorce d'un gris roussâtre; bois blanchâtre. Rameaux cylindriques, subflexueux. Jeunes ramules pubescents. Bourgeons sessiles, tantôt à la fois florifères et foliaires, tantôt les florifères et les foliaires séparés; écailles ovales, obtuses, scarieuses, pubescentes. Feuilles longues de 2 à 3 pouces, larges de 1 pouce à 2 pouces, semblables à celles du Noisetier, scabres en dessus, plus ou moins pubescentes et grisâtres en dessous, distiques, très-rapprochées sur les ramules latéraux; pétiole long de 8 à 12 lignes, semi-cylindrique, pubescent. Stipules grandes, ovales, obtuses, membranacées. Grappes longues d'environ 1 pouce : les fructifères raides, dressées. Bractées ovales, arrondies, très-entières, membranacées, pubescentes, caduques. Calice pubescent : segments inégaux, ovales-lancéolés, pointus, très-entiers, divergents. Pétales divergents, glabres, jaunâtres, obtus, de moitié plus longs que le calice. Étamines un peu plus longues que les pétales; anthères rouges. Squamules (étamines stériles) oblongues, bifides au sommet, à peu près aussi longues que l'ovaire. Styles aussi longs que les étamines, dressés et connivents pendant la floraison, puis divariqués, lors de la déhiscence fendus longitudinalement. Capsules horizontales ou nutantes.

Cette espèce est fréquemment cultivée par les Japonais, comme arbuste d'ornement.

Genre FOTHERGILLA. — *Fothergilla* Linn.

Calice adhérent par la base, cupuliforme, 5-7-lobé; tube persistant, accrescent. Pétales nuls. Étamines 20 à 30; filets grêles, claviformes. Anthères innées, subglobuleuses, latéralement déhiscentes; bourses contiguës, bivalves : connectif inapparent. Ovaire ovoïde, un peu comprimé, 2-loculaire, 2-ovulé, 2-style. Ovules suspendus au sommet des loges. Styles subulés. Stigmates inapparents. Capsule presque supère, engaînée à la base par le calice, ovoïde, un peu comprimée, biapiculée (par les restes des styles), incomplétement 4-valve, 2-loculaire, 2-sperme; endocarpe osseux, se séparant avec élasticité de l'épicarpe. Graines solitaires, obovées, caronculées : tégument testacé.

Arbrisseau. Pubescence étoilée. Bourgeons écailleux : les uns à la fois foliaires et floraux; les autres foliaires. Feuilles non-persistantes, courtement pétiolées, sinuées-dentées, ou denticulées, ou à peine sinuolées, penninervées, en général inéquilatérales. Stipules caduques, foliacées. Floraison tantôt plus précoce que les feuilles, tantôt simultanée, tantôt plus tardive. Pédoncules solitaires au sommet des jeunes pousses (quelquefois très-raccourcies), multiflores, toujours dressés. Fleurs sessiles, odorantes, disposées en épi, accompagnées chacune d'une bractée subfoliacée, persistante. Disque charnu, tapissant la surface interne du tube calicinal. Étamines insérées à la gorge du calice, paucisériées, divergentes, anisomètres : filets longs, blancs, rectilignes en préfloraison; anthères petites, jaunes : bourses chacune à 2 valvules égales. Ovaire à l'époque de la floraison à peine plus long que le calice. Styles longs, divergents. Capsule loculicide-bivalve du sommet jusque vers la base : chaque valve finalement plus ou moins profondément bifide ; épicarpe subcoriace. Graines (remplissant exactement les loges) anatropes, suspendues, obscurément trigones, obtuses aux 2 bouts, lisses, luisantes, munies vers leur sommet d'une caroncule bilatérale en forme de fer à cheval ; tégument dur, mince ; hile terminal ; chalaze et raphé inapparents. Périsperme blanc, charnu, épais. Embryon subrectiligne, moins large que le périsperme, mais presque aussi long ; radicule columnaire, obtuse, un peu oblique ; cotylédons elliptiques, obtus, foliacés, de moitié plus longs que la radicule.

Ce genre n'est fondé que sur l'espèce suivante :

FOTHERGILLA A FEUILLES D'AUNE. — *Fothergilla alnifolia* Linn. — Duham. ed. Nov. vol. 4, tab. 26. — Guimp. et Hayn. Fremd. Holz. tab. 16. — *Fothergilla Gardeni* Michx. Flor. Bor. Amer. — Jacq. Ic. Rar. tab. 100. — *Fothergilla major* Sims, Bot. Mag. tab. 1342. — Loddig. Bot. Cab. tab. 1520. — *Fothergilla obtusa* Sims, Bot. Mag. tab. 1341. — *Fothergilla serotina* Sims, l. c. sub. tab. 1342.

Arbrisseau haut de 2 à 4 pieds, très-rameux. Racine stolonifère. Tige dressée. Rameaux plus ou moins divergents. Ramules subdistiques, effilés, flexueux, feuillus. Feuilles longues de 6 lignes à 4 pouces, larges de 3 lignes à 2 ½ pouces, d'un vert foncé et glabres en dessus, cotonneuses-incanes ou d'un vert pâle (et soit glabres, soit pubérules) en dessous, fermes, ovales, ou obovales, ou ovales-elliptiques, ou elliptiques, ou oblongues, obtuses, ou pointues, subcordiformes, ou arrondies, ou cunéiformes, ou tronquées à la base, en général très-entières depuis la base jusqu'au milieu ou jusqu'au delà du milieu ; pétiole long de 2 à 3 lignes, grêle, épaissi à la base. Stipules ovales, ou ovales-lancéolées, ou linéaires-lancéolées, obtuses, ou pointues, ordinairement cotonneuses, plus courtes que le pétiole. Épis denses, subsessiles, d'abord ovoïdes, plus tard cylindracés, longs de 1 pouce à 2 pouces : rachis raide, cotonneux. Bractées sessiles, bombées, apprimées, glabres antérieurement, pubérules-subferrugineuses au dos : les inférieures ovales, pointues, longues d'environ 4 lignes, quelquefois trilobées ou trifides au sommet; les autres graduellement plus courtes, ovales, ou ovales-oblongues, obtuses; toutes plus courtes que les étamines. Calice cotonneux à la surface externe, beaucoup plus court que les étamines; lobes submarcescents. Étamines longues de 3 à 6 lignes. Ovaire cotonneux. Styles presque aussi longs que les étamines. Capsule longue de 3 à 4 lignes, presque aussi large que longue, cotonneuse de même que le tube calicinal. Graines d'un brun de Châtaigne.

Cet arbrisseau, qu'on cultive fréquemment dans les jardins, croît aux États-Unis, dans les forêts des montagnes; il fleurit en mai.

CENT DIX-SEPTIÈME FAMILLE.

LES CORNACÉES. — *CORNACEÆ* (1).

Cornaceæ Lindl. Nat. Syst. ed. 2, p. 49. — *Corneæ* (Caprifoliacearum sectio) Kunth, Nov. Gen. et Spec. — De Cand. Prodr. v. 4, p. 271. — *Hederaceæ* (excl. Hedera) Bartl. Ord. Nat. p. 238. — *Umbelliferæ*, trib. III : *Cisseæ*, sect. II : *Corneæ* Reichenb. Syst. Nat. p. 221.

Cette famille, qui paraît ne pas différer suffisamment des Araliacées, se compose d'environ trente espèces, dont la plupart habitent les régions extra-tropicales de l'hémisphère septentrional.

L'écorce de la plupart des *Cornacées* est amère et très-astringente. Presque toutes les espèces méritent d'être cultivées comme plantes d'ornement; quelques-unes produisent des fruits mangeables.

Caractères de la Famille.

Arbres, ou *arbrisseaux* (par exception *herbes vivaces*). Sucs-propres aqueux. Rameaux cylindriques ou tétragones, articulés, ou inarticulés.

Feuilles opposées (par exception éparses ou verticillées), simples, très-entières (rarement dentelées), pétiolées (par exception sessiles), non-stipulées.

Fleurs blanches, ou jaunes, ou rouges, régulières,

(1) M. Bartling donne à cette famille le nom de *Hédéracées*, mais le genre *Hedera*, qu'il en considère comme le type, est incontestablement une vraie *Araliacée*.

hermaphrodites (rarement polygames ou dioïques), disposées en cymes, ou en ombelles, ou en capitules. Pédoncules terminaux, ou dichotoméaires, ou rarement soit axillaires, soit latéraux. Pédicelles nus ou unibractéolés à la base, articulés au sommet.

Calice adhérent presque jusqu'au sommet : limbe 4-(rarement 5-8-) denté, ordinairement persistant; estivation subvalvaire.

Disque charnu, épigyne.

Pétales 4 (rarement 5-8), insérés sous le disque, alternes avec les dents calicinales, non-persistants, inonguiculés (par exception onguiculés), valvaires en préfloraison.

Étamines en même nombre que les pétales, interposées, insérées sous le disque, libres, non-persistantes. Filets filiformes ou subulés, infléchis au sommet en préfloraison. Anthères versatiles, dithèques, subintrorses, ou latéralement déhiscentes : connectif inapparent ou très-étroit; bourses longitudinalement bivalves, en général confluentes postérieurement.

Pistil : Ovaire biloculaire (par exception 1-loculaire), adné jusqu'au sommet; ovules en général solitaires, anatropes, suspendus au sommet des loges. Style indivisé, persistant. Stigmate terminal, concave, pelté, très-entier.

Péricarpe drupacé, monopyrène : noyau en général osseux, 2-loculaire, par avortement monosperme.

Graines solitaires, suspendues, adhérentes, anatropes. Tégument membraneux. Périsperme charnu, huileux. Embryon subrectiligne, central, aussi long que le périsperme : radicule columnaire ou subclaviforme, grêle, supère, cylindrique, aussi longue ou plus longue que les cotylédons (1); cotylédons minces, contigus, obtus.

La famille des *Cornacées* se compose des genres suivants :

Aucuba Thunb. (Eubasis Salisb.) — *Cornus* Tourn. — *Benthamidia* Spach. — *Benthamia* Lindl. — *Mastyxia* Blum. — *Polyosmia* Blum. — *Marlea* Roxb. — ? *Votomita* Aubl.

Genre AUCUBA. — *Aucuba* Thunb.

Fleurs dioïques. Limbe calicinal coloré, marginiforme, quadridenté. Pétales 4, inonguiculés. — *Fleurs mâles* : Étamines 4. — *Fleurs femelles* : Ovaire oblong, cylindrique, 1-loculaire, 1-ovulé; ovule anatrope, suspendu au sommet de la loge. Disque très-entier, subhémisphérique. Style très-court, conique, confluent avec le disque. Stigmate suborbiculaire ou transversalement elliptique, pelté, un peu oblique, charnu. Péricarpe (baie? ou drupe?) monosperme.

Arbrisseau. Rameaux lisses, anguleux, dichotomes. Feuilles coriaces, persistantes, penniveinées, largement dentelées, opposées. Bourgeons enveloppés d'écailles caduques submembranacées. Inflorescences subthyrsiformes, trichotomes, aphylles, lâches, solitaires, naissant au sommet des ramules de l'année précédente, puis dichotoméaires par suite du développement de nouveaux ramules; rachis tétragone, articulé et dibractéolé aux ramifications; pédicelles articulés et dibractéolés au sommet. Fleurs petites, inodores. Limbe calicinal pourpre. Pétales d'un pourpre brunâtre.

Ce genre n'est fondé que sur l'espèce suivante :

Aucuba du Japon. — *Aucuba japonica* Thunbg. Ic. Flor.

---

(1) On a avancé à tort que la radicule des Cornacées est plus courte que les cotylédons.

Jap. tab. 12 et 13. — Banks, Ic. Kæmpf. tab. 6. — Bot. Mag. tab. 1197. — *Eubasis dichotoma* Salisb. Prodr.

Arbrisseau haut de 4 à 10 pieds, ou buisson. Tige dressée. Rameaux plus ou moins étalés, remplis d'une moelle brunâtre; écorce verte, luisante. Feuilles (en général rapprochées vers l'extrémité des ramules, tandis que les inférieures sont plus ou moins éloignées) longues de 3 à 8 pouces, larges de 1 pouce à 3 pouces, glabres et luisantes aux deux faces, d'un vert gai et souvent panachées de blanc en dessus, d'un vert pâle en dessous (1), oblongues, ou ovales-oblongues, ou oblongues-lancéolées, ou lancéolées-oblongues, ou lancéolées, acuminées, arrondies ou cunéiformes à la base, en général très-entières jusque vers leur milieu, plus haut bordées de dentelures obtuses ou pointues, inégales, distantes, tantôt à peine marquées, tantôt larges et plus ou moins profondes; pétiole long de 6 à 15 lignes, trigone, canaliculé en dessus; côte forte, saillante; nervures fines, alternes, rameuses. Panicules longues de 1 pouce à 3 pouces, dressées, pubérules, ordinairement trifurquées dès la base : les ramules latéraux souvent 1-ou 3-flores; le ramule terminal 9-13-flore. Pédicelles longs de $^1/_2$ ligne à 6 lignes, le plus souvent ternés. Bractées fugaces, brunâtres, finement denticulées : les basilaires lancéolées ou ovales-lancéolées, presque aussi longues que la panicule; les autres linéaires-lancéolées ou subulées, petites. (*Fleurs mâles* connues seulement par la définition incomplète qu'en donne Thunberg.) — *Fleurs femelles* : Ovaire soyeux, épais, long d'environ 2 lignes. Lobes calicinaux très-courts, obtus, étalés. Pétales longs à peine de 2 lignes, ovales, acuminés, réfléchis, pubérules en dessus. — Au témoignage de Thunberg, le fruit est une petite baie ovale, presque sèche, monosperme.

Cet arbrisseau, que l'élégance de son feuillage fait si fréquemment cultiver dans les jardins, est originaire du Japon. On ne possède pas, en Europe, l'individu mâle de l'espèce. Les fleurs, peu apparentes, paraissent en avril et en mai; le fruit, au

---

(1) Par la dessiccation, elles deviennent plus ou moins noires.

rapport de Thunberg, n'est mûr qu'au mois de mars suivant.

L'*Aucuba* se multiplie facilement tant de marcottes que de boutures; il se plaît dans les terres légères, et dans les expositions un peu ombragées.

Genre CORNOUILLER. — *Cornus* Tourn.

Fleurs en cyme (par exception en ombelle simple). Limbe calicinal rotacé, quadridenté, marcescent (par exception accrescent). Pétales 4, inonguiculés. Etamines 4 (1): filets filiformes ou subulés; anthères elliptiques, ou oblongues, ou suborbiculaires, latéralement déhiscentes; connectif inapparent. Disque cupuliforme ou annulaire, engaînant la base du style. Ovaire 2-loculaire : loges 1-ovulées; ovules anatropes, suspendus au sommet des loges. Style filiforme, ou épaissi au sommet, dressé. Stigmate tronqué ou disciforme, ombiliqué, terminal. Drupe charnu, monopyrène; noyau biloculaire, osseux : loges monospermes, ou en général une seule des loges séminifère, l'autre par avortement asperme. Graines adhérentes : tégument membraneux; périsperme huileux; embryon à peu près aussi long que le périsperme.

Arbrisseaux ou petits arbres (à l'exception de deux espèces, lesquelles sont des herbes vivaces). Rameaux et ramules plus ou moins distinctement tétragones, en général dichotomes : écorce lisse, luisante, souvent rouge. Feuilles opposées (alternes seulement dans une espèce; verticillées dans une autre), nerveuses (nervures parallèlement convergentes), pétiolées (excepté dans une espèce), minces, mais fermes, non-persistantes, très-entières. Bourgeons écailleux : les floraux à la fois foliaires. Inflorescences terminales en général sur les jeunes pousses; dans le *Cornus mascula* seulement, sur les ramules de l'année précé-

(1) Accidentellement les étamines, ainsi que les pétales et les dents calicinales sont en nombre quinaire.

dente) ou dichotoméaires, solitaires, pédonculées, nues, ou quelquefois accompagnées d'un involucre de 4 grandes bractées. Fleurs hermaphrodites ou accidentellement polygames, petites ou de grandeur médiocre, légèrement odorantes, non-éphémères, disposées soit en cyme (paniculée ou ombelliforme) à ramules irrégulièrement trichotomes, soit (seulement dans deux espèces) en ombelle simple. Pédoncule ainsi que ses ramifications inarticulés. Dents calicinales en général beaucoup plus courtes que l'ovaire. Corolle blanche, ou (seulement dans deux espèces) jaune, ou (dans une seule espèce) d'un pourpre noirâtre. Étamines à peu près aussi longues que les pétales : filets (infléchis en préfloraison) blancs, d'abord ascendants et connivents, après l'anthèse plus ou moins divariqués et étalés. Anthères jaunes (bleues dans une seule espèce), obtuses, ou échancrées, ou mucronées au sommet, profondément cordiformes à la base, ou bifides presque au delà du milieu, médifixes, ou supra-médifixes, versatiles : bourses contiguës antérieurement, confluentes postérieurement. Disque charnu, souvent plus large que le sommet de l'ovaire. Ovaire ovoïde ou oblong, cylindrique. Style persistant. Ovules remplissant la cavité des loges : funicules courts. Drupe subglobuleux ou rarement ellipsoïde; mésocarpe charnu, succulent; noyau globuleux, ou ovoïde, ou lenticulaire, rugueux, ou lisse, quelquefois strié de sillons longitudinaux convergents aux deux bouts; cloison osseuse; la loge asperme en général aussi grande que la loge séminifère. Graines remplissant les loges, planes antérieurement, convexes au dos. Périsperme non-anfractueux, beaucoup plus épais que l'embryon. Embryon blanc, un peu courbé conformément au dos de la graine : radicule columnaire, ou épaissie au sommet, grêle, aussi longue ou un peu plus longue que les cotylédons (1); cotylédons

(1) C'est à tort qu'on a assigné à la famille des Cornacées le caractère d'offrir un embryon à radicule plus courte que les cotylédons.

ovales, ou oblongs, ou suborbiculaires, obtus, minces, presque planes, contigus, souvent 3-5-nervés.

Ce genre, propre aux régions extra-tropicales de l'hémisphère septentrional, renferme environ 15 espèces, dont voici les plus remarquables :

Section I. MICROCARPIUM Spach.

Buissons ou petits arbres. Fleurs (plus tardives que les feuilles, ou rarement paraissant à la même époque que les feuilles) disposées en cymes terminales ou dichotoméaires, dépourvues d'involucre. Pétales blancs, non-aristés. Anthères elliptiques ou oblongues. Drupe petit, subglobuleux. — Feuilles opposées (par exception alternes), pétiolées, subpenninervées.

A. *Feuilles alternes.*

Cornouiller a feuilles alternes. — *Cornus alternifolia* Linn. fil. — L'hérit. Corn. tab. 6. — Guimp. et Hayn. Fremd. Holz. tab. 43. — Duham. ed. nov. vol. 2, tab. 45. — Schmidt, Arb. 2, tab. 70. — *Cornus alterna* Marsh. Arb.

Branches et rameaux étalés. Feuilles lisses en dessus, glauques et un peu scabres en dessous, acuminées, en général longuement pétiolées. Cymes paniculées. Dents calicinales courtes, triangulaires. Filets de moitié plus longs que les pétales. Anthères acuminulées. Style rectiligne, filiforme, de moitié plus court que les pétales. Drupe bleu : noyau subglobuleux, obtus, rugueux, finement sillonné.

Petit arbre atteignant la hauteur de 20 pieds. Écorce brunâtre ou d'un vert d'Olive. Feuilles longues de 2 à 6 pouces (y compris le pétiole, lequel est parfois aussi long que la lame, surtout sur les jeunes pousses terminales), larges de 6 lignes à 2 pouces, glabres et d'un vert gai en dessus, en dessous très-glauques, et parsemées de courts poils apprimés, ovales, ou elliptiques, ou lancéolées-elliptiques, ou oblongues; base arrondie ou cunéiforme, quelquefois oblique; pétiole grêle, long de 6 à 30 lignes. Cymes

3-5-radiées, denses, multiflores, larges de 2 à 4 pouces : pédoncule commun raide, dressé, glabre, ou pubescent, long de 1 pouce à 2 pouces ; rayons plus ou moins divergents, ou divariqués, subtrichotomes, tantôt alternes, tantôt en ombelle ; pédicelles inégaux, quelquefois unilatéraux, pubérules de même que le calice. Dents calicinales oblitérées sur le fruit. Disque annulaire, ondulé, moins large que le limbe calicinal. Boutons elliptiques, obtus. Pétales longs de 1 ligne, oblongs, subobtus, striés, finalement réfléchis. Filets subulés. Anthères infra-médifixes, cordiformes-elliptiques. Stigmate petit, échancré. Drupe ombiliqué, du volume d'un grain de Poivre, courtement apiculé par le style. Noyau assez épais. Radicule grêle, un peu épaissie au sommet. Cotylédons ovales, obtus, trinervés, un peu plus courts que la radicule.

Cette espèce, qu'on cultive fréquemment dans les bosquets, croît aux États-Unis, ainsi qu'au Canada. Elle fleurit en juin.

B. Feuilles opposées.

a) *Floraison à peine plus tardive que les feuilles. Disque gros, plus large que le limbe calicinal. Dents calicinales courtes, oblitérées sur le fruit.*

Cornouiller blanc. — *Cornus alba* Linn. — Schmidt, Arb. 2, tab. 65. — *Cornus stolonifera* Michx. Flor. Bor. Amer.

Branches étalées. Feuilles un peu scabres aux 2 faces, glauques en dessous, acuminées aux 2 bouts. Étamines un peu plus longues que les pétales ; anthères cordiformes-ovales, mucronées, submédifixes. Disque annulaire. Style rectiligne, columnaire, plus court que les étamines. Drupe blanc : noyau lenticulaire, ovoïde, acuminé aux 2 bouts.

Buisson haut de 6 à 10 pieds. Écorce des rameaux d'un pourpre violet. Feuilles longues de 1 pouce à 5 pouces, larges de 6 à 30 lignes, d'un vert foncé en dessus, lancéolées-elliptiques, ou lancéolées-obovales, ou lancéolées-oblongues, ou subelliptiques, ou oblongues-lancéolées, plus ou moins longuement acuminées, en général cunéiformes à la base, quelquefois inéquilatérales, parsemées aux 2 faces de courts poils blanchâtres apprimés ; pétiole grêle, long de 4 lignes à 1 pouce. Cymes larges de 1 pouce à 2 pouces, planes, ou convexes, 3-7-radiées, denses, multiflores : pédoncule commun long de 6 à 18 lignes, pubérule de même que les ramules, les pédicelles et les calices; ramules tantôt en corymbe, tantôt en ombelle, bifurqués, ou trifurqués; pédicelles inégaux, filiformes, tantôt en grappes unilatérales, tantôt en cymules. Dents calicinales triangulaires-subulées. Pétales longs d'environ 2 lignes, ovales-lancéolés, ou oblongs-lancéolés, subobtus, finalement réfléchis. Disque d'un pourpre violet. Filets filiformes. Stigmate petit, suborbiculaire. Drupe du volume d'un Pois; noyau mince, ovoïde, souvent inéquilatéral. Graine ovale, comprimée : radicule grêle, columnaire; cotylédons elliptiques-oblongs, trinervés, aussi longs que la radicule.

Cette espèce croît dans les montagnes des États-Unis et au Canada. Elle fleurit en mai. On la cultive comme arbuste d'ornement.

Cornouiller de Sibérie. — *Cornus sibirica* Loddig. Cat. — *Cornus alba* Pallas, Flor. Ross. tab. 34. (non Linn.) — *Cornus tatarica* Mill.

Branches et rameaux étalés, souvent recourbés. Feuilles un peu scabres aux 2 faces, un peu glauques en dessous, acuminées aux 2 bouts. Étamines un peu plus longues que les pétales; anthères cordiformes-oblongues, mucronées, infra-médifixes. Disque conique. Style filiforme, géniculé, de moitié plus court que les étamines. Drupe bleu : noyau lenticulaire, suborbiculaire, acuminulé aux 2 bouts.

Petit arbre, atteignant la hauteur de 20 pieds, ou buisson; tête hémisphérique ou arrondie. Écorce des rameaux d'un rouge de corail. Feuilles longues de 1 pouce à 4 pouces, larges de 6 lignes à 2 pouces, elliptiques, ou obovales, ou lancéolées-obovales, ou lancéolées-elliptiques, ou ovales-lancéolées, courtement acuminées, cunéiformes à la base, d'un vert gai en dessus, parsemées aux 2 faces de courts poils blanchâtres apprimés ; pétiole grêle, long de 3 à 6 lignes. Cymes larges de 1 pouce à 2 pouces, 3-5-radiées, denses, tantôt planes, tantôt convexes : pédoncule commun long de 6 à 15 lignes, grêle, dressé, pubérule de même que les ramules, les pédicelles et les calices ; ramules en ombelle ou en corymbe, bi-ou tri-furqués ; pédicelles inégaux, filiformes, tantôt en cymules, tantôt en grappes unilatérales. Dents calicinales triangulaires, pointues. Pétales longs de 2 à 3 lignes, oblongs-lancéolés, pointus. Filets filiformes. Anthères petites, jaunâtres de même que le disque. Drupe du volume d'un petit Pois.

Cette espèce, indigène en Sibérie, se cultive comme arbrisseau d'ornement. Elle fleurit en avril et mai.

b) *Floraison beaucoup plus tardive que les feuilles. Disque petit, moins large que le limbe calicinal. Dents calicinales courtes, oblitérées sur le fruit. Noyau obtus aux 2 bouts, subglobuleux.*

Cornouiller a feuilles rondes. — *Cornus circinnata* L'hérit. Corn. tab. 3. — Schmidt, Arb. 2, tab. 69. — Guimp. et Hayn. Fremd. Holz. tab. 86. — *Cornus tomentosula* Michx. Flor. Amer. Bor. — *Cornus rugosa* Lamk. Dict.

Branches et rameaux dressés, verruqueux. Feuilles un peu scabres en dessus, cotonneuses-incanes ou glauques et pubérules en dessous, arrondies à la base, acuminées. Filets un peu plus longs que les pétales. Anthères oblongues, obtuses, supra-médifixes, bifides de la base jusqu'au delà du milieu. Style rectiligne, épaissi au sommet, de moitié plus court que les pétales. Drupe blanc : noyau lisse, un peu déprimé, finement strié.

Buisson haut de 5 à 10 pieds. Écorce des rameaux verdâtre, ponctuée de verrues brunâtres ou rougeâtres. Feuilles longues de 3 à 6 pouces, larges de 1 ½ pouce à 3 pouces, elliptiques-orbiculaires, ou ovales-orbiculaires, ou elliptiques, ou ovales, d'un vert foncé en dessus et parsemées de courts poils apprimés, en général fortement pubérules en dessous, longuement ou courtement acuminées ; pétiole assez gros, long de 4 à 8 lignes. Cymes larges de 1 à 3 pouces, planes ou convexes, 3-5-radiées, denses, multiflores : pédoncule commun long de 1 pouce à 2 pouces, grêle, dressé, pubérule (de même que les ramules, les pédicelles et les calices); ramules bi-ou tri-furqués, en corymbe, ou en ombelle; pédicelles longs de 1 ligne à 4 lignes, filiformes, disposés en grappes unilatérales ou en cymules. Dents calicinales triangulaires, subobtuses, ciliolées. Pétales longs de 2 $^1/_2$ à 3 lignes, oblongs, ou oblongs-lancéolés, pointus, ou subobtus, striés, finalement réfléchis. Filets subulés, blanchâtres. Anthères jaunâtres de même que le disque. Stigmate disciforme. Drupe du volume d'un grain de Poivre; noyau dur, assez épais. Graine oblongue; embryon sublinéaire : cotylédons linéaires-oblongs, obtus, un peu plus courts que la radicule.

Cette espèce, qu'on reconnaît facilement à l'ampleur de son feuillage, habite les États-Unis et le Canada. Elle fleurit en juin. On la cultive comme arbuste d'agrément.

Cornouiller élancé. — *Cornus stricta* Lamk. Dict. — L'hérit. Corn. tab. 4. — Schmidt, Arb. tab. 67. — *Cornus fastigiata* Michx. Flor. Bor. Amer. — *Cornus sanguinea* Walt. (non Linn.) — *Cornus cyanocarpos* Gmel. Syst.—*Cornus cærulea* Meerb. (non Lamk.)

Branches et rameaux dressés, verruqueux. Feuilles scabres et un peu luisantes aux 2 faces, cunéiformes à la base, acuminées. Filets un peu plus longs que les pétales. Anthères (bleuâtres) oblongues, obtuses, médifixes, bifides de la base jusqu'au milieu. Style rectiligne, épaissi au sommet, aussi long que les pétales. Drupe bleu.

Buisson haut de 8 à 15 pieds. Écorce des rameaux rougeâtre. Feuilles d'un vert foncé en dessus, d'un vert pâle en dessous, longues de 1 pouce à 4 pouces, larges de 6 à 20 lignes, lancéolées, ou lancéolées-oblongues, ou lancéolées-elliptiques, ou lancéolées-obovales, ou elliptiques-oblongues, cunéiformes à la base, parsemées aux 2 faces de courts poils apprimés (plus abondants en dessus qu'en dessous); pétiole grêle, long de 2 à 4 lignes. Cymes larges de 1 pouce à 2 pouces, denses, multiflores, 3-5-radiées, plus ou moins convexes : pédoncule-commun long de 6 à 15 lignes, raide, dressé, pubérule de même que les ramules et les pédicelles; ramules plus ou moins divergents, bi-ou tri-furqués, tantôt en ombelle, tantôt en corymbe; pédicelles inégaux, filiformes, en général en cymules. Calice soyeux : dents triangulaires, subobtuses, 1 fois plus courtes que l'ovaire. Pétales longs de 1 ligne, ovales-lancéolés, subobtus. Disque jaune, sinueux. Filets subulés. Stigmate petit.

Cette espèce croît au Canada et aux États-Unis, dans les localités marécageuses. Elle fleurit en été. On la cultive comme arbuste d'ornement.

CORNOUILLER SANGUIN. — *Cornus sanguinea* Linn.—Engl. Bot. tab. 249. — Flor. Dan. tab. 481. — Guimp. et Hayn. Deutsch. Holz. tab. 3. — Duham. Arb. 1, tab. 75.

Branches dressées, lisses. Feuilles presque lisses en dessus, scabres en dessous, cunéiformes ou arrondies à la base, acuminées. Filets subulés, un peu plus courts que les pétales. Anthères médifixes, oblongues, échancrées au sommet, bifides jusqu'au milieu. Style rectiligne, claviforme, un peu plus court que les filets. Drupe d'un pourpre noirâtre : noyau lisse, ésulqué.

Buisson atteignant la hauteur de 10 à 20 pieds. Rameaux effilés, luisants, d'un pourpre violet (surtout durant l'hiver) ou verdâtre. Écorce des vieilles branches grisâtre, rimeuse. Feuilles longues de 1 pouce à 3 pouces, larges de 6 à 20 lignes, d'un vert foncé en dessus (et parsemées de quelques courts poils apprimés), d'un vert pâle ou un peu glauque en dessous (et couvertes de poils plus ou moins abondants, ou quelquefois presque glabres), ovales, ou elliptiques, ou suboblongues, ou ovales-lancéolées, courtement acuminées, ou moins souvent acuminées-cuspidées; côte et nervures des jeunes feuilles couvertes (en dessous) d'un duvet ferrugineux; pétiole grêle, soyeux étant jeune, long de 3 à 6 lignes. Cymes larges de 6 à 30 lignes, 3-5-radiées, planes, ou convexes, multiflores, tantôt denses, tantôt un peu lâches : pédoncule commun long de 5 à 20 lignes, grêle, raide, dressé, finement pubérule de même que les ramules et les pédicelles; ramules bifurqués ou trifurqués, plus ou moins divergents, tantôt en corymbe, tantôt en ombelle ; pédicelles inégaux, filiformes, en général plus longs que les fleurs, tantôt en cymules, tantôt en grappes unilatérales. Calice soyeux, blanchâtre : dents très-courtes, triangulaires, subobtuses. Disque sinueux, jaunâtre. Pétales longs de 2 à 3 lignes, oblongs-lancéolés, pointus, striés. Anthères jaunâtres. Stigmate suborbiculaire. Drupe du volume d'un petit Pois; noyau épais. Graine subovale : radicule subcolumnaire, obtuse; cotylédons suborbiculaires, à peu près aussi longs que la radicule.

Cette espèce, connue sous le nom vulgaire de *Sanguin*, *Cornouiller femelle*, et *Bois-punais*, croît dans toute l'Europe, ainsi qu'en Orient et en Sibérie. Elle vient de préférence dans les localités pierreuses ; la floraison a lieu en juin et en juillet.

Le *Cornouiller sanguin* mérite, de même que la plupart de ses congénères, d'être cultivé dans les jardins paysagers. Son bois noueux, très-tenace, et d'un jaune verdâtre, s'emploie à des ouvrages de tour, ainsi qu'à la confection de toutes sortes d'ustensiles. L'écorce, les jeunes pousses et les feuilles sont astringentes et peuvent servir au tannage. Les baies sont amères et très-astringentes; dans quelques contrées on en exprime une huile grasse; mais cette huile n'est bonne qu'à l'éclairage.

CORNOUILLER PANICULÉ. — *Cornus paniculata* L'hérit. Corn. tab. 5. — Schmidt, Arb. tab. 68. — *Cornus racemosa* Lamk. Dict. — *Cornus femina* Mill. Dict.

Branches dressées. Feuilles lisses ou un peu scabres aux 2 faces, glauques en dessous, ondulées aux bords, longuement acuminées. Filets subulés, un peu plus longs que les pétales. Anthères supramédifixes, elliptiques, échancrées au sommet, bifides de la base jusqu'au delà du milieu. Style rectiligne, claviforme, un peu plus court que les étamines. Drupe blanc : noyau finement réticulé.

Petit arbre atteignant 10 pieds de haut, ou buisson haut de 4 à 6 pieds. Écorce rougeâtre, ou d'un vert d'olive; celle des jeunes pousses ponctuée. Ramules plus ou moins divergents. Feuilles longues de 1 pouce à 3 pouces, larges de 4 à 15 lignes, d'un vert gai et souvent un peu luisantes en dessus (souvent rougeâtres avant leur parfait développement et en automne), très-glauques en dessous, lancéolées, ou lancéolées-oblongues, ou lancéolées-elliptiques, ou elliptiques-oblongues, ou elliptiques, ou ovales-lancéolées, ou ovales, cunéiformes à la base, en général parsemées aux 2 faces de courts poils apprimés, moins souvent glabres; nervures fines, glabres (du moins sur les feuilles adultes); pétiole grêle, long de 2 à 4 lignes. Cymes larges de 1 pouce à 2 pouces, denses, multiflores, très-convexes, ou subpyramidales, 3-7-radiées : pédoncule-commun long de 6 à 15 lignes, grêle, raide, dressé, finement pubérule de même que les ramules et les pédicelles; ramules dressés ou plus ou moins divergents, bifurqués, ou trifurqués, disposés tantôt en ombelle, tantôt en corymbe ou en grappe; pédicelles inégaux, filiformes, le plus souvent en grappes unilatérales et un peu recourbées. Calice soyeux, blanchâtre : dents linéaires-lancéolées, ou triangulaires, pointues. Disque d'un pourpre violet, plus ou moins ondulé. Pétales longs de 1 1/2 ligne à 2 lignes, oblongs, ou oblongs-lancéolés, subobtus, ou pointus. Anthères petites, jaunes. Stigmate petit, disciforme. Drupe du volume d'un Pois; noyau épais. Graine ovale ou suborbiculaire, plus ou moins comprimée, convexe au dos : radicule grêle, columnaire; cotylédons ovales, obtus, de moitié plus courts que la radicule.

Cette espèce croît au Canada et aux États-Unis, au bord des ruisseaux et des marais; elle fleurit en juin. On la cultive comme arbuste d'ornement.

c) *Floraison beaucoup plus tardive que les feuilles. Disque petit, moins large que le limbe du calice. Dents calicinales aussi longues que l'ovaire (à l'époque de la floraison), accrescentes, couronnant le drupe. Noyau lenticulaire, acuminé aux 2 bouts.*

Cornouiller soyeux. — *Cornus sericea* Linn. — L'hérit. Corn. tab. 2. — Schmidt, Arb. 2, tab. 64. — Guimp. et Hayn. Fremd. Holz. tab. 85. — *Cornus cærulea* Lamk. Dict. — *Cornus lanuginosa* Michx. Flor. Bor. Amer. — *Cornus alba* Walt. Carol. (non Linn.) — *Cornus cyanocarpus* Mœnch. non Gmel.) — *Cornus Amomum* Mill. Dict.

Branches dressées. Feuilles lisses aux 2 faces, vertes et pubérules en-dessous (les jeunes soyeuses-ferrugineuses sur la côte et les nervures), longuement acuminées. Filets subulés, à peu près aussi longs que les pétales. Anthères médifixes, oblongues, échancrées, bifides de la base jusqu'au milieu. Style claviforme, rectiligne, un peu plus court que les filets. Drupe bleu ou noirâtre : noyau ovoïde, bisulqué, un peu rugueux.

Buisson haut de 5 à 10 pieds. Écorce des jeunes branches et des rameaux d'un pourpre violet, luisante, lisse, ou légèrement verruqueuse. Ramules plus ou moins divergents. Feuilles longues de 1 pouce à 4 pouces, larges de 6 lignes à 2 pouces, d'un vert plus ou moins foncé et un peu luisantes en dessus (les jeunes soyeuses aux 2 faces; les adultes en général glabres en dessus, parsemées en dessous de courts poils apprimés plus ou moins abondants, ou quelquefois glabrescentes aux 2 faces), ovales, ou elliptiques, ou oblongues, ou ovales-lancéolées : base cunéiforme, ou arrondie, ou subcordiforme; pétiole long de 3 à 6 lignes, grêle, souvent rougeâtre, d'abord soyeux-ferrugineux, finalement glabre. Cymes 3-5-radiées, planes, ou convexes, denses, multiflores, larges de 1 pouce à 2 pouces; pédoncule commun long de 1 pouce à 3 pouces, grêle, raide, dressé, d'abord pubescent de même que les ramules et les pédicelles, finalement glabres; ramules dressés ou plus ou moins divergents, bifurqués, ou trifurqués, disposés tantôt en ombelle, tantôt en corymbe; pédicelles inégaux, filiformes, en général disposés en grappes unilatérales un peu recourbées. Calice soyeux blanchâtre ou subferrugineux), finalement glabre; dents linéaires, ou linéaires-lancéolées, pointues, souvent anisomètres, après la floraison dressées. Disque jaunâtre, quadrangulaire, déprimé. Pétales longs d'environ 2 lignes, linéaires-lancéolés, pointus, striés, finalement réfléchis. Anthères petites, jaunâtres. Stigmate petit, tronqué. Drupe du volume d'un petit Pois : noyau mince. Graine ovale ou elliptique, convexe au dos : radicule grêle, un peu épaissie au sommet; cotylédons ovales, obtus, trinervés, un peu plus courts que la radicule.

Cette espèce habite les forêts humides du Canada et des États-Unis. Elle fleurit en juin et en juillet. On la cultive comme arbuste d'ornement. Au témoignage du docteur Barton, l'écorce est un excellent tonique.

SECTION II. MACROCARPIUM Spach.

Arbrisseau. Fleurs (plus précoces que les feuilles) disposées en ombelles simples, courtement pédonculées, latérales ou terminant les ramules de l'année précédente : pédoncules garnis à leur sommet d'un involucre de 4 bractées subcoriaces, cymbiformes, persistantes, bisériées, à peine aussi longues que les pédicelles. Pétales jaunes, non-aristés. Anthères suborbiculaires. Drupe gros, ellipsoïde. Feuilles opposées, pétiolées, subpenninervées.

CORNOUILLER CULTIVÉ. — *Cornus mascula* Linn. —Duham. ed. nov. v. 2, tab. 43. — Guimp. et Hayn. Deutsch. Holz. tab. 2. — Sibth. et Smith, Flor. Græc. tab. 151. — Schk. Handb. tab. 24. — Schmidt, Arb. tab. 63.

Petit arbre atteignant la hauteur de 20 à 25 pieds, ou arbrisseau haut de 6 à 12 pieds. Tête ovale, touffue. Rameaux opposés, divariqués, cylindriques. Écorce verte ou brune, lisse, finalement rimeuse et grisâtre. Ramules florifères en général très-courts, opposés. Jeunes pousses pubérules, tétragones. Bourgeons foliaires coniques, pointus, pubérules-blanchâtres. Feuilles longues de 1 pouce à 4 pouces, larges de 6 lignes à 2 pouces, luisantes et un peu scabres (parsemées de petits poils blanchâtres apprimés) aux 2 faces, d'un vert plus ou moins foncé en dessus, d'un vert pâle en dessous et barbues aux aisselles des nervures, courtement pétiolées, ovales, ou elliptiques, ou elliptiques-oblongues, ou lancéolées-elliptiques, acuminées : base arrondie, ou subcordiforme, ou cunéiforme ; pétiole long de 2 à 5 lignes, semi-cylindrique, pubérule, plane en dessus. Bourgeons floraux subglobuleux, pubérules. Écailles lancéolées, pointues, non-persistantes. Ombelles 12-30-flores, solitaires; pédoncule très-court, dressé, pubérule, tétragone; pédicelles longs de 3 à 6 lignes, filiformes, jaunâtres, finement velus (de même que l'ovaire), d'abord dressés : les fructifères pendants ou inclinés. Bractées de l'involucre suborbiculaires, ou elliptiques, acuminulées, jaunâtres en dessus, pubérules en dessous, finalement verdâtres ou brunâtres. Dents calicinales triangulaires, pointues, verdâtres, presque aussi longues (à l'époque de la floraison) que l'ovaire. Disque gros, turbiné, d'un jaune verdâtre. Pétales longs de 1 ligne à 2 lignes, ovales-lancéolés, ou oblongs-lancéolés, pointus, finement trinervés, finalement réfléchis. Étamines jaunes, de moitié plus courtes que les pétales : filets subulés; anthères bifides jusqu'au delà du milieu, échancrées au sommet. Style rectiligne, épaissi au sommet, un peu plus court que les étamines. Stigmate petit, tronqué. Drupe de la forme et du volume d'une Olive, arrondi aux 2 bouts, luisant, d'un pourpre foncé, ou (dans des variétés de culture) soit d'un rouge clair, soit jaune, soit blanc; noyau ellipsoïde, cylindrique, lisse, légèrement sillonné, obtus aux deux bouts, très-épais. Graine oblongue, plane antérieurement, convexe au dos : radicule cylindrique, subclaviforme; cotylédons oblongs, un peu plus courts que la radicule.

Cette espèce, nommée vulgairement *Cornouiller mâle*, ou *Cornouiller* (sans autre épithète), et qu'on cultive parfois comme arbre fruitier, croît dans une grande partie de l'Europe (la région boréale exceptée) ainsi qu'en Orient. Elle fleurit, suivant le climat, en février, ou en mars et en avril, un mois environ avant l'apparition de ses feuilles.

Le *Cornouiller mâle* se prêtant très-bien à la taille, on l'emploie avec avantage à former des haies vives ou des charmilles, d'un aspect agréable dès le commencement du printemps, à cause de la précocité des fleurs. C'était un arbuste précieux pour l'horticulture ancienne, parce qu'on le façonnait en toutes sortes de formes, de même que le Buis et l'If.

Le bois de ce Cornouiller est d'un jaune pâle, rougeâtre vers le centre, pesant, très-compacte, et d'une extrême dureté; on s'en sert pour la confection de toutes sortes d'outils et d'ustensiles, ainsi que pour des ouvrages de tour et d'ébénisterie. L'écorce et les jeunes pousses contiennent beaucoup de tannin. Les fruits, très-astringents et acides avant leur parfaite maturité, finissent par acquérir une saveur mélangée d'acidule et de sucré; cueillis avant la maturité et confits au sel, on les mange, en Allemagne, en guise d'Olives.

Section III. CORNION Spach.

Herbes vivaces. Fleurs (plus tardives que les feuilles) disposées en ombelle simple ou en cyme : pédoncule commun filiforme, long, solitaire, terminal (ou dichotoméaire par suite du développement de 2 nouveaux rameaux), garni à son sommet d'un involucre de 4 bractées verticillées, pétaloïdes, débordant les fleurs. Pétales jaunâtres ou pourpres, mucronulés : l'un de chaque fleur longuement aristé au-dessous du sommet. Anthères ovales-elliptiques. Drupe petit, nutant, subglobuleux. Feuilles 5- ou 7-nervées (dès au-dessous du milieu; la nervure médiane aussi fine que les latérales), soit opposées et sessiles, soit verticillées et courtement pétiolées.

A. *Tiges terminées par deux rameaux stériles et par un pédoncule dichotoméaire. Feuilles sessiles, toutes opposées. Fleurs en ombelle simple. Bractées de l'involucre non-persistantes. Calice, corolle, filets et style d'un pourpre noirâtre.*

Cornouiller de Suède. — *Cornus suecica* Linn. Spec. — Flor. Dan. tab. 5. — Engl. Bot. tab. 310. — Svensk Bot. tab. 201. — Hook, Flor. Lond. tab. 194. — *Cornus herbacea* Linn. Flor. Lapp. tab. 3, fig. 3.

Feuilles ovales, ou ovales-lancéolées, ou elliptiques, courtement acuminées, glabres en dessous, finement pubérules et scabres en dessus. Bractées obovales ou elliptiques, acuminulées, ciliolées. Pédicelles à peu près aussi longs que les fleurs. Drupe à noyau suborbiculaire ou ovale-orbiculaire, lenticulaire, obtus aux 2 bouts, lisse, ésulqué, assez mince.

Plante haute de quelques pouces à 1 pied. Racine ligneuse, très-grêle, rampante, irrégulièrement rameuse, pluri-caule. Tiges dressées ou ascendantes, grêles, tétragones, articulées, finement pubérules, ordinairement très-simples jusqu'à l'origine du pédoncule, feuillées seulement à partir de la hauteur de 2 à 3 pouces au-dessus du sol, garnie inférieurement de plusieurs paires d'écailles scarieuses plus ou moins éloignées. Feuilles (les inférieures petites; les supérieures graduellement plus grandes) longues de 6 lignes à 2 pouces, d'un vert foncé en dessus et parsemées de petits poils blanchâtres apprimés, glauques en dessous, ordinairement arrondies à la base; nervures fines, souvent d'un pourpre noirâtre. Pédoncule long de 1 pouce à 2 pouces, dressé (du moins pendant la floraison), finalement débordé par les ramules stériles. Bractées longues de 3 à 6 lignes, blanches, ou rougeâtres, finalement verdâtres, striées, 2 à 3 fois plus longues que l'ombelle. Ombelle dense, 12-20-flore. Pédicelles longs à peine de 1 ligne, pubérules de même que le calice. Dents calicinales triangulaires, pointues, plus courtes que l'ovaire. Disque petit, cupuliforme. Pétales longs d'environ $^1/_2$ ligne, oblongs-lancéolés. Étamines un peu plus longues que les pétales : filets filiformes; anthères jaunes, obtuses, médifixes, bifides de la base jusqu'au milieu. Style rectiligne, filiforme, obtus, un peu plus court que les pétales. Stigmate tronqué, peu apparent. Drupe rouge, du volume d'un grain de Poivre : noyau très-petit; graine plano-convexe, subovale : cotylédons linéaires, obtus, aussi longs que la radicule.

Cette espèce habite les régions arctiques de l'Europe, de l'Asie et de l'Amérique; on la retrouve dans quelques localités du nord de l'Allemagne et dans les Alpes d'Écosse; elle croît de préférence dans les tourbières et autres localités humides. La floraison a lieu en juin et juillet. Le fruit est douceâtre et mangeable.

B. *Tiges très-simples. Feuilles pétiolées, verticillées au sommet de la tige. Fleurs en cyme ombelliforme. Bractées de l'involucre persistantes. Pétales et étamines jaunâtres. Style et disque de couleur pourpre.*

Cornouiller du Canada. — *Cornus canadensis* Linn. — L'hérit. Corn. tab. 1. — Bot. Mag. tab. 880.

Feuilles ovales, ou obovales, ou elliptiques, courtement acuminées, cunéiformes vers leur base, glabres en dessous, finement pubérules et un peu scabres en dessus. Pédicelles très-courts, subfasciculés, inégaux. Bractées ovales ou ovales-orbiculaires, acuminées, ou mucronées. Drupe à noyau ellipsoïde ou ovoïde, à peine comprimé, obtus aux 2 bouts, lisse, ésulqué.

Plante haute de quelques pouces à 1/2 pied. Racine ligneuse, très-grêle, rampante, irrégulièrement rameuse, pluri-caule. Tiges dressées, ou ascendantes, grêles, tétragones, articulées, finement pubérules, 4-7-phylles au sommet, ordinairement aphylles inférieurement (moins souvent munies d'une paire de feuilles plus ou moins éloignées du verticille terminal), mais garnies à leur base de plusieurs paires d'écailles imbriquées, subscarieuses, brunâtres, et plus haut d'une ou de deux paires d'écailles plus grandes, subfoliacées. Feuilles longues de 6 lignes à 2 pouces, larges de 4 à 18 lignes, d'un vert plus ou moins foncé en dessus (et parsemées de courts poils apprimés), d'un vert glauque ou quelquefois rougeâtres en dessous, courtement pétiolées. Pédoncule long de 6 à 15 lignes, pubérule, dressé (du moins pendant la floraison). Cyme à 4 rayons très-courts, irrégulièrement rameux. Pédicelles inégaux, subfasciculés, pubérules de même que le calice. Bractées longues de 2 à 8 lignes, pubérules, ou glabres, blanches, ou roses, courtement onguiculées, tantôt à peine débordant les fleurs, tantôt longuement débordantes. Dents calicinales très-courtes, obtuses. Disque petit, annulaire. Pétales longs à peine de 1 ligne, ovales-lancéolés, mucronés, 1-nervés, inonguiculés, finalement réfléchis. Étamines un peu plus longues que les pétales : filets filiformes. Anthères supramédifixes, obtuses, bifides de la base jusqu'au delà du milieu, presque aussi longues que les filets. Style rectiligne, filiforme, un peu épaissi au sommet, de moitié plus court que les étamines. Stigmate peu apparent. Drupe petit, rouge : noyau du volume d'un grain de Moutarde, jaunâtre assez épais, dur. Graine subovale, plane antérieurement : radicule épaissie au sommet ; cotylédons oblongs, obtus, 1-nervés, de moitié plus courts que la radicule.

Cette espèce, qu'on cultive comme plante d'agrément, croît dans les contrées boréales de l'Amérique, et dans les montagnes des États-Unis. Elle fleurit en été.

Genre BENTHAMIDE. — *Benthamidia* Spach.

Fleurs sessiles, agrégées en capitule sur un réceptacle convexe, non-charnu après la floraison, accompagné de 4 bractées colorées. Limbe calicinal cyathiforme, accrescent, 4-denté. Pétales 4, onguiculés, spathulés. Étamines 4 : filets filiformes; anthères médifixes, oblongues. Disque cupuliforme, engaînant la base du style. Ovaire 2-loculaire : loges 1-ovulées; ovules anatropes, suspendus au sommet des loges. Style filiforme, rectiligne, obtus. Stigmate petit, terminal, tronqué. Drupe charnu, monopyrène; noyau 1- ou 2-loculaire, osseux, 2-sperme, ou par avortement monosperme. Graines adhérentes; tégument membraneux. Embryon presque aussi long que le périsperme.

Arbrisseau. Rameaux dichotomes, articulés ; écorce lisse. Jeunes pousses tétragones. Feuilles opposées, pétiolées, très-entières, non-persistantes, penninervées (nervures convergentes). Bourgeons écailleux : les florifères terminant les ramules de l'année précédente. Capitules solitaires, dichotoméaires, multiflores, courtement pédonculés : pédoncule dressé, garni à son sommet d'un involucre de 2 paires de bractées beaucoup plus grandes que les fleurs et simulant une corolle. Fleurs petites, plus précoces que les feuilles, ou paraissant en même temps. Corolle jaune. Anthères d'un pourpre violet.

Ce genre, qui diffère des *Cornouillers* par son inflorescence, ainsi que par la conformation du calice et des pétales, n'est fondé que sur l'espèce suivante (1) :

BENTHAMIDE FLEURIE. — *Benthamidia florida* Spach. — *Cornus florida* Linn. — Catesb. Car. tab. 17. — Bot. Mag. tab. 526. — Bigel. Med. Bot. 2, tab. 28. — Guimp. et Hayn. Fremd. Holz. tab. 19. — Schmidt, Arb. 2, tab. 52. — Michx. Arb. 3, tab. 3.

Arbre atteignant (dans son climat natal) la hauteur de 20 à 30 pieds, sur 6 à 10 pouces de diamètre; plus habituellement buisson haut de 5 à 10 pieds. Branches étalées. Rameaux divergents ou divariqués. Ramules florifères en général courts et rapprochés. Écorce jaunâtre ou d'un vert d'Olive. Feuilles longues de 2 à 5 pouces, larges de 10 à 30 lignes, d'un vert foncé et luisantes en dessus, glauques en dessous, finement pubérules aux 2 faces (mais plus abondamment en dessous; les naissantes cotonneuses aux 2 faces), ovales, ou obovales, ou elliptiques, ou lancéolées-elliptiques, ou ovales-lancéolées, longuement ou courtement acuminées, quelquefois un peu ondulées aux bords : base subcordiforme, ou arrondie, ou tronquée, ou cunéiforme, souvent oblique; nervures fines; pétiole long de 2 à 4 lignes. Pédoncules longs de 4 à 10 lignes, raides, assez gros, épaissis au sommet. Capitules multiflores. Réceptacle-commun petit, hémisphérique, garni (outre les 4 grandes bractées) à sa circonférence de petites squamules suborbiculaires. Bractées de l'involucre longues de 6 à 18 lignes, de couleur rose ou blanche, striées, étalées, subonguiculées, obovales-orbiculaires, ou obovales, ou flabelliformes, ou oblongues-obovales, profondément échancrées ou cordiformes-bilobées au sommet, cuspidées : pointe subcoriace, courte, en général réfléchie. Fleurs petites, serrées. Calice pubérule, blanchâtre : limbe presque aussi long que l'ovaire, à dents obtuses. Pétales longs d'environ 2 lignes,

(1) Probablement le *Cornus disciflora* (De Cand. Prodr. v. 4, p. 273), indigène du Mexique, est une autre espèce de ce genre.

spathulés-oblongs, subacuminés, réfléchis au-dessus du milieu. Drupe du volume de celui de l'Aubépine, ellipsoïde, rouge, couronné par le limbe du calice. Noyau ellipsoïde, cylindrique, obtus aux 2 bouts, légèrement rugueux, épais, très-dur. Périsperme huileux, conforme au noyau. Cotylédons elliptiques, minces, obtus, 3-nervés, à peu près aussi longs que la radicule. Radicule columnaire, obtuse.

Cette espèce croît au Canada et aux États-Unis. Elle fleurit au printemps. L'élégance de ses fleurs, dont l'involucre, qui accompagne chaque capitule, ressemble à une Rose, le fait fréquemment cultiver comme arbrisseau d'ornement; elle ne se plaît que dans les expositions ombragées, et dans un sol à la fois fertile et léger; aussi la plante-t-on, en général, dans les plates-bandes de terre de bruyère.

Le vieux bois de cet arbrisseau est très-dur et de couleur brune, tandis que l'aubier en est blanc; en Amérique, on l'emploie à la confection de toutes sortes d'outils et d'ustensiles. L'écorce du tronc et des rameaux est d'une amertume extrême; les médecins des États-Unis l'administrent fréquemment, en guise de quinquina, contre les fièvres intermittentes; le docteur Barton assure que l'écorce des jeunes pousses est un excellent dentifrice. Les peuplades indigènes de l'Amérique septentrionale font usage de la racine du *Benthamidia*, pour teindre en rouge.

Genre BENTHAMIA. — *Benthamia* Lindl.

Fleurs sessiles, agrégées en capitule accompagné d'un involucre de 4 bractées colorées. Réceptacle-commun devenant charnu après la floraison. Limbe calicinal tronqué, ou 4-denté, cupuliforme, urcéolé, persistant. Pétales 4, inonguiculés. Étamines 4; filets filiformes; anthères médifixes, oblongues. Disque quadri-lobé. Ovaire 2-loculaire, 2-ovulé; ovules suspendus. Style persistant, claviforme. Stigmate tronqué, concave. Péricarpe charnu, drupacé, à un seul noyau uniloculaire, monosperme, osseux, un peu comprimé : les drupes de chaque capitule soudés entre eux jusque vers leur milieu. Graines à tégument coriace.

Arbrisseaux, ou arbres de taille médiocre. Rameaux brachiés. Feuilles opposées, non-persistantes, pétiolées, très-entières, nerveuses. Capitules dichotoméaires, solitaires, longuement pédonculés. Bractées de l'involucre blanches, subpétaloïdes (persistantes?). Fleurs petites, serrées, jaunâtres. Pétales étalés, subcoriaces. Réceptacle fructifère assez gros, subglobuleux, charnu. Drupes par avortement monopyrènes : ceux de chaque capitule soudés de manière à simuler un syncarpe à plusieurs noyaux. Embryon à radicule cylindrique, supère; cotylédons foliacés, contigus. (*Zuccarini, Flor. Jap.*)

Ce genre ne renferme que les deux espèces suivantes :

A. *Limbe calicinal tronqué, très-entier. Réceptacle-commun subglobuleux.*

BENTHAMIA DU JAPON. — *Benthamia japonica* Siebold et Zuccar. Flor. Japon. 1, p. 38; tab. 16.

Arbrisseau très-rameux, haut de 6 pieds et plus; écorce grisâtre, irrégulièrement rugueuse. Rameaux dichotomes, cylindriques : les jeunes verts, glabres. Feuilles longues d'environ 2 pouces, sur 1 pouce de large, ovales-elliptiques, ou lancéolées-elliptiques, acuminées, courtement pétiolées, glabres en dessus et soyeuses en dessous, ou quelquefois soyeuses aux 2 faces. Pédoncules (naissant sur les jeunes ramules) longs de 2 à 3 pouces, quadrangulaires, raides, nus. Capitules environ 30-flores, du volume d'un Pois; réceptacle-commun subglobuleux. Bractées de l'involucre longues de 1 ½ pouce à 2 pouces, sessiles, ovales, acuminées, finement nerveuses, glabres. Calice glabre, coriace, à limbe très-court, persistant. Pétales longs à peine de 1 ½ ligne, obovales-oblongs, pointus, trinervés, un peu concaves, glabres, coriaces, jaunâtres. Étamines plus courtes que les pétales. Disque à 4 lobes tronqués, alternes avec les étamines. Style à peu près aussi long que les étamines. Drupes d'un beau rouge, soudés en syncarpe globuleux polyèdre; noyau de chaque drupe irrégulièrement obové ou difforme, blanchâtre. (*Siebold et Zuccarini*, l. c.)

Cette espèce habite les montagnes du Japon, dans les régions élevées de 2000 à 6000 pieds au-dessus du niveau de la mer. Sa floraison a lieu en mai et juin. Les fruits ont un goût agréable.

B. *Calice à limbe quadridenticulé. Réceptacle-commun concave.*

Benthamia du Népaul. — *Benthamia fragifera* Lindl. in Bot. Reg. tab. 1579.—*Cornus capitata* Wallich, Plant. Asiat. Rar. tab. 214.

Buisson, ou petit arbre, semblable au *Benthamidia* (*Cornus*) *florida*. Branches horizontales. Jeunes pousses un peu comprimées, couvertes (de même que toutes les autres parties herbacées de la plante) de courts poils raides et apprimés. Feuilles longues de 2 à 3 pouces, subcoriaces, scabres, lancéolées, ou lancéolées-oblongues, pointues, glauques en dessous; nervures rougeâtres; pétiole très-court, canaliculé en dessus. Capitules solitaires au sommet des jeunes pousses, subglobuleux, du volume d'une Cerise. Pédoncules raides, dressés, striés. Bractées de l'involucre longues d'environ 1 pouce, étalées, blanches, ovales, acuminées. Fleurs petites, verdâtres. Dents calicinales obtuses. Filets étalés, à peu près aussi longs que les pétales. Pétales cunéiformes-oblongs. Style plus court que les étamines. Syncarpe d'environ 18 lignes de diamètre, rouge, ovale-globuleux, mamelonné: chair blanche, insipide. (*Wallich*, l. c.)

Cette espèce, indigène au Népaul, mérite d'être cultivée comme arbrisseau d'ornement; elle a fleuri pour la première fois en Europe, dans le jardin de la société horticulturale de Londres, en 1833.

CENT DIX-HUITIÈME FAMILLE.

LES ARALIACÉES. — *ARALIACEÆ*.

Araliæ Juss. Gen. — *Araliaceæ* Juss. in Dict. des Sciences Nat. 2, p. 348. — Bartl. Ord. Nat. p. 237. — De Cand. Prodr. v. 4, p. 251. — *Umbelliferæ*, tribus II : *Araliecæ*, et tribus III : *Cisseæ*, sect. 2, *Hederaceæ* Reichenb. Syst. Nat. p. 221.

Cette famille ne diffère essentiellement des Ombellifères que par son péricarpe drupacé. On en connaît environ cent espèces, dont la plupart habitent la zône équatoriale.

Plusieurs *Araliacées* se font remarquer par un port très-pittoresque ; mais les fleurs ont en général peu d'apparence. Quelques espèces (le célèbre *Ginseng* par exemple) produisent des racines mangeables ; d'autres ont des propriétés médicales très-prononcées.

Caractères de la Famille.

Arbres, ou *arbrisseaux*, ou *herbes* vivaces. Tiges et rameaux articulés ou inarticulés, cylindriques, ou anguleux.

Feuilles éparses, pétiolées, non-stipulées, ou bistipulées, simples, ou digitées, ou pennées, ou décomposées. Pétiole en général élargi en gaîne subamplexicaule. Stipules adnées inférieurement à la base du pétiole.

Fleurs hermaphrodites, ou polygames, ou dioïques, régulières, disposées en ombelles, ou en panicules (composées d'ombelles), ou en capitules, ou rarement en épis. Inflorescences en général accompagnées chacune d'une collerette de bractées. Pédicelles nus, articulés au sommet.

Calice adhérent presque jusqu'au sommet : limbe épigyne, petit, tronqué, ou 5-denté (rarement 6-16-denté), persistant; estivation distante.

Disque annulaire ou convexe, charnu, épigyne, le plus souvent confluent avec la base des styles.

Pétales 5 à 16, insérés sous le disque, alternes avec les dents calicinales, inonguiculés, très-entiers, non-persistants (quelquefois caducs dès l'épanouissement), valvaires ou moins souvent imbriqués en préfloraison (1), quelquefois cohérents au sommet.

Étamines en même nombre que les pétales et alternes avec ceux-ci, ou en nombre double des pétales (soit antéposées par paires, soit les extérieures alternes avec les pétales et les intérieures antéposées), insérées sous le disque, libres, non-persistantes (quelquefois caduques dès l'épanouissement). Filets filiformes ou subulés, infléchis au sommet en préfloraison. Anthères versatiles, dithèques, subintrorses, ou latéralement déhiscentes : bourses contiguës, longitudinalement bivalves; connectif inapparent.

Pistil : Ovaire (par exception 1-loculaire) 2-15-loculaire (loges en général en même nombre que les pétales), adné jusqu'au sommet. Ovules solitaires, anatropes, suspendus au sommet des loges. Styles en même nombre que les loges de l'ovaire, distincts, ou soudés, persistants, souvent très-courts. Stigmates en même nombre que les loges, terminaux, indivisés, quelquefois soudés par la base.

---

(1) C'est à tort que l'estivation valvaire a été attribuée aux Araliacées, comme caractère général et propre à les distinguer des Ombellifères.

Péricarpe : Drupe charnu ou presque sec, contenant 1 à 15 noyaux cartilagineux ou testacés, 1-spermes.

Graines solitaires, suspendues, anatropes ; tégument adhérent ou inadhérent, crustacé, ou membraneux. Périsperme charnu ou corné, souvent huileux, conforme à la graine, quelquefois anfractueux (comme le périsperme des Anonacées). Embryon minime (1), apicilaire, axile, rectiligne : radicule supère; cotylédons courts, foliacés en germination.

La famille des Araliacées se compose des genres suivants :

Panax Linn. (Aureliana Catesb. Araliastrum Vaill.) — *Cussonia* Thunb. — *Maralia* Petit-Thou. — *Gilibertia* Ruiz et Pav. — *Gastonia* Commers. — *Polyscias* Forst. — *Toricellia* De Cand. — *Aralia* Linn. (Schefflera Forst. — *Sciodaphyllum* P. Browne. (Actinophyllum Ruiz et Pav.) — *Paratropia* Blum. (Heptapleurum Gærtn.) — *Arthrophyllum* Blum. — *Botryodendron* Endl. — *Gynapteina* Blum. — *Hedera* Linn. — ? *Dicophe* Wallich.

Le genre *Adoxa*, que la plupart des auteurs rapportent à cette famille, ayant la corolle monopétale (2), doit être classé parmi les *Viburnées*.

Genre PANAX. — *Panax* Linn.

Fleurs polygames-dioïques. Limbe calicinal marginiforme ou cupuliforme, 5-denté (très-entier dans les fleurs mâles). Pétales 5, valvaires en préfloraison. Eta-

(1) M. de Candolle est dans l'erreur en attribuant aux Araliacées un embryon presque aussi long que le périsperme.

(2) Presque tous les auteurs ont confondu la corolle de l'*Adoxa* avec le calice, et lui attribuent ainsi, par erreur, des fleurs apétales.

mines 5 : filets linéaires, ou linéaires-lancéolés, subulés au sommet. Anthères médifixes, bifides aux deux bouts. Ovaire 2-loculaire, 2-ovulé. Styles 2 (1), distincts, ou soudés presque jusqu'au sommet. Drupe orbiculaire ou didyme, comprimé, charnu, à 2 noyaux monospermes, chartacés ou coriaces.

Arbrisseaux (quelquefois hérissés d'aiguillons), ou herbes vivaces. Feuilles minces ou coriaces, digitées, ou pennées, ou simples (soit palmatifides, soit indivisées), pétiolées. Fleurs en ombelles (simples ou composées), ou en panicules (en général composées d'ombelles disposées en grappes).

M. de Candolle énumère 28 espèces de ce genre ; la plupart sont indigènes dans la zône équatoriale. Les suivantes sont les plus remarquables :

SECTION I.

Herbes vivaces. Racine napiforme ou fusiforme. Tiges très-simples, triphylles au sommet, et nues inférieurement. Feuilles digitées, longuement pétiolées, verticillées au sommet de la tige. Fleurs en ombelle simple, terminale, solitaire, longuement pédonculée.

PANAX GINSENG. — *Panax quinquefolium* Linn. — Bot. Mag. tab. 1333. — Bigel. Med. Bot. 2, tab. 29. — Woodw. Med. Bot. tab. 99. — Blackw. Herb. tab. 513. — Catesb. Carol. App. tab. 16.

Racine fusiforme, charnue, aromatique, un peu amère, roussâtre en dehors, jaunâtre en dedans, bi-ou tri-furquée inférieurement, longue de 2 à 3 pouces, de la grosseur du doigt. Tige haute d'environ 1 pied, dressée, glabre (de même que toute la plante), grêle. Feuilles caulinaires dressées, longues de 6 à 15 pouces; pétiole grêle, rougeâtre, peu élargi à la base, long de

(1) Accidentellement l'ovaire est 3-loculaire et 3-style.

2 à 4 pouces. Folioles minces, pétiolulées, d'un vert gai, luisantes, inégalement dentelées, acuminées-cuspidées, à base arrondie, ou subcordiforme, ou cunéiforme : les 3 terminales plus grandes que les latérales, obovales, ou oblongues-obovales, ou elliptiques-oblongues, longues de 4 à 5 pouces; les latérales ovales, ou elliptiques, ou obovales, longues de 1 pouce à 2 pouces; pétiolules longs de 3 à 15 lignes, peu renflés à la base. Ombelle multiflore, petite, hémisphérique. Pédoncule commun à peu près aussi long que les pétioles. Pédicelles filiformes, épaissis au sommet, longs de 2 à 4 lignes, tous 1-bractéolés à la base : les fructifères réfléchis. Bractées courtes, ovales-lancéolées, subulées au sommet. Limbe calicinal cupuliforme; dents triangulaires, pointues, dressées. Pétales longs d'environ 1 ligne, d'un jaune verdâtre, oblongs, acuminulés. Étamines courtes; filets linéaires-lancéolés; anthères elliptiques, bilobées au sommet, bifides de la base jusqu'au milieu. Style court, indivisé à l'époque de la floraison, plus tard bifide. Drupe subréniforme, didyme, rougeâtre, large d'environ 4 lignes, couronné par le limbe calicinal.

Cette espèce croît au Canada et dans les montagnes des États-Unis ; on a avancé, mais sans preuves suffisantes, qu'elle habite aussi la Mantchourie et le nord de la Chine. Quoi qu'il en soit de l'identité de la plante américaine avec la plante asiatique, il est certain que l'une et l'autre produisent la racine connue sous le nom de *Ginseng*. De temps immémorial, les Chinois ont considéré cette racine comme le médicament le plus efficace contre toutes les maladies imaginables, et c'est à ces vertus, sans doute très-exagérées, que fait allusion le nom de *Panax*, dérivé de panacée. Au témoignage de plusieurs auteurs, le Ginseng était jadis si estimé en Chine, qu'une livre de ces racines valait trois livres pesant d'argent; mais depuis, ce prix a beaucoup baissé, parce qu'on importe le Ginseng de l'Amérique septentrionale, en quantité considérable. La thérapeutique européenne ne fait aucun usage du Ginseng, parce qu'on n'y a trouvé que des propriétés communes à une foule d'autres médicaments aromatiques et stimulants.

SECTION II.

Petits arbres ou arbrisseaux. Feuilles digitées. Fleurs en ombelles simples, ou composées, ou en panicules composées d'ombelles.

PANAX A AIGUILLONS. — *Panax aculeatum* Hort. Kew. — Jacq. Ic. Rar. tab. 634. — *Zanthoxylon trifoliatum* Linn.

Arbrisseau haut de 2 à 5 pieds. Rameaux et pétioles hérissés de courts aiguillons. Feuilles 3-foliolées; folioles coriaces, luisantes, glabres, ovales, ou sublancéolées, dentelées. Ombelles simples ou composées, courtement pédonculées. Pédicelles filiformes, nus, tous 1-bractéolés à la base. Bractées minimes, dentiformes-subulées. Limbe calicinal rotacé : dents triangulaires, pointues, étalées. Pétales longs à peine de 1 ligne, blanchâtres, 1-nervés, ovales, acuminulés. Filets de moitié plus longs que les pétales, filiformes, subulés au sommet. Anthères suborbiculaires, bilobées aux 2 bouts, jaunâtres. Disque presque plane, confluent avec la base des styles. Ovaire turbiné. Style court, columnaire, indivisé à l'époque de la floraison, plus tard bifide. Drupe petit, obovale, comprimé, strié.

Cette espèce, indigène en Chine, se cultive dans les collections d'Orangerie.

PANAX A FEUILLES DORÉES. — *Panax Morototoni* Aubl. Guian. 2, tab. 360. — *Panax chrysophyllum* Vahl, Eclog. — *Panax undulata* Pers. (non Kunth.)

Grand arbre, inerme. Jeunes pousses, pétioles, face inférieure des folioles, des sépales et des pétales couverts d'un duvet satiné jaunâtre. Feuilles 7-ou 9 foliolées. Folioles longues de 3 à 12 pouces, lisses en dessus, coriaces, un peu ondulées aux bords, lancéolées-oblongues, pointues, très-entières; pétiole long d'environ 1 pied. Panicules amples, diffuses, terminales; ramifications ombellifères, 8-13-radiées : les 2 inférieures opposées; les autres alternes. Bractées concaves : les inférieures trifides; les autres ovales, entières; celles de la base des pédicelles petites, squamiformes. Fleurs petites. Drupe cordiforme-orbiculaire, comprimé.

Cette espèce, remarquable par l'élégance de son feuillage, croît à Cayenne (où elle porte le nom vulgaire de *bois canon bâtard*) et aux Antilles.

SECTION III.

Arbrisseaux. Feuilles pennati-surcomposées. Panicules terminales, corymbiformes, composées d'ombelles.

PANAX DIURÉTIQUE.—*Panax fruticosum* Linn. — Rumph. Amb. v. 4, tab. 33. — Andr. Bot. Rep. tab. 595.

Arbrisseau inerme, atteignant la hauteur de 5 à 6 pieds. Feuilles bipennées, ou tripennées, ou surdécomposées. Folioles cilio-lées, pétiolulées, lancéolées, ou lancéolées-oblongues, acuminées, dentelées, ou quelquefois incisées-trifides. Panicules à ramules ombellifères au sommet. Drupes comprimés, sillonnés.

Cette espèce croît aux Moluques et à Java; dans ces îles on la cultive, tant pour l'élégance de son port, qu'à cause de ses propriétés médicales; ses feuilles et ses racines passent pour un excellent remède diurétique.

Genre CUSSONIA. — *Cussonia* Thunb.

Limbe calicinal tronqué ou 5-7-denté, marginiforme. Pétales 5-7. Étamines en même nombre que les pétales. Disque conique, confluent avec la base des styles. Ovaire 2-ou 3-loculaire, turbiné. Styles 2 ou 3, soudés inférieurement, recourbés après la floraison. Drupe 2-ou 3-coque, suborbiculaire, presque sec.

Arbrisseaux inermes. Tige et rameaux cylindriques, inarticulés. Bois très-mou. Feuilles éparses, persistantes, 3-7-foliolées, stipulées; pétiole semi-amplexicaule, à gaîne peu apparente. Folioles coriaces, luisantes, très-glabres, subsessiles, ou pétiolulées, dentelées, ou pennatiparties, finement penniveinées. Inflorescence terminale, aphylle, composée de grappes disposées en ombelle, ou bien constituée par un épi solitaire. Fleurs ou pédicelles 1-bractéolés à la base.

Ce genre, à peine distinct des *Panax*, est propre à l'Afrique australe. On en connaît aujourd'hui 5 espèces; les 2 suivantes se cultivent dans les collections d'Orangerie, à cause de leur feuillage élégant.

a) *Fleurs en épis solitaires. Folioles diversement pennatiparties; pétiole nu au sommet.*

CUSSONIA A ÉPIS. — *Cussonia spicata* Thunb. Nov. Act. Upsal. v. 3, p. 212, tab. 13.

Tige haute de 6 à 12 pieds, grêle, cicatriqueuse, simple, ou rameuse seulement au sommet. Feuilles longues de 1/2 pied à 1 1/2 pied, subhorizontales, 5-7-foliolées. Pétiole grêle, cylindrique, finement strié, long de 2 à 10 pouces. Stipules courtes, triangulaires, subulées au sommet. Folioles longues de 2 à 7 pouces, luisantes aux 2 faces, d'un vert foncé en dessus, d'un vert gai en dessous, tantôt subsessiles, tantôt plus ou moins longuement pétiolulées, en général uni- ou bi-articulées : l'article inférieur cunéiforme-tronqué, ou cunéiforme-bilobé, tantôt plus grand, tantôt plus petit que l'article suivant; l'article supérieur indivisé ou triparti, à segments lancéolés, ou lancéolés-obovales, ou obovales-rhomboïdaux, ou spathulés-rhomboïdaux, ou subcunéiformes, arrondies, ou acuminées, très-entières, ou paucidentées, ou subtrilobées au sommet; l'article intermédiaire (souvent nul) conforme tantôt au supérieur, tantôt à l'inférieur. Épi long d'environ 2 pouces.

b) *Inflorescence composée de 4 grappes disposées en ombelle. Folioles indivisées ou rarement subtrifides, subdenticulées; pétiole commun garni à son sommet d'une sorte de collerette composée de squamules membranacées.*

CUSSONIA A GRAPPES. — *Cussonia thyrsiflora* Thunb. l. c.

tab. 12. — Jacq. fil. Eclog. tab. 61. — *Cussonia thyrsoidea* Thunb. Nov. Gen.

Arbrisseau semblable, par le port, à l'espèce précédente. Feuilles longues de 2 à 6 pouces, subhorizontales, très-glabres (de même que toute la plante), 3- ou 5-foliolées. Pétiole long de 1 pouce à 3 pouces, assez gros, dilaté au sommet, charnu. Stipules triangulaires-lancéolées, pointues, fimbriolées aux bords, courtes, dressées, appliquées contre le rameau. Folioles longues de 1 pouce à 3 pouces (les latérales plus petites que les terminales), d'un vert gai et comme vernissées en dessus, d'un vert plus pâle et opaques en dessous, cunéiformes-oblongues, ou cunéiformes-obovales, ou spathulées-oblongues, arrondies au sommet, ou rétuses, sessiles, ou subsessiles, denticulées soit seulement au sommet, soit à partir du milieu, très-entières inférieurement; denticules triangulaires ou glanduliformes, obtuses, minimes, rougeâtres. Grappes courtes, denses, pédonculées; pédicelles à peine aussi longs que les fleurs. Limbe calicinal à 5 dents triangulaires, pointues.

Genre ARALIA. — *Aralia* Linn.

Limbe calicinal marginiforme, 5-denté. Disque annulaire ou confluent avec la base des styles. Pétales 5, imbriqués en préfloraison. Étamines 5 : filets subulés; anthères médifixes, échancrées au sommet, bifides de la base jusqu'au milieu. Ovaire 5-loculaire, 5-ovulé. Styles 5, courts, obtus, soudés par la base. Stigmates petits, subcapitellés. Drupe (en général 5-coque) à 5 noyaux monospermes, chartacés, comprimés. Graines inadhérentes, conformes aux noyaux : tégument membraneux. Périsperme charnu, huileux. Embryon minime.

Arbrisseaux, ou herbes vivaces. Feuilles digitées, ou pennées, ou bipennées, ou tripennées, ou subtriternées, stipulées; folioles incisées ou dentelées, articulées par la base, penninervées; pétiole cylindrique, articulé et noueux aux ramifications, dilaté en gaîne amplexicaule ou semi-amplexicaule. Inflorescence terminale, ou axillaire et terminale. Fleurs petites, blanchâtres, ou jaunâtres, disposées soit en ombelle, soit en panicule composée d'ombellules ou de capitules. Inflorescences partielles en général accompagnées chacune d'une collerette de bractées persistantes. Pédicelles nus, ou garnis au sommet d'un calicule cupuliforme. Calice turbiné, ou subglobuleux, ou ovoïde. Pétales inonguiculés, ordinairement réfléchis. Anthères suborbiculaires, ou elliptiques, ou oblongues.

On ne peut rapporter avec certitude à ce genre que 8 à 10 espèces; la plupart habitent les régions tempérées de l'hémisphère septentrional.

Section I.

Tige ligneuse, ordinairement très-simple. Inflorescence terminale, paniculée : rameaux primaires fasciculés, subfastigiés ; rameaux secondaires et ramules tertiaires épars, disposés en grappes.

A. *Feuilles bi- ou tri-pennées. Panicule composée d'ombellules. Tige et rameaux hérissés d'aiguillons.*

Aralia épineux. — *Aralia spinosa* Linn. — Commel. Hort. Amst. 1, tab. 47. — Pluck. Alm. tab. 20.

Tige haute de 8 à 12 pieds, atteignant la grosseur du bras, dressée, cicatriqueuse (par les marques que laissent les feuilles après leur chute), très-simple, ou moins souvent rameuse au sommet. Rameaux disposés en ombelle. Écorce grisâtre. Aiguillons courts, subulés. Feuilles couronnantes, très-rapprochées, ou roselées, atteignant jusqu'à 2 pieds de long, non-persistantes, en général bipennées, moins souvent tripennées : les inférieures (des jeunes pousses) réduites à de larges écailles charnues. Pétiole glabre ou pubérule, semi-amplexicaule, tantôt lisse, tantôt parsemé d'aiguillons semblables à ceux de la tige et des rameaux. Folioles longues de 6 lignes à 3 pouces, larges de

2 à 15 lignes, d'un vert gai en dessus (les jeunes ordinairement rougeâtres), d'un vert pâle ou glauques en dessous, glabres, ou légèrement pubescentes aux nervures, opposées, ovales, ou ovales-lancéolées, ou ovales-oblongues, ou oblongues, inégalement dentelées, acuminées, ou acuminées-cuspidées, ou obtuses et mucronées; base arrondie, ou cunéiforme, équilatérale, ou inéquilatérale; pétiolules pubescents, en général accompagnés en dessus d'un petit aiguillon subulé. Stipules courtes, subulées, élargies à la base. Panicule large de 1 pied à 3 pieds, courtement pédonculée, aphylle, pubérule, 5- ou pluri-radiée; rameaux et ramules plus ou moins divergents, accompagnés à leur base d'une bractée non-persistante, subulée, rougeâtre, plus ou moins élargie inférieurement. Ombellules très-nombreuses, hémisphériques, multiflores, plus ou moins longuement pédonculées. Pédicelles nus, pubescents, longs de 3 à 6 lignes. Bractées des collerettes linéaires-subulées, plus courtes que les pédicelles. Calice turbiné, glabre : dents dressées, très-courtes, triangulaires, obtuses. Disque mince, annulaire, distinct. Pétales longs de 1 ligne, d'un blanc jaunâtre, 1-nervés, elliptiques-oblongs, obtus, réfléchis. Filets aussi longs que les pétales. Anthères elliptiques, jaunâtres, profondément échancrées au sommet. Styles un peu divergents, réfléchis après l'anthèse, soudés inférieurement en forme de cône. Drupe subglobuleux, noirâtre, du volume d'un petit Pois; noyaux longs d'environ 1 ligne, lisses, oblongs, comprimés, obtus aux 2 bouts, tranchants aux bords. Embryon cylindracé, minime : radicule obtuse; cotylédons arrondis, très-courts, contigus.

Cette espèce, nommée vulgairement *Angélique épineuse*, croît dans les États-Unis. Elle fleurit vers la fin de l'été. L'élégance et l'ampleur de son feuillage, disposé en touffe à l'extrémité de la tige ou des rameaux, le font cultiver comme arbrisseau d'ornement. Ses fruits ne parviennent pas à maturité dans le nord de la France. Le bois est très-mou et ne peut servir à aucun usage. Les feuilles ont une odeur analogue à celles de la Carotte. L'infusion aqueuse de l'écorce de la racine fraîche, est à la fois purgative et émétique; en Amérique, on l'emploie fréquemment comme médicament ; on en prépare aussi un extrait gommo-résineux, qui possède les mêmes propriétés.

B. *Feuilles pennées. Panicule composée de capitules subglobuleux, à fleurs sessiles. Tige très-simple, inerme.*

Aralia a parasol. — *Aralia umbraculifera* Roxb. Flor. Ind. v. 2, p. 108. — *Papaya sylvestris* Rumph. Amb. 1, p. 149, tab. 53, fig. 1.

Tronc atteignant 12 pieds de haut, sur 18 pouces de circonférence, droit, cicatriqueux, feuillu au sommet. Écorce lisse, grisâtre. Feuilles longues d'environ 6 pieds, réclinées, roselées au sommet du tronc, multifoliolées. Pétiole inerme, très-renflé à la base. Folioles longues de 4 à 8 pouces, larges de 2 à 3 pouces, coriaces, luisantes en dessus, un peu ondulées, glabres, subsessiles, ovales-lancéolées, légèrement dentelées. Panicule très-ample, multi-radiée : rameaux primaires divergents, longs de 3 à 4 pieds ; rameaux secondaires divergents, nombreux, longs de 6 à 9 pouces ; ramules divergents. Capitules subglobuleux, 6-12-flores. Bractées petites. Pétales plus longs que les étamines, lancéolés, étalés. Anthères ovales. Styles plus courts que la corolle. Disque convexe, ombiliqué, coloré. (*Roxburgh*, l. c.)

Cette espèce, remarquable par son port majestueux et par l'ampleur de son inflorescence, croît aux Moluques.

Section II.

Tiges herbacées, rameuses, noueuses. Gaîne pétiolaire amplexicaule. Panicules axillaires et terminales, composées d'ombellules disposées en grappes. Pédicelles munis chacun à son sommet d'un calicule cupuliforme.

Aralia a grappes. — *Aralia racemosa* Linn. — Corn. Canad. tab. 75. — Schkuhr, Handb. tab. 86.

Plante glabre ou finement pubérule, haute de 3 à 4 pieds. Tiges dressées ; rameaux étalés, feuillés. Feuilles bipennées (pétiole commun gros, rougeâtre, lisse, à 3 ou 5 ramifications secondaires portant chacune 5 (rarement 3) ou 7 folioles triangulaires ou subtriangulaires en contour : les inférieures atteignan jusqu'à 3 pieds de longueur; les raméaires-supérieures petites, simplement pennées, 3-7-foliolées. Folioles longues de 6 lignes à 6 pouces, larges de 3 lignes à 3 pouces, d'un vert gai, opaques en dessus, luisantes en dessous, minces, un peu scabres aux 2 faces, souvent réclinées, ovales, ou ovales-lancéolées, ou oblongues-lancéolées, ou ovales-elliptiques, ou elliptiques, longuement acuminées, doublement dentelées, pétiolulées (celles des feuilles raméaires supérieures en général subsessiles), à base plus ou moins profondément cordiforme, tantôt équilatérale, tantôt inéquilatérale; pétiolule pubérule, atteignant jusqu'à 18 lignes de long. Stipules courtes, subtriangulaires, ciliolées, rougeâtres. Panicules terminales amples; panicules axillaires beaucoup plus courtes que la feuille; ramules en général verticillés, 3-5-radiés au sommet. Ombellules petites, hémisphériques, sub-20-flores. Pédicelles courts. Collerettes à bractées petites, subulées. Fleurs petites, d'un jaune verdâtre. Drupe du volume d'un grain de Moutarde, rougeâtre, 5-coque.

Cette plante croît dans les forêts des États-Unis et du Canada. Les feuilles et les racines ont une forte saveur de Panais. La décoction des racines passe, chez les habitants des provinces méridionales des États-Unis, pour un excellent remède contre les rhumatismes.

Section III.

Tige herbacée, très-simple, monophylle, ou aphylle, terminée par une ombelle 3-5-radiée. Pédicelles nus au sommet. Gaîne pétiolaire amplexicaule.

Aralia a tige nue. — *Aralia nudicaulis* Linn. — Raf. Med. Bot. 1, tab. 8.

Racine rampante. Tiges grêles, dressées, plus courtes que les feuilles radicales, en général monophylles peu au dessus de la base, et aphylles supérieurement. Feuilles dressées, longuement pétiolées, décomposées (pétiole trifurqué au sommet; ramifications tantôt pennées-quinquéfoliolées, tantôt digitées-quinquéfoliolées, tantôt subbiternées) : les radicales longues d'environ 1 pied; la caulinaire un peu plus courte. Folioles longues de 1 pouce à 2 pouces, légèrement pubérules et scabres aux 2 faces, sessiles, ovales, ou elliptiques, ou oblongues, ou sublancéolées, longuement acuminées, finement et doublement dentelées : base arrondie ou cunéiforme, en général inéquilatérale. Stipules petites, subulées. Ombellules longuement pédonculées, multiflores. Pédicelles filiformes, pubérules, longs d'environ 4 lignes. Fleurs petites, d'un blanc jaunâtre.

Cette espèce, connue sous le nom vulgaire de *Salsepareille de Virginie*, croît au Canada et aux États-Unis. La décoction de ses racines est employée, en Amérique, en guise de Salsepareille.

Genre LIERRE. — *Hedera* Linn.

Limbe calicinal marginiforme, quinqué-denticulé. Pétales 5, caducs dès l'épanouissement, distincts, valvaires en préfloraison. Étamines 5, caduques dès l'épanouissement : filets linéaires-subulés; anthères submédifixes, cordiformes-ovales, obtuses. Ovaire 5-loculaire, 5-ovulé. Style court, columnaire, obtus, confluent par la base avec le disque. Stigmate tronqué, peu apparent. Drupe succulent, contenant 2 à 5 noyaux chartacés, subtrigones, monospermes. Graines inadhérentes, conformes aux noyaux : tégument membraneux; périsperme rimeux.

Arbuste sarmenteux, radicant. Rameaux cylindriques, inarticulés. Feuilles non-stipulées, coriaces, persistantes, nerveuses : celles des rameaux-stériles lobées ou anguleuses; celles des ramules florifères très-entières; pétiole grêle, à base peu élargie, non-engaînante. Inflorescences paniculées, terminales, solitaires, aphylles, composées d'ombelles simples; rachis raide, dressé; pédoncules secondaires épars, plus ou moins divergents; pédicelles filiformes, dressés, épaissis au sommet, 1-bractéolés à la base; bractéoles petites, dentiformes, persistantes. Fleurs assez petites : corolle d'un jaune verdâtre, de même que le disque.

Suivant notre manière d'envisager ce genre, il ne renferme que l'espèce suivante :

LIERRE COMMUN. — *Hedera Helix* Linn. — Engl. Bot. tab. 1267. — Flor. Dan. tab. 1027. — Schk. Handb. tab. 49. — Guimp. et Hayn. Deutsch. Holz. tab. 25. — Bull. Herb. tab. 133. — Svensk Bot. tab. 397. — *Hedera canariensis* Willd. Berl. Mag. tab. 5, fig. 1. — *Hedera hibernica* Hortul.

— β : A FRUIT JAUNE. — *Hedera poetarum* Bertol. — *Hedera Helix* γ : *chrysocarpa* De Cand. Prodr. — *Hedera Helix* Wallich, in Roxb. Flor. Ind.

Arbuste diffus ou grimpant, atteignant quelquefois la hauteur de 40 à 50 pieds. Racines rampantes. Tige acquérant jusqu'à 1 pied de diamètre, un peu comprimée, très-rameuse, s'attachant (de même que les sarments), moyennant une multitude de fibrilles, aux arbres ou autres corps qui lui prêtent leur appui. Écorce adulte grisâtre, rugueuse. Sarments tortueux, flexueux, feuillus, verdâtres, ou rougeâtres. Ramules florifères dressés, non-radicants. Feuilles luisantes, d'un vert foncé en dessus, d'un vert clair ou rougeâtres en dessous, très-glabres : celles des sarments en général 3- ou 5-lobées (à lobes tantôt arrondis, tantôt acuminés ou pointus), profondément cordiformes ou réniformes à leur base, palmatinervées, suborbiculaires, ou subovales, larges de ½ pouce à 3 pouces; celles des ramules-florifères ovales, ou ovales-orbiculaires, ou ovales-lancéolées, ou subrhomboïdales, acuminées, à base arrondie, ou cunéiforme, ou tronquée, ou cordiforme, longues de 1 pouce à 3 pouces; pétiole long de ½ pouce à 2 pouces, grêle, souvent rougeâtre. Panicule atteignant jusqu'à ½ pied de long, subsessile, composée de 3 à 9 ombelles longuement pédonculées, hémisphériques, 9-30-flores. Rarement le ramule florifère se termine par une seule ombelle. Pédicelles pubérules, longs de 3 à 6 lignes. Calice glabre ou pubérule, turbiné : dents très-courtes. Pétales longs d'environ 2 lignes, ovales-lancéolés, ou oblongs-lancéolés, concaves et acuminulés au sommet (pointe réfléchie), 3-nervés, inonguiculés. Étamines un peu plus longues que les pétales. Drupe globuleux, ombiliqué, mucroné par le style, du volume d'un gros Pois, noir, ou (dans une variété propre aux climats méridionaux) jaune. Graines ovoïdes ou suboblongues, obtuses aux 2 bouts, subtrigones, ou planes d'un côté et convexes de l'autre. Embryon petit, sublinéaire : radicule columnaire, obtuse; cotylédons linéaires, obtus, minces, à peu près aussi longs que les cotylédons.

Le Lierre croît dans toute l'Europe jusque vers le 60e degré de latitude, ainsi qu'en Orient jusqu'au Népaul; on le trouve également aux Canaries. Cet arbuste aime les expositions fraîches et ombragées; sa durée est de plusieurs siècles et sa croissance très-lente; il ne fleurit qu'à un âge très-avancé, et quand il se trouve appuyé contre un mur ou un gros tronc d'arbre; les sarments qui rampent sur terre sont constamment stériles. La floraison a lieu en septembre, et les fruits qui lui succèdent ne sont mûrs qu'au commencement de l'été suivant. On assure que le Lierre est nourri, du moins en partie, par les radicelles qui se développent sur ses tiges et ses sarments, de sorte qu'il continue de végéter lorsque son tronc a été coupé près de terre. Il étouffe souvent les arbres qui lui prêtent leur appui, et les murs qu'il recouvre finissent par tomber en ruines.

Le bois de Lierre est mou, léger et poreux; on l'emploie à faire des filtres, et les cordonniers s'en servent pour repasser leurs tranchets. Toutes les parties herbacées de l'arbuste ont une odeur forte, et une saveur à la fois astringente et amère; on assure que la décoction des feuilles dans du vin est un puissant diurétique; ces feuilles peuvent servir au tannage, ainsi qu'à teindre les draps en jaune-brunâtre; on les emploie aussi comme remède détersif; les chèvres, les moutons et le bétail en sont très-friands. Les baies sont purgatives et émétiques. Dans les climats chauds, il découle du Lierre un suc résineux, qui se durcit à l'air, et qu'on connaît sous le nom de *gomme-lierre;* cette substance est aromatique et peut s'employer en guise d'encens.

L'horticulture tire parti du Lierre, tant pour décorer des ruines ou des rocailles, que pour masquer de vieux murs. On en possède une variété à feuilles panachées de jaune ou de blanc,

CENT DIX-NEUVIÈME FAMILLE.

LES OMBELLIFÈRES. — *UMBELLIFERÆ.*

Umbellatæ Tourn. Linn. — *Umbelliferæ* Juss. Gen. — Bartl. Ord. Nat. p. 234. — *Umbelliferæ*, trib. I : *Genuinæ* Reichenb. Syst. Nat. p. 218. — Cfr. Koch, *Generum Umbelliferarum nova dispositio*, in Nov. Act. Nat. Cur vol. 12. — De Cand. *Mém. sur la fam. des Ombellifères;* Prodr. vol. 4, p. 55. — Tausch, *Das System der Doldengewæchse*, in Flora, 1834, vol. I; et in Ann. des Sciences Nat. 1835.

La plupart des *Ombellifères* constituent un groupe si conforme dans tous les organes, qu'il offre de grandes difficultés quant à la détermination et à la classification des genres qui le composent; aussi ces genres n'ont-ils pu être établis, en majeure partie, que sur des caractères minutieux et purement artificiels. Néanmoins les Ombellifères ne diffèrent pas suffisamment des Araliacées; d'un autre côté, elles sont très-voisines, par les organes floraux, tant des Saxifragacées que des Sarmentacées, tandis que par leurs feuilles, en général engaînantes et décomposées, elles ont beaucoup de ressemblance avec les *Thalictrum* et plusieurs autres Renonculacées ou Helléboracées.

Le nombre des espèces assez généralement reconnues se monte aujourd'hui à près de mille; toutefois une étude plus approfondie réduirait sans doute considérablement ce chiffre. La plupart des Ombellifères appartiennent à l'hémisphère septentrional, et notamment à la zone tempérée. Dans les contrées intropicales, ces végétaux se trouvent confinés, à quelques exceptions près, aux hautes régions des montagnes.

Quant à leurs propriétés, les Ombellifères offrent de

très-grandes disparates. Les unes sont très-vénéneuses en toutes leurs parties, tandis que d'autres, dépourvues de principes délétères, fournissent ou des racines comestibles et sucrées, ou des herbes potagères, ou d'excellents fourrages. Plusieurs espèces contiennent des gommes-résines purgatives et stimulantes. Le fruit des Ombellifères renferme en général une résine aromatique, dont l'odeur est souvent extrêmement pénétrante. La racine et les parties herbacées de beaucoup d'espèces sont aussi plus ou moins aromatiques. Toutes les Ombellifères qui croissent dans des localités aquatiques ou marécageuses, doivent être considérées comme suspectes; mais on dit que, par suite de la culture dans un sol sec, ces plantes peuvent perdre entièrement leurs principes nuisibles; néanmoins il est aussi des espèces très-dangereuses parmi celles qui ne se trouvent constamment que dans les terrains secs.

Caractères de la Famille.

Herbes annuelles, ou bisannuelles, ou vivaces. Un petit nombre d'espèces sont des *sous-arbrisseaux*. Racine souvent tubéreuse. Tige cylindrique ou anguleuse, articulée (en général incomplétement) et plus ou moins noueuse, simple ou rameuse (les rameaux supérieurs souvent opposés ou verticillés), pleine, ou (plus souvent) fistuleuse, en général striée et cannelée ou sillonnée (1).

Feuilles alternes (les supérieures souvent opposées ou

(1) Dans les *Ferula*, les *Heracleum* et plusieurs autres genres, les faisceaux vasculaires sont épars dans le tissu cellulaire de la tige (soit pleine, soit fistuleuse) et de ses ramifications, ainsi que dans celui des pétioles, absolument comme dans les Monocotylédones.

verticillées (1)), pétiolées (rarement sessiles), simples, ou composées (2), ou décomposées, ou surdécomposées, non-stipulées. Pétiole dilaté inférieurement en gaîne amplexicaule ou subamplexicaule, en général membraneuse aux bords, quelquefois bi-auriculée ou liguliforme au sommet; le pétiole des feuilles supérieures souvent réduit à la gaîne, laquelle est parfois dépourvue de folioles.

Fleurs régulières, ou irrégulières, hermaphrodites, ou par avortement unisexuelles, jaunes, ou blanches, ou rougeâtres, ou verdâtres, ou rarement (surtout parmi les Ombellifères normales) bleues, disposées en ombelles (le plus souvent composées et régulières), ou rarement soit en capitules, soit en glomérules. Ombelles régulières le plus souvent accompagnées chacune d'une *collerette générale* (c'est-à-dire d'un verticille de bractées ou folioles, insérées à la base des pédoncules secondaires ou *rayons* de l'ombelle; dans beaucoup d'espèces ce verticille est incomplet, ou même réduit à une seule foliole), et de *collerettes partielles* (c'est-à-dire, de folioles ou bractées verticillées à la base de chaque ombellule; le verticille qui constitue chaque collerette partielle peut également être soit complet, soit plus ou moins incomplet; quelquefois les folioles qui le composent sont soudées soit par la base, soit de la base jusqu'au milieu ou même plus haut). Inflorescences ter-

---

(1) On conçoit difficilement qu'on ait pu avancer que ce cas est très-rare.

(2) Les botanistes qui refusent aux Ombellifères des feuilles composées, sont en contradiction avec leur propre théorie, suivant laquelle une feuille est incontestablement composée, lorsque son pétiole offre des articulations.

minales, ou oppositifoliées, ou axillaires, en général solitaires.

Calice adhérent (le plus souvent presque jusqu'au sommet); limbe (souvent inapparent) tronqué, ou 5-denté, ou 5-fide, ou 5-parti, persistant, ou non-persistant, supère.

Disque épigyne, en général biparti : chacun des lobes (1) confluent avec la base de l'un des styles.

Pétales 5, épigynes (insérés sous le bord externe du disque), distincts, non-persistants, alternes avec les dents ou les lobes du calice, égaux, ou inégaux (2), quelquefois enroulés, souvent échancrés ou bilobés au sommet et terminés en languette infléchie. Estivation imbricative ou valvaire.

Étamines 5, libres, alternes avec les pétales et ayant même insertion que ceux-ci. Filets filiformes ou subulés, repliés en préfloraison. Anthères ovales ou oblongues, subdidymes, médifixes, versatiles, subintrorses; bourses déhiscentes chacune par une fente longitudinale.

Pistil : Ovaire complétement adhérent, 2-loculaire, ou rarement 1-loculaire; loges 1-ovulées. Ovules anatropes, suspendus au sommet de l'angle interne des loges. Styles 2, filiformes, indivisés, persistants (très-rarement non-persistants), en général recourbés après la floraison. Stigmates capitellés ou tronqués, terminaux.

Péricarpe en général composé de 2 coques (*méricarpes*) monospermes, sèches, carcérulaires, accolées

---

(1) *Stylopodes* des auteurs.

(2) C'est surtout dans les fleurs situées à la circonférence des ombellules que se manifeste l'irrégularité dans la corolle des Ombellifères, tandis que les fleurs situées plus près du centre de ces mêmes ombellules sont ré ulières ou presque régulières.

face à face (1) contre un axe central (*carpophore*) filiforme (restant adné aux coques, ou bien se fendant plus ou moins profondément en 2 fils), se séparant l'une de l'autre à la maturité (2), ou rarement restant soudées. — Dans quelques genres, le péricarpe est un carcérule 1-loculaire et 1-sperme. — Chaque coque offre d'ordinaire cinq côtes (dites *côtes primaires*) longitudinales, conformes, ou dissemblables, filiformes, ou larges, ou carénées, ou aliformes, ou cristées : 1 médiane ou dorsale, 2 intermédiaires, et 2 latérales (en général situées très-près des bords de la commissure, ou quelquefois sur la commissure même) ; dans plusieurs genres, chaque coque offre en outre 4 autres côtes (appelées *côtes secondaires*, quoiqu'il arrive qu'elles soient plus fortes que les côtes primaires), solitaires au milieu des vallécules (3). Dans plusieurs genres les coques sont tout à fait dépourvues de côtes. Le péricarpe de la plupart des espèces est muni de réservoirs d'huile essentielle ou de résine colorée ; ces réservoirs (qu'on appelle *bandelettes* ou *vittæ*) sont disposés longitudinalement, sous forme de stries en général très-fines (soit superficielles, soit cachées sous l'épicarpe), en nombre défini, ou en nombre indéfini, sur la commissure et dans les vallécules, ou rarement sous les côtes. Épicarpe crustacé, ou chartacé, ou subcoriace, ou subéreux, quelquefois séparé

(1) Cette face, qui, suivant les espèces, est ou assez large, ou plus ou moins étroite par contraction ou par compression, se désigne en langage descriptif par le terme de *commissure*.

(2) Ce fruit a été désigné par M. de Mirbel sous le nom de *crémocarpe*, et par C. L. Richard sous celui de *diakène*.

(3) On appelle une *vallécule*, l'espace tantôt très-étroit, tantôt plus ou moins large, compris entre 2 côtes primaires.

de l'endocarpe à la maturité. Endocarpe en général pelliculaire.

Graines solitaires dans chaque coque, anatropes, suspendues, adhérentes, ou moins souvent inadhérentes. Périsperme charnu ou corné, cylindrique, ou semi-cylindrique (plane antérieurement et plus ou moins convexe au dos), ou lenticulaire, ou cymbiforme (concave antérieurement), ou involuté longitudinalement, ou plus ou moins enroulé aux bords. Embryon minime, apicilaire, rectiligne, inclus : cotylédons courts, quelquefois inégaux, foliacés en germination ; radicule supère.

La famille des Ombellifères comprend les genres suivants (1) :

Ire TRIBU. LES CÉRAMOSPERMÉES. — *CERAMOSPERMEÆ* Tausch.

Péricarpe globuleux, ou globuleux-didyme; côtes filiformes (soit seulement primaires, soit primaires et secondaires). Coques cymbiformes; commissure plus ou moins fénestrée, très-concave.

Coriandrum Linn. — *Cymbocarpum* C. A. Meyer. — *Bifora* Hoffm.

IIe TRIBU. LES RHYNCHOSPERMÉES. — *RHYNCHOSPERMEÆ* Tausch.

Péricarpe pyramidal, ou cylindracé, ou allongé, contracté bilatéralement, rostré ou rétréci au sommet, nu, ou hispidule. Coques 5-ou 9-costées.

---

(1) Nous avons préféré la classification proposée récemment par M. Tausch, parce qu'elle est incontestablement moins artificielle que celle de M. Koch, suivie jusqu'aujourd'hui par la plupart des botanistes.

Section I. **SCANDICINÉES.** — *Scandicineæ* Tausch.

Coques 5-costées : côtes filiformes (quelquefois oblitérées vers la base) ou rarement carénées.

Scandix Linn. (Wylia Hoffm.) — *Anthriscus* Hoffm. — *Oreomyrrhis* Endl. (Caldasia Lagasc. non Willd. nec Mutis.) — *Physocaulis* (De Cand.) Tausch. — *Lecockia* De Cand. — *Freyera* Reichb. (Biasolettia Koch.) — *Myrrhis* Scopol. — *Rhynchostylis* (De Cand.) Tausch. — *Chærophyllum* Linn. — *Cryptotænia* De Cand. — *Osmorhiza* Rafin. (Uraspermum Nutt. Spermatura Reichb.) — *Grammosciadium* De Cand. — *Turbith* Tausch. — *Ozodia* Wight et Arn.

Section II. **CUMINÉES.** — *Cumineæ* Koch.

Coques 6-costées : côtes toutes filiformes.

Cuminum Linn. — *Trepocarpus* Nutt.

IIIe TRIBU. **LES ACANTHOSPERMÉES.** — *ACANTHOSPERMEÆ* Tausch.

Péricarpe cylindrique ou comprimé; côtes sétifères, ou aliformes et découpées en spinules.

Section I. **CAUCALIDÉES.** — *Caucalideæ* Tausch.

Coques 9-costées; côtes primaires sétiformes : les 2 latérales situées sur la commissure; côtes secondaires aliformes, spinelleuses.

Orlaya Hoffm. (Platyspermum Koch.) — *Daucus* Linn. (Platyspermum Hoffm.) — *Caucalis* Linn. — *Turgenia* Hoffm. — *Torilis* Adans. — *Szovitsia* Fisch.

SECTION II. **TRACHYMARATHRÉES.** — *Trachymarathreæ* Tausch.

Coques 5-costées; côtes spinelleuses.

Trachymarathrum Tausch. (Lophocachrys De Cand. sub Cachryde.)

IVe TRIBU. LES PTÉRYGOSPERMÉES. — *PTERYGOSPERMEÆ* Tausch.

Péricarpe cylindrique ou comprimé, 4-8-ou 10-ptère : ailes très-entières ou rarement lobées.

SECTION I. **MULINÉES.** — *Mulineæ* Tausch.

Péricarpe comprimé ou aplati dorsalement. Commissure contractée ou non-contractée. Coques 5-costées : les 2 côtes marginales ou commissurales et la côte médiane filiformes; les 2 côtes intermédiaires ailées; ailes très-entières ou crénelées. Ombelles simples ou paniculées.

Drusa De Cand. — *Mulinum* Pers. — *Diposis* De Cand. — *Laretia* Gill. et Hook.

SECTION II. **ANGÉLICÉES.** — *Angeliceæ* Tausch.

Péricarpe cylindrique, ou comprimé dorsalement, ou rarement contracté bilatéralement. Coques 5-costées : côtes soit toutes ailées, soit seulement les 2 latérales ailées.

Thaspium Nutt. — *Prangos* Lindl. — *Hymenolæna* De Cand. — *Colladonia* De Cand. — *Angelica* Linn. — *Callisace* Fisch. — *Levisticum* Koch. — *Archangelica* Hoffm. — *Ostericum* Hoffm. — *Selinum* Hoffm. (Mylinum Gaud. Carvifolia Vaill.)

SECTION III. **LASERPITIÉES.** — *Laserpitieæ* Tausch.

Péricarpe comprimé dorsalement, ou rarement subcylindrique. Coques 9-costées; côtes primaires filiformes : les 2 latérales situées sur la commissure; côtes secondaires soit toutes ailées, soit seulement les 2 extérieures ailées.

Laserpitium Tourn. (Cymopterus Rafin.) — *Thapsia* Tourn. — *Elæoselinum* De Cand. — *Melanoselinum* Hoffm. — *Lophosciadium* De Cand. — *Artedia* Linn.

Ve TRIBU. LES DICLIDOSPERMÉES. — *DICLIDOSPERMEÆ* Tausch.

Péricarpe comprimé ou aplati dorsalement, marginé, ou ailé aux bords; commissure plane. Coques 5-costées (rarement 9-costées) : côtes latérales en général peu apparentes et confluentes avec le rebord.

SECTION I. **PEUCÉDANÉES.** — *Peucedaneæ* Tausch.

Péricarpe lenticulaire ou aplati, ailé aux bords. Coques 5-costées : les côtes latérales en général peu apparentes et confluentes avec le rebord.

Anethum Tourn. — *Ferula* Tourn. (? Lomatium Rafin. Cogswellia Schult. Ferulago Koch.) — *Eriosynaphe* De Cand. — *Dorema* Don. — *Peucedanum* Linn. (Palimbia Bess. Pteroselinum Reichb. Thysselinum Rivin. Cervaria Gærtn. Oreoselinum Hoffm.) — *Imperatoria* Linn. — *Sciothamnus* Endl. (Dregea Eckl. et Zeyh. non E. Mey.) — *Cynorrhiza* Eckl. et Zeyh. — *Conioselinum* Fisch. — *Hammatocaulis* Tausch. — *Cortia* De Cand. — *Capnophyllum* Gærtn. (Rumia Link, non Gærtn.) — *Krubera* Hoffm. (Ulospermum Link.) — *Pachypleurum*

Ledeb. — *Stenocœlium* Ledeb. — *Tiedemannia* De Cand. — *Archemora* De Cand. — *Opoponax* Koch. — *Pastinaca* Tourn. (Malabaila Hoffm. non Tausch.) — *Leiotulus* Ehrenb. — *Hermas* Linn. — *Heracleum* Linn. (Sphondylium Tourn. Wendtia Hoffm.) — *Symphioloma* C. A. Mey. — *Zozimia* Hoffm. — *Astydamia* De Cand. — *Polytænia* De Cand. — *Johrenia* De Cand. — *Tordylium* Tourn. (Condylocarpus Hoffm.) — *Hasselquistia* Linn. — *Tordyliopsis* De Cand.

Section II. SILÉRINÉES. — *Silerineæ* Koch.

Péricarpe lenticulaire, rarement ailé aux bords. Commissure non-contractée. Coques 9-costées; côtes en général égales.

Siler Scopol. (Bradlæia Neck.) — *Agasyllis* Hoffm. — *Galbanum* Don. — *Ormoselinum* Tausch.

VIe TRIBU. LES TÉTRAGONOSPERMES. — *TETRAGONOSPERMÆ* Tausch.

Péricarpe comprimé ou aplati dorsalement, aptère, tétragone-prismatique. Commissure contractée. Coques 5-costées; côtes filiformes (quelques-unes parfois oblitérées): les 2 intermédiaires situées le plus souvent aux bords de la coque, et constituant les angles du tétraèdre. Ombelles simples ou paniculées.

Azorella Lamk. (non A. Rich. Chamitis Soland. Siebera Reichenb. Fragosa Ruiz et Pav. Pectophytum Kunth.) — *Bolax* Commers. — *Huanaca* Cavan. — *Bowlesia* Ruiz et Pavon. — *Spananthe* Jacq. — *Pozoa* Lagasc. — *Asteriscium* Chamisso. (Cassidocarpus Presl.) — *Homalocarpus* Hook. — *Horsfieldia* Blum. — *Actinanthus* Ehrenb. — *Hohenackeria* Fisch. et Mey.

VIIe TRIBU. LES DISASPIDOSPERMÉES. — *DISASPIDOSPERMEÆ* Tausch.

Péricarpe lenticulaire, comprimé bilatéralement. Coques 5-ou 9-costées; côtes filiformes.

SECTION I. HYDROCOTYLÉES. — *Hydrocotyleæ* Tausch.

Péricarpe échancré au sommet, ou à la base, ou aux 2 bouts. Coques 5-costées. Ombelles simples ou paniculées. Feuilles souvent simples.

Hydrocotyle Tourn. (Chondrocarpus et Glyceria Nutt. Trysanthus Loureir. Centella Linn. Solandra Linn. fil. non Linn.) — *Crantzia* Nutt. — *Cesatia* Endl. — *Erigenia* Nutt. — *Hügelia* Reichb. (non Benth. Didiscus De Cand.) — *Trachymene* Rudge. (Fischera Spreng.)

SECTION II. XANTHOSIÉES. — *Xanthosieæ* Tausch.

Péricarpe échancré au sommet ou à la base. Coques 7-9-costées.

Micropleura Lagasc. — *Leucolæna* R. Br. (Xanthosia Rudge.) — *Astrotricha* De Cand.

VIIIe TRIBU. LES PLEUROSPERMÉES. — *PLEUROSPERMEÆ* Tausch.

Péricarpe subcylindrique, ou comprimé bilatéralement et subdidyme. Coques 5-costées; côtes filiformes ou carénées, rarement marginées ou oblitérées.

SECTION I. AMMINÉES. — *Ammineæ* Tausch.

Péricarpe subdidyme. Coques subcylindriques, à commissure contractée.

Hacquetia Neck. (Dondia Spreng.) — *Bupleurum*

Tourn. (Bupleurum, Diaphyllum, Isophyllum et Odontites Hoffm. Tenoria Spreng. Trachypleurum Reichenb.) —*Zizia* Koch.—*Pentacrypta* Lehm.—*Smyrnium* Linn. — *Anosmia* Bernh. — *Physospermum* Cuss. (Danaa Allion. Henslera Lagasc.) — *Scaligeria* De Cand. — *Eulophus* Nutt. (Perideridia Reichb.) — *Astoma* De Cand. (Astomæa Reichb.) — *Atrema* De Cand.—*Sphallerocarpus* Bess. — *Conium* Linn. (Cicuta Tourn.) — *Vicatia* De Cand. — *Molopospermum* Koch. — *Velæa* De Cand. — *Tauschia* Schlecht. — *Arracacha* Bancr. — *Apium* Linn. (Petroselinum Koch.).— *Wydleria* De Cand. — *Trinia* Hoffm. — *Rumia* Hoffm. (non Link.) — *Ammi* Tourn. (Visnaga Gærtn. Gohoria Neck.) — *Leptocaulis* Nutt. — *Ptychotis* Koch. (Trachyspermum Link. Ammios Mœnch.) —*Schultzia* Spreng.— *Cicuta* Linn. (Cicutaria Lamk.) — *Sison* Linn. — *Falcaria* Rivin. (Critamus Bess. Drepanophyllum Hoffm.) — *Ægopodium* Linn.— *Carum* Linn. (Bunium Linn. Conopodium Koch. Bulbocastanum Adans. Chamæsciadium C. A. Meyer.) — *Pimpinella* Linn. (Tragoselinum Tourn. Anisum Adans. Tragium Spreng. Ledeburia Link.) — *Sium* Linn. (Sisarum Adans. Berula Koch.) — *Heliosciadium* Koch. — *Petrocarvi* Tausch. — *Meum* Tourn. (Endressia Gay. Neogaya Meisn. Pachypleurum Reichb. non Ledeb. Wallrothia Spreng. Dethawia Endl.)

Section II. **SÉSÉLINÉES.** — *Seselineæ* Tausch.

Péricarpe subcylindrique. Coques subsémicylindriques; commissure non-contractée.

Fœniculum Adans. — *Discopleura* De Cand (Ptilimnium Rafin.) — *Cachrys* Tourn. (Ægomarathrum Koch.) — *Seseli* Linn. (Hippomarathrum Rivin. Marathrum et Musineon Rafin. Deverra De Cand. Soranthus Ledeb. Eriocycla Lindl. Polemannia Eckl. Libanotis Crantz.) — *Athamanta* Linn. — *Magydaris* Koch. — *Kundmannia* Scopol. (Brignolia Bertol. Campderia Lagasc.) — *Cynosciadium* De Cand. — *OEnanthe* Linn. (Phellandrium Linn.) — *Chamarea* Eckl. et Zeyh. — *Lichtensteinia* Chamisso. — *Ottoa* Kunth. — *Dasyloma* De Cand.— *Scleroseiadium* Koch. — *Pycnocycla* Royle. — *Oliveria* Vent. — *Æthusa* Linn. — *Xatardia* Meisn. (Petitia Gay.) — *Ligusticum* Linn. (Cnidium Cuss. Aulacospermum Ledeb. Silaus Bess. Trochiscanthes Koch.) — *Crithmum* Tourn. — *Cenolophium* Koch. — *Malabaila* Tausch. (non Hoffm.) (Hladnickia Koch. non Reichb. Grafia Reichb.) — *Pleurospermum* Hoffm. — *Astrantia* Tourn. — *Klotschia* Chamiss.

IXe TRIBU. **LES APLEUROSPERMÉES.** — *APLEUROSPERMEÆ* Tausch.

Péricarpe prismatique ou subcylindrique, écosté, le plus souvent squamelleux ou spinelleux. Fleurs en capitules, ou en ombelles irrégulières.

Alepidea Laroch. — *Eryngium* Tourn. — *Sanicula* Tourn.

Xe TRIBU. **LES HÉTÉROSPERMÉES.** — *HETEROSPERMEÆ* Tausch.

Péricarpe à 2 coques dissemblables de forme et de grandeur.

Dimetopia De Cand. — *Heteromorpha* Chamiss. — *Anesorhiza* Chamiss. et Schlecht.

OMBELLIFÈRES ANOMALES.

Péricarpe monosperme par avortement, ou à coque monosperme solitaire.

SECTION I. ACTINOTÉES. — *Actinoteæ* Tausch.

Ovaire (et péricarpe) 1-loculaire, 1-sperme.

Lagœcia Linn.—*Petagnia* Gusson.—*Holotome* Benth. —*Actinotus* Labill. (Eriocalia Smith.)

SECTION II. ÉCHINOPHORÉES. — *Echinophoreæ* Tausch.

Péricarpe monosperme (en général par avortement), recouvert d'un involucre durci et simulant un péricarpe extérieur.

Arctopus Linn. (Apradus Adans.) — *Echinophora* Tourn. — ? *Exoacantha* Labill. — ? *Anisosciadium* De Cand.

GENRES INCOMPLÉTEMENT CONNUS.

Hymenidium Lindl. — *Trachydium* Lindl. — *Horsfieldia* Blume. — *Strebanthus* Rafin. — *Lessonia* Bertero. — *Ptilimnion* Rafin. — *Oxypolis* Rafin. — *Orimaria* Rafin. — *Spermalepis* Rafin. — *Adorium* Rafin. — *Oreoxis* Rafin.

Ire TRIBU. LES CÉRAMOSPERMÉES. — *CERAMOSPERMEÆ* Tausch.

Péricarpe globuleux ou globuleux-didyme; côtes (soit seulement primaires, soit primaires et secondaires) filiformes. Coques cymbiformes; commissure plus ou moins fénestrée, très-convexe.

Genre CORIANDRE. — *Coriandrum* Linn.

Limbe calicinal marginiforme, 5-denté. Pétales 5, connivents, inégaux, obcordiformes, terminés en languette infléchie : les extérieurs beaucoup plus grands, profondément bifides. Disque conique. Styles longs, divergents. Péricarpe globuleux, 10-costé, indéhiscent, caduc; côtes filiformes, carénées, alternes chacune avec une bande flexueuse; coques séparables, cohérentes seulement par les bords, cymbiformes-hémisphériques, concaves antérieurement (de sorte que, sur la coupe transversale, le péricarpe offre une grande cavité vide); vallécules sans autres bandelettes que la ligne flexueuse; commissure à 2 bandelettes semi-lunées. Carpophore bipartible, adné aux 2 bouts. Graines inadhérentes, conformes aux coques.

Herbe annuelle. Feuilles radicales et feuilles caulinaires-inférieures pennées, pétiolées; les autres feuilles bi- ou tripennées, sessiles sur leur gaîne. Ombelles terminales et oppositifoliées, pédonculées, pauci-radiées. Collerette-générale nulle ou à une seule foliole. Collerettes-partielles oligophylles, dimidiées. Fleurs blanches ou rougeâtres : les marginales assez grandes.

Le genre n'est fondé que sur l'espèce suivante :

Coriandre cultivée. — *Coriandrum sativum* Linn. —

Blackw. Herb. tab. 176. — Sibth. et Smith, Flor. Græc. tab. 283. — Hayne, Arzn. Gew. 7, tab. 13. — Engl. Bot. tab. 67. — Schk. Handb. tab. 72.

Plante glabre, haute de 1 pied à 3 pieds. Racine grêle, pivotante. Tige dressée, cylindrique, plus ou moins cannelée, fistuleuse, flexueuse, feuillée, rameuse vers le haut ou presque dès la base. Rameaux dressés ou plus ou moins divergents, paniculés, ou subdichotomes. Feuilles d'un vert gai : les radicales et les caulinaires-inférieures longues de 3 à 8 pouces, 5-9-foliolées, ou moins souvent bipennées. Folioles indivisées, ou trilobées, ou irrégulièrement pennati-lobées, incisées-dentées, ou inégalement crénelées, obtuses : les latérales ovales, ou obovales, ou suborbiculaires, ou ovales-oblongues, sessiles, ou courtement pétiolulées, en général inéquilatérales et plus ou moins profondément cordiformes à la base ; la terminale cunéiforme ou subrhomboïdale, en général équilatérale et longuement pétiolulée. Pétiole très-grêle. Feuilles supérieures la plupart à folioles déchiquetées en lanières linéaires ou subfiliformes ; gaîne étroite, largement membraneuse aux bords. Ombelles larges de 4 à 15 lignes, lâches, 3-7-radiées, planes, ou presque planes. Pédoncule long de 6 lignes à 3 pouces, grêle, dressé. Ombellules 5-15-flores, planes, un peu lâches. Folioles des collerettes linéaires ou linéaires-lancéolées, pointues, membraneuses aux bords, courtes. Pédicelles fructifères un peu divergents, plus courts que le péricarpe ou à peine aussi longs. Pétales extérieurs longs d'environ 2 lignes, à 2 lobes sublinéaires, obtus, divergents. Péricarpe du volume d'un grain de Moutarde, jaunâtre, avant la maturité en général rougeâtre.

La *Coriandre* croît spontanément dans l'Europe méridionale ainsi qu'en Orient. Toute la plante exhale, à l'état frais, une forte odeur de punaises. Les fruits secs, au contraire, ont une saveur aromatique agréable ; en thérapeutique, on les emploie comme carminatives et stomachiques ; les confiseurs en font des dragées, et, dans plusieurs contrées, elles sont très-recherchées comme épice.

IIe TRIBU. LES RHYNCHOSPERMÉES. — *RHYNCHOSPERMEÆ* Tausch.

Péricarpe pyramidal, ou cylindracé, ou allongé, contracté bilatéralement, rostré, ou rétréci au sommet, nu, ou hispidule. Coques 5-à 9-costées.

SECTION I. **SCANDICINÉES.** — *Scandicineæ* Tausch.

Coques 5-costées; côtes filiformes (quelquefois oblitérées vers la base) ou rarement carénées.

Genre ANTHRISCUS. — *Anthriscus* Hoffm.

Limbe calicinal inapparent. Pétales 5, inégaux, tronqués, ou échancrés, terminés en ligule infléchie. Disque conique. Styles courts, dressés. Péricarpe linéaire, comprimé bilatéralement, courtement rostré, écosté; coques lisses ou tuberculeuses, contractées aux bords, canaliculées antérieurement; bec quadrisulqué. Carpophore filiforme, après la déhiscence libre, bifide au sommet. Graines adhérentes, semi-lunées sur la coupe transversale.

Herbes annuelles, ou bisannuelles, ou vivaces. Feuilles décomposées : folioles ou lanières souvent très-étroites. Ombelles oppositifoliées ou terminales, dépourvues de collerette-générale. Collerettes-partielles polyphylles, ou oligophylles et incomplètes. Fleurs blanches.

Ce genre renferme 8 espèces, toutes indigènes d'Europe.

ANTHRISCUS CERFEUIL. — *Anthriscus Cerefolium* Hoffm. Umb. — Engl. Bot. tab. 1268. — Hayn. Arzn. Gew. 7, tab. 14. — Jacq. Flor. Austr. tab. 390. — Schk. Handb. tab. 73. — *Scandix Cerefolium* Linn. — *Chærophyllum sativum* Lamk. — *Chærophyllum Cerefolium* Crantz. — *Cerefolium sativum* Besser.

— 6 : A FRUIT HISPIDULE (*trichosperma*). — *Chærophyllum trichospermum* et *Anthriscus trichosperma* Schult.

Plante haute de 1 pied à 2 pieds, tantôt annuelle, tantôt bisannuelle. Racine grêle, pivotante. Tige dressée, cylindrique, striée, subdichotome, feuillée, un peu renflée et en général pubérule aux articulations. Feuilles subtriangulaires en contour, bi- ou tri-pennées : les inférieures pétiolées, longues de 3 à 6 pouces; les supérieures sessiles sur une courte gaîne étroite et ciliée. Folioles flasques, d'un vert pâle, plus ou moins pubérules (du moins en dessous), petites, ovales, ou ovales-oblongues, ou oblongues, pennatifides, ou pennatiparties : segments oblongs ou subcunéiformes, obtus, ou pointus, mucronulés, tantôt très-entiers, tantôt incisés-dentés ou trifides. Ombelles sessiles ou courtement pédonculées, oppositifoliées, solitaires, 3-5-radiées, lâches; pédoncule commun, rayons et pédicelles en général scabres et pubérules. Involucelles 2-ou 3-phylles : folioles courtes, réfléchies, linéaires-lancéolées, pointues, ciliées. Fleurs très-petites, blanches. Pédicelles plus courts que le fruit. Pétales cunéiformes, inégaux, tronqués, courtement appendiculés. Péricarpe noir, long d'environ 4 lignes, large de $\frac{1}{3}$ de ligne.

Cette plante, connue sous le nom vulgaire de *Cerfeuil*, et si fréquemment cultivée comme herbe potagère, croît spontanément dans l'Europe méridionale. Ses propriétés diurétiques, apéritives, et dépuratives, la font entrer dans la composition des tisanes et des bouillons rafraîchissants.

Genre CHÆROPHYLLUM. — *Chærophyllum* (Linn.) Koch.

Limbe calicinal inapparent. Pétales 5, égaux, ou inégaux, échancrés ou obcordiformes, terminés en languette infléchie. Disque conique. Styles dressés ou recourbés. Péricarpe linéaire-oblong, comprimé ou contracté bilatéralement, non-rostré. Coques 5-costées : côtes presque planes, les latérales marginantes; commissure creusée d'un profond sillon longitudinal; une bandelette dans chaque vallécule. Carpophore après la déhiscence libre et bifide. Graines adhérentes, semi-lunées sur la coupe transversale.

Herbes annuelles, ou bisannuelles, ou vivaces. Feuilles décomposées : les inférieures longuement pétiolées; les supérieures courtement pétiolées ou sessiles sur une gaîne embrassante. Folioles dentées ou laciniées. Ombelles oppositifoliées et terminales, pédonculées. Collerette-générale nulle ou oligophylle. Collerettes-partielles polyphylles. Fleurs blanches, ou (seulement dans une espèce) jaunes, polygames.

Ce genre renferme environ 20 espèces, la plupart indigènes d'Europe.

A. *Racine fusiforme. Feuilles bipennées ; folioles à segments larges, incisés-dentés.*

CHÆROPHYLLUM VÉNÉNEUX. — *Chærophyllum temulum* Linn. — Jacq. Flor. Austr. tab. 65. — Flor. Dan. tab. 918. — Engl. Bot. tab. 1521. — Hayn. Arzn. Gew. tab. 34. — *Scandix nutans* Mœnch. — *Scandix temula* Roth. — *Myrrhis temula* Spreng.

Plante tantôt annuelle, tantôt bisannuelle, haute de 1 pied à 3 pieds. Racine grêle, pivotante, jaunâtre. Tige dressée, dichotome, ou subdichotome, obscurément anguleuse, pleine, finement cannelée, marbrée de violet, renflée sous les articulations, scabre et plus ou moins poilue (surtout vers la base). Feuilles triangulaires en contour : les inférieures longues de 6 à 18 pouces; pétiole trigone, canaliculé en dessus; gaîne large, sillonnée, ventrue, membraneuse aux bords. Folioles d'un vert très-foncé, pubérules aux 2 faces, minces, flasques, ovales, ou ovales-oblongues, obtuses, pennatilobées : les inférieures courtement pétiolulées; les supérieures sessiles; lobes incisés-dentés ou incisés-crénelés, obtus. Ombelles larges de 1 pouce à

2 pouces, presque planes, 5-15-radiées, nutantes en préfloraison, puis dressées. Pédoncule-commun long de 1 pouce à 3 pouces, grêle, scabre et pubérule (de même que les rayons et les pédicelles). Rayons filiformes, anisomètres. Pédicelles capillaires. Collerette-générale nulle ou 1-2-phylle. Collerettes-partielles 5-8-phylles : folioles lancéolées, acuminées, ciliées, soudées par la base, réfléchies, plus courtes que les pédicelles. Fleurs petites, blanches. Pétales profondément bifides. Disque court. Styles aussi longs que le disque, divergents, recourbés. Péricarpe long d'environ 2 lignes, rétréci aux 2 bouts, glabre, souvent violet; côtes très-fines.

Cette espèce, qui passe pour avoir des propriétés narcotiques, est commune en Europe, dans les endroits incultes et herbeux.

B. *Racine napiforme. Feuilles tri-ou pluri-pennées; folioles à lanières étroites, sublinéaires.*

CHÆROPHYLLUM TUBÉREUX. — *Chærophyllum bulbosum* Linn. — Jacq. Flor. Austr. tab. 63. — Hayn. Arzn. Gew. tab. 32. — Flor. Dan. tab. 1768. — *Myrrhis bulbosa* Spreng. — *Scandix bulbosa* Roth, Flor. Germ.

Plante haute de 2 à 5 pieds. Racine blanchâtre, charnue, atteignant le volume d'un petit Navet. Tige dressée, cylindrique, finement striée, renflée sous les articulations, paniculée vers le haut, feuillée, glabre excepté aux entrenœuds inférieurs (lesquels sont garnis de soies blanchâtres rétrorses), en général marbrée de taches rouges. Rameaux paniculés, plus ou moins divergents. Feuilles en général poilues : les inférieures longues de $^{1}/_{2}$ pied à 2 pieds. Gaîne jaunâtre ou rougeâtre, chartacée, oblongue, finement striée. Folioles petites, d'un vert gai : celles des feuilles inférieures suboblongues, pennatiparties, ou bipennatiparties, à segments courts, sublinéaires, pointus; celles des feuilles supérieures filiformes ou déchiquetées en lanières filiformes. Ombelles larges de 1 pouce à 2 pouces, lâches, 10-20-radiées, pédonculées; pédoncule très-grêle, long de 6 lignes à 2 pouces; rayons filiformes, anisomètres, à peu près aussi longs que le pédoncule; pédicelles capillaires, finalement à peu près aussi longs que le péricarpe. Collerette générale nulle ou 1-2-phylle. Collerettes partielles 5-7-phylles, plus courtes que les pédicelles; folioles lancéolées, acuminées, membraneuses aux bords, non-ciliées, réfléchies. Disque court, conique. Styles courts, réfléchis. Pétales petits, blancs, obcordiformes. Péricarpe long de 3 lignes, oblong-linéaire, ou quelquefois rétréci à la base, d'un brun jaunâtre; côtes planes, assez larges; bandelettes violettes, superficielles, remplissant les interstices.

Cette espèce, très-rare en France, est commune en Allemagne et dans toute l'Europe plus orientale, ainsi qu'en Sibérie; elle croît aux bords des chemins et des rivières, dans les buissons, etc. Sa racine est mangeable.

Genre MYRRHIS. — *Myrrhis* Scopol.

Limbe calicinal minime, 5-denticulé. Pétales 5, inégaux, obcordiformes, terminés en languette infléchie : les extérieurs des fleurs marginales beaucoup plus grands. Disque conique. Styles longs, subrectilignes, divergents. Péricarpe oblong, comprimé bilatéralement, utriculaire, non-rostré; coques 5-costées ; côtes égales, aliformes, carénées, creuses en dedans : les latérales marginantes ; commissure plane, creusée d'un profond sillon longitudinal ; épicarpe chartacé, inadhérent; vallécules très-étroites; bandelettes nulles. Carpophore après la déhiscence libre, biparti. Graines adhérentes, semi-lunées sur la coupe transversale.

Herbes vivaces, odorantes. Racine fusiforme. Feuilles bi- ou tri-pennées : les inférieures longuement pétiolées ; les supérieures sessiles sur la gaîne. Folioles pennatiparties ou pennatifides à segments dentés ou laciniés. Ombelles oppositifoliées et terminales, souvent fasciculées. Point de collerette-générale. Collerettes-partielles 5-7-phylles. Fleurs blanches, la plupart mâles : les marginales de chaque ombellule beaucoup plus grandes que les autres.

Ce genre ne se compose que de deux espèces.

Myrrhis odorant. — *Myrrhis odorata* Scopol. Carn. — Jacq. Flor. Austr. App. tab. 37. — *Scandix odorata* Linn. — Engl. Bot. tab. 697. — *Chœrophyllum odoratum* Lamk.

Plante haute de 2 à 5 pieds. Racine grosse, rameuse, brunâtre, polycéphale. Tiges dressées, cylindriques, finement striées et cannelées, fistuleuses, feuillées, rameuses en général presque dès la base, pubescentes. Rameaux glabres ou pubescents, velus aux articulations, quelquefois verticillés, en général paniculés. Feuilles triangulaires en contour, pubescentes (surtout en dessous), d'un vert foncé, molles, flasques : les inférieures larges de 1 pied à 3 pieds ; pétiole cylindrique, strié, canaliculé en dessus, pubescent ; gaîne large, un peu bouffie, subfoliacée, nerveuse, membraneuse aux bords. Folioles longues de 4 lignes à 3 pouces, oblongues, ou oblongues-lancéolées, ou ovales-lancéolées, pointues, pennatiparties, ou pennatifides : les inférieures pétiolulées ; les supérieures sessiles ou confluentes ; segments oblongs ou oblongs-lancéolés, pointus, dentés, ou incisés-dentés. Ombelles larges de 1 pouce à 2 pouces, 7-15-radiées, presque planes : pédoncule long de ½ pouce à 3 pouces, très-épaissi au sommet, pubérule de même que les rayons et pédicelles ; rayons grêles, raides, cyathiformes au sommet ; pédicelles filiformes : les fructifères claviformes au sommet, plus courts que le péricarpe. Collerettes-partielles à folioles lancéolées, acuminées, membraneuses, ciliées, réfléchies, à peu près aussi longues que les pédicelles florifères. Péricarpe long de 7 à 10 lignes, pointu, brun, comme vernissé ; côtes à carène ordinairement hispidule.

Cette plante, connue sous les noms de *Cerfeuil anisé*, *Cerfeuil musqué*, *Cerfeuil d'Espagne*, *Fougère musquée*, et *Cicutaire odorante*, croît dans les prairies et les bois des montagnes de presque toute l'Europe, excepté dans le Nord. Elle fleurit en mai et juin. Toutes ses parties ont une saveur sucrée et aromatique, très-analogue à celle de l'Anis ; aussi l'emploie-t-on, dans beaucoup de contrées, à l'assaisonnement. Les graines sont stomachiques et carminatives.

SECTION II. CUMINÉES. — *Cumineæ* Koch.

Coques 9-costées : côtes toutes filiformes.

Genre CUMIN. — *Cuminum* Linn.

Limbe calicinal à 5 dents lancéolées-sétacées, inégales. Pétales 5, égaux, presque dressés, oblongs, échancrés, terminés en ligule infléchie. Disque conique. Styles courts, divariqués. Péricarpe comprimé bilatéralement, oblong, couronné. Coques 9-costées : côtes primaires filiformes, tuberculeuses : les latérales marginantes ; côtes secondaires plus saillantes, spinelleuses. Une bandelette sous chaque côte secondaire. Carpophore biparti, finalement libre. Graines adhérentes, subcylindriques.

Herbes annuelles. Feuilles pennatiparties, ou pennées, ou bipennées : les inférieures longuement pétiolées ; les supérieures sessiles sur leur gaîne. Ombelles terminales et oppositifoliées, pédonculées, pauci-radiées. Collerette-générale oligophylle : folioles souvent pennatiparties. Collerettes-partielles oligophylles, dimidiées, réfléchies. Fleurs blanches ou rougeâtres.

Ce genre ne renferme que trois espèces, toutes indigènes dans la région méditerranéenne.

CUMIN OFFICINAL. — *Cuminum Cyminum* Linn. — Schk. Handb. tab. 80. — Woodw. Med. Bot. tab. 190. — Nees, Off. Pflanz. 13, tab. 7. — Hayn. Arzn. Gew. 7, tab. 11.

Plante haute de 1/2 pied à 1 pied, grêle, glabre, très-rameuse. Racine pivotante. Tige dressée, flexueuse, cylindrique, finement striée, feuillue, rameuse en général dès la base. Rameaux divergents ou étalés, dichotomes, ou paniculés. Feuilles glauques, triangulaires en contour, déchiquetées en lanières filiformes ou sétacées. Ombelles petites, 3-5-radiées : pédoncule en général court; rayons divergents. Collerette-générale oligophylle, plus longue que l'ombelle; folioles filiformes, ou déchiquetées en lanières filiformes. Ombellules petites, pauciflores; pédicelles très-courts. Involucelles à folioles subulées, en général débordant les fleurs. Fleurs blanches, ou pourpres. Pétales très-petits. Péricarpe scabre, grisâtre, long de 2 à 3 lignes.

Cette plante, nommée vulgairement *Cumin*, paraît originaire de la Haute-Égypte. On la cultive dans l'Afrique septentrionale, ainsi qu'en Orient et dans l'Europe australe. Ses graines ont une saveur aromatique et très-piquante; elles s'emploient en guise d'épices, et comme remède carminatif.

IIIe TRIBU. LES ACANTHOSPERMÉES. — *ACANTHOSPERMEÆ* Tausch.

Péricarpe cylindrique ou comprimé; côtes sétifères, ou aliformes et découpées en spinules.

SECTION I. CAUCALIDÉES. — *Caucalideæ* Tausch.

Coques 9-costées; côtes-primaires sétifères : les 2 latérales situées sur la commissure; côtes secondaires aliformes, spinelleuses.

Genre DAUCUS. — *Daucus* (Tourn.) Koch.

Limbe calicinal marginiforme, 5-denté. Pétales obcordiformes, connivents, inégaux, terminés en languette infléchie : ceux des fleurs marginales beaucoup plus grands. Styles longs, dressés, finalement recourbés. Péricarpe elliptique-lenticulaire, solide; côtes secondaires garnies d'une série de spinelles soit sétiformes, soit élargies et plus ou moins cohérentes inférieurement; une bandelette sous chaque côte secondaire; 2 bandelettes sur la commissure. Graines adhérentes, planes antérieurement. Carpophore après la déhiscence libre, en général biparti.

Herbes annuelles ou vivaces. Feuilles bi- ou tri-pennées : les inférieures longuement pétiolées ; les supérieures sessiles sur la gaîne. Folioles le plus souvent déchiquetées en lanières filiformes. Ombelles terminales et oppositifoliées, longuement pédonculées, solitaires ; rayons connivents après la floraison. Collerettes polyphylles ; les folioles des collerettes-générales souvent pennatiparties. Fleurs jaunes ou blanches, polygames. Au centre de l'ombelle se trouve souvent une fleur solitaire, courtement pédonculée, stérile, un peu charnue, d'un pourpre violet ou noirâtre.

M. de Candolle énumère 36 espèces de ce genre ; mais beaucoup d'entre elles sont fort douteuses.

Daucus Carotte. — *Daucus Carotta* Linn. — Flor. Dan. tab. 723. — Engl. Bot. tab. 1174. — Hayn. Arzn. Gew. 7, tab. 2. — *Daucus maritimus* With. Engl. Bot. tab. 2560. — *Daucus polygamus* Gouan. — *Daucus hispidus* Desfont. Flor. Atlant. — *Daucus pusillus* Michx. Flor. Bor. Amer.

Plante haute de 1 pied à 3 pieds, bisannuelle. Racine pivotante : celle de la plante sauvage grêle, blanchâtre ; celle de la plante cultivée grosse, charnue, blanchâtre, ou jaunâtre, ou rougeâtre. Tige dressée, flexueuse, cannelée, ou sillonnée, souvent rougeâtre, tantôt rameuse presque dès la base, tantôt indivisée presque jusqu'au sommet, peu renflée aux articulations, ordinairement scabre (par de petites verrues rougeâtres, sétulifères) et plus ou moins hispide : poils blanchâtres, rétrorses, plus longs et plus abondants sur les entre-nœuds inférieurs. Rameaux dressés ou presque dressés, simples, ou paniculés. Feuilles bi- ou tri-pennées, oblongues ou triangulaires-oblongues en contour, plus ou moins poilues, ou quelquefois glabres. Pétiole subcylindrique, en général hispide et scabre ; gaîne oblongue ou ovale-oblongue, subfoliacée, nerveuse, submarginée, ou immarginée. Folioles luisantes ou opaques, d'un vert tantôt gai, tantôt foncé, sessiles, ou pétiolulées, de forme et de grandeur extrêmement variables, pennatifides, ou pennatiparties, ou incisées-lobées (celles des feuilles supérieures souvent très-entières) : segments ou lanières larges, ou étroits, en général terminés par une soie raide. Ombelles larges de 1 pouce à 6 pouces, planes, multiradiées, après la floraison concaves; pédoncule raide, dressé, anguleux, sillonné, scabre, en général hispidule, atteignant jusqu'à 1 pied de long, épaissi au sommet en forme de disque hémisphérique. Rayons grêles ou filiformes, très-anisomètres : les intérieurs beaucoup plus courts que les extérieurs. Pédicelles filiformes, 1 à 3 fois plus longs que le péricarpe. Ombellules denses, multiflores. Collerette-générale 9-15-phylle, réfléchie pendant la floraison, puis dressée, apprimée; folioles pennatiparties, ou pennatifides, ou trifides, ou moins souvent indivisées et subulées, tantôt presque aussi longues que les rayons, tantôt plus courtes; segments linéaires, ou lancéolés-linéaires, ou lancéolés, ou subulés, acuminés-cuspidés. Collerettes-partielles polyphylles, pendant la floraison réfléchies et à peu près aussi longues que les pédicelles; folioles membraneuses aux bords, ciliées, acuminées-cuspidées, tantôt linéaires-lancéolées et indivisées, tantôt plus larges et divisées en 3 lanières linéaires-lancéolées ou subulées. Fleurs blanches ou moins souvent rougeâtres : les marginales larges de 1 ligne à 2 lignes, les autres très-petites. Péricarpe long d'environ 2 lignes : côtes secondaires couvertes de spinelles linéaires-subulées, horizontales, jaunâtres, ou brunâtres, longues de $1/2$ ligne à 1 ligne, peu élargies inférieurement, confluentes par la base.

Cette plante, connue de tout le monde sous le nom de *Carotte*, est commune dans les prés secs et les pelouses, dans presque toute l'Europe, ainsi qu'en Orient et dans le nord de l'Afrique. Elle fleurit en été.

Personne n'ignore l'emploi alimentaire des racines de *Carotte;* la plante se cultive non-seulement pour l'usage culinaire, mais aussi comme fourrage pour les bestiaux, qui ne sont pas moins friands de l'herbe que de la racine. Les variétés principales de culture sont : la *rouge longue;* la *rouge pâle de Flandre ;* la *rouge courte hâtive* ou *carotte de Hollande* : c'est cette variété qui est la plus généralement cultivée par les maraîchers de Paris; la *jaune longue ;* la *jaune courte ;* la *blanche ordinaire ;* la *blanche de Breteuil* et la *blanche à collet hors de terre*, remarquables l'une et l'autre par leur grosseur, et qui, par cette raison, se cultivent de préférence comme fourrage; la *violette*, originaire d'Espagne, et recommandable tant par son volume que par sa saveur très-sucrée. Indépendamment des diverses variétés, la nature du terrain influe beaucoup sur la qualité des carottes; le sol qui leur convient le mieux est une terre franche onctueuse, ou un sable gras et profond.

La décoction de la racine de *Carotte* s'employait autrefois comme apéritive. A l'époque du système continental, on a essayé d'extraire du sucre de ces racines; mais sous ce rapport elles ne sauraient rivaliser avec la Betterave. Les carottes torréfiées peuvent, comme la racine de Chicorée, servir en guise de café, faute de mieux. Les graines sont carminatives et diurétiques.

IVe TRIBU. LES PTÉRIGOSPERMÉES. — *PTERIGOSPERMEÆ* Tausch.

Péricarpe cylindrique ou comprimé, 4-ou 8-ou 10-ptère ; ailes très-entières, ou rarement lobées.

SECTION II. ANGÉLICÉES. — *Angeliceæ* Tausch.

Péricarpe cylindrique, ou comprimé dorsalement, ou rarement contracté bilatéralement. Coques 5-costées; côtes soit toutes ailées, soit seulement les 2 latérales ailées.

Genre LÉVISTICUM. — *Levisticum* Koch.

Limbe calicinal inapparent. Pétales 5, égaux, arrondis, indivisés, infléchis, terminés en languette obtuse. Disque convexe, à bord crénelé. Styles finalement recourbés. Péricarpe elliptique, solide, 10-ptère; coques convexes au dos : les ailes latérales 2 fois plus larges que les dorsales; commissure plane; une bandelette dans chaque vallécule; 2 ou 4 bandelettes sur la commissure. Carpophore après la déhiscence libre, biparti. Graines adhérentes, planes antérieurement.

Herbe vivace, lisse, très-glabre. Feuilles inférieures bipennées, longuement pétiolées; feuilles supérieures pennées, sessiles sur la gaîne. Folioles indivisées ou trifides, grandes. Ombelles terminales, pédonculées, solitaires, ou ternées. Collerette-générale et collerettes-partielles polyphylles. Fleurs petites, d'un jaune verdâtre.

Ce genre n'est fondé que sur l'espèce suivante :

Lévisticum officinal. — *Levisticum officinale* Koch, in Nov. Act. Nat. Cur. v. 12, p. 101, fig. 41. — *Ligusticum Levisticum* Linn. — Schk. Handb. tab. 68. — Hayn. Arzn. 7, tab. 6. — Turp. in Chaum. Flor. Médic. Ic. — *Angelica paludapifolia* Lamk. — *Angelica Levisticum* Allion. Pedem.

Plante haute de 3 à 6 pieds. Racine pivotante, grosse, rameuse, d'un brun jaunâtre. Tige dressée, fistuleuse, cylindrique, finement cannelée, feuillée, rameuse vers le haut. Rameaux bi- ou tri-furqués au sommet, ou paniculés, dressés. Feuilles oblongues ou triangulaires-oblongues : les inférieures atteignant jusqu'à 3 pieds de long, à ramifications 3- ou 5-foliolées; les feuilles supérieures 3-7-foliolées; feuilles ramulaires souvent simples, soit indivisées, soit trifides. Pétiole cylindrique, fistuleux, finement strié; gaîne large, subcoriace, nerveuse, peu ou point membraneuse aux bords. Folioles assez fermes (étant adultes), luisantes aux 2 faces, d'un vert foncé en dessus, d'un vert gai en dessous, en général pétiolulées : celles des feuilles inférieures longues de 1 pouce à 4 pouces, larges de 18 lignes à 4 pouces, suborbiculaires, ou ovales, ou ovales-lancéolées, ou subrhomboïdales, ou cunéiformes, ou lancéolées, triparties, ou trifides (à segments incisés-dentés), ou incisées-dentées, à base cunéiforme ou arrondie; folioles des feuilles supérieures lancéolées ou cunéiformes, tantôt trifides, tantôt indivisées. Ombelles larges de ½ pouce à 2 pouces, 6-15-radiées, convexes : pédoncule raide, grêle, long de quelques lignes à 3 pouces; rayons filiformes; pédicelles plus courts que le péricarpe; ombellules denses, subglobuleuses. Folioles des collerettes lancéolées, acuminées-cuspidées, membraneuses aux bords, réfléchies. Péricarpe brun, luisant, long d'environ 2 lignes.

Cette plante, connue sous les noms vulgaires de *Livêche* ou *Ache de montagne*, croît dans les montagnes de l'Europe méridionale. Elle fleurit en juillet et août. Elle est carminative, stomachique et emménagogue. Toutes ses parties ont une forte odeur aromatique.

Genre ARCHANGÉLIQUE. — *Archangelica* Hoffm.

Limbe calicinal minime, 5-denticulé. Pétales 5, égaux, ovales, acuminés, infléchis au sommet. Disque plane, crénelé aux bords. Styles courts, dressés, finalement recourbés. Péricarpe elliptique-lenticulaire, subéreux, 4-ptère; coques ailées au bord, tricostées au dos : côtes carénées, assez grosses, rapprochées; commissure plane, creusée d'un sillon longitudinal. Carpophore biparti. Graine plano-convexe ou subconvolutée, inadhérente.

Herbe vivace. Feuilles la plupart bipennées : les inférieures longuement pétiolées; les supérieures sessiles sur la gaîne. Folioles grandes, le plus souvent lobées ou pennatifides. Ombelles terminales, solitaires, pédonculées. Collerettes incomplètes, à folioles non-persistantes. Fleurs verdâtres, petites.

Ce genre ne se fonde que sur l'espèce suivante :

ARCHANGÉLIQUE OFFICINALE. — *Archangelica officinalis* Hoffm. Umb. — *Angelica Archangelica* Linn. — Flor. Dan. tab. 206. — Engl. Bot. tab. 2561. — Hayn. Arzn. Gew. 7, tab. 8. — *Angelica officinalis* Mœnch. — *Selinum Archangelica* Link, Enum. — *Angelica littoralis* Fries. — *Angelica sativa*

Mill. Dict. — *Angelica Gmelini* Wormsk. — *Archangelica decurrens* Ledeb. — *Archangelica officinalis*, *Archangelica littoralis*, et *Archangelica Wormskioldi* De Cand. Prodr.

Plante haute de 3 à 5 pieds. Racine pivotante, grosse, rameuse, brunâtre. Tige dressée, grosse, cylindrique, sillonnée, fistuleuse, feuillée, glabre, rameuse vers le sommet, souvent rougeâtre. Rameaux finement pubérules (du moins vers leur sommet), en général trifurqués au sommet et simples inférieurement. Feuilles glabres, subtriangulaires en contour : les inférieures atteignant jusqu'à 3 pieds de long, bi- ou tri-pennées, à pennules 3- ou 5-foliolées ; les supérieures souvent simplement pennées, 3-ou 5-foliolées. Pétiole gros, fistuleux, subcylindrique, canaliculé en dessus ; gaîne très-ample, ventrue, épaisse, subcoriace, immarginée, striée de nervures le plus souvent violettes. Folioles minces, d'un vert foncé en dessus, d'un vert glauque en dessous, inégalement incisées-dentelées, acuminées, ou pointues, tantôt pétiolulées et non-décurrentes, tantôt sessiles et plus ou moins décurrentes : les latérales en général ovales ou ovales-lancéolées, indivisées ou inégalement bilobées ; les terminales plus ou moins profondément trifides ou pennatifides, ovales-rhomboïdales ; celles des feuilles inférieures atteignant jusqu'à ½ pied de long ; base cordiforme, ou arrondie, ou cunéiforme, équilatérale, ou inéquilatérale. Ombelles amples, denses, multiradiées, hémisphériques, ou subglobuleuses ; pédoncule raide, assez gros, long de 2 à 6 pouces, en général pubérule de même que les rayons et les pédicelles ; rayons grêles, anguleux ; pédicelles filiformes, beaucoup plus longs que les fleurs. Ombellules denses, multiflores, hémisphériques. Collerettes-partielles à folioles lancéolées-subulées, tantôt aussi longues que les pédicelles, tantôt plus courtes. Pétales à peine longs de 1 ligne. Étamines 3 fois plus longues que les pétales : filets capillaires, divariqués après l'anthèse ; anthères minimes, suborbiculaires, verdâtres. Disque vert, transversalement elliptique, plus large que le sommet de l'ovaire. Péricarpe long de 3 à 4 lignes, d'un jaune blanchâtre. Graine oblongue ou subfusiforme, blanche.

Cette plante, connue sous les noms vulgaires d'*Archangéli-*

que, Angélique, ou *Angélique officinale*, croît dans les localités humides des Alpes et du nord de l'Europe, ainsi qu'en Sibérie. Toutes ses parties, mais surtout la racine de même que le fruit, sont fortement aromatiques ; aussi ont-elles des propriétés toniques, carminatives, sudorifiques, emménagogues, et antiscorbutiques. Dans le nord, on mange les jeunes pousses de la plante, tant cuites, qu'en salade. Les confiseurs et les liquoristes font entrer l'Angélique dans diverses préparations. Au moyen de la fermentation et de la distillation, on peut extraire de la racine d'Angélique une boisson alcoolique, qui participe à la saveur propre à la plante.

SECTION III. **LASERPITIÉES.** — *Laserpitieæ* Tausch.

Péricarpe comprimé dorsalement, ou rarement subcylindrique. Coques 9-costées; côtes primaires filiformes : les 2 latérales situées sur la commissure; côtes secondaires soit toutes ailées, soit seulement les 2 latérales ailées.

Genre LASERPITIUM. — *Laserpitium* (Tourn.) Koch.

Limbe calicinal marginiforme, 5-denté. Pétales 5, égaux, obcordiformes, terminés en languette infléchie. Styles finalement divariqués ou recourbés. Péricarpe comprimé ou subcylindrique, ovale-oblong, 8-ptère; coques convexes ou aplaties au dos; les 4 côtes secondaires ailées; une bandelette sous chaque côte secondaire; deux bandelettes sur la commissure. Carpophore filiforme, après la déhiscence libre et biparti. Graines adhérentes, planes antérieurement.

Herbes annuelles, ou bisannuelles, ou vivaces. Feuilles pennées, ou bipennées, ou tripennées : la plupart pétiolées. Ombelles amples, multiradiées, accompagnées chacune d'une collerette-générale polyphylle. Pédoncules latéraux et terminaux. Fleurs blanches, ou rougeâtres, ou rarement jaunâtres. Côtes primaires du péricarpe hispides dans quelques espèces.

Ce genre renferme environ 20 espèces, la plupart indigènes dans les montagnes de l'Europe méridionale.

Laserpitium a larges feuilles. — *Laserpitium latifolium* Linn. — Jacq. Flor. Austr. tab. 146. — Schk. Handb. tab. 67. — Flor. Dan. tab. 1515. — *Laserpitium asperum* et *Laserpitium glabrum* Crantz. — *Laserpitium Cervaria* Gmel. Flor. Bad. — *Laserpitium Libanotis* Lamk.

Herbe vivace, haute de 2 à 6 pieds. Racine pivotante. Tige raide, dressée, paniculée au sommet, cylindrique, glabre, lisse, finement striée, feuillée. Rameaux grêles, en général divisés en plusieurs ramules subaphylles. Feuilles ternati-bipennées (les radicales des jeunes plantes, ainsi que les raméaires et les ramulaires en général pennées-3-ou 5-foliolées), subtriangulaires en contour : les radicales longues de 1/2 pied à 2 pieds, longuement pétiolées; les caulinaires graduellement moins grandes et plus courtement pétiolées, à gaîne ample, striée, subcoriace, ventrue. Pétiole glabre et lisse, ou pubérule et scabre, cylindrique, finement strié, à ramifications toutes trifoliolées, ou assez souvent à ramifications supérieures 1-foliolées. Folioles longues de 1 pouce à 6 pouces, larges de 6 lignes à 4 pouces, subcoriaces, d'un vert gai en dessus, d'un vert glauque en dessous, tantôt glabres aux 2 faces, tantôt pubérules et scabres en dessous, ovales, ou ovales-oblongues, ou elliptiques, ou oblongues, ou ovales-lancéolées, très-obtuses, ou pointues, inégalement crénelées, ou dentelées, ou dentées (celles des feuilles supérieures quelquefois très-entières), pétiolulées, ou moins souvent sessiles, à base plus ou moins profondément cordiforme, ou arrondie, ou cunéiforme, équilatérale, ou inéquilatérale. Ombelles larges de 4 à 12 pouces, presque planes, 30-50-radiées. Collerettes-générales à folioles membraneuses aux bords, linéaires-lancéolées, subulées au sommet, plus courtes que les rayons.

Collerettes partielles à folioles subulées ou sétacées, plus courtes que les pédicelles. Pédicelles presque capillaires. Pétales blancs ou rougeâtres, longs d'environ 1 ligne. Disque convexe, gros, bilobé, jaunâtre. Styles courts. Péricarpe elliptique, long de 2 à 4 lignes; coques convexes au dos, à ailes tantôt planes, tantôt ondulées; les ailes latérales plus larges.

Cette plante, nommée vulgairement *Turbith bâtard*, *Turbith des montagnes*, *Faux-Turbith*, et *Laser*, croît sur les collines arides et dans les localités pierreuses des montagnes, en France et dans beaucoup d'autres contrées de l'Europe. Sa racine contient un suc laiteux, âcre, amer, et d'une odeur forte; c'est un purgatif violent, dont on ne fait guère usage en médecine, mais qui s'emploie assez fréquemment dans l'art vétérinaire; les montagnards s'en servent, à l'extérieur, contre les maladies de la peau.

Ve TRIBU. LES DICLIDOSPERMÉES. — *DICLIDOSPERMEÆ* Tausch.

Péricarpe comprimé ou aplati dorsalement, marginé, ou ailé aux bords; commissure plane. Coques 5-costées (rarement 9-costées); côtes latérales en général peu apparentes et confluentes avec le rebord.

SECTION I. PEUCÉDANÉES. — *Peucedaneæ* Tausch.

Péricarpe lenticulaire ou aplati, ailé aux bords; commissure plane. Coques 5-costées : côtes latérales en général peu apparentes et confluentes avec le rebord.

Genre ANÉTHUM. — *Anethum* Tourn.

Limbe calicinal 5-denticulé, minime. Pétales 5, égaux, très-entiers, enroulés, terminés en pointe tronquée. Disque presque plane, à bord sinuolé. Styles courts, finalement recourbés. Péricarpe elliptique, ou oblong, ou ovale, solide, lenticulaire, marginé. Coques 5-costées; côtes filiformes, carénées: les latérales moins saillantes, confluentes avec le rebord; vallécules égales, à une seule bandelette. Carpophore finalement libre, biparti. Graines adhérentes, convexes au dos, planes antérieurement.

Herbe annuelle. Feuilles décomposées-pennées : les inférieures pétiolées; les supérieures sessiles sur leur gaîne. Folioles linéaires-filiformes, ou déchiquetées en lanières filiformes. Ombelles terminales et oppositifoliées, pédonculées. Collerettes nulles. Fleurs petites, jaunes. Commissure des coques à 2 bandelettes larges, aussi longues que le péricarpe.

Ce genre n'est fondé que sur l'espèce suivante :

Anéthum aromatique. — *Anethum graveolens* Linn. — Flor. Dan. tab. 1572. — Hayn. Arzn. Gew. 7, tab. 17. — *Pastinaca Anethum* Spreng. — *Anethum minus* Gouan. — *Selinum Anethum* Roth. — *Anethum Sowa* Roxb. — *Anethum segetum* Linn. (1) — Jacq. Hort. Vindob. tab. 132. — *Meum segetum* Guss.

Plante très-glabre, glauque, haute de 1/2 pied à 3 pieds. Racine grêle, blanchâtre, pivotante, fibrilleuse. Tige dressée, lisse, cylindrique, fistuleuse, grêle, plus ou moins flexueuse, finement striée (de vert et de blanc, ou de vert et de rouge), rameuse, ou moins souvent presque simple, feuillée. Rameaux simples ou paniculés, plus ou moins divergents. Feuilles en contour oblongues, ou ovales, ou ovales-oblongues, très-semblables à celles du Fenouil : les inférieures bipennées, longues de 3 à 12 pouces. Pétiole très-grêle. Gaîne allongée, foliacée, striée, largement membraneuse aux bords, bi-auriculée au sommet. Folioles pennatiparties ou multifides, sessiles : lanières

(1) La plante à l'état sauvage ; elle ne diffère de la plante cultivée qu'en ce qu'elle est plus grêle et plus petite en toutes ses parties.

pointues, mucronées, canaliculées en dessus, souvent divariquées, longues de 2 à 15 lignes. Ombelles larges de ½ pouce à 6 pouces, lâches, convexes, ou presque planes, tantôt pauciradiées, tantôt multiradiées (surtout sur la plante cultivée). Pédoncule long de 1 pouce à 6 pouces, raide, dressé, cylindrique, strié. Rayons très-grêles, plus ou moins divergents. Ombellules pauciflores ou multiflores, un peu lâches. Pédicelles capillaires, plus ou moins divergents : les fructifères longs de 3 à 8 lignes. Péricarpe long de 1 ligne à 2 lignes, brunâtre, luisant : rebord tantôt très-étroit (surtout sur la plante sauvage), tantôt plus ou moins large (mais toujours au moins 4 fois plus étroit que le diamètre de la coque), jaunâtre; bandelettes presque aussi larges que les vallécules.

Cette plante, connue sous les noms d'*Anet*, *Aneth*, ou *Fenouil puant*, croît spontanément parmi les moissons ainsi que dans d'autres localités découvertes, dans l'Europe méridionale, l'Afrique septentrionale, et l'Orient. On la cultive fréquemment dans toutes ces contrées, et jusque dans l'Inde, à raison des emplois tant économiques que médicaux de ses graines, lesquelles sont très-aromatiques. Elle fleurit en été.

Genre FÉRULA. — *Ferula* (Tourn.) Koch.

Limbe calicinal 5-denticulé. Pétales 5, égaux, ovales, acuminés, très-entiers, enroulés. Disque convexe, à bord crénelé. Styles finalement recourbés. Péricarpe obovale, ou elliptique, ou arrondi, aplati, largement marginé, solide. Coques 5-costées; côtes filiformes : les latérales à peine apparentes ou très-fines, intra-marginales; vallécules à 3 bandelettes filiformes et superficielles. Carpophore finalement libre, biparti. Graines adhérentes, planes antérieurement, légèrement convexes au dos.

Herbes vivaces, très-élancées. Racine grosse, charnue. Feuilles surdécomposées : les inférieures très-amples, pétiolées; les supérieures sessiles sur leur gaîne (ou assez souvent réduites à la gaîne). Ombelles terminales (souvent verticillées), multiradiées, pédonculées. (L'ombelle centrale subsessile, ou plus courtement pédonculée que les ombelles latérales.) Collerettes-générales et collerettes-partielles nulles ou oligophylles. Fleurs jaunes, souvent polygames (celles des ombelles latérales stériles). Commissure à 4 bandelettes.

Ce genre se compose d'une quinzaine d'espèces; la plupart habitent la région méditerranéenne ou la Perse. Presque tous les *Férula* se font remarquer par la singularité de leur port, et par l'élégance de leur feuillage. La tige et les pétioles sont solides, moelleux, et offrent des faisceaux vasculaires épars comme dans la tige des monocotylédones.

La gomme-résine médicinale connue sous le nom d'*Assa-fœtida*, provient de la racine d'une espèce de ce genre (*Ferula Assa-fœtida* Linn.), indigène en Perse, mais fort incomplétement connue. Un autre médicament, la *gomme-Ammoniaque*, passe aussi pour être le produit d'un *Ferula* inconnu aux botanistes.

Férula commun. — *Ferula communis* Linn. — Lobel. Ic. tab. 778; fig. 2. — *Ferula nodiflora* Sibth. et Smith, Flor. Græc. tab. 279. (non Linn.)

Plante très-glabre, haute de 5 à 8 pieds. Racine pivotante. Tige dressée, cylindrique, striée, finement cannelée, raide, atteignant 2 pouces de diamètre à la base, effilée et rameuse vers le haut, feuillue inférieurement, terminée (de même que les rameaux inférieurs) par une grande ombelle centrale courtement pédonculée, entourée soit d'un verticille d'ombelles longuement pédonculées, et plus petites, soit d'un verticille de longs ramules ombellifères et presque nus. Rameaux plus ou moins divergents ou subdivariqués, grêles, subaphylles (quelquefois garnis seulement de gaînes aphylles) : les supérieurs en général opposés; les terminaux verticillés. Feuilles en contour oblongues, ou triangulaires, ou subovales : les radicales dressées, un peu réclinées, longues de 2 à 4 pieds; les supérieures opposées ou verticillées, petites, ou réduites à la gaîne pétiolaire. Pétiole un peu comprimé bilatéralement, ou subtrigone, finement strié, souvent rougeâtre, en général à 3 ramifications-primaires pennati-surdécomposées; le pétiole des feuilles radicales à peu près aussi gros que la partie inférieure de la tige. Gaîne brunâtre ou rougeâtre, large, ventrue, striée, subcoriace, peu ou point membraneuse aux bords : celle des feuilles caulinaires inférieures atteignant jusqu'à 1 pied de long, sur 4 à 8 pouces de large. Folioles luisantes aux 2 faces, planes, d'un vert foncé, un peu flasques, sessiles, pennatiparties, ou bipennatiparties, ou irrégulièrement laciniées : lanières linéaires, mucronées, divariquées, longues de 4 lignes à 2 pouces, larges de 1/4 de ligne à 1/2 ligne. Ombelles convexes, assez denses : les centrales courtement pédonculées, larges de 3 pouces à 1 pied; les latérales (composées uniquement de fleurs stériles) plus ou moins débordantes, larges de 1 pouce à 3 pouces. Folioles des collerettes (souvent nulles) courtes, linéaires-subulées. Rayons plus ou moins divergents : ceux des ombelles latérales filiformes, longs de 1 pouce à 2 pouces; ceux des ombelles centrales grêles, longs de 3 à 6 pouces. Ombellules multiflores, denses, convexes. Pédicelles filiformes ou capillaires : les fructifères dressés, un peu connivents, à peu près aussi longs que le péricarpe. Péricarpe long de 4 à 9 lignes, large de 3 à 6 lignes, elliptique, ou obovale, ou elliptique-oblong, arrondi ou subrétus au sommet, mince, d'un brun jaunâtre; bandelettes filiformes, violettes, souvent (surtout celles de la commissure) plus courtes que le péricarpe.

Cette espèce est commune dans la région méditerranéenne. Elle fleurit en été. L'élégance de son port la fait parfois cultiver dans les grands parterres. Les tiges de la Férule servaient aux anciens à faire des étuis pour la conservation des manuscrits, et, comme elles sont assez solides sans offrir la dureté d'un bâton ordinaire, les instituteurs et les pères de famille leur accordaient la préférence, à titre d'instrument de correction. La moelle dont ces tiges sont remplies, prend feu avec facilité étant sèche, et ne se consume que très-lentement; aussi remplace-t-elle souvent l'amadou, chez les peuples de l'Europe méridionale. Cette propriété est sans doute connue de temps immémorial, puisque la Mythologie raconte que Prométhée, après avoir dérobé le feu céleste, l'apporta sur terre dans une tige de Férule.

Genre PEUCÉDANUM. — *Peucedanum* (Linn.) Koch.

Limbe calicinal 5-denticulé. Pétales 5, égaux, obovales, divergents, légèrement échancrés, ou très-entiers, terminés en languette infléchie. Disque convexe, à bord crénelé. Styles courts, finalement recourbés. Péricarpe aplati ou lenticulaire, solide, ovale, ou oblong, ou elliptique, plus ou moins largement marginé. Coques 5-costées; côtes filiformes, équidistantes : les 3 dorsales carénées; les latérales plus fines, confluentes avec le rebord; bandelettes filiformes, superficielles, solitaires dans chaque vallécule. Carpophore finalement libre, biparti. Graines adhérentes, plus ou moins convexes au dos, planes antérieurement.

Herbes vivaces, en général très-glabres. Feuilles pennées, ou décomposées, ou surdécomposées : les inférieures pétiolées; les supérieures sessiles sur la gaîne, ou réduites à la gaîne. Ombelles terminales, ou oppositifoliées et terminales, pédonculées. Collerettes-générales nulles, ou oligophylles, ou polyphylles. Collerettes-partielles en général polyphylles. Fleurs jaunes ou blanches, petites. Commissure en général à 2 bandelettes.

Dans ses limites actuelles, ce genre renferme environ 30 espèces, la plupart indigènes en Europe ou en Sibérie.

Peucédanum officinal. — *Peucedanum officinale* Linn. — Schk. Handb. tab. 63. — Hayn. Arzn. Gew. 7, tab. 4. — Engl. Bot. tab. 1767. — *Selinum Peucedanum* Roth.

Plante vivace, très-glabre, haute de 2 à 6 pieds. Racine grosse, longue, pivotante, rameuse : collet épais, filandreux. Tige dressée, cylindrique, cannelée, très-grêle, feuillée, rameuse vers le sommet. Rameaux dressés ou presque dressés, subaphylles, ordinairement simples, quelquefois opposés ou verticillés. Feuilles inférieures ternati-surdécomposées, triangulaires en contour, longues de 1/2 pied à 2 pieds. Feuilles supérieures pennées, ou triparties, ou réduites à la gaîne pétiolaire. Pétiole grêle, raide, plein, cylindrique, obscurément anguleux, strié, renflé aux articulations. Gaîne chartacée, striée, brunâtre, ou rougeâtre, membraneuse aux bords, étroite, oblongue, échancrée au sommet. Folioles longues de 4 lignes à 3 pouces, larges de un quart de ligne à 1 ligne, luisantes, d'un vert gai, raides, plus ou moins divariquées, sessiles (souvent décurrentes), linéaires, ou lancéolées-linéaires, ou linéaires-falciformes, très-entières, ou rarement bifides, acuminées, mucronées, 1-nervées, souvent scabres aux bords, en général ternées, moins souvent solitaires et opposées. Ombelles larges de 1 pouce à 4 pouces, 10-40-radiées, presque planes, ou non-fastigiées, un peu lâches, terminales, ou oppositifoliées et terminales. Pédoncule long de 2 pouces à 1 pied, grêle, raide, strié, dressé. Rayons longs de 2 à 6 pouces, plus ou moins divergents, presque filiformes. Collerettes générales oligophylles, non-persistantes : folioles subulées, plus courtes que les rayons. Ombellules multiflores, un peu lâches. Collerettes-partielles polyphylles, persistantes : folioles sétacées, plus courtes que les pédicelles. Pédicelles capillaires, plus ou moins divergents : les fructifères 1 à 4 fois plus longs que le péricarpe. Fleurs d'un jaune pâle. Dents calicinales pointues. Péricarpe long d'environ 2 lignes, elliptique-orbiculaire, ou elliptique, échancré au sommet, mince, sublenticulaire, brunâtre, luisant : rebord jaunâtre, 3 à 4 fois moins large que la coque; bandelettes fines, violettes, géminées sur la commissure.

Cette espèce, nommée vulgairement *Fenouil de porc*, *Queue de pourceau*, ou *Peucédane*, n'est pas rare en Europe, dans les prairies humides. Elle fleurit en juillet et en août. C'est une excellente plante fourragère. Sa racine, vantée jadis comme pectorale, diurétique et antispasmodique, ne s'emploie guère aujourd'hui, si ce n'est dans l'art vétérinaire.

Genre IMPÉRATORIA. — *Imperatoria* (Linn.) Koch.

Limbe calicinal oblitéré. Pétales 5, égaux, obovales, divergents, obcordiformes, terminés en languette infléchie. Disque convexe, à bord crénelé. Styles courts, finalement recourbés. Péricarpe suborbiculaire ou elliptique, solide, aplati, ailé aux bords. Coques 5-costées ; côtes filiformes, équidistantes : les 3 dorsales carénées; les latérales à peine apparentes, confluentes avec le rebord; bandelettes filiformes, superficielles, solitaires dans chaque vallécule. Carpophore finalement libre, biparti. Graines adhérentes, légèrement convexes au dos, planes antérieurement.

Herbes vivaces. Feuilles ternées ou biternées : les inférieures pétiolées ; les supérieures sessiles sur la gaîne, ou réduites à la gaîne. Ombelles terminales, ou terminales et oppositifoliées, pédonculées. Collerettes-générales nulles ; collerettes partielles oligophylles, non-persistantes. Fleurs petites, blanches.

Dans ses limites actuelles, ce genre ne renferme que 3 espèces.

Impératoria officinal. — *Imperatoria Ostruthium* Linn. — Lamk. Ill. tab. 199, fig. 1. — Engl. Bot. tab. 1380. — Schk. Handb. tab. 74. — Hayn. Arzn. Gew. 7, tab. 15. — *Selinum Imperatoria* Crantz. — *Imperatoria major* Lamk. Flor. Franç. — *Peucedanum Ostruthium* Koch. Umb.

Plante haute de 1 pied à 3 pieds. Racine rampante, polycéphale, assez grosse, charnue, subarticulée, brunâtre à la surface, blanchâtre à l'intérieur, garnie de longues radicelles filiformes. Tige grêle, raide, dressée, cylindrique, cannelée, fistuleuse, feuillée, simple, ou bifurquée au sommet, ou subpaniculée vers le sommet. Rameaux simples, subaphylles, dressés. Feuilles ternées ou biternées (les supérieures et les raméaires assez souvent réduites à la gaîne pétiolaire) : les inférieures longues de 6 à 12 pouces. Pétiole subtrigone, grêle, raide, plein, strié : celui des feuilles radicales beaucoup plus long que les folioles; ramifications primaires beaucoup plus courtes que les folioles. Gaîne subscarieuse, striée, bi-auriculée au sommet : celle des feuilles radicales courte, étroite; celle des feuilles supérieures large, ventrue, longue de 6 lignes à 2 pouces. Folioles longues de 1 pouce à 4 pouces, larges de 6 lignes à 4 pouces, fermes, d'un vert foncé et glabres en dessus, d'un vert pâle et souvent pubérules en dessous, sessiles, ou courtement pétiolulées, suborbiculaires, ou ovales, ou semi-ovales, ou irrégulièrement obovales, ou cunéiformes, inégalement dentelées, ou doublement dentelées, ou incisées-dentées, tantôt indivisées, tantôt les latérales irrégulièrement bifides ou bilobées, les terminales trifides ou trilobées; base arrondie, ou cunéiforme, ou cordiforme, équilatérale, ou inéquilatérale; dentelures triangulaires ou arrondies, contiguës, mucronées. Ombelles larges de 2 à 6 pouces, solitaires ou ternées, terminales, planes, assez denses, multiradiées. Pédoncule long de 2 à 8 pouces, raide, dressé, cannelé, souvent pubérule. Rayons longs de 1 pouce à 3 pouces, filiformes ou très-grêles, presque dressés. Ombellules petites, multiflores, un peu lâches. Collerettes oligophylles : folioles sétacées, plus courtes que les pédicelles. Pédicelles capillaires, plus ou moins divergents, anisomètres, beaucoup plus longs que le péricarpe. Fleurs blanches ou rougeâtres. Péricarpe long de 2 lignes à 2 $^1/_2$ lignes, suborbiculaire, ou elliptique, échancré au sommet, mince, jaunâtre; rebord plus large que le disque de la coque.

Cette plante, nommée vulgairement *Impératoire*, *Autruche*, ou *Benjoin français*, croît dans les localités humides et ombragées des Alpes, ainsi que dans beaucoup d'autres montagnes de l'Europe. Elle fleurit en juin et en juillet. Sa racine a une saveur aromatique très-forte, analogue à celle de l'*Angélique officinale*. On l'emploie comme remède tonique, stomachique, fébrifuge et emménagogue.

Genre PASTINACA. — *Pastinaca* Linn.

Limbe calicinal inapparent ou 5-denticulé. Pétales 5, égaux, enroulés, terminés en pointe tronquée. Disque crénelé au bord. Styles courts, finalement recourbés. Péricarpe suborbiculaire, ou elliptique, ou obovale, aplati, solide, largement marginé. Coques 5-costées; côtes très-fines, égales : les latérales intra-marginales; vallécules latérales plus larges; bandelettes filiformes, solitaires dans chaque vallécule, aussi longues que le péricarpe. Carpophore finalement libre, biparti. Graines adhérentes, planes antérieurement, légèrement convexes au dos.

Herbes bisannuelles ou vivaces. Racine pivotante, charnue. Feuilles pennées ou bipennées : les inférieures pétiolées; les supérieures sessiles sur leur gaîne, ou parfois réduites à la gaîne. Ombelles terminales, ou terminales et oppositifoliées, pédonculées. Fleurs jaunes. Commissure à 2 bandelettes, ou à beaucoup de bandelettes.

On connaît 6 ou 7 espèces de ce genre; elles habitent l'Europe et l'Orient.

Pastinaca cultivé. — *Pastinaca sativa* Linn. — Engl. Bot. tab. 556. — Flor. Dan. tab. 1206. — Blackw. Herb. tab. 379. — Hayn. Arzn. Gew. 7, tab. 16. — *Selinum Pastinaca* Crantz. — *Pastinaca opaca* Horn. (var. sylvestris). — *Pastinaca latifolia* De Cand. Prodr. (var.)

Plante bisannuelle, haute de 1 pied à 4 pieds, en général glabre à l'état cultivé, plus ou moins pubescente à l'état sauvage. Racine blanchâtre, charnue, fusiforme, peu ou point rameuse. Tige dressée, raide, anguleuse, sillonnée, feuillée, rameuse. Rameaux en général paniculés, plus ou moins divergents : les supérieurs souvent opposés ou verticillés. Ramules grêles, subaphylles. Feuilles inférieures longues de 6 à 18 pouces, pennées (5-11-foliolées); les supérieures petites, 3-foliolées, ou tripartites, ou trifides, ou indivisées, ou réduites à une courte gaîne pétiolaire. Pétiole subtrigone, ou comprimé bilatéralement, plein, canaliculé en dessus. Gaîne subfoliacée, ou chartacée, à peine marginée : celle des feuilles supérieures étroite, ordinairement rougeâtre. Folioles sessiles ou courtement pétiolulées, d'un vert foncé et opaques en dessus (celles de la plante cultivée en général d'un vert gai et luisantes), glabres, ou pubérules, d'un vert pâle en dessous (quelquefois pubescentes-incanes), obtuses, ou pointues : celles des feuilles inférieures longues de 1 pouce à 4 pouces, ovales, ou elliptiques, ou oblongues, ou suborbiculaires, ou ovales-lancéolées, crénelées, ou dentelées, ou doublement dentelées, ou incisées-lobées, ou pennati-lobées, ou pennatifides, ou pennatiparties, à base arrondie, ou cordiforme, ou cunéiforme (la foliole terminale souvent décurrente, en général trifide ou trilobée). Folioles ou segments des feuilles supérieures en général très-entiers, étroits, sublancéolés, ou lancéolés-linéaires. Ombelles 3-20-radiées, terminales, lâches, subfastigiées, ou non-fastigiées; les plus grandes larges de 1 pouce à 3 pouces. Folioles des collerettes (le plus souvent nulles) courtes, subulées. Rayons plus ou moins divergents, en général scabres, très-inégaux. Ombellules petites, assez lâches, 7-20-flores. Pédicelles inégaux, capillaires, plus ou moins divergents : les fructifères aussi longs que le péricarpe ou plus longs. Péricarpe long d'environ 2 lignes, elliptique, ou elliptique-orbiculaire, ou elliptique-oblong, subrétus, très-mince, d'un brun roux ou jaunâtre; bandelettes superficielles, violettes, au nombre de 2 à 4 sur la commissure.

Cette espèce, connue sous les noms vulgaires de *Panais*, *Pastenade*, *Pastenaille*, et *Grand-Chervi*, croît spontanément en Europe, dans les prairies sèches, les pâturages et les champs. Elle fleurit en été.

Tout le monde connaît l'emploi alimentaire de la racine du *Panais*. De même que la Carotte, cette plante ne prospère que dans un sol profond, substantiel, et suffisamment ameubli par des labours. On possède une variété nommée *Panais rond*, dont la racine est plus courte et en forme de toupie; cette variété est plus hâtive et convient mieux pour les sols peu profonds. En Bretagne, on cultive fréquemment le Panais comme racine fourragère. Un avantage très-marqué de cette racine, dit M. Vilmorin, est de ne souffrir aucunement des gelées, et de pouvoir rester dans le champ tout l'hiver.

Genre HÉRACLÉUM. — *Heracleum* Linn.

Limbe calicinal 5-denticulé. Pétales 5, cunéiformes, en général inégaux (les extérieurs plus grands, profondément bilobés), terminés en languette infléchie. Disque conique, à rebord crénelé. Styles finalement recourbés. Péricarpe suborbiculaire, ou ovale, ou allongé, aplati, solide, largement marginé. Coques 5-costées; côtes très-fines, égales : les latérales intra-marginales; vallécules latérales plus larges; bandelettes claviformes, solitaires dans chaque vallécule, plus courtes que le péricarpe. Carpophore finalement libre, biparti. Graines adhérentes, planes antérieurement, légèrement convexes au dos.

Herbes vivaces, en général élancées. Tige fistuleuse. Feuilles simples (les primordiales des jeunes plantes toujours cordiformes-orbiculaires et indivisées; les feuilles suivantes des jeunes plantes simples mais lobées; dans certaines espèces, toutes les feuilles sont constamment simples), ou pennées, ou bipennées, ou digitées : les inférieures pétiolées ; les supérieures sessiles sur une ample gaîne. Ombelles terminales, longuement pédonculées, multiradiées, en général très-amples. Collerettes-générales oligophylles, caduques. Collerettes-partielles polyphylles. Fleurs blanches ou d'un jaune verdâtre, le plus souvent irrégulières. Commissure à 2 ou 4 bandelettes, ou rarement sans bandelettes.

On admet 20 à 30 espèces de ce genre ; mais la plupart ne sont pas suffisamment connues; presque toutes habitent les montagnes de l'Europe ou de l'Asie. Plusieurs *Héracléum* sont remarquables, parmi les plantes herbacées des climats du Nord, par l'ampleur de leur feuillage, et par la hauteur de leur tige, qui s'élève à 6 pieds et plus. Toutes les parties des *Héracléum*, mais surtout la résine contenue dans leur fruit, ont une odeur extrêmement pénétrante, mais peu agréable.

Héracléum commun. —*Heracleum Sphondylium* Linn.— Engl. Bot. tab. 939. — Schk. Handb. tab. 67. — Hayn. Arzn. Gew. 7, tab. 10. — *Heracleum proteiforme* Crantz. — *Heracleum Branca-ursina* Allion. — *Sphondylium Branca* Scopol. — *Sphondylium Branca-ursina* Hoffm. — *Heracleum elegans* Jacq. Flor. Austr. tab. 173 (1).

Plante haute de 2 à 5 pieds. Racine grosse, pivotante, rameuse, jaunâtre à la surface, blanchâtre en dedans. Tige dressée, sillonnée, rameuse vers le haut, feuillée, en général hispide (du moins vers sa base) : poils courts, raides, rétrorses, blancs, renflés à la base. Rameaux dressés ou presque dressés, simples, ou presque simples. Feuilles inférieures pennées (3- ou 5- ou rarement 7-foliolées), ou bipennées (à 5 ou 7 pennules chacune de 3 à 7 folioles), longues de 6 à 30 pouces; les supérieures en général 3-foliolées (tantôt digitées, tantôt pennées). Folioles longues de 1 pouce à 8 pouces, minces, un peu flasques, d'un vert glauque ou très-foncé en dessus, en général scabres et pubérules aux 2 faces (moins souvent soit presque glabres, soit hispides, soit pubescentes-incanes), cunéiformes ou cordiformes à la base; les latérales sinuées-pennatifides, ou pennati-lobées, ou incisées-dentées; la terminale en général à 3 segments conformes aux folioles latérales; la première paire de folioles en général pétiolée; les autres paires ordinairement sessiles; la foliole terminale en général longuement pétiolulée, quelquefois décurrente. Lobes ou segments des folioles arrondis, ou ovales, ou oblongs, ou sublancéolés, obtus, ou pointus, ou acuminés, crénelés, ou dentelés, ou incisés-dentés, en général très-inégaux (les 2 lobes inférieurs du côté externe de la feuille, beaucoup plus grands que les autres lobes, excepté sur la foliole terminale); dents ou crénelures en général mucronulées. Pétiole subcylindrique, profondément canaliculé en dessus, souvent rougeâtre, en général hispide. Gaîne large, ventrue, subfoliacée, peu ou point membraneuse aux bords, souvent rougeâtre, en général hispide ou scabre à la

---

(1) Variété à segments des folioles plus étroits.

face externe. Ombelles larges de 2 à 10 pouces, 10-40-radiées, presque planes, un peu lâches. Pédoncule raide, dressé, sillonné, ordinairement scabre, long de 2 pouces à 1 pied. Collerettes-générales 1-12-phylles : folioles linéaires-lancéolées, acuminées, beaucoup plus courtes que les rayons. Rayons grêles, plus ou moins divergents, pubérules et visqueux de même que les pédicelles et les ovaires. Ombellules multiflores, assez denses. Collerettes-partielles non-débordantes : folioles subulées. Pédicelles capillaires, anisomètres : les fructifères plus ou moins divergents, plus longs que le péricarpe. Fleurs blanches, ou rougeâtres, ou d'un blanc verdâtre, irrégulières : les marginales de chaque ombellule en général beaucoup plus grandes que les autres. Péricarpe long de 2 à 4 lignes, jaunâtre, glabre, ou moins souvent pubérule, elliptique, ou suborbiculaire, ou obovale, arrondi ou plus ou moins profondément échancré au sommet ; commissure à 2 bandelettes superficielles, de moitié à 1 fois plus courtes que le péricarpe.

Cette espèce, nommée vulgairement *Berce, Fausse Branc-ursine,* ou *Branc-ursine bâtarde*, est commune dans toute l'Europe, ainsi qu'en Sibérie. Elle croît dans les prairies et les bois un peu humides ; la floraison a lieu en été. L'écorce et la racine de la Berce sont très-âcres ; on assure qu'étant appliquées fraîches sur la peau, elles y produisent des ulcérations. La substance cellulaire de la tige et les jeunes pousses au contraire ont une saveur sucrée ; dans le Nord on s'en sert en guise de légumes verts, et les habitants du Kamtchatka ont coutume d'en extraire, par la distillation, une boisson alcoolique.

VIIe TRIBU. LES DISASPIDOSPERMÉES. — *DISASPIDOSPERMEÆ* Tausch.

Péricarpe lenticulaire, comprimé bilatéralement. Coques 5-ou 9-costées; côtes filiformes.

SECTION I. HYDROCOTYLÉES. — *Hydrocotyleæ* Tausch.

Péricarpe échancré soit au sommet, soit à la base, ou aux 2 bouts. Coques 5-costées. Ombelles simples ou paniculées. Feuilles souvent simples.

Genre HYDROCOTYLE. — *Hydrocotyle* Linn.

Limbe calicinal oblitéré. Pétales 5, ovales, pointus, non-infléchis. Disque plane. Styles filiformes, dressés, finalement divergents. Péricarpe didyme : coques aplaties, carénées au dos, 5-costées; côtes filiformes : la dorsale et les latérales peu apparentes ou oblitérées; les 2 autres saillantes, arquées. Commissure très-étroite, plane. Bandelettes nulles. Graines adhérentes.

Herbes vivaces (quelquefois suffrutescentes) ou annuelles, la plupart aquatiques ou rampantes. Feuilles indivisées, souvent peltées ou cordiformes, longuement pétiolées. Pédoncules solitaires ou fasciculés, axillaires, pauciflores (quelquefois uniflores), ou multiflores, souvent paniculés ou dichotomes. Fleurs glomérulées, ou en ombelles simples, jaunâtres, ou blanchâtres, ou rougeâtres.

Ce genre se compose d'environ cent espèces, dont quelques-unes seulement habitent l'Europe. La plupart des *Hydrocotyles* sont âcres et vénéneux.

HYDROCOTYLE COMMUN. — *Hydrocotyle vulgaris* Linn.—

Curt. Flor. Lond. 6, tab. 19.— Schk. Handb. tab. 59.— Flor. Dan. tab. 90.

Herbe vivace, rampante. Tiges subfiliformes, rampantes, radicantes et 1- ou 2-phylles aux articulations, glabres, fistuleuses. Feuilles orbiculaires ou subréniformes, peltées, 7-nervées, incisées-crénelées, larges de 4 à 15 lignes, glabres et d'un vert gai en dessus, ordinairement pubérules en dessous; pétiole long de 1 pouce à 4 pouces, de la grosseur de la tige, dressé, cylindrique, glabre, ou poilu vers le sommet. Pédoncules plus courts et plus grêles que les pétioles, dressés, solitaires, ou plus habituellement soit géminés, soit ternés, simples, accompagnés chacun d'une petite gaîne ou écaille embrassante et membraneuse. Fleurs glomérulées, terminales, subsessiles, accompagnées chacune d'une squamule membraneuse ovale. Glomérules 5-30-flores, en général composés de 2 ou 3 verticilles d'abord très-rapprochés, après la floraison écartés. Corolle blanchâtre ou rougeâtre, très-petite. Étamines plus courtes que les pétales. Péricarpe subréniforme, large d'environ 1 ligne, trinervé sur chaque face, jaunâtre, ponctué de brun.

Cette espèce est commune dans presque toute l'Europe, au bord des eaux stagnantes et dans les prairies humides ou marécageuses; elle se plaît surtou dans les sols tourbeux. Toute la plante a une saveur âcre, et l'on dit qu'elle est très-dangereuse pour les moutons; toutefois elle passait jadis pour apéritive, détersive et vulnéraire.

Genre HUGÉLIA. — *Hugelia* Reichenb.

Limbe calicinal oblitéré. Pétales 5, obovales, obtus. Disque plane. Styles filiformes, divergents après la floraison. Péricarpe didyme, réniforme; coques aplaties, chagrinées, carénées au dos, 5-costées; côtes filiformes: la dorsale peu apparente; les latérales rectilignes; les 2 autres courtes, curvilignes, rapprochées du bord; commissure plane, très-étroite. Carpophore indivisé, filiforme, finalement libre. Bandelettes nulles. Graines adhérentes.

Herbes annuelles ou vivaces. Feuilles palmatiparties ou palmatifides : les inférieures longuement pétiolées ; les supérieures sessiles ou subsessiles. Fleurs bleues ou blanches, polygames, assez grandes, disposées en ombelles simples. Collerettes grandes, polyphylles ; folioles subulées, persistantes, soudées par la base. Pédoncules latéraux (ou dichotoméaires) et terminaux, solitaires, dressés.

Ce genre, propre à la Nouvelle-Hollande, ne renferme que deux espèces.

HUGÉLIA BLEU. — *Hugelia cyanea* Reichenb. Ic. Exot. tab. 201. — *Trachymene cœrulea* Graham, in Edinb. Phil. Journ. 1828, p. 373. — Bot. Reg. tab. 1225. — *Didiscus cœruleus* De Cand. Mém. 5, tab. 4. — Hook. in Bot. Mag. tab. 2875.

Plante annuelle, haute de 1 pied à 2 pieds, couverte sur toutes ses parties herbacées de courts poils, la plupart glandulifères et visqueux. Racine pivotante. Tige dressée, cylindrique, cannelée, paniculée, ou quelquefois subdichotome, feuillée, fistuleuse étant adulte. Rameaux simples ou subpaniculés, feuillés, dressés, ou plus ou moins divergents. Feuilles un peu charnues, d'un vert foncé : les caulinaires inférieures et les radicales triparties ou profondément trifides, cunéiformes à la base, larges de 1 pouce à 3 pouces ; segments fendus jusqu'au milieu en 3 lobes tantôt indivisés, tantôt laciniés. Feuilles supérieures trifides, à segments indivisés ou tridentés. Feuilles raméaires souvent linéaires-oblongues et très-entières. Pédoncules longs de 3 à 8 pouces, grêles, striés. Ombelles convexes, multiflores, larges de 1 pouce à 2 pouces. Collerettes à folioles linéaires-subulées, à l'époque de la floraison réfléchies et aussi longues que les pédicelles, plus tard dressées et conniventes de même que les pédicelles. Pédicelles filiformes, anisomètres, longs de 4 lignes à 1 pouce. Pétales d'un beau bleu, longs d'environ 1 ligne. Étamines à peu près aussi longues que les pétales. Péricarpe large d'environ 3 lignes, mince, brunâtre, chartacé.

Cette espèce très-remarquable, parmi les Ombellifères, par la couleur de ses fleurs, se cultive comme plante de parterre. Elle fleurit durant tout l'été.

VIIIe TRIBU. LES PLEUROSPERMÉES. — *PLEUROSPERMEÆ* Tausch.

Péricarpe subcylindrique, ou comprimé bilatéralement et subdidyme. Coques 5-costées; côtes filiformes, ou carénées, rarement marginées ou oblitérées.

SECTION I. AMMINÉES. — *Ammineæ* Tausch.

Péricarpe subdidyme. Coques subcylindriques : commissure contractée.

Genre BUPLEURUM. — *Bupleurum* Linn.

Limbe calicinal oblitéré. Pétales 5, égaux, enroulés, terminés en pointe tronquée. Disque plane. Styles courts, recourbés. Péricarpe didyme, ou comprimé bilatéralement, solide, quelquefois granuleux; coques 5-costées ou écostées : côtes filiformes ou aliformes, égales, les latérales marginantes; vallécules avec ou sans bandelettes. Carpophore finalement libre. Graines adhérentes, convexes au dos.

Sous-arbrisseaux, ou (la plupart des espèces) herbes soit vivaces, soit bisannuelles, soit annuelles. Feuilles simples, très-entières (par exception pennatifides), sessiles (dans quelques espèces : les radicales pétiolées), le plus souvent nerveuses. Ombelles terminales, ou oppositifoliées et terminales, pédonculées. Collerettes complètes, ou incomplètes, ou rarement nulles. Fleurs petites, jaunes.

Ce genre, l'un des plus naturels des Ombellifères, se compose d'environ 50 espèces, dont la plupart habitent la région méditerranéenne.

BUPLEURUM ARBRISSEAU. — *Bupleurum fruticosum* Linn. — Sibth. et Smith, Flor. Græc. tab. 263. — Duham. Arb. 1, tab. 43. — Jaum. Saint-Hil. Flore et Pom. Franç. 1, tab. 65. — Wats. Dendr. Brit. tab. 14. — *Tenoria fruticosa* et *Buprestis fruticosa* Spreng.

Buisson haut de 3 à 5 pieds, très-glabre. Tige dressée, rameuse dès la base, finalement ligneuse de même que les rameaux. Jeunes-pousses feuillues, grêles, effilées, obscurément anguleuses, simples, ou ramulifères aux aisselles, couvertes d'une poussière glauque. Feuilles longues de 2 à 4 pouces, larges de 5 à 12 lignes, coriaces, persistantes, subsessiles, finement penninervées, oblongues, ou oblongues-obovales, obtuses, mucronées, arrondies ou subcunéiformes à la base, d'un vert foncé et luisantes en dessus, glauques en dessous; côte saillante, blanchâtre; nervures très-rapprochées, subhorizontales; pétiole très-court, presque plane, large, non-embrassant. Ombelles larges de 1 pouce à 3 pouces, lâches, convexes, solitaires, terminant les jeunes pousses. Pédoncule long de 2 à 4 pouces, grêle, effilé, dressé; rayons grêles, raides, subisomètres, longs de 8 à 15 lignes. Collerette-générale 4-9-phylle; folioles coriaces, oblongues, non-persistantes, beaucoup plus courtes que les rayons. Ombellules convexes, un peu lâches, 10-20-flores. Collerettes-partielles 4-7-phylles, réfléchies : folioles oblongues, mucronées, ou obtuses, nerveuses, non-persistantes, plus courtes que les pédicelles, ou à peine aussi longues. Pédicelles filiformes, longs de 2 à 3 lignes. Péricarpe long d'environ 3 lignes, large de 1 ligne, oblong, luisant, d'un brun roux; coques à côtes aliformes; une bandelette dans chaque vallécule, et une autre bandelette sous chaque côte.

Cette espèce, indigène dans l'Europe méridionale, se cultive fréquemment comme arbuste d'ornement. Elle fleurit vers la fin de l'été.

Genre SMYRNIUM. — *Smyrnium* (Linn.) Koch.

Limbe calicinal oblitéré. Pétales 5, égaux, elliptiques, ou lancéolés, acuminés, très-entiers, infléchis au sommet. Disque conique, crénelé au bord. Styles filiformes, recourbés après la floraison. Péricarpe solide, didyme; coques contractées bilatéralement, ovales, ou subglobuleuses, un peu arquées, 3-costées : côtes carénées, saillantes. Carpophore finalement libre, biparti. Graines adhérentes ; périsperme fortement involuté, couvert de quantité de bandelettes.

Herbes bisannuelles. Racine tubéreuse. Feuilles inférieures bi- ou tri-ternées, pétiolées; feuilles supérieures trifoliolées, ou trifides, ou indivisées, sessiles sur la gaîne, ou immédiatement amplexicaules. Ombelles terminales, pédonculées, dépourvues de collerette-générale, et quelquefois aussi de collerettes-partielles. Fleurs jaunes ou d'un jaune verdâtre.

Ce genre se compose de 4 ou 5 espèces, toutes indigènes dans l'Europe méridionale.

Smyrnium commun. — *Smyrnium Olusatrum* Linn. — Engl. Bot. tab. 230. — Lamk. Ill. tab. 204. — Schk. Handb. tab. 76.

Plante haute de 2 à 3 pieds, très-glabre, succulente. Tige dressée, cylindrique, fistuleuse, sillonnée, feuillée, rameuse. Rameaux dressés ou un peu divergents, grêles, opposés (du moins les supérieurs), en général diphylles au sommet et nus inférieurement. Feuilles triangulaires en contour : les radicales (longues de 1 pied à 2 pieds) et les caulinaires inférieures biternées ou subtriternées; les supérieures trifoliolées, sessiles sur la gaîne. Pétiole assez gros, subcylindrique, plane en dessus, charnu, fistuleux, souvent rougeâtre. Gaîne large, bouffie, membraneuse, striée, souvent fimbriée aux bords. Folioles luisantes aux 2 faces, d'un vert gai, un peu charnues, cunéiformes, ou rhomboïdales, ou ovales, ou obovales, ou rarement elliptiques-oblongues, obtuses, profondément crénelées, ou incisées-crénelées, équilatérales, ou inéquilatérales, cunéiformes ou arrondies ou subcordiformes à la base, sessiles, ou plus souvent pétiolulées, longues de 6 à 30 lignes : les terminales indivisées ou (surtout celles des feuilles supérieures) trilobées; les latérales indivisées ou irrégulièrement bilobées. Ombelles larges de 1/2 pouce à 2 pouces, 8-20-radiées, planes, ou un peu concaves. Pédoncule long de 1 pouce à 3 pouces. Collerette-générale 1-3-phylle; folioles petites, caduques. Ombellules denses, multiflores. Collerettes-partielles oligophylles; folioles minimes, dentiformes, caduques. Pédicelles fructifères connivents, à peu près aussi longs que le péricarpe. Péricarpe long d'environ 4 lignes, ovale-didyme, ou réniforme, subacuminé, d'un brun noirâtre.

Cette espèce, nommée vulgairement *Maceron* ou *Gros Persil de Macédoine,* croît dans les champs humides de l'Europe méridionale. Elle fleurit en mai et juin. Toutes ses parties ont une saveur forte, approchant du Céleri; aussi la plante était-elle l'une des herbes potagères favorites des anciens Romains; on la cultive même encore comme telle, dans plusieurs contrées de France et d'Italie. Les graines peuvent s'employer comme remède carminatif. Les feuilles et les racines ont des propriétés antiscorbutiques.

Genre CIGUË. — *Conium* Linn.

Limbe calicinal oblitéré. Pétales 5, presque égaux, obcordiformes, terminés en languette infléchie. Disque convexe, crénelé au bord. Styles recourbés. Péricarpe ovoïde, comprimé bilatéralement; coques arquées, 5 costées: côtes égales, saillantes, carénées, plus ou moins crénelées (surtout avant la complète maturité): les latérales marginales; bandelettes nulles. Carpophore finalement libre, bifide. Graines adhérentes, très-convexes au dos, planes antérieurement et creusées d'un profond sillon longitudinal; périsperme cordiforme-orbiculaire sur la coupe transversale.

Herbe bisannuelle. Feuilles décomposées: les inférieures pétiolées; les supérieures sessiles sur la gaîne. Ombelles oppositifoliées (ou dichotoméaires) et terminales, pédonculées. Collerette-générale polyphylle, réfléchie. Collerettes-partielles 3-5-phylles, dimidiées. Fleurs blanches, petites, la plupart fertiles.

L'espèce que nous allons décrire constitue à elle seule le genre.

CIGUË COMMUNE. — *Conium maculatum* Linn. — Bull. Herb. tab. 63. — Engl. Bot. tab. 1161. — Jacq. Flor. Austr. tab. 156. — Hayn. Arzn. Gew. 1, tab. 31. — Schk. Handb. tab. 62. — Turp. in Chaum. Flor. Méd. Ic. — *Cicuta maculata* Lamk. Flor. Franç. — *Cicuta major* Lamk. Dict. — *Coriandrum Cicuta* Crantz. — *Coriandrum maculatum* Roth., Flor. Germ. — *Conium croaticum* Wald. et Kit. — *Conium sibiricum* Hoffm.

Plante glabre, haute de 3 à 7 pieds. Racine fusiforme ou rameuse, pivotante, blanchâtre. Tige dressée, cylindrique, fistuleuse, sillonnée, très-rameuse vers le haut, le plus souvent marbrée de taches d'un brun roux, couverte (étant jeune) d'une poussière glauque. Rameaux bifurqués au sommet, ou dichotomes, ou paniculés : les supérieurs souvent opposés ou verticillés. Feuilles d'un vert très-foncé, un peu luisantes, flasques : les inférieures 3- ou 4-pennées, longues de 1/2 pied à 2 pieds, ovales-oblongues en contour ; les supérieures bi- ou tri-pennées, subtriangulaires en contour. Folioles longues de 3 à 12 lignes, subsessiles, ou sessiles (les terminales en général confluentes), oblongues, ou lancéolées-oblongues, pennatifides, ou pennatiparties ; segments indivisés ou incisés-dentés, pointus, ou obtus, oblongs, ou triangulaires, ou sublancéolés, en général mucronés. Pétiole cylindrique, fistuleux. Gaîne ovale ou oblongue, membraneuse aux bords : celle des feuilles supérieures très-courte. Ombelles larges de 1 pouce à 2 pouces, 7-15-radiées, planes, un peu lâches. Pédoncule long de 1 pouce à 2 pouces, grêle, raide, dressé. Collerette-générale à folioles courtes, lancéolées, acuminées, membraneuses aux bords. Ombellules planes, 10-20-flores. Collerette-partielle à folioles tantôt plus courtes que les pédicelles, tantôt aussi longues ou un peu plus longues, ovales, acuminées, soudées par la base, insérées du côté extérieur des ombellules. Pédicelles fructifères plus ou moins divergents, aussi longs ou plus longs que le péricarpe. Péricarpe long de $^1/_2$ ligne à 2 lignes, d'un brun verdâtre.

La *Ciguë*, ou *Grande-Ciguë*, connue comme l'une des espèces les plus dangereuses parmi les plantes vénéneuses indigènes, croît dans toute l'Europe, ainsi qu'en Orient et en Sibérie; elle fleurit pendant tout l'été; on la trouve communément dans les décombres, au bord des chemins, dans les haies, les champs incultes, etc.

La Ciguë fraîche exhale une odeur nauséeuse; aucun animal, excepté les chèvres et les moutons, ne broute la plante. Il arrive quelquefois que ses feuilles sont mangées en guise de Cerfeuil ou de Persil : les résultats de ces méprises fatales sont des vomissements, des défaillances, des somnolences, et le délire; la mort s'ensuit rarement, à moins que la dose de Ciguë n'ait été très-forte ou que les secours n'aient pas été portés assez promptement. Le traitement le plus convenable pour combattre les effets de ce poison narcotique, consiste à provoquer des vomissements abondants, et à faire prendre ensuite des acides végétaux, tels que le vinaigre ou le suc de citron étendus d'eau. Le vin passe aussi, dans ces cas, pour un excellent antidote; telle était du moins, au rapport de Plutarque et de Pline, l'opinion accréditée chez les Grecs et les Romains.

Les anciens médecins employaient la Ciguë à l'extérieur, contre les rhumatismes et les maladies cancéreuses; plus récemment, le célèbre docteur Stœrk en a préconisé l'usage interne dans les cas semblables, et dans plusieurs autres maladies chroniques.

Genre ARRACACHA. — *Arracacha* Bancr.

Limbe calicinal oblitéré. Pétales 5, ovales, ou lancéolés, égaux, très-entiers, terminés en pointe infléchie. Disque gros, conique. Styles finalement recourbés. Péricarpe ovale-oblong, un peu comprimé bilatéralement. Coques 5-costées; côtes égales, carénées, non-crénelées : les latérales marginantes; bandelettes en nombre indéfini. Graines

adhérentes, subsemicylindriques, canaliculées antérieurement.

Herbes vivaces. Racine tubéreuse. Feuilles bipennées, ou pennées, ou pennatiparties : les inférieures pétiolées ; les supérieures sessiles sur leur gaîne. Ombelles terminales, ou terminales et oppositifoliées, pédonculées. Collerettes-générales nulles ou oligophylles. Collerettes-partielles triphylles. Fleurs polygames : les marginales hermaphrodites ; les autres mâles ou neutres.

Ce genre n'est fondé que sur deux espèces.

Arracacha comestible. — *Arracacha xanthorhiza* Bancroft, in Trans. Soc. Agricult. et Hort. Jam. — Berlin. Gartenb. Verhandl. 1828, p. 382. — *Arracacha esculenta* De Cand. Prodr. — Plant. Rar. Hort. Genev. 5, tab. 1. — Hook. in Bot. Mag. tab. 3092. — *Conium Arracacha* Hook. Exot. Flor. tab. 152. (excl. syn. Humb. et Bonpl.)

Racine composée de plusieurs tubercules longs de 8 à 9 pouces, sur 2 à 3 pouces de diamètre, subfusiformes, jaunâtres, ou rougeâtres, ou blanchâtres. Tige haute de 2 à 4 pieds, dressée, cylindrique, striée, glabre, rameuse, souvent rayée de pourpre. Feuilles glabres, d'un vert foncé : les radicales longues de 6 à 9 pouces, subovales en contour, pennées 5-foliolées ; folioles sessiles, ovales, acuminées, pennatifides : segments acuminés, incisés-dentés. Feuilles caulinaires pennatifides ou pennatiparties : les supérieures triparties. Ombelles subterminales, 5-8-radiées. Collerettes-générales nulles. Collerettes-partielles à folioles petites, sétacées. Ombellules et fleurs petites. Pétales ovales, dressés, d'un pourpre brunâtre.

Cette plante est très-fréquemment cultivée dans la province de Santa-Fé de Bogota, où on la connaît sous le nom d'Arracacha. Les tubercules de sa racine constituent l'un des mets journaliers pour les habitants de ces contrées. Ces tubercules ont une saveur très-agréable, et on les considère comme un aliment très-sain, même pour les malades et les convalescents ; on en prépare aussi une fécule très-recherchée pour les pâtisseries et beaucoup d'autres mets.

Tous les essais tentés jusqu'aujourd'hui pour naturaliser l'Arracacha en Europe ont été infructueux. Pourtant la plante n'exige rien moins qu'un climat tropical, car, dans sa patrie, elle ne prospère que sur les plateaux très-élevés, et dont la température moyenne est d'environ + 12° R. Il lui faut un terrain fertile et profond, pour favoriser le développement de ses grosses racines pivotantes. On la propage d'éclats de racine, munis d'un œil ou bourgeon; trois ou quatre mois suffisent pour la production d'une récolte; toutefois les tubercules deviennent plus gros lorsqu'on les laisse croître pendant six mois; mais un plus long séjour sous terre finirait par détériorer leur saveur.

Genre ACHE. — *Apium* Linn.

Limbe calicinal oblitéré. Pétales 5, égaux, arrondis, indivisés, enroulés ou infléchis au sommet. Disque conique ou presque plane. Styles courts, recourbés. Péricarpe ovoïde ou suborbiculaire, didyme, ou subdidyme, comprimé bilatéralement, solide; coques 5-costées; côtes égales, filiformes : les latérales marginantes; vallécules à une seule bandelette, ou rarement à 2 ou 3 bandelettes. Carpophore indivisé ou biparti, finalement libre. Graines adhérentes, à dos très-convexe; commissure plane.

Herbes annuelles, ou bisannuelles, ou vivaces. Feuilles pennées, ou décomposées, ou palmatiparties : les inférieures longuement pétiolées; les supérieures sessiles sur la gaîne. Ombelles oppositifoliées et terminales, ou axillaires et terminales, pédonculées, ou subsessiles, quelquefois dépourvues de collerette-générale ainsi que de collerettes-partielles. Fleurs blanches, ou jaunâtres, ou verdâtres, petites. Commissure à 2 bandelettes filiformes de même que celles des vallécules.

Ce genre, dans lequel nous comprenons les *Petroselinum* des auteurs, renferme environ 10 espèces.

Section I. APIUM Hoffm. Koch.

Pétales terminés en pointe enroulée. Péricarpe réniforme-didyme. Carpophore indivisé. Ombelles sessiles ou subsessiles, axillaires et terminales, dépourvues de collerette-générale de même que de collerettes-partielles. Feuilles inférieures 3-7-foliolées, pennées. Feuilles supérieures digitées ou palmatiparties.

Ache Céleri. — *Apium graveolens* Linn. — Engl. Bot. tab. 1210. — Flor. Dan. tab. 790. — Blackw. Herb. tab. 443. — Schk. Handb. tab. 78. — Hayn. Arzn. Gew. 7, tab. 24. — *Apium Celleri* Gærtn. Fruct. 1, tab. 22. — *Apium dulce*, *Apium rapaceum*, et *Apium lusitanicum* Mill. Dict. — *Seseli graveolens* Scopol. — *Sium Apium* Roth. — *Apium fractophyllum* Horn.

Herbe bisannuelle, glabre, haute de 1 pied à 2 pieds. Racine fusiforme ou subglobuleuse. Tige dressée ou décombante, très-rameuse, fistuleuse, sillonnée. Rameaux subdichotomes ou paniculés, divariqués, ou divergents : les supérieurs en général verticillés. Feuilles luisantes, d'un vert clair ou foncé ; les radicales atteignant jusqu'à 2 pieds de long (dans les variétés cultivées) ; les supérieures en général opposées ou verticillées. Gaînes étroites, foliacées, membraneuses aux bords. Folioles sessiles ou pétiolulées, cunéiformes, ou cunéiformes-rhomboïdales, le plus souvent fendues en 3 lobes incisés-dentés. Feuilles ramulaires le plus souvent triparties, à segments lancéolés, ou lancéolés-oblongs, dentés, ou très-entiers. Ombelles larges de quelques lignes à 2 pouces, planes, lâches, 5-12-radiées. Rayons plus ou moins divariqués, filiformes, très-anisomètres. Ombellules très-petites, assez denses. Pédicelles courts, inégaux, presque capillaires. Fleurs très-petites, blanches. Péricarpe long de 1/2 ligne, brunâtre, à côtes blanchâtres ; coques subhémisphériques.

Cette espèce, connue sous les noms vulgaires d'*Ache* ou *Céleri*, croît spontanément en Europe au bord des ruisseaux et des fossés, ainsi que dans les prairies marécageuses, et surtout au voisinage de la mer. Elle fleurit en été.

Tout le monde connaît l'emploi alimentaire du Céleri cultivé; toutefois la plante sauvage passe pour être vénéneuse.

Le Céleri cultivé offre deux variétés principales :

1° Le *Céleri ordinaire*, dont la racine n'acquiert que peu de volume; on en mange les pétioles étiolés, ou, comme disent les jardiniers, *blanchis*; on en possède des sous-variétés à *feuilles roses*, à *feuilles violettes*, et à *feuilles crépues*. L'étiolement des pétioles s'obtient par le buttage.

2° Le *Céleri-rave*, dont la partie la plus recherchée consiste dans la racine, qui acquiert le volume d'un Navet.

SECTION II. PETROSELINUM Hoffm. Koch.

Pétales terminés en languette infléchie. Disque conique. Péricarpe ovale. Carpophore biparti. Ombelles oppositifoliées (ou dichotoméaires) et terminales, longuement pédonculées, accompagnées de collerettes-partielles ainsi que d'une collerette-générale. Feuilles inférieures tripennées ou bipennées. Feuilles supérieures pennées ou pennatiparties.

ACHE PERSIL. — *Apium Petroselinum* Linn. — Blackw. Herb. tab. 172. — Hayn. Arzn. 7, tab. 23. — *Petroselinum sativum* Hoffm. Koch. — *Apium vulgare* Lamk. Flor. Franç.

— β : A FEUILLES CRÉPUES. — *Apium crispum* Mill. Dict. (Variété de culture, à folioles plus ou moins crépues.)

— γ : A LARGES FEUILLES. — *Apium latifolium* Mill. Dict. (Variété de culture, à folioles plus larges.)

Plante haute de 1 pied à 2 pieds, glabre, bisannuelle, en général pluricaule. Racine blanchâtre, subfusiforme, rameuse. Tiges dressées, cylindriques, fistuleuses, finement cannelées, grêles, feuillées, rameuses (en général dès la base). Rameaux dressés ou presque dressés, effilés, le plus souvent bifurqués au sommet et indivisés inférieurement : les supérieurs opposés ou verticillés. Feuilles inférieures triangulaires ou ovales-triangulaires en contour, longues de 4 à 12 pouces ; folioles luisantes, d'un vert foncé, longues de $^1/_2$ pouce à 1 pouce, sessiles, ou pétiolulées, ovales, ou rhomboïdales, ou cunéiformes, incisées-dentées, souvent trifides ou presque triparties : dents mucronées. Feuilles supérieures à folioles ou à segments lancéolés ou sublinéaires, pointus, étroits, allongés. Ombelles larges de $^1/_2$ pouce à 3 pouces, lâches, planes, 10-20-radiées. Pédoncule long de 2 pouces à 6 pouces, grêle, cannelé, dressé. Rayons dressés ou plus ou moins divergents, filiformes, subisomètres. Collerette-générale 1-7-phylle : folioles linéaires ou subulées, plus courtes que les rayons. Ombellules petites, lâches, 10-20-flores. Collerettes-partielles 6-12-phylles : folioles étalées ou apprimées, subulées, plus courtes que les pédicelles. Pédicelles capillaires, anisomètres, plus longs que le péricarpe. Fleurs petites, d'un jaune verdâtre. Calice 5-denticulé. Péricarpe long de 1 ligne, d'un brun cendré : côtes blanchâtres.

Cette espèce, nommée vulgairement *Persil*, est indigène dans l'Europe méridionale, et se cultive fréquemment comme plante potagère. La racine de Persil est diurétique et apéritive ; on en possède aussi une variété plus grosse, qui sert aux mêmes usages que le *Céleri-rave*. Les graines sont carminatives et stomachiques.

Genre AMMI. — *Ammi* (Tourn.) Koch.

Limbe calicinal oblitéré. Pétales 5, un peu connivents, irrégulièrement obcordiformes, terminés en languette infléchie. Disque convexe, à bord crénelé. Styles courts, finalement réfléchis. Péricarpe ovale-oblong, solide, comprimé bilatéralement. Coques 5-costées ; côtes égales, filiformes, les latérales marginantes ; une seule bandelette dans chaque vallécule. Carpophore finalement libre, biparti. Graines adhérentes, planes antérieurement, très-convexes au dos.

Herbes annuelles ou bisannuelles. Feuilles bipennées ou

multiparties : les inférieures pétiolées ; les supérieures sessiles sur la gaîne. Ombelles terminales et oppositifoliées, multiradiées, pédonculées. Collerettes-générales polyphylles, à folioles pennatiparties ou triparties. Collerettes-partielles polyphylles. Fleurs blanches, les marginales souvent plus grandes que les intérieures. Pétales à 2 lobes très-anisomètres.

Ce genre se compose de 6 ou 7 espèces, la plupart indigènes dans l'Europe méridionale.

A. *Folioles et lanières bordées de dentelures cartilagineuses. Ombelles fructifères non-contractées, à rayons filiformes.*

Ammi commun. — *Ammi vulgare* Spach.

— α : A lobes larges (*latilobum*). — *Ammi majus* Linn. — Lobel. Ic. tab. 721, fig. 1. — Sibth. et Smith, Flor. Græc. tab. 273. — Schk. Handb. tab. 61. — Lamk. Ill. tab. 193. — *Ammi vulgare* Blackw. Herb. tab. 447. — *Apium Ammi* Crantz. — *Ammi cicutæfolium* Willd. — *Ammi Bœberi* Hoffm. — Folioles des feuilles inférieures ovales, ou ovales-lancéolées, ou oblongues, ou sublancéolées, ou oblongues-obovales.

— β : A lobes étroits (*angustilobum*). — *Ammi glaucifolium* Linn. — Folioles toutes sublinéaires ou lancéolées-linéaires.

Plante bisannuelle, glabre, haute de 1 pied à 3 pieds. Racine pivotante, grêle, rameuse, blanchâtre. Tige dressée ou ascendante, cylindrique, cannelée, flexueuse, feuillée, rameuse dès la base. Rameaux un peu divergents, en général paniculés. Feuilles fermes, d'un vert gai : les inférieures longues de 4 à 15 pouces, tantôt bipennées, tantôt subbiternées ; les supérieures en général subbiternées ou ternées. Folioles sessiles, ou pétiolulées, décurrentes, ou non-décurrentes, obtuses, ou pointues, ou acuminées : celles des feuilles inférieures de forme et de grandeur très-variables ; celles des feuilles supérieures en général étroites, petites et lancéolées-linéaires ou sublinéaires; dentelures petites, ou plus ou moins profondes, contiguës, mucronées, cartilagineuses aux bords. Gaîne subcoriace, légèrement membraneuse aux bords : celle des feuilles supérieures étroite. Ombelles larges de 1 pouce à 4 pouces, lâches, un peu concaves. Pédoncule grêle, raide, dressé, cannelé, long de 2 à 8 pouces. Collerettes-générales tantôt presque aussi longues que les rayons, tantôt plus courtes; folioles profondément trifides : lanières linéaires-filiformes, divariquées. Rayons filiformes, scabres, plus ou moins divergents; les extérieurs plus longs que les intérieurs. Ombellules multiflores, assez denses. Collerettes-partielles à peine débordées par les fleurs : folioles linéaires, subulées au sommet, membraneuses aux bords. Pédicelles capillaires, très-anisomètres, connivents après la floraison : les extérieurs 2 à 4 fois plus longs que le péricarpe; les intérieurs très-courts. Péricarpe brunâtre, long d'environ 1 ligne.

Cette plante, connue sous le nom d'*Ammi*, est commune dans l'Europe méridionale, parmi les moissons, ainsi que dans d'autres localités sèches et découvertes; elle fleurit en été. Ses graines sont aromatiques : on les emploie parfois comme stomachiques, carminatives, diurétiques et emménagogues.

B. *Folioles toutes déchiquetées en lanières linéaires, non-dentées, très-étroites. Ombelles fructifères contractées : rayons raides, assez gros.*

Ammi Visnage. — *Ammi Visnaga* Lamk. Dict. — *Daucus Visnaga* Linn. — Jacq. Hort. Vindob. 3, tab. 26. — *Visnaga daucoides* Gærtn. Fruct. 1, tab. 21.

Plante annuelle, glabre, haute de 1/2 pied à 2 pieds. Racine grêle, blanchâtre, pivotante, peu rameuse. Tige simple ou rameuse, dressée, plus ou moins flexueuse, raide, cylindrique, finement striée ou cannelée, feuillue, blanchâtre. Rameaux simples ou rarement paniculés, plus ou moins divergents. Feuilles d'un vert gai, un peu molles : les inférieures oblongues ou ovales-oblongues en contour, tripennées, ou surdécomposées; les supérieures pédalées, à folioles multiparties. Folioles et segments divariqués, mucronés. Ombelles larges de 1 pouce à 4 pouces, assez denses, concaves. Collerettes-générales presque aussi longues que les rayons, ou plus courtes : folioles 3-fides ou pennatiparties, à segments linéaires-filiformes, mucronés. Ombellules petites, denses, multiflores. Collerettes-partielles un peu débordantes : folioles sétacées, subulées au sommet. Pédicelles inégaux, connivents après la floraison, plus longs que le péricarpe. Péricarpe minime, brunâtre.

Cette espèce, nommée vulgairement *Herbe aux cure-dents, Cure-dent d'Espagne,* ou *Fenouil annuel*, est commune dans l'Europe méridionale. Les rayons ou ramules de ses ombelles, qui deviennent très-raides après la floraison, s'emploient comme cure-dents, en Espagne et dans la France méridionale.

Genre CICUTAIRE. — *Cicuta* (Linn.) Hoffm.

Limbe calicinal 5-denté. Pétales 5, égaux, terminés en languette infléchie. Disque plane, à bord crénelé. Styles recourbés. Péricarpe didyme, suborbiculaire, comprimé bilatéralement, solide, couronné. Coques 5-costées; côtes larges, presque planes, épaisses, contiguës : les latérales marginantes, un peu plus larges; vallécules très-étroites, remplies chacune par une bandelette superficielle. Carpophore finalement libre, biparti. Graines adhérentes, subcylindriques.

Herbes vivaces. Racine tubéreuse ou fasciculée. Tige cylindrique, fistuleuse. Feuilles pennées-décomposées : les inférieures pétiolées; les supérieures sessiles sur leur gaîne. Ombelles oppositifoliées et terminales, pédonculées. Collerettes-générales nulles ou oligophylles. Collerettes-partielles polyphylles. Fleurs petites, blanches. Commissure des coques à 2 bandelettes.

Ce genre ne se compose que de 3 espèces, dont la suivante seule est indigène d'Europe.

CICUTAIRE VIREUSE. — *Cicuta virosa* Linn. — Flor. Dan. tab

208. — Bull. Herb. tab. 31. — Jaume Saint-Hil. Flore et Pom. Franç. tab. 235. — Hayn. Arzn. Gew. 1, tab. 37. — Nees, Off. Pflanz. 12, tab. 8. — Schk. Handb. tab. 71. — *Cicuta tenuifolia* Schrank, in Act. Acad. Monac. Philos. v. 7, p. 56, tab. 4, fig. 1. — *Cicuta angustifolia* Kit. in Schult. OEstr. Flor. (1) — *Cicutaria aquatica* Lamk. Enc. — *Coriandrum Cicuta* Roth. — *Sium Cicuta* Vest.

Plante atteignant jusqu'à 4 pieds de haut, glabre. Rhizome gros, tronqué, creux, septulé transversalement, blanchâtre, garni vers son extrémité d'une touffe de longues racines subverticillées, charnues, grêles, cylindriques, jaunâtres, ou blanchâtres, fibrilleuses inférieurement. Tige dressée, finement cannelée, grêle, épaissie et radicante vers la base, rameuse supérieurement, feuillée, un peu flexueuse. Rameaux simples ou presque simples, effilés, presque nus, ou médiocrement feuillés, plus ou moins divergents. Feuilles grandes, bipennées, ou tripennées : les inférieures longues de 1 pied à 2 pieds. Pétiole cylindrique, fistuleux. Gaîne membraneuse aux bords, chartacée : celle des feuilles supérieures étroite, bi-auriculée au sommet, un peu ventrue. Folioles longues de 6 lignes à 3 pouces, minces, un peu flasques, d'un vert foncé en dessus, d'un vert glauque en dessous, sessiles ou pétiolulées, bi-ou tri-parties, quelquefois décurrentes : segments lancéolés, ou lancéolés-linéaires, ou sublinéaires, pointus, dentelés, ou incisés-dentelés, larges de 1 ligne à 6 lignes ; dents ou dentelures pointues, terminées en mucron blanchâtre et subcartilagineux. Ombelles larges de 1 pouce à 4 pouces, 10-30-radiées, très-convexes, un peu lâches. Pédoncule raide, dressé, long de 1 pouce à 3 pouces. Rayons grêles, un peu divergents. Collerettes-générales nulles ou 1-2-phylles. Ombellules multiflores, convexes, assez denses. Collerettes-partielles à folioles sétacées, plus courtes que les pédicelles, finalement réfléchies. Pédicelles longs de 2 à 4 lignes, capillaires, plus ou moins divergents. Péricarpe large d'environ 1

(1) Variété naine, à folioles ou segments linéaires, très-étroits.

ligne, subréniforme, d'un brun jaunâtre : bandelettes d'un brun roux.

Cette espèce, nommée vulgairement *Ciguë aquatique*, habite toute l'Europe (surtout le nord) ainsi que la Sibérie. Elle croît dans les ruisseaux, les étangs et autres eaux stagnantes, ainsi que dans les prairies marécageuses. Sa floraison a lieu en juillet et août. Toutes ses parties, mais surtout la racine et les jeunes pousses, contiennent un suc-propre très-vénéneux. La racine de la plante, ayant quelque ressemblance avec celle du Céleri ou de la Carotte, a été mangée quelquefois par imprudence, et a causé des empoisonnements mortels, dont les symptômes sont analogues à ceux que produisent la Ciguë commune, la petite Ciguë (*Æthusa Cynapium*) et l'*Œnanthe crocata;* aussi doit-on chercher à y remédier par les mêmes médicaments. En Russie, la racine de la Cicutaire s'emploie, en cataplasmes, contre les douleurs rhumatismales, et contre plusieurs maladies de la peau.

Genre SISON. — *Sison* (Linn.) Koch.

Limbe calicinal oblitéré. Pétales 5, égaux, obcordiformes, terminés en languette infléchie. Disque convexe. Styles très-courts, finalement réfléchis. Péricarpe solide, ovoïde, comprimé bilatéralement. Coques 5-costées : côtes égales, filiformes, les latérales marginantes. Bandelettes claviformes (épaissies inférieurement), courtes, solitaires dans chaque vallécule. Carpophore finalement libre. Graines adhérentes, planes antérieurement, convexes au dos.

Herbe bisannuelle. Feuilles pennées : les inférieures pétiolées; les supérieures sessiles sur la gaîne. Ombelles oppositifoliées (ou axillaires) et terminales, pédonculées, pauci-radiées. Collerettes oligophylles. Fleurs blanches.

Dans ses limites actuelles, ce genre n'est fondé que sur l'espèce dont nous allons faire mention.

Sison aromatique. — *Sison Amomum* Linn. — Jacq. Hort. Vindob. 3, tab. 18. — Engl. Bot. tab. 954. — Schk. Handb.

tab. 65. — *Sium Amomum* De Cand. Flor. Franç. — *Sium aromaticum* Lamk. Enc. — *Seseli Amomum* Scopol. — *Cicuta Amomum* Crantz. — *Smyrnium heterophyllum* Mœnch.

Plante glabre, haute de 1 pied à 3 pieds. Racine pivotante, rameuse, blanchâtre. Tige dressée, grêle, cylindrique, finement striée, flexueuse, feuillue, rameuse dès la base. Rameaux grêles, plus ou moins divergents, paniculés. Ramules subaphylles, en général dichotomes et divariqués. Feuilles d'un vert gai : les inférieures 5-9-foliolées, oblongues en contour, longues de 3 à 8 pouces ; les supérieures 3-ou 5-foliolées, courtes, triangulaires en contour. Pétiole trièdre, grêle, plein, profondément canaliculé en dessus. Gaîne subfoliacée, légèrement membraneuse aux bords : celle des feuilles supérieures courte et étroite. Folioles des feuilles inférieures longues de 6 lignes à 2 pouces, sessiles, ou subsessiles, ovales, ou ovales-lancéolées, ou oblongues, ou oblongues-lancéolées, ou sublancéolées, pointues, ou obtuses, dentelées, ou incisées-dentelées, ou doublement crénelées, la terminale souvent trifide ; dents ou crénelures mucronées. Folioles des feuilles supérieures graduellement plus étroites, sessiles, pennatifides, ou pennatiparties, ou triparties ; segments des feuilles ramulaires en général linéaires. Ombelles 3-7-radiées, très-lâches, petites. Pédoncule long de 6 à 30 lignes, subfiliforme. Collerettes 2-5-phylles : folioles très-courtes, linéaires-subulées. Rayons filiformes, très-anisomètres, subdivariqués. Ombellules minimes, lâches, 3-9-flores. Pédicelles anisomètres : les extérieurs aussi longs que le péricarpe ou plus longs ; les intérieurs plus courts. Péricarpe long à peine de 1 ligne, luisant, d'un brun noirâtre.

Cette plante croît dans les champs incultes et les haies, en France et surtout dans les contrées plus méridionales de l'Europe. Elle fleurit en été. On la nomme vulgairement *Amome* ou *Sison*. Ses graines s'emploient parfois comme carminatives, ou en guise d'épices.

Genre CARUM. — *Carum* (Linn.) Koch.

Limbe calicinal oblitéré. Pétales 5, égaux, échancrés, ou obcordiformes, terminés en languette infléchie. Disque convexe, déprimé et crénelé au bord. Styles courts, finalement recourbés. Péricarpe solide, oblong, comprimé bilatéralement; coques 5-costées : côtes égales, filiformes, les latérales marginantes; vallécules à 1-3 bandelettes. Graines adhérentes, planes antérieurement, très-convexes au dos. Carpophore finalement libre, bifide au sommet.

Herbes bisannuelles, ou vivaces, à racine tubéreuse. Feuilles pennées ou décomposées : les inférieures pétiolées; les supérieures sessiles sur leur gaîne. Folioles le plus souvent déchiquetées en lanières sublinéaires ou filiformes. Ombelles terminales, ou oppositifoliées et terminales, pédonculées; collerette-générale polyphylle, ou oligophylle, ou nulle. Fleurs blanches ou jaunes, petites. Coques à commissure plane, striée de 2 à 4 bandelettes.

Ce genre renferme une vingtaine d'espèces (en y comprenant les *Bunium* de MM. Koch et De Candolle), dont la plupart habitent les contrées voisines de la Méditerranée.

A. *Plante bisannuelle. Racine subfusiforme. Collerettes nulles ou oligophylles.*

Carum cultivé. — *Carum Carvi* Linn. — Flor. Dan. tab. 1091. — Engl. Bot. tab. 1503. — Hayn. Arzn. Gew. 7, tab. 19. — Schk. Handb. tab. 77. — Jacq. Flor. Austr. tab. 393.

Plante glabre, haute de 1 pied à 3 pieds. Racine assez grosse, blanchâtre, rameuse inférieurement. Tige dressée, un peu flexueuse, anguleuse, sillonnée, fistuleuse, feuillée, rameuse ordinairement dès la base. Rameaux dressés, paniculés. Feuilles oblongues en contour, bipennées : les inférieures longues de 5 à 10 pouces; les supérieures graduellement plus courtes, accompagnées de chaque côté d'une stipule multifide. Pétiole très-grêle, fistuleux, anguleux. Gaîne oblongue ou oblongue-lancéolée, foliacée, striée, membraneuse aux bords : celles des feuilles supérieures souvent bicuspidées au sommet. Folioles petites, d'un vert gai, sessiles, pennatiparties, suboblongues : celles des feuilles inférieures à segments courts, sublinéaires, mucronulés, bifides, ou dentés, ou très-entiers; celles des feuilles supérieures à segments plus allongés, linéaires-filiformes, très-entiers. Ombelles larges de ½ pouce à 2 pouces, 5-15-radiées, lâches, un peu concaves. Pédoncule grêle, dressé, long de 1 pouce à 4 pouces. Collerette-générale à folioles courtes, subulées, ou quelquefois à une feuille semblable aux feuilles ramulaires. Rayons filiformes, anisomètres, plus ou moins divergents. Ombellules concaves, assez denses, 10-20-flores. Collerettes-partielles à folioles courtes, subulées. Pédicelles filiformes, dressés, ou un peu divergents : les extérieurs 3 à 4 fois plus longs que le péricarpe; les autres à peine aussi longs que le péricarpe. Fleurs blanches. Pétales obcordiformes. Péricarpe long d'environ 2 lignes, large de 1 ligne, brun, à côtes rougeâtres; vallécules à une seule bandelette; commissure à 2 bandelettes.

Cette espèce, connue sous le nom vulgaire de *Carvi*, croît dans presque toute l'Europe, dans les prairies sèches; elle fleurit en mai et juin, ou une seconde fois, en automne. On la cultive en grand, dans plusieurs parties de l'Allemagne, où il se fait un usage très-fréquent de ses graines, pour l'assaisonnement du pain, des pâtisseries, et d'une foule d'aliments; d'ailleurs l'huile volatile que renferment ces graines a des propriétés carminatives très-marquées.

B. *Herbe vivace. Racine subglobuleuse. Collerettes polyphylles.*

Carum Noix-de-terre. — *Carum Bulbocastanum* Koch, Umb. — *Bunium Bulbocastanum* Linn. — Barrel. Ic. 44. — Flor. Dan. tab. 220. — Gærtn. Fruct. tab. 140. — Schk. Handb. tab. 62. — *Sium Bulbocastanum* Spreng. — *Scandix Bulbocastanum* Mœnch.

Plante très-glabre, haute de ½ pied à 2 pieds. Tubercule

brunâtre à l'extérieur, jaune à l'intérieur, atteignant le volume d'une noix. Tige dressée, cylindrique, fistuleuse, finement striée, grêle, rameuse, flexueuse. Rameaux plus ou moins divergents, presque nus. Feuilles bipennées (les supérieures simplement pennées, ou pennatiparties), subtriangulaires en contour : les radicales petites; les caulinaires inférieures longues de 2 à 4 pouces. Folioles petites, sessiles : celles des feuilles inférieures pennatiparties, à segments courts, mucronulés, sublinéaires; celles des feuilles supérieures linéaires-filiformes, en général très-entières. Ombelles larges de 1 pouce à 3 pouces, planes, lâches, 10-20-radiées, oppositifoliées et terminales. Pédoncule long de 2 à 6 pouces, grêle; rayons filiformes, subisomètres. Collerette-générale à folioles linéaires-subulées, beaucoup plus courtes que les rayons, membraneuses aux bords. Collerettes-partielles à folioles linéaires-lancéolées ou linéaires-subulées, plus courtes que les pédicelles. Ombellules presque planes, multiflores. Pédicelles anisomètres, dressés : les extérieurs plus longs que le péricarpe; les intérieurs à peine aussi longs que le péricarpe ou plus courts. Fleurs blanches. Pétales obcordiformes. Péricarpe long d'environ 2 lignes, large de 1 ligne, brun, à côtes jaunâtres; vallécules à une seule bandelette; commissure à 2 bandelettes.

Cette espèce est commune dans les champs et les prairies de l'Europe méridionale. Les tubercules, farineux et d'une saveur sucrée, peuvent servir d'aliment.

Genre ÆGOPODIUM. — *Ægopodium* Linn.

Ce genre ne diffère du précédent, dont il mérite à peine d'être séparé, que par l'absence totale des bandelettes. L'espèce que nous allons décrire est la seule qu'on puisse y rapporter avec certitude.

Ægopodium Podagraire.—*Ægopodium Podagraria* Linn. — Flor. Dan. tab. 670. — Engl. Bot. tab. 940. — Schk. Handb. tab. 79. — *Sison Podagraria* Spreng. — *Podagraria Ægopodium* Mœnch. — *Tragoselinum Angelica* Lamk. Flor.

Franç. — *Pimpinella angelicæfolia* Lamk. Enc. — *Ligusticum Podagraria* Crantz. — *Seseli Ægopodium* Scopol.

Herbe vivace, glabre, haute de 1 1/2 pied à 3 pieds. Racine grêle, rampante. Tiges solitaires, dressées, cylindriques, sillonnées, fistuleuses, rameuses vers leur sommet; rameaux grêles, presque nus, souvent opposés. Feuilles radicales et la plupart des feuilles caulinaires biternées : les inférieures pétiolées; les supérieures sessiles sur la gaîne, le plus souvent pennées 3-ou 5-foliolées. Folioles longues de 1 pouce à 4 pouces, larges de 1/2 pouce à 2 pouces, d'un vert foncé en dessus, d'un vert pâle en dessous, sessiles, ou pétiolulées, ovales, ou ovales-oblongues, ou ovales-lancéolées (les ramulaires en général lancéolées), acuminées, inégalement dentelées (dentelures triangulaires ou arrondies, mucronées, contiguës), cordiformes ou arrondies ou cunéiformes à la base : les latérales en général inéquilatérales; les terminales le plus souvent équilatérales. Pétiole grêle. Gaînes larges, subfoliacées, membraneuses aux bords, striées. Ombelles larges de 1 pouce à 3 pouces, lâches, planes, 12-20-radiées, pédonculées, oppositifoliées et terminales, dépourvues de collerette-générale ainsi que de collerettes-partielles. Pédoncule grêle, sillonné, long de 2 à 6 pouces. Rayons grêles, un peu divergents. Ombellules assez denses, multiflores. Pédicelles filiformes, anisomètres : les extérieurs plus longs que le péricarpe; les intérieurs à peine aussi longs ou plus courts que le péricarpe. Fleurs blanches ou rougeâtres. Limbe calicinal inapparent. Pétales obovales, échancrés, terminés en languette infléchie. Disque conique. Anthères pourpres avant l'anthèse. Styles longs, filiformes, réfléchis après la floraison. Péricarpe long de 1 ligne à 2 lignes, brunâtre, ovale-oblong, ou elliptique-oblong : côtes très-fines, jaunâtres; carpophore bifurqué au sommet.

Cette plante est commune en Europe, dans les haies et les buissons; elle fleurit en été. Son nom vulgaire de *Podagraire* est dû à ce qu'on lui attribuait jadis la propriété de guérir de la goutte. Les jeunes feuilles ont une saveur aromatique agréable; dans plusieurs contrées on les mange en guise de salade.

Genre PIMPINELLA. — *Pimpinella* Linn.

Limbe calicinal oblitéré. Pétales 5, égaux, obcordiformes, terminés en languette infléchie. Disque convexe, immarginé. Styles longs, filiformes, divergents, finalement recourbés. Stigmates capitellés. Péricarpe solide, ovoïde, comprimé bilatéralement. Coques 5-costées ; côtes égales, filiformes, minces : les latérales marginantes ; trois bandelettes dans chaque vallécule. Carpophore finalement libre, biparti. Graines adhérentes, très-convexes au dos, planes antérieurement.

Herbes vivaces, ou bisannuelles, ou annuelles. Feuilles pennées, ou bipennées (rarement les inférieures simples et indivisées) : les inférieures pétiolées ; les supérieures sessiles sur leur gaîne. Ombelles terminales, ou terminales et oppositifoliées, pédonculées. Collerettes nulles ou oligophylles et incomplètes. Fleurs blanches, ou rougeâtres, ou jaunes.

Ce genre renferme une vingtaine d'espèces ; la plupart habitent la région méditerranéenne.

A. *Plante vivace. Feuilles inférieures pennées. Péricarpe glabre.*

PIMPINELLA SAXIFRAGE. — *Pimpinella Saxifraga* Linn. — Engl. Bot. tab. 407. — Jacq. Flor. Austr. tab. 395. — Schk. Handb. tab. 78. — Hayn. Arzn. Gew. 7, tab. 20. — *Pimpinella nigra* Willd. (1) — *Pimpinella hircina* Mœnch (1). — *Pimpinella minor* Ehrh. — *Tragoselinum minus* Lamk. Flor. Franç. — *Tragoselinum Saxifragum* Mœnch, Meth.

Plante haute de 1/2 pied à 2 pieds, tantôt glabre, tantôt finement pubérule. Racine pivotante, rameuse, blanchâtre, souvent polycéphale. Tige dressée, cylindrique, finement cannelée,

(1) La plante plus ou moins pubérule.

grêle, flexueuse, paniculée, souvent presque nue. Rameaux plus ou moins divergents, le plus souvent simples et presque nus. Feuilles radicales longues de 3 à 12 pouces, 5-11-foliolées. Feuilles caulinaires supérieures et feuilles raméaires souvent réduites à la gaîne pétiolaire. Pétiole filiforme. Gaîne chartacée, brunâtre, membraneuse aux bords, étroite : celle des feuilles supérieures longue de 3 à 6 lignes. Folioles raides, d'un vert foncé en dessus, d'un vert pâle en dessous, sessiles (excepté quelquefois la terminale), ou courtement pétiolulées : celles des feuilles radicales longues de 3 à 12 lignes, ovales, ou obovales, ou suborbiculaires, ou cunéiformes, ou ovales-lancéolées, obtuses, ou pointues, tantôt crénelées, ou dentelées, ou incisées-dentées, tantôt trifides ou pennatifides; celles des feuilles caulinaires pennatiparties; segments linéaires ou lancéolés, pointus, tantôt très-entiers, tantôt dentés ou incisés-dentés. Ombelles larges de 4 à 15 lignes, 7-15-radiées, presque planes, lâches, avant la floraison inclinées ou nutantes. Pédoncule très-grêle, long de 6 à 30 lignes. Rayons filiformes, anisomètres, plus ou moins divergents. Ombellules petites, multiflores, un peu lâches. Pédicelles anisomètres, capillaires, un peu connivents après la floraison, en général plus longs que le péricarpe. Fleurs blanches. Péricarpe subdidyme, ovale, d'un brun noirâtre, luisant, long d'environ 1 ligne.

Cette espèce, nommée vulgairement *Petit Boucage*, *Bouquetine*, *Petit Persil de bouc*, *Petite Pimpinelle*, est commune dans toute l'Europe, ainsi qu'en Orient; elle croît de préférence dans les localités sèches et découvertes; sa floraison dure de juin en septembre. Toutes les parties de la plante sont légèrement aromatiques; la racine, les feuilles et les fruits s'emploient comme diurétiques et sudorifiques.

B. *Plante annuelle. Feuilles inférieures cordiformes-orbiculaires ou subréniformes, indivisées. Péricarpe pubérule.*

Pimpinella Anis. — *Pimpinella Anisum* Linn. — Blackw. Herb. tab. 374. — Lobel. Ic. 731. — Hayn. Arzn. Gew. 7, tab. 22. — Nees, Off. Pflanz. 12, tab. 17. — Jaume Saint-Hil. Flore et Pom. Franç. tab. 234. — *Anisum vulgare* Gærtn. Fruct. 1, tab. 23, fig. 1. — *Anisum officinale* Mœnch, Meth. — *Sison Anisum* Spreng. — *Tragium Anisum* Link, Enum.

Plante haute de 1 pied à 2 pieds, finement pubérule. Racine grêle, pivotante. Tige dressée, cylindrique, cannelée, rameuse (souvent dès la base). Rameaux dressés ou divergents, grêles, médiocrement feuillés, simples, ou bifurqués au sommet, ou paniculés : les supérieurs ordinairement opposés. Feuilles flasques, d'un vert gai : les radicales et les caulinaires inférieures petites, incisées-dentées; les suivantes pennées-5-foliolées ou 3-foliolées : folioles cunéiformes ou subrhomboïdales, incisées-dentées, ou pennatifides, ou à 3 lobes incisés-dentés (les folioles latérales sessiles ou subsessiles; la foliole terminale en général pétiolulée), longues de 6 lignes à 2 pouces. Feuilles caulinaires supérieures et feuilles raméaires trifoliolées ou triparties : folioles ou segments linéaires ou lancéolés-linéaires, étroits, acuminés, tantôt 2-ou3-partis, tantôt très-entiers ou subbifides. Pétiole très-grêle, anguleux. Gaîne étroite, membraneuse aux bords. Ombelles larges de 1/2 pouce à 2 pouces, 7-15-radiées, planes, la plupart terminales. Pédoncule long de 1 pouce à 2 pouces, grêle, raide, dressé. Collerette nulle ou à une seule foliole. Rayons filiformes, plus ou moins divergents. Ombellules lâches, 10-20-flores. Collerettes-partielles oligophylles : folioles courtes, subulées. Pédicelles capillaires, anisomètres : les fructifères plus ou moins divergents, 1 à 3 fois plus longs que le péricarpe. Fleurs blanches. Styles longs. Péricarpe long d'environ 1 ligne, incane, ovoïde.

Cette espèce, connue sous le nom d'*Anis*, est originaire d'Orient ou de l'Égypte, et assez fréquemment cultivée tant en France que dans les contrées plus méridionales. Toutes les parties de la plante, mais surtout les fruits, ont une saveur aromatique particulière, douceâtre et très agréable. Les fruits d'Anis sont éminemment stomachiques, carminatifs, diurétiques, et emménagogues; on en extrait, par la distillation, une huile essentielle dont les confiseurs et les liquoristes font un emploi non moins fréquent que des fruits en nature, et qui sert aussi à aromatiser ou à masquer la saveur désagréable de beaucoup de médicaments.

Genre SIUM. — *Sium* Linn.

Calice 5-denté. Pétales 5, égaux, obcordiformes, terminés en languette infléchie. Disque convexe, à bord crénelé. Styles finalement recourbés. Péricarpe oblong, ou elliptique, comprimé bilatéralement, solide; coques 5-costées : côtes filiformes, égales, les latérales marginantes; vallécules à 1 ou 3 bandelettes. Carpophore finalement libre. Graines adhérentes, planes antérieurement, convexes au dos.

Herbes (la plupart aquatiques) vivaces. Feuilles pennées, ou (dans une seule espèce) décomposées : les inférieures pétiolées; les supérieures sessiles sur leur gaîne. Ombelles terminales, ou oppositifoliées et terminales. Collerettes-générales et collerettes-partielles le plus souvent polyphylles. Fleurs blanches.

Ce genre renferme 7 ou 8 espèces bien reconnues; la plupart sont indigènes d'Europe.

SECTION I. SIUM Koch.

Feuilles pennées. Vallécules à 3 bandelettes superficielles.

SIUM CHERVI. — *Sium Sisarum* Linn. — Schk. Handb. tab. 69. — Lobel. Ic. tab. 710, fig. 1.

Plante glabre, haute de 2 à 3 pieds. Racine composée de tubercules fasciculés, oblongs, ou subfusiformes, longs de 5 à 7 pouces, de la grosseur d'un petit doigt. Tige dressée, rameuse, cannelée, anguleuse, feuillée. Rameaux plus ou moins divergents, paniculés, souvent dichotomes au sommet. Feuilles inférieures 7-13-foliolées ; feuilles supérieures

3-ou 5-foliolées. Folioles ovales-lancéolées, ou oblongues-lancéolées, ou linéaires-lancéolées (la terminale quelquefois ovale), ou lancéolées, pointues, ou acuminées, dentelées : les latérales sessiles, ou subsessiles; la terminale plus ou moins longuement pétiolulée; les plus grandes atteignant jusqu'à 6 pouces de long; dentelures pointues, contiguës, cartilagineuses aux bords. Gaîne membraneuse aux bords, oblongue, subfoliacée, souvent rougeâtre. Ombelles larges de 1/2 pouce à 2 pouces, 7-25-radiées, planes, un peu lâches. Pédoncule long de 1 pouce à 2 pouces, raide, grêle, dressé. Collerette-générale 5-7-phylle : folioles linéaires-lancéolées, ou linéaires-subulées, membraneuses aux bords, réfléchies, beaucoup plus courtes que les rayons. Rayons presque filiformes, plus ou moins divergents. Ombellules multiflores, assez denses. Collerettes-partielles 5-10-phylles : folioles linéaires-lancéolées, subulées au sommet, réfléchies, à peu près aussi longues que les pédicelles. Pédicelles capillaires, anisomètres : les extérieurs plus longs que le péricarpe; les intérieurs plus courts. Dents calicinales presque inapparentes. Péricarpe long d'environ 1 ligne, brunâtre, oblong, ou ellipsoïde; côtes minces, jaunâtres.

Cette plante, connue sous les noms de *Chervi* ou *Gyrole*, se cultive de temps immémorial comme potagère, en Europe ainsi que dans une grande partie de l'Asie. On la dit indigène de Chine et du Japon. C'est la racine, dont la saveur est sucrée et très-agréable, qui s'emploie aux usages alimentaires.

Genre MÉUM. — *Meum* Jacq.

Limbe calicinal oblitéré ou 5-denticulé. Pétales 5, égaux, lancéolés, ou lancéolés-elliptiques, acuminés aux 2 bouts, infléchis au sommet. Disque convexe, ondulé aux bords. Styles courts, finalement recourbés. Péricarpe oblong, solide, un peu comprimé bilatéralement. Coques semi-cylindriques, 5-costées : côtes égales, minces, saillantes, carénées, les latérales marginantes; vallécules à 3 ou 4 bandelettes. Carpophore après la déhiscence libre, biparti.

Graines adhérentes, convexes au dos, planes ou légèrement concaves antérieurement.

Herbes vivaces. Feuilles décomposées : les inférieures pétiolées; les supérieures sessiles sur leur gaîne. Ombelles terminales ou axillaires et terminales, longuement pédonculées. Collerettes-générales oligophylles ou nulles. Collerettes-partielles polyphylles. Fleurs blanches ou rougeâtres.

Ce genre n'est fondé que sur 3 espèces, toutes indigènes d'Europe.

Méum Fausse-Athamante. — *Meum athamanticum* Jacq. Flor. Austr. tab. 303. — *Athamanta Meum* Linn. — *Seseli Meum* Scopol. — *Ligusticum Meum* De Cand. Flor. Franç. — *Ligusticum capillaceum* Lamk. Flor. Franç.

Herbe très-glabre, haute de ½ pied à 2 pieds. Racine assez grosse, brunâtre, longue, pivotante; collet gros, fibreux. Tige dressée, grêle, flexueuse, cylindrique, cannelée, fistuleuse, en général médiocrement feuillée et simple ou peu rameuse. Rameaux grêles, dressés, simples, subaphylles. Feuilles molles, d'un vert gai, oblongues ou ovales-oblongues en contour, surdécomposées : les radicales longues de 4 à 12 pouces. Pétiole grêle, solide, ancipité, finement strié. Gaîne ovale ou oblongue, subcoriace, légèrement membraneuse aux bords. Folioles sessiles, courtes, très-rapprochées, déchiquetées en lanières capillaires divariquées. Ombelles larges de ½ pouce à 2 pouces, axillaires et terminales, 7-15-radiées, convexes, assez denses. Pédoncule long de 1 pouce à 8 pouces, raide, grêle, dressé, cannelé. Collerettes-générales tantôt nulles, tantôt 5-10-phylles : folioles linéaires-sétacées, beaucoup plus courtes que les rayons. Rayons grêles, anisomètres, plus ou moins divergents. Ombellules denses, multiflores, petites. Collerettes-partielles 3-8-phylles, souvent dimidiées : folioles lancéolées-sétacées, membraneuses aux bords, apprimées, plus courtes que les pédicelles extérieurs. Pédicelles inégaux, en général aussi longs ou plus longs que le péricarpe. Fleurs larges d'environ 1 ligne, d'un blanc jaunâtre. Dents calicinales minimes. Pétales lancéolés-elliptiques. Péricarpe long d'environ 3 lignes, d'un brun de Châtaigne, à côtes jaunâtres; commissure à 4 bandelettes.

Cette espèce croît dans les pâturages des Alpes, des Pyrénées et de beaucoup d'autres montagnes d'Europe. Elle fleurit en été. La racine et le fruit de la plante sont très-aromatiques; elles entraient jadis dans plusieurs compositions pharmaceutiques. Le feuillage élégant et léger du *Méum* le fait parfois cultiver dans les parterres.

SECTION II. **SÉSÉLINÉES.** — *Seselineæ* Tausch.

Péricarpe subcylindrique. Coques subsemi-cylindriques; commissure non-contractée.

Genre FENOUIL. — *Fœniculum* Adans.

Limbe calicinal oblitéré. Pétales 5, égaux, enroulés, terminés en languette tronquée. Disque convexe, crénelé au bord. Styles très-courts, recourbés. Péricarpe oblong, ou ovoïde, solide, subcylindrique. Coques 5-costées: côtes minces, saillantes, carénées; les latérales un peu plus larges, marginantes; une seule bandelette dans chaque vallécule. Carpophore finalement libre, biparti. Graines adhérentes, planes antérieurement, convexes au dos.

Herbe vivace. Feuilles décomposées ou surdécomposées: les inférieures pétiolées; les supérieures sessiles sur leur gaîne. Folioles déchiquetées en lanières très-étroites. Ombelles oppositifoliées et terminales, longuement pédonculées. Collerettes nulles ou oligophylles. Fleurs jaunes.

Le genre n'est fondé que sur l'espèce suivante :

FENOUIL COMMUN. — *Fœniculum vulgare* Gærtn. Fruct. 1, tab. 23. — *Anethum Fœniculum* Linn. — Mill. Ic. tab. 13. — Engl. Bot. tab. 1208. — Hayn. Arzn. Gew. 7, tab. 18. —

Fœniculum officinale Allion. — *Fœniculum dulce* Link, Enum. — *Ligusticum Fœniculum* Roth. — *Meum Fœniculum* Spreng. — *Anethum piperitum* Bertol. (1) — *Anethum dulce* De Cand. Cat. Hort. Monsp. (2) — *Fœniculum vulgare, Fœniculum dulce* et *Fœniculum piperitum* De Cand. Prodr.

Plante haute de 2 à 6 pieds, très-glabre et lisse sur toutes ses parties. Racine pivotante, rameuse, blanchâtre. Tige dressée, feuillue, cylindrique, ou quelquefois subancipitée à la base, finement striée, fistuleuse, rameuse en général presque dès la base. Jeunes pousses couvertes d'une poussière glauque. Rameaux dressés ou peu divergents, effilés, flexueux, paniculés, feuillés. Feuilles en contour oblongues, ou ovales, ou subtriangulaires : les inférieures grandes, surdécomposées, atteignant jusqu'à 2 pieds de long; les ramulaires souvent petites et simplement pennatiparties, ou même réduites à la gaîne pétiolaire. Pétiole cylindrique, ou un peu comprimé bilatéralement, fistuleux, grêle, finement strié. Gaîne striée, subcoriace, membraneuse aux bords, plus ou moins comprimée, couronnée d'une courte ligule arrondie ou échancrée; la gaîne des inférieures large; celle des feuilles supérieures étroite, souvent plus longue que le limbe de la feuille. Folioles d'un vert gai, ou glauques, sessiles, tantôt flasques, tantôt plus ou moins raides, de grandeur très-variable; lanières plus ou moins divariquées, capillaires, ou filiformes, ou linéaires-sétacées, canaliculées en dessus, mucronées, tantôt plus ou moins allongées, tantôt presque dentiformes, quelquefois subdistiques. Ombelles larges de $^1/_2$ pouce à 6 pouces, 5-40-radiées, planes ou un peu concaves, lâches, ou plus ou moins denses. Pédoncule long de 2 à 6 pouces, cylindrique, fistuleux, strié, grêle, dressé. Rayons subfiliformes, plus ou moins divergents. Ombellules pauci-ou multi-flores, un peu lâches. Pédicelles capillaires ou filiformes, anisomètres, en général (du

(1) La plante sauvage, à folioles plus raides et plus courtes, et à ombelles plus petites.

(2) Variété de culture, sans caractères scientifiques.

moins les extérieurs) plus longs que le péricarpe. Péricarpe long de 2 à 3 lignes, oblong, ou elliptique-oblong, ou ovoïde, d'un brun violet, ou grisâtre : côtes jaunâtres; commissure à 2 bandelettes.

Le *Fenouil* croît spontanément dans l'Europe méridionale, ainsi qu'en Orient et dans le nord de l'Afrique. Il fleurit en été. On le cultive fréquemment à cause de son emploi en médecine et dans l'économie domestique.

Toutes les parties vertes de la plante ont une saveur sucrée et légèrement aromatique. On en mange les jeunes pousses soit en salade, soit confites au vinaigre, soit cuites. La racine du Fenouil est aussi d'une saveur sucrée, et possède des propriétés diurétiques très-prononcées; en Italie, cette racine est un aliment très-recherché, et l'on y cultive une variété de la plante, à racine plus grosse et plus tendre, destinée spécialement à cet usage. Les fruits du Fenouil ont une saveur aromatique très-forte, mais non-désagréable; ils s'emploient en médecine comme stomachiques, sudorifiques, diurétiques, et apéritifs; les confiseurs et les liquoristes les font entrer dans diverses préparations.

Genre ÉNANTHE. — *OEnanthe* Linn.

Calice à 5 dents très-apparentes. Pétales 5, terminés en languette infléchie : ceux des fleurs marginales inégaux, plus grands, obcordiformes-bilobés; ceux des autres fleurs égaux, plus petits, obcordiformes. Disque plane ou convexe. Styles dressés ou à peine divergents, longs. Péricarpe columnaire, ou turbiné, ou ovoïde, cylindrique, ou un peu comprimé, solide, couronné; coques 5-costées : côtes planes, subéreuses (quelquefois confluentes), les latérales plus larges, marginantes; une bandelette dans chaque vallécule; deux bandelettes sur la commissure. Carpophore adné. Graines adhérentes, subcylindriques, ou planes antérieurement et convexes au dos.

Herbes (souvent aquatiques) vivaces, ou bisannuelles.

Feuilles pennées, ou décomposées, ou surdécomposées : les inférieures pétiolées; les supérieures sessiles sur leur gaîne. Ombelles terminales, ou terminales et oppositifoliées. Collerette-générale nulle, ou oligophylle, ou polyphylle. Collerettes-partielles polyphylles. Fleurs blanches, souvent polygames (en général les marginales mâles, irrégulières, plus grandes, plus longuement pédonculées; les autres régulières, hermaphrodites).

Ce genre renferme une quinzaine d'espèces; la plupart sont indigènes en Europe; plusieurs sont vénéneuses.

A. *Racine fasciculée, souvent tuberculeuse. Feuilles inférieures bipennées ou rarement tripennées ; les supérieures bipennées ou pennées. Ombelles longuement pédonculées. Fleurs intérieures sessiles. Péricarpes de chaque ombellule agrégés en forme de capitule.*

a) *Tige, rameaux, pétioles et pédoncules fistuleux, cylindriques, flasques, minces, très-finement striés. Ombelles 2-7-radiées. Coques à bandelettes situées sous les côtes. Feuilles la plupart longuement pétiolées.*

Œnanthe fistuleux. — *OEnanthe fistulosa* Linn. — Engl. Bot. tab. 363. — Schk. Handb. tab. 70. — Flor. Dan. tab. 846.

Plante vivace, succulente, glabre, d'un vert glauque, haute de 1 pied à 3 pieds, en général aquatique et stolonifère. Racine composée de fibres filiformes, entremêlées (lorsque la plante croît dans des localités non-submergées) de quelques tubercules ovoïdes ou napiformes. Tige dressée ou ascendante, flexueuse, feuillée, rameuse dès la base, ou stolonifère aux articulations inférieures. Rameaux simples ou moins souvent paniculés, à entrenœuds très-longs. Feuilles radicales et premières feuilles caulinaires petites, bi- ou tri-pennées : folioles courtes, cunéiformes-trifides. Feuilles suivantes en général plus grandes, bipennées : folioles sessiles, inégales, oblongues, ou elliptiques-oblongues, ou linéaires-oblongues, ou lancéolées-oblongues, subobtuses, longues de 1 ligne à 3 lignes, sessiles, le plus souvent très-entières. Feuilles supérieures simplement pennées, courtes, mais portées sur une longue gaîne, 3-7-foliolées : folioles linéaires, mucronulées, fistuleuses, longues de 3 à 6 lignes. Gaîne étroite, foliacée, légèrement membraneuse aux bords. Ombelles larges de 1/2 pouce à 1 pouce, la plupart terminales, quelquefois composées entièrement de fleurs mâles. Pédoncule assez gros, long de 2 à 4 pouces. Collerette-générale nulle. Rayons courts, tantôt subisomètres, tantôt très-inégaux (l'ombellule centrale quelquefois subsessile). Ombellules denses, multiflores, subglobuleuses; collerettes-partielles polyphylles : folioles lancéolées, acuminées, courtes. Pédicelles inégaux : la plupart très-courts; les fructifères connivents. Dents-calicinales triangulaires, subulées au sommet. Pétales des fleurs mâles longs d'environ 1 ligne. Capitules fructifères subglobuleux. Styles subulés, finalement aussi longs que le péricarpe ou plus longs. Péricarpe long de 1 1/2 ligne à 3 lignes, brunâtre, turbiné, irrégulièrement comprimé ou anguleux.

Cette espèce est commune dans presque toute l'Europe; elle croît dans les prairies marécageuses, ainsi qu'au bord des eaux stagnantes. C'est une plante suspecte, qu'on dit être fort dangereuse au bétail.

b) *Tige, rameaux, pétioles et pédoncules fermes, subfistuleux, anguleux, cannelés. Ombelles 9- ou pluri-radiées. Coques à bandelettes superficielles. Feuilles caulinaires la plupart sessiles sur leur gaîne.*

ÉNANTHE FAUSSE-PIMPRENELLE. — *OEnanthe pimpinelloides* Linn. (non Smith.) — Jacq. Flor. Austr. tab. 394. — Engl. Bot. tab. 347. — *OEnanthe chærophylloides* Pourr.

Feuilles inférieures bipennées : folioles cunéiformes, en général trifides ou incisées-dentées. Feuilles supérieures pennées : folioles linéaires ou lancéolées-linéaires, allongées, en général indivisées. Ombelles 9-20-radiées. Collerettes-générales 1-12-phylles. Capitules fructifères subhémisphériques. Styles finalement aussi longs que le péricarpe. Péricarpe columnaire, cylindrique.

Plante vivace, glabre, terrestre, haute de 1 pied à 3 pieds. Racine composée d'un fascicule de fibres grêles, renflées la plupart vers leur extrémité (ou rarement presque dès l'origine) en forme de tubercule tantôt ovoïde, tantôt globuleux, tantôt napiforme, blanchâtre et farineux en dedans, noirâtre à l'extérieur. Tige dressée, rameuse, feuillée, un peu flexueuse, presque remplie de moelle. Rameaux simples ou paniculés, dressés. Feuilles suboblongues en contour, minces, succulentes, d'un vert foncé : les inférieures longues de 3 pouces à 1 pied. Gaîne foliacée, étroite, légèrement membraneuse aux bords. Folioles sessiles ou subsessiles, de forme et de grandeur très-variables : celles des feuilles inférieures longues de 2 à 6 lignes; celles des feuilles supérieures atteignant jusqu'à 6 pouces de long, mais rarement 1 ligne de large. Ombelles larges de 1 pouce à 3 pouces, assez denses, convexes, la plupart terminales. Pédoncule long de 2 à 6 pouces, finalement épaissi en forme de disque au sommet. Collerettes-générales étalées ou réfléchies, plus courtes que les rayons : folioles sétacées ou linéaires-subulées. Rayons longs de 6 à 18 lignes, subisomètres, grêles : les fructifères connivents, disciformes au sommet. Ombellules denses, multiflores, convexes. Collerettes-partielles polyphylles : folioles sétacées, à peine débordées par les fleurs. Pédicelles très-inégaux; les intérieurs très-courts. Dents calicinales triangulaires-lancéolées, piquantes. Pétales des fleurs mâles longs de 1 ligne à 2 lignes. Péricarpe long de 1 ligne à 2 lignes, jaunâtre; côtes confluentes à la base : les dorsales très-étroites.

Cette espèce croît dans les prairies humides de l'Europe méridionale. On la cultive dans plusieurs contrées de France, à cause de ses tubercules, lesquels sont mangeables et d'une saveur sucrée; toutefois, il n'est pas certain que la plante, à l'état sauvage, ne soit pas vénéneuse de même que l'espèce suivante.

Énanthe a suc jaune. — *Œnanthe crocata* Linn. — Bull. Herb. tab. 113. — Lobel. Ic. tab. 730. — Engl. Bot. tab. 2313.

— Jacq. Hort. Vindob. 3, tab. 55.—*OEnanthe apiifolia* Brotero, Phyt. Lusit.

Feuilles toutes bipennées ou subtripennées : folioles rhomboïdales, ou cunéiformes, ou sublancéolées, incisées-lobées, ou incisées-dentées, ou trifides. Ombelles 9-30-radiées. Collerettes-générales nulles, ou 1-12-phylles. Capitules fructifères subovoïdes. Péricarpe oblong, un peu comprimé, courtement denticulé, de moitié plus long que les styles.

Plante glabre, vivace, haute de 2 à 5 pieds, le plus souvent aquatique. Racine composée d'un fascicule de tubercules ovoïdes, ou oblongs, ou subfusiformes, subsessiles, ou sessiles. Tige dressée, flexueuse, rameuse, feuillée, finalement fistuleuse. Rameaux simples ou paniculés, plus ou moins divergents. Feuilles luisantes, succulentes, d'un vert foncé : les inférieures longues de 1 pied à 2 pieds, subtriangulaires en contour; les supérieures ovales-oblongues ou oblongues en contour. Pétiole fistuleux, anguleux. Gaîne assez large, un peu charnue, légèrement membraneuse aux bords : celle des feuilles supérieures courte. Folioles longues de 2 à 15 lignes, souvent aussi larges que longues, quelquefois beaucoup moins larges : dents ou lanières arrondies ou pointues, mucronées. Ombelles larges de 1 pouce à 4 pouces, lâches, convexes. Pédoncule long de 4 à 10 pouces, raide, dressé, assez gros, finalement disciforme au sommet. Collerettes-générales (souvent nulles) à folioles subulées, plus courtes que les rayons. Rayons grêles, plus ou moins divergents : les fructifères non-connivents. Ombellules multiflores, un peu lâches; pédicelles très-inégaux : les fructifères connivents. Collerettes-partielles polyphylles : folioles courtes, sétacées. Dents calicinales très-courtes, subulées. Pétales extérieurs des fleurs mâles longs d'environ 1 ligne. Péricarpe long de 2 à 3 lignes, brunâtre; côtes confluentes par la base : les dorsales presque aussi larges que les vallécules.

Cette espèce croît dans les localités marécageuses en Angleterre, en France et dans les contrées plus méridionales de l'Europe. C'est l'une des plus dangereuses parmi les plantes vénéneuses indigènes. Toutes ses parties contiennent un suc lactescent(1) qui jaunit au contact de l'air, et qui est un poison très-violent. La racine paraît être la partie la plus délétère de la plante, quoique sa saveur soit douceâtre et agréable ; mais comme elle a parfois été mangée, par méprise, pour la racine de l'*Œnanthe pimpinelloïdes*, il en est résulté des empoisonnements mortels ; les symptômes qui se manifestent dans ces cas ne diffèrent pas de ceux occasionnés par la Ciguë, si ce n'est qu'ils sont plus violents et plus dangereux. Si les secours arrivent encore à temps, on parvient aussi à remédier à ces funestes accidents, en administrant des vomitifs et des boissons acidules.

B. *Racine subfusiforme, garnie de plusieurs verticilles de fibrilles filiformes. Feuilles surdécomposées. Ombelles courtement pédonculées, la plupart oppositifoliées. Fleurs toutes pédicellées. Ombellules fructifères non-capituliformes.*

ŒNANTHE PHELLANDRE. — *Œnanthe Phellandrium* Lamk. Flor. Franç. — *Phellandrium aquaticum* Linn. — Flor. Dan. tab. 1154. — Engl. Bot. tab. 684. — Schk. Handb. tab. 71. — Hayn. Arzn. Gew. 1, tab. 40. — Nees, Off. Pflanz. 14, tab. 6. — *Œnanthe aquatica* Lamk. Dict. — *Ligusticum Phellandrium* Crantz.

Plante glabre, aquatique, haute de 2 à 5 pieds. Racine grosse, fongueuse. Tige radicante aux articulations inférieures, souvent stolonifère, grosse, cylindrique, feuillée, cannelée, fistuleuse, très-rameuse. Rameaux paniculés ou subdichotomes, feuillés, divariqués. Feuilles-submergées déchiquetées en lanières capillaires. Feuilles-émergées d'un vert gai, la plupart pétiolées : les inférieures longues de 1/2 pied à 2 pieds, subtriangulaires en contour. Pétiole solide, semi-cylindrique, plane en dessus : ramifications divariquées. Gaîne charnue, courte, largement membraneuse aux bords, bi-auriculée au sommet. Folioles ovales, ou oblon-

(1) Ce suc manque, lorsque la plante est cultivée dans un terrain sec.

gues, ou rhomboïdales, ou cunéiformes, petites, sessiles, pennatifides, ou pennatiparties, ou trifides, ou incisées-dentées : lanières linéaires ou sublinéaires, courtes, mucronulées. Ombelles 6-15-radiées, lâches, presque planes, larges de ½ pouce à 2 pouces. Collerettes-générales nulles ou oligophylles. Rayons grêles, plus ou moins divergents. Ombellules 20-30-flores, petites, assez denses. Collerettes-partielles à folioles courtes, subulées. Pédicelles inégaux, capillaires. Fleurs très-petites. Dants calicinales courtes, subulées. Styles plus ou moins divergents, 2 à 3 fois plus courts que le péricarpe. Péricarpe long d'environ 2 lignes, oblong, ou ovale-oblong, ou subfusiforme, un peu comprimé bilatéralement, brunâtre ; côtes jaunes : les dorsales presque aussi larges que les vallécules.

Cette espèce, nommée vulgairement *Fenouil-d'eau*, *Ciguë aquatique*, et *Millefeuille aquatique*, croît en Europe, ainsi qu'en Sibérie, dans les eaux stagnantes et les marais. Elle fleurit en juillet et en août. Quoique moins vénéneuse que quelques autres espèces du même genre, on doit la considérer comme suspecte. Ses feuilles ont une odeur analogue à celle du Cerfeuil; mais aucun animal ne les broute, à moins d'être pressé par la faim, et Linné rapporte qu'elles sont dangereuses pour les chevaux. Les graines du *Fenouil-d'eau* sont âcres et aromatiques ; elles ont été préconisées par de célèbres médecins du dernier siècle, comme très-utiles dans le traitement de l'hydropisie et de la phthisie pulmonaire ; il paraît toutefois qu'à forte dose elles produisent des étourdissements et même l'hémoptysie. Le suc de la plante jouissait jadis de la réputation de guérir les ulcères et les cancers.

Genre ÉTHUSE. — *Æthusa* (Linn.) Hoffm.

Limbe calicinal oblitéré. Pétales 5, inégaux, obcordiformes, terminés en languette infléchie. Disque convexe. Styles courts, finalement recourbés. Péricarpe ovale-globuleux, solide. Coques 5-costées ; côtes épaisses, saillantes, carénées, contiguës : les latérales plus larges, marginantes ;

une seule bandelette dans chaque vallécule. Carpophore finalement libre, biparti. Graines adhérentes, planes antérieurement, convexes au dos.

Herbe tantôt annuelle, tantôt bisannuelle. Feuilles décomposées : les inférieures pétiolées ; les supérieures sessiles sur leur gaîne. Ombelles terminales et oppositifoliées, longuement pédonculées. Collerettes-générales oligophylles ou nulles. Collerettes-partielles dimidiées, oligophylles, défléchies. Fleurs blanches, irrégulières : les extérieures plus grandes que les intérieures. Commissure des coques à 2 bandelettes arquées.

Dans ses limites actuelles, ce genre n'est fondé que sur l'espèce suivante :

Éthuse vénéneuse. — *Æthusa Cynapium* Linn. — Bull. Herb. tab. 91. — Engl. Bot. tab. 1192. — Curt. Flor. Lond. 1, tab. 18. — Hayn. Arzn. Gew. 1, tab. 35. — *Coriandrum Cynapium* Crantz. — *Æthusa cynapioides* Marsch. Bieb. — *Æthusa elata* Fisch. Cat. Gor. — *Æthusa segetalis* Bœnn.

Plante haute de 1/2 pied à 6 pieds, glabre. Racine grêle, blanchâtre, pivotante. Tige dressée, plus ou moins flexueuse, cylindrique, finement striée, fistuleuse, feuillée, paniculée, ou subdichotome, couverte (étant jeune) d'une poussière glauque peu adhérente. Rameaux dressés ou plus ou moins divergents, paniculés, ou subdichotomes. Feuilles flasques, d'un vert très-foncé en dessus, d'un vert gai en dessous, luisantes aux 2 faces, bi- ou tri-pennées : les inférieures longues de 6 à 15 pouces. Pétiole très-grêle. Gaîne membraneuse aux bords, subfoliacée, auriculée au sommet. Folioles ovales, ou ovales-lancéolées, ou lancéolées, ou obovales, ou cunéiformes, ou subrhomboïdales, sessiles, ou pétiolulées, pennatifides, ou pennatiparties, petites : segments indivisés ou incisés-dentés, pointus, ou obtus, mucronulés, scabres aux bords. Ombelles larges de 1/2 pouce à 2 pouces, 7-20-radiées, planes, ou concaves, un peu lâches. Pédoncule grêle, dressé, ou plus ou moins divergent, raide, long de 2 à 6 pouces. Rayons filiformes ou très-grêles, anisomètres, divergents, ou divariqués, un peu scabres en dessus. Ombellules petites, assez denses, multiflores. Collerettes-partielles 2-5-phylles, tantôt à peine aussi longues que les ombellules, tantôt jusqu'à 3 fois plus longues : folioles sétacées, linéaires-filiformes. Pédicelles très-anisomètres : les extérieurs en général plus longs que le péricarpe. Fleurs petites. Pétales ordinairement verdâtres vers la base. Coques longues de 1/2 ligne à 2 lignes, sur autant de large, ou un peu plus larges que longues, d'un jaune verdâtre; bandelettes d'un brun violet.

Cette espèce, connue sous les noms vulgaires de *Petite Ciguë*, ou *Ciguë des jardins*, croît dans toute l'Europe; on la trouve communément dans les champs, les jardins, les décombres, les haies et les buissons. Elle fleurit depuis le mois de juin jusqu'en automne. C'est une plante vénéneuse, dont les propriétés délétères sont tout à fait analogues à celles de la *Ciguë commune* (*Conium maculatum* Linn.) ou *Grande Ciguë*. La ressemblance qu'ont ses feuilles avec celles du Persil et du Cerfeuil, et sa présence assez fréquente dans les localités où se cultivent ces derniers, la rendent fort dangereuse; car l'on connaît beaucoup de cas d'empoisonnements causés par de fatales méprises. Toutefois, l'Éthuse se confond difficilement avec le Persil ou le Cerfeuil, lorsqu'elle est en fleur, à cause de ses longues collerettes réfléchies; les feuilles se reconnaissent sans peine à leur couleur d'un vert sombre, ainsi qu'à leur odeur vireuse.

Genre LIGUSTICUM. — *Ligusticum* Linn.

Limbe calicinal oblitéré ou 5-denté. Pétales 5, égaux, obcordiformes, ou obovales, terminés en languette infléchie. Disque convexe. Styles courts, finalement réfléchis. Péricarpe cylindrique ou un peu comprimé bilatéralement, solide, oblong, ou ellipsoïde. Coques 5-costées; côtes égales, saillantes, minces, carénées, subaliformes, les latérales marginantes; bandelettes au nombre de 3 ou 4 dans chaque vallécule. Carpophore finalement libre, biparti.

Graines adhérentes, planes antérieurement, très-convexes au dos.

Herbes vivaces (rarement bisannuelles). Feuilles décomposées ou surdécomposées. Ombelles terminales et oppositifoliées, pédonculées. Collerettes-générales nulles, ou polyphylles, ou oligophylles. Collerettes-partielles oligophylles ou polyphylles. Fleurs blanches, ou jaunâtres.

Ce genre (dans lequel nous comprenons les *Silaus* des auteurs) se compose d'une quinzaine d'espèces, la plupart indigènes d'Europe.

Ligusticum Silaus. — *Ligusticum Silaus* Link, Enum. — *Peucedanum Silaus* Linn. — Jacq. Flor. Austr. tab. 15. — Engl. Bot. tab. 2142. — Hayn. Arzn. Gew. 7, tab. 5. — *Peucedanum pratense* Lamk. Flor. Franç. — *Cnidium Silaus* Spreng. — *Sium Silaus* Roth. — *Seseli selinoides* Jacq. Enum. Vind. — *Crithmum Silaus* Wib. — *Silaus pratensis* Bess.

Plante glabre, vivace, haute de 2 à 4 pieds. Racine jaunâtre, pivotante, rameuse. Tige dressée, grêle, plus ou moins flexueuse, feuillée, cylindrique, finement striée, ou cannelée, rameuse. Rameaux cylindriques ou anguleux, dressés, ordinairement paniculés. Feuilles d'un vert gai : les radicales et les caulinaires inférieures pétiolées, subtriangulaires ou oblongues en contour, bi- ou tri-pennées, longues de 6 à 15 pouces : les supérieures courtes, bipennées, ou pennées, sessiles sur une courte gaîne. Folioles pennatiparties, ou pennatifides, ou 3-parties, ou 2-fides, ou 3-fides, ou rarement indivisées, sessiles, ou courtement pétiolulées, longues de quelques lignes à 1 pouce : segments sublinéaires, ou oblongs, ou falciformes, ou sublancéolés, pointus, ou obtus, mucronulés, scabres aux bords. Pétiole très-grêle, subcylindrique. Gaîne membraneuse aux bords, auriculée au sommet. Ombelles larges de 1/2 pouce à 2 pouces, très-lâches, planes, ou concaves, 5-15-radiées. Pédoncule long de 2 à 6 pouces, grêle, raide, dressé. Collerettes-générales 1-2-phylles, ou nulles : folioles courtes, linéaires. Rayons filiformes, plus ou moins divergents, en général très-anisomètres. Ombellules petites, 5-20-

flores, assez denses, presque planes. Collerettes-partielles non-débordantes : folioles linéaires-lancéolées, mucronées, membraneuses aux bords. Fleurs petites, d'un jaune verdâtre. Dents calicinales minimes. Pétales obovales, inonguiculés, à peine échancrés. Péricarpe long d'environ 2 lignes, elliptique, ou elliptique-oblong, ou ovale-oblong, brun ; commissure à 4 bandelettes.

Cette plante, nommée vulgairement *Saxifrage des prés,* est commune en Europe dans les prairies un peu humides ; elle fleurit en juin et en juillet. C'est une excellente herbe fourragère. Sa racine était jadis en vogue comme diurétique.

Genre CRITHMUM. — *Crithmum* Tourn.

Limbe calicinal oblitéré. Pétales 5, égaux, suborbiculaires, enroulés, très-entiers, terminés en languette obovale. Disque presque plane. Styles très-courts, recourbés. Péricarpe subéreux, un peu comprimé dorsalement, oblong, ou ellipsoïde, utriculaire. Coques 5-costées ; côtes saillantes, minces, carénées : les latérales marginantes, un peu plus larges ; vallécules et commissure sans bandelettes. Carpophore finalement libre, biparti. Graines inadhérentes, planes antérieurement, convexes au dos, couvertes d'environ 15 bandelettes.

Herbe vivace. Feuilles pennées ou bipennées, glauques, charnues, la plupart pétiolées. Ombelles oppositifoliées et terminales, longuement pédonculées. Collerettes polyphylles. Fleurs petites, jaunâtres.

Dans ses limites actuelles, ce genre n'est fondé que sur l'espèce suivante :

Crithmum maritime. — *Crithmum maritimum* Linn. — Engl. Bot. tab. 819. — Jacq. Hort. Vindob. 2, tab. 187. — Schk. Handb. tab. 64. — *Cachrys maritima* Spreng.

Plante haute de ½ pied à 2 pieds, glauque, charnue, en général pluricaule. Racine pivotante, rameuse, polycéphale. Tiges ascendantes ou dressées, cylindriques, finement striées, flexueuses, ou tortueuses, peu rameuses, ou simples. Rameaux courts, grêles, simples, subaphylles. Feuilles luisantes : les inférieures longues de 4 à 10 pouces, subtriangulaires en contour, bipennées, ou subtripennées; les supérieures et les raméaires pennées, 3- ou 5-foliolées. Gaîne charnue, courte, largement membraneuse aux bords, bi-auriculée au sommet. Folioles longues de 6 à 30 lignes, larges de ½ ligne à 2 lignes, sessiles, décurrentes, 1-nervées, très-entières, ou rarement paucidentées, linéaires, ou lancéolées-linéaires, ou linéaires-oblongues, subdivariquées, mucronées. Ombelles larges de 6 à 30 lignes, 7-25-radiées, assez denses, convexes. Collerettes-générales réfléchies : folioles courtes, charnues, oblongues, ou ovales-oblongues, ou ovales-lancéolées, pointues, ou obtuses, souvent mucronées. Rayons grêles, subisomètres, plus ou moins divergents. Ombellules subglobuleuses, denses, multiflores. Collerettes-partielles plus courtes que les ombellules : folioles ovales, ou ovales-lancéolées, pointues, ou obtuses. Pédicelles anisomètres : les extérieurs en général aussi longs ou plus longs que le péricarpe; les intérieurs plus courts. Péricarpe jaunâtre, beaucoup plus gros que la graine, long de ½ ligne à 3 lignes.

Cette plante, nommée vulgairement *Bacille, Fenouil de mer, Criste-marine, Herbe de saint Pierre, Passe-pierre*, ou *Perce-pierre*, croît sur les plages de la Méditerranée, ainsi que sur celles de l'Océan en Espagne, en France, et en Angleterre. Elle fleurit en été. Ses feuilles et ses jeunes pousses ont une saveur aromatique agréable; elles passent pour antiscorbutiques, apéritives et diurétiques; dans les localités où la plante est abondante, on les confit dans une saumure au vinaigre, et, ainsi préparées, on les emploie à l'assaisonnement.

Genre ASTRANTIA. — *Astrantia* Linn.

Limbe calicinal à 5 folioles glumacées, dressées, persistantes. Pétales 5, égaux, dressés, connivents, oblongs-obcordiformes, terminés en languette infléchie. Disque concave, crénelé aux bords. Styles longs, dressés, finalement recourbés. Péricarpe subfusiforme ou oblong, subcylindrique ; coques 5-costées : côtes carénées, creuses, squamelleuses ; épicarpe membraneux, adhérent seulement à la commissure ; endocarpe crustacé. Carpophore adné. Graines adhérentes.

Herbes vivaces. Feuilles non-coriaces, palmatifides, ou palmatiparties, ou pédatiparties (les supérieures en général indivisées) : les inférieures longuement pétiolées. Fleurs polygames, longuement pédicellées. Ombelles simples, longuement pédonculées, multiflores, solitaires, ou fasciculées. Collerettes polyphylles : folioles grandes, nerveuses, très-entières, ou dentelées, colorées. Pétales roses ou blanchâtres, plus courts que les folioles calicinales, ou à peine aussi longues.

Ce genre renferme 4 ou 5 espèces ; les suivantes se cultivent comme plantes d'ornement.

A. *Feuilles inférieures 5-9-fides. Folioles involucrales très-entières ou pauci-dentelées.*

a) *Feuilles pédatiparties.*

Astrantia mineur. — *Astrantia minor* Linn. — Tratt. Thesaur. tab. 76. — Smith, Exot. Bot. 2, tab. 77. — *Astrantia digitata* Mœnch. — *Astrantia pauciflora* Bertol.

Plante très-glabre, haute de 1/2 pied à 1 pied. Racine pivotante, oblique, fibrilleuse. Tiges solitaires ou peu nombreuses, dressées, très-grêles, en général bifurquées et triphylles au sommet, très-simples et aphylles inférieurement (quelquefois monophylles au-dessous de la bifurcation, et produisant un ramule axillaire filiforme), ou bien très-simples, diphylles au sommet et terminées par une ou deux ombelles. Feuilles d'un vert gai en dessus, d'un vert pâle en dessous, finement réticulées : les radicales larges de 6 lignes à 2 pouces, 5-9- (le plus souvent 7-) parties : segments lancéolés, ou lancéolés-rhomboïdaux, ou lancéolés-oblongs, pointus, pennatifides, ou inégalement incisés-dentés; dents et lanières pointues, ordinairement mucronées; pétiole presque filiforme, ailé à sa base, long de 2 à 6 pouces. Feuilles caulinaires 3-ou 5-parties, courtement pétiolées : segments sublinéaires, dentelés : dents pointues, mucronées; pétiole réduit à une gaîne amplexicaule. Feuilles ramulaires trifides ou linéaires, très-entières, ou dentelées, très-petites. Ramules florifères filiformes, 2- ou 3-phylles au sommet, nus inférieurement, terminés par 1 à 3 ombelles longuement pédonculées. Pédoncules filiformes, dressés. Ombelles petites. Folioles involucrales longues de 2 à 4 lignes (en général débordant les fleurs), blanchâtres, ou d'un rose pâle lavé de vert, lancéolées-oblongues, ou lancéolées-elliptiques, ou cunéiformes-oblongues, mucronées, très-entières, ou moins souvent 1- ou 2-dentées de chaque côté vers leur sommet. Pédicelles filiformes, longs de 2 à 3 lignes. Fleurs très-petites. Folioles calicinales ovales-oblongues, mucronulées, verdâtres, un peu plus longues que les pétales. Pétales blancs ou d'un rose pâle. Péricarpe à peine long de 1 ligne, subfusiforme, ou oblong : squamelles minimes, pointues, d'abord blanchâtres, brunes à la maturité.

Cette espèce croît dans les Alpes et les Pyrénées; elle fleurit en été.

b) *Feuilles profondément palmatifides.*

Astrantia commun. — *Astrantia major* Linn. — Hayn. Arzn. 5, tab. 1. — Schk. Handb. tab. 60. — Smith, Exot. Bot. 2, tab. 76. — *Astrantia nigra* Scopol. Carn. — *Astrantia carinthiaca* Hoppe. — *Astrantia pallida* Presl, Flor. Cech.

Plante très-glabre, haute de ½ pied à 3 pieds. Racine oblique, polycéphale, noirâtre, garnie de quantité de fibres grêles. Tige grêle, dressée, cylindrique, finement cannelée et striée, droite, ou un peu flexueuse, médiocrement feuillée, tantôt ramulifère seulement au sommet, tantôt bifurquée vers le sommet, tantôt subpaniculée. Ramules florifères grêles, subaphylles, en général fasciculés au sommet de la tige et des rameaux.

Feuilles d'un vert foncé en dessus, d'un vert pâle en dessous, réticulées, à dents ou incisions aristées-ciliées, ou moins souvent mucronulées. Feuilles radicales larges de 1 pouce à 5 pouces, plus ou moins profondément 5- ou 7-fides, à base cordiforme, ou subréniforme; segments cunéiformes, ou sublancéolés, incisés-dentés, ou incisés-crénelés, souvent trifides au sommet; pétiole long de 3 à 8 pouces, ailé à la base. Feuilles caulinaires inférieures (quelquefois 3-fides) en général conformes aux radicales, mais courtement pétiolées ou sessiles sur une gaîne amplexicaule. Feuilles caulinaires supérieures (ordinairement verticillées-ternées) et feuilles ramulaires petites, sessiles, indivisées ou trifides, subcunéiformes, nerveuses, denticulées-aristées (du moins vers leur sommet). Ramules florifères fasciculés au nombre de 2 à 8, ou moins souvent solitaires, diphylles au sommet. Ombelles longuement pédonculées. Pédoncules terminaux, ou dichotoméaires et terminaux, solitaires. Folioles involucrales longues de 6 à 9 lignes, plus ou moins débordantes (quelquefois de moitié plus longues que les pédicelles), lancéolées, ou lancéolées-oblongues, très-rétrécies à leur base, mucronées, trinervées, réticulées, très-entières, ou pauci-dentées au sommet, blanchâtres, ou d'un rose plus ou moins vif : nervures et veinules vertes. Pédicelles capillaires, scabres, souvent rougeâtres. Sépales oblongs-lancéolés, aristés, un peu plus longs que les pétales, panachés de vert et de blanc. Pétales d'un rose plus ou moins vif, ou blancs. Péricarpe long d'environ 3 lignes, oblong, ou subfusiforme : squamelles jaunâtres, petites : les inférieures obtuses, les supérieures pointues.

Cette espèce croît dans les prairies des Alpes et des Pyrénées; elle fleurit en été.

B. *Feuilles inférieures 3-parties. Folioles involucrales ciliolées-denticulées du sommet jusqu'au milieu.*

Astrantia a feuilles d'Ellébore. — *Astrantia helleborifolia* Salisb. Parad. Lond. 1, tab. 60. — *Astrantia heterophylla* Marsch. Bieb. Flor. Taur. Cauc.—Bot. Mag. tab. 1553.

— *Astrantia maxima* Pallas, Nov. Act. Petrop. 7, p. 357, tab. 11.

Plante haute de 2 à 3 pieds, très-glabre. Tige grêle, dressée, effilée, fistuleuse, cannelée, striée, feuillée, très-simple presque jusqu'au sommet. Ramules axillaires et terminaux, très-simples, très-grêles, solitaires, 2-ou 3-phylles au sommet, aphylles inférieurement. Feuilles d'un vert gai en dessus, d'un vert pâle en dessous, nerveuses, réticulées, à dentelures aristées. Feuilles radicales profondément cordiformes ou réniformes à la base, à 3 segments ovales, ou ovales-lancéolés, ou lancéolés-elliptiques, ou lancéolés-oblongs, obtus, ou pointus, doublement crénelés ou dentelés, indivisés, longs de 1 pouce à 3 pouces; pétiole grêle, long de ½ pied à 1 pied. La feuille caulinaire inférieure conforme aux radicales, mais moins longuement pétiolée : gaîne amplexicaule; les suivantes sessiles, amplexicaules, trifides, cordiformes à la base; les supérieures indivisées, arrondies à la base, subamplexicaules, ovales, ou ovales-lancéolées : les terminales verticillées-ternées. Feuilles ramulaires conformes aux caulinaires supérieures, mais plus petites. Pédoncules longs de 2 à 6 pouces, monocéphales, solitaires au sommet de la tige et des ramules. Folioles involucrales longues de 6 à 12 lignes, trinervées, réticulées, mucronées, lancéolées-elliptiques, ou lancéolées-obovales, rétrécies à la base, débordant les fleurs, panachées de rose et de vert. Pédicelles capillaires : ceux des fleurs mâles 2 fois plus longs que ceux des fleurs hermaphrodites. Fleurs petites, roses. Sépales linéaires-lancéolés, aristés, un peu plus longs que les pétales. Péricarpe ellipsoïde ou oblong, long d'environ 3 lignes : squamelles petites, jaunâtres.

Cette espèce croît au Caucase; elle fleurit en été.

IXe TRIBU. LES APLEUROSPERMÉES. — *APLEUROSPERMEÆ* Tausch.

Péricarpe prismatique ou subcylindrique, écosté, le plus souvent squamelleux ou spinelleux. Fleurs en capitules, ou en ombelles irrégulières.

Genre SANICULA. — *Sanicula* Linn.

Limbe calicinal cyathiforme, profondément 5-fide, persistant : segments herbacés. Pétales 5, égaux, dressés, connivents, oblongs-obcordiformes, terminés en languette infléchie. Disque concave, crénelé aux bords. Styles longs, finalement recourbés. Péricarpe ovoïde ou subglobuleux, solide, glochidié. Carpophore adné. Graines adhérentes.

Herbes vivaces. Feuilles palmatifides ou palmatiparties, non-coriaces : les radicales longuement pétiolées; les caulinaires (du moins les supérieures) sessiles ou subsessiles. Ombelles simples, capituliformes, disposées en panicules dichotomes. Collerettes polyphylles : folioles petites ou dentiformes. Fleurs petites, polygames; les mâles pédicellées; les hermaphrodites sessiles. Corolle jaune, ou blanche, ou rougeâtre.

Ce genre renferme environ 10 espèces, dont voici la plus remarquable :

Sanicula d'Europe. — *Sanicula europœa* Linn. — Flor. Dan. tab. 283. — Engl. Bot. tab. 98. — Schk. Handb. tab. 60. — Bull. Herb. tab. 267. — Svensk Bot. tab. 245. — *Sanicula officinalis* Gouan. — *Caucalis Sanicula* Crantz. — *Astrantia Diapensia* Scopol.

Plante très-glabre, haute de 1 pied à 2 pieds. Racine oblique, pivotante, noirâtre, fibrilleuse, polycéphale. Tige grêle, dressée, cannelée, simple, ou peu rameuse, médiocrement feuillée, ou presque nue. Ramules solitaires, axillaires, subaphylles. Feuilles d'un vert foncé en dessus, d'un vert pâle en dessous : les radicales larges de 1 pouce à 3 pouces, profondément 5-fides, cordiformes à la base; segments cunéiformes ou subrhomboïdaux, inégalement crénelés ou dentelés : les latéraux bifides, les autres trifides; dents et crénelures mutiques ou mucronulées; pétiole long de 3 à 6 pouces, ailé à la base. Feuilles caulinaires inférieures nulles, ou conformes aux radicales, mais courtement pétiolées. Feuilles caulinaires supérieures petites, sessiles, ou subsessiles, trifides (à lanières linéaires, dentelées); les terminales verticillées-ternées. Panicule terminale 7-15-céphale, cymeuse, subfastigiée : pédoncules filiformes, tribractéolés aux ramifications. Capitules petits, subglobuleux. Folioles involucrales minimes, dentiformes, mucronées. Fleurs blanches ou rougeâtres : les mâles courtement pédicellées. Folioles calicinales linéaires-lancéolées, mucronées, un peu plus longues que les pétales. Péricarpe subdidyme, long d'environ 2 lignes, brunâtre, hérissé de sétules oncinées.

Cette espèce, connue sous les noms vulgaires de *Sanicle*, ou *Sanicle mâle*, est commune dans presque toute l'Europe; elle croît dans les bois; la floraison a lieu en mai et juin. Toute la plante, mais surtout sa racine, a une saveur amère et astringente. C'était jadis un remède très-préconisé à titre de vulnéraire; mais aujourd'hui son emploi médical est à peu près hors d'usage.

Genre ÉRYNGIUM. — *Eryngium* Tourn.

Limbe calicinal à 5 folioles glumacées, persistantes, dressées. Pétales 5, égaux, connivents, bilobés au sommet, longuement cuspidés. Disque concave, crénelé aux bords. Ovaire tuberculeux ou squamelleux. Styles longs, dressés, finalement recourbés. Péricarpe squamelleux ou tuberculeux, couronné, turbiné, ou obové, subcylindrique, ou un peu comprimé. Carpophore adné, inapparent. Graines adhérentes.

Herbes annuelles, ou bisannuelles, ou vivaces, le plus souvent dichotomes. Feuilles indivisées, ou diversement laciniées, ou incisées, sessiles, ou pétiolées, souvent coriaces et à dents spinescentes. Fleurs blanchâtres ou bleues, hermaphrodites, sessiles, disposées en capitules terminaux, ou dichotoméaires et terminaux, ou rarement latéraux : chaque capitule accompagné d'une collerette polyphylle ; réceptacle-commun conique ou cylindracé, muni sous chaque fleur d'une bractée le plus souvent glumacée.

Ce genre est l'un des plus caractérisés de toute la famille ; on en connaît environ cent espèces, dont voici les plus remarquables :

SECTION I.

Feuilles très-raides, palmati-nervées ou penninervées : les radicales longuement pétiolées, profondément laciniées (excepté celles des très-jeunes plantes). Dents et lanières spinescentes (de même que les folioles de l'involucre, les écailles du réceptacle, et les folioles calicinales).

A. *Feuilles palmatiparties. Capitules cylindracés ou coniques-cylindracés, gros. Fleurs bleuâtres.*

ÉRYNGIUM ÉPINE-BLANCHE.—*Eringium Spina-alba* Villars, Dauph. 2, tab. 15. — Laroch. Eryng. tab. 3. — *Eryngium rigidum* Lamk.

Tige simple inférieurement : rameaux disposés en ombelle terminale. Feuilles 3- ou 5-parties : segments pennatifides et sinués-dentés. Folioles des collerettes linéaires-lancéolées, dressées, pennatifides, ou trifides et dentées-aristées, plus longues que les capitules. Capitules solitaires ou ternés, terminaux. Péricarpe oblong-turbiné, 4-gone : squamelles très-courtes.

Herbe vivace, haute de 1/2 pied à 2 pieds, très-glabre. Tige dressée, raide, anguleuse, blanchâtre et luisante de même que les feuilles supérieures et les collerettes. Rameaux 1-3-céphales, en général très-simples et aphylles ou garnis seulement à leur sommet d'un verticille de 3 feuilles sessiles. Feuilles très-raides, nerveuses : les radicales larges de 3 à 6 pouces : pétiole long d'environ 6 pouces ; les caulinaires plus petites, sessiles, ou subsessiles, à gaîne semi-amplexicaule. Capitules longs de 6 lignes à 2 pouces, en général courtement pédonculés. Collerettes polyphylles : folioles cuspidées, longues de 1 pouce à 3 pouces. Écailles du réceptacle glumacées, plus longues que les fleurs et les fruits, linéaires-lancéolées, longuement aristées, quelquefois tricuspidées. Dents calicinales oblongues-lancéolées, longuement aristées, plus longues que les pétales, de moitié plus courtes que le péricarpe. Péricarpe long d'environ 2 lignes : squamelles d'un brun noirâtre, minimes, serrées, ovales, mucronées.

Cette espèce, qu'on cultive comme plante d'ornement, croît dans les montagnes de la France méridionale ; elle fleurit en été.

B. *Feuilles inférieures pennatiparties ou bipennatiparties : segments décurrents, laciniés. Capitules subglobuleux.*

a) *Feuilles caulinaires à gaîne très-large, bi-auriculée à la base. Fleurs blanches.*

Éryngium commun. — *Eryngium campestre* Linn. — Jacq. Flor. Austr. tab. 155. — Flor. Dan. tab. 554. — Engl. Bot. tab. 57. — Jaume Saint-Hil. Flor. et Pom. Franç. tab. 437. — Gærtn. Fruct. 1, tab. 20. — Schk. Handb. tab. 59. — *Eryngium vulgare* Lamk.

Feuilles triparties : segments pennatipartis ; lobes incisés-dentés ; gaîne-pétiolaire des feuilles caulinaires sinuée-dentée ou sinuée-pennatifide. Collerettes 5-9-phylles : folioles lancéolées ou linéaires-lancéolées, longuement aristées, pauci-dentées, plus longues que les capitules. Folioles calicinales linéaires-lancéolées, aristées, plus longues que les pétales. Péricarpe turbiné, subcylindrique : squamelles sétiformes.

Herbe vivace, très-glabre, haute de 1/2 pied à 2 pieds. Racine longue, subfusiforme. Tige blanchâtre, luisante, raide, dressée, feuillée, anguleuse, cannelée, paniculée, rameuse tantôt presque dès sa base, tantôt seulement vers le sommet; rameaux divariqués, paniculés, ou à ramules disposés en ombelle. Feuilles raides, d'un vert un peu glauque, fortement réticulées: les primordiales cunéiformes-oblongues, obtuses ou tronquées, profondément crénelées (crénelures mucronées, cartilagineuses aux bords); les radicales de la plante adulte subtriangulaires en contour, larges de 2 à 5 pouces; les caulinaires inférieures conformes aux radicales; les supérieures et les raméaires à segments plus étroits et simplement pennatifides. Capitules dichotoméaires et terminaux, petits, quelquefois bleuâtres, en général courtement pédonculés. Folioles des collerettes longues de 6 à 15 lignes. Écailles réceptaculaires subulées, piquantes, plus longues que les fleurs. Péricarpe blanchâtre, long d'environ 1 ligne.

Cette espèce, connue sous les noms vulgaires de *Panicaut,* ou *Chardon-Roland,* est commune dans presque toute l'Europe, au bord des chemins et des champs, ainsi que dans d'autres localités sèches et découvertes; elle fleurit en août et septembre. Sa racine, peu employée dans la thérapeutique moderne, jouissait autrefois d'une grande vogue, à titre de remède apéritif et diurétique; dans plusieurs contrées de l'Europe, elle sert d'aliment.

b) *Gaîne pétiolaire très-entière, inauriculée. Fleurs bleues.*

Éryngium améthyste. — *Eryngium amethystinum* Linn. —Wald. et Kit. Plant. Rar. Hungar. tab. 215.—Jaume Saint-Hil. Flor. et Pom. Franç. tab. 438.

Feuilles pennatiparties ou bipennatiparties; segments sublinéaires ou trifides, sinués-dentés, ou denticulés, nerveux; gaîne pétiolaire sublinéaire, amplexicaule. Collerettes 5-9-phylles: folioles lancéolées-linéaires, paucidentées, plus longues que les capitules. Folioles calicinales linéaires-lancéolées, mucronées, plus courtes que les pétales. Péricarpe turbiné: squamelles subulées.

Herbe vivace, très-glabre, haute de 1 pied à 3 pieds. Tige grêle, flexueuse, dressée, feuillée, cannelée, luisante, blanche inférieurement, bleuâtre et rameuse vers le sommet. Rameaux courts, 1-5-céphales, disposés en grappe, ou en corymbe, ou en ombelle, en général feuillés seulement vers le sommet, dressés, ou peu divergents. Feuilles d'un vert un peu glauque, très-raides : les inférieures longues de 1/2 pied à 1 pied, suboblongues en contour; les supérieures ovales ou arrondies en contour. Capitules terminaux, ou dichotoméaires et terminaux, en général courtement pédonculés, du volume d'une Cerise. Folioles des collerettes longues de 6 à 18 lignes, bleuâtres. Écailles réceptaculaires glumacées, sublinéaires, mucronées, plus longues que la fleur et le fruit, quelquefois tridentées au sommet. Péricarpe blanchâtre, long à peine de 2 lignes.

Cette espèce, indigène dans l'Europe méridionale, se cultive fréquemment comme plante d'ornement. Elle fleurit en été.

Section II.

Feuilles palmatinervées ou penninervées : les radicales indivisées ou légèrement lobées, longuement pétiolées.

A. *Feuilles toutes coriaces, un peu charnues, très-glauques (dents spinescentes de même que celles des collerettes) : les radicales lobées au sommet, un peu décurrentes sur le pétiole ; les caulinaires et raméaires verticillées-ternées, sessiles. Collerettes 4-7-phylles : folioles larges, conformes aux feuilles ramulaires.*

Éryngium maritime. — *Eryngium maritimum* Linn. — Engl. Bot. tab. 718. — Flor. Dan. tab. 875. — Tratt. Arch. tab. 209. — Desfont. Flor. Atlant. tab. 53. — Hook. Flor. Lond. tab. 185. — Turp. in Dict. des Scienc. Nat. Ic.

Tige dichotome ou trichotome : rameaux divariqués. Feuilles nerveuses, réticulées, sinuées-dentées, 3- ou 5-lobées : les radicales plissées, réniformes, ou suborbiculaires ; les caulinaires et les raméaires cunéiformes, ou ovales, ou obovales. Folioles des involucelles trilobées ou tricuspidées, en général plus longues que les capitules. Folioles calicinales oblongues-lancéolées, aristées, plus longues que les pétales. Péricarpe oblong, subtétragone, un peu comprimé : squamelles sétiformes.

Plante haute de $^1/_2$ pied à 2 pieds, très-glabre. Racine stolonifère. Tige raide, dressée, anguleuse, fortement cannelée, rameuse presque dès la base, luisante, blanchâtre, ou souvent légèrement teinte de bleu de même que les rameaux, les ramules et les nervures des feuilles. Feuilles cartilagineuses aux bords, fortement réticulées : les radicales larges de 2 à 6 pouces ; pétiole long de 3 à 6 pouces, grêle, inerme, à gaîne ample, embrassante ; feuilles raméaires graduellement plus petites et moins profondément lobées : les supérieures larges d'environ 1 pouce, ou moins, en général trilobées ou tricuspidées au sommet et 1-dentées de chaque côté. Collerettes à folioles longues de 6 à 18 lignes. Capitules ovales ou subglobuleux, pédonculés, assez gros, atteignant jusqu'à 1 pouce de long. Écailles réceptaculaires un peu plus longues que les fleurs, glumacées, sublinéaires : les inférieures tricuspidées ; les supérieures indivisées, aristées. Péricarpe long d'environ 3 lignes, hérissé de squamelles brunâtres.

Cette espèce croît sur les côtes de l'Océan et de la Méditerranée ; elle mérite d'être cultivée dans les jardins, à cause de l'élégance de son feuillage.

B. *Feuilles caulinaires inférieures et feuilles radicales crénelées, ni lobées, ni coriaces, ni épineuses.*

a) *Tige dichotome vers le sommet. Feuilles supérieures coriaces, incisées-dentées : dents spinescentes. Capitules peu nombreux. Collerettes larges, conformes aux feuilles supérieures.*

ÉRYNGIUM ÉLANCÉ. — *Eryngium giganteum* Marsch. Bieb. Flor. Taur. Cauc.—*Eryngium asperifolium* Laroche, Eryng. tab. 11. — Tratt. Arch. tab. 355.

Feuilles inférieures cordiformes-ovales, obtuses, vertes, un peu scabres. Feuilles supérieures obovales, ou ovales-lancéolées, ou ovales-oblongues, ou ovales, acuminées, sessiles, amplexicaules, glauques (ou bleuâtres), lisses. Capitules ellipsoïdes ou subglobuleux, plus courts que les collerettes. Folioles calicinales ovales, aristées, à peine plus longues que les pétales. Péricarpe turbiné, subtétragone : squamelles minimes, arrondies, mutiques.

Plante vivace, très-glabre, haute de 3 à 4 pieds. Tige dressée, grêle, cannelée, luisante, bleuâtre vers le sommet, blanchâtre inférieurement. Rameaux simples ou bifurqués. Feuilles radicales larges de 3 à 5 pouces, d'un vert foncé en dessus, d'un vert plus pâle en dessous, finement palmatinervées et réticulées; crénelures mutiques, cartilagineuses aux bords; pétiole grêle, long de 4 à 12 pouces. Feuilles raméaires longues de 3 pouces ou moins, luisantes, fortement réticulées et nerveuses (de même que les folioles des collerettes). Capitules longs de 6 à 15 lignes. Fleurs bleuâtres. Écailles réceptaculaires sublinéaires, tricuspidées, glumacées, un peu plus longues que les fleurs : pointes piquantes. Folioles calicinales glumacées, piquantes, de moitié plus courtes que le péricarpe. Péricarpe long de 2 à 3 lignes : squamelles brunâtres.

Cette espèce, qu'on cultive comme plante d'ornement, croît dans les montagnes de l'Arménie et au Caucase.

b) *Tige paniculée au sommet : rameaux dichotomes. Feuilles raméaires et feuilles ramulaires coriaces, aristées-dentées : dents piquantes. Capitules nombreux. Collerettes 5-8-phylles : folioles étroites, indivisées, aristées dentées.*

Éryngium a feuilles planes. — *Eryngium planum* Linn. — Jacq. Flor. Austr. tab. 391. — Tratt. Arch. tab. 214.

Feuilles radicales vertes, cordiformes-elliptiques, obtuses : pétiole semi-cylindrique. Feuilles caulinaires inférieures elliptiques ou ovales-elliptiques, subcordiformes à la base, subsessiles. Feuilles supérieures glauques, raides, sessiles, profondément 3- ou 5-fides. Capitules subglobuleux, plus courts que les collerettes. Folioles calicinales elliptiques-oblongues, aristées, à peine aussi longues que les pétales. Péricarpe turbiné, subtétragone : squamelles lancéolées, pointues.

Herbe vivace, très-glabre, haute de 1 pied à 3 pieds. Racine longue, subfusiforme. Tige grêle, dressée, un peu flexueuse, striée, luisante, bleuâtre de même que les rameaux. Rameaux tantôt fasciculés et subfastigiés, tantôt disposés en panicule, une à trois fois bifurqués, plus ou moins divariqués, feuillés seulement aux ramifications. Feuilles cartilagineuses aux bords : les radicales longues de 6 à 15 pouces (y compris le pétiole, lequel est en général à peu près de moitié plus long que la lame), d'un vert foncé en dessus, d'un vert pâle en dessous, finement réticulées, nerveuses, inégalement crénelées : crénelures obtuses ou rarement mucronulées. Feuilles caulinaires beaucoup plus petites : les inférieures de même consistance que les radicales, à dents larges, inégales, mucronées : pétiole réduit à une gaîne très-entière, semi-amplexicaule ; les supérieures et les raméaires à segments lancéolés ou lancéolés-linéaires, longuement aristés. Capitules terminaux ou dichotoméaires et terminaux, solitaires, pédonculés, du volume d'une Cerise. Folioles involucrales longues de 6 à 15 lignes, larges de 1 ligne ou moins, nerveuses, très-raides, piquantes. Écailles réceptaculaires glumacées, plus longues que les fleurs, piquantes, sublinéaires : les inférieures tricuspidées ; les supérieures indivisées. Péricarpe long d'environ 2 lignes : squamelles blanchâtres.

Cette espèce, qui se cultive fréquemment comme plante d'ornement, est commune dans l'Europe australe. Elle fleurit en été.

b) *Tige 2-ou 3-furquée au sommet, ou très-simple, 1-3 céphale. Feuilles supérieures à peine coriaces, palmatifides, aristées dentées. Collerettes polyphylles : folioles subcoriaces, étroites, aristées-pennatiparties.*

Éryngium des Alpes. — *Eryngium alpinum* Linn. Spec. — Jacq. Ic. Rar. tab. 55. — Tratt. Arch. tab. 205. — Bot. Mag. tab. 922.

Feuilles radicales et feuilles caulinaires inférieures cordiformes-ovales, profondément crénelées, ou incisées-dentées : pétiole subcylindrique, canaliculé en dessus ; feuilles supérieures 3- ou

5-fides, sessiles, amplexicaules, à lobes pennatifides. Capitules ellipsoïdes ou oblongs, plus courts que les collerettes. Folioles calicinales triangulaires ou ovales, aristées, un peu plus longues que les pétales. Péricarpe turbiné, subtétragone, lisse : coques denticulées aux bords.

Plante vivace, très-glabre, haute de ½ pied à 3 pieds. Tige dressée, grêle, un peu flexueuse, striée, finement cannelée, luisante, tantôt blanchâtre, tantôt bleuâtre ou rougeâtre. Ramules courts (ou nuls), terminaux, 2- ou 3-phylles au sommet. Feuilles subcartilagineuses aux bords, nerveuses, d'un vert foncé (les plus voisines des capitules en général bleuâtres ou rougeâtres) : les radicales larges de 3 à 6 pouces, obtuses; pétiole long de 4 à 8 pouces; les caulinaires graduellement plus petites. Capitules longs de 6 à 18 lignes : le caulinaire longuement pédonculé; les ramulaires subsessiles. Folioles involucrales longues de 6 à 30 lignes, bleuâtres, ou moins souvent blanchâtres, nerveuses, à lanières inégales, subulées, piquantes. Écailles réceptaculaires à peine plus longues que les fleurs, piquantes, glumacées : les inférieures tricuspidées; les autres subulées. Péricarpe long d'environ 9 lignes.

Cette plante élégante croît dans les Alpes. On la cultive dans les parterres. Elle fleurit en été.

VINGT-TROISIÈME CLASSE.

LES LORANTHÉES.

LORANTHEÆ Bartl.

CARACTÈRES.

Arbustes parasites (sauf quelques exceptions) sur d'autres végétaux ligneux, dans le bois desquels s'implante leur racine, après avoir traversé l'écorce. Moins habituellement la racine du parasite rampe à la surface du bois de l'individu sur lequel il végète. — Les Loranthées non-parasites sont des arbustes non-sarmenteux. — Tiges et rameaux le plus souvent noueux avec articulation, cylindriques, ou tétragones, ou comprimés, en général dichotomes.

Feuilles opposées (moins souvent verticillées ou alternes), coriaces, ou charnues, persistantes, simples, très-entières (rarement dentées), non-stipulées, quelquefois nulles ou réduites à de très-petites squamules; pétiole articulé par la base.

Fleurs soit petites et unisexuelles, soit grandes et hermaphrodites, axillaires, ou dichotoméaires, ou terminales, ou latérales, régulières, verdâtres, ou jaunes, ou blanches, ou rouges, ou panachées, solitaires, ou disposées soit en épis, soit en cymes, soit en corymbes, soit en panicules, soit en ombelles, soit en capitules, soit en glomérules. — Les fleurs des *Misodendron* sont dépourvues de calice et de corolle.

Calice (oblitéré dans les fleurs mâles) ordinairement

dibractéolé à la base, adhérent presque jusqu'au sommet; limbe tronqué ou denticulé, court, supère.

Disque épigyne, en général annulaire.

Pétales 4 à 8, ou très-rarement 5 (le plus souvent 4), non-persistants, épigynes, inonguiculés, libres, ou cohérents soit par la base, soit en tube le plus souvent fendu d'un côté. Estivation valvaire.

Étamines insérées aux pétales et en même nombre que ceux-ci. Filets (quelquefois nuls) libres ou très-rarement monadelphes, adnés aux pétales inférieurement. Anthères versatiles ou adnées au filet, introrses, dithèques et longitudinalement déhiscentes, ou monothèques et déhiscentes soit transversalement, soit (l'intérieur de la bourse offrant quantité de cellules pollinifères) par une multitude de pores.

Pistil : Ovaire adhérent, 1-loculaire, 1-ovulé (quelquefois pluri-ovulé). Ovules suspendus au sommet de la loge, ou renversés et attachés au fond de la loge. Style (quelquefois nul) terminal, indivisé. Stigmate terminal, indivisé, ou rarement échancré, ou obscurément lobé.

Péricarpe : Baie monosperme; chair remplie d'une pulpe visqueuse.

Graine en général adhérente, suspendue. Tégument externe membraneux. Périsperme charnu. Embryon (1) rectiligne, ou arqué, périphérique, ou latéral, ou apicilaire, subclaviforme; cotylédons obtus, charnus, quelquefois soudés; radicule courte, supère, ou infère, extraire.

Cette classe n'est fondée que sur la famille des *Loranthacées.*

---

(1) Dans quelques espèces, et notamment dans le *Gui*, on trouve habituellement deux ou trois embryons dans chaque graine.

CENT VINGTIÈME FAMILLE.

LES LORANTHACÉES. — *LORANTHACEÆ.*

Caprifoliorum genn. Juss. Gen. — *Loranthee* Juss. in Ann. du Mus. vol. 12, p. 292. — Mirb. in Ann. du Mus. vol. 16, p. 455; tab. 21. — Bartl. Ord. Nat. p. 231. — *Loranthaceæ* Don, Prodr. Flor. Nepal. — De Cand. Prodr. v. 4, p. 277. Ejusd. Mém. VI. — Martius, in Flora, 1830, p. 97; Ejusd. Flor. Brasil. — Blume, Flor. Jav. — Endl. Gen. Plant. p. 799. — *Viscoideæ* (ex parte) Richard, Anal. du Fruit. — *Caprifoliaceæ*, tribus I : *Loranthee* Reichenb. Syst. Nat. I, p. 179.

Cette famille offre de nombreuses affinités avec les Araliacées, les Cornacées, les Hamamélidées et les Caprifoliacées; mais elle diffère essentiellement de ces 4 groupes par la position des étamines relativement aux pétales. Suivant M. R. Brown, les Loranthacées sont très-voisines des Protéacées et des Santalacées.

On connaît aujourd'hui environ 400 espèces de Loranthacées; la plupart habitent la zône équatoriale; le Gui est la seule espèce indigène dans le nord de l'Europe. Les Loranthacées sont remarquables par leur mode de végétation, et un grand nombre de ces plantes produisent des fleurs brillantes. L'écorce des Loranthacées paraît être en général astringente; la pulpe des fruits est souvent très-visqueuse.

Les caractères des Loranthacées sont les mêmes que ceux qui viennent d'être exposés pour la classe des Loranthées. La famille se compose des genres suivants:

Misodendron Banks. — *Antidaphne* Pœpp. — *Arceuthobium* Marsch. Bieb. (Razoumofskia Hoffm.) — *Viscum* Tourn. — *Loranthus* Linn. — *Strutanthus* Mart. —

Psittacanthus Mart. — *Tristerix* Mart. — *Dendrophthoe* Mart. — *Phthirusa* Mart. — *Lepostegeris* Blume.— *Elytranthe* Blum. — *Notanthera* G. Don. — *Loxanthera* Blum. — *Gaiadendron* G. Don. — *Nuytsia* R. Br. — *Spirostylis* Presl. — *Tupeia* Blum.

Genre VISCUM. — *Viscum* Tourn.

Fleurs monoïques ou dioïques. — *Fleurs mâles :* Calice oblitéré. Corolle 4-fide ou 4-partie (rarement 3- ou 5-partie), coriace; segments subtriangulaires. Étamines en même nombre que les lobes de la corolle, dépourvues de filets; anthères soudées à la surface interne des lobes de la corolle, monothèques, multicelluleuses; chaque cellule s'ouvrant sous forme de pore. — *Fleurs femelles :* Limbe calicinal nul, ou marginiforme et très-entier. Pétales 4 (rarement 3 ou 5), libres, ou cohérents par la base, coriaces, subtriangulaires. Ovaire adné au calice, 1- ou 2-ovulé. Ovules (1) tantôt suspendus au sommet de la loge, tantôt renversés et attachés au fond de la loge. Stigmate sessile ou subsessile, obtus. Baie monosperme; chair pulpeuse, visqueuse. Graine renfermant plusieurs embryons; radicule tantôt supère, tantôt infère.

Arbustes parasites, glabres. Rameaux cylindriques, ou tétragones, ou comprimés, en général articulés, souvent dichotomes ou trichotomes. Feuilles opposées ou rarement alternes, souvent petites et squamuliformes. Fleurs fasciculées, ou disposées en épis articulés, terminales, ou latérales et terminales, en général petites.

On connaît environ 80 espèces de ce genre, toutes exotiques, à l'exception de la suivante.

VISCUM GUI-BLANC. — *Viscum album* Linn. — Duham. Arb. tab. 104. — Duham. Arb. ed. nov. 1, tab. 26. — Engl.

(1) Suivant M. Arnott.

Bot. tab. 1470. — Blackw. Herb. tab. 124. — Guimp. et Hayn. Deutsch. Holz. tab. 198. — Hayn. Arzn. Gew. fasc. 4, tab. 24. — Rich. in Ann. du Mus. vol. 12, tab. 27. — Mirb. in Ann. du Mus. vol. 16, tab. 21 (Anal. fruct. et germinat.)

Arbuste parasite, très-rameux, formant des touffes arrondies, hautes de 1 pied à 4 pieds. Tiges cylindriques, rameuses dès leur base, atteignant rarement un pouce de diamètre. Rameaux dichotomes ou trichotomes, subfasciculés, articulés, subcylindriques. Ramules subdivariqués, obscurément tétragones, diphylles au sommet, aphylles inférieurement. Écorce verte. Feuilles longues de 1 pouce à 2 pouces 1/2, larges de 3 à 8 lignes, coriaces, persistantes, d'un vert jaunâtre, subsessiles, opposées, très-entières, 3-5- ou 7-nervées (nervures peu apparentes avant la dessiccation), lancéolées, ou lancéolées-oblongues, ou lancéolées-elliptiques, très-obtuses, très-entières. Fleurs axillaires et terminales (ou dichotoméaires), subsessiles, petites, jaunâtres, fasciculées au nombre de 2 à 5, ou rarement solitaires, dioïques, ou quelquefois monoïques, accompagnées (soit chacune, soit seulement chaque fascicule) d'un calicule de 2 bractées ovales-triangulaires, concaves, carénées au dos, connées par la base, persistantes. Corolle des fleurs mâles 4-6-fide : lobes triangulaires, pointus, concaves antérieurement, dressés, connivents. Anthères petites, ovales. Corolle des fleurs femelles de 4 à 6 pétales distincts, triangulaires, pointus, presque dressés. Limbe calicinal nul. Stigmate sessile, échancré. Baie du volume d'un Pois, globuleuse, blanche, subdiaphane. Graine comprimée, cordiforme, renfermant en général 2 (rarement 3 ou 4) embryons. Tégument mince, blanchâtre. Périsperme vert, charnu. Embryon central, ou excentrique, ou latéral, droit, ou oblique, claviforme; cotylédons distincts; radicule saillante, ordinairement obtuse.

Cette plante, connue sous les noms vulgaires de *Gui*, ou *Gui-blanc*, est commune dans presque toute l'Europe, excepté le nord, ainsi qu'en Orient. Elle fleurit en février ou mars; ses fruits, mûrs dès l'automne, persistent en général jusqu'à la fin du printemps suivant. On la trouve indifféremment sur presque tous les arbres tant forestiers que fruitiers; mais elle croît de préférence sur les branches des Pommiers, des Poiriers, des Tilleuls, des Saules et des Pins. Sa durée est de 10 à 15 ans. La dissémination s'opère principalement par plusieurs espèces d'oiseaux, et surtout par les grives, qui sont très-friandes des baies du Gui, dont ils rendent les graines, lesquelles, restant toujours enduites d'une substance visqueuse, se collent facilement aux branches des arbres. La graine de Gui peut germer sur un corps quelconque, mais la plante ne se développe que lorsque la germination s'opère sur la jeune écorce d'un végétal ligneux. La radicule (ou, suivant M. de Mirbel, le caudex descendant) perce les enveloppes séminales, et s'ouvre à son extrémité inférieure en une sorte de coléorhize, qui prend la forme du pavillon d'un cor de chasse. De l'intérieur de cette coléorhize sortent des suçoirs radicaux, qui percent l'écorce et finissent par se greffer à l'aubier. Les feuilles séminales, suivant Duhamel, ne sont pas nécessaires au développement de la jeune plante, car, si on les coupe avec la plumule, les petites plantes qui ont subi l'opération repoussent bientôt après. Un fait qui mérite encore d'être remarqué, c'est que la racine et la tige du Gui peuvent croître dans toutes les directions possibles.

Les auteurs anciens et modernes, les historiens et les poëtes, ont parlé du respect religieux professé par les anciens Gaulois pour le Gui. Au renouvellement de leur année, c'est-à-dire au solstice d'hiver, les druides, accompagnés du peuple, se rendaient dans une forêt, auprès de quelque Chêne antique, chargé de Gui. Au pied de l'arbre s'élevait rapidement un autel triangulaire de gazon; puis on hâtait les préparatifs pour le sacrifice et le festin solennel qui devait finir la cérémonie. Sur le tronc de l'arbre, et sur deux de ses branches les plus fortes se gravaient les noms des dieux les plus puissants, tandis qu'un druide, vêtu d'une tunique blanche, monté sur le Chêne même, coupait avec une serpe d'or la plante sacrée du Gui, que deux autres druides, placés au pied, recueillaient avec soin dans une toile blanche. Après cette récolte, ils immolaient les victimes, et priaient les dieux de faire jouir le peuple des vertus vivifiantes du Gui; puis on distribuait une espèce d'eau-bénite, dans laquelle le Gui avait été trempé; car cette eau, d'après leur dire, possédait de mystérieuses influences : c'était à la fois un préservatif contre les sortiléges et les poisons, un médicament propre à donner la fécondité, une eau lustrale, en un mot, une vraie panacée. Cette tradition se conserva longtemps après que la religion des druides eût fait place à d'autres cultes; et même de nos jours, le peuple de beaucoup de contrées croit encore aux vertus médicales du Gui, quoique son emploi en thérapeutique soit tombé dans un juste oubli.

La pulpe visqueuse des baies ainsi que l'écorce du Gui, peuvent servir à faire de la glu; mais on emploie de préférence, à cet usage, l'écorce du Houx. Quoique toute la plante ait une saveur amère, les bêtes à laine et le bétail ne répugnent pas à les manger; aussi le Gui se donne-t-il comme fourrage d'hiver, dans les contrées où il est très-abondant. On assure aussi que c'est un excellent appât pour les lièvres et les lapins. La pulpe du fruit, traitée avec une lessive alcaline, donne un fort bon savon.

Le Gui se nourrissant uniquement aux dépens de la sève des arbres sur lesquels il végète, on conçoit qu'il devienne un parasite très-nuisible ; les cultivateurs soigneux ont garde de le tolérer sur les arbres fruitiers.

FIN DES DICOTYLÉDONES POLYPÉTALES.

B. MONOPÉTALES.

MONOPETALÆ.

VINGT-QUATRIÈME CLASSE.

LES LIGUSTRINÉES.

LIGUSTRINEÆ Bartl.

CARACTÈRES.

Arbres, ou *arbrisseaux* souvent volubiles. Sucs-propres aqueux. Ramules noueux, souvent comprimés ou tétragones.

Feuilles opposées, ou rarement alternes, pétiolées, non-stipulées, simples, ou trifoliolées, ou imparipennées.

Fleurs régulières, ou subirrégulières, hermaphrodites, ou polygames, quelquefois apétales ou privées de calice et de corolle. Inflorescences souvent trichotomes.

Calice (nul dans quelques espèces) inadhérent, persistant (par exception non-persistant), tubuleux, ou campanulé, ou cupuliforme, 4-ou 5-denté, ou plus ou moins profondément 4-12-fide.

Disque nul ou peu apparent.

Corolle (dans plusieurs espèces soit nulle, soit de 4 pétales distincts ou soudés 2 à 2 par la base) hypogyne, non-persistante, tubuleuse, ou campanulée, ou rotacée; lobes en même nombre que les dents ou lanières calicinales, interposés, en préfloraison soit valvaires, soit imbriqués par les bords et contournés.

Étamines au nombre de 2, ou rarement au nombre de 3 à 5, hypogynes (lorsque les fleurs sont ou apétales, ou munies de pétales distincts), ou insérées au tube de la corolle, interposées. Filets libres, en général courts. Anthères versatiles, ou innées, basifixes, ou suprabasifixes, dithèques, subintrorses, ou latéralement déhiscentes; bourses longitudinalement bivalves, parallèles, contiguës, ou séparées par un connectif plus ou moins large.

Pistil : Ovaire 2-loculaire (quelquefois didyme, accidentellement 3-ou 4-loculaire), inadhérent; loges 1- ou 2- ou rarement pluri-ovulées; ovules (collatéraux étant géminés) suspendus, ou appendants, ou renversés, anatropes (toujours?), attachés au sommet de l'angle interne des loges, ou moins souvent attachés soit au fond des loges, soit vers le milieu de l'axe de la cloison. Style (quelquefois nul) indivisé, rectiligne, dressé, non-persistant. Stigmate terminal, en général bifide.

Péricarpe (drupe, ou baie, ou capsule, ou samare) 2-loculaire, ou par avortement 1-loculaire; loges 1-ou 2-spermes, ou par exception polyspermes.

Graines suspendues, ou appendantes, ou renversées, inadhérentes, ou adhérentes, inarillées, anatropes (du moins dans la plupart des espèces). Périsperme charnu ou corné, quelquefois presque nul ou très-mince. Embryon rectiligne, central, aussi long ou presque aussi long que le périsperme : cotylédons minces ou charnus, contigus, foliacés en germination; radicule supère ou infère, mammiforme, ou columnaire.

Cette classe correspond à la famille des Jasminées de M. de Jussieu, laquelle a été sous-divisée en *Jasminées* et en *Oléacées*. M. Endlicher la réunit à la classe des Contournées.

CENT VINGT-UNIÈME FAMILLE.

LES JASMINÉES. — *JASMINEÆ.*

Jasmineæ R. Brown, Prodr. p. 520. — Bartl. Ord. Nat. p. 216. — *Jasminearum* genn. Juss. — *Sapotacearum* genn. Reichenb. Syst. Nat.

Les *Jasminées*, dans les limites que leur assignent aujourd'hui, à l'exemple de M. R. Brown, la plupart des auteurs, constituent un petit groupe presque exclusivement propre à la zone équatoriale. La plupart des espèces appartiennent à l'ancien continent. Ces végétaux sont en général remarquables par le parfum délicieux qu'exhalent leurs fleurs.

Caractères de la Famille.

Arbres, ou *arbrisseaux* le plus souvent volubiles. Ramules ordinairement anguleux.

Feuilles opposées, ou alternes, simples, ou plus souvent soit trifoliolées, soit imparipennées, pétiolées, non-stipulées; folioles très-entières, ordinairement articulées au pétiole. Pétiole renflé et articulé à la base.

Fleurs régulières, ou subrégulières, hermaphrodites, jaunes ou blanches. Pédoncules solitaires ou subfasciculés, terminaux, ou axillaires et terminaux, 1-flores, ou plus souvent trichotomes et tri- ou pluri-flores. Pédicelles articulés par la base, continus avec le calice, nus; les latéraux en général accompagnés à leur base d'une bractéole persistante.

Calice campanulé ou rarement tubuleux, inadhérent,

persistant, 5-8-denté, ou plus ou moins profondément 5-12-fide (par exception 4-denté).

Disque nul.

Corolle hypocratériforme, non-persistante (quelquefois fugace) : limbe partagé en 5 à 12 (par exception 4) segments alternes avec les dents ou lanières calicinales, en préfloraison imbriqués par les bords et contournés. Tube cylindracé, ou peu évasé vers le sommet.

Étamines au nombre de 2, insérées au tube de la corolle (vis-à-vis l'une de l'autre), interposées, incluses, ou peu saillantes. Filets en général très-courts. Anthères subbasifixes, innées, dithèques, subintrorses, ou latéralement déhiscentes; bourses parallèles, en général contiguës ou presque contiguës antérieurement; connectif linéaire, plus ou moins large.

Pistil : Ovaire 2-loculaire, quelquefois subdidyme; loges 1-ovulées, ou rarement 2-ovulées; ovules (anatropes?) ordinairement appendants, renversés, attachés vers le sommet de la cloison (1); axe central nul. Style filiforme, rectiligne, dressé, non-persistant. Stigmate indivisé, ou bilobé, ou bifide, terminal.

Péricarpe : Baie 1-ou 2-loculaire (quelquefois didyme), 1-ou 2-sperme. Le péricarpe de quelques espèces est une capsule dicoque ou pyxidienne, à 2 loges 1-ou 2-spermes.

Graines (2) cylindriques ou comprimées, assez grosses,

---

(1) Suivant M. R. Brown, les ovules des Jasminées seraient attachés constamment au fond des loges; nous nous sommes convaincus du contraire sur 8 espèces de *Jasminum* dont nous avons examiné des fleurs fraîches.

(2) Les graines de la plupart des Jasminées n'ont pas été examinées.

adhérentes, ou inadhérentes, inarillées (1), aptères; tégument coriace ou crustacé. Périsperme mince et corné, ou nul. Embryon rectiligne, grand : cotylédons minces ou charnus, quelquefois échancrés à la base; radicule courte, mammiforme, infère.

Cette famille se compose des genres suivants :

A. *Péricarpe charnu.*

Jasminum Tourn. — *Mogorium* Juss.

B. *Péricarpe sec.*

Nyctanthes Linn. (Scabrita Linn. Parilium Gærtn.) — *Menodora* Humb. et Bonpl. (Bolivaria Chamiss. Calyptrospermum Dietr.)

Genre douteux (péricarpe inconnu).

Chondrospermum Wallich.

Genre JASMIN. — *Jasminum* Tourn.

Calice campanulé, 5-denté, ou profondément 5-fide. Corolle hypocratériforme : tube cylindracé; limbe 5-parti; segments obliques, un peu anisomètres. Étamines 2, incluses, ou peu saillantes. Ovaire 2-loculaire; loges 1-ovulées, ou rarement 2-ovulées ; ovules appendants, attachés vers le sommet de l'angle interne. Style filiforme. Stigmate claviforme ou linéaire, très-entier, ou échancré, ou bifide. Baie didyme, ou biloculaire, ou par avorte-

(1) Quelques auteurs admettent que le tégument des graines de certaines Jasminées est fibreux et semblable à un arille; mais nous sommes d'avis que ce prétendu tégument n'est autre chose que l'endocarpe devenu fibreux et adhérant à la graine.

ment 1-loculaire ; loges monospermes. Graines (1) lenticulaires ou semi-cylindriques : périsperme mince, corné, adhérent au tégument ; cotylédons épais, plano-convexes ; radicule mammiforme.

Arbrisseaux souvent volubiles. Rameaux opposés ou alternes, quelquefois dichotomes. Ramules anguleux ou cylindriques. Feuilles opposées ou alternes, simples, ou 1-foliolées, ou 3-foliolées, ou imparipennées, le plus souvent coriaces et persistantes ; folioles très-entières (de même que les feuilles simples), sessiles ou pétiolulées, en général articulées au pétiole ; pétiole semi-cylindrique, profondément canaliculé en dessus, articulé et renflé à la base. Inflorescences terminales, ou axillaires et terminales, solitaires, aphylles, le plus souvent trichotomes. Pédicelles articulés par la base, épaissis au sommet, continus avec le calice, ordinairement 1-bractéolés à la base. Fleurs très-odorantes. Corolle jaune ou blanche, non-éphémère. Anthères dressées, conniventes, jaunes, cordiformes ou échancrées à la base ; connectif large ou linéaire, prolongé au delà du sommet soit en mamelon obtus, soit en mucron. Ovaire petit, charnu de même que la cloison ; loges très-petites, remplies par l'ovule. Style en général débordé par les anthères, rectiligne, dressé.

Les Jasmins, ainsi que personne ne l'ignore, sont remarquables par le parfum de leurs fleurs, d'ailleurs en général assez élégantes. On connaît environ 30 espèces de ce genre, la plupart indigènes dans l'Asie équatoriale ; nous ne ferons mention que de celles qui se cultivent le plus fréquemment comme plantes d'agrément.

---

(1) Les graines de la plupart des espèces n'ont pas été examinées.

SECTION I.

Feuilles 1-à 7-foliolées, alternes; folioles articulées au pétiole. Calice 5-denté ou 5-fide.

A. *Calice 5-denté, beaucoup plus court que le tube de la corolle.*

a) *Feuilles hétéromorphes : les unes 3-foliolées ; les autres 1-foliolées; folioles très-grandes. Panicule terminale, à ramules alternes, inclinés, trichotomes. Ovaire à loges 2-ovulées.*

JASMIN HÉTÉROPHYLLE. — *Jasminum heterophyllum* Don, Prodr. Flor. Nepal.

Folioles ovales, ou ovales-oblongues, ou ovales-lancéolées, ou oblongues-lancéolées, acuminées, pétiolulées étant ternées, subsessiles étant solitaires ; base cunéiforme, ou arrondie, ou cordiforme. Dents calicinales très-courtes, subobtuses. Lobes de la corolle oblongs, obtus, révolutés, de moitié plus courts que le tube. Anthères oblongues, obtuses, échancrées à la base, subsessiles. Stigmate subclaviforme, très-entier, obtus, un peu comprimé.

Arbrisseau très-glabre, non-volubile. Rameaux et ramules flexueux, subcylindriques, ponctués. Folioles longues de 3 à 6 pouces, larges de 15 lignes à 3 pouces (les latérales en général moins grandes que la terminale), persistantes, coriaces, luisantes, d'un beau vert. Pétiole long de 6 lignes à 3 pouces. Panicule longue de 2 à 4 pouces, pédonculée, multiflore, composée de cymes pédonculées. Pédicelles très-anisomètres : les centraux très-courts ; les latéraux longs de 2 à 5 lignes. Bractéoles minimes, dentiformes. Calice long d'environ 1 ligne. Tube de la corolle long de 5 à 6 lignes. Étamines insérées vers le milieu du tube, presque incluses.

Cette espèce, originaire du Népaul, se cultive depuis quelques années dans les collections d'orangerie.

b) *Feuilles hétéromorphes : les inférieures ordinairement 5-foliolées ; les suivantes 3-foliolées ; les supérieures 1-foliolées. Pedoncules sub-*

terminaux, 3-7-flores, dressés; pédicelles en cyme irrégulière. Ovaire à loges 1-ovulées.

JASMIN JONQUILLE. — *Jasminum odoratissimum* Linn. — Bot. Mag. tab. 285.

Ramules anguleux. Feuilles oblongues, ou elliptiques, ou oblongues-obovales, ou ovales, ou lancéolées-oblongues, très-obtuses, ou subacuminées, sessiles, ou pétiolulées : les latérales très-obliques et cunéiformes à la base; la terminale (en général beaucoup plus grande) ordinairement équilatérale et arrondie à la base. Dents calicinales linéaires ou linéaires-triangulaires, obtuses, dressées. Lobes de la corolle révolutés, ovales, ou elliptiques, obtus, 1 fois plus courts que le tube. Anthères subsessiles, oblongues, obtuses, échancrées à la base. Stigmate ovale, obtus, un peu comprimé.

Arbrisseau non-volubile, très-glabre, haut de 3 à 5 pieds. Tige droite, unique, cylindrique. Écorce lisse, grisâtre. Rameaux alternes, divergents, nombreux, ponctués, flexueux. Feuilles longues de 1 pouce à 3 pouces, persistantes, très-rapprochées. Folioles coriaces, luisantes, d'un vert foncé en dessus, d'un vert gai en dessous, longues de 6 lignes à 2 pouces, larges de 2 à 15 lignes. Ramules florifères subpaniculés au sommet. Pédoncules courts, solitaires aux aisselles des feuilles supérieures, rapprochés en panicule subfastigiée. Pédicelles claviformes, dressés, très-anisomètres, tantôt alternes, tantôt géminés ou ternés. Bractéoles petites, linéaires. Calice petit, subcoriace. Tube de la corolle grêle, long de 1 à 8 lignes. Étamines insérées vers le milieu du tube, incluses. Filets très-courts, filiformes. Style débordant les étamines, filiforme. Baie du volume d'une petite Olive, noirâtre, presque sèche, ovoïde, ou ellipsoïde, tantôt 1-loculaire et 1-sperme, tantôt 2-loculaire et 2-sperme; endocarpe fibreux, adhérent à la graine. Graines lenticulaires (étant solitaires), ou planes antérieurement et convexes au dos, ellipsoïdes, pointues aux 2 bouts; tégument crustacé; périsperme mince; embryon d'un jaune orange : cotylédons gros, plano-convexes, obtus, échancrés à la base, elliptiques, ou elliptiques-oblongs; radicule courte, mammiforme.

Cette espèce, qui passe pour originaire de Madère ou des Canaries, mais qui croît aussi dans l'Inde, se cultive depuis près de deux siècles en Europe. Dans le nord de la France, elle ne résiste aux hivers qu'à la faveur d'expositions très-abritées. Elle fleurit pendant tout l'été et jusqu'à la fin de l'automne.

c) *Feuilles 5- ou 7-foliolées (la supérieure quelquefois 3-foliolée). Cyme terminale, lâche, subtrichotome : ramules plus ou moins inclinés après la floraison. Ovaire à loges 1-ovulées.*

JASMIN RÉVOLUTÉ. — *Jasminum revolutum* Sims, Bot. Mag. tab. 1731. — Bot. Reg. tab. 178. — Herb. de l'Amat. vol. 8. — *Jasminum chrysanthemum* Roxb. Flor. Ind.

Rameaux subvolubiles. Ramules anguleux. Folioles ovales, ou ovales-lancéolées, ou oblongues-lancéolées, acuminées, pétiolulées, arrondies ou cunéiformes à la base, glabres, ordinairement inéquilatérales. Cymes multiflores, pédonculées. Dents calicinales triangulaires, pointues, dressées. Lobes de la corolle révolutés, elliptiques-obovales, presque aussi longs que le tube. Anthères oblongues, acuminées, échancrées à la base, à peine plus longues que les filets. Stigmate claviforme, bifide.

Arbrisseau haut de 5 à 10 pieds. Rameaux et jeunes pousses flexueux, lisses, glabres de même que toute la plante. Feuilles persistantes, longues de 3 à 6 pouces. Folioles longues de 6 à 30 lignes, larges de 2 lignes à 1 pouce, subcoriaces, d'un vert plus ou moins foncé en dessus, d'un vert gai en dessous. Cymes solitaires au sommet des jeunes pousses : pédoncule-commun long de 6 lignes à 2 pouces. Pédicelles grêles, inégaux, solitaires, ou géminés, ou ternés, longs de 3 à 6 lignes. Bractéoles petites, subulées. Calice long de 1 ligne, subcoriace, vert. Tube de la corolle long de 6 à 9 lignes, évasé vers le sommet. Étamines insérées au-dessus du milieu du tube, un peu saillantes; filets filiformes. Style filiforme. Stigmate débordé par les étamines.

Cette espèce, originaire du Népaul, peut se cultiver en plein air dans le nord de la France, en ayant soin de la protéger contre les froids rigoureux. Elle fleurit tout l'été.

B. *Calice de moitié à 2 fois plus court que le tube de la corolle, fendu jusqu'au delà du milieu en 5 lanières linéaires.*

Jasmin frutescent.—*Jasminum fruticans* Linn.—Gærtn. Fruct. 1, tab. 42, fig. 1. — Bot. Mag. tab. 461. — Duham. ed. nov. vol. 1, tab. 28.

Feuilles la plupart 3-foliolées (celles de la base et du sommet des ramules ordinairement simples). Folioles oblongues, ou elliptiques, ou obovales, très-obtuses, ou subobtuses, ou rétuses, très-glabres, ou ciliolées, sessiles, ou subsessiles, ordinairement inéquilatérales; base arrondie, ou subcordiforme, ou cunéiforme. Pédicelles subterminaux, solitaires, ou subfasciculés, dressés. Lobes de la corolle obovales ou elliptiques-obovales, très-obtus, subrévolutés, presque 1 fois plus courts que le tube. Anthères un peu saillantes, subsessiles, obtuses, oblongues, échancrées à la base. Stigmate claviforme, bifide. Baie globuleuse.

Buisson très-rameux, haut de 2 à 5 pieds, semblable à un Genêt par le port. Tiges dressées, grêles, anguleuses et flexibles de même que les rameaux et ramules. Feuilles persistantes ou subpersistantes, de grandeur très-variable, souvent très-petites. Pétiole long de 1 ligne à 6 lignes. Folioles longues de 2 à 30 lignes, larges de 1/2 ligne à 18 lignes, coriaces, luisantes, d'un vert plus ou moins foncé en dessus, d'un vert gai en dessous. Ramules florifères feuillus, tantôt très-courts, tantôt plus ou moins allongés. Pédicelles longs de 1 ligne à 6 lignes. Calice long de 2 lignes. Tube de la corolle long d'environ 5 lignes. Étamines insérées au-dessus du milieu du tube. Pistil à peine plus long que le calice. Style filiforme. Baie noirâtre, luisante, du volume d'un Pois, 1- ou 2-loculaire, 1- ou 2-sperme, presque sèche; endocarpe fibreux, adhérent à la graine. Graines lenticulaires (étant solitaires), ou planes antérieurement et convexes au dos, suborbiculaires, ou elliptiques, acuminulées au sommet, assez grosses; tégument brunâtre, lisse, crustacé, adhérent au périsperme; périsperme mince, charnu. Cotylédons orbiculaires, échancrés à la base, plano-convexes. Radicule courte, mammiforme, obtuse.

Cette espèce, connue sous les noms vulgaires de *Jasmin jaune*, ou *Jasmin à feuilles de Cytise*, est commune dans l'Europe méridionale, ainsi qu'en Orient et dans le nord de l'Afrique; elle croît de préférence dans les localités pierreuses ou découvertes. Elle fleurit depuis le mois de mai jusqu'à la fin de l'été. Les fleurs sont inodores ou faiblement odorantes.

Ce jasmin est très-rustique; on le plante fréquemment dans les jardins, soit comme arbuste d'ornement, soit pour former des palissades toujours vertes.

SECTION II.

Feuilles uni-ou pluri-foliolées, opposées; folioles articulées au pétiole. Calice 5-denté. Corolle blanche.

a) *Rameaux non-volubiles. Feuilles 3-foliolées.*

JASMIN DES AÇORES. — *Jasminum azoricum* Linn. — Pluk. Alm. tab. 303, fig. 1. — Bot. Mag. tab. 1889. — Bot. Reg. tab. 89.

Ramules lisses, cylindriques. Feuilles ovales, ou elliptiques, ou ovales-lancéolées, acuminées, cordiformes ou arrondies à la base, pétiolulées, un peu ondulées aux bords. Panicules axillaires et terminales, lâches, multiflores, subtrichotomes, brachiées. Corolle à lobes oblongs, acuminés, presque aussi longs que le tube.

Arbrisseau haut d'environ 6 pieds, très-glabre, droit. Rameaux opposés, nombreux, grêles, verdâtres, divergents. Feuilles persistantes, longues de 2 à 4 pouces. Pétiole grêle, long d'environ 6 lignes, souvent volubile. Folioles longues de 15 à 30 lignes, larges de 6 lignes à 2 pouces, coriaces, luisantes, d'un beau vert, en général équilatérales. Panicules sessiles ou pédonculées, dressées, ou subhorizontales : les axillaires en général débordées par les feuilles; pédicelles grêles, longs de 3 à 6 lignes. Bractéoles courtes, subulées. Fleurs très-odorantes.

Calice coriace, verdâtre, long d'environ 1 ligne : dents courtes, dressées, triangulaires, pointues. Tube de la corolle grêle, long de 5 à 7 lignes. Étamines incluses. Style saillant.

Cette espèce, indigène aux Açores et à Madère, se cultive fréquemment dans les collections d'orangerie. Elle fleurit depuis le mois d'août jusqu'en hiver.

b) *Rameaux volubiles. Feuilles 1-foliolées.*

Jasmin volubile. — *Jasminum volubile* Jacq. Hort. Schœnbr. tab. 321.

Ramules lisses, cylindriques. Folioles ovales, ou ovales-lancéolées, ou ovales-elliptiques, acuminées, pétiolulées, cordiformes ou arrondies ou cunéiformes à la base. Panicules terminales, ou axillaires et terminales, lâches, trichotomes, brachiées, ordinairement multiflores. Corolle à lobes ovales ou oblongs, pointus, presque aussi longs que le tube.

Arbrisseau haut d'environ 6 pieds. Rameaux opposés, grêles, flexibles, glabres de même que toute la plante. Folioles longues de 6 à 30 lignes, larges de 3 à 18 lignes, coriaces, persistantes, luisantes, d'un beau vert; pétiolule long de 2 à 4 lignes, grêle, marginé. Pétiole plus court que le pétiolule. Panicules sessiles ou pédonculées, dressées, ordinairement solitaires au sommet des ramules, subfastigiées; pédicelles grêles, longs de 3 à 6 lignes. Bractéoles courtes, subulées. Fleurs très-odorantes. Calice coriace, verdâtre, long d'environ 1 ligne : dents triangulaires-lancéolées, pointues, dressées, presque aussi longues que le tube. Tube de la corolle long d'environ 4 lignes, grêle. Étamines incluses, insérées vers le milieu du tube, débordées par le stigmate : filets filiformes, très-courts ; anthères cordiformes-elliptiques, mucronées. Ovaire à loges 1-ovulées. Style glabre. Stigmate claviforme, échancré, 3 fois plus court que le style, un peu saillant.

Cette espèce, indigène au Cap de Bonne-Espérance, se cultive fréquemment dans les collections d'orangerie. Elle fleurit tout l'été.

SECTION III.

Feuilles 7-ou 9-foliolées ; folioles sessiles ou subsessiles, inarticulées : les 3 terminales souvent confluentes. Calice fendu jusqu'au delà du milieu en 5 lanières linéaires-filiformes, plus ou moins divergentes. Corolle blanche.

a) *Tiges et rameaux subvolubiles, sarmenteux. Feuilles non-persistantes; folioles opaques, non-coriaces. Pédoncules terminaux ou subterminaux, 1-5-flores. Calice presque aussi long que le tube de la corolle. Limbe de la corolle concolore.*

JASMIN COMMUN. — *Jasminum officinale* Linn. — Blackw. Herb. tab. 13. — Bot. Mag. tab. 31. — Duham. Arb. tab. 122. — Duham. ed. nov. vol. 1, tab. 27. — Bull. Herb. tab. 231.

Rameaux subcylindriques. Ramules cannelés, un peu comprimés. Folioles ovales, ou ovales-lancéolées, ou oblongues-lancéolées, pointues (la terminale en général longuement acuminée), ciliolées; base cunéiforme, ou arrondie, ou subcordiforme, en général très-oblique. Fleurs en cyme ou en ombelle : lobes de la corolle oblongs, ou ovales-oblongs, ou elliptiques, acuminés, recourbés, presque aussi longs que le tube. Anthères subsessiles, incluses, obtuses, elliptiques-oblongues, échancrées à la base. Stigmate linéaire-claviforme, bifide au sommet, débordé par les étamines.

Buisson sarmenteux, atteignant la hauteur de 15 à 20 pieds. Tiges grêles, débiles, flexibles. Rameaux verts, lisses, effilés, flexueux. Ramules florifères plus ou moins divergents, feuillés, longs, en général bifurqués ou trifurqués au sommet. Feuilles longues de 1 pouce à 6 pouces, en général horizontales ou réclinées. Folioles longues de 3 lignes à 2 pouces (la terminale souvent beaucoup plus grande que les latérales), d'un vert très-foncé en dessus, d'un vert un peu glauque en dessous. Pédoncules (en général fasciculés au nombre de 5 à 7 au sommet des ramules, souvent en outre solitaires ou géminés aux aisselles de la der nière paire de feuilles) longs de 1 pouce à 2 pouces, dressés, ou plus ou moins divergents, raides, anguleux, tantôt très-simples, tantôt bi- ou tri-furqués et dibractéolés vers leur milieu. Bractées courtes, subulées. Calice long d'environ 6 lignes : tube très-court; lanières anisomètres, plus ou moins divergentes. Tube de la corolle long d'environ 8 lignes. Étamines insérées vers le milieu du tube. Baie blanche, globuleuse.

Cette espèce, originaire de l'Asie équatoriale, est introduite en Europe depuis près de trois siècles, et naturalisée dans beaucoup de localités du midi. Ses rameaux, longs et flexibles, la rendent propre à garnir les murs et les treillages. Elle résiste en général aux hivers du nord de la France; toutefois il est bon de la planter contre un mur exposé au midi, et de la couvrir durant les grands froids. La floraison dure depuis la fin du printemps jusqu'en automne.

Les fleurs de ce Jasmin s'employaient jadis en médecine comme émollientes, résolutives, et emménagogues; dans le midi de l'Europe, on s'en sert pour la préparation de l'huile parfumée, connue sous le nom d'essence de Jasmin; mais même à cet usage, on préfère en général les fleurs de l'espèce suivante.

b) *Tiges et rameaux raides, droits. Feuilles persistantes. Folioles luisantes, coriaces. Panicules terminales, trichotomes, brachiées. Calice beaucoup plus court que le tube de la corolle. Limbe de la corolle rougeâtre en-dessous.*

Jasmin grandilore. — *Jasminum grandiflorum* Linn. — Bot. Reg. tab. 91. — Hort. Malab. v. 6, tab. 52. — Besl. Hort. Eyst. 1, p. 13, fig. 1.

Rameaux et ramules anguleux. Folioles ovales, ou elliptiques, ou oblongues, obtuses, quelquefois mucronulées, glabres, ou ciliolées; base cunéiforme ou arrondie, ordinairement très-oblique. Panicules lâches, multiflores, subcymeuses. Lobes de la corolle oblongs ou obovales-oblongs, très-obtus, recourbés, 1 fois plus courts que le tube. Anthères oblongues, acuminées, échancrées à la base, incluses, débordées par le style, à peine plus longues que les filets. Stigmate bifide, un peu saillant.

Arbrisseau haut de 3 à 6 pieds. Tige dressée. Rameaux opposés, brachiés. Feuilles longues de 1 pouce à 3 pouces. Folioles longues de 3 à 15 lignes, d'un vert plus ou moins foncé. Panicules solitaires au sommet des ramules, sessiles, ou courtement pédonculées; pédoncules-secondaires et pédicelles grêles, raides. Bractéoles courtes, subulées. Calice long d'environ 3 lignes: tube court; lanières anisomètres, plus ou moins divergentes. Tube de la corolle grêle, long d'environ 9 lignes.

Cette espèce, nommée vulgairement *Jasmin d'Espagne*, est indigène de l'Inde, et cultivée partout en Orient, dans l'Afrique septentrionale, ainsi que dans le midi de l'Europe. Dans le nord de la France, il faut la conserver, durant l'hiver, sous châssis ou en orangerie. On la préfère au *Jasmin commun*, à cause de la grandeur de ses fleurs, dont le parfum est plus suave. Ce sont ses fleurs surtout qu'on emploie dans le midi de l'Europe pour la préparation de l'essence de Jasmin.

Genre MOGORIUM. — *Mogorium* Juss.

Calice profondément 7-12-fide, campanulé. Corolle hypocratériforme; limbe 7-12-parti : segments obliques, plus ou moins anisométres. Étamines 2, incluses, ou subincluses. Ovaire 2-loculaire : loges 1-ovulées; ovules appendants, attachés vers le sommet de l'angle interne. Style filiforme. Stigmate échancré ou bifide. Baie 1-ou 2-loculaire (souvent didyme), 1-ou 2-sperme.

Arbrisseaux souvent volubiles. Rameaux opposés. Feuilles opposées, 1-ou 3-foliolées, en général persistantes. Pédoncules terminaux, ou axillaires et terminaux, 3-flores, ou trichotomes. Fleurs blanches, très-odorantes, non-éphémères.

Ce genre, que beaucoup d'auteurs réunissent au précédent, est propre à la zone équatoriale. On en connaît environ 15 espèces. Dans l'Asie équatoriale, les fleurs des *Mogorium* sont très-recherchées pour des préparations de parfumerie.

Mogorium Sambac. — *Mogorium Sambac* Lamk. Ill. tab. 6, fig. 1. — *Nyctanthes Sambac* Linn. — Rumph. Amb. vol. 5, tab. 30. — Burm. Flor. Zeyl. tab. 58. — Hort. Malab. vol. 6, tab. 50. — *Jasminum Sambac* Vahl, Enum. — Bot. Reg. tab. 1. — Andr. Bot. Rep. tab. 497. (flor. plen.)

Arbrisseau haut de 5 à 12 pieds, et plus. Tiges diffuses ou subvolubiles, débiles. Ramules cylindriques, pubescents. Feuilles courtement pétiolées, opposées, 1-foliolées. Folioles longues de 2 à 3 pouces, subcoriaces, persistantes, courtement pétiolulées, pubescentes en dessous aux nervures, elliptiques-oblongues, cordiformes ou cunéiformes ou arrondies à la base, acuminées, souvent mucronées. Pédoncules solitaires, terminaux, dressés, pubescents, 3-7-flores, longs de 1 pouce à 2 pouces. Pédicelles en cyme ou en cymule, courts, dressés, les latéraux bractéolés à la base. Bractéoles subulées, à peu près aussi longues que les pédicelles. Fleurs très-odorantes, souvent doubles. Calice 8-12-fide, pubescent, plus court que le tube de la corolle : lanières subulées, un peu divergentes. Limbe de la corolle large d'environ 6 lignes, 8-12-parti : segments ovales, acuminés, étalés, plus courts que le tube.

Cette espèce, nommée vulgairement *Jasmin d'Arabie*, est indigène de l'Inde, et d'ailleurs fréquemment cultivée dans toute l'Asie équatoriale. Le parfum exquis qu'exhalent ses fleurs, en fait l'une des plantes favorites pour les habitants de ces contrées. Elle fleurit pendant une grande partie de l'année. En Europe, on ne peut la cultiver qu'en serre chaude.

Mogorium trifoliolé. — *Mogorium trifoliatum* Poiret. — Hort. Malab. vol. 6, tab. 51. — *Jasminum Sambac* var. Bot. Mag. tab. 1757. — *Nyctanthes trifoliata* Vahl. — *Nyctanthes grandiflora* Lour. Flor. Cochin.

Ce *Mogorium*, qui n'est peut-être qu'une variété du *Sambac*, se distingue par des feuilles trifoliolées, et des fleurs de la grandeur d'une rose. Il est indigène de l'Inde, et ne se cultive pas moins fréquemment que le précédent.

Genre NYCTANTHE. — *Nyctanthes* (Linn.) Juss.

Calice tubuleux, 5-denticulé. Corolle hypocratériforme; limbe 5-8-parti : segments obliques, étalés. Étamines 2, incluses, insérées au tube de la corolle. Ovaire 2-loculaire : loges 1-ovulées. Style court. Stigmate capitellé. Capsule chartacée, comprimée, 2-loculaire, se séparant en deux coques indéhiscentes, 1-spermes. Graines comprimées, apérispermées; tégument coriace; cotylédons elliptiques, minces.

Arbre. Ramules tétragones. Feuilles opposées, simples, coriaces, persistantes. Pédoncules axillaires et terminaux, pluriflores. Pédicelles fasciculés, accompagnés de bractées foliacées. Fleurs nocturnes, très-odorantes, fugaces.

L'espèce dont nous allons faire mention constitue à elle seule le genre.

Nyctanthe Arbre-triste. — *Nyctanthes arbor-tristis* Linn. —Hort. Malab. 1, tab. 21.—Lamk. Ill. tab. 6.—Gærtn. Fruct. tab. 138.—Bot. Reg. tab. 399.—*Scabrita scabra* Linn. Mant.

Arbre haut de 20 à 30 pieds, ou buisson. Rameaux touffus, étalés, tétragones (de même que les jeunes tiges), velus. Feuilles ovales, acuminées, subsessiles, épaisses, luisantes en dessus, cotonneuses-incanes en dessous. Bractées ovales. Calice beaucoup plus court que le tube de la corolle. Corolle très-caduque, d'un blanc jaunâtre : tube cylindrique, long d'environ 6 lignes; segments oblongs, échancrés au sommet. Anthères ovales. Capsule longue d'environ 6 lignes, brune, striée, elliptique, ou obcordiforme, mucronée; coques planes antérieurement, un peu convexes au dos.

Cet arbre, dont les noms font allusion à ce que ses fleurs ne s'ouvrent que durant la nuit, croît dans l'Inde, où ses corolles sont employées à teindre en jaune, ainsi qu'à diverses préparations de parfumerie.

CENT VINGT-DEUXIÈME FAMILLE.

LES OLÉACÉES. — *OLEACEÆ.*

Jasminearum genn. Juss. — *Oleineæ* Hoffmans. et Link, Flor. Portug. — R. Brown, Prodr. p. 522. — Bartl. Ord. Nat. p. 217. — *Sapotaceæ*, trib. I : *Jasmineæ* (exclus. genn.) Reichenb. Syst. Nat. p. 213.

Cette famille ne diffère essentiellement des Jasminées, que par l'embryon à radicule supère, et par l'estivation en général valvaire de la corolle. D'un autre côté, la tribu des Fraxinées établit une transition des Oléacées aux Acérinées : rapprochement déjà indiqué par M. De Candolle. Plusieurs auteurs pensent, et peut-être avec raison, que les Oléacées ne méritent pas d'être séparées des Jasminées ; M. Reichenbach considère même ces deux groupes comme constituant une tribu des Sapotées.

Quoique plusieurs des genres qui font partie des Oléacées paraissent avoir fort peu d'affinités respectives, néanmoins les espèces des genres les plus différents (par exemple les Frênes et les Lilas) peuvent être greffées les unes sur les autres.

Les Oléacées sont distribuées sur presque tout le globe ; toutefois elles n'offrent qu'un très-petit nombre de représentants spécifiques dans les régions boréales, tandis qu'elles abondent surtout dans la zone tempérée de l'hémisphère septentrional.

Considérées sous le rapport de l'utilité, les Oléacées renferment plusieurs des végétaux les plus précieux dont la Nature ait doué les climats tempérés : l'Olivier et les Frênes en font foi. D'autres espèces contribuent puissamment à l'ornement des jardins et des bosquets; quelques-unes sont intéressantes parce que leur sève fournit la substance purgative connue sous le nom de *manne*. L'écorce interne des Oléacées est en général amère et astringente, de même que les jeunes pousses, les feuilles et les fruits de ces végétaux.

Caractères de la Famille.

Arbres ou *arbrisseaux*. Rameaux opposés, noueux; jeunes-pousses souvent tétragones ou comprimées.

Feuilles simples ou moins souvent imparipennées, opposées, non-stipulées, pétiolées, indivisées (par exception pennatifides).

Fleurs hermaphrodites, ou par avortement unisexuelles, régulières, ou subrégulières. Inflorescences axillaires, ou terminales, ou latérales, en général paniculées, souvent trichotomes; pédicelles opposés ou fasciculés, continus avec la fleur, ordinairement 1-bractéolés à la base.

Calice (par exception nul) 4-parti, ou 4-fide, ou 4-denté, inadhérent, persistant (par exception non-persistant).

Disque nul ou peu apparent.

Pétales 4 (quelquefois nuls), hypogynes, non-persistants, soit distincts, soit cohérents deux à deux par la base (moyennant une étamine interposée), soit soudés en corolle rotacée, ou campanulée, ou tubuleuse. Estivation valvaire, ou par exception contortive.

Étamines 2 (2 à 5 dans les espèces apétales), opposées l'une à l'autre, alternes avec les pétales, hypogynes (lorsque les pétales sont distincts ou nuls), ou insérées au tube de la corolle. Filets filiformes ou comprimés.

Anthères innées, ou versatiles, dithèques, subintrorses, ou latéralement déhiscentes : bourses longitudinalement bivalves, contiguës, ou séparées par un connectif plus ou moins large.

Pistil : Ovaire inadhérent, 2-loculaire; cloison charnue, en général dirigée en sens contraire du plus grand diamètre de la cavité; axe central nul; loges 2-ovulées (rarement pluri-ou uni-ovulées). Ovules suspendus ou appendants, anatropes, collatéraux étant géminés, attachés au sommet de l'angle interne, ou moins souvent au-dessous du sommet de l'axe de la cloison. Style (quelquefois nul) filiforme ou columnaire, indivisé, dressé, rectiligne, non-persistant. Stigmate indivisé ou bifide, terminal. — Accidentellement l'ovaire est 3-ou 4-loculaire, et le stigmate 3-ou 4-fide.

Péricarpe (drupe, ou baie, ou samare, ou capsule loculicide) en général par avortement 1-loculaire et monosperme, moins souvent à deux loges soit 1-spermes, soit 2-spermes (par exception à 2 loges polyspermes).

Graines cylindriques ou comprimées, inadhérentes, inarillées (quelquefois ailées), suspendues, ou appendantes, anatropes; tégument crustacé, ou coriace, ou membraneux. Périsperme charnu, ou corné, épais. Embryon aussi long ou presque aussi long que le périsperme, axile, rectiligne : cotylédons minces, obtus; radicule grêle, columnaire, supère, aussi longue que les cotylédons, ou plus courte.

La famille des Oléacées se compose des genres suivants :

Section I. **OLÉINÉES.** — *Oleineæ* Spach.

Fleurs hermaphrodites ou rarement dioïques. Corolle (quelquefois nulle) rotacée, ou subcampanulée, ou de 4 pétales soudés 2 à 2 par la base. Péricarpe : drupe ou baie. — Feuilles simples.

Chionanthus Linn. — *Linociera* Swartz. (Thouinia Swartz, nec alior. Mayepea Aubl. Ceranthus Schreb.) — *Noronhia* Stadtm. Thouars. — *Notelæa* Vent. — *Borya* Willd. (non Labill.) — *Gymnelæa* Endl. — *Olea* Tourn. — *Phyllirea* Tourn. — *Osmanthus* Loureir. — *Ligustridium* Spach. — *Ligustrum* Tourn. — *Stereoderma* Blum. (Pachyderma Blum.) — ? *Tetrapilus* Loureir.

Section II. **LILACINÉES.** — *Lilacineæ* Spach.

Fleurs hermaphrodites. Corolle campanulée, ou tubuleuse, ou de 4 pétales soudés 2 à 2 par la base. Péricarpe : capsule ou samare. — Feuilles simples.

Forsythia Vahl. — *Syringa* Linn. (Lilac Tourn.) — *Fontanesia* Labill.

Section III. **FRAXINÉES.** — *Fraxineæ* Bartl.

Fleurs polygames (en général dioïques). Corolle de 4 pétales distincts, ou le plus souvent nulle. Péricarpe : samare par avortement 1-sperme, 1-loculaire. — Feuilles imparipennées.

Ornus Pers. — *Fraxinus* Tourn.

SECTION I. **OLÉINÉES.** — *Oleineæ* Spach.

Fleurs hermaphrodites ou rarement dioïques. Corolle (quelquefois nulle) rotacée, ou subcampanulée, ou de 4 pétales soudés 2 à 2 par la base. Péricarpe : drupe ou baie. — Feuilles simples.

Genre CHIONANTHE. — *Chionanthus* Linn.

Calice 4-parti, persistant. Corolle infondibuliforme, 4-partie (1) : segments linéaires, très-étroits, pointus, divergents, contournés en estivation. Étamines 2 (rarement 3 ou 4), courtes, insérées au fond de la corolle. Filets linéaires, très-courts. Anthères basifixes, innées, latéralement déhiscentes, elliptiques-oblongues, mucronées; connectif large, linéaire. Ovaire un peu comprimé, biloculaire; loges 2-ovulées; ovules collatéraux, adnés à l'axe de la cloison. Style court, columnaire. Stigmate petit, peu apparent. Drupe charnu, monopyrène : noyau osseux, strié, par avortement 1-loculaire, 1-sperme. Graine apérispermée.

Arbres ou arbrisseaux. Ramules tétragones ou comprimés. Bourgeons axillaires et terminaux, écailleux. Feuilles persistantes ou non-persistantes, courtement pétiolées, très-entières. Panicules latérales, ou terminales, ou axillaires, nues, ou feuillées. Corolle blanche.

Ce genre renferme 3 ou 4 espèces, à l'exception de la suivante, indigènes dans la zone équatoriale.

CHIONANTHE DE VIRGINIE. — *Chionanthus virginica* Linn.

— α : GLABRE. — *Chionanthus virginica* Willd. — Catesb. Carol. I, tab. 68. — Guimp. et Hayn. Fremd. Holz. tab. 73. — Jaume Saint-Hil. Flor. et Pom. Franç. tab. 416.

— β : PUBESCENT. — *Chionanthus virginica*, β : *angustifolia* Watson, Dendrol. Brit. tab. I. — *Chionanthus virgi-*

(1) Accidentellement la corolle est 5-10-partie.

nica, β : *maritima* Pursh, Flor. Amer. Sept. — *Chionanthus maritima* Sweet, Hort. Brit.

Arbrisseau haut de 2 à 12 pieds. Branches nombreuses, opposées, très-rameuses. Écorce grisâtre. Jeunes pousses glabres ou pubescentes, plus ou moins comprimées, ou obscurément tétragones, vertes ou rougeâtres, ponctuées, simples, tantôt raccourcies, tantôt allongées. Feuilles longues de 2 à 12 pouces, larges de 6 lignes à 4 pouces, non-persistantes, fermes, rugueuses, planes ou légèrement ondulées aux bords, d'un vert gai (plus ou moins luisant) et glabres en dessus, d'un vert pâle ou pubescentes et subincanes en dessous, cunéiformes à la base, acuminées ou pointues, lancéolées, ou lancéolées-oblongues, ou lancéolées-elliptiques, ou elliptiques-oblongues (les 2 ou 4 inférieures en général obovales, ou elliptiques-obovales, ou elliptiques, obtuses, ou subobtuses, souvent beaucoup plus petites que les suivantes). Pétiole long de 2 à 6 lignes, marginé, semi-cylindrique, plane en dessus, souvent d'un pourpre violet. Bourgeons glabres et d'un pourpre violet, ou pubescents : les axillaires petits, subglobuleux ; le terminal plus grand, conique-pyramidal, pointu. Panicules latérales (vers l'extrémité des ramules de l'année précédente), longues de 3 pouces à 1 pied, pendantes, ou réclinées, ou plus ou moins inclinées (les fructifères dressées ou presque dressées), subpyramidales, ou racémiformes, lâches, ou assez denses, multiflores, solitaires, plus ou moins rameuses, garnies dans presque toute leur longueur de bractées foliacées (en général beaucoup plus petites que les feuilles, mais d'ailleurs de forme et de grandeur extrêmement variables), ou rarement de feuilles semblables à celles des jeunes pousses non-florifères. Rachis grêle, distinctement tétragone, glabre, ou cotonneux ; ramules primaires opposés ou subopposés, filiformes, 3-9-flores au sommet, ou trichotomes, plus ou moins allongés ; pédicelles longs de 3 à 12 lignes, capillaires (les fructifères brusquement épaissis vers le sommet), plus ou moins divariqués, ternés, ou solitaires et ternés, ou subfasciculés. Calice long d'environ 1 ligne, glabre, verdâtre ; segments linéaires-lancéolés, pointus, dressés, un peu divergents, ordinairement anisomètres. Corolle longue de 8 à 12 lignes; segments larges de 1/4 à 3/4 de ligne, dressés inférieurement, plus ou moins étalés vers le haut, finalement pendants. Étamines à peine plus longues que le tube de la corolle; filets linéaires, charnus; anthères jaunes, elliptiques-oblongues, terminées en courte pointe tronquée; connectif linéaire, presque aussi large que les bourses. Pistil minime, plus court que le calice. Drupe ellipsoïde, acuminé, du volume d'une petite Olive.

Cet arbrisseau, qu'on plante fréquemment dans les bosquets, et auquel la blancheur éclatante de ses fleurs a fait donner le nom vulgaire d'*Arbre de neige*, croît aux États-Unis, depuis la Floride jusqu'en Pensylvanie. Il résiste en plein air aux hivers du nord de la France, mais il n'y produit pas de fruits; la floraison a lieu en mai ou juin. Le Chionanthe aime les terrains frais et ombragés; toutefois on le trouve en Amérique, tant dans les localités sèches, que dans les marais. On peut le greffer sur le Frêne; mais l'opération ne réussit pas toujours, et les greffes n'ont pas une longue durée. Les fleurs du Chionanthe exhalent une odeur très-agréable. L'écorce est très-amère; l'infusion de celle de la racine s'emploie aux États-Unis contre les fièvres intermittentes.

Genre OLIVIER. — *Olea* Tourn.

Calice minime, campanulé, 4-denté, persistant. Corolle 4-partie ou profondément 4-fide, subcampanulée; estivation valvaire. Étamines 2, insérées au tube de la corolle; filets courts; anthères supra-basifixes, innées, latéralement déhiscentes. Ovaire 2-loculaire, 2-ovulé; ovules collatéraux, suspendus au sommet de l'angle interne. Style très-court, columnaire. Stigmate bifide. Drupe charnu : noyau osseux, rugueux, 1-loculaire, 1-sperme (accidentellement 2-loculaire, 2-sperme). Graine inadhérente, cylindrique.

Arbres ou arbrisseaux. Feuilles opposées, courtement pétiolées, persistantes, coriaces. Inflorescences axillaires ou terminales, aphylles, ou feuillées à la base, paniculées. Fleurs jaunes ou blanches, petites, odorantes, hermaphrodites, ou dioïques. Graine à tégument rugueux, crustacé.

Périsperme corné. Embryon presque aussi long que le périsperme; cotylédons elliptiques ou oblongs, plus longs que la radicule; radicule grêle, columnaire, obtuse.

SECTION I. OLEASTER Link.

Panicules subracémiformes, multiflores, axillaires, aphylles. Bractéoles minimes, non-persistantes. Pédicelles très-courts. Fleurs hermaphrodites, blanches.—Jeunes pousses, pédoncules, pédicelles, calices et feuilles (surtout la surface inférieure) couverts d'une pubescence furfuracée très-fine.

OLIVIER COMMUN. — *Olea europæa* Linn.

— α : SYLVESTRE. — *Olea europæa* Sibth. et Smith, Flor. Græc. tab. 3. — *Olea sylvestris* Matth. — *Olea Oleaster* Link et Hoffmans.—*Olea longifolia* Rœm. et Sch.—Loddig. Bot. Cab. tab. 456. — Arbrisseau ou buisson plus ou moins épineux. Drupe en général très-petit.

— β : CULTIVÉ. — *Olea sativa* Link et Hoffmanns. — *Olea europæa* Blackw. Herb. tab. 199. — Turp. Ic. in. Dict. des Scienc. Nat. et Flor. Méd. — Duham. ed. nov. vol. 5, tab. 25-32. — Arbre inerme, haut de 20 à 60 pieds. Feuilles et drupes plus grands que dans lés variétés sauvages.

Feuilles lancéolées, ou lancéolées-oblongues, ou lancéolées-elliptiques, ou elliptiques-oblongues, ou elliptiques, ou elliptiques-obovales, obtuses, ou pointues, mucronées, satinées (argentées ou roussâtres) en dessous. Panicules assez denses, pédonculées, ordinairement plus courtes que les feuilles. Tube de la corolle un peu plus long que le calice; lobes elliptiques ou obovales, obtus. Étamines à peine saillantes; anthères cordiformes-elliptiques, échancrées. Stigmate à lobes comprimés, ovales, pointus. Drupe ellipsoïde, ou ovoïde, ou subglobuleux.

Buisson irrégulièrement rameux, ou arbre d'un aspect assez semblable au *Saule blanc*. Tronc acquérant 3 à 6 pieds de circonférence, en général branchu dès la hauteur de 6 à 10 pieds. Branches très-rameuses, tortueuses. Écorce rude, sillonnée. Tête irrégulière ou rarement arrondie. Feuilles longues de 1 pouce à 4 pouces (celles de la plante sauvage en général longues de 4 à 12 lignes), larges de 4 à 15 lignes, très-rapprochées, luisantes et d'un vert plus ou moins grisâtre en dessus, très-finement penniveinées. Pétiole long de 1 ligne à 3 lignes, semi-cylindrique, plane en dessus, marginé. Ramules anguleux. Bourgeons très-petits, axillaires, écailleux, la plupart floraux. Panicules racémiformes ou moins souvent pyramidales, dressées, composées tantôt de cymules pauciflores subsessiles, tantôt de grappes soit simples, soit rameuses : rachis très-grêle, tétragone. Bractées et bractéoles courtes, subulées. Dents calicinales triangulaires, pointues. Corolle longue de 1 ligne à 2 lignes. Drupe noirâtre à la maturité (dans certaines variétés rougeâtre, ou blanchâtre, ou verdâtre), atteignant jusqu'à 10 lignes de diamètre ; épicarpe lisse, luisant ; chair pulpeuse, verdâtre, molle, huileuse, adhérente au noyau ; noyau très-dur, oblong, ou ellipsoïde, ou ovoïde, acuminé. Dans les variétés cultivées, chaque panicule ne produit d'ordinaire que de 1 à 3 fruits ; dans les Oliviers sauvages, les fleurs fécondes sont moins rares.

Cette espèce, qu'on désigne communément par le nom d'*Olivier*, sans autre épithète, croît spontanément dans l'Atlas, ainsi qu'en Syrie, en Arabie et en Perse ; mais quoiqu'elle vienne sans culture dans beaucoup de localités du littoral européen de la Méditerranée, il paraît qu'elle n'est point indigène dans ces contrées ; car, au témoignage de Pline, elle n'y existait pas encore sous le règne de Tarquin l'Ancien, et il y a lieu à croire que la première introduction de cet important végétal, en Europe, est due à la colonie phénicienne qui fonda Marseille, environ 600 ans avant J.-C. L'origine de la culture de l'Olivier en Orient se perd dans les traditions fabuleuses de l'antiquité, et, de même que celle des céréales et de la plupart des arbres fruitiers, elle remonte sans doute au commencement de toute civilisation.

L'Olivier se plaît dans les terrains pierreux exposés au soleil ; il s'accommode aussi d'un sol gras et fertile ; mais, dans ces conditions, l'huile qu'il donne est d'une qualité inférieure. Un froid rigoureux, de même que les gelées printannières tardives, sont également nuisibles à l'Olivier, quoique cet arbre soit plus rustique que l'Oranger, et qu'il ne prospère point dans la zone équatoriale; sa culture ne peut se faire avec avantage qu'au sud du 45e degré de latitude : encore ne réussit-elle, vers cette limite extrême, qu'à la faveur de situations très-abritées. La floraison de l'Olivier a lieu en mai et en juin; les fruits sont mûrs en novembre, mais ils persistent jusqu'au printemps suivant. C'est dans la chair même de ce fruit, connu sous le nom d'*Olive*, qu'est contenue l'huile tant estimée, et qu'on en retire par expression. L'huile obtenue des Olives cueillies avant leur parfaite maturité est de première qualité; mais les Olives plus mûres en fournissent une quantité plus considérable. Dans beaucoup de localités, on a coutume de ne cueillir les Olives que vers le printemps, ou même de les laisser se détacher spontanément; mais grâce à ces routines on n'obtient que des huiles de mauvais goût; en outre, cette pratique épuise les arbres, de telle sorte qu'une bonne récolte alterne toujours avec une récolte médiocre ou mauvaise. Quelques variétés exceptées, les Olives fraîches sont d'une âpreté extrême, qui ne permet pas de les manger sans autre préparation; mais il n'est personne qui ne connaisse l'emploi culinaire des Olives confites de diverses manières.

La croissance de l'Olivier est très-lente, et il jouit d'une longévité remarquable; sa durée ordinaire paraît être de cinq à six siècles, et des auteurs dignes de foi ont fait mention d'Oliviers dont l'âge peut être estimé à près de mille ans. Le bois de l'Olivier est jaunâtre, veiné, dur, susceptible d'un beau poli; il n'est point sujet à se fendre ni a être attaqué par les insectes; on l'emploie à divers ouvrages de tour, de tabletterie et d'ébénisterie; les anciens le choisissaient de préférence pour la confection des statues; il est excellent pour le chauffage.

L'Olivier se propage avec une rapidité prodigieuse au moyen des rejetons de ses racines; il est même peu d'arbres dont les racines soient douées d'une aussi forte vitalité : le moindre tronçon, pourvu qu'on ait soin de le recouvrir de terre meuble et de le maintenir suffisamment humide, ne tarde pas à reproduire de nouvelles racines et de nombreux rejetons; on assure même qu'il suffit pour cela d'un morceau d'écorce adhérent à une petite couche de bois, séparé soit du tronc, soit d'une branche de l'arbre. D'ailleurs on multiplie l'Olivier avec facilité soit de boutures de ramules, soit de greffes sur sauvageons. Les Oliviers provenant de graine commencent à donner des fruits au bout de dix à douze ans; toutefois ces arbres ne deviennent productifs qu'étant âgés de 25 à 30 ans. En Afrique, en Orient et dans les régions les plus méridionales de l'Europe, la culture des Oliviers n'exige d'autres soins que ceux de la plantation, et le choix des variétés; mais dans les contrées moins favorisées par le climat, et notamment en France, on a coutume de labourer les plantations en automne ainsi qu'au printemps, et de les fertiliser par des engrais; on soumet aussi les arbres à une taille plus ou moins réglée, dont le mode est très-varié suivant la routine et les localités, et qui peut-être est souvent plus nuisible qu'utile.

Les variétés les plus généralement cultivées en France sont les suivantes :

Olivier bouquetier. (En Languedoc : *Rouget ;* en Provence : *Rapugan*, *Caïon à grappe.*) Arbre à tronc très-gros. Rameaux longs, droits. Feuilles grandes, d'un vert sombre. Drupe allongé, quelquefois un peu aplati. Il y a des grappes dont presque toutes les fleurs nouent; mais alors les Olives restent presque aussi petites que des grains de Poivre.

Olivier à petit fruit panaché. (En Languedoc : *Pigaü* ou *Pigale.*) Arbre très-gros. Rameaux droits. Drupe oblong, d'un noir violet, ponctué de rouge. Les Olives de cette variété sont tardives et donnent de l'huile excellente ; elles sont très-bonnes à confire.

Olivier d'Entrecasteaux Nouv. Duham. vol. 5, tab. 27, fig. A. et B. Arbre moyen. Rameaux droits. Feuilles d'un vert foncé, distantes. Drupe souvent d'un blanc verdâtre. Cette variété est précoce.

Olivier à fruit blanc. Rameaux pendants. Feuilles grandes, d'un vert un peu foncé. Drupe petit, finalement noirâtre. Le fruit de cette variété est très-tardif, de sorte qu'il ne commence à se colorer qu'après toutes les autres Olives.

Olivier à fruit odorant. Variété fréquemment cultivée en Languedoc. Drupe allongé, tardif.

Olivier Picholine. Rameaux inclinés. Feuilles larges, d'un vert assez foncé. Drupe petit, oblong, d'un noir rougeâtre. Cet Olivier se cultive presque spécialement pour confire ses fruits encore verts.

Olivier pleureur (Nouv. Duham. v. 5, tab. 29, fig. B.) ou *Olivier de Grasse.* (En Provence: *Corniaou.*) Rameaux longs, pendants. Drupe de grandeur moyenne, noir, oblong, élargi au sommet. Cette variété passe pour l'une de celles dont la culture offre le plus d'avantage, parce qu'elle fournit des récoltes abondantes, et de l'huile de qualité excellente.

Olivier à bec. Arbre moyen. Rameaux droits. Feuilles larges, arrondies au sommet, très-rapprochées. Drupe de grosseur moyenne, ovale-arrondi, terminé en pointe inclinée. Les Olives de cette variété sont du petit nombre de celles qu'on peut, lors de leur parfaite maturité, manger sans aucune préparation; elles fournissent une huile très-fine.

Olivier caillet-blanc Nouv. Duham. vol. 5, tab. 30, fig. B. Arbre moyen. Rameaux redressés. Feuilles grandes, rapprochées, d'un vert peu foncé. Drupe ordinairement blanchâtre, ou légèrement lavé de rouge. Cette variété donne des récoltes constantes chaque année.

Olivier à fruit arrondi. (En Provence : *Aulivo redouno;* en Languedoc: *Ampoulaou.*) Arbre peu élevé. Feuilles grandes, très-rapprochées, d'un assez beau vert. Drupe très-gros, noirâtre, subglobuleux. Les Olives de cette variété sont les plus grosses que l'on connaisse, et elles fournissent une huile de première qualité.

Section II. LEIOLEA Spach.

Panicules subpyramidales, lâches, axillaires, aphylles.

Bractéoles assez grandes, connées par la base, persistantes. Pédicelles plus longs que les fleurs. Fleurs dioïques, jaunes, très-odorantes. — Plante très-glabre.

Olivier d'Amérique. — *Olea americana* Linn. — Catesb. Car. tab. 61. — Mich. Arb. 3, tab. 6.

Feuilles lancéolées, ou lancéolées-oblongues, ou lancéolées-elliptiques, ou elliptiques, ou obovales, pointues. Panicules courtes. Calice profondément 4-fide. Tube de la corolle plus court que le calice; lobes ovales, obtus, plus longs que le tube. Anthères elliptiques, obtuses, échancrées à la base. Drupe ellipsoïde ou subglobuleux.

Arbre haut de 30 à 40 pieds, sur 1 pied de diamètre; plus fréquemment arbrisseau haut de 8 à 15 pieds. Écorce lisse, grisâtre. Ramules anguleux. Feuilles longues de 2 à 6 pouces, d'un beau vert, luisantes, finement penninervées, persistant pendant 4 ou 5 ans. Pétiole long de 2 à 3 lignes, plane en dessus, largement marginé. Panicules courtes, dressées, solitaires. Rachis, pédoncules et pédicelles tétraèdres. Bractéoles ovales, acuminées, concaves, plus courtes que les pédicelles. Calice long à peine de 1 ligne; segments dressés, ciliolés, ovales, acuminulés. Corolle longue d'environ 2 lignes. Étamines à peine saillantes. Drupe du volume d'une petite Cerise, d'un pourpre bleuâtre; chair mince; noyau très-dur, subglobuleux, ou ellipsoïde, obtus aux 2 bouts. Graine rugueuse, conforme au noyau.

Cette espèce croît dans les provinces méridionales des États-Unis, surtout au voisinage de la côte; on la rencontre dans les localités les plus arides, de même que dans des situations fraîches et ombragées. Le bois est d'un grain fin, mais si dur, qu'on ne le fend qu'avec la plus grande difficulté, ce qui lui a fait donner, par les Anglo-Américains, le nom de *devil-wood* (*bois du diable*); exposé au contact de l'air, il prend une teinte rose. Au rapport de M. Michaux, l'écorce interne de cet Olivier, dès qu'elle se trouve exposée à l'air, devient à l'instant d'un rouge foncé, de jaune qu'elle était.

L'*Olivier d'Amérique* mérite d'être cultivé comme arbrisseau d'agrément, à cause de l'élégance de son feuillage et du parfum qu'exhalent ses fleurs; toutefois il ne résiste pas en plein air au climat du nord de la France.

Genre OSMANTHE. — *Osmanthus* Loureir.

Les caractères de ce genre, que la plupart des auteurs réunissent, à tort ou à raison, soit aux *Olea*, soit aux *Phyllirea*, ne sont pas suffisamment connus; il n'a été fondé que sur l'espèce dont nous allons faire mention.

Osmanthe odorant. — *Osmanthus fragrans* Loureir. Flor. Cochinch. — *Olea fragrans* Thunb. Flor. Japon. tab. 2. — Duham. Ed. Nov. vol. 5, tab. 24. — Bot. Mag. tab. 1552.

Arbre devenant assez fort dans son climat natal. Rameaux opposés, étalés. Ramules tétragones. Feuilles longues de 2 à 5 pouces, larges de 12 à 30 lignes, coriaces, persistantes, luisantes, d'un vert gai, courtement pétiolées, penninervées, opposées, denticulées ou dentelées (du moins vers leur sommet), elliptiques, ou oblongues, ou lancéolées-oblongues, ou lancéolées-elliptiques, cunéiformes ou arrondies à la base, acuminées. Pétiole semi-cylindrique, plane en dessus, submarginé, long de 3 à 6 lignes. Bourgeons axillaires et terminaux, petits, écailleux. Pédoncules axillaires ou terminaux, fasciculés, 1-flores, courts, grêles, réclinés, dibractéolés et articulés à la base. Fleurs petites, très-odorantes, d'un blanc jaunâtre (1). Calice 4-parti ou irrégulièrement fimbrié, minime : segments subtriangulaires, pointus, dressés. Corolle longue d'environ 1 ligne, subcampanulée, profondément 4-fide : lobes ovales, obtus. Étamines 2, insérées au fond de la corolle; filets très-courts; anthères ovales, jaunâtres. Style filiforme, terminé par 2 stigmates pointus. Drupe (suivant Louréiro) à noyau fragile.

---

(1) La plante cultivée ne produit que des fleurs doubles, dépourvues d'étamines et de pistil, ou à étamines squamiformes stériles.

Cette espèce paraît indigène en Chine ou au Japon; le parfum délicieux qu'exhalent ses fleurs la fait cultiver dans les jardins de ces contrées, ainsi que dans l'Inde et en Europe; elle résiste difficilement, en plein air, aux hivers du nord de la France. On dit que les Chinois ont coutume de parfumer le thé avec les fleurs de l'Osmanthe.

Genre FILARIA. — *Phyllirea* Linn.

Calice campanulé ou cupuliforme, 4-fide, persistant. Corolle rotacée, 4-fide; estivation valvaire. Étamines 2, insérées au fond de la corolle, saillantes; filets courts, comprimés; anthères basifixes, innées, latéralement déhiscentes, suborbiculaires, échancrées à la base, mucronées. Ovaire subglobuleux, 2-loculaire; loges 2-ovulées; ovules collatéraux, appendants, attachés vers le milieu de l'axe de la cloison. Style court, columnaire. Stigmate bifide. Drupe à noyau 1-ou 2-loculaire, 1-ou 2-sperme, testacé, fragile, lisse, cylindracé. Graines inadhérentes, conformes au noyau.

Arbres ou arbrisseaux. Ramules un peu comprimés. Bourgeons axillaires et terminaux, petits, écailleux: les floraux aphylles. Feuilles coriaces, persistantes, opposées, courtement pétiolées, très-entières, ou dentelées, finement ponctuées, très-variables de forme et de grandeur. Grappes axillaires, courtes, aphylles, simples, tantôt solitaires, tantôt géminées, sessiles, accompagnées chacune d'une paire de bractées coriaces; pédicelles tantôt opposés, tantôt subfasciculés, plus ou moins inclinés. Fleurs petites. Corolle jaunâtre. Anthères jaunes. Drupe petit, pulpeux, à noyau ordinairement 1-loculaire et 1-sperme. Graine à tégument mince, crustacé, finement veineux, adhérent au périsperme. Périsperme corné. Embryon presque aussi long que le périsperme : cotylédons elliptiques ou ovales, obtus, minces, à peu près aussi longs que la radicule.

On ne peut rapporter avec certitude à ce genre que l'espèce suivante :

Filaria Faux-Alaterne. — *Phyllirea alaternoïdes* Spach.

— α : A feuilles cordiformes. — *Phyllirea latifolia* Linn. — Sibth. et Smith, Flor. Græc. tab. 2. — Duham. Arb. tab. 125. — Feuilles ovales ou elliptiques, dentelées, plus ou moins profondément cordiformes à la base.

— β : A feuilles de Buis. — *Phyllirea buxifolia* Hort. Kew. — Feuilles ovales, ou elliptiques, ou oblongues, légèrement crénelées, ou très-entières, arrondies ou subcunéiformes à la base.

— γ : A feuilles de Troëne. — *Phyllirea media* Linn. — Duham. ed. nov. vol. 2, tab. 27. — Gærtn. Fruct. 2, tab. 92, fig. 5 (fruct.) — *Phyllirea ligustrina, P. virgata, P. oleæfolia* et *P. pendula* Hort. Kew. — Feuilles lancéolées, ou oblongues-lancéolées, ou lancéolées-oblongues, très-entières, ou dentelées, petites.

— δ : A feuilles étroites. — *Phyllirea angustifolia* Linn. — Clus. Hist. p. 52, Ic. — Lamk. Ill. tab. 8, fig. 3. — *Phyllirea lanceolata*, *P. rosmarinifolia* et *P. brachiata* Hort. Kew. — Feuilles linéaires-oblongues, ou linéaires-lancéolées, ou lancéolées-linéaires, en général très-entières.

Buisson haut de 5 à 20 pieds ; moins souvent arbre haut de 20 à 30 pieds. Tronc tortueux, en général branchu presque dès la base. Branches très-rameuses. Tête irrégulière ou arrondie, touffue. Rameaux droits, ou divergents, ou pendants. Écorce grisâtre, rugueuse. Jeunes pousses grêles, feuillues, ponctuées. Feuilles longues de 6 lignes à 2 pouces, larges de 1 ligne à 1 pouce, luisantes, d'un vert tantôt gai, tantôt plus ou moins foncé, finement penniveinées, ou (lorsqu'elles sont très-étroites) presque sans veines, obtuses, ou pointues, très-glabres (de même que toutes les autres parties de la plante) ; dentelures obtuses ou pointues, tantôt plus ou moins profondes, tantôt à peine apparentes, tantôt contiguës, tantôt plus ou moins écartées. Pétiole long de ⅓ de ligne à 3 lignes, subcylindrique, épais, plus ou moins marginé. Grappes plus courtes que les feuilles, 7-ou pluri-flores, souvent gloméruliformes. Pédicelles longs de 1 ligne à 3 lignes. Calice petit, cupuliforme, ou campanulé, également ou inégalement 4-lobé : lobes triangulaires, ou subovales, obtus, ou pointus, dressés. Corolle longue de 1 ligne à 2 lignes : tube tantôt plus court que le calice, tantôt un peu saillant; lobes oblongs, ou ovales-oblongs, ou elliptiques-oblongs, obtus, ou pointus, finalement réfléchis, tantôt à peine aussi longs que le tube, tantôt plus longs. Étamines à peu près aussi longues que la corolle; filets plus courts que les anthères. Pistil débordé par les anthères; ovaire subglobuleux; cloison charnue; style rectiligne, dressé; stigmate à lobes obtus, sublinéaires, plus ou moins divergents. Drupe noirâtre, du volume d'un Pois, subglobuleux; chair mince; noyau ellipsoïde, ou subglobuleux, ou ovoïde, apiculé aux 2 bouts.

Le *Filaria* est commun dans l'Europe méridionale, ainsi que dans le nord de l'Afrique et en Orient; il se plaît dans les localités sèches et découvertes. Il fleurit en mai; les fruits sont mûrs en automne. Le port élégant et le feuillage persistant de cet arbrisseau, qui a beaucoup de ressemblance avec l'Alaterne, le font fréquemment planter dans les bosquets; toutefois il ne résiste pas toujours aux hivers du nord de la France; mais lorsque le froid a fait périr les tiges, la racine en reproduit de nouvelles. Le Filaria étant fort touffu, et se prêtant facilement à la taille, on le choisit souvent pour former des haies et des palissades vivantes. Le bois est jaunâtre et très-dur; on l'emploie, dans le midi de l'Europe, à des ouvrages de tour et au chauffage. Les feuilles et les fruits sont astringents.

Genre LIGUSTRIDE. — *Ligustridium* Spach.

Calice campanulé, sinuolé-quadridenticulé, persistant. Corolle rotacée, profondément 4-fide; estivation valvaire. Étamines 2, insérées à la gorge de la corolle; filets filiformes; anthères supra-médifixes, versatiles, latéralement déhiscentes, cordiformes-elliptiques. Ovaire turbiné, 2-loculaire; loges 2-ovulées; ovules collatéraux, suspendus au sommet de l'angle interne. Style filiforme. Stigmate ovale, obtus, très-entier. Drupe charnu: noyau 1-loculaire, 1-sperme (accidentellement 2-loculaire, 2-sperme), cartilagineux, longitudinalement strié. Graine inadhérente, ovoïde, pointue à la base.

Arbrisseau. Feuilles opposées, très-entières, courtement pétiolées, coriaces, persistantes. Panicules terminales, pyramidales, très-rameuses, feuillées à la base. Fleurs petites, très-nombreuses, blanches.

Ce genre n'est fondé que sur l'espèce suivante:

Ligustride du Japon. — *Ligustridium japonicum* Spach. — *Ligustrum japonicum* Thunb. Flor. Jap. tab. 1. — *Ligustrum lucidum* Hort. Kew. — Wats. Dendrol. Brit. tab. 137. — Bot. Mag. tab. 2565.

Buisson haut de 5 à 10 pieds, très-touffu, entièrement glabre. Rameaux presque dressés. Ramules cylindriques, ponctués. Feuilles longues de 2 à 4 pouces, larges de 6 lignes à 2 pouces, très-lisses, luisantes, finement penniveinées, d'un vert plus ou moins foncé en dessus, d'un glauque pâle en dessous, ovales, ou ovales-oblongues, ou ovales-lancéolées, ou elliptiques-oblongues, ou elliptiques, ou lancéolées-elliptiques, ou lancéolées-oblongues, pointues, ou obtuses, subacuminées, cunéiformes ou arrondies à la base. Pétiole long de 3 à 6 lignes, semi-cylindrique, plane en dessus, souvent d'un pourpre violet. Panicule longue de 4 pouces à 1 pied, dressée, assez dense: ramules primaires opposés, plus ou moins divergents de même que les ramules secondaires et tertiaires; pédicelles tétraèdres, très-courts, disposés tantôt en grappe, tantôt en cymules. Bractéoles minimes, dentiformes, apprimées. Calice long d'environ 1/2 ligne. Corolle longue de 2 lignes: tube un peu plus court que le calice; lobes elliptiques-oblongs, subovales. Filets presque aussi longs que la corolle. Anthères obtuses, presque aussi longues que les filets : connectif inapparent. Ovaire minime. Style saillant, dressé, rectiligne. Drupe du volume d'un petit Pois, subglobuleux, bleu ; noyau ovoïde, oblique. Graine à tégument crustacé, rugueux, adhérent au périsperme. Périsperme épais, charnu. Embryon aussi long que le périsperme ; cotylédons minces, ovales, obtus ; radicule grêle, columnaire, obtuse, aussi longue que les cotylédons.

Cet arbrisseau élégant est indigène en Chine et au Japon ; il résiste en plein air aux hivers du nord de la France, et y donne même des graines fécondes. La floraison a lieu en été.

Genre TROËNE. — *Ligustrum* Tourn.

Calice court, persistant, tronqué, 4-denticulé. Corolle infondibuliforme ou rotacée, 4-fide ; estivation valvaire. Étamines 2 (accidentellement 3 ou 4), saillantes, insérées à la gorge de la corolle ; filets filiformes ; anthères submédifixes, versatiles, latéralement déhiscentes, elliptiques. Ovaire subglobuleux, biloculaire ; loges 2-ovulées ; ovules collatéraux, suspendus au sommet de l'angle interne. Style filiforme. Stigmate subclaviforme, bifide au sommet. Baie 1-ou 2-loculaire ; loges 1-ou 2-spermes ; endocarpe très-mince. Graines comprimées, ou cylindriques, ou anguleuses.

Arbrisseaux. Bourgeons axillaires et terminaux, écailleux. Feuilles opposées, très-entières, courtement pétiolées, subcoriaces, subpersistantes. Pétiole semi-cylindrique, marginé, canaliculé en dessus. Inflorescences thyrsiformes, feuillées à la base, solitaires au sommet des jeunes pousses ; pédicelles courts, subarticulés à la base, en général géminés ou ternés : les latéraux 1-bractéolés à la base. Fleurs petites, très-nombreuses, odorantes. Corolle blanche. Filets dressés, divergents après l'anthèse. Anthères jaunes, sans connectif apparent. Disque petit, cupuliforme, adné au fond du calice. Ovaire à l'époque de la floraison très-petit, plus court que le calice ; cloison charnue ; axe central nul. Stigmate aussi long ou plus long que le style, débordé par les anthères. Baie petite, succulente, subglobuleuse. Graines subovales ou oblongues, obtuses aux 2 bouts; tégument mince, subcoriace, adhérent au périsperme. Périsperme charnu, épais. Embryon presque aussi long que le périsperme; cotylédons minces, elliptiques, obtus, plus longs que la radicule; radicule grêle, columnaire, obtuse.

Ce genre n'est fondé que sur les deux espèces dont nous allons traiter (1).

SECTION I.

Thyrse à ramules dressés ou presque dressés, très-glabre de même que le rachis et les pédicelles. Tube calicinal campanulé, un peu charnu. Corolle infondibuliforme : tube plus long que le calice. Baie 2-4-sperme.

TROÈNE COMMUN. — *Ligustrum vulgare* Linn. — Gærtn. Fruct. 2, tab. 92. — Bull. Herb. tab. 295. — Duham. Arb. ed. nov. v. 3, tab. 49. — Engl. Bot. tab. 764. — Flor. Dan. tab. 1141. — Svensk Bot. tab. 415. — Schk. Handb. tab. 2. — Guimp. et Hayn. Deutsch. Holz. tab. 1. — Schmidt, Baumz. tab. 147.

Variétés de culture.

A FEUILLES PERSISTANTES.

A FEUILLES PANACHÉES. (*Ligustrum italicum* Mill.)

A FRUIT BLANC.

Feuilles lancéolées, ou lancéolées-oblongues, ou lancéolées-elliptiques, ou lancéolées-obovales, ou oblongues, ou elliptiques-oblongues, obtuses, ou rétuses, ou pointues, ou acuminées, mutiques, ou mucronées, très-glabres. Thyrse ovale ou pyrami-

---

(1) Le *Ligustrum japonicum* Thunb., ayant le fruit drupacé, constitue notre genre *Ligustridium*.

dal, assez dense. Lobes de la corolle ovales ou oblongs, acuminulés, étalés, plus ou moins recourbés, de moitié plus longs que le tube, 2 fois plus longs que les filets.

Buisson touffu, très-glabre, haut de 5 à 12 pieds. Racines longues, rampantes. Branches et rameaux vagues, d'un brun grisâtre. Jeunes pousses (du moins les terminales) grêles, effilées, flexibles, un peu comprimées, ponctuées. Les ramules provenant des bourgeons axillaires sont en général très-raccourcis et couronnés d'une rosette de feuilles plus petites que les feuilles des ramules allongés. Bourgeons bruns : les axillaires très-petits, subglobuleux ; les terminaux plus grands, pyramidaux, tétragones. Feuilles longues de 6 lignes à 1 pouce, larges de 3 à 15 lignes, lisses et luisantes aux 2 faces, d'un beau vert (plus clair en dessus), subverticales. Pétiole long de 2 à 4 lignes. Thyrses longs de 1 pouce à 4 pouces, sessiles, dressés ; panicules-partielles opposées, ou moins souvent alternes, pédonculées, subracémiformes, composées de cymules sessiles ou subsessiles. Bractéoles minimes, subulées, non-persistantes. Calice vert, long à peine de ½ ligne : dents minimes, pointues, dressées. Corolle longue d'environ 3 lignes, accidentellement 5-ou 6-fide. Anthères cordiformes à la base, mucronées, plus longues que les filets. Baie du volume d'un gros Pois, luisante, ordinairement d'un bleu noirâtre ; épicarpe subcoriace ; chair d'un brun roux. Graines lisses, luisantes, d'un brun noirâtre, ovales, lenticulaires, ou planes d'un côté et convexes de l'autre.

Cette espèce, connue sous le nom vulgaire de *Troëne*, habite presque toute l'Europe (excepté le nord), ainsi que l'Orient et l'Afrique septentrionale. Elle est commune en France, dans les haies et aux bords des bois. Elle ne se refuse point à croître dans les terrains les plus ingrats, pourvu qu'ils ne soient pas trop humides ; mais elle prospère surtout dans les sols sablonneux. La floraison a lieu en juin ou en juillet. Les fruits mûrissent en automne, et ils persistent jusqu'à la fin de l'hiver. Dans le nord de la France, le feuillage tombe au commencement de l'hiver ; dans les contrées plus méridionales il se maintient jusqu'au printemps.

Le bois du Troëne est de couleur blanche, très-dur et tenace; il sert à des ouvrages de tour, et à la confection de toutes sortes d'outils; on l'emploie aussi, de même que son écorce, à teindre les laines en jaune. Les jeunes pousses, à raison de leur flexibilité, sont recherchées pour la vannerie. En Flandre et ailleurs, on a coutume de colorer le vin avec le suc des baies, qui d'ailleurs sont amères et astringentes, et peuvent, au besoin, remplacer la noix de galle dans la préparation de l'encre; on en extrait aussi une couleur d'un bleu violet, dont on fait usage pour enluminer les cartes à jeu et les estampes communes. Les feuilles sont astringentes et amères; leur décoction se prescrivait jadis, en gargarisme, contre les ulcères de la bouche, les aphtes, et les affections scorbutiques des gencives.

Le Troëne se prêtant fort bien à la taille, on en forme fréquemment des haies et des palissades; l'élégance de ses fleurs le fait planter dans les bosquets.

SECTION II.

Thyrse à ramules horizontaux, plus ou moins inclinés, pubescents de même que le rachis et les pédicelles. Tube calicinal cyathiforme, presque membraneux. Corolle rotacée : tube à peine aussi long que le calice. Baie ordinairement monosperme.

TROËNE DU NÉPAUL. — *Ligustrum nepalense* Wallich, Plant. Rar. Asiat. tab. 271. — Bot. Mag. tab. 2921.

Feuilles ovales, ou ovales-elliptiques, ou ovales-lancéolées, ou elliptiques, ou elliptiques-oblongues, ou lancéolées-elliptiques, arrondies ou cunéiformes à la base, acuminées, glabres, ou pubérules en dessous (les naissantes cotonneuses de même que les jeunes pousses). Thyrse pyramidal ou paniculé, lâche. Lobes de la corolle oblongs, pointus, 2 fois plus longs que le tube, un peu plus courts que les étamines.

Arbrisseau. (Arbre dans son climat natal.) Ramules florifères subdivariqués, subcylindriques, en général courts. Feuilles longues de 1 ½ pouce à 4 pouces, larges de 6 lignes à 2 pouces, d'un vert clair, un peu luisantes. Pétiole cotonneux, long de 2 à 4 lignes. Thyrses longs de 2 à 6 pouces, sessiles, ou courtement pédonculés; ramules tantôt opposés, tantôt alternes. Pédicelles opposés ou alternes, ordinairement bractéolés à la base, très-courts, tantôt en grappes, tantôt en cymules. Bractéoles minimes, subulées. Calice glabre, à peine long de 1 ligne. Corolle large d'environ 2 lignes. Baie semblable à celle du Troëne commun. Graine oblongue, subcylindrique.

Cette espèce se cultive comme arbrisseau d'ornement.

SECTION II. LILACINÉES. — *Lilaceneæ* Spach.

Fleurs hermaphrodites. Corolle campanulée, ou tubuleuse, ou de 4 pétales soudés 2 à 2 par la base. Péricarpe : capsule ou samare. — Feuilles simples.

Genre FORSYTHIA. — *Forsythia* Vahl.

Calice campanulé, 4-parti, non-persistant. Corolle subcampanulée, profondément 4-fide ; lobes contournés en estivation. Étamines 2, incluses, insérées au fond de la corolle ; filets très-courts, cylindriques ; anthères basifixes, innées, introrses, ovales, échancrées aux 2 bouts. Ovaire 2-loculaire ; loges multi-ovulées ; ovules suspendus ; axe central épais. Style court, indivisé. Stigmate capitellé, bilobé. Capsule ligneuse, ovale, comprimée, biloculaire, loculicide-bivalve, polysperme. Graines oblongues, comprimées, suspendues, ailées d'un côté.

Arbrisseau. Rameaux opposés, souvent pendants. Bourgeons écailleux : les uns floraux, les autres foliaires. Feuilles tantôt opposées, tantôt verticillées-ternées ou quaternées, tantôt simples (dentelées et indivisées, ou trifides), tantôt 3-foliolées. Fleurs précoces, solitaires dans chaque bourgeon, opposées, ou verticillées (sur les ramules de l'année précédente). Calice à tube très-court, campanulé;

limbe à lanières égales, dressées. Corolle d'un jaune vif : tube courtement campanulé; limbe à lanières égales, dressées. Étamines dressées. Ovaire subglobuleux. Style cylindrique, droit, non-persistant. Capsule à placentaire bipartible, entraîné par les valves. Graines au nombre de 6 à 10 dans chaque loge, oblongues, obtuses aux 2 bouts, convexes au dos, anguleuses antérieurement; tégument extérieur membraneux, finement réticulé; périsperme huileux, blanc. Embryon presque aussi long que le périsperme : radicule grêle, cylindrique, obtuse; cotylédons foliacés, veineux, oblongs, obtus. (*Siebold et Zuccar. Flor. Jap.*)

L'espèce dont nous allons parler, constitue à elle seule le genre.

Forsythia récliné. — *Forsythia suspensa* Vahl. — Siebold et Zuccar. Flor. Japon. 1, p. 12; tab. 3. — *Syringa suspensa* Thunb. Flor. Japon.

Arbrisseau haut de 8 à 12 pieds, à tronc atteignant 2 à 3 pouces de diamètre. Rameaux tantôt dressés, tantôt réclinés, ou pendants, grêles, effilés : les jeunes anguleux; les adultes cylindriques; écorce d'un blanc rougeâtre. Feuilles longues de 2 à 3 pouces, larges de 18 à 24 lignes, glabres aux 2 faces, glauques en dessous, non-persistantes, pétiolées, tantôt ovales, pointues, tantôt à 3 folioles dont la terminale plus grande et semblable aux feuilles simples, les deux latérales petites, courtement pétiolulées, ovales-lancéolées, soit très-entières, soit dentelées (la même branche offre souvent à la fois des feuilles simples et des feuilles trifoliolées); pétiole long d'environ 1 pouce. Fleurs pédonculées, non-bractéolées, mais accompagnées des écailles des bourgeons. Pédoncules presque dressés, cylindriques, glabres, longs de 6 à 8 lignes. Calice à segments ovales ou ovales-lancéolés, pointus, glabres, verdâtres, 2 fois plus courts que la corolle. Corolle longue d'environ 8 lignes : tube très-court; limbe à lanières obtuses, ou subobtuses, ovales. Capsule ovale ou ovale-elliptique, pointue. Graines brunes.

« Ce joli arbrisseau, dit M. de Siebold, quoique cultivé dans « tous les jardins, ne se trouve au Japon que très-rarement dans « un état sauvage, et paraît par conséquent introduit de la « Chine; cela est même certain relativement aux variétés culti- « vées. — Les fleurs paraissent avant les feuilles, aux mois de « mars et d'avril, et quelquefois de nouveau en automne. On « recueille les capsules à la fin de l'été, avant qu'elles ne s'ou- « vrent, on les sèche, et l'on s'en sert comme d'un excellent re- « mède contre l'hydropisie, les fièvres intermittentes et les maux « de vers; les médecins japonais en ordonnent aussi la tisane « dans les cas de tumeurs lymphatiques, d'abcès et de maladies « cutanées.

« On aime à planter le *Forsythia* dans les jardins, à côté « d'arbres toujours verts, pour augmenter par un fond obscur la « bigarrure de ses fleurs jaunes avec celles des *Camellia*, des « pêchers et des abricotiers, qui fleurissent à la même époque. « Sa multiplication se fait très-facilement par boutures, et les « branches de la variété réclinée poussent même des racines « pour peu qu'on recouvre leurs sommités de terre. — Nous « devons l'introduction de cette belle plante en Hollande, à « M. Verkerk Pistorius, qui l'a heureusement transportée du « Japon, en 1833. »

Genre LILAS. — *Syringa* Linn.

Calice campanulé ou cyathiforme, 4-denté, ou 4-fide et bilabié, persistant. Disque petit, annulaire, adné au fond du calice. Corolle hypocratériforme ou infondibuliforme; tube beaucoup plus long que le calice; limbe à 4 lobes valvaires en préfloraison. Étamines 2, incluses, insérées au tube de la corolle; filets très-courts, subulés; anthères cordiformes-elliptiques, médifixes, mobiles, dressées, latéralement déhiscentes. Ovaire 2-loculaire; loges 2-ovulées; ovules collatéraux, suspendus au sommet de l'angle interne. Style filiforme, dressé, rectiligne, inclus. Stigmate subclaviforme, bifide au sommet. Capsule comprimée, ou prismatique, coriace, 2-loculaire, loculicide-bivalve; loges dispermes, ou par avortement monospermes. Graines comprimées ou prismatiques, légèrement ailées aux bords, ou marginées.

Arbrisseaux. Bourgeons axillaires et terminaux, écailleux : les uns floraux (ordinairement terminaux, soit solitaires, soit ternés; rarement à la fois foliaires et floraux); les autres foliaires. Feuilles opposées, pétiolées, très-entières (pennatiparties dans une variété); pétiole subcylindrique, canaliculé en dessus, marginé. Inflorescences terminales, ou latérales et terminales, aphylles, ou rarement feuillées à la base, nues, ou bractéolées, thyrsiformes; ramifications primaires et secondaires opposées; pédicelles filiformes, anguleux, inarticulés, courts, ou rarement allongés, finalement épaissis au sommet, dressés, ébractéolés, ou accompagnés d'une bractéole subulée nonpersistante. Floraison en général aussi précoce que les feuilles. Fleurs assez grandes, très-abondantes, odorantes. Calice petit, en général de forme variable; dents dressées. Corolle de couleur lilas ou violette (par variation blanche, ou pourpre, ou panachée). Anthères jaunes, comprimées, obtuses, ou échancrées; bourses bivalves; connectif inapparent. Ovaire ovoïde, obscurément tétragone, à l'époque de la floraison plus court que le calice; cloison charnue, assez épaisse; loges remplies par les ovules. Stigmate plus gros que le style, papilleux, débordé par les anthères; lobes tantôt égaux, tantôt inégaux, divergents avant l'anthèse, puis connivents. Capsule persistante; loges remplies par les graines; valves cymbiformes, carénées au dos; cloison cartilagineuse, bipartible. Graines anatropes, suspendues; tégument lisse, membraneux, séparable. Périsperme charnu. Embryon presque aussi long que le périsperme : cotylédons minces, oblongs, obtus, un peu plus longs que la radicule; radicule grêle, columnaire, obtuse.

Ce genre, propre aux régions tempérées du nord de l'ancien continent, renferme 5 espèces.

SECTION I.

Thyrses terminaux, feuillés à la base, toujours dressés. Calice campanulé, sinuolé-quadridenté.

A. *Floraison beaucoup moins précoce que les feuilles. Thyrse nu, naissant au sommet d'un ramule feuillé; ramifications primaires courtes, distantes, densiflores. Corolle infondibuliforme : lobes dressés, un peu connivents. Capsule subcolumnaire, obtuse, obscurément tétragone.*

LILAS JOSIKÉA. — *Syringa Josikœa* Jacq. fil. — Reichenb. Plant. Crit. vol. 8, fig. 1049. — Bot. Mag. tab. 3278. — Bot. Reg. tab. 1333.

Feuilles lancéolées, ou lancéolées-oblongues, ou lancéolées-elliptiques, ou lancéolées-obovales, acuminées, cunéiformes à la base, très-glauques en dessous, scabres et un peu ondulées aux bords. Thyrse interrompu, aphylle excepté à la base. Pédicelles très-courts. Lobes de la corolle ovales, subcuculliformes, 4 fois plus courts que le tube, terminés en languette infléchie. Graines ailées.

Arbrisseau haut de 10 pieds et plus. Rameaux et ramules plus ou moins divergents, cylindriques, subdichotomes. Jeunes pousses anguleuses, parsemées d'une pubescence glandulifère très-fine. Feuilles longues de 2 à 4 pouces, larges de 10 à 20 lignes, rugueuses, glabres, fermes, d'un vert foncé en dessus, très-glauques en dessous; pétiole long de 3 à 6 lignes, souvent violet ou brunâtre, assez gros. Bourgeons ovoïdes, finement pubérules : les axillaires obtus; le terminal plus gros, pointu; écailles mucronées, carénées, subovales. Ramules florifères solitaires ou géminés, terminaux, plus ou moins allongés, raides, dressés. Thyrse long de 3 à 6 pouces, sessile, composé de petites panicules sessiles, subovales, très-denses. Pédicelles ébractéolés, plus courts que le calice ou à peine aussi longs. Calice long de $^1/_2$ ligne, glabre, verdâtre, ou violet : dents pointues ou acuminées, courtes, triangulaires. Corolle longue de 4 à 6 lignes, d'un lilas violet. Étamines insérées vers le milieu du tube; anthères échancrées. Capsule longue d'environ 4 lignes.

Cette espèce intéressante, découverte assez récemment en Transylvanie, par la comtesse Josika, ne se cultive que depuis quelques années; elle mérite une place dans tous les jardins, surtout à cause de l'époque de sa floraison, qui commence lorsque celle de tous les autres Lilas vient à se passer. D'ailleurs les fleurs du *Lilas Josikéa* ne sont ni moins belles, ni moins odorantes que celles de ses congénères.

B. *Floraison presque aussi précoce que les feuilles. Thyrse naissant immédiatement du bourgeon: ramifications primaires très-rapprochées, accompagnées (du moins les inférieures) d'une bractée foliacée caduque peu après la floraison. Corolle hypocratériforme; lobes presque étalés, un peu connivents. Capsule ovale-lenticulaire, acuminée.*

Lilas commun. — *Syringa vulgaris* Linn. — Gærtn. Fruct. 1, tab. 49, fig. 4. — Bull. Herb. tab. 265. — Bot. Mag. tab. 153. — Duham. ed. nov. vol. 2, tab. 61. — Schmidt, Baumz. tab. 77. — *Lilac vulgaris* Lamk.

Feuilles ovales, acuminées, lisses, cordiformes ou subcordiformes à la base, vertes ou à peine glauques en dessous. Thyrses denses, pyramidaux. Pédicelles à peu près aussi longs que le calice. Lobes de la corolle obovales, ou elliptiques-obovales, ou arrondis, de moitié à une fois plus courts que le tube. Graines ailées.

Arbrisseau ou buisson haut de 10 à 20 pieds. Tête lâche. Branches dressées ou presque dressées. Rameaux plus ou moins divergents, cylindriques, brunâtres. Jeunes pousses anguleuses, parsemées de glandules ponctiformes. Bourgeons ovoïdes, subobtus, glabres. Feuilles longues de 2 à 5 pouces, larges de 1 pouce à 4 pouces, glabres, assez fermes, d'un vert gai en dessus, d'un vert pâle ou un peu glauque en dessous; pétiole long de 6 à 15 lignes, grêle. Thyrses solitaires ou géminés au sommet des ramules de l'année précédente, longs de 4 pouces à 1 pied, sessiles, ou courtement pédonculés, composés de panicules pédonculées, assez denses, multiflores. Calice verdâtre ou violet, long d'environ 1 ligne, parsemé de glandules stipitées; dents triangulaires, pointues. Corolle en général de couleur lilas (par variation pourpre, ou violette, ou blanche, ou panachée); tube long d'environ 6 lignes. Capsule longue de 5 à 7 lignes, large de 3 à 4 lignes. Graines minces, brunes, oblongues, rétrécies aux 2 bouts, planes d'un côté, légèrement convexes et carénées de l'autre; aile opaque, brunâtre, pointue au sommet, moins large que l'amande.

Cette espèce, si communément cultivée comme arbrisseau d'ornement, paraît originaire de l'Asie-Mineure. On la cultivait d'abord à Constantinople, sous le nom de *Lilac*, et c'est de là qu'elle fut répandue dans les autres contrées de l'Europe, vers la fin du XVIe siècle.

Le *Lilas commun* est si peu sensible au froid, qu'il résiste en plein air même au climat de la Norwége; aussi se propaget-il dans beaucoup de localités, sans les soins de la culture. La variété dite *Lilas de Marly*, se fait remarquer par des thyrses plus denses, à fleurs plus grandes et d'un pourpre violet.

Le Lilas prend de greffe sur les Frênes, malgré le peu d'affinité qui semble exister entre les deux genres. Toutefois cette alliance n'est pas durable, et l'on assure que c'est le Lilas qui végète avec une vigueur telle, qu'en peu d'années il épuise le sujet.

Section II.

Thyrses terminaux, ou latéraux et terminaux, aphylles, plus ou moins inclinés durant la floraison. Calice bilabié ou inégalement quadrifide.

A. *Thyrses terminaux, ou subterminaux (disposés en panicule pyramidale), pyramidaux. Calice cyathiforme. Corolle à lobes recourbés ou révolutés, très-étalés, presque aussi longs que le tube.*

Lilas de Chine. — *Syringa chinensis* Willd. Enum. — *Lilac rothomagensis* Duham. ed. nov. v. 2, tab. 63. — *Sy-*

ringa rothomagensis et *Syringa speciosa* Hortul. — *Lilac persico-ligustrina* Duham. l. c. tab. 62. — *Syringa dubia* Pers. Ench.

Feuilles ovales, ou ovales-lancéolées, ou oblongues-lancéolées, ou ovales-oblongues, acuminées, arrondies ou subcunéiformes à la base, lisses, subconcolores. Pédicelles en général plus longs que le calice. Dents ou lanières calicinales triangulaires-lancéolées, ou linéaires-lancéolées, acuminées. Capsule....

Buisson, ou petit arbre haut de 10 à 15 pieds. Tronc court, tortueux, atteignant 1 pied de diamètre. Tête arrondie. Ramules florifères plus ou moins réclinés durant la floraison, grêles, effilés, anguleux, brunâtres, ponctués de petites verrues blanchâtres. Jeunes pousses dressées, d'ailleurs semblables aux ramules florifères. Feuilles plus petites que celles du Lilas commun (longues de 1 pouce à 3 pouces), d'un vert plus ou moins foncé en dessus, d'un vert pâle en dessous. Thyrses longs de 3 pouces à 1 pied, sessiles, ou courtement pédonculés, bractéolés, en général géminés à l'extrémité des ramules de l'année précédente (moins souvent latéraux et terminaux), assez denses, composés de petites panicules (tantôt corymbiformes, tantôt subpyramidales) pédonculées. Calice long d'environ 1 ligne, verdâtre, ou violet, glabre, tantôt inégalement 4-fide, tantôt bilabié (lèvres tantôt bifides, ou bidentées, tantôt l'une indivisée, l'autre trifide ou tridentée). Corolle de la grandeur de celle du *Lilas commun*, en général d'un pourpre violet; lobes obovales, ou oblongs-obovales, en général acuminulés.

Cette espèce, connue sous le nom vulgaire de *Lilas Varin*, se cultive fréquemment dans les jardins. Suivant quelques auteurs, elle serait originaire de Chine, tandis que d'autres la considèrent comme une hybride du *Lilas commun* et du *Lilas de Perse;* cette dernière opinion est peut-être la mieux fondée, car la plante en question tient exactement le milieu entre les deux autres, et, en outre, elle ne produit jamais de fruits.

B. *Thyrses latéraux et terminaux, courts, subracémiformes, disposés en panicule allongée. Calice campanulé. Corolle à lobes presque étalés, un peu connivents, de moitié plus courts que le tube.*

Lilas de Perse. — *Syringa persica* Linn. — Bot. Mag. tab. 486. — Mill. Dict. tab. 164, fig. 1. — *Lilac persica* Lamk. Enc.

Feuilles ovales-lancéolées, ou oblongues-lancéolées, acuminées, arrondies ou cunéiformes à la base, lisses, glabres, subconcolores. Pédicelles en général plus longs que le calice. Dents ou lanières calicinales obtuses ou pointues, membraneuses aux bords. Capsule subcolumnaire, obtuse, tétragone. Graines trigones ou comprimées, à peine marginées.

— ϐ : À feuilles laciniées. — *Syringa persica laciniata* Hortul. — Schmidt, Arb. tab. 79. — Feuilles pennatiparties, ou tri-parties : segments oblongs, ou oblongs-obovales, ou lancéolés-oblongs (le terminal en général plus grand que les latéraux), acuminulés, mucronés.

Buisson haut de 3 à 6 pieds. Rameaux grêles, vagues. Ramules florifères plus ou moins inclinés durant la floraison, longs, effilés, anguleux, brunâtres, ponctués de même que les jeunes pousses. Jeunes pousses tantôt semblables aux ramules florifères, tantôt très-courtes, de sorte que les feuilles sont comme fasciculées le long de la partie inférieure des ramules de l'année précédente. Feuilles longues de 6 à 18 lignes, larges de 3 à 9 lignes, tantôt d'un vert clair aux 2 faces, tantôt d'un vert plus ou moins foncé en dessus; pétiole long de 3 à 6 lignes. Thyrses (naissant le long de la partie supérieure des ramules de l'année précédente, de manière à former une panicule aphylle longue de 3 à 15 pouces) longs de 1 pouce à 3 pouces, subsessiles, ou courtement pédonculés, assez lâches, bractéolés, composés de cymules 3-7-flores tantôt sessiles, tantôt pédonculées; rachis parsemé (de même que les pédoncules secondaires, les pédicelles les calices) de glandules ponctiformes. Calice long de ½ ligne 1 ligne, verdâtre, ou panaché de violet, tantôt subspathacé, tantôt bilabié (lèvres très-entières, ou 2-dentées, ou bifides, ou bien l'une soit tridentée, soit trifide, l'autre indivisée). Corolle d'un lilas pâle (par variation blanche) : tube long de 3 à 4 lignes; lobes ovales ou obovales, obtus. Capsule longue d'environ 6 lignes. Graines longues de 4 à 5 lignes, larges de 1 ligne, brunes, oblongues, obtuses à la base, pointues au sommet.

Cette espèce, nommée vulgairement *Lilas de Perse*, ou *Jasmin de Perse*, est indigène en Perse et en Géorgie. Elle est beaucoup plus sensible au froid que le *Lilas commun*, et sa floraison est plus tardive; ses fleurs exhalent une odeur plus suave. La variété à feuilles laciniées se désigne communément par le nom de *Lilas à feuilles de Persil.*

Genre FONTANÉSIA. — *Fontanesia* Labill.

Calice minime, campanulé, profondément 4-fide, persistant. Pétales 4, cohérents deux à deux par la base (moyennant le filet de l'étamine correspondante), divariqués, presque étalés, oblongs (1); estivation distante. Étamines 2, longues, dressées, insérées sur la base commune de chaque paire de pétales; filets filiformes; anthères supra-basifixes, innées, oblongues, latéralement déhiscentes. Ovaire en général 2-loculaire, comprimé ; loges 1-ovulées; ovules suspendus au sommet de l'angle interne. Style très-court. Stigmates 2, subulés, divergents. Samare subcoriace, échancrée, 2-loculaire, ou par avortement 1-loculaire, subcoriace, obcordiforme, ou suborbiculaire, ailée aux bords (rarement soit 3-loculaire, trigone, triptère, soit 4-loculaire, tétragone, tétraptère); ailes cartilagineuses, larges; loges monospermes. Graines petites, inadhérentes, cylindracées.

Arbrisseau très-glabre. Bourgeons écailleux, axillaires et terminaux : les uns à la fois floraux et foliaires (disposés

(1) Accidentellement les 4 pétales sont soudés en corolle rotacée 4-partie.

le long des ramules de l'année précédente); les autres (en général terminaux) seulement foliaires. Feuilles très-entières, ou très-finement ciliolées-denticulées, courtement pétiolées, subcoriaces, subpersistantes (du moins dans les contrées dont l'hiver n'est pas rigoureux). Inflorescence très-variable (grappes ou cymules simples; ou bien panicules tantôt racémiformes, tantôt thyrsoïdes, composées soit de grappes, soit de cymules). Pédoncules axillaires, ou axillaires et terminaux, tantôt solitaires, tantôt géminés, 7-ou pluri-flores, ou rarement 3-5-flores, filiformes, ou très-grêles : les axillaires toujours plus courts que les feuilles. Pédicelles courts, filiformes, en général 1-bractéolés à la base. Fleurs petites, légèrement odorantes. Corolle et filets blancs. Anthères d'abord jaunes; après l'anthèse rougeâtres. Pistil très-petit; cloison étroite, charnue, dirigée en sens contraire du plus grand diamètre de la loge. Graines obtuses aux 2 bouts; tégument lisse, membraneux, séparable du périsperme. Périsperme charnu. Embryon grêle, subcylindracé, presque aussi long que le périsperme; cotylédons linéaires-oblongs, obtus, un peu plus longs que la radicule; radicule columnaire, obtuse.

Le genre n'est fondé que sur l'espèce suivante :

Fontanésia Faux-Filaria. — *Fontanesia phyllireoides* Labill. Decad. 1, tab. 1. — Duham. Ed. Nov. v. 1, tab. 5.— Wats. Dendrol. Brit. tab. 2. — Guimp. et Hayn. Fremd. Holz. tab. 91.

Buisson haut de 10 à 20 pieds. Branches vagues. Rameaux grêles : les florifères réclinés ou plus ou moins inclinés. Jeunes pousses effilées, obscurément tétragones, souvent rougeâtres : les florifères en général raccourcies et très-feuillues, simples; les stériles ordinairement très-longues, souvent paniculées au sommet. Feuilles longues de 6 lignes à 3 pouces, larges de 2 à 8 lignes (celles des ramules florifères souvent plus courtes que les autres), d'un vert foncé en dessus, d'un vert pâle ou un peu glauque en dessous, tantôt très-lisses (surtout celles des ramules florifères raccourcis), tantôt scabres en dessus et aux bords : les inférieures (ou souvent toutes celles des ramules florifères) elliptiques, ou oblongues, ou obovales-oblongues, obtuses, ou subobtuses, mucronulées, ou mutiques ; les autres oblongues-lancéolées, ou linéaires-lancéolées, ou sublancéolées, acuminées, ou pointues, mucronées. Pétiole long de 1 ligne à 2 lignes, semi-cylindrique, plane en dessus, souvent marginé. Panicules ordinairement racémiformes, assez denses, longues de 3 lignes à 1 pouce, tantôt sessiles, tantôt pédonculées; cymules 2-7-flores. Bractées petites, subulées. Les pédoncules inférieurs le plus souvent pauciflores, à pédicelles disposés soit en grappe lâche, soit en cymule simple. Pétales longs d'environ 1 ligne, égaux, obtus. Étamines longues de 2 à 3 lignes, conniventes pendant l'anthèse, puis divergentes. Anthères à peu près aussi longues que les filets, échancrées à la base, mucronées, planes antérieurement, convexes et 1-sulquées postérieurement; connectif peu apparent. Pistil plus long que le calice, plus court que la corolle. Stigmates finement papilleux, à peu près aussi longs que l'ovaire. Samare longue de 3 à 5 lignes, brunâtre, nerveuse. Graines longues de 2 à 3 lignes, d'un brun clair.

Cet arbrisseau, qu'on cultive fréquemment dans les jardins, est indigène en Syrie. Dans son climat natal et dans l'Europe méridionale, il ne se dépouille de ses feuilles que lorsqu'il en repousse de nouvelles ; mais dans les contrées plus septentrionales, son feuillage tombe dès l'automne. La floraison a lieu en mai ou juin : à cette époque, le *Fontanésia* offre un aspect assez élégant. Le fruit mûrit avant la fin de l'été.

SECTION III. FRAXINÉES. — *Fraxineæ* Bartl.

Fleurs polygames (en général dioïques) : les unes hermaphrodites; les autres unisexuelles (soit mâles, soit femelles) sans rudiments des organes de l'autre sexe. Corolle de 4 pétales distincts, ou le plus souvent nulle. Péricarpe : samare par avortement 1-sperme,

1-loculaire. Graine conforme à la loge ; tégument lisse, mince ; périsperme charnu.—Feuilles imparipennées (accidentellement ou par exception 1-foliolées).

Genre ORNUS. — *Ornus* Pers.

Calice petit, campanulé, persistant, profondément 4-fide. Pétales 4, lancéolés-linéaires, onguiculés, dressés, divergents. Étamines 2, insérées au fond du calice, dressées, divergentes ; filets longs, capillaires ; anthères basifixes, innées, cordiformes-elliptiques. Ovaire petit, subglobuleux, 2-loculaire ; loges 2-ovulées ; ovules collatéraux, suspendus au sommet de l'angle interne. Style très-court, conique. Stigmate petit, terminal, échancré. Samare plus ou moins comprimée, subcoriace, marginée, terminée en longue aile chartacée.

Arbres. Bourgeons axillaires et terminaux, écailleux, pubérules. Jeunes pousses tronquées au sommet, couronnées par un bourgeon plus gros que les bourgeons axillaires. Feuilles non-persistantes ; pétiole et pétiolules articulés par la base. Floraison moins précoce que les feuilles. Inflorescences terminales, ou axillaires et terminales, trichotomes, paniculées, plus ou moins inclinées. Fleurs petites, odorantes. Anthères jaunes. Filets et pétales blancs.

Ce genre se compose de deux espèces, l'une indigène d'Europe, l'autre du Népaul.

Ornus d'Europe. — *Ornus europæa* Pers. Syn. — *Fraxinus Ornus* Linn. — Duham. Arb. tab. 101. — Lamk. Ill. tab. 858. — Sibth. et Smith, Flor. Græc. tab. 4. — Roch. Bann. fig. 18. — Watson, Dendrol. Brit. tab. 107. — *Fraxinus florifera* Scopol. Carn.

Arbre haut de 15 à 30 pieds. Cime ample, touffue. Rameaux grisâtres ou rougeâtres. Jeunes pousses subcylindriques. Feuilles 5-11-foliolées (ou rarement 3-foliolées), longues de ½ pied à 1 pied. Pétiole semi-cylindrique, plane en dessus, renflé à la base, grêle, glabre, quelquefois marginé ou ailé. Folioles longues de 1 pouce à 5 pouces, larges de 6 à 15 lignes, ou rarement plus, fermes, glabres et d'un vert plus ou moins foncé en dessus, d'un vert pâle en dessous (en général pubérules ou floconneuses sur la côte et aux aisselles des nervures, surtout étant jeunes), subsessiles, ou pétiolulées, lancéolées, ou lancéolées-oblongues, ou oblongues, ou oblongues-lancéolées, ou elliptiques-oblongues, ou ovales, ou ovales-lancéolées, ou obovales, ou lancéolées-obovales, légèrement crénelées, ou érosées-dentées, ou dentelées, acuminées, cunéiformes à la base (rarement arrondies à la base) : les latérales ordinairement inéquilatérales; la terminale équilatérale et plus longuement pétiolulée. Bourgeons roussâtres ou grisâtres, coniques, ou ovoïdes, obtus. Panicule longue de 4 à 8 pouces, terminale, plus ou moins inclinée, assez dense, multiflore, ovale, ou subpyramidale, feuillée aux ramifications inférieures (ou quelquefois seulement à la première trifurcation); ramules grêles, comprimés : les supérieurs accompagnés chacun d'une bractéole subulée caduque; pédicelles capillaires, plus courts que les fleurs, disposés en cymules. Calice minime, à 4 segments linéaires-lancéolés ou triangulaires, pointus, inégaux, dressés. Pétales longs d'environ 4 lignes, larges à peine de $^{1}/_{2}$ ligne, pointus. Filets aussi longs que les pétales. Anthères rétuses, comprimées, latéralement déhiscentes, beaucoup plus courtes que les filets; connectif linéaire. Ovaire plus court que le calice. Samare (y compris l'aile) longue de 8 à 12 lignes, large d'environ 2 lignes, oblongue-spathulée, rétuse, non-stipitée, striée, finalement brunâtre. Graine oblongue, comprimée, lisse, brune, longue de 3 à 4 lignes.

Cette espèce, nommée vulgairement *Frêne à fleurs*, croît dans l'Europe méridionale. On la cultive très-fréquemment dans les plantations d'agrément, et, en effet, elle mérite la préférence qu'on lui accorde en général sur la plupart des vrais Frênes, non-seulement à cause de l'aspect pittoresque qu'elle offre à l'époque de la floraison, mais encore parce que son feuillage n'est point sujet à être dévoré par les cantharides. Les fleurs paraissent en mai ou au commencement de juin ; elles sont très-odorantes.

En Calabre et en Sicile, cet arbre donne la substance purgative connue sous le nom de *Manne* (1). Cette substance, qui n'est autre chose qu'une sève sucrée épaissie par l'influence de la chaleur de l'atmosphère, découle naturellement des gerçures de l'écorce, ou des incisions qu'on y pratique à dessein. Suivant Duhamel, c'est durant le mois de juin, et depuis midi jusqu'au soir, que s'opère cet écoulement de sève, qui se coagule la nuit, à moins que le temps ne soit pluvieux, car, dans ce cas, le produit de la journée se dissout et se perd. Lorsque la sève a cessé de couler spontanément, on fait des incisions profondes dans l'écorce ; le produit est encore très-abondant, mais d'une qualité inférieure. La qualité la plus estimée est celle qu'on trouve à la surface des feuilles, sous forme de petits grains ; mais la récolte de cette sorte de manne est longue et difficile ; aussi n'en trouve-t-on guère dans le commerce.

Genre FRÊNE. — *Fraxinus* Linn.

Calice nul, ou campanulé, ou cupuliforme, 4-ou 5-fide, ou 4-denté, persistant. Corolle nulle. Étamines 2 à 5, insérées au réceptacle ou au fond du calice, pendantes, ou dressées ; filets courts ou allongés ; anthères basifixes, innées. Ovaire petit, 2-loculaire ; loges 2-ovulées ; ovules collatéraux, suspendus au sommet de l'angle interne ou vers le milieu de la cloison. Style court ou allongé. Stigmate bifurqué ou échancré, terminal. Samare comprimée ou cylindrique, subcoriace, marginée, ou immarginée vers la base, terminée en longue aile chartacée.

---

(1) L'*Ornus europæa* n'est pourtant pas le seul arbre qui produise de la manne. Suivant Duhamel et Lamark, la manne de Calabre provient du *Fraxinus rotundifolia* (vulgairement *Frêne à manne*). Desfontaines assure avoir trouvé, au jardin du Muséum, des grains de manne sur les feuilles du *Fraxinus lentiscifolia*, ainsi que sur celles de l'*Ornus europæa*.

Arbres. Bourgeons axillaires et terminaux, écailleux, pubérules. Jeunes pousses tronquées au sommet, couronnées par un bourgeon plus gros que les bourgeons axillaires. Feuilles non-persistantes; pétiole articulé et renflé à la base ainsi qu'à l'insertion des folioles. Inflorescences latérales (c'est-à-dire naissant aux aisselles des feuilles de l'année précédente), trichotomes, paniculées, plus ou moins inclinées, aphylles. Fleurs petites, en général plus précoces que les feuilles. Anthères rougeâtres.

Plusieurs auteurs ont énuméré plus de quarante espèces de Frênes; mais la plupart sont très-douteuses ou fort imparfaitement connues. Ce genre est propre à l'hémisphère septentrional; la plupart des espèces habitent l'Amérique.

SECTION I.

Jeunes pousses cylindriques ou un peu comprimées. Fleurs diandres, dépourvues de calice. Stigmate bifurqué. — Espèces de l'ancien continent.

FRÊNE COMMUN. — *Fraxinus excelsior* Linn. — Flor. Dan. tab. 969. — Duham. ed. nov. vol. 4, tab. 14. — Guimp. et Hayn. Deutsch. Holz. tab. 214. — Blackw. Herb. tab. 328. — *Fraxinus oxyphylla* Marsch. Bieb. — *Fraxinus australis* Gay. — *Fraxinus oxycarpa* Spreng. Syst.

VARIÉTÉS DE CULTURE.

FRÊNE ARGENTÉ. — Folioles panachées de blanc.

FRÊNE GRAVELEUX. — *Fraxinus verrucosa* Link. — Écorce très-raboteuse.

FRÊNE JASPÉ. — Branches et tiges striées longitudinalement de raies jaunes.

FRÊNE DORÉ. — *Fraxinus aurea* Willd. — Branches et rameaux à écorce jaune.

FRÊNE HORIZONTAL. — Branches horizontales (jaunes dans une sous-variété).

Frêne parasol ou Frêne pleureur. — Branches et rameaux réclinés (jaunes dans une sous-variété).

Frêne crépu. — *Fraxinus atrovirens* Desfont. Arb. — Folioles crépues, d'un vert très-foncé.

Frêne monophylle. — *Fraxinus simplicifolia* Willd. — Engl. Bot. tab. 2476. — *Fraxinus monophylla* Desfont. Hort. Par. — *Fraxinus heterophylla* Spreng. Syst. — Feuilles 1- ou 3-foliolées; folioles très-grandes, ovales, ou elliptiques, profondément dentées : côte plusieurs fois articulée.

Frêne nain. — *Fraxinus nana* Hort. Par. — *Fraxinus polemonifolia* Duham. ed. nov. — Buisson très-touffu. Feuilles plus petites, à folioles très-rapprochées, ovales.

Feuilles 9-15-foliolées (rarement pauci-foliolées). Folioles sessiles ou subsessiles (excepté la terminale), lancéolées, ou oblongues-lancéolées, ou ovales-lancéolées, acuminées, acérées, dentelées, ou dentées, ou érosées-crénelées, cunéiformes à la base, souvent pubérules ou floconneuses en dessous le long de la côte, en général grandes. Anthères cordiformes-orbiculaires, subsessiles, obtuses. Samare oblongue, ou elliptique-oblongue, ou elliptique, ou oblongue-spathulée, ou lancéolée-oblongue, arrondie au sommet, ou rétuse, aplatie, non-stipitée.

Arbre atteignant jusqu'à 130 pieds de haut. Cime en général lâche et peu étendue. Tronc droit. Écorce en général lisse et grisâtre. Branches ordinairement dressées. Jeunes pousses vertes, ponctuées, plus ou moins comprimées, glabres. Feuilles 7-15-foliolées (rarement pauci- ou uni-foliolées), longues de 6 à 15 pouces. Pétiole semi-cylindrique, plane en dessus, grêle, blanc, ou verdâtre, glabre, quelquefois marginé ou ailé. Folioles longues de 1 pouce à 5 pouces, larges de 5 lignes à 2 pouces, fermes, d'un vert en général foncé en dessus, d'un vert pâle en dessous, sessiles, ou subsessiles : les latérales ordinairement inéquilatérales; la terminale équilatérale. Bourgeons noirâtres ou d'un brun roux, ovales, ou subglobuleux, obtus. Panicules courtes, subsessiles, multiflores, ovales, ou ovales-oblongues : celles des fleurs mâles assez denses, peu inclinées; celles des fleurs femelles et des fleurs hermaphrodites plus lâches, plus inclinées, finalement pendantes. Pédicelles nus, capillaires, inégaux, ordinairement ternés : les latéraux accompagnés d'une bractéole subulée non-persistante; les fructifères au moins 2 à 3 fois plus courts que le péricarpe. Étamines à peu près aussi longues que le pistil. Filets linéaires. Anthères rouges, sans connectif apparent. Ovaire sessile, ovale; ovules attachés vers le milieu de la cloison. Style linéaire, à peu près aussi long que l'ovaire. Samare (y compris l'aile) longue de 10 à 20 lignes, large de 2 à 5 lignes, finalement brunâtre. Graine elliptique ou oblongue, comprimée, brune, obtuse aux 2 bouts, longue de 4 à 7 lignes. Embryon en général presque aussi long que le périsperme : cotylédons oblongs ou elliptiques-oblongs, 2 fois plus longs que la radicule; radicule grêle, columnaire, obtuse.

Cette espèce, connue sous les noms vulgaires de *Frêne*, ou *Frêne commun*, habite toute l'Europe, ainsi que la Sibérie et l'Orient. Elle se plaît dans les sols frais et légers, ainsi qu'au voisinage des eaux courantes; toutefois on ne la trouve pas moins fréquemment dans les terrains rocailleux et secs. La floraison a lieu dès le commencement du printemps.

Dans les localités favorables, le Frêne devient l'un des plus grands arbres indigènes, et il croît avec rapidité. Il ne craint ni l'ombre, ni le voisinage des autres arbres, tandis que lui-même est très-nuisible à tous les végétaux environnants, parce qu'il épuise la terre au loin, moyennant ses longues racines traçantes; on prétend même que le dégouttement du Frêne endommage toutes les plantes qui en sont atteintes, ce qui a fait dire aux anciens que son ombre était dangereuse. On peut former avec cet arbre de superbes avenues et des massifs, dans les lieux humides; mais on n'aime point le planter près des habitations, parce que son feuillage est souvent dévoré par les cantharides, qui le préfèrent à toute autre nourriture. Néanmoins la variété dite *Frêne parasol* ou *Frêne pleureur* est assez recherchée comme arbre d'ornement, à raison de son port pittoresque.

Le bois du Frêne est dur, quoique blanc, fort uni, et très-liant tant qu'il conserve un peu de sève. On l'emploie de préférence pour des pièces de charronnage qui exigent de la courbure : il est excellent pour les cercles des cuves, les tonneaux et différents outils; on s'en sert rarement pour la charpente, parce qu'il est très-sujet à être piqué par les vers; mais il s'en fait une grande consommation pour des ouvrages de tour et de menuiserie.

L'écorce du Frêne est très-amère; avant la découverte du Quinquina on l'employait souvent comme fébrifuge; aujourd'hui elle est hors d'usage en thérapeutique, quoique jadis elle fût très-vantée contre plusieurs maladies; les teinturiers s'en servent pour obtenir des couleurs bleues, ou jaunes, ou brunes. On prétend que la sève du Frêne peut fournir une manne semblable à celle d'Italie. Les feuilles, au témoignage du docteur Loiseleur-Deslongchamps, sont un bon purgatif, qui peut remplacer le Séné; mais il faut les prendre à plus forte dose. Le bétail est très-friand de ces feuilles; mais lorsqu'elles sont mangées fraîches par les vaches, elles communiquent au lait et au beurre une saveur désagréable; dans certaines contrées, on les fait sécher à l'ombre, et on les emploie en guise de foin.

Frêne a feuilles de Lentisque. — *Fraxinus lentiscifolia* Desfont. Hort. Par. — *Fraxinus parvifolia* Lamk. Dict. — *Fraxinus lugdunensis* Herm. Lugdb. — Pluck. Phyt. tab. 182, fig. 4.

Feuilles 7-13-foliolées ou rarement pauci-foliolées. Folioles sessiles ou subsessiles (excepté la terminale), lancéolées-oblongues, ou oblongues, ou ovales, ou ovales-lancéolées, dentelées, acuminées, pointues, cunéiformes à la base, glabres, en général petites. Samare oblongue, ou lancéolée-oblongue, pointue, ou rétuse.

Arbre beaucoup moins élevé que le *Frêne commun*. Rameaux presque dressés. Jeunes pousses grêles, plus ou moins comprimées, souvent d'un pourpre brunâtre. Feuilles longues de 4 à 8 pouces. Pétiole semi-cylindrique, plane en dessus, grêle, glabre.

Folioles longues de 4 lignes à 3 pouces, larges de 2 à 15 lignes, fermes, d'un vert foncé en dessus, d'un vert pâle en dessous. Bourgeons petits, ovales, obtus, grisâtres, ou ferrugineux. Panicules (suivant Lamark) très-courtes, peu rameuses. Filets des étamines plus longs que ceux du Frêne commun. Samare longue de 20 à 30 lignes, large d'environ 3 lignes, finalement brunâtre. Graine semblable à celle du Frêne commun.

Cette espèce, qui passe pour orignaire de Syrie, se cultive comme arbre d'ornement.

SECTION II.

Fleurs dépourvues de calice, diandres. Stigmate claviforme, à peine échancré. Rameaux et jeunes pousses tétraèdres; angles marginés ou ailés. — Espèce américaine.

FRÊNE QUADRANGULÉ. — *Fraxinus quadrangulata* Michx. Flor. Boreal. Amer. — Michx. Arb. 3, tab. 11.

Feuilles 5-11-foliolées. Folioles subsessiles (excepté la terminale), ovales, ou ovales-oblongues, ou ovales-lancéolées, ou oblongues-lancéolées, acuminées, acérées, dentelées, subcordiformes à la base, pubescentes ou pubérules en dessous (du moins aux nervures); pétiole anguleux, subcanaliculé en dessus. Anthères cordiformes-ovales, obtuses, subsessiles. Samare oblongue ou elliptique-oblongue, aplatie, obtuse aux 2 bouts.

Arbre atteignant 70 pieds de haut, et 12 à 18 pouces de diamètre. Cime touffue, ovale. Écorce grisâtre. Jeunes pousses vertes, ponctuées. Feuilles longues de 6 à 18 pouces. Pétiole grêle, pubérule étant jeune. Folioles longues de 2 à 4 pouces, larges de 6 à 30 lignes, d'un vert gai en dessus, d'un vert pâle en dessous (les jeunes presque cotonneuses), fermes : les latérales en général inéquilatérales à la base; la terminale équilatérale, plus ou moins longuement pétiolulée; dentelures rapprochées, ordinairement triangulaires, souvent mucronées. Bourgeons ferrugineux. Panicules et fleurs semblables à celles du *Frêne commun*. Filets très-courts, larges, dentiformes; anthères à connectif large, linéaire-lancéolé. Ovaire ovale; ovules géminés dans chaque loge, attachés au sommet des loges. Style linéaire, dressé, rectiligne, plus long que l'ovaire. Samare semblable à celle du *Frêne commun*.

Cette espèce ne croît que dans les provinces occidentales des États-Unis; M. A. Michaux l'a observée au Tennessée, au Kentuckey, et dans la partie méridionale de l'Ohio; elle ne prospère que dans les terrains frais et très-fertiles. Dans les localités où cet arbre est abondant, son bois obtient la préférence sur celui de tous les autres Frênes; on le recherche surtout pour le charronnage, ainsi que pour la menuiserie et la charpente interne des maisons. M. Michaux rapporte aussi que l'écorce sert à teindre en bleu.

Le *Frêne quadrangulé* a été introduit en France par Michaux père; on le cultive comme arbre d'agrément.

SECTION III.

Fleurs munies d'un calice, souvent 3-5-andres. Rameaux et jeunes pousses subcylindriques ou comprimés. — Espèces d'Amérique.

A. *Samare très-rétrécie vers la base : loge subcylindrique. Calice campanulé*, 3-5-*fide. Folioles pétiolulées.*

FRÊNE DISCOLORE. — *Fraxinus discolor* Muhlenb. Cat.

— α : A FOLIOLES TRÈS-ENTIÈRES. — *Fraxinus americana* Linn. — *Fraxinus acuminata* Lamk. Dict. — *Fraxinus pannosa* Bosc.

— β : A FOLIOLES DENTELÉES. — *Fraxinus americana* Mich. Arb. v. 3, tab. 8. — *Fraxinus nigra* Bosc. — Desfont. Cat. Hort. Par.

Feuilles 5-9-foliolées (ou rarement paucifoliolées). Folioles ovales, ou elliptiques, ou obovales, ou lancéolées-obovales, ou lancéolées-elliptiques, ou oblongues, ou oblongues-lancéolées, ou ovales-lancéolées, ou (rarement) lancéolées, acuminées, cunéiformes ou arrondies ou subcordiformes à la base, pétiolulées, très-glauques en dessous (les naissantes pubescentes; les adultes en général pubérules seulement aux nervures). Pétiole subcylindrique, plane en dessus. Calice campanulé, irrégulièrement 3-5-fide. Filets filiformes, saillants, presque aussi longs que les anthères. Anthères oblongues-lancéolées, ou ovales-lancéolées, longuement mucronées. Samare lancéolée-oblongue, obtuse, comme stipitée.

Arbre atteignant la hauteur de 80 pieds et 3 pieds de diamètre. Tronc droit : écorce blanchâtre, finalement sillonnée. Cîme ample, touffue, ovale. Rameaux lisses, glauques, ou d'un vert olivâtre, cylindriques. Jeunes pousses grêles, plus ou moins comprimées. Feuilles longues de 6 à 15 pouces. Pétiole grêle, souvent glauque. Folioles longues de 2 à 8 pouces (les deux inférieures souvent beaucoup plus petites que les autres; la terminale souvent beaucoup plus grande que les latérales), larges de 6 lignes à 5 pouces, fermes, d'un vert plus ou moins foncé en dessus, tantôt très-entières, tantôt légèrement érosées-crénelées, tantôt plus ou moins profondément dentelées, terminées brusquement en pointe plus ou moins allongée, tantôt acérée, tantôt obtuse; dentelures obtuses ou pointues, mutiques ou mucronées, en général inégales et écartées; pétiolule canaliculé: celui des folioles latérales court; celui de la foliole terminale long de 6 à 18 lignes. Bourgeons pubérules-ferrugineux. Panicules semblables à celles du Frêne commun : les fructifères longues de 3 à 5 pouces. Segments calicinaux lancéolés ou linéaires-lancéolés, quelquefois fimbriés. Samare longue de 18 lignes à 2 pouces, finalement brune. Graine subcylindrique, longue de 6 à 9 lignes.

Cette espèce est commune au Canada et dans les provinces septentrionales des États-Unis, où on la nomme *White Ash* (Frêne blanc); elle se plaît dans les expositions froides et dans les localités très-humides.

Le *Frêne blanc*, dit M. Michaux, est l'espèce la plus intéressante parmi ses congénères d'Amérique, à raison des qualités de son bois, de la rapidité de sa croissance, et de l'élégance de son feuillage. Le bois de ce Frêne est de couleur rougeâtre; on l'estime beaucoup à cause de sa force, de sa souplesse et de son élasticité; il est employé avec avantage à une multitude d'usages, surtout au charronnage et à la menuiserie; son élasticité le rend supérieur à tout autre bois, pour la confection des rames.

Ce Frêne est introduit depuis longtemps en Europe; mais on ne le trouve guère ailleurs que dans les jardins paysagers et autres plantations d'agrément; son feuillage est plus élégant que celui du *Frêne commun*, et il est beaucoup moins sujet à être dévoré par les cantharides. M. A. Michaux pense que le *Frêne blanc* mérite d'être cultivé comme arbre forestier, de préférence au *Frêne commun*.

B. *Samare non-rétrécie : loge comprimée. Calice minime, tantôt cupuliforme et irrégulièrement 2-4-denté, tantôt tronqué et marginiforme. Folioles sessiles (excepté la terminale).*

Frêne a feuilles de Sureau. — *Fraxinus sambucifolia* Lamk. Enc. — Mich. Arb. 3, tab. 12.

Feuilles 7- ou 9-foliolées. Folioles ovales-lancéolées, ou oblongues-lancéolées, acuminées, dentelées, arrondies à la base, cotonneuses-ferrugineuses en dessous aux nervures. Pétiole subcylindrique, plane en dessus. Anthères subsessiles, oblongues, mucronées. Samare elliptique ou elliptique-oblongue, rétuse.

Arbre atteignant la hauteur de 60 à 70 pieds, et environ 2 pieds de diamètre. Écorce grisâtre, un peu sillonnée sur les vieux troncs; épiderme (suivant M. A. Michaux) séparable en larges feuillets. Ramules ponctuées de petites verrues d'un bleu noirâtre de même que les bourgeons. Feuilles longues de 6 à 18 pouces. Pétiole grêle, glabre. Folioles longues de 1 pouce à 5 pouces, d'un vert foncé en dessus, d'un vert pâle en dessous : les latérales à base plus ou moins inéquilatérale; la terminale équilatérale, cunéiforme à la base, courtement pétiolulée; dentelures pointues, égales, contiguës. Panicules fructifères longues de 3 à 5 pouces. Samare longue de 12 à 15 lignes, large de 3 à 5 lignes, brunâtre. Graine elliptique ou oblongue, comprimée, longue de 4 à 6 lignes.

Cette espèce abonde dans les provinces septentrionales des États-Unis et au Canada; on la désigne par les noms de *Black Ash* (*Frêne noir*) et *Water Ash* (*Frêne aquatique*). Elle ne prospère que dans les localités très-humides ou sujettes aux inondations.

Le bois du *Frêne noir*, dit M. A. Michaux, est de couleur foncée et d'une texture fine; il est plus fort et plus élastique que celui du *Frêne blanc* (*Fraxinus discolor* Mühl), mais moins durable étant exposé aux alternatives de l'humidité et de la sécheresse. Les cendres de l'arbre contiennent beaucoup d'alcali.

M. Michaux pense que le *Frêne noir* mérite d'être cultivé comme arbre forestier dans le nord de l'Europe.

VINGT-CINQUIÈME CLASSE.

LES RUBIACINÉES.

RUBIACINEÆ Bartl.

CARACTÈRES.

Herbes, ou *sous-arbrisseaux*, ou *arbrisseaux*, ou *arbres*. Sucs-propres aqueux. Tiges et rameaux cylindriques ou tétragones, noueux avec articulation.

Feuilles opposées ou verticillées, simples (rarement imparipennées), en général très-entières (rarement dentelées ou incisées), stipulées, ou non-stipulées. Stipules solitaires et interpétiolaires, ou moins souvent bilatérales.

Fleurs régulières, ou moins souvent irrégulières, hermaphrodites, ou rarement unisexuelles par avortement. Inflorescence très-variée.

Calice adhérent à l'ovaire; limbe (quelquefois inapparent ou réduit à un petit rebord très-entier) périgyne ou épigyne, persistant, ou non-persistant, plus ou moins profondément 2-à 10-fide, ou 2-à 10-denté.

Corolle tubuleuse, ou campanulée, ou rotacée, régulière, ou irrégulière, non-persistante, le plus souvent 4-ou 5-lobée: lobes alternes avec ceux du calice; estivation valvaire, ou contortive, ou imbricative.

Étamines insérées au tube ou à la gorge de la corolle, engénéral en même nombre que les lobes de celle-ci, ou par avortement moins, interposées. Filets libres. Anthères innées ou versatiles, dithèques : bourses contiguës ou presque contiguës, parallèles, longitudinalement bivalves.

Pistil : Ovaire 2-10-loculaire (par exception 1-loculaire), adné au calice; loges uni-ou pluri-ovulées; placentaires en général axiles. Style indivisé, ou bifide; quelquefois 2 styles distincts. Stigmates très-entiers, ou bifides, ou lobés, terminaux, ou faciaux.

Péricarpe drupacé, ou nucamentacé, ou capsulaire, ou diérésilien, ou carcérulaire, ou baccien, 1-10-loculaire; loges monospermes, ou oligospermes, ou polyspermes.

Graines anatropes, ou amphitropes, ou campylotropes, périspermées, ou apérispermées. Embryon rectiligne, ou curviligne.

Cette classe, très-riche en espèces abondant surtout dans la zône équatoriale, se compose des *Viburnées*, des *Caprifoliacées*, des *Rubiacées* et des *Lygodysodéacées*.

CENT VINGT-TROISIÈME FAMILLE.

LES VIBURNÉES. — *VIBURNEÆ.*

Viburneæ Bartl. Ord. Nat. p. 214. — *Caprifoliorum* sectio, Juss. Gen. — *Sambuceæ* Kunth, in Humb. et Bonpl. Nov. Gen. et Spec. v. 3, p. 424. — *Caprifoliaceæ*, trib. I : *Sambuceæ* De Cand. Prodr. vol. 4, p. 321. — *Valerianeæ*, sectio III : *Sambuceæ* Reichenb. Syst. Nat. p. 178. — *Loniceræ*, subord. II : *Sambuceæ* Endl. Gen. 1, p. 569.

Ce groupe, qui ne diffère guère des Caprifoliacées, est en outre très-voisin tant des Cornacées et des Saxifragacées, que des Valérianées. On en connaît environ quatrevingt espèces, dont le plus grand nombre appartiennent aux régions tempérées de l'hémisphère septentrional.

La plupart des Viburnées offrent une inflorescence élégante; aussi en cultive-t-on un certain nombre dans les plantations d'agrément. Les fruits des Viburnées sont acides, ou astringents, ou moins souvent purgatifs.

Caractères de la Famille.

Arbrisseaux (rarement *herbes vivaces*, ou *arbres*). Rameaux cylindriques ou anguleux, noueux avec articulation. Moëlle en général ample dans les jeunes pousses, longtemps persistante. Sucs-propres aqueux.

Feuilles simples, ou imparipennées, opposées, pétiolées, non-stipulées, ou stipulées. Stipules latérales, caduques, ou persistantes, libres, ou adnées inférieurement au pétiole, quelquefois glanduliformes ou sétacées.

Fleurs hermaphrodites, régulières (dans quelques espèces les fleurs extérieures sont neutres et à corolle irrégulière), disposées en cymes terminales (par exception en capitules). Pédicelles articulés aux 2 bouts, en général 1-bractéolés à la base et 2-bractéolés au sommet.

Calice adhérent presque jusqu'au sommet; limbe persistant (dans l'*Adoxa* accrescent) ou marcescent, petit, 5-parti, ou 5-fide, ou 5-denté (dans l'*Adoxa* 3-parti).

Disque nul, ou peu apparent.

Corolle campanulée, ou rotacée, ou (rarement) tubuleuse, 5-lobée, épigyne, non-persistante; lobes alternes avec les lobes ou dents du calice; estivation imbricative.

Étamines 5, insérées au tube de la corolle, interposées, libres. Filets filiformes, en préfloraison infléchis au sommet. Anthères submédifixes et versatiles, ou inneés, dithèques, latéralement déhiscentes : bourses contiguës, ou disjointes de la base au milieu, 2-valves; connectif inapparent. — Dans l'*Adoxa*, les étamines sont au nombre de 10, alternes 2 à 2 avec les lobes de la corolle; leurs anthères sont peltées, monothèques, tansversalement 2-valves.

Pistil : Ovaire adhérent jusqu'au sommet, 1-loculaire et 1-ovulé (1), ou 3-5-loculaire et 3-5-ovulé; ovules anatropes, solitaires, suspendus au sommet des loges. Style persistant, indivisé, charnu, conique. Stigmate tronqué ou obscurément trilobé, terminal, continu.— L'*Adoxa* fait exception à cette structure du pistil : il offre un ovaire semi-supère, 3-5-loculaire, couronné par 3 à 5 styles distincts.

---

(1) Plusieurs auteurs avancent à tort que toutes les espèces de cette famille ont l'ovaire 3-5-loculaire et 3-5-ovulé.

Péricarpe : Drupe pulpeux ou charnu, 1-ou 3-pyrène : noyaux 1-loculaires, 1-spermes, adhérents, cartilagineux, ou coriaces, ou ligneux (1).

Graines inadhérentes, anatropes, suspendues ; tégument mince, pelliculaire. Périsperme charnu, huileux. Embryon rectiligne, axile, beaucoup plus court que le périsperme, ou aussi long que le périsperme : cotylédons obtus, minces, foliacés en germination ; radicule columnaire ou mammiforme, obtuse.

Section I. **VIBURNINÉES.** — *Viburnineæ* Spach.

Ovaire 1-loculaire, 1-ovulé. Drupe 1-pyrène. Anthères versatiles. Embryon en général beaucoup plus court que le périsperme. — Feuilles imparipennées ou bipennées. Stipules inadhérentes, ordinairement caduques, souvent glandiformes.

Viburnum Linn. (Viburnum et Opulus Tourn. Mœnch. Lentago et Tropaulos Rafin.) — *Tinus* Tourn. — *Solenotinus* De Cand.

Section II. **SAMBUCINÉES.** — *Sambucineæ* Spach.

Ovaire 3-5-loculaire, 3-5-ovulé. Drupe 3-5-pyrène (en général un seul des noyaux séminifère). Anthères innées. Embryon grêle, presque aussi long que le périsperme. — Feuilles simples. Stipules nulles, ou persistantes (adnées au pétiole par leur partie inférieure).

Sambucus Tourn.

GENRE ANOMALE.

Adoxa Linn. (Moschatellina Tourn.)

---

(1) C'est encore par erreur que le fruit des Viburnées a été considéré comme une baie à graines dures.

Section I. **VIBURNINÉES**. — *Viburnineæ* Spach.

Ovaire 1-loculaire, 1-ovulé. Drupe 1-pyrène. Anthères versatiles. Embryon en général beaucoup plus court que le périsperme. — Feuilles imparipennées ou bipennées. Stipules inadhérentes, ordinairement caduques, souvent glandiformes.

Genre VIBURNUM. — *Viburnum* Linn.

Limbe calicinal cupuliforme, 5-fide, ou 5-denté. Corolle subcampanulée ou rotacée, 5-lobée. Étamines 5, isomètres, saillantes, insérées au fond de la corolle; filets capillaires ou filiformes, divariqués. Anthères cordiformes-elliptiques, échancrées au sommet. Ovaire 1-loculaire, 1-ovulé (1). Ovule suspendu au sommet de la loge. Stigmate sessile, gros, conique-pyramidal, obscurément 3-lobé au sommet. Drupe charnu : noyau cartilagineux ou ligneux, comprimé, ou rarement subglobuleux. Graine conforme au noyau : périsperme non-rimeux (rarement involuté).

Arbrisseaux. Bourgeons axillaires et terminaux, écailleux, ou nus. Feuilles non-persistantes, ou rarement persistantes, stipulées, ou non-stipulées, très-entières, ou dentelées, ou lobées. Pétiole anguleux ou semi-cylindrique, plane ou canaliculé en dessus, élargi à la base, semi-amplexicaule (ceux de chaque paire subconnés). Inflorescences sessiles ou pédonculées, solitaires, terminales, aphylles, dressées, cymeuses. Cymes ombelliformes (à rayons fasciculés), nues, ou accompagnées chacune d'une collerette-générale et de collerettes-partielles. Pédicelles ar-

(1) Beaucoup d'auteurs attribuent à tort aux *Viburnum* un ovaire 3-loculaire et 3-ovulé.

ticulés aux 2 bouts, 1-bractéolés à la base, 1-3-bractéolés au sommet, ou ébractéolés à la base et 1-3-bractéolés au sommet, ordinairement disposés en cymules irrégulièrement dichotomes ou trichotomes. Bractées des collerettes caduques, membraneuses. Bractéoles caduques ou persistantes, le plus souvent minimes, dentiformes. Fleurs jaunâtres, ou blanches, ou rougeâtres, petites (dans quelques espèces : les extérieures grandes, irrégulières, stériles, dépourvues d'étamines et de stigmate), le plus souvent odorantes. Lobes de la corolle étalés ou réfléchis, égaux, aussi longs ou plus longs que le tube. Anthères jaunes ou rougeâtres, petites; connectif filiforme ou inapparent. Ovaire comprimé ou rarement subglobuleux; ovule petit, anatrope. Stigmate charnu, en général plus long que le limbe calicinal. Drupe subglobuleux, ou ellipsoïde, ou ovoïde, cylindrique, ou plus ou moins comprimé; noyau lisse, ou moins souvent rugueux, ésulqué, ou bisulqué d'un côté et trisulqué de l'autre, obtus ou apiculé au sommet, cordiforme ou arrondi à la base, adhérent à la chair. Graine à tégument membraneux, adhérent au périsperme. Périsperme charnu, huileux. Embryon au moins 3 fois plus court que le périsperme; cotylédons ovales ou oblongs, obtus, minces, un peu divergents, aussi longs ou un peu plus longs que la radicule; radicule columnaire ou mammiforme, obtuse.

Ce genre renferme environ cinquante espèces, dont beaucoup toutefois sont très-imparfaitement connues; la plupart habitent les régions tempérées de l'hémisphère septentrional.

SECTION I. OPULUS Mœnch.

Bourgeons écailleux. Feuilles stipulées, trilobées; pétiole 2-6-glanduleux au sommet, submarginé, profondément canaliculé en-dessus. Fleurs blanches : les extérieures (de chaque cymule) stériles, beaucoup plus grandes que les autres. Cyme accompagnée de collerettes tombant avant la floraison. Drupe à noyau cartilagineux, aplati, ésulqué, légèrement caréné à l'une des faces. Graine plane; périsperme huileux. — Pubescence simple.

VIBURNUM OBIER. — *Viburnum Opulus* Linn. — Flor. Dan. tab. 661. — Engl. Bot. tab. 332. — Guimp. et Hayn. Deutsch. Holz. tab. 32. — Duham. ed. nov. vol. 2, tab. 39. — Schk. Handb. tab. 81. — *Viburnum lobatum* Lamk. Flore Franç. — *Opulus glandulosa* Mœnch, Meth. — *Opulus vulgaris* Borkh.

— β : STÉRILE (*Viburnum Opulus roseum* Willd. — *Viburnum sterile* Hortor.) — Variété de culture, à fleurs toutes stériles, agrégées en cymes subglobuleuses.

Feuilles ovales ou suborbiculaires, pubérules en dessous : base cordiforme, ou arrondie, ou cunéiforme; lobes ovales, ou ovales-lancéolés, ou arrondis, acuminés, ou subobtus, inégalement dentés ou dentelés. Pétiole à glandules subréniformes, en général sessiles. Stipules subulées. Cymes 5-7-radiées, pédonculées : rayons irrégulièrement rameux au sommet. Dents calicinales triangulaires, pointues, dressées. Corolle à lobes ovales-orbiculaires, très obtus, à peine aussi longs que le tube. Étamines de moitié plus longues que la corolle. Drupe (rouge) subglobuleux ou ellipsoïde, ombiliqué au sommet; noyau ovale, ou cordiforme-elliptique, acuminé.

Buisson haut de 6 à 15 pieds. Écorce finalement coriace, roussâtre; celle des rameaux grisâtre ou rougeâtre. Jeunes pousses vertes, glabres, effilées, hexagones : les florifères plus courtes que les stériles. Bourgeons brunâtres, ovoïdes, pointus, glabres, à 2 paires d'écailles. Feuilles longues de 2 à 4 pouces, un peu rugueuses, fermes, d'un vert gai en dessus, d'un vert pâle en dessous; pétiole grêle, cylindrique, glabre, souvent rougeâtre, long de 6 à 15 lignes. Stipules beaucoup plus courtes que le pétiole. Cymes (solitaires au sommet des jeunes pousses) larges de 2 à 4 pouces, un peu lâches (celles de la variété stérile très-denses). Bractées des collerettes subulées. Pédicelles 1-bractéolés à la base et 2-bractéolés au sommet, ou ébractéolés à la base et 3-bractéolés au sommet : ceux des fleurs stériles longs, filiformes ; ceux des fleurs fertiles longs de 1 ligne à 2 lignes. Bractéoles subulées, petites. Fleurs stériles planes, larges de 6 à 9 lignes. Fleurs hermaphrodites larges d'environ 2 lignes. Étamines plus ou moins divariquées après l'anthèse ; anthères petites, cordiformes-orbiculaires, jaunâtres. Drupe du volume d'un gros Pois, acide; noyau long d'environ 3 lignes, blanchâtre. Embryon minime ; cotylédons oblongs ; radicule columnaire.

Cette espèce, connue sous le nom vulgaire d'*Obier*, croît dans toute l'Europe ainsi qu'en Orient et en Sibérie ; elle vient de préférence dans les localités humides et ombragées, mais d'ailleurs elle s'accommode des terrains les plus ingrats. La floraison se fait en juin ; les fruits mûrissent en septembre.

Le bois de l'Obier est d'un blanc jaunâtre, dur, compacte, d'un grain fin ; il exhale une odeur désagréable ; on peut l'employer à des ouvrages de tour et de marqueterie. Dans le Nord, on tire parti des fruits pour en faire du vinaigre et une boisson alcoolique ; on s'en sert aussi en guise de verjus.

L'arbrisseau d'ornement si fréquemment cultivé sous les noms de *Boule de neige*, *pelotte de neige*, *caillebotte*, ou *pain-mollet*, n'est autre chose que la variété stérile de l'Obier.

Section II. LANTANA Spach.

Bourgeons nus. Feuilles non-stipulées, indivisées ; pétiole non-glanduleux, immarginé, profondément canaliculé en-dessus. Fleurs blanches, toutes hermaphrodites. Cyme accompagnée de collerettes non-persistantes. Drupe à noyau aplati, cartilagineux, bisulqué à l'une des faces, trisulqué à l'autre. Graine plane. — Pubescence étoilée.

Viburnum commun. — *Viburnum Lantana* Linn. — Engl. Bot. tab. 331. — Jacq. Flor.. Austr. tab. 341. — Guimp. et

Hayn. Deutsh. Holz. tab. 31. — Duham. Arb. v. 2, tab. 103. — *Viburnum tomentosum* Lamk. Flore Franç.

Feuilles ovales, ou elliptiques, ou oblongues, pointues, ou subobtuses, denticulées, ou dentelées, ou crénelées, arrondies ou cordiformes à la base, glabres ou pubérules en dessus, cotonneuses ou pubérules en dessous (du moins aux nervures). Cymes 5-7-radiées, pédonculées : rayons 3-5-furqués au sommet. Dents calicinales obtuses ou pointues, triangulaires, subhorizontales. Corolle à lobes ovales, obtus, recourbés, un peu plus longs que le tube. Étamines un peu plus longues que la corolle. Drupe ellipsoïde, un peu comprimé, subacuminé : noyau elliptique, obtus aux 2 bouts, échancré à la base.

Buisson ou arbrisseau haut de 6 à 15 pieds; toutes les parties herbacées couvertes ou parsemées d'un duvet étoilé, floconneux et blanchâtre. Écorce d'un gris roussâtre, finalement rimeuse. Rameaux droits, flexibles. Jeunes pousses (les stériles très-vigoureuses, atteignant quelquefois la longueur de 6 pieds) tétragones, cotonneuses, remplies d'une moelle blanche. Feuilles longues de 2 à 5 pouces, larges de 1 pouce à 3 pouces, non-persistantes, rugueuses, d'un vert tantôt clair, tantôt foncé en dessus, d'un vert pâle ou subincanes en dessous. Pétiole gros, subcylindrique, cotonneux, long de 6 à 12 lignes. Cymes (solitaires au sommet des jeunes pousses terminales) larges de 2 à 3 pouces, denses, cotonneuses, convexes. Bractées des collerettes scarieuses, oblongues-lancéolées ou lancéolées; rayons secondaires terminés chacun en plusieurs cymules irrégulièrement rameuses. Fleurs larges de 2 à 3 lignes, subsessiles, ou courtement pédicellées, 2-ou 3-bractéolées, en général géminées ou ternées. Bractéoles subulées ou linéaires-lancéolées, caduques, rougeâtres. Ovaire oblong, aplati, glabre. Étamines plus ou moins divariquées après l'anthèse; anthères petites, cordiformes-elliptiques, échancrées au sommet. Drupe du volume d'un gros Pois, d'abord rouge, finalement noir, astringent; noyau verdâtre. Embryon minime : cotylédons ovales; radicule columnaire.

Cette espèce, nommée vulgairement *Viorne, Mansienne,*

Coudre-Mansienne, croît sur les collines et aux bords des bois, en Europe ainsi qu'en Orient; elle fleurit en mai; les fruits mûrissent en automne. Son bois, d'un blanc verdâtre, est peu compacte, mais très-tenace. Les jeunes pousses peuvent tenir lieu d'osier. Les pousses âgées de 2 ou 3 ans sont très-recherchées pour en faire des tuyaux à pipe. Les fruits s'employaient jadis en médecine, à cause de leur astringence.

De même que la plupart de ses congénères, le *Viburnum Lantana* mérite, à raison de sa floraison précoce, une place dans les plantations d'agrément.

SECTION III. LENTAGO Spach.

Bourgeons écailleux. Feuilles non-stipulées, indivisées; pétiole marginé ou ailé, plane en dessus, non-glanduleux. Fleurs blanches, toutes hermaphrodites. Cymes nues ou accompagnées de collerettes caduques avant la floraison. Drupe à noyau aplati, cartilagineux, ésulqué, légèrement caréné à l'une des faces. Graine plane. — Pubescence nulle ou furfuracée.

A. *Feuilles non-persistantes, dentelées. Cymes sessiles, accompagnées de collerettes; rayons trichotomes au sommet. Corolle rotacée.*

a) *Pétiole ailé. Cymes et surface inférieure des feuilles parsemées de squamules roussâtres ponctiformes.*

VIBURNUM ARBORESCENT. — *Viburnum Lentago* Linn. — Wats. Dendrol. Brit. tab. 21 (mala).

Feuilles ovales, ou elliptiques, ou oblongues, ou lancéolées-oblongues, ou oblongues-lancéolées, acuminées, acérées; base arrondie, ou cunéiforme, ou cordiforme; pétiole ondulé aux bords. Cymes 4-radiées, sessiles. Corolle à lobes elliptiques-oblongs, obtus; tube très-court. Drupe ellipsoïde, un peu comprimé, apiculé; noyau suborbiculaire, apiculé au sommet.

Arbrisseau, ou petit arbre haut de 10 à 20 pieds; cime

ovale ou arrondie, touffue. Écorce brune. Rameaux souvent inclinés, dichotomes. Jeunes pousses effilées, ponctuées, flexueuses. Ramules florifères en général très-courts. Bourgeons coniques, pointus, subtétragones, bruns, furfuracés. Feuilles longues de 2 à 5 pouces, larges de 6 à 30 lignes, luisantes aux 2 faces, d'un vert gai en dessus, d'un vert pâle en dessous, fermes; dentelures subcartilagineuses aux bords, petites, subuncinées, pointues, contiguës; pétiole long de 6 à 12 lignes. Cymes larges de 2 à 3 pouces, planes, assez denses. Bractées filiformes, membranacées. Fleurs larges de 2 à 3 lignes, en général ternées : les latérales pédicellées; l'intermédiaire sessile. Pédicelles 2-bractéolés au sommet, 1-bractéolés à la base, longs de 1 ligne à 2 lignes; bractéoles minimes, dentiformes, pointues. Limbe calicinal cyathiforme, 5-denté : dents triangulaires-oblongues, obtuses, dressées, courtes. Étamines un peu plus longues que la corolle, d'abord dressées, puis plus ou moins divariquées : anthères jaunes, médifixes, elliptiques, bilobées aux 2 bouts. Drupe du volume d'un gros Pois, d'un bleu noirâtre; chair visqueuse; noyau lenticulaire, jaunâtre, long de 3 à 4 lignes. Graine mince, aplatie; embryon minime : cotylédons ovales, minces, à peu près aussi longs que la radicule; radicule columnaire.

Cette espèce, indigène aux États-Unis, se cultive comme arbuste d'ornement; elle fleurit en juin.

b) *Pétiole marginé. Inflorescences et feuilles très-glabres. Limbe calicinal 5-denté.*

VIBURNUM A FEUILLES DE PRUNIER. — *Viburnum prunifolium* Linn. — Duham. Arb. ed. nov. v. 2, tab. 38. — Watson, Dendr. Brit. tab. 23. — *Viburnum pyrifolium* Desfont. Hort. Par. (1). — Watson, Dendr. Bot. tab. 22.

Feuilles ovales, ou obovales, ou elliptiques, ou oblongues,

(1) Variété à feuilles et à fleurs plus petites.

courtement acuminées, ou subobtuses; base arrondie, ou cunéiforme, ou cordiforme; pétiole plane aux bords. Cymes sessiles ou subsessiles, 4-radiées. Corolle à lobes ovales, ou elliptiques, ou arrondis, très-obtus; tube très-court. Drupe ellipsoïde, ou ovoïde, ou subglobuleux; noyau elliptique-oblong, acuminé au sommet.

Arbrisseau ou buisson haut de 6 à 15 pieds, très-glabre. Rameaux grêles. Ramules simples ou dichotomes : les florifères en général très-courts. Jeunes pousses effilées, obscurément tétragones. Bourgeons souvent violets.

Feuilles longues de 1 pouce à 3 pouces, larges de 5 à 20 lignes, fermes, luisantes aux 2 faces, d'un vert gai en dessus, d'un vert pâle en dessous; dentelures pointues, rapprochées, subcartilagineuses aux bords; pétiole long de 3 à 6 lignes, souvent d'un pourpre violet, semi-cylindrique. Cymes larges de 2 à 4 pouces, assez denses, planes. Bractées subulées. Fleurs légèrement odorantes, en général ternées : les latérales pédicellées; l'intermédiaire sessile ou subsessile. Pédicelles longs de 1 ligne à 3 lignes, 1-3-bractéolés au sommet. Bractéoles minimes, subulées, plus ou moins élargies à la base. Limbe calicinal cupuliforme, profondément 5-denté : dents ovales-triangulaires, dressées, subobtuses, beaucoup plus courtes que l'ovaire. Corolle large de 2 à 3 lignes : lobes finalement réfléchis. Étamines un peu plus longues que la corolle, d'abord dressées, finalement étalées et divariquées; filets subulés; anthères supra-basifixes, elliptiques, ou oblongues, échancrées aux 2 bouts. Ovaire oblong-turbiné, obscurément pentagone. Drupe du volume d'un gros Pois, d'un bleu noirâtre; chair visqueuse; noyau jaunâtre, aplati. Graine mince : embryon petit : cotylédons oblongs, un peu plus longs que la radicule; radicule columnaire.

Cette espèce, indigène aux États-Unis, se cultive comme arbuste d'ornement; elle fleurit en juin. Ses fruits sont mangeables.

B. *Feuilles persistantes ou subpersistantes, très-entières, ou denticulées. Cymes pédonculées, nues : rayons irrégulièrement rameux au sommet. Corolle subcampanulée. Limbe calicinal 5-parti.*

VIBURNUM A CYMES NUES. — *Viburnum nudum* Linn. — Mill. Ic. tab. 274. — Watson, Dendrol. Brit. tab. 20. — *Viburnum squamatum* Willd. Enum. — Wats. Dendr. Brit. tab. 24.

Feuilles elliptiques, ou oblongues, ou obovales, ou lancéolées-oblongues, ou lancéolées-elliptiques, ou lancéolées-obovales, arrondies au sommet, ou courtement acuminées, mucronées, ou mutiques, finement squamelleuses en dessous, tantôt très-entières, tantôt denticulées ou obscurément crénelées; pétiole marginé, trigone, plane en dessus. Cymes 5-7-radiées, pédonculées. Corolle à lobes ovales-orbiculaires, obtus, un peu plus courts que le tube. Étamines presque 1 fois plus longues que la corolle. Drupe subglobuleux, ou ovoïde; noyau ovale, apiculé au sommet.

Arbrisseau ou buisson haut de 4 à 12 pieds. Branches dressées, effilées. Jeunes pousses couvertes (de même que les pétioles, le calice et les cymes) d'une pubescence furfuracée subferrugineuse. Rameaux en général dichotomes ou subdichotomes. Feuilles longues de 1 pouce à 6 pouces, larges de 1/2 pouce à 2 pouces, coriaces, ou subcoriaces, d'un vert gai et luisantes en dessus, d'un vert pâle ou subferrugineuses en dessous; pétiole long de 3 à 8 lignes. Cymes larges de 2 à 4 pouces, denses, presque planes. Fleurs sessiles ou subsessiles, larges d'environ 2 pouces. Limbe calicinal à segments linéaires-oblongs, obtus, dressés, 2 fois plus courts que l'ovaire. Corolle à lobes étalés, recourbés. Filets filiformes, flexueux, dressés. Anthères cordiformes-elliptiques, obtuses, médifixes. Ovaire obscurément 5-gone. Drupe bleu, du volume d'un petit Pois; chair visqueuse, adhérente au noyau; noyau lenticulaire, petit. Graine aplatie : embryon minime; cotylédons oblongs; radicule mammiforme.

Cette espèce habite les États-Unis; on la cultive comme arbuste d'agrément; elle fleurit en été.

Genre TINUS. — *Tinus* Tourn.

Limbe calicinal cupuliforme, 5-fide. Corolle rotacée; 5-lobée. Étamines 5, isomètres, saillantes, insérées au fond de la corolle; filets filiformes, divergents; anthères subdidymes. Ovaire 1-loculaire, 1-ovulé; ovule suspendu au sommet de la loge. Stigmate gros, sessile, conique, tronqué au sommet. Drupe presque sec : noyau testacé, fragile, subglobuleux, lisse, unisulqué à l'une des faces. Graine conforme au noyau : périsperme transversalement rimeux.

Arbrisseaux. Bourgeons nus. Feuilles coriaces, persistantes, très-entières, non-stipulées; pétiole subcylindrique, plane en dessus, élargi à la base, semi-amplexicaule (ceux de chaque paire subconnés). Inflorescences pédonculées, terminales, aphylles, dressées, cymeuses. Cymes ombelliformes (à rayons fasciculés), accompagnées chacune d'une collerette-générale et de collerettes-partielles. Pédicelles articulés aux 2 bouts, 1-bractéolés à la base, 2-ou 3-bractéolés au sommet. Bractées des collerettes petites, subcoriaces, subpersistantes de même que les bractéoles. Fleurs petites. Corolle blanche. Anthères jaunes ou bleuâtres. Ovaire cylindrique ou 5-gone; ovule petit, anatrope. Stigmate charnu, plus long que le limbe calicinal. Drupe ellipsoïde ou subglobuleux; chair très-mince, adhérente au noyau. Graine à tégument mince, membraneux, adhérent au périsperme, plissé en lamelles enfoncées dans les anfractuosités du périsperme; périsperme charnu, huileux. Embryon minime : cotylédons linéaires, obtus, minces, contigus, à peu près aussi longs que la radicule; radicule claviforme, obtuse.

Ce genre se compose des deux espèces suivantes :

A. *Feuilles finement réticulées, lisses et glabres en dessus. Lobes de la corolle plus longs que le tube. Anthères bleuâtres avant l'anthèse.*

Tinus Laurier-Tin. — *Tinus laurifolius* Borkh. — *Viburnum Tinus* Linn. — Duham. ed. nov. vol. 2, tab. 37. — Bot. Mag. tab. 38. — *Viburnum laurifolium* Lamk. Flor. Franç. — *Viburnum strictum* Sweet, Hort. Brit. — *Viburnum lucidum* R. et S. Syst.

Feuilles ovales, ou elliptiques, ou oblongues, ou oblongues-lancéolées, ou ovales-lancéolées, ou lancéolées-oblongues, pointues, ou acuminées, glabres ou pubescentes en dessous, ordinairement ciliées; base arrondie, ou subcordiforme, ou cunéiforme. Cymes 5-7-radiées, pédonculées. Limbe calicinal à segments triangulaires, pointus, dressés. Lobes de la corolle ovales-orbiculaires, très-obtus, à peu près aussi longs que les filets. Drupe subglobuleux ou ellipsoïde.

Arbuste touffu, ou arbrisseau atteignant la hauteur de 5 à 10 pieds. Rameaux dressés, brunâtres. Jeunes pousses tétragones, effilées, ordinairement velues, souvent rougeâtres. Feuilles longues de 1 pouce à 4 pouces, larges de 6 à 18 lignes, fermes, luisantes, d'un beau vert en dessus, d'un vert pâle en dessous; pétiole long de 4 à 8 lignes, grêle, souvent rougeâtre, en général velu. Cymes larges de 2 à 3 pouces, presque planes, assez denses, glabres, ou pubérules : rayons 3-5-furqués au sommet ou corymbifères. Fleurs ternées ou subfasciculées : les centrales sessiles; les latérales courtement pédicellées. Bractées petites, oblongues, obtuses, ciliées. Limbe calicinal rougeâtre, plus court que l'ovaire. Corolle large d'environ 3 lignes. Anthères petites, suborbiculaires, bifides de la base au milieu, profondément échancrées au sommet. Ovaire cylindracé, obscurément 5-sulqué. Drupe d'un bleu noirâtre, du volume d'un petit Pois.

Cette espèce, connue sous le nom vulgaire de *Laurier-Tin*, croît dans toute la région méditerranéenne. L'élégance de son feuillage la fait fréquemment cultiver dans les jardins, ainsi que dans les collections d'orangerie. Sa floraison commence dès l'automne et se continue jusqu'au printemps, lorsque la température n'y met pas obstacle.

B. *Feuilles scabres et pubescentes aux 2 faces, fortement réticulées. Lobes de la corolle à peine aussi longs que le tube. Anthères jaunes.*

Tinus rugueux. — *Tinus rugosus* Spach. — *Viburnum rugosum* Pers. Ench. — Bot. Reg. tab. 376. — Loddig. Bot. Cab. tab. 859. — Bot. Mag. tab. 2082. — *Viburnum Tinus* δ : *strictum* Hort. Kew. — *Viburnum rigidum* Vent. Malm. tab. 98. — *Viburnum strictum* Link, Enum.

Feuilles ovales, ou elliptiques, ou oblongues, ou lancéolées-oblongues, courtement acuminées, ou subobtuses, cunéiformes ou arrondies à leur base. Cymes 5-7-radiées, pédonculées. Limbe calicinal à segments triangulaires, obtus, dressés, presque aussi longs que l'ovaire, barbus au sommet. Lobes de la corolle ovales-orbiculaires, très-obtus, un peu plus longs que les filets. Drupe ellipsoïde.

Arbrisseau semblable au *Laurier-Tin* par le port. Feuilles en général plus grandes, d'un vert plus foncé, non-luisantes. Cymes larges de 2 à 4 pouces : rayons 5-7-furqués au sommet; rayons secondaires trichotomes ou corymbifères; pédicelles fasciculés ou ternés, longs de 2 à 3 lignes. Bractées et bractéoles petites, oblongues, cotonneuses. Corolle large d'environ 3 lignes. Anthères elliptiques, bifides à la base, échancrées au sommet. Ovaire cylindracé. Drupe d'un bleu noirâtre, du volume d'un petit Pois.

Cette espèce, indigène aux Canaries et à Madère, se cultive comme arbuste d'ornement.

SECTION II. **SAMBUCINÉES**. — *Sambucineæ* Spach.

Ovaire 3-5-loculaire, 3-5-ovulé. Drupe 3-5-pyrène (en général un seul des noyaux séminifère). Anthères innées. Embryon grêle, presque aussi long que le périsperme. — Feuilles simples, stipulées, ou non-stipulées.

Genre SUREAU. — *Sambucus* Tourn.

Limbe calicinal rotacé, 5-denté. Corolle rotacée, 5-partie. Étamines 5, isomètres, saillantes, insérées au tube de la corolle; filets filiformes ou comprimés, divariqués. Anthères cordiformes ou didymes. Ovaire 3-5-loculaire; loges 1-ovulées; ovules suspendus au sommet de l'angle interne. Stigmate gros, conique, sessile, obscurément trilobé au sommet. Drupe pulpeux, 3-5-pyrène : noyaux cartilagineux, 1-spermes (en général un seul séminifère, les autres aspermes), rugueux. Graines trigones ou lenticulaires.

Arbres, ou arbrisseaux, ou herbes vivaces. Feuilles imparipennées (en général simplement, par variation doublement); pétiole en général articulé par la base et à l'insertion des folioles, subcylindrique, ou semi-cylindrique. Stipules glanduliformes ou foliacées, en général caduques. Folioles souvent accompagnées chacune d'une stipelle ou d'une glandule. Inflorescences solitaires, terminales, aphylles, pédonculées (rarement sessiles), cymeuses, ou thyrsiformes; pédicelles solitaires, ou géminés, ou ternés, ou subfasciculés, articulés à la base et au sommet, souvent très-courts. Fleurs petites, inodores, ou odorantes. Corolle blanche, ou rougeâtre, ou verdâtre. Tube en général très-court; lobes égaux, étalés, ou recourbés. Anthères jaunes ou violettes. Ovaire subglobuleux, ou ellipsoïde, ou ovoïde, adhérent jusqu'au sommet; cloisons charnues, confluentes en axe central trigone. Ovules minimes; funicules courts. Drupe cylindrique ou obscurément 3-6-gone, subglobuleux, ou ellipsoïde, petit, couronné par le limbe calicinal peu apparent; axe et cloisons oblitérés; noyaux petits, jaunâtres, apiculés au sommet, inadhérents, tantôt trigones, tantôt plus ou moins comprimés. Graines conformes aux noyaux : tégument membraneux, lisse, adhérent au périsperme. Embryon grêle, subcylindracé; cotylédons elliptiques, ou oblongs, ou linéaires, obtus, minces, contigus. Périsperme très-huileux.

On connaît une vingtaine d'espèces de ce genre. Celles que nous allons décrire en sont les seules indigènes.

SECTION I. BOTRYOSAMBUCUS Spach.

Tiges ligneuses. Stipules glandiformes, caduques. Inflorescences thyrsiformes. Thyrses pédonculés, nutants, denses, nus : ramules opposés, divariqués, trichotomes, multiflores; pédicelles très-courts. Fleurs verdâtres, presque inodores. Anthères jaunes. Drupe écarlate. Floraison presque aussi précoce que les feuilles.

SUREAU A GRAPPES. — *Sambucus racemosa* Linn. — Jacq. Ic. Rar. tab. 59. — Duham. Arb. vol. 2, tab. 66. — Duham. ed. nov. vol. 1, tab. 56. — Guimp. et Hayn. Deutsch. Holz. tab. 35.

Feuilles 3- ou 5-foliolées. Folioles oblongues, ou elliptiques-oblongues, ou oblongues-lancéolées, ou ovales-lancéolées, acuminées, dentelées, pétiolulées, ou subsessiles, articulées au pétiole. Thyrses pyramidaux, ou ovoïdes, ou oblongs, courts, pubérules : ramules défléchis après la floraison. Dents calicinales ovales, obtuses, étalées. Tube de la corolle très-court; lobes obovales-oblongs, obtus, étalés. Étamines subhorizontales, de moitié plus courtes que la corolle; anthères cordiformes-elliptiques, subdidymes. Drupes ellipsoïdes ou subglobuleux.

Arbrisseau haut de 10 à 20 pieds, ou buisson. Rameaux

dressés, cylindriques, remplis d'une moëlle brune. Écorce d'un brun de Châtaigne, ou grisâtre. Jeunes pousses anguleuses, lisses, ou finement ponctuées, souvent violettes : les florifères latérales et terminales, en général courtes, naissant de gros bourgeons arrondis. Feuilles longues de 2 pouces à 1 pied : les jeunes légèrement pubescentes en dessous; les adultes glabres ou presque glabres. Pétiole tantôt semi-cylindrique et plane ou canaliculé en dessus, tantôt subcylindrique et anguleux. Folioles longues de 1 pouce à 4 pouces, d'un vert foncé en dessus, d'un vert glauque en dessous, assez fermes, cunéiformes ou arrondies à leur base, en général inéquilatérales. Thyrses longs de 1 pouce à 3 pouces. Drupe du volume d'un petit Pois. Noyaux oblongs, jaunâtres, ordinairement lenticulaires. Cotylédons linéaires, 2 fois plus courts que la radicule.

Cette espèce croît dans les bois des montagnes, dans presque toute l'Europe. Elle fleurit en avril ou en mai. On la cultive dans les plantations d'agrément; ses nombreuses grappes de fruits produisent un bel effet. Le bois, quoique assez tenace, n'est pas recherché. La pulpe du fruit a une saveur désagréable. Dans quelques contrées où ce Sureau est très-abondant, on tire parti, pour l'éclairage, de l'huile que contient le périsperme.

Section II. EUSAMBUCUS Spach.

Tiges ligneuses. Stipules subulées, glandulifères au sommet, caduques. Inflorescences cymeuses. Cymes pédonculées, nues, 5-radiées, concaves : rayons anisomètres, anguleux de même que le pédoncule, très-inégalement 5-furqués au sommet; ramules (les deux extérieurs toujours beaucoup plus longs que le central et les 2 intérieurs) irrégulièrement dichotomes ou subtrichotomes, divariqués. Fleurs blanches, odorantes : les unes subsessiles; les autres pédicellées. Anthères jaunes. Drupe ordinairement noirâtre. Floraison beaucoup plus tardive que les feuilles.

Sureau commun. — *Sambucus nigra* Linn. — Flor. Dan.

tab. 545. — Engl. Bot. tab. 476. — Blackw. Herb. tab. 152. — Duham. Arb. 2, tab. 65. — Duham. ed. nov. v. 1, tab. 55. — Guimp. et Hayn. Deutsch. Holz. tab. 34. — Gærtn. Fruct. 1, tab. 27, fig. 7. — Schk. Handb. tab. 83.

Feuilles 3-7-foliolées. Folioles ovales, ou elliptiques, ou oblongues, ou obovales, ou suborbiculaires, ou ovales-lancéolées, ou oblongues-lancéolées, acuminées, dentelées, ou crénelées, pétiolulées, articulées au pétiole. Pédoncule dressé. Dents calicinales triangulaires, pointues, étalées, plus longues que l'ovaire. Tube de la corolle très-court; lobes elliptiques, obtus, étalés. Étamines de moitié plus courtes que la corolle; anthères suborbiculaires, bifides aux 2 bouts. Drupes ellipsoïdes ou globuleux, obscurément pentagones.

— β : A FEUILLES BIPENNÉES.—*Sambucus nigra laciniata* Hortor. (Vulgairement *Sureau lacinié.*)—Pennules 3-7-foliolées. Folioles incisées-dentées ou pennatifides, souvent sessiles ou subsessiles, les 3 terminales ordinairement confluentes.

Buisson haut de 6 à 15 pieds; moins souvent arbre atteignant la hauteur de 15 à 30 pieds : tronc oblique ou tortueux, atteignant rarement 1 pied de diamètre; cime arrondie, touffue; branches subhorizontales. Écorce grisâtre, subéreuse, fendillée sur les vieux troncs ; écorce interne verte. Jeunes pousses vigoureuses, effilées, ponctuées, cylindriques, ou légèrement anguleuses, remplies d'une moëlle blanche. Bourgeons coniques. Feuilles longues de 2 pouces à 1 pied, non-persistantes, en général très-glabres. Pétiole tantôt semi-cylindrique, plane ou canaliculé en dessus, tantôt subcylindrique, convexe en dessus, plus ou moins anguleux. Folioles longues de 6 lignes à 6 pouces, flasques, plus ou moins luisantes, d'un vert très-foncé en dessus, d'un vert pâle en dessous, très-glabres, ou quelquefois légèrement pubescentes en dessous (surtout aux veines et nervures), souvent stipellées, tantôt équilatérales, tantôt inéquilatérales; base cunéiforme, ou arrondie, ou subcordiforme. Stipelles petites, linéaires, obtuses, ou glandulifères au sommet. Ramules florifères tantôt courts et latéraux, tantôt longs et terminaux,

Cymes glabres, denses ou un peu lâches, larges de 3 pouces à 1 pied; rayons et ramules souvent violets après la floraison. Corolle large d'environ 2 lignes. Drupes du volume d'un petit Pois, ordinairement d'un violet noirâtre (on cultive des variétés à fruit blanchâtre, ou verdâtre, ou rougeâtre); noyaux ovales ou oblongs, jaunâtres, tantôt lenticulaires, tantôt trigones. Cotylédons ovales-oblongs, obtus, 1 fois plus courts que la radicule.

Cette espèce, nommée vulgairement *Sureau*, *Sureau commun*, ou *Grand Sureau*, est commune dans presque toute l'Europe, ainsi qu'en Orient et en Sibérie. Elle croît de préférence dans les sols frais et humides, quoiqu'elle s'accommode en général de toute sorte de terrain et d'exposition. La floraison a lieu en juin et en juillet.

Le vieux bois du Sureau est très-dur, tenace, pesant, jaunâtre et marbré souvent de brun; on l'estime presque autant que le Buis, pour des ouvrages de tour et de tabletterie. Dans beaucoup de contrées on plante le Sureau autour des habitations champêtres; c'est une fort bonne défense contre le bétail, qui ne broute jamais les feuilles de ce végétal. L'écorce interne participe à la saveur désagréable du feuillage : infusée dans du vin blanc elle est purgative et éminemment diurétique; on s'en sert aussi pour teindre en jaune les cuirs, et à d'autres usages tinctoriaux. L'infusion des fleurs du Sureau est l'un des meilleurs sudorifiques, et leur emploi médical date de la plus haute antiquité; dans le nord de l'Allemagne surtout, c'est un remède presque universel pour le peuple; ces fleurs servent aussi à faire des cataplasmes émollients, à aromatiser le vinaigre, et à donner au vin blanc une sorte de goût de muscat. Les fruits du Sureau ont une saveur douceâtre; à petite dose ils participent aux propriétés diurétiques des fleurs; à plus forte dose ils deviennent purgatifs; les pharmaciens en préparent un extrait, connu sous le nom de Rob de Sureau, jadis très-préconisé comme remède antidartreux et antisyphilitique; en les faisant fermenter avec une certaine quantité de sucre, on en obtient une boisson agréable qui, à ce qu'on assure, a la saveur du vin muscat; on les emploie aussi dans la teinture; enfin, on les mange confits, en guise de câpres.

Le Sureau se plante fréquemment dans les bosquets; il offre l'avantage de prospérer à l'ombre des autres végétaux et dans les situations les plus couvertes; ses fruits attirent les oiseaux.

SECTION III. EBULUS Spach.

Tiges herbacées. Stipules foliacées, non-caduques. Inflorescences cymeuses. Cymes sessiles, ou courtement pédonculées, bractéolées, 3-radiées, presque planes; rayons dichotomes ou trichotomes. Fleurs d'un blanc carné ou tirant sur le violet, pédicellées. Anthères d'un pourpre violet. Drupe noirâtre.

SUREAU YÈBLE. — *Sambucus Ebulus* Linn. — Blackw. Herb. tab. 488. — Flor. Dan. tab. 1156. — Engl. Bot. tab. 475. — Mill. Ic. tab. 226. — Guimp. et Hayn. Deutsch. Holz. tab. 33. — Schk. Handb. tab. 83.

Feuilles 7- ou 9- (rarement 5-) foliolées. Folioles oblongues, ou oblongues-lancéolées, ou ovales-lancéolées, acuminées, ou pointues, dentelées (quelquefois bi-auriculées à la base; par variation pennatifides ou pennatiparties), glabres, ou légèrement pubérules en dessous : les inférieures pétiolulées; les supérieures sessiles; pétiolules inarticulés. Dents calicinales ovales-triangulaires, pointues, dressées, 1 fois plus courtes que l'ovaire. Tube de la corolle très-court : lobes obovales, acuminulés. Étamines dressées, presque aussi longues que la corolle. Anthères didymes. Drupes subglobuleux.

Herbe vivace, multicaule, haute de 2 à 4 pieds. Racines longues, blanchâtres, rampantes. Tiges dressées, anguleuses, sillonnées, vertes, feuillues, ordinairement pubérules, tantôt très-simples, tantôt rameuses au sommet, remplies d'une moëlle blanche. Ramules courts, dressés, subaphylles. Feuilles longues de 4 pouces à 1 pied. Pétiole anguleux, plus ou moins profondément canaliculé en dessus. Folioles longues de 1 pouce à 6 pouces, d'un vert tantôt gai, tantôt foncé, en général inéquilatérales; dentelures contiguës, mucronulées. Stipules cordiformes ou ovales, dentelées, ou pennatifides, ou incisées-dentées, pétiolulées, de grandeur très-variable. Stipelles glandiformes ou foliacées. Cymes larges de 1 pouce à 5 pouces : rayons et ramules pubérules. Bractées petites, subulées, caduques. Corolle large de 3 à 4 lignes. Drupes du volume d'un petit Pois; noyaux ovales ou elliptiques.

Cette espèce, connue sous les noms vulgaires de *Yèble, Hièble*, ou *petit Sureau*, est commune en Europe aux bords des chemins, des champs et des bois, ainsi que dans les buissons; elle croît de préférence dans les terrains forts et humides. La floraison a lieu en juillet et en août.

L'*Hièble* est une herbe très-embarrassante pour le cultivateur, parce qu'elle se multiplie à l'infini au moyen de ses longues racines traçantes et difficiles à extirper. Toute la plante a une saveur et une odeur désagréables, analogues à celles des feuilles du *Sureau commun*; elle participe aux propriétés médicales de ce dernier, mais son emploi est tombé en désuétude.

CENT VINGT-QUATRIÈME FAMILLE.

LES CAPRIFOLIACÉES. — *CAPRIFOLIACEÆ.*

Caprifoliorum sectio I, Juss. Gen. — *Caprifoliaceæ* Bartl. Ord Nat. p. 213. — *Caprifoliaceæ Caprifolieæ* A. Rich. in Dict. Class. — *Caprifoliaceæ Lonicereæ* R. Brown; De Cand. Prodr. v. 4, p. 328. — *Lonicereæ veræ* R. Brown, in Wallich, Plant. Asiat. Rar. 1, p. 15. — *Caprifoliaceæ*, trib. II : *Lonicereæ* Reichenb. Consp.; et syst. Nat. (1).

Les *Caprifoliacées*, renfermées dans les limites que leur assigne M. Bartling, comprennent environ 80 espèces, indigènes la plupart dans les régions tempérées de l'hémisphère septentrional. L'écorce de la plupart de ces végétaux est astringente; leurs fruits, loin d'être mangeables, contiennent en général des sucs émétiques ou purgatifs. Les fleurs de beaucoup de Caprifoliacées ne sont pas moins agréables par leur élégance, que par l'arome délicieux qu'elles exhalent : les Chèvrefeuilles ou *Caprifolium*, qu'on considère comme types de la famille, en fournissent des exemples assez notoires.

Caractères de la Famille.

Arbrisseaux (quelquefois volubiles). Rarement *sous-arbrisseaux*, ou *herbes* vivaces. Sucs-propres aqueux. Rameaux cylindriques ou tétragones, noueux avec articulation.

Feuilles opposées, simples, très-entières (moins sou-

(1) M. Reichenbach comprend en outre dans ses Caprifoliacées, les Loranthacées (comme 1re tribu), et les Rhizophorées (comme 3e tribu).

vent dentelées ou pennatifides), penninervées, veineuses, pétiolées, ou sessiles, non-stipulées : les supérieures quelquefois connées; les pétioles de chaque paire en général connés par la base.

Fleurs régulières, ou irrégulières, hermaphrodites, axillaires, ou terminales, en général dibractéolées à leur base, sessiles, ou pédicellées. Inflorescence très-variée (souvent très-variable).

Calice adhérent par sa partie inférieure à l'ovaire; limbe (le plus souvent petit) cupuliforme, ou campanulé, ou rotacé, 5-denté, ou 5-fide, ou 5-parti, persistant, ou marcescent (par exception non-persistant), supère; estivation distante.

Disque épigyne ou adné au limbe calicinal, peu apparent.

Corolle tubuleuse, ou campanulée, épigyne, non-persistante; limbe à 5 lobes plus ou moins inégaux (rarement égaux), imbriqués en préfloraison, souvent constituant 2 lèvres ringentes.

Étamines insérées au tube ou à la gorge de la corolle, alternes avec les lobes de la corolle et en général en même nombre que ces lobes (par exception moins). Filets anisomètres (les 2 inférieurs plus longs que les autres) ou isomètres, libres. Anthères latéralement déhiscentes ou subintrorses, dithèques, submédifixes, versatiles; bourses contiguës (du moins antérieurement), parallèles, longitudinalement bivalves : connectif filiforme ou inapparent.

Pistil : Ovaire adhérent jusqu'au sommet, 3-5-loculaire (en général 3-loculaire); cloisons charnues, confluentes en axe central; placentaires axiles ou inapparents, souvent bilamellés. Loges uni- ou pluri-ovulées (dans plusieurs genres l'une des loges de l'ovaire est uniovulée et seule séminifère, tandis que les autres loges sont pluri-ovulées et abortives). Ovules anatropes, suspendus (par exception renversés), 1-ou 2-sériés. Style filiforme, indivisé, non-persistant. Stigmate disciforme ou capitellé, très-entier, ou légèrement lobé, terminal.

Péricarpe baccien (rarement carcérulaire, ou drupacé), 1-loculaire soit par l'oblitération des cloisons, soit par l'avortement des autres loges, ou moins souvent 3-5-loculaire, monosperme, ou oligosperme, ou polysperme.

Graines suspendues, ou vagues et nidulantes, inarillées, anatropes; tégument coriace, ou crustacé, lisse, ou chagriné. Périsperme charnu, souvent huileux. Embryon petit (en général beaucoup plus court que le périsperme), central, rectiligne : cotylédons planes ou semi-cylindriques, minces, obtus, très-entiers, contigus, foliacés en germination; plumule imperceptible; radicule columnaire ou mammiforme, supère.

La famille des Caprifoliacées se compose des genres suivants :

Triosteum Linn. — *Caprifolium* Tourn. — *Periclymenum* Tourn. — *Lonicera* (Linn.) Spach. (Chamæcerasus Tourn. Isika et Xylosteon Adans. excl. spec. Nintoa et Loniceræ sp. Sweet.) — *Xylosteum* Tourn. — *Diervilla* Tourn. — *Weigela* Thunb. (Weigelia Pers.) — *Leycesteria* Wallich. — *Calysphyrum* Bunge. — *Symphoricarpus* Dillen. (Symphoricarpa Neck. Symphoria Pers.) — *Abelia* R. Br. — *Linnæa* Gronov. (Obolaria Siegesb.)

Genres incertains.

Aidia Loureir. — *Valentiana* Rafin. — *Karpaton* Rafin. (Diervilla ex Lindl.)

Genre TRIOSTÉUM. — *Triosteum* Linn.

Limbe calicinal grand, campanulé, 5-parti, accrescent. Corolle courte, tubuleuse, subbilabiée : lèvre supérieure plus courte, bilobée; lèvre inférieure tripartie; tube courbé, gibbeux (en dessous) à sa base. Étamines 5, subisomètres, à peine saillantes, insérées au-dessous de la gorge de la corolle; filets courts, filiformes; anthères submédifixes, versatiles. Ovaire 3-loculaire (rarement 5-loculaire); ovules solitaires dans chaque loge, suspendus au sommet de l'angle interne. Style filiforme, courbé. Stigmate pelté, suborbiculaire, ombiliqué, obscurément 3-lobé. Drupe presque sec, couronné, 3-5-pyrène : noyaux monospermes, osseux, carénés antérieurement, 5-costés et 5-sulqués au dos. Graines subtrigones, adhérentes : tégument mince, crustacé.

Herbes vivaces. Feuilles grandes, très-entières, ou subsinuolées, sessiles, un peu connées par la base. Fleurs sessiles ou subsessiles, solitaires, ou subfasciculées, axillaires, 1- ou 2-bractéolées à la base. Limbe calicinal aussi long ou plus long que la corolle; segments sublinéaires, dressés, inégaux, foliacés. Corolle rouge ou jaune.

Ce genre, propre à l'Amérique septentrionale, n'est fondé que sur deux espèces (1).

TRIOSTÉUM PERFOLIÉ. — *Triosteum perfoliatum* Linn. — Dill. Hort. Elth. tab. 293, fig. 378. — Bigel. Med. Bot. tab. 9. — Sweet, Brit. Flow. Gard. tab. 45. — Gærtn. Fruct. I, tab. 26. — Schk. Handb. tab. 41. — *Triosteum majus* Michx. Flor. Bor. Amer.

Plante touffue, haute de 1 pied à 3 pieds. Racine composée de grosses fibres charnues. Tiges dressées, grêles, très-simples,

---

(1) Les *Triosteum* de l'Inde paraissent devoir constituer un autre genre.

poilues, ou pubescentes, cylindriques, fistuleuses, striées. Feuilles longues de 3 à 6 pouces, larges de 1 pouce à 3 pouces, flasques, en dessus pubérules, un peu scabres, d'un vert foncé, en dessous pubescentes, molles et subincanes, lancéolées-spathulées, ou elliptiques-oblongues et brusquement rétrécies vers leur base, acuminées, acérées, très-entières, ou moins souvent subsinuolées; côte trigone, très-saillante en dessous; nervures fines, cotonneuses en dessous. Fleurs solitaires, ou géminées, ou ternées, sessiles, ou subsessiles. Bractées linéaires, pubescentes, foliacées, tantôt aussi longues que les fleurs, tantôt plus courtes. Limbe calicinal pubescent, à l'époque de la floraison long d'environ 5 lignes : segments linéaires, ou linéaires-lancéolés, pointus. Corolle un peu plus courte que le limbe calicinal, d'un pourpre foncé, pubescente à la surface externe : tube velu à la surface interne; lobes ovales, obtus, presque dressés, 3 fois plus courts que le tube. Étamines un peu débordées par les lobes de la corolle; filets poilus à leur base. Anthères jaunes, sagittiformes-oblongues, à peu près aussi longues que les filets. Ovaire petit, ovoïde, pubescent, 3-5-gone, 3-5-loculaire. Style glabre, plus long que la corolle. Drupe du volume d'une petite Cerise, d'un pourpre foncé, ellipsoïde, ou subglobuleux, 3-5-gone, couronné par le limbe calicinal amplifié; noyaux oblongs, obtus aux 2 bouts, très-durs.

Cette plante croît dans les montagnes des États-Unis, où on la nomme vulgairement *Gentiane*. Sa racine, d'une saveur très-amère, est purgative et émétique; en Amérique, on l'emploie fréquemment en thérapeutique : administrée à petite dose, elle agit comme tonique.

Genre CHÈVREFEUILLE. — *Caprifolium* Tourn.

Limbe calicinal cupuliforme, ou rotacé, ou campanulé, 5-fide, ou 5-denticulé, marcescent. Corolle bilabiée, ringente : tube en général grêle et très-long; lèvre supérieure large, 4-lobée; lèvre inférieure étroite, très-entière. Étamines 5, subisomètres, insérées à la gorge de la corolle; filets filiformes; anthères médifixes, versatiles. Ovaire 3-loculaire; loges 4- ou 6-ovulées; ovules suspendus, bisériés. Style filiforme, saillant, décliné. Stigmate pelté, disciforme, ou subhémisphérique, très-entier, ou subtrilobé. Baie oligosperme, ou polysperme, pulpeuse; cloisons oblitérées.

Arbrisseaux volubiles. Écorce très-mince, non-persistante. Bourgeons écailleux. Feuilles très-entières (accidentellement sinuées-pennatifides), non-persistantes (rarement persistantes), pétiolées, ou sessiles : les florales le plus souvent connées; pétioles courts, semi-cylindriques, ou subcylindriques, canaliculés ou planes en dessus. Fleurs terminales, ou axillaires et terminales, géminées, ou capitellées, ou verticillées, sessiles, ou courtement pédonculées, très-odorantes, accompagnées chacune d'une paire de bractéoles (charnues) connées par la base. Limbe calicinal petit, régulier, ou irrégulier. Corolle blanche, ou rouge, ou jaune, changeante; tube subcylindracé, ou peu évasé au sommet, en général non-gibbeux, souvent plus ou moins arqué; lèvre supérieure révolutée ou érigée, lobée plus profondément aux bords qu'au milieu; lèvre inférieure déclinée ou défléchie, un peu plus longue que la supérieure. Étamines plus ou moins divergentes, souvent déclinées; anthères linéaires ou oblongues, jaunes, obtuses, subintrorses; connectif filiforme, inapparent antérieurement. Ovaire ovoïde ou subglobuleux. Style saillant, plus ou moins décliné au sommet. Baie subglobuleuse, couronnée par le limbe calicinal. Graines lenticulaires, ou planes à l'une des faces et convexes à l'autre, ovales, ou elliptiques, obtuses aux 2 bouts, finement ponctuées, ou très-lisses, tantôt ésulquées, tantôt bisulquées soit à chaque face, soit seulement à l'une des faces; tégument coriace ou crustacé, séparable du périsperme. Périsperme charnu, huileux. Embryon petit (dans certaines espèces seulement 1 fois plus court que le périsperme); radicule columnaire, obtuse; cotylédons minces, obtus, contigus, à peu près aussi longs que la radicule.

Ce genre renferme une vingtaine d'espèces; celles que nous allons décrire se cultivent fréquemment comme arbustes d'agrément.

SECTION I. NINTOOA Sweet.

Feuilles toutes pétiolées, non-connées. Pédoncules axillaires, ou axillaires et terminaux, 2-4-flores au sommet; fleurs collatérales. Tube de la corolle non-gibbeux.

A. *Pédoncules tous axillaires, plus longs que les pétioles. Bractées grandes, foliacées, pétiolulées. Corolle rouge à la surface externe : limbe aussi long que le tube.*

CHÈVREFEUILLE DE CHINE. — *Caprifolium chinense* Spach. — *Lonicera chinensis* Wats. Dendr. Brit. tab. 117. — Jaume Saint-Hil. Flore et Pom. Franç. tab. 101. — *Lonicera japonica* Thunb. Jap. — *Lonicera flexuosa* Loddig. Bot. Cab. tab. 1037. — Bot. Reg. tab. 712. (non Thunb.) — *Nintoa japonica* Sweet, Hort. Brit.

Feuilles ovales, ou elliptiques, ou oblongues (quelquefois sinuées-pennatifides), acuminées, arrondies ou cordiformes à leur base, glabres, ou pubescentes en dessous et aux bords. Limbe calicinal cupuliforme, 5-fide. Étamines glabres, un peu plus longues que le limbe de la corolle.

Sarments longs, flexueux; jeunes pousses grêles, effilées, cylindriques, pubescentes, ordinairement rougeâtres. Feuilles longues de 1 pouce à 3 pouces, larges de 6 lignes à 2 pouces, assez fermes, persistantes, molles, d'un vert foncé en dessus, glauques ou rougeâtres en dessous; pétiole long de 1 ligne à 3 lignes, pubescent, subtrigone, plane en dessus. Pédoncules longs de 3 à 6 lignes, pubescents, horizontaux, ou redressés. Bractées conformes aux feuilles, mais moins grandes, tantôt presque aussi longues que les fleurs, tantôt beaucoup plus courtes. Bractéoles oblongues ou oblongues-obovales, velues, plus courtes que l'ovaire, souvent inégales. Limbe calicinal pubescent, beaucoup plus court que l'ovaire; lobes dentiformes, oblongs, obtus, dressés : les 2 inférieurs un peu plus grands. Corolle longue de 15 à 18 lignes, glabre et d'un pourpre violet à la surface externe; tube grêle, un peu ventru, subrectiligne, comprimé bilatéralement, velu en dedans; limbe d'abord blanchâtre en dessus, puis jaune; lèvre supérieure dressée, subrévolutée, à lobes oblongs, obtus; lèvre inférieure linéaire-oblongue, obtuse, à peine plus longue que la supérieure. Filets blancs, déclinés, plus ou moins divergents; anthères beaucoup plus courtes que les filets, linéaires, échancrées aux 2 bouts. Ovaire petit, pubescent, ovoïde, obscurément ennéagone; loges 4-ovulées. Style glabre, un peu débordé par les étamines. Stigmate convexe, verdâtre, finement papilleux, trilobé.

Cette espèce, originaire de Chine, se recommande par le délicieux parfum de ses fleurs, qui paraissent en juin. On peut la cultiver en pleine terre dans le nord de la France.

B. *Pédoncules axillaires et terminaux, très-courts, rapprochés en thyrse ou presque en capitule. Bractées petites, dentiformes. Corolle blanche au commencement de la floraison, puis jaune, limbe aussi long que le tube.*

Chèvrefeuille du Japon. — *Caprifolium confusum* Spach. — *Lonicera japonica* Andr. Bot. Rep. tab. 583. — Bot. Reg. tab. 70. — Herb. de l'Amat. tab. 132. (non Thunb.) — *Nintooa confusa* Sweet, Hort. Brit. ed. 2.

Feuilles ovales, ou elliptiques, ou oblongues, pointues, ou subacuminées, pubescentes en dessous, arrondies ou cordiformes à la base. Limbe calicinal campanulé, 5-fide. Filets velus à eur base, un peu plus longs que le limbe de la corolle.

Sarments grêles, longs. Écorce grisâtre ou rougeâtre. Ramules pubescents, obscurément anguleux. Feuilles longues de 1 pouce à 3 pouces, larges de 6 à 18 lignes, coriaces, persistantes, luisantes et d'un vert foncé en dessus, glauques en dessous; pétiole long de 3 à 6 lignes, subcylindrique, cotonneux, souvent volubile. Calice cotonneux; limbe presque aussi long que l'ovaire : segments linéaires-lancéolés, pointus, dressés; les 2 inférieurs un peu plus longs. Corolle longue de 15 à 20 lignes, couverte à sa surface externe d'une pubescence visqueuse; tube grêle, cylindracé, un peu arqué; lèvres révolutées : la supérieure oblongue-cunéiforme, à lobes oblongs, très-obtus; l'inférieure linéaire-liguliforme, obtuse. Étamines subisomètres, déclinées, ascendantes au sommet, plus ou moins divergentes; anthères beaucoup plus courtes que les filets, linéaires, échancrées aux 2 bouts. Ovaire petit, subglobuleux, accompagné de 2 bractéoles courtes, suborbiculaires, concaves, ciliées; loges 4-ovulées. Style glabre, un peu plus long que la corolle, un peu débordé par les étamines. Stigmate convexe, très-entier, finement papilleux. Baie du volume d'un petit Pois, subglobuleuse, ou ellipsoïde, noirâtre, couverte d'une poussière glauque.

Cette espèce croît au Népaul, ainsi qu'en Chine et au Japon. Elle résiste difficilement aux hivers du nord de la France, mais on la recherche pour les collections d'orangerie. Elle fleurit durant tout l'été. Les fleurs exhalent une odeur analogue à celle de la fleur d'Oranger.

C. *Pédoncules axillaires et terminaux, le plus souvent courts et rapprochés en thyrse ou en grappe; bractées en général petites, dentiformes. Corolle d'abord blanche, puis jaune; limbe 1 à 2 fois plus court que le tube.*

CHÈVREFEUILLE INCANE. — *Caprifolium canescens* Schousb. Marocc. — *Lonicera biflora* Desfont. Flor. Atlant. 1, tab. 52.

Feuilles ovales, ou ovales-orbiculaires, ou elliptiques, obtuses, ou subacuminées, mutiques, ou mucronulées, arrondies ou cordiformes à leur base, pubérules ou incanes en dessous. Limbe calicinal cupuliforme, 5-fide. Filets glabres, aussi longs que la lèvre supérieure.

Arbuste atteignant la hauteur de 10 à 20 pieds. Écorce grisâtre ou brunâtre. Sarments grêles. Jeunes pousses pubérules ou velues. Feuilles longues de 1 pouce à 3 pouces, larges de 5 à 20 lignes, fermes, subpersistantes, d'un vert glauque en dessus, glauques ou cotonneuses-incanes en dessous; pétiole long de 3 à 6 lignes, pubérule, semi-cylindrique, canaliculé en dessus. Pédoncules dressés ou divergents, raides, pubérules : les inférieurs ordinairement à peu près aussi longs que les pétioles; les supérieurs très-courts. Bractées rarement aussi longues ou plus longues que l'ovaire. Bractéoles ovales-orbiculaires, concaves, plus courtes que l'ovaire. Limbe calicinal court, pubérule : lobes dentiformes, dressés, pointus, ciliolés, égaux, ou presque égaux. Corolle longue de 15 à 18 lignes, pubérule et visqueuse à sa surface externe; tube grêle, subclaviforme, presque droit; lèvre supérieure subflabelliforme, à lobes oblongs, obtus; lèvre inférieure liguliforme-oblongue. Étamines subisomètres; anthères oblongues, échancrées aux 2 bouts. Style glabre, à peine débordé par les étamines. Stigmate glabre, subhémisphérique, très-entier. Baie d'un bleu noirâtre, du volume d'un grain de Poivre, ellipsoïde, ou subglobuleuse. Graines petites, jaunâtres, suborbiculaires, plus ou moins comprimées, ordinairement bisulquées aux 2 faces.

Cette espèce croît en Espagne, en Sicile, et dans l'Atlas. Elle mérite d'être cultivée à cause de sa floraison beaucoup plus tardive que celle de ses congénères; d'ailleurs ses fleurs sont élégantes et très-odorantes.

Section II. EUCAPRIFOLIUM Spach.

Feuilles supérieures (des ramules florifères) le plus souvent connées. Fleurs terminales, ou axillaires et terminales, verticillées, ou agrégées en capitule. Tube de la corolle non-gibbeux, plus long que le limbe. Filets déclinés, ascendants au sommet.

A. *Feuilles florales non-connées.*

Chèvrefeuille des bois. — *Caprifolium Periclymenum* R. et S. Syst. — *Caprifolium sylvaticum* Lamk. Flore Franç.

— *Lonicera Periclymenum* Linn. — Flor. Dan. tab. 908. — Engl. Bot. tab. 800. — Schmidt, Arb. tab. 107 et 108. — Schk. Handb. tab. 40. — Guimp. et Hayn. Deutsch. Holz. tab. 7. — Jaume Saint-Hil. Flore et Pom. Franç. tab. 302. — *Periclymenum vulgare* et *Periclymenum germanicum* Mill. Dict. — *Caprifolium distinctum* Mœnch, Meth.

Feuilles elliptiques, ou elliptiques-oblongues, ou lancéolées-elliptiques, ou lancéolées-oblongues, acuminées, glabres, ou pubescentes en dessous, courtement pétiolées, cunéiformes à leur base (les florales souvent sessiles, cordiformes-ovales, ou cordiformes-elliptiques, ou cordiformes-orbiculaires; les inférieures accidentellement sinuées-pennatifides). Fleurs toutes terminales, disposées en capitules denses, ininterrompus, pédonculés. Limbe calicinal campanulé, 5-fide. Filets glabres, un peu plus longs que le limbe de la corolle.

Arbuste à sarments grimpants ou diffus, atteignant une longueur de 10 à 30 pieds. Écorce grisâtre ou brunâtre, lisse. Jeunes pousses grêles, cylindriques, flexueuses, tantôt glabres, tantôt velues ou pubérules et visqueuses. Feuilles longues de 6 lignes à 4 pouces, larges de 3 à 30 lignes, subcoriaces, luisantes et d'un vert foncé ou un peu glauque en dessus, glauques en dessous; pétiole des feuilles inférieures long de 3 à 4 lignes. Bourgeons coniques, pointus, subtétragones. Capitules solitaires, ou ternés à l'extrémité des ramules, composés de 2 à 6 verticilles contigus, ordinairement 6-flores. Pédoncules longs de 1 pouce à 3 pouces (les latéraux plus courts que l'intermédiaire), tantôt nus jusqu'au sommet et 4-bractéolés sous le capitule, tantôt dibractéolés vers leur milieu ainsi qu'au sommet, en général couverts d'une pubescence glandulifère. Bractées foliacées, persistantes, de grandeur très-variable, en général cordiformes. Calice pubérule et visqueux à sa surface externe : limbe court, à lobes ovales-oblongs, obtus, dentiformes, dressés. Corolle longue de 1 pouce à 2 pouces, pubérule-visqueuse et en général rose ou carnée à la surface externe (moins souvent blanche, ou jaunâtre, ou d'un pourpre violet), à limbe blanc ou d'un jaune pâle en dessus (moins souvent rose ou d'un pourpre violet); tube grêle, subclaviforme, plus ou moins arqué, de moitié à 2 fois plus long que le limbe; lèvre supérieure redressée, subrévolutée, cunéiforme-oblongue, 4-lobée au sommet : lobes oblongs, obtus; lèvre inférieure liguliforme-oblongue, obtuse, révolutée. Étamines plus ou moins divergentes; filets blancs; anthères oblongues, beaucoup plus courtes que les filets. Style glabre, débordant les étamines. Stigmate verdâtre, capitellé. Baie globuleuse, écarlate, ou pourpre, du volume d'un Pois. Graines petites, jaunes.

On cultive les variétés suivantes :

CHÈVREFEUILLE D'ALLEMAGNE TARDIF. (*Lonicera Periclymenum serotinum* Hort. Kew.) — Fleurs pourpres, tardives; feuilles très-glabres.

CHÈVREFEUILLE DE BELGIQUE. (*Lonicera Periclymenum belgicum* Hort. Kew.) — Fleurs d'un pourpre violet, de grandeur médiocre.

A FEUILLES DE CHÊNE. (*Lonicera Periclymenum quercifolium* Hort. Kew.) — Feuilles sinuées-pennatifides.

A FEUILLES PANACHÉES. (*Lonicera Periclymenum variegatum* Hort. Kew.) — Feuilles panachées ou bordées de jaune.

Cette espèce habite toute l'Europe, excepté les contrées boréales; on la trouve communément dans les bois, les buissons et les haies, sans égard à la nature du sol. Elle fleurit en été, plus tard que les autres Chèvrefeuilles indigènes. Les baies mûrissent vers l'automne; elles ont une saveur douceâtre et passent pour purgatives.

B. *Feuilles florales incomplètement connées.*

CHÈVREFEUILLE D'ÉTRURIE. — *Caprifolium etruscum* Rœm. et Schult. Syst. — *Lonicera etrusca* Savi. — Santi, Viagg. tab. 1. — *Lonicera Periclymenum* Gouan, Hort. — *Lonicera Caprifolium* Desfont. Flor. Atlant.! (non Linn.)

Feuilles coriaces, subpersistantes, glabres, ou moins souvent pubérules en dessous, elliptiques, ou oblongues, ou obovales, acuminulées, mucronées : les inférieures pétiolées ou subpétiolées, cunéiformes ou arrondies à la base; les supérieures sessiles, subconnées, en général cordiformes à la base. Fleurs en épis ou en capitules interrompus (du moins après la floraison), aphylles. Limbe calicinal cupuliforme, 5-denté. Limbe de la corolle 1 fois plus court que le tube, de moitié plus long que les étamines.

Arbuste à sarments grimpants ou diffus, atteignant la longueur de 20 à 30 pieds. Écorce grisâtre ou brunâtre, lisse. Jeunes pousses grêles, effilées, cylindriques, flexueuses, en général glabres, souvent rougeâtres ou violettes. Feuilles longues de 6 lignes à 3 pouces, larges de 3 à 30 lignes, luisantes et d'un vert foncé en dessus, glauques en dessous. Pétiole marginé ou ailé, court, plane en dessus, ordinairement rougeâtre. Ramules florifères plus ou moins allongés, tantôt simples, tantôt trifurqués : ramules secondaires souvent sans autres feuilles que la paire florale. Capitules (ou épis) terminaux, ou axillaires et terminaux, solitaires, ou ternés, composés chacun de 3 à 7 verticilles 6-flores, tantôt presque contigus, tantôt plus ou moins éloignés dès le commencement de la floraison; rachis, après la floraison, renflé sous chaque verticille. Bractées en général beaucoup plus courtes que les fleurs. Bractéoles petites, suborbiculaires, plus courtes que l'ovaire. Limbe calicinal petit, plus court que l'ovaire : dents ovales, obtuses, dressées. Corolle longue d'environ 18 lignes (glabre, ou parsemée à sa surface externe d'une fine pubescence glandulifère), rose ou d'un pourpre violet à la surface externe; limbe d'abord blanc en dessus, puis d'un jaune pâle; tube grêle, cylindracé, évasé au sommet, subrectiligne, ou plus ou moins arqué; lèvre supérieure flabelliforme, révolutée, à 4 lobes arrondis, peu profonds; lèvre inférieure révolutée, oblongue, obtuse. Étamines glabres : filets blancs; anthères oblongues, obtuses, échancrées à la base. Ovaire ovoïde, cylindrique; loges 6-ovulées. Style glabre, un peu plus court que la corolle. Stigmate verdâtre, disciforme, subtrilobé. Baies globuleuses, rouges, du volume d'un Pois. Graines ovales, ou elliptiques, ou suborbiculaires, jaunâtres, luisantes, finement ponctuées. Embryon à peu près 1 fois plus court que le périsperme; cotylédons elliptiques, à peu près aussi longs que la radicule.

Cette espèce est commune dans l'Europe méridionale et dans la Barbarie. Elle résiste parfaitement aux hivers du nord de la France, où on la cultive fréquemment dans les jardins (1). Elle fleurit en juin et juillet.

C. *Feuilles florales connées en forme de disque perfolié, ordinairement suborbiculaire ou transversalement elliptique. Fleurs en verticilles plus ou moins distants. Corolle blanchâtre ou panachée de rose et de blanc.*

a) *Feuilles non-persistantes : les inférieures pétiolées. Étamines un peu plus longues que le limbe de la corolle ; anthères beaucoup plus courtes que les filets.*

Chèvrefeuille commun. — *Caprifolium rotundifolium* Mœnch, Meth. — *Caprifolium italicum* R. et S. Syst. — *Caprifolium hortense* Lamk. Flore Franç. — *Lonicera Caprifolium* Linn. — Engl. Bot. tab. 799. — Jacq. Flor. Austr. tab. 357. — Schmidt, Arb. tab. 105 et 106. — Guimp. et Hayn. Deutsch. Holz. tab. 6. — Duham. Arb. tab. 48. — *Lonicera pallida* Host, Flor. Austr.

Feuilles glabres, ou pubescentes en dessous : les inférieures elliptiques, ou obovales, ou oblongues, obtuses, ou rétuses, ou acuminulées, arrondies ou cunéiformes à leur base. Fleurs terminales ou axillaires et terminales, verticillées-sénées; verticilles plus ou moins éloignés. Limbe calicinal cupuliforme, 5-denté. Limbe de la corolle de moitié à 1 fois plus court que le tube.

Sarments grimpants ou diffus, atteignant la longueur de 30 à

(1) On la considère communément comme une variété du Chèvrefeuille commun; les jardiniers la désignent par les noms de *Lonicera semperflorens*, ou *Lonicera Caprifolium sempervirens*.

40 pieds. Écorce grisâtre. Jeunes pousses pubescentes ou glabres, lisses, cylindriques, grêles, vertes, ou rougeâtres. Ramules florifères flexueux, non-volubiles, plus ou moins redressés, simples, ou trifurqués au sommet. Bourgeons coniques, pointus. Feuilles longues de 1 pouce à 3 pouces, larges de 6 à 30 lignes, fermes, d'un vert glauque et plus ou moins luisantes en dessus, très-glauques en dessous; pétiole court, souvent marginé ou ailé. Verticilles floraux tantôt solitaires au sommet des ramules, tantôt superposés au nombre de 2 à 7 en épi interrompu soit aphylle vers le sommet, soit feuillé jusqu'au sommet : les 2 ou 3 verticilles terminaux en général assez rapprochés. Bractées petites et connées, ou remplacées par des feuilles connées en disque orbiculaire en général débordé par les fleurs. Bractéoles suborbiculaires, plus courtes que l'ovaire. Limbe calicinal petit, plus court que l'ovaire : dents ovales, obtuses, dressées. Corolle longue de 15 à 20 lignes; surface externe pubérule, visqueuse, tantôt blanchâtre, tantôt d'un rose plus ou moins vif; tube grêle, claviforme au sommet, plus ou moins arqué, glabre à la surface interne; lèvres révolutées, d'abord blanches en dessus, puis d'un jaune pâle : la supérieure flabelliforme, à lobes plus ou moins profonds, oblongs, obtus; l'inférieure liguliforme-oblongue, obtuse. Étamines glabres, plus ou moins divergentes; anthères d'un jaune orange, oblongues, obtuses, échancrées à la base. Ovaire ovoïde, cylindrique; loges 6-ovulées. Style glabre, un peu plus long que la corolle. Stigmate jaune, disciforme, légèrement trilobé. Baies écarlates, subglobuleuses, ou ovoïdes, ou ellipsoïdes, du volume d'un Pois. Graines ovales ou elliptiques, petites, luisantes, d'un jaune pâle; cotylédons elliptiques, un peu plus courts que la radicule.

Cette espèce, si communément cultivée dans les jardins, habite l'Europe méridionale; elle fleurit en mai et juin. Les baies sont mûres un mois environ après la floraison. Ces fruits sont purgatifs, mais on ne les emploie point en thérapeutique.

b) *Feuilles persistantes, toutes sessiles. Étamines plus courtes que le limbe de la corolle; anthères plus longues que les filets.*

Chèvrefeuille des Baléares. — *Caprifolium balearicum* Dum. Cours. Bot. Cult. — *Lonicera balearica* De Cand. Flore Franç. Suppl. — *Lonicera implexa* Hort. Kew. — Bot. Mag. tab. 640.

Feuilles ovales, ou elliptiques, ou oblongues, obtuses, ou acuminulées, ordinairement mucronées, arrondies ou cordiformes à leur base, très-glabres. Fleurs terminales, ou axillaires et terminales, verticillées-sénées : verticilles plus ou moins éloignés. Limbe calicinal cupuliforme, 5-denticulé. Limbe de la corolle presque 2 fois plus court que le tube.

Sarments volubiles ou diffus, longs, grêles. Écorce grisâtre. Jeunes pousses cylindriques, effilées, lisses, verdâtres, ou rougeâtres. Ramules florifères simples ou moins souvent trifurqués, feuillus, presque droits. Feuilles longues de 6 lignes à 2 pouces, larges de 3 à 15 lignes, coriaces, d'un vert glauque et luisantes en dessus, très-glauques en dessous. Verticilles floraux tantôt solitaires au sommet des ramules, tantôt superposés au nombre de 2 à 7 en épi interrompu, en général feuillé sous tous les verticilles. Bractées en général remplacées par des feuilles connées en forme de disque orbiculaire ou suborbiculaire. Bractéoles minimes, dentiformes. Limbe calicinal très-court, sinuolé-denticulé : dents triangulaires, pointues, dressées. Corolle longue de 15 à 18 lignes : surface externe pubérule-glanduleuse, tantôt blanche, tantôt d'un rose plus ou moins vif; lèvres d'abord blanches en dessus, puis jaunâtres, révolutées : la supérieure à 4 lobes arrondis, obtus; l'inférieure liguliforme-oblongue, obtuse; tube très-grêle, pubescent à la surface interne. Étamines glabres; anthères oblongues, obtuses, échancrées à la base. Ovaire ellipsoïde : loges 6-ovulées. Style pubescent, blanchâtre, débordant les étamines, plus court que la corolle. Stigmate légèrement trilobé.

Cette espèce, nommée vulgairement *Chèvrefeuille de Mahon,*

habite l'Europe méridionale ; elle fleurit quelques semaines plus tard que le *Chèvrefeuille commun.*

D. *Feuilles florales connées en forme de disque suborbiculaire ou transversalement elliptique, perfolié. Fleurs en capitules pédonculés. Corolle d'abord d'un jaune de citron, puis orange.*

Chèvrefeuille jaune. — *Caprifolium flavum* Elliott. — *Lonicera flava* Sims, Bot. Mag. tab. 1318. — Herb. de l'Amat. vol. 3. — *Lonicera Fraseri* Pursh, Flor. Amer. Sept.

Feuilles non-persistantes, subcoriaces, très-glabres, ovales, ou ovales-orbiculaires, ou elliptiques, ou oblongues, très-obtuses, quelquefois rétuses ou mucronées : base arrondie, ou cunéiforme, ou subcordiforme. Capitules courtement pédonculés, composés de verticilles subsexflores, imbriqués pendant la floraison. Limbe calicinal cupuliforme, sinuolé 5-denticulé. Corolle à limbe à peu près de moitié plus court que le tube, un peu plus long que les filets.

Sarments grimpants ou diffus, longs. Écorce grisâtre. Feuilles longues de 1 pouce à 3 pouces, larges de 6 à 30 lignes, d'un vert glauque et luisantes en dessus, très-glauques en dessous. Ramules florifères en général simples, non-volubiles, plus ou moins redressés. Capitules solitaires ou ternés, composés de 3 à 5 verticilles plus ou moins distants après la floraison. Bractées dentiformes, plus courtes que les ovaires. Bractéoles minimes. Calice glabre : limbe très-court, à dents ovales-triangulaires, obtuses. Corolle longue de 12 à 15 lignes, glabre à la surface externe : tube subclaviforme, un peu ventru au-dessus de sa base, velu à la surface interne; lèvres révolutées : la supérieure fendue jusqu'au delà du milieu en lobes oblongs, obtus ; l'inférieure liguliforme-oblongue, obtuse. Filets glabres, d'un jaune orange ; anthères oblongues, beaucoup plus courtes que les filets. Ovaire oblong, cylindrique ; loges 6-ovulées. Style glabre, plus long que la corolle. Stigmate légèrement trilobé.

Cette espèce croît dans les montagnes de la Caroline méridionale.

Section III. LONICEROIDES Spach.

Feuilles supérieures (des ramules florifères) connées en forme de disque perfolié. Fleurs en capitules terminaux, pédonculés. Tube de la corolle gibbeux à sa base, à peine aussi long que le limbe. Filets droits, érigés.

A. *Feuilles (excepté les basilaires et les supérieures des ramules florifères) pétiolées, flasques, pubescentes aux 2 faces. Corolle d'un jaune de citron passant à l'orange; tube légèrement gibbeux. Limbe calicinal cupuliforme, 5-denticulé.*

Chèvrefeuille pubescent. — *Caprifolium pubescens* Goldie, in Edimb. Philos. Journ. 1822. — Hook. Exot. Flora, tab. 27. — *Lonicera pubescens* Sweet, Hort. Brit. ed. 1. — *Lonicera hirsuta* Eaton. — *Lonicera Goldii* Spreng. Syst.

Feuilles ovales, ou elliptiques, ou oblongues, obtuses, ou pointues, ou rétuses, souvent mucronées, arrondies ou cunéiformes à leur base. Capitules courtement pédonculés, composés de 2 à 8 verticilles plus ou moins éloignés après la floraison. Filets un peu plus courts que le limbe de la corolle, anisomètres, pointus. Style glabre, plus long que la corolle.

Sarments grimpants ou diffus, grêles. Écorce brunâtre. Jeunes pousses glabres ou pubérules-glanduleuses, effilées, cylindriques. Feuilles longues de 1 ½ pouce à 6 pouces, larges de 1 pouce à 4 pouces, d'un vert foncé et un peu luisantes en dessus, glauques en dessous, un peu scabres et plus ou moins fortement pubescentes aux 2 faces (poils souvent glandulifères, surtout ceux de la face inférieure). Pétioles longs de 1 ligne à 4 lignes, connés par la base, souvent ailés ou marginés. Feuilles florales plus fermes que les autres feuilles, très-glabres ou presque glabres, jaunâtres, acuminées, connées en forme de disque tantôt suborbiculaire, tantôt transversalement elliptique, large de 1 ½ pouce à 4 pouces, en général débordé par les fleurs. Bourgeons coniques, pointus, glabres, d'un brun jaunâtre : écailles nombreuses, acuminées, acérées. Verticilles nus, 5-8-flores, en général imbriqués durant la floraison. Bractéoles minimes, glanduleuses aux bords, suborbiculaires. Calice parsemé de glandules ponctiformes : limbe beaucoup plus court que l'ovaire, à dents triangulaires, subobtuses. Corolle longue de 8 à 12 lignes, pubescente à la surface externe (poils la plupart glandulifères); tube subcylindracé, velu à la surface interne; lèvre supérieure profondément fendue en 4 lobes ovales-elliptiques, obtus, révolutés. Filets divergents, plus longs que les anthères; anthères linéaires. Ovaire ovoïde, un peu comprimé, rétréci en col au sommet; loges 4-ovulées. Style blanchâtre, dressé, épaissi au sommet, long d'environ 15 lignes. Stigmate assez gros, verdâtre, suborbiculaire, ombiliqué, obscurément trilobé.

Cette espèce croît dans les forêts humides, au Canada et dans le nord des États-Unis. Elle fleurit en juin.

B. *Feuilles toutes sessiles (même les inférieures subconnées), fermes, très-glabres et lisses. Corolle d'abord jaunâtre, puis d'un rouge de cuivre : tube fortement gibbeux. Limbe calicinal rotacé, 5-fide.*

Chèvrefeuille a petites fleurs. — *Caprifolium parviflorum* Lamk. Enc. — *Lonicera dioica* Linn. — Bot. Reg. tab. 138. — *Caprifolium dioicum* R. et S. — *Caprifolium bracteosum* Michx. Flor. Bor. Amer. — *Caprifolium glaucum* Mœnch, Meth. — *Lonicera media* Murr. in Nov. Comm. Gœtt. 1776, p. 28, tab. 3.

Feuilles elliptiques ou oblongues, obtuses (les florales ovales, ou ovales-orbiculaires, ou suborbiculaires, souvent acuminées), marginées, arrondies ou subcordiformes à leur base. Capitules composés de 2 à 5 verticilles un peu écartés. Filets un peu plus courts que le limbe de la corolle, subisomètres, pubescents. Style glabre, un peu plus court que la corolle.

Sarments grimpants ou diffus, grêles. Écorce grisâtre ou brunâtre. Jeunes pousses glabres, lisses, cylindriques, effilées.

Ramules florifères dressés ou redressés, simples, non-volubiles. Feuilles longues de 1 pouce à 4 pouces, larges de 1/2 pouce à 2 pouces, non-persistantes, minces mais fermes, luisantes et d'un vert glauque en dessus, très-glauques en dessous. Feuilles florales connées en forme de disque transversalement elliptique ou rarement suborbiculaire, large de 1 pouce à 4 pouces. Capitules solitaires, en général accompagnés d'un involucre de 2 ou 4 bractées soudées par la base, petites, dentiformes, ou oblongues, pointues, ou obtuses, ou tronquées, ordinairement apprimées. Pédoncule grêle, long de 4 à 15 lignes. Verticilles 5-8-flores, après la floraison en général assez éloignés. Bractéoles minimes. Dents calicinales triangulaires, pointues, courtes, étalées pendant la floraison. Corolle glabre, longue de 5 à 8 lignes : tube subcylindracé, très-resserré à sa base; lèvre supérieure dressée ou réfléchie, flabelliforme, profondément 4-lobée : lobes oblongs, obtus; lèvre inférieure oblongue, obtuse. Filets plus ou moins divergents, d'un jaune orange. Anthères 2 fois plus courtes que les filets, oblongues, obtuses, échancrées à la base. Ovaire ovoïde, subtrigone, rétréci en col au sommet; loges 4-6-ouvées. Style dressé, un peu décliné au sommet. Stigmate suborbiculaire, verdâtre, ombiliqué, légèrement 3-lobé. Baie ellipsoïde ou subglobuleuse, du volume d'un Pois, pourpre, ou écarlate. Graines longues d'environ 2 lignes, elliptiques, jaunâtres, finement ponctuées, lenticulaires, ou subtrigones, ou planes à l'une des faces et convexes à l'autre; tégument coriace. Embryon minime, subclaviforme : cotylédons oblongs, à peu près aussi longs que la radicule.

Cette espèce croît au Canada et dans les montagnes des États-Unis; elle aime les localités humides et ombragées. La floraison se fait en juin; les fruits mûrissent en juillet.

Genre PÉRICLYMÉNUM. — *Periclymenum* Tourn.

Limbe calicinal cupuliforme, 5-fide, marcescent. Corolle infondibuliforme, subrégulière, 5-lobée au sommet : lobes presque égaux, à peine étalés. Étamines 5, saillantes, insérées au-dessus du milieu du tube de la corolle; filets filiformes, subisomètres; anthères médifixes, versatiles. Ovaire 3-loculaire; loges 6-8-ovulées; ovules suspendus, bisériés. Style filiforme, saillant. Stigmate pelté, disciforme, concave, obscurément 3-lobé. Baie pulpeuse, oligosperme (moins souvent polysperme); cloisons oblitérées.

Arbuste volubile. Écorce très-mince, non-persistante. Bourgeons écailleux. Feuilles très-entières, persistantes : les supérieures (des ramules florifères) connées en forme de disque perfolié; les autres sessiles ou courtement pétiolées; pétioles de chaque paire connés par la base. Fleurs en capitules ou en épis terminaux, aphylles, composés de verticilles (accompagnés chacun de 2 à 4 bractées minimes, charnues, connées par la base; chaque fleur en outre accompagnée de 2 bractéoles apprimées, charnues, minimes) plus ou moins éloignés. Limbe calicinal petit, irrégulier. Corolle jaune ou rouge; tube long, non-gibbeux, rétréci à sa base, claviforme, ventru vers son sommet, subrectiligne, redressé; lobes beaucoup plus courts que le tube. Filets dressés, divergents. Anthères plus courtes que les filets, oblongues, échancrées aux 2 bouts, d'abord jaunes, rougeâtres après l'anthèse : connectif filiforme, inapparent antérieurement. Ovaire ovoïde ou subglobuleux, rétréci en col au sommet.

Ce genre, propre à l'Amérique septentrionale, est fondé sur 3 espèces.

PÉRICLYMÉNUM TOUJOURS-VERT. — *Periclymenum sempervirens* Mill. Dict. — *Lonicera sempervirens* Linn. — *Caprifolium sempervirens* Michx. Flor. Bor. Amer. — *Caprifolium virginicum* Lamk. Enc.

— α : A LARGES FEUILLES (*latifolium*). — *Lonicera sempervirens* α : *major* Hort. Kew. — *Lonicera sempervirens* Bot. Mag. tab. 781. — Schmidt, Arb. tab. 104. — Feuilles des sarments et feuilles inférieures des ramules florifères elliptiques, ou obovales, ou suborbiculaires.

— β : À FEUILLES ÉTROITES (*angustifolium*). — *Lonicera sempervirens* β : *minor* Hort. Kew. — Bot. Mag. tab. 1753. — Bot. Reg. tab. 556. — *Lonicera oblongifolia* Sweet, Hort. Brit. ed. 2. — *Lonicera coccinea* Hortul. — Feuilles des sarments et feuilles inférieures des ramules florifères oblongues, ou oblongues-obovales. Fleurs en général d'un écarlate très-vif.

Tiges grimpantes ou diffuses, très-longues dans les localités propices à leur croissance. Jeunes pousses grêles, cylindriques, souvent rougeâtres. Ramules florifères simples ou paniculés, droits, ou flexueux, non-volubiles. Feuilles longues de 1 pouce à 4 pouces, larges de 4 lignes à 3 pouces, coriaces, d'un vert glauque et luisantes en dessus, très-glauques en dessous, en général très-glabres, quelquefois pubérules en dessous, arrondies au sommet, quelquefois rétuses, souvent mucronulées : base arrondie ou cunéiforme ; celles des sarments et de la partie inférieure des ramules florifères courtement pétiolées ; la dernière paire de celles des ramules florifères formant un disque suborbiculaire, plus ou moins concave, large de 1 pouce à 3 pouces ; l'avant-dernière paire formant un disque plane ou presque plane, transversalement elliptique, atteignant jusqu'à 4 pouces de large. Fleurs presque inodores. Épis solitaires ou ternés, pédonculés, composés de 2 à 7 verticilles (les pédoncules latéraux quelquefois à un seul verticille terminal) 5-7-flores, plus ou moins éloignés, ou moins souvent rapprochés presque en capitule. Rachis raide, dressé, renflé sous les verticilles. Bractées dentiformes, beaucoup plus courtes que les ovaires. Bractéoles glanduliformes, quelquefois connées deux à deux. Ovaires ovoïdes ou subglobuleux, horizontaux. Limbe calicinal beaucoup plus court que l'ovaire : lobes dentiformes, dressés, inégaux, pointus, ou obtus. Corolle longue de 15 à 20 lignes, glabre et écarlate à la surface externe, d'un jaune orange à la surface interne ; lobes obtus ou pointus, ovales, recourbés au sommet ; tube poilu à la surface interne jusqu'à l'insertion des filets. Filets un peu saillants, débordés par le style. Baie pourpre, du volume d'un Pois.

Cet arbuste, nommé vulgairement *Chèvrefeuille de Virginie* ou *Chèvrefeuille sempervirens*, croît aux États-Unis; l'élégance de ses fleurs le fait rechercher pour l'ornement des jardins; sa floraison dure depuis le commencement de l'été jusqu'en automne. Il ne prospère que dans les terres légères.

Genre LONICÉRA. — *Lonicera* Linn.

Limbe calicinal cupuliforme ou campanulé, 5-lobé, ou 5-parti, ou 5-denté, marcescent. Corolle bilabiée, ringente; tube court, gibbeux vers sa base; lèvre supérieure large, 4-lobée, ou 4-crénelée; lèvre inférieure étroite, très-entière. Étamines 5, subisomètres, insérées à la gorge de la corolle; filets filiformes; anthères infra-médifixes, versatiles. Ovaire 3-loculaire; loges 4- ou 6-ovulées; ovules suspendus, bisériés. Style filiforme, décliné. Stigmate pelté, subhémisphérique, ou disciforme, très-entier. Baie oligosperme ou polysperme, pulpeuse. Cloisons oblitérées.

Arbrisseaux non-volubiles. Écorce très-mince, non-persistante. Bourgeons écailleux. Feuilles très-entières, non-persistantes, toutes pétiolées; pétioles courts, semi-cylindriques. Pédoncules axillaires, solitaires, biflores, plus ou moins déclinés, ou dressés, garnis au sommet d'une paire de bractées persistantes. Fleurs sessiles au sommet des pédoncules, géminées (dans certaines espèces les tubes calicinaux collatéraux plus ou moins complétement connés), le plus souvent accompagnées chacune d'une paire de bractéoles apprimées. Corolle blanche, ou jaunâtre, ou rouge; tube droit ou curviligne, évasé, resserré à la base, gibbeux en dessous; lèvre supérieure révolutée ou érigée, lobée ou crénelée plus profondément aux bords qu'au milieu; lèvre inférieure déclinée, ou défléchie, un peu plus longue que la supérieure. Étamines plus ou moins déclinées et divergentes; anthères jaunes, ou rouges, obtuses, ou mucronées, oblongues, introrses; connectif linéaire ou filiforme, inapparent antérieurement. Ovaire ovoïde ou subglobuleux. Style saillant, souvent géniculé. Baie (syncarpienne ou dicéphale dans certaines espèces) ovoïde, ou ellipsoïde, ou subglobuleuse, couronnée par le limbe calicinal desséché, en général oligosperme par avortement. Graines lenticulaires, ou planes à l'une des faces et convexes à l'autre, lisses, ou finement ponctuées, obtuses aux 2 bouts, ou apiculées au sommet, ovales, ou elliptiques, ou oblongues, tantôt ésulquées, tantôt bisulquées soit aux 2 faces, soit seulement à l'une des faces; tégument coriace, séparable du périsperme. Périsperme charnu ou corné, huileux. Embryon petit: cotylédons minces, obtus, aussi longs ou plus longs que la radicule; radicule columnaire, obtuse.

Section I.

Corolle à tube tantôt grêle et subcylindracé, tantôt cyathiforme, légèrement gibbeux; lèvre supérieure profondément 4-lobée. Calices non-connés.

Lonicéra tatare. — *Lonicera tatarica* Linn. — Pall. Flor. Ross. tab. 36. — Jacq. Ic. Rar. tab. 37. — Bot. Reg. tab. 31. — Guimp. et Hayn. Fremd. Holz. tab. 87. — *Xylosteum cordatum* Mœnch. Meth. — *Lonicera sibirica* Hortul.

Rameaux et ramules verticaux ou subverticaux. Feuilles ovales, ou elliptiques, ou oblongues, ou oblongues-lancéolées, ou ovales-lancéolées, acuminées, ou pointues, ou obtuses, courtement pétiolées, glabres, ou ciliées : base arrondie, ou cordiforme, ou rarement cunéiforme. Pédoncules déclinés ou défléchis, plus longs que les fleurs, en général plus courts que les feuilles. Bractées subulées ou sublancéolées. Bractéoles ovales ou oblongues, charnues, aussi longues que l'ovaire. Limbe calicinal campanulé, profondément 5-fide, presque aussi long que l'ovaire.

Filets velus, divariqués, plus courts que le limbe de la corolle.

Buisson haut de 5 à 12 pieds. Tiges dressées. Écorce grisâtre, lisse. Jeunes pousses grêles, obscurément 4-gones, plus ou moins allongées, finalement brunâtres. Bourgeons lisses, ovales, bruns. Feuilles longues de 6 lignes à 3 pouces, larges de 3 à 18 lignes : les jeunes d'un vert gai; les adultes d'un vert glauque ou très-foncé en dessus, très-glauques en dessous, fermes, réticulées, en général très-glabres; pétiole long de 1 ligne à 3 lignes, semi-cylindrique, canaliculé en dessous, souvent rougeâtre. Pédoncules filiformes, ou plus ou moins épaissis au sommet. Bractées tantôt presque aussi longues que la fleur, tantôt beaucoup plus courtes, le plus souvent très-étroites. Bractéoles obtuses ou tronquées, vertes. Segments du limbe calicinal linéaires-oblongs, obtus, presque égaux, dressés. Corolle rose, ou carnée, ou pourpre, ou blanche, longue de 4 à 7 lignes, glabre : tube tantôt aussi long que le limbe, tantôt jusqu'à 1 fois plus court, subcylindracé, ou plus ou moins évasé en forme de coupe, un peu courbé, ou subrectiligne, à bosse plus ou moins saillante; lèvre supérieure érigée, divisée jusqu'au milieu ou au delà en 4 lobes tantôt oblongs, tantôt obovales, obtus, ou pointus; lèvre inférieure oblongue, ou obovale-oblongue, obtuse, ou pointue. Anthères petites, jaunes, oblongues, mucronées, échancrées à la base. Ovaire subglobuleux, glabre ; loges 4-ovulées. Style filiforme, décliné, velu jusqu'au sommet, plus court que la corolle. Stigmate suborbiculaire, très-entier. Baie du volume d'une Groseille, rouge, ou d'un jaune orange, globuleuse, en général oligosperme. Graines petites, ovales, ou elliptiques, obtuses aux 2 bouts, lenticulaires, ou planes d'un côté et convexes de l'autre, lisses, jaunâtres. Embryon environ 3 fois plus court que le périsperme : cotylédons ovales, à peu près aussi longs que la radicule.

Cette espèce, qu'on cultive fréquemment comme arbuste d'ornement, est commune en Russie et en Sibérie; elle fleurit en mai. Sa végétation vigoureuse la rend propre à former des haies.

SECTION II.

Corolle à tube légèrement gibbeux, subcylindracé; lèvre supérieure 4-lobée au sommet. Calices connés.

LONICÉRA DE GÉORGIE. — *Lonicera iberica* Marsch. Bieb. Flor. Taur. Cauc.—*Xylosteum ibericum* Marsch. Bieb. Cent. Plant. Ross. 1, tab. 13.

Rameaux horizontaux ou réclinés. Feuilles ovales, ou elliptiques, ou suborbiculaires, cordiformes à la base, obtuses, ou rétuses, acuminulées, mutiques, ou mucronulées, courtement pétiolées, cotonneuses ou pubescentes en dessous. Pédoncules plus ou moins déclinés, tantôt plus courts que les feuilles, tantôt aussi longs ou plus longs. Bractées grandes, foliacées, pétiolulées. Bractéoles nulles. Calice cotonneux; limbe cupuliforme, 5-lobé. Filets glabres, un peu plus courts que la lèvre supérieure.

Buisson très-touffu, atteignant la hauteur de 10 pieds. Tiges dressées. Écorce grisâtre ou brunâtre. Jeunes pousses grêles, subcylindriques, pubescentes. Bourgeons coniques, pointus, bruns. Feuilles longues de 6 lignes à 2 pouces, d'un vert glauque en dessus, très-glauques ou cotonneuses-incanes en dessous, fermes, réticulées; pétiole long de 2 à 4 lignes, semi-cylindrique, plane en dessus, pubescent. Pédoncules longs de 3 à 15 lignes, pubescents, filiformes, plus ou moins épaissis au sommet. Bractées ovales, ou elliptiques, ou oblongues, ou sublancéolées, cunéiformes à leur base, acuminées, ou obtuses, ciliées, pubescentes en dessous, de grandeur très-variable (quelquefois presque aussi longues que les fleurs, toujours plus longues que l'ovaire). Limbe calicinal petit : lobes arrondis, dressés, poilus. Corolle longue de 5 à 8 lignes, pubescente à la surface externe, d'abord blanchâtre, puis jaunâtre : tube aussi long que le limbe, ou un peu plus court; lèvre supérieure subflabelliforme, à lobes arrondis; lèvre inférieure liguliforme-oblongue, obtuse. Anthères petites, oblongues, obtuses aux 2 bouts, jaunes. Style pubérule, subgéniculé, suborbiculaire, très-entier. Baie syncarpienne, bi-ombiliquée, subglobuleuse, pourpre, du volume d'un gros Pois. Graines ovales ou elliptiques, obtuses aux 2 bouts, brunâtres, finement ponctuées, petites.

Cette espèce habite le Caucase et l'Arménie; elle fleurit au commencement de l'été; on la cultive comme arbuste d'ornement.

Section III.

Corolle à tube subcampanulé, fortement gibbeux; lèvre supérieure 4-crénelée. Calices non-connés.

A. *Limbe calicinal cupuliforme, 5-fide. Corolle d'un violet livide. Pédoncules défléchis, plus ou moins déclinés.*

Lonicéra a fruit noir. — *Lonicera nigra* Linn. — Jacq. Flor. Austr. tab. 314. — Guimp. et Hayn. Deutsch. Holz. tab. 8. — Jaume Saint-Hil. Flore et Pom. Franç. tab. 304, fig. *b*. — Schmidt, Arb. tab. 110.

Rameaux horizontaux ou réclinés. Feuilles oblongues, ou elliptiques, ou ovales, ou lancéolées-oblongues, acuminées, ou pointues, arrondies ou cunéiformes à la base, courtement pétiolées; les adultes très-glabres. Pédoncules 2 à 6 fois plus longs que les fleurs, en général plus courts que les feuilles. Bractées foliacées ou dentiformes. Bractéoles suborbiculaires, concaves, ciliolées, plus courtes que l'ovaire. Dents calicinales triangulaires, pointues, ciliolées. Filets velus à la base, un peu plus courts que la lèvre supérieure.

Arbuste touffu, haut de 2 à 5 pieds. Tiges dressées. Rameaux grêles. Écorce grisâtre. Jeunes pousses glabres, obscurément tétragones. Feuilles longues de 6 lignes à 2 pouces, larges de 4 à 12 lignes, légèrement ondulées aux bords, minces : les jeunes pubescentes, d'un vert gai; les adultes d'un vert foncé en dessus, glauques en dessous; pétiole long de 1 ligne à 2 lignes, semi-cylindrique, canaliculé en dessus. Bourgeons petits, coniques, pointus, brunâtres. Pédoncules filiformes, plus ou moins épaissis au sommet. Bractées tantôt minimes et denticuliformes ou sétacées, tantôt foliacées, sublancéolées, presque aussi longues que les fleurs. Calice glabre : dents égales ou inégales, ciliolées (ainsi que les bractéoles) de glandules stipitées. Corolle longue de 4 à 5 lignes, glabre à la surface externe : tube plus court que le limbe, barbu en dedans aux nervures; lèvre supérieure flabelliforme, droite; lèvre inférieure oblongue, obtuse. Étamines déclinées, subdivariquées; anthères petites, oblongues, obtuses, échancrées à la base, rouges avant l'anthèse. Ovaire ovoïde, obscurément pentagone; loges 4-ovulées. Style velu jusqu'au sommet, décliné, arqué, un peu plus court que les étamines. Baie du volume de celle du Cassis, d'un violet noirâtre, subglobuleuse. Graines ovales ou elliptiques, petites, finement chagrinées, d'un jaune brunâtre, apiculées au sommet.

Cette espèce croît dans les bois des montagnes; elle fleurit au printemps; les fruits mûrissent en juin : ils passent pour purgatifs et émétiques.

B. *Limbe calicinal petit, 5-parti. Corolle d'abord blanche, puis jaunâtre. Pédoncules raides, érigés.*

Lonicéra commun. — *Lonicera Xylosteum* Linn. — Gærtn. Fruct. 2, tab. 27, fig. 6. — Flor. Dan. tab. 808. — Engl. Bot. tab. 916. — Guimp. et Hayn. Deutsch. Holz. tab. 9. — Duham. Arb. v. 2, tab. 54. — *Caprifolium dumetorum* Lamk. Flore Franç. — *Xylosteum dumetorum* Mœnch, Meth.

Rameaux horizontaux ou réclinés. Feuilles elliptiques, ou elliptiques-oblongues, ou ovales, ou obovales, ou lancéolées-obovales, obtuses, ou pointues, ou subacuminées, pubérules en dessus, pubescentes ou cotonneuses en dessous, courtement pétiolées; base arrondie, ou subcordiforme, ou cunéiforme. Pédoncules plus courts que les feuilles, aussi longs ou plus longs que les fleurs. Bractées subulées ou sétacées. Bractéoles suborbiculaires, concaves, ciliolées, presque aussi longues que l'ovaire. Segments calicinaux elliptiques, obtus. Filets velus jusqu'au delà du milieu, un peu plus courts que la lèvre supérieure.

Buisson très-touffu, haut de 5 à 8 pieds. Tiges dressées. Écorce grisâtre. Jeunes pousses pubescentes ou velues, obscurément tétragones, grêles. Ramules florifères ordinairement horizontaux ou inclinés. Bourgeons ovales ou coniques, petits, pointus, pubescents. Feuilles longues de 1 pouce à 3 pouces, larges de 6 lignes à 2 pouces, assez fermes, un peu scabres et d'un vert glauque en dessus, molles et glauques ou incanes en dessous; pétiole long de 2 à 4 lignes, pubescent, semi-cylindrique, canaliculé en dessus, souvent d'un pourpre violet. Pédoncules longs de 6 à 12 lignes, filiformes, épaissis au sommet, velus. Bractées plus longues que l'ovaire, ciliées. Bractéoles et segments calicinaux bordés de glandules stipitées. Corolle longue de 5 à 7 lignes, pubescente : tube plus court que le limbe, peu resserré à la base; bosse verdâtre; lèvre supérieure subrévolutée, cunéiforme; lèvre inférieure linéaire-liguliforme, obtuse. Filets défléchis, divariqués. Anthères petites, jaunes, oblongues, obtuses. Ovaire subglobuleux; loges 4-ovulées. Style décliné. Stigmate verdâtre, disciforme, oblique, convexe, sublobé. Fruit du volume d'une Groseille, ordinairement rouge (par variation jaune, ou blanc, ou noir), globuleux, un peu déprimé, 1-10-sperme. Graines petites, lenticulaires, ou aplaties, ovales, ou obovales, ou elliptiques, ou elliptiques-oblongues, obtuses aux 2 bouts, lisses, jaunâtres. Embryon environ 3 fois plus court que le périsperme; cotylédons courts, elliptiques.

Cette espèce, nommée vulgairement *Xylostéum*, *Chèvrefeuille des buissons*, ou *Chèvrefeuille velu*, est commune dans presque toute l'Europe ainsi qu'en Orient et en Sibérie; elle croît dans les bois et dans les buissons, à peu près indifféremment en toute sorte de sol. La floraison a lieu au printemps; les fruits mûrissent en été. On la cultive dans les bosquets. Le bois du *Lonicéra commun* est très-dur, tenace, d'un blanc jaunâtre. Les tiges s'emploient à faire des tuyaux à pipe, des manches à fouets, etc. Les feuilles sont broutées par les chèvres et les bêtes à laine, tandis qu'elles répugnent au bétail et aux chevaux. Les baies ont une saveur amère désagréable; on assure qu'elles sont émétiques et purgatives.

Section IV. (*Isica* Adans.)

Corolle à tube subcampanulé, fortement gibbeux; lèvre supérieure 4-crénelée. Calices connés.

Lonicéra des Alpes. — *Lonicera alpigena* Linn. — Jacq. Flor. Austr. tab. 274.—Mill. Ic. tab. 167, fig. 2.—Duham. ed. nov. vol. 1, tab. 16.—Schmidt, Arb. tab. 112.—Guimp. et Hayn. Deutsch. Holz. tab. 10. — *Caprifolium alpinum* Lamk. Flore Franç. — *Isica lucida* Mœnch, Meth.

Rameaux subverticaux. Feuilles elliptiques, ou oblongues, ou obovales, ou lancéolées-oblongues, acuminées, glabres, ou pubescentes en dessous, courtement pétiolées : base cunéiforme, ou arrondie, ou subcordiforme. Pédoncules déclinés, défléchis, en général plus courts que les feuilles. Bractées linéaires ou filiformes, non-persistantes, plus longues que l'ovaire. Bractéoles minimes, dentiformes. Limbe calicinal marginiforme, 5-denticulé. Filets barbus à la base, à peu près aussi longs que la lèvre supérieure.

Buisson haut de 3 à 10 pieds, très-touffu. Tige courte, atteignant la grosseur d'un poing. Branches fortes, droites. Écorce grisâtre. Ramules plus ou moins divergents : les jeunes tétragones, pubescents. Bourgeons ovales ou coniques, subtétragones, pointus. Feuilles longues de 2 à 4 pouces, larges de 6 lignes à 2 pouces, minces, d'un vert foncé en dessus, d'un vert pâle et luisantes en dessous, souvent un peu ondulées aux bords; pétioles longs de 4 à 12 lignes, connés par la base, semi-cylindriques, canaliculés en dessus. Pédoncules longs de 1 pouce à 3 pouces, grêles, claviformes au sommet, pubescents. Bractées et bractéoles ciliolées de glandules stipitées. Corolle longue de 5 à 7 lignes, d'un jaune ou d'un violet livide, glabre à la surface externe; tube fortement rétréci à sa base, barbu en dedans aux nervures, droit, plus court que le limbe; lèvre supérieure dressée, elliptique, tronquée, 4-crénelée au sommet; lèvre inférieure oblongue, obtuse. Étamines déclinées, arquées, un peu divergentes; anthères sagittiformes-oblongues, obtuses, pourpres avant l'anthèse. Ovaires soudés jusqu'au sommet, comprimés bilatéralement : loges 6-ovulées. Style filiforme, géniculé, décliné, velu de la base jusqu'au milieu, à peu près aussi long que la corolle. Stigmate suborbiculaire, pubérule. Baie syncarpienne, subglobuleuse, ou subdidyme, un peu comprimée, rouge, du volume d'un gros Pois, oligosperme. Graines grosses, d'un jaune clair, luisantes, très-lisses, ovales, ou elliptiques, lenticulaires, obtuses aux 2 bouts; cotylédons elliptiques, 2 fois plus longs que la radicule.

Cette espèce, qu'on cultive fréquemment dans les plantations d'agrément, croît dans les Alpes et les Pyrénées; elle aime les localités fraîches et ombragées. La floraison a lieu au printemps.

Genre XYLOSTÉUM. — *Xylosteum* Tourn.

Limbe calicinal cupuliforme ou campanulé, 5-fide, ou 5-denté, marcescent. Corolle infondibuliforme, 5-lobée, subrégulière; tube court, gibbeux vers la base. Étamines 5, isomètres, ou subisomètres, insérées à la gorge de la corolle. Ovaire 2- ou 3-loculaire; loges 6-10-ovulées. Style filiforme. Stigmate pelté, subhémisphérique, très-entier. Baie oligosperme ou polysperme, pulpeuse; cloisons oblitérées.

Arbrisseaux non-volubiles. Écorce très-mince, non-persistante. Bourgeons écailleux. Feuilles très-entières, toutes pétiolées; pétioles courts. Pédoncules axillaires, 2-flores, solitaires, plus ou moins déclinés, garnis au sommet d'une paire de bractées persistantes. Fleurs sessiles au sommet des pédoncules, géminées (quelquefois les collatérales plus ou moins complétement soudées moyennant les tubes calicinaux), ébractéolées, ou accompagnées chacune d'une paire de bractéoles apprimées. Corolle blanche ou jaunâtre : tube droit, gibbeux soit en dessous, soit en dessus, évasé au sommet; lobes étalés pendant l'épanouissement : 3 supérieurs, un peu plus longs que les 2 autres. Anthères versatiles, médifixes, oblongues, 4-sulquées, obtuses : connectif filiforme, inapparent antérieurement. Ovaire ovoïde ou subglobuleux; ovules suspendus, bisériés, imbriqués. Baie (quelquefois syncarpienne) subglobuleuse ou ellipsoïde, couronnée par le limbe calicinal desséché. Graines lenticulaires, ou planes à l'une des faces et convexes à l'autre, obtuses aux 2 bouts, tantôt ésulquées, tantôt bisulquées soit à chaque face, soit seulement à l'une des faces; tégument lisse, subcoriace. Périsperme charnu, huileux. Embryon environ 3 fois plus court que le périsperme : cotylédons minces, ovales, obtus, à peu près aussi longs que la radicule; radicule courte, columnaire, obtuse.

Nous ne pouvons rapporter avec certitude à ce genre, que les deux espèces suivantes :

SECTION I.

Calices de chaque paire de fleurs cohérents tantôt jusque vers le milieu, tantôt jusqu'au sommet de l'ovaire. Ovaires de chaque paire de fleurs finalement soudés en baie tantôt dicéphale, tantôt en apparence simple. Pétioles très-élargis vers la base, connés en courte gaîne cyathiforme et subpersistante. Pédoncules fructifères dressés. Fleurs non-bractéolées.

XYLOSTÉUM A FRUIT BLEU. — *Xylosteum cæruleum* Spach. — *Lonicera cærulea* Linn. — Jacq. Flor. Austr. App. tab. 17. — Guimp. et Hayn. Deutsch. Holz. tab. 11. — Bot. Mag. tab. 1965. — Jaume Saint-Hil. Flore et Pom. Franç. tab. 304, fig. *a*. — *Lonicera altaica* Pallas, Flor. Ross. tab. 37. — Duham. Arb. ed. nov. v. 1, tab. 17. — *Caprifolium cæruleum* Lamk. Flore Franç. — *Xylosteon villosum* Michx. Flor. Bor. Amer. — *Xylosteon canadense* Duham. Arb. — *Lonicera villosa* Muhlg. Cat. — *Xylosteon oblongifolium* Gold. — *Lonicera cærulea, Lonicera altaica, Lonicera villosa*, et *Lonicera velutina* De Cand. Prodr.

Rameaux et ramules dressés. Feuilles elliptiques, ou obovales, ou oblongues, ou lancéolées-oblongues, pointues, ou obtuses, mutiques, ou mucronulées, glabres, ou pubescentes, ou velues : base cunéiforme, ou arrondie, ou subcordiforme. Pédoncules courts, filiformes : les florifères déclinés ou horizontaux. Bractées subulées, un peu plus longues que l'ovaire. Limbe calicinal cupuliforme, minime, 5-denticulé. Corolle à tube gibbeux en dessous; lobes ovales ou ovales-oblongs, obtus, de moitié plus courts que le tube, un peu moins longs que les filets. Baie ellipsoïde ou subglobuleuse (quelquefois dicéphale), polysperme.

Arbuste touffu, rameux, haut de 1 pied à 4 pieds (quelquefois jusqu'à 7 pieds, dans les jardins). Écorce lisse, membranacée, rougeâtre, ou jaunâtre. Jeunes pousses obscurément tétragones, grêles, glabres, ou velues, ou hispides. Bourgeons à écailles extérieures grandes, raides, roussâtres. Feuilles longues de 6 lignes à 3 pouces, larges de 3 à 18 lignes : les jeunes d'un vert gai, en général pubescentes ou velues; les adultes fermes, glauques, le plus souvent glabres; pétiole long d'environ 2 lignes, presque plane. Pédoncules glabres ou poilus, longs de 2 à 4 lignes. Bractées ciliées. Dents calicinales obtuses, ciliées. Disque cupuliforme, adné au limbe calicinal. Corolle glabre, ou plus souvent poilue à la surface externe, d'un jaune très-pâle, longue de 4 à 6 lignes. Étamines ascendantes au sommet; anthères sagittiformes-oblongues. Ovaire 2-loculaire : loges 8-10-ovulées. Style filiforme, glabre, ascendant au sommet, débordant les étamines. Baie du volume d'un gros Pois, d'un bleu noirâtre, couverte d'une poussière glauque. Graines petites, ovales, comprimées, jaunâtres.

Cette espèce croît dans les localités fraîches et humides des montagnes, en Europe ainsi qu'en Sibérie; elle fleurit au printemps; les fruits mûrissent en juin ou juillet.

Le *Xylostéum à fruit bleu* se cultive fréquemment dans les bosquets, à cause de son feuillage très-précoce. Les fleurs sont légèrement odorantes, mais de peu d'apparence. Les fruits ne conviennent qu'aux oiseaux.

SECTION II.

Calices et baies non-connés. Pétioles libres. Pédoncules fructifères pendants ou déclinés. Fleurs bractéolées.

XYLOSTÉUM DES PYRÉNÉES. — *Xylosteum pyrenaicum* Tourn. — *Lonicera pyrenaica* Linn. — Duham. Arb. 2, tab. 110. — Duham. ed. nov. v. 1, tab. 15. — *Caprifolium pyrenaicum* Lamk. Flore Franç.

Rameaux horizontaux ou réclinés. Feuilles oblongues, ou lancéolées-oblongues, ou obovales, ou spathulées, pointues, ou obtuses, mucronées, cunéiformes vers leur base, subsessiles, très-glabres. Pédoncules filiformes, déclinés, en général plus longs que la corolle. Bractées foliacées, en général aussi longues que les fleurs. Bractéoles linéaires ou linéaires-lancéolées, plus courtes que l'ovaire. Limbe calicinal campanulé, 5-fide, presque aussi long que l'ovaire. Corolle à tube gibbeux en dessus; lobes elliptiques ou ovales, obtus, aussi longs que le tube, un peu plus longs que les filets. Baie globuleuse, 3-6-sperme.

Arbuste très-glabre, touffu, haut de 1 pied à 4 pieds. Tiges dressées, cylindriques. Écorce grisâtre ou brunâtre. Ramules divariqués ou presque dressés, obscurément tétragones, striés. Feuilles longues de 4 lignes à 2 pouces, fermes, d'un vert glauque en dessus, très-glauques en dessous. Pédoncules longs de 2 lignes à 1 pouce. Bractées lancéolées, ou lancéolées-oblongues, ou lancéolées-obovales, ou obovales, obtuses, ou mucronées, sessiles, en général divariquées. Bractéoles obtuses ou pointues, minimes, apprimées. Segments calicinaux sublinéaires, pointus, dressés, un peu divergents. Corolle blanche (quelquefois lavée de rose), longue de 5 à 7 lignes : tube cyathiforme, droit, un peu comprimé, velu en dedans aux nervures; lobes presque égaux. Anthères oblongues, échancrées à la base. Ovaire ellipsoïde, cylindrique, 3-loculaire; loges 6-ovulées. Style à peine plus long que la corolle, velu depuis sa base jusqu'au milieu, un peu décliné, subgéniculé vers le milieu. Stigmate jaune. Baie rouge, ou d'un jaune orange, du volume d'un Pois. Graines ovales, ou elliptiques, lenticulaires, ou planes d'un côté et convexes de l'autre, petites, jaunâtres.

Cette espèce croît dans les montagnes de l'Europe méridionale, et notamment dans les Pyrénées. On la cultive comme arbuste d'ornement; elle fleurit en mai ou en juin; les fruits mûrissent en été.

Genre DIERVILLA. — *Diervilla* Tourn.

Limbe calicinal hypocratériforme, 5-fide : segments linéaires-subulés, marcescents. Corolle infondibuliforme ou hypocratériforme, subrégulière, 5-fide; segments étalés : le supérieur un peu plus large que les autres. Étamines 5, subisomètres, insérées au-dessus du milieu du tube de la corolle; filets filiformes, dressés; anthères supra-basifixes, versatiles. Ovaire 2-loculaire; loges multi-ovulées; ovules suspendus, imbriqués, 4-sériés dans chaque loge. Style filiforme, saillant. Stigmate pelté, disciforme, convexe, très-entier. Péricarpe sec, subcoriace, indéhiscent, rostré, 5-loculaire, polysperme. Graines très-petites, ovoïdes, chagrinées, nidulantes.

Arbrisseau non-volubile. Bourgeons écailleux. Feuilles dentelées, assez grandes, pétiolées. Pédoncules axillaires (solitaires) et terminaux (ordinairement ternés), 2-5-flores (moins souvent 1-flores), 2-bractéolés au sommet. Fleurs sessiles ou courtement pédicellées, disposées en cymules; pédicelles dibractéolés au sommet. Corolle jaune.

L'espèce suivante constitue à elle seule le genre :

Diervilla a fleurs jaunes. — *Diervilla lutea* Pursh, Flor. Amer. Sept. — *Diervilla canadensis* Willd. Enum. — Guimp. et Hayn. Fremd. Holz. tab. 55. — *Diervilla humilis* Pers. Syn. — Bot. Mag. tab. 1796. — *Diervilla Tournefortii* Michx. Flor. Amer. Sept. — *Diervilla trifida* Mœnch, Meth. — *Diervilla acadiensis* Duham. Arb. 1, tab. 87. — *Lonicera Diervilla* Linn.

Arbrisseau touffu, haut de 2 à 3 pieds. Racines rampantes.

Tiges grêles, dressées, nombreuses, médiocrement rameuses; écorce brunâtre. Rameaux subverticaux. Jeunes pousses plus ou moins divergentes, ou dressées, tétragones, ordinairement simples, souvent rougeâtres : les radicales atteignant jusqu'à 3 pieds de long. Feuilles longues de 1 pouce à 5 pouces, larges de 6 à 30 lignes, fermes, non-persistantes, luisantes aux 2 faces, très-glabres, ou légèrement pubescentes aux bords, d'un vert foncé en dessus, d'un vert pâle en dessous, ovales, ou ovales-oblongues, ou ovales-lancéolées, ou elliptiques-lancéolées, ou elliptiques-oblongues, acuminées, acérées, cordiformes ou arrondies à leur base; dentelures pointues ou subobtuses, souvent glanduleuses à leur sommet; côte plane et assez large en dessus, très-saillante en dessous, blanchâtre, ou rougeâtre de même que les nervures; pétiole long de 2 à 4 lignes, assez gros, semi-cylindrique, canaliculé en dessus, marginé. Bourgeons coniques, pointus, subtétragones : écailles roussâtres, ciliées. Pédoncules longs de 3 à 6 lignes, grêles, naissant en général seulement aux aisselles des deux dernières paires de feuilles. Bractées subulées, persistantes, à peu près aussi longues que les pédicelles. Bractéoles minimes, sétacées, plus courtes que l'ovaire. Pédicelles nuls (pour les fleurs centrales des cymules) ou plus courts que la fleur. Fleurs légèrement odorantes. Limbe calicinal à tube rostriforme, 5-gone, presque aussi long que l'ovaire; segments dressés, subconnivents, 2 fois plus courts que le tube de la corolle. Corolle longue de 5 à 6 lignes, glabre à la surface externe : tube rectiligne, 5-gone, subcylindracé, poilu en dedans aux nervures; segments presque aussi longs que le tube, elliptiques-oblongs, très-obtus, révolutés : le supérieur pubérule en dessus, d'un jaune plus vif que les autres parties de la corolle. Étamines un peu plus longues que la corolle, glabres; filets blanchâtres, rectilignes, un peu divergents; anthères d'un jaune pâle, plus courtes que les filets, oblongues, échancrées aux 2 bouts. Ovaire ovoïde, pentagone; placentaires axiles, chacun à 2 lamelles étroites, un peu recourbées, ovulifères aux bords. Style glabre, plus long que la corolle, un peu décliné au sommet. Péricarpe long d'environ 4 lignes, ovoïde, ou subfusiforme, pentagone, finalement brunâtre, rostré par le limbe calicinal. Graines brunâtres.

Le *Diervilla* croît au Canada et dans les montagnes des États-Unis. On le cultive comme arbuste d'ornement. Il fleurit en juin, et quelquefois de nouveau en automne ou vers la fin de l'été.

Genre SYMPHORINE. — *Symphoricarpos* Dill.

Limbe calicinal campanulé et 5-fide, ou cupuliforme et 5-denticulé, persistant. Corolle campanulée, ou infondibuliforme, régulière ou subrégulière, 5-lobée. Étamines 5, isomètres, plus courtes que la corolle et insérées au-dessous de sa gorge; filets filiformes; anthères médifixes ou supra-médifixes, versatiles. Ovaire à 4 loges alternativement plus grandes et plus petites : les grandes loges 1-ovulées; les petites loges 4- ou 6-ovulées, finalement abortives. Ovules suspendus : ceux des petites loges bisériés, imbriqués, minimes, stériles, axiles; les 2 autres fertiles, attachés au sommet des loges. Style inclus, filiforme, rectiligne. Stigmate pelté, disciforme, très-entier. Baie fongueuse, 2-loculaire, 2-sperme.

Arbustes non-volubiles. Écorce très-mince, non-persistante. Bourgeons écailleux. Feuilles très-entières (quelquefois les inférieures sinuées-pennatifides ou profondément dentées), toutes pétiolées; pétioles courts, subcylindriques, planes ou canaliculés en dessus, connés par la base. Fleurs 2-bractéolées à la base, nutantes, axillaires et terminales, solitaires, ou fasciculées, ou en grappes, ou en cymules. Bractéoles minimes, connées par la base. Pédoncules-communs solitaires, plus ou moins inclinés durant la floraison, puis dressés. Pédicelles très-courts ou nuls. Corolle rose ou blanchâtre, petite : tube gibbeux ou non-gibbeux, rétréci à sa base; lobes égaux ou presque égaux, dressés, ou étalés. Étamines conniventes pendant la floraison; filets blanchâtres, rectilignes, dressés; anthères petites, jaunes, oblongues, obtuses, échancrées ou bifides à la base. Ovaire ovoïde, obscurément 5-gone; ovules des loges majeures seuls fertiles, dès la floraison beaucoup plus grands que ceux des petites loges. Baie 2-loculaire et 2-sperme par suite de l'avortement des deux petites loges de l'ovaire ainsi que des ovules qu'elles renfermaient. Graines solitaires dans chaque loge, ovales, ou elliptiques, ou oblongues, pointues au sommet, lenticulaires, ou subtrigones; tégument coriace, lisse, séparable du périsperme. Périsperme charnu, huileux. Embryon minime, subclaviforme: radicule mammiforme, subapiculée; cotylédons courts, minces, linéaires-oblongs, obtus.

Ce genre, propre à l'Amérique septentrionale, renferme 5 ou 6 espèces; celles que nous allons décrire se cultivent fréquemment comme arbustes d'ornement.

SECTION I. CUPHANTHA Spach.

Limbe calicinal cupuliforme, plus court que l'ovaire, 5-denté. Corolle campanulée, gibbeuse en dessous, fendue jusqu'au milieu, barbue à la gorge; lobes dressés.

A. *Fleurs toujours disposées en glomérules axillaires courtement pédonculés. Corolle légèrement barbue. Feuilles toutes très-entières, distiques, horizontales, non-glauques en dessus.*

SYMPHORINE A PETITES FLEURS. — *Symphoricarpos parviflora* Desfont. Cat. Hort. Par. — Dillen. Hort. Elth. tab. 278, fig. 360. — *Symphoricarpos vulgaris* Michx. Flor. Bor. Amer. — Guimp et Hayn. Fremd. Holz. tab. 133. — Schmidt, Arb. tab. 115. — *Symphoria glomerata* Pursh, Flor. Amer. Sept. — *Symphoria conglomerata* Pers. Syn. — *Symphoricarpos orbiculata* Mœnch, Meth.

Feuilles suborbiculaires, ou ovales, ou elliptiques, ou oblongues, obtuses, ou pointues, en général mucronées, pubérules en dessous. Glomérules denses, multiflores, longuement débordés par les feuilles. Fleurs sessiles, ou subsessiles. Baie rouge (petite), subglobuleuse.

Arbuste touffu, très-rameux dès la base, haut de 2 à 4 pieds. Tiges dressées; rameaux grêles, subverticaux; écorce brunâtre. Jeunes pousses effilées, cylindriques, pubescentes, feuillues, tantôt simples, tantôt paniculées, atteignant jusqu'à 3 pieds de long : les florifères et les fructifères plus ou moins réclinées. Feuilles longues de 6 lignes à 2 pouces, larges de 4 lignes à 15 lignes, non-persistantes, fermes, glauques en dessous, d'un vert foncé et rugueuses en dessus (les ramulaires assez semblables à celles du Buis); base arrondie, ou légèrement cordiforme, ou cunéiforme; pétiole pubérule ou cotonneux, canaliculé en dessus, long de 1 ligne à 2 lignes. Glomérules naissant aux aisselles de presque toutes les feuilles de la partie supérieure des jeunes pousses et de leurs ramifications. Pédoncules plus courts que les pétioles. Fleurs à peine longues de 2 lignes. Limbe calicinal minime, à dents presque dressées, triangulaires, subobtuses, ciliées. Corolle longue de 1 ligne ou un peu plus, d'un blanc sale ou lavé de rose; lobes ovales-orbiculaires, très-obtus, de moitié plus longs que les filets. Étamines glabres; anthères elliptiques-oblongues, échancrées à la base, plus courtes que les filets. Style à peu près aussi long que le tube de la corolle. Baies de couleur pourpre, du volume d'un grain de Poivre, agrégées en glomérules axillaires. Graines jaunâtres, longues de 1 ligne.

Cette espèce croît dans les montagnes des États-Unis; elle aime les terrains secs et découverts. Les fleurs paraissent en août; les fruits mûrissent en automne et persistent jusqu'au printemps suivant. Cet arbuste, par son port bas et touffu, est très-propre à orner les bords des massifs de verdure.

B. *Fleurs tantôt solitaires ou ternées aux aisselles des feuilles supérieures, et en outre en grappes ou glomérules terminaux, tantôt toutes en grappes ou glomérules terminaux, tantôt en grappes ou glomérules axillaires et terminaux. Corolle fortement barbue. Feuilles opposées-croisées, subverticales, glauques aux 2 faces : les raméaires-inférieures* (*quelquefois aussi les ramulaires-inférieures*) *sinuées-pennatifides, ou sinuées-dentées.*

SYMPHORINE A FRUIT BLANC. — *Symphoricarpos leucocarpa* Desfont. Hort. Par. — Loisel. Herb. de l'Amat. vol. 7. — *Symphoricarpos racemosus* Michx. Flor. Bor. Amer. — Guimp. et Hayn. Fremd. Holz. tab. 134. — *Symphoria racemosa* Pursh, Flor. Amer. Sept. — Bot. Mag. tab. 2211. — Loddig. Bot. Cab. tab. 230. — Watson, Dendr. Brit. tab. 7.

Feuilles suborbiculaires, ou ovales, ou elliptiques, ou oblongues, ou ovales-lancéolées, ou obovales, pointues, ou très-obtuses, rétuses, ou mucronées, ou mutiques, très-glabres. Fleurs sessiles ou courtement pédicellées, tantôt glomérulées, tantôt en grappes soit lâches, soit denses. Baie blanche (assez grosse), subglobuleuse, ou ellipsoïde.

Arbuste haut de 2 à 5 pieds, très-rameux, touffu. Tiges dressées; rameaux subverticaux; écorce brunâtre. Jeunes pousses grêles, effilées, dressées, glabres, cylindriques, en général paniculées vers leur sommet, atteignant jusqu'à 3 pieds de long; ramules simples, florifères seulement au sommet : les fructifères plus ou moins inclinés. Feuilles non-persistantes, fermes, lisses, d'un vert glauque en dessus, très-glauques en dessous, cordiformes, ou cunéiformes, ou arrondies à leur base : les raméaires (en général plus arrondies que les ramulaires) longues de 2 à 3 pouces, larges de 15 à 30 lignes; les ramulaires longues de 6 à 15 lignes. Pétiole canaliculé en dessus, long de 1 ligne à 4 lignes. Inflorescence extrêmement variable. Pédoncules-axillaires en général 1-3-flores, à peu près aussi longs que les pétioles, ou plus courts. Inflorescences-terminales tantôt gloméruliformes, tantôt racémiformes, ordinairement multiflores, courtement pédonculées. Grappes tantôt assez denses, tantôt plus ou moins lâches, souvent unilatérales, quelquefois garnies de bractées foliacées, plus souvent garnies seulement de bractéoles minimes. Limbe calicinal très-court : dents triangulaires, pointues, dressées, égales, ou presque égales. Corolle d'un rose plus ou moins vif à la surface externe, blanchâtre à la surface interne, du volume de celle du Muguet; gorge barbue de poils blancs; lobes ovales-elliptiques, très-obtus, un peu plus courts que le tube. Filets glabres, très-courts, à peine saillants hors le tube de la corolle. Anthères oblongues, obtuses, bifides à la base, plus longues que les filets. Style plus court que le tube de la corolle, glabre. Baies du volume d'un gros Pois, ou acquérant même le volume d'une petite Cerise, luisantes, d'un blanc de lait tant à l'extérieur qu'en dedans : les terminales tantôt glomérulées, tantôt disposées en grappes; les axillaires en général solitaires ou subsolitaires. Graines longues de 1 ligne à 2 lignes, jaunâtres, elliptiques, ou oblongues.

Cette espèce, originaire du Canada, fleurit depuis le mois de juin jusqu'en automne; les fruits dont se couvrent ses rameaux dès le mois de juillet, et dont ils restent ornés jusqu'à la fin de l'hiver, lui donnent, durant ces saisons, un aspect très-élégant.

Section II. CRATERANTHA Spach.

Limbe calicinal campanulé, 5-fide, un peu plus long que l'ovaire. Corolle infondibuliforme; tube non-gibbeux, imberbe; lobes dressés, 3 à 4 fois plus courts que le tube.

Symphorine du Mexique. — *Symphoricarpos mexicanus* Loddig. Cat. — *Symphoricarpos montanus* Kunth, in Humb. et Bonpl. Nov. Gen. et Spec. v. 3, tab. 295?

Feuilles (toutes très-entières) ovales, ou elliptiques, pointues, ou obtuses, mucronulées, très-glabres, ou pubérules en dessous, subdistiques. Pédoncules axillaires et terminaux, 1-7-flores, solitaires, très-courts. Étamines à peine débordées par les lobes de la corolle. Style de moitié plus court que le tube.

Arbuste touffu, haut de 2 à 4 pieds. Tiges dressées, très-rameuses; rameaux verticaux ou plus ou moins divergents, grêles; écorce brunâtre. Jeunes pousses subcylindriques, effilées, en général dressées, paniculées; ramules feuillus, florifères vers leur sommet, simples, plus ou moins divergents. Feuilles fermes, lisses, non-luisantes, non-persistantes, d'un vert foncé en dessus, glauques en dessous : les raméaires longues de 10 à 15 lignes; les ramulaires (semblables à celles du Buis) longues de 5 à 10 lignes; pétiole long de 1 ligne à 2 lignes, plane en dessus. Fleurs longues de 5 à 7 lignes, solitaires, ou géminées, ou en cymules, ou en petits corymbes, déclinées, accompagnées chacune de 2 bractéoles ovales-lancéolées, acuminées, ciliolées, apprimées, de moitié plus courtes que l'ovaire; pédicelles nuls ou très-courts. Calice long d'environ 2 lignes : limbe à lobes ovales-triangulaires, pointus, ou acuminés, ciliolés, dressés. Corolle glabre à sa surface externe, lavée de rose et de blanc : tube pubescent à la surface interne, cylindrique, 5-gone, rétréci en forme de coin à sa base; limbe à lobes égaux, ovales-elliptiques, très-obtus, imbriqués par les bords. Étamines et style glabres. Anthères oblongues, obtuses, échancrées à la base, aussi longues que les filets. Baie globuleuse, rouge, du volume d'une Groseille. Graines petites, jaunâtres.

Cette espèce croît au Mexique, sur les plateaux élevés d'environ 8000 pieds. Elle résiste en plein air aux hivers du nord de la France; ses fleurs se succèdent depuis le commencement de l'été jusqu'à la fin de l'automne.

Genre LINNÉA. — *Linnæa* Gronov.

Limbe calicinal 5-parti, campanulé, non-persistant. Corolle campanulée, 5-lobée, subrégulière. Étamines 4, insérées au fond de la corolle, didynames, incluses; filets filiformes; anthères supra-basifixes, versatiles. Ovaire 3-loculaire : l'une des loges 1-ovulée, les deux autres pluri-ovulées. Ovules suspendus : le solitaire seul fertile, apicilaire; les autres axiles, abortifs. Style filiforme, un peu décliné. Stigmate capitellé. Baie 1-loculaire (par suite de l'avortement des deux loges pluri-ovulées), presque sèche, monosperme, non-couronnée. Graine oblongue, pointue.

Herbe vivace, rampante, suffrutescente. Feuilles subpersistantes, pétiolées, crénelées. Pédoncules terminaux, solitaires, longs, filiformes, dressés, dibractéolés et 2-flores au sommet (accidentellement 1- ou 3-flores). Fleurs pédicellées, nutantes. Pédicelles filiformes, inclinés, 2-bractéolés au-dessous du sommet, et en outre 2-bractéolés immédiatement au-dessous de la fleur. Pédoncules, pédicelles, bractées, bractéoles et segments calicinaux couverts de courts poils glandulifères, en outre ciliés de sétules non-glandulifères. Corolle petite, d'un blanc lavé de rose. Fruit recouvert par les deux bractéoles apicilaires.

Le genre ne se fonde que sur l'espèce suivante :

Linnéa boréal. — *Linnæa borealis* Linn. — Flor. Dan. tab. 3. — Engl. Bot. tab. 433. — Wahlenb. Flor. Lapp. tab. 9, fig. 3. — Linn. Flor. Lapp. tab. 12, fig. 4. — Hook. Flor. Lond. tab. 199. — Schk. Handb. tab 176. — Lamk. Ill. tab. 536. — Turp. in Dict. des Sciences Nat. Ic.

Racine fibreuse. Tiges longues de 1/2 pied à 2 pieds, filiformes, procombantes, radicantes, suffrutescentes, feuillées, rougeâtres, pubérules, plus ou moins rameuses. Rameaux (stériles) conformes aux tiges. Ramules florifères longs de 1 pouce à 3 pouces, redressés. Feuilles longues de 2 à 6 lignes, subcoriaces, d'un vert gai, pubescentes en dessous et aux bords, ovales, ou elliptiques, ou suborbiculaires, crénelées (du moins vers leur sommet), arrondies ou cunéiformes à leur base; pétiole long de 1 ligne à 2 lignes, marginé. Pédoncules longs de 1 pouce à 3 pouces, rougeâtres de même que les pédicelles ; pédicelles longs de 6 à 15 lignes, presque capillaires. Bractées linéaires ou oblongues, en général très-petites (parfois semblables aux feuilles), toujours beaucoup plus courtes que les pédicelles. Bractéoles infra-apicilaires, minimes, sublinéaires. Bractéoles apicilaires ovales, obtuses, apprimées, accrescentes, à l'époque de la floraison plus courtes que l'ovaire. Segments calicinaux linéaires-lancéolés, pointus, dressés, un peu divergents, un peu plus longs que l'ovaire, 4 fois plus courts que la corolle. Corolle longue de 4 lignes, glabre à la surface externe, pubescente à la surface interne, réticulée de veines roses; lobes ovales-elliptiques, obtus, dressés. Étamines de moitié plus courtes que la corolle; anthères oblongues, jaunes. Ovaire subglobuleux de même que le fruit.

Cette plante croît dans les contrées boréales de l'Europe, ainsi qu'en Sibérie et dans le nord de l'Amérique; elle se plaît dans les forêts de Conifères, à sol humide et couvert de Mousses. On la rencontre aussi dans quelques localités des Alpes. Elle fleurit au printemps.

CENT VINGT-CINQUIÈME FAMILLE.

LES RUBIACÉES. — *RUBIACEÆ.*

Rubiaceæ Juss. Gen. ; in Ann. du Mus. vol. 10, p. 313 ; in Mém. du Mus. vol. 6, p. 365 ; in Dict. des Sciences Nat. vol. 46, p. 385. — A. Rich. in Mém. de la Soc. d'Hist. Nat. Par. v. 5. — R. Brown, Gen. Rem. in Flinders Voy. v. 2, p. 265. — De Cand. Prodr. vol. 4, p. 341. — Bartl. Ord. Nat. p. 208. — Reichb. Syst. Nat. p. 179. — *Cinchonaceæ* et *Galiaceæ* Lindl. Introd.

Cette famille, dont les Caprifoliacées méritent à peine d'être séparées, constitue l'un des groupes les plus riches en espèces, parmi les dicotylédones monopétales : on en connaît environ 2,000 ; la plupart appartiennent aux régions intertropicales.

Les *Rubiacées* exotiques abondent en végétaux précieux par leur utilité. Le Caféier en est l'un des exemples les plus marquants ; mais c'est surtout par leurs propriétés médicales que beaucoup d'espèces inspirent le plus grand intérêt : les unes, parmi lesquelles il suffit de citer les Quinquina, sont éminemment toniques et fébrifuges ; d'autres, telles que les Ipépacuanha, ne sont pas moins célèbres à titre d'émétiques ; plusieurs passent pour alexitères, ou puissamment diurétiques ; quelques-unes ont été signalées comme drastiques et vénéneuses. Plusieurs Rubiacées produisent des fruits charnus et bons à manger. Une foule d'espèces se parent de fleurs superbes et souvent très-odorantes, ainsi que d'un feuillage non moins élégant. Parmi les Rubiacées indigènes, dont la plupart d'ailleurs sont réduites à des herbes peu apparentes, la Garance est devenue importante comme plante tinctoriale ; le principe colorant qui existe dans les racines de cette plante se retrouve, avec plus ou moins d'intensité, dans beaucoup d'autres Rubiacées, soit indigènes, soit exotiques.

Caractères de la Famille.

Arbres, ou *arbrisseaux*, ou *sous-arbrisseaux*, ou *herbes*. Tiges ou rameaux (souvent tétragones) noueux avec articulation.

Feuilles simples, très-entières, sessiles, ou pétiolées, soit opposées et stipulées, soit verticillées et le plus souvent non-stipulées. Stipules le plus souvent solitaires-interpétiolaires ou intra-pétiolaires, libres, ou adnées (souvent en forme de gaîne) aux feuilles.

Fleurs hermaphrodites, ou rarement unisexuelles par avortement, régulières, ou subirrégulières. Inflorescence très-variée (le plus souvent cymeuse).

Calice adhérent (au moins jusqu'au milieu; le plus souvent presque jusqu'au sommet); limbe épigyne ou subpérigyne, persistant, ou non-persistant, tronqué, ou 2-7-denté, ou plus ou moins profondément 2-7-fide, ou quelquefois inapparent.

Corolle tubuleuse, ou campanulée, ou rotacée, épigyne, ou rarement subpérigyne, non-persistante; limbe 4-ou 5-lobé (rarement 3- ou 6-lobé) : estivation valvaire, ou contortive et imbricative.

Étamines insérées au tube ou à la gorge de la corolle, en même nombre que les lobes de la corolle (par exception moins) et interposées. Filets filiformes, ou subulés, ou capillaires, libres (par exception soudés), souvent très-courts, parfois nuls. Anthères versatiles ou innées, dithèques, libres (par exception cohérentes), introrses; bourses contiguës, déhiscentes chacune par une fente longitudinale.

Pistil : Ovaire adné au calice (le plus souvent jusqu'au sommet), 2-7-loculaire, ou rarement 1-loculaire, en général couronné par un disque charnu; loges 1- 2- ou multi-ovulées; ovules anatropes, ou amphitropes, suspendus, ou horizontaux, ou renversés, ou peltés, attachés soit au fond, soit au sommet des loges, ou à l'angle interne, ou aux cloisons, ou à des placentaires axiles. Style indivisé, ou bifide; moins souvent 2 styles distincts dès la base. Un ou plusieurs stigmates.

Péricarpe 2-ou pluri-loculaire (rarement 1-loculaire), capsulaire, ou drupacé, ou baccien, ou syncarpique, ou séparable en coques; loges mono- ou polyspermes.

Graines suspendues, ou horizontales, ou renversées, ou peltées, souvent convexes au dos et planes antérieurement (étant solitaires), ou comprimées (étant en nombre indéfini), quelquefois ailées. Tégument lisse ou rugueux. Périsperme charnu, ou cartilagineux, ou corné. Embryon rectiligne ou courbé, axile, ou subdorsal, parfois transverse, le plus souvent aussi long que le périsperme, rarement minime et niché à l'une des extrémités du périsperme; cotylédons larges ou étroits, en général minces. Radicule cylindrique ou claviforme, plus ou moins allongée, supère, ou infère, ou vague.

La famille des Rubiacées comprend les genres suivants :

SECTION I. **CINCHONINÉES.** — *Cinchoneæ* A. Rich.

Péricarpe capsulaire, 2-loculaire; loges le plus souvent polyspermes. Graines ailées. — Feuilles stipulées.

Nauclea Linn. (Uncaria Schreb. Agylophora Neck.

Ourouparia Aubl. Adina Salisb.) — *Stevensia* Poiteau. — *Coutarea* Aubl. — *Hillia* Jacq. (Ferreira Vandell.) — *Hymenopogon* Wallich. — *Cosmibuena* Ruiz et Pav. (Buena Pohl.) — *Cinchona* Linn. (Kinkina Adans.) — *Remija* De Cand. — *Lasionema* Don. (non Schreb.)— *Luculia* Sweet. — *Hymenodyction* Wallich. — *Exostemma* Rich. — *Alseis* Schott. — *Manettia* Mutis. Linn. (Nacibea Aubl. Conotrichia A. Rich. Lygistum P. Br.) — *Danais* Commers. — *Bouvardia* Salisb. (Christima Rafin. Æginetia Cavan. non Linn.) — *Pinkneya* Rich. (Pinknea Pers.) — *Calycophyllum* De Cand.

Section II. **GARDÉNINÉES.** — *Gardenieæ* A. Rich.

Péricarpe indéhiscent, charnu, 2-loculaire (rarement 1-loculaire par avortement), polysperme. Graines aptères. — Feuilles stipulées.

Sarcocephalus Afzel. (Cephalina Thonning.) — *Zuccarinia* Blum. — *Lucianea* De Cand. — *Canephora* Juss. (Cephalidium A. Rich.) — *Breonia* A. Rich. — *Burchellia* R. Br. (Bubalina Rafin.) — *Amaioua* Aubl. (Hexactina Willd.) — *Mussænda* Linn. — *Neurocarpæa* R. Br. — *Kutchubæa* Fisch. — *Cassupa* Humb. et Bonpl. — *Gynopachis* Blume. — *Tocoyena* Aubl. (Ucriana Willd.) — *Posoqueria* Aubl. (Cyrtanthus Schreb. Kyrtanthus Gmel. Solena Willd. Posoria Rafin.) — *Oxyanthus* De Cand. — *Genipa* Plum. (Duroia Linn. fil.) — *Gardenia* Ellis. (Piringa Juss. Thunbergia Mont. non Linn. Sahlbergia Neck. Bergkias Sonn. Chaquepiria Gmel. Rothmannia Thunb.) — *Randia* Linn. (Oxyceros Loureir. Ceriscus Gærtn. Euclinia et Rothmannia Salisb.) — *Hyptianthera* Wight et Arn. — *Griffithia* Wight et Arn. — *Chapeliera* A. Rich. — *Heinsia* De Cand. —

Menestoria De Cand. — *Helospora* Jack. — *Hippotis* Ruiz et Pavon. — *Pomatium* Gærtn. — *Bertiera* Aubl. (Zaluzania Commers.) — *Pouchetia* A. Rich. — *Stylocoryne* Cavan. (Cupia De Cand. Chomelia Linn. non Jacq. Webera Schreb. non Hedw. Zamaria Rafin. Tarenna Gærtn.)—*Petesia* Bartl.—*Coccocypselum* Swartz. (Coccocypselum et Sycelium P. Br. Tontanea Aubl. Bellardia Schreb. Condalia Ruiz et Pavon. non Cavan.) — *Fernelia* Commers. — *Petunga* De Cand. (Higginsia Blum. non Pers. Spicillaria A. Rich.) — *Higginsia* Pers. (O-Higginsia Ruiz et Pav.) — *Hoffmannia* Swartz.— *Catesbæa* Linn.

SECTION III. HÉDYOTIDÉES. — *Hedyotideæ* Cham. et Schlecht.

Péricarpe capsulaire, 2-loculaire, polysperme. Graines aptères. — Feuilles stipulées.

Condaminea De Cand.—*Macrocnemum* P. Br.—*Chimarrhis* Jacq.—*Schreibersia* Pohl. (Augustea De Cand.) — *Portlandia* P. Br. — *Bikkia* Reinw. (Cormigonus Raf.) — *Isidorea* A. Rich. — *Spallanzania* De Cand. — *Rondeletia* Plum. (Petesia P. Br. non alior. Lightfootia Schreb. non L'hérit. Willdenowia Gmel. non Thunb. Arachnimorpha Desv.) — *Adenosacme* Wallich. — *Wendlandia* Bartl. non Willd. —*Greenia* Wight et Arn. — *Xanthophytum* Blum. — *Carphalea* Juss. — *Sipanea* Aubl.—*Virecta* De Cand.—*Lipostoma* Don.—*Ophiorrhiza* Linn. — *Argostemma* Wallich.—*Spiradiclis* Blum. — *Tuba* Adans. — *Dentella* Forst. — *Hedyotis* Linn.— *Diplophragma* Wight et Arn. — *Macrandria* Wight et Arn. — *Dimetia* Wight et Arn. — *Anotis* De Cand. — *Scleromitrion* Wight et Arn. — *Oldenlandia* Linn.

(Listeria Neck.) — *Kohautia* Cham. et Schlecht. — *Kadua* Cham. et Schlecht. — *Rhachicallis* De Cand. — *Lucya* De Cand. (Dunalia Spreng.) — *Gonotheca* Blum. — *Polypremum* Linn.

SECTION IV. **ISERTINÉES.** — *Isertieæ* A. Rich.

Péricarpe drupacé, 2-6-pyrène : noyaux polyspermes. — Feuilles stipulées.

Metabolus Blum. — *Anthocephalus* A. Rich. — *Gonzalea* Pers. (Gonzalagunia Ruiz et Pavon. Buena Cavan. non Pohl.) — *Isertia* Schreb. (Phosanthus Raf.)

SECTION V. **HAMÉLINÉES.** — *Hamelieæ* De Cand.

Péricarpe baccien, pluri-loculaire : loges polyspermes. — Feuilles stipulées.

Polyphragmon Desfont. — *Patima* Aubl. — *Brignolia* De Cand. — *Schradera* Vahl. (Fuchsia Swartz, non Linn. Urceolaria Willd. non alior.) — *Alibertia* A. Rich. — *Hamelia* Jacq. (Duhamelia Pers. Tangaræa Adans. Lonicera Plum. non alior.) — *Urophyllum* Jack. — *Axanthes* Blume (Maschalanthe Blum. Wallichia Reinw.) — *Holostyla* De Cand. — *Sabicea* Aubl. (Schwenkfelda Schreb. Schwenkfeldia Willd.) — *Tepesia* Gærtn. fil. — *Evosmia* Humb. et Bonpl.

SECTION VI. **CORDIÉRINÉES.** — *Cordiereæ* A. Rich.

Péricarpe baccien, pluri-loculaire; loges 1- ou 2-spermes. — Feuilles stipulées.

Cordiera A. Rich. — *Trycalysia* A. Rich.

Section VII. GUÉTTARDINÉES. — *Guettardaceæ* Kunth.

Péricarpe drupacé, 2-10-pyrène : noyaux 1-spermes. — Feuilles stipulées.

Morinda Linn. — *Myrmecodia* Jack. — *Hydnophytum* Jack. — *Hypobathrum* Blum. — *Nertera* Banks. (Nerteria Smith. Gomezia Mutis. Erythrodanum Petit-Thou.) — *Mitchella* Linn. (Chamædaphne Mitch.) — *Baumannia* De Cand. (non Spach.) — *Mephitidia* Reinw. (Lasianthus Jack.) — *Vangueria* Commers. (Vanguiera Pers. Vavanga Rohr. Meynia Link.) — *Guettarda* Linn. (Halesia P. Br. non Linn. Dicrobotryon Willd. Laugeria Jacq. Viviania Rafin. non alior.) — *Malanea* Aubl. (Cunninghamia Schreb.) — *Antirhœa* Commers. — *Stenostomum* Gærtn. fil. (Sturmia Gærtn.) — *Sacconia* Endl. (Crusea A. Rich. non alior. Chione De Cand.) — *Bobea* Gaudich. (Timonius De Cand. Burneya Cham. et Schlecht. Erithalis Forst. non Linn.) — *Eupyrena* Wight et Arn. (Pyrostria Roxb. non Commers.) — *Santia* Wight et Arn. — *Psathura* Commers. (Psathyra Spreng. Psatura Poir.) — *Hamiltonia* Wallich. — *Leptodermis* Wallich. — *Myonima* Commers. — *Pyrostria* Commers. — *Octavia* De Cand. — *Lithosanthes* Blume. — *Erithalis* P. Br. (Herrera Adans. non Ruiz et Pav.) — *Retiniphyllum* Humb. et Bonpl. — *Nonatelia* Aubl. (Oribasia Schreb.) — *Gynochtodes* Blum. — *Cœlospermum* Blum. — *Ancylanthus* Desfont. — *Hylacium* Pal. Beauv. — *Phallaria* Schumach. — *Cuviera* De Cand. — *Dondisia* De Cand. — *Stigmanthus* Loureir. (Stigmatanthus Rœm. et Sch.) — *Strumpfia* Jacq. — *Epithinia* Jack.

SECTION VIII. PÉDÉRINÉES. — *Pæderieæ* De Cand.

Péricarpe 2-loculaire, indéhiscent, à peine charnu : coques 1-spermes, finalement séparables du calice, comprimées dorsalement, suspendues au sommet d'un axe filiforme. Périsperme corné.

Lecontea A. Rich. — *Pæderia* Linn. (1).

SECTION IX. COFFÉINÉES. — *Coffeaceæ* De Cand.

Péricarpe : baie à 2 loges 1-spermes. Graines convexes au dos, planes et 1-sulquées antérieurement. Périsperme en général corné.

Amaracarpus Blume. — *Damnacanthus* Gærtn. fil. — *Marquisia* A. Rich. — *Diplospora* De Cand. — *Canthium* Linn. (Canthium et Psydrax Gærtn.) — *Psilostoma* Klotz. — *Plectronia* Linn. — *Nescidia* A. Rich. — *Siderodendron* Schreb. — *Eumachia* De Cand. — *Declieuxia* Kunth. — *Tertrea* De Cand. (Schiedea A. Rich.) — *Chiococca* P. Br. — *Margaris* De Cand. — *Saldinia* A. Rich. — *Scolosanthus* Vahl. (Antacanthus Rich.) — *Chomelia* Jacq. — *Baconia* De Cand. (Verulamia Poiret.) — *Ixora* Linn. — *Pavetta* Linn. — *Saprosma* Blum. — *Coussarea* Aubl. (Billardiera et Frœlichia Vahl. Pecheya Scopol.) — *Polyozus* Loureir. — *Grumilea* Gærtn. — *Rytidea* De Cand. — *Faramea* Aubl. (Famarea Vitm. Tetramerium Gærtn. Potima Pers. Darluca Raf.) — *Strempelia* A. Rich. — *Coffea* Linn. — *Rudgea* Salisb. — *Antherura* Loureir. — *Mapouria* Aubl. (Simira Aubl.) — *Ronabea* Aubl. (Viscoides Jacq.)

(1) M. de Candolle range en outre dans cette section, le genre *Lygodysodea* que M. Bartling considère comme type des *Lygodysodéacées*.

— *Psychotria* Linn. (Psychotrophum et Myrtiphyllum P. Br.) — *Palicourea* Aubl. (Stephanium Schreb. Galvania Vandell.) — *Chasalia* Commers.

SECTION X. **SPERMACOCINÉES.** — *Spermacoceæ* Cham. et Schlecht.

Drupe presque sec, 2-4-loculaire; loges monospermes. Stigmate bilamellé. — Feuilles stipulées.

Cephalanthus Linn. (Platanocephalus Vaill.) — *Cruckshanksia* Hook. et Arn. — *Deppea* Cham. et Schlecht. — *Machaonia* Humb. et Bonpl. — *Knoxia* Linn. — *Otiophora* Zuccar. — *Psyllocarpus* Martius. (Diodois Pohl.)—*Tessiera* De Cand.—*Stælia* Chamiss. —*Perama* Aubl. (Mattuschkea Schreb.)—*Mitracarpum* Zuccar. — *Richardsonia* Kunth. (Richardia Linn. non Kunth.) — *Crusea* Cham. et Schlecht. — *Triodon* De Cand. — *Diodia* Linn. — *Hexasepalum* Bartl. — *Spermacoce* Linn. (Spermacoce, Covelia et Chenocarpus Neck.)—*Borreria* Meyer. (Bigelowia Spreng. nec alior.) — *Octodon* Thonn. — *Democritea* De Cand. — *Serissa* Commers. — *Wiegmannia* Meyen. — *Ernodea* Swartz. — *Cuncea* Hamilt. — *Hydrophylax* Linn. (Sarissus Gærtn.) — *Scyphiphora* Gærtn. — *Plocama* Ait. (Placoma Pers. Bartlingia Reichb. non De Cand.) — *Putoria* Pers.

SECTION XI. **ANTHOSPERMÉES.** — *Anthospermeæ* Cham. et Schlecht.

Péricarpe presque sec et bipartible, ou rarement charnu, 2-loculaire : loges 1-spermes. Stigmates allongés, poilus. — Feuilles stipulées.

Coprosma Forst. — *Phyllis* Linn. (Nobula Adans.

Bupleuroides Bœrh.) — *Galopina* Thunb. (Oxyspermum Eckl. et Zeyh.)—*Ambraria* Cruse. (Nenax Gærtn.) — *Anthospermum* Linn.

Section XII. **ÉTOILÉES.** — *Stellatæ* Linn.

Péricarpe à 2 coques sèches ou rarement charnues, 1-spermes. Stigmates capitellés. — Feuilles non-stipulées, toujours verticillées.

Sherardia Dill.—*Asperula* Linn.—*Crucianella* Linn. (Rubeola Mœnch. Laxmannia Gmel. nec alior.)—*Rubia* Tourn. — *Galium* Linn. (Aparine et Aspera Mœnch. Eyselia Neck.) — *Callipeltis* Steven. — *Vaillantia* De Cand. (Valantia Tourn.)

Section XIII. **OPERCULARINÉES.** — *Opercularieæ* A. Rich.

Péricarpe 1-loculaire, 1-sperme, 2-valve au sommet. — Feuilles stipulées.

Pomax Soland. — *Opercularia* (Gærtn.) A. Rich. (Cryptospermum Young.)

Genres incomplétement connus.

Sommera Schlecht. — *Scepseothamnus* Chamiss. — *Gardeniola* Chamiss. — *Thileodoxa* Chamiss. — *Anisomeris* Presl. — *Psilobium* Jack. — *Platymerium* Bartl. — *Lecananthus* Jack. — *Morelia* A. Rich. — *Neurocalyx* Hook. — *Emmeorhiza* Pohl. (Endlichera Presl.)— *Alberta* E. Meyer.—*Jackia* Wallich. (Zuccarina Spreng. non Blum.) — *Himatanthus* Willd. — *Aidia* Lour. — *Sickingia* Willd.—*Stipularia* Palis.-Beauv.—*Benzonia* Schumach.

SECTION I. CINCHONINÉES. — *Cinchoneæ* A. Rich.

Péricarpe capsulaire, 2-loculaire; loges oligospermes ou polyspermes. Graines ailées. Périsperme charnu. — Arbres ou arbrisseaux. Stipules interpétiolaires.

Genre NAUCLÉA. — *Nauclea* Linn.

Fleurs sessiles ou subsessiles, disposées en capitule sur un réceptacle globuleux. Limbe calicinal 5-parti, ou court et tronqué, persistant, ou non-persistant, épigyne. Corolle infondibuliforme : tube grêle, à gorge nue; limbe à 5 lobes valvaires en estivation, en général étalés. Étamines 5, insérées au tube de la corolle, plus courtes que les lobes; anthères oblongues, subsessiles, dressées. Style filiforme, saillant. Stigmate ovoïde ou oblong, indivisé. Ovules axiles, amphitropes, en nombre soit défini, soit indéfini dans chaque loge. Capsules (quelquefois cohérentes) 2-loculaires, dicoques : coques finalement pendantes du sommet d'un axe filiforme, élastiquement 2-à 8-valves au sommet. Graines très-nombreuses ou en nombre défini, ovoïdes, petites, cuspidées, peltées excentriquement, bordées d'une étroite aile membraneuse; embryon rectiligne : cotylédons elliptiques; radicule supère. (*Endlicher, Gen. Plant.* 1, p. 557.)

Arbres, ou arbrisseaux (souvent grimpants). Feuilles opposées, ou verticillées, pétiolées, ou sessiles, coriaces. Stipules non-persistantes. Capitules globuleux, pédonculés, dépourvus de collerettes. Pédoncules axillaires ou terminaux. Fleurs lâches ou serrées, accompagnées chacune de plusieurs paillettes (bractéoles) linéaires.

Ce genre, dont on connaît environ 50 espèces (la plupart indigènes de l'Inde), est propre à la zône équatoriale. La plupart des *Nauclèa* sont remarquables par la beauté et le parfum de leurs fleurs.

Sous-genre NAUCLEARIA Endl.

Fleurs sessiles sur le réceptacle commun. Limbe calicinal caduc, tronqué, ou à lobes courts. Capsules non-cohérentes, polyspermes.

NAUCLÉA D'ORIENT. — *Nauclea orientalis* Lamk. Ill. tab. 153, fig. 1. — Rumph. Amb. 3, tab. 55, fig. 1.

Arbre à tronc élancé ; cîme touffue ; ramules courts, grêles, nombreux, garnis de 3 ou 4 paires de feuilles. Feuilles longues de 4 à 5 pouces, larges de 2 à 3 pouces, opposées, pétiolées, glabres, elliptiques-oblongues, ou lancéolées-oblongues, pointues aux 2 bouts. Stipules liguliformes-oblongues. Pédoncules solitaires, dressés, monocéphales, axillaires, ou axillaires et terminaux. Capitules florifères du volume d'une petite Cerise. Fleurs petites. Anthères incluses. Style longuement saillant. Stigmate ovoïde. Capitule fructifère du volume d'une Cerise.

Cette espèce croît aux Moluques et aux îles de la Sonde. Au rapport de Rumphius, le bois de l'arbre, solide et d'une belle couleur jaune, peut servir à des ouvrages d'ébénisterie ; les feuilles ont une saveur amère : les Malais les regardent comme fébrifuges.

Sous-genre PENTACORYNA De Cand.

Fleurs subsessiles sur le réceptacle commun. Limbe calicinal non-persistant, à lobes allongés, linéaires-spathulés. Capsules oligospermes, non-cohérentes. — Arbres inermes.

NAUCLÉA A FEUILLES CORDIFORMES. — *Nauclea cordifolia* Roxb. Plant. Corom. tab. 53.

Arbre à tronc droit, atteignant 2 pieds de diamètre ; écorce grisâtre, rimeuse ; branches très-nombreuses, horizontales, disposées en tête touffue. Feuilles longues de 4 à 12 pouces, en général aussi larges que longues, opposées-croisées, pétiolées, cordiformes-orbiculaires, acuminées, pubescentes en dessus, cotonneuses en dessous; pétiole cylindrique, pubescent, long de 2 à 3 pouces. Stipules oblongues-obovales. Pédoncules axillaires, solitaires, ou jusqu'à 4 à chaque aisselle, dressés, grêles, cylindriques, pubescents, monocéphales, dibractéolés et articulés au-dessous du sommet, de la longueur du pétiole. Capitules florifères du volume d'une Cerise. Fleurs petites, jaunâtres. Corolle pubescente : lobes ovales-elliptiques, obtus, étalés. Anthères un peu saillantes. Style longuement saillant. Stigmate claviforme ou capitellé. Capsule cunéiforme : loges en général 6-spermes. Graines oblongues, non-imbriquées : rebord prolongé supérieurement en aile bifurquée, et inférieurement en aile pointue. (*Roxburgh*, l. c.)

Cette espèce croît dans les montagnes de la côte de Malabar. Elle fleurit durant la saison pluvieuse; les fruits mûrissent en avril. Le bois de l'arbre, dit Roxburgh, est extrêmement beau, et semblable, quant à la couleur, à celui du Buis; on l'emploie dans l'Inde à toutes sortes d'ouvrages de menuiserie et d'ébénisterie.

Sous-genre UNCARIA De Cand.

Fleurs subsessiles, disposées en capitules lâches. Limbe calicinal persistant, resserré à la base, à lobes courts. Capsules non-cohérentes, pédicellées, polyspermes. — Arbustes grimpants. Pédoncules inférieurs transformés en épines axillaires, comprimées, oncinées.

NAUCLÉA GAMBIR. — *Nauclea Gambir* Hunter, in Linn. Trans. v. 9, p. 218; tab. 22. — *Uncaria Gambir* Roxb. Flor. Ind. ed. 2, vol. 1, p. 517. — Hayn. Arzn. Gew. 10, tab. 3. — *Funis uncatus angustifolius* Rumph. Amb. v. 5, tab. 34.

Sarments gros. Feuilles longues d'environ 4 pouces, larges de 2 pouces, ovales-oblongues, ou ovales-lancéolées, pointues, glabres. Stipules oblongues. Pédoncules axillaires, solitaires, articulés et bractéolés vers leur milieu, monocéphales. Bractéoles soudées en forme de cupule 3-ou 4-fide. Limbe calicinal soyeux à la surface externe, 5-fide. Corolle petite, panachée de rose et de vert; tube filiforme; limbe à lobes obtus, velus à la surface externe, barbus au milieu en dessus. Filets courts. Ovaire turbiné, soyeux. Style aussi long que le tube de la corolle. Stigmate claviforme. Capsule claviforme, sillonnée. (*Roxburgh*, l. c.)

Cette espèce croît aux Moluques, aux îles de la Sonde et en Cochinchine. Avec ses feuilles, les Malais préparent un extrait très-astringent, qu'ils appellent *Gambir*, et qu'ils ont coutume de mâcher avec le Bétel et l'Arec. Cet extrait, qui est du tannin à l'état presque pur, s'importe en Europe sous le nom de *terre du Japon;* on en faisait jadis fréquemment usage en thérapeutique.

Genre COUTARÉA. — *Coutarea* Aubl.

Limbe calicinal 6-parti, supère, non-persistant : lanières subulées. Corolle infondibuliforme : tube court, obconique au sommet, ventru; gorge nue; limbe à 6 lobes courts, obtus, presque étalés, en préfloraison indupliqués aux bords. Étamines 6, saillantes, insérées au tube de la corolle; filets filiformes; anthères linéaires, dressées. Ovaire 2-loculaire; placentaires orbiculaires; ovules très-nombreux, horizontaux, anatropes. Style filiforme. Stigmate indivisé, bisulqué. Capsule mince, subcoriace, obovale, comprimée, costée, 2-loculaire, loculicide-bivalve : valves semi-bifides; placentaires libres après la déhiscence. Graines très-nombreuses, horizontales, comprimées latéralement, réniformes, bordées d'une large aile membraneuse échancrée au hile. Embryon rectiligne, axile : radicule columnaire, grêle, centripète. (*Endlicher, Gen. Plant.* 1, p. 557.)

Arbres. Feuilles opposées, courtement pétiolées. Pédoncules axillaires et terminaux, le plus souvent triflores. Fleurs non-agrégées en capitules. Corolle blanche (accidentellement 7-fide de même que le calice).

Ce genre, propre à l'Amérique équatoriale, n'est fondé que sur 5 espèces.

Coutaréa élégant. — *Coutarea speciosa* Aubl. Guian. v. 1, tab. 122. — Lamk. Ill. tab. 257. — *Portlandia hexandra* Linn. — Jacq. Amer. tab. 182, fig. 20.

Arbrisseau haut de 12 à 15 pieds. Feuilles longues de 3 à 4 pouces, larges de 2 pouces, glabres, vertes, ovales, pointues, courtement pétiolées; nervures blanchâtres. Stipules courtes, pointues. Pédoncules subterminaux, trifurqués, triflores, dibractéolés à la base et aux ramifications. Bractées petites. Limbe calicinal rouge : segments longs, pointus. Corolle longue de 1 pouce et plus. Anthères très-longues.

Cette espèce croît aux Antilles et dans la Guiane. Son écorce est amère et douée de propriétés fébrifuges.

Genre CINCHONA. — *Cinchona* Linn. (De Cand.)

Fleurs non-disposées en capitules. Tube calicinal turbiné; limbe supère, 5-fide, persistant. Corolle hypocratériforme; limbe 5-parti : lobes oblongs, valvaires en estivation. Étamines 5, incluses, insérées vers le milieu du tube de la corolle; filets courts; anthères linéaires. Ovaire 2-loculaire; placentaires linéaires; ovules très-nombreux, ascendants, imbriqués. Style indivisé. Stigmate subclaviforme, bifide au sommet. Capsule ovoïde ou oblongue, couronnée, 2-loculaire, septicide-bivalve de haut en bas (ou rarement de bas en haut), polysperme; placentaires libres après la déhiscence. Graines très-nombreuses, comprimées, imbriquées, ascendantes, bordées d'une aile membraneuse (élargie et dentée vers son sommet, rétrécie et échancrée vers la base); embryon axile, rectiligne: cotylédons subcordiformes; radicule cylindrique, infère. (*Endlicher, Gen. Plant.* 1, p. 356.)

Arbres ou arbrisseaux. Feuilles opposées ou courtement pétiolées, planes aux bords. Stipules ovales ou oblongues, libres, caduques, foliacées. Feuilles blanches, ou roses, ou pourpres, disposées en panicules corymbiformes terminales.

Ce genre, propre aux régions équatoriales de l'Amérique méridionale, est l'un des plus importants pour la thérapeutique : c'est de plusieurs espèces de *Cinchona* que proviennent les écorces si éminemment fébrifuges et toniques, connues sous le nom de *Quinquina*. Tous les *Cinchona*, d'ailleurs, sont remarquables par l'élégance de leurs fleurs et de leur feuillage; on en connaît une quinzaine d'espèces.

CINCHONA DE LA CONDAMINE. — *Cinchona Condaminea* Humb. et Bonpl. Plant. Équin. 1, tab. 10. — *Cinchona officinalis* Linn. — Vahl, in Act. Soc. Hafn. 1, tab. 1. — Lamb. Cinch. p. 15, fig. 1.

Arbre à tronc haut de 15 à 18 pieds, sur 1 pied de diamètre. Écorce grisâtre, rimeuse. Rameaux droits, horizontaux. Feuilles longues de 4 à 6 pouces, luisantes en dessus, glabres, subcoriaces, persistantes, elliptiques, ou elliptiques-oblongues, acuminées aux 2 bouts, scrobiculées en dessous aux aisselles des nervures; pétiole long d'environ 1 pouce, de couleur rose de même que les nervures. Stipules ovales, pubescentes; pédoncule commun cylindrique, pubescent, trichotome; pédicelles bractéolés, ordinairement ternés. Fleurs odorantes. Limbe calicinal long d'environ 4 lignes, campanulé, soyeux à la surface externe : dents pointues, dressées. Corolle longue d'environ 1 pouce, blanche, ou rose, soyeuse à la surface externe : tube grêle, pentagone; limbe à segments étalés, oblongs, pointus, pubescents en dessus. Style un peu plus long que le tube de la corolle. Capsule ovoïde. (*Bonpland*, l. c.)

Cette espèce a été observée par MM. de Humboldt et Bonpland, dans les Andes du Pérou, aux environs de Loxa. Son écorce, connue sous les noms de *Quinquina gris de Loxa*, ou *Quinquina d'Uritutsinga*, et en espagnol sous celui de *Cascarilla de Loxa*, est l'un des quinquinas les plus estimés en pharmaceutique; à l'état frais elle contient un suc jaunâtre très-amer astringent.

Cinchona scrobiculé. — *Cinchona scrobiculata* Humb. et Bonpl. Plant. Équin. 1, tab. 47.

Arbre haut d'environ 40 pieds, semblable au précédent par le port et la plupart des caractères. Écorce roussâtre. Feuilles longues de 4 à 12 pouces, larges de 2 à 6 pouces, glabres, luisantes, ovales-oblongues, pointues aux 2 bouts, scrobiculées en dessous aux aisselles des nervures. Stipules ovales. Fleurs odorantes. Limbe calicinal pubescent, à 5 petites dents. Corolle grande, rose; tube pubescent; limbe laineux. Capsule ovale-oblongue, longue de 8 à 10 lignes.

Cette espèce a été observée par MM. de Humboldt et Bonpland, dans les Andes du Pérou, aux environs de Jaen de Bracomoros. Son écorce se trouve dans le commerce sous les mêmes noms que celle de l'espèce précédente.

Cinchona a feuilles lancéolées. — *Cinchona lancifolia* Mutis. — *Cinchona nitida* Ruiz et Pav. Flor. Peruv. 2, tab. 191. — *Cinchona lanceolata* R. et Pav. l. c. v. 3, tab. 323. — *Cinchona angustifolia* Ruiz, Quinol. p. 64. (ex De Cand.)

Arbre à tronc haut de 30 à 45 pieds, sur 1 à 4 pieds de diamètre. Écorce roussâtre, en général rimeuse. Rameaux étalés, redressés. Feuilles longues d'environ 2 pouces, glabres, lancéolées, ou lancéolées-oblongues, ou lancéolées-obovales, pointues, ou subobtuses, non-scrobiculées en dessous; pétiole long de 1 demi-pouce. Stipules petites, ovales-oblongues, obtuses. Panicule ample, brachiée, feuillée à la base; pédicelles 2-bractéolés à la base, pubescents; bractéoles oblongues ou subulées, pointues. Calice court, de couleur pourpre; dents courtes, pointues. Corolle blanche ou rose, pubescente à la surface externe; limbe velu en dessus. Filets velus à la base. Capsule longue d'environ 1 pouce, grêle, oblongue, légèrement striée, d'un brun rougeâtre, s'ouvrant de bas en haut. Graines ovales, jaunâtres, à aile souvent fimbriée. (*Ruiz* et *Pavon*, l. c.)

Cette espèce habite les hautes Andes du Pérou et de la Nouvelle-Grenade. Son écorce, connue en pharmaceutique sous le nom de *Quinquina orangé* (en espagnol *Quina naranjada de*

Santa Fe), mais assez rare dans le commerce, est d'une saveur fortement amère et aromatique.

CINCHONA A GRANDES FEUILLES. — *Cinchona magnifolia* Ruiz et Pav. Flor. Peruv. 2, tab. 196. (non Humb. et Bonpl.) — *Cinchona lutescens* Ruiz in Vitm. Suppl. — *Cinchona grandifolia* Poir. Dict. — *Cinchona oblongifolia* Mutis. (ex De Cand. Prodr. v. 4, pag. 353.)

Arbre à tronc droit, atteignant la hauteur de 80 à 100 pieds; écorce d'un brun cendré, jaunâtre en dedans. Rameaux étalés. Ramules obscurément tétragones. Feuilles longues de 9 pouces à 2 pieds, glabres (excepté en dessous aux aisselles des nervures), d'un vert luisant en dessus, blanchâtres en dessous, horizontales, assez rapprochées, elliptiques, ou elliptiques-oblongues, obtuses, ou subacuminées; pétiole long de 1 pouce à 2 pouces, rougeâtre de même que les nervures. Stipules assez grandes, obovales, obtuses. Panicule brachiée, ample, feuillée à la base; pédoncules et pédicelles accompagnés de bractées subulées. Fleurs très-odorantes. Calice pourpre; limbe à dents pointues, dressées. Corolle blanche, soyeuse à la surface externe; tube subpentagone, long d'environ 1 pouce; limbe à segments oblongs, obtus, réfléchis. Capsule longue de 18 lignes à 2 pouces, oblongue, cylindrique, bisulquée, rétrécie vers sa base, s'ouvrant de haut en bas. Graines fort petites, à aile étroite. (*Ruiz* et *Pavon*, l. c.)

Cette espèce est commune dans les forêts des Andes, au Pérou et dans la Nouvelle-Grenade. C'est elle qui fournit l'écorce connue sous le nom de *Quinquina rouge*, remarquable par son extrême astringence, et employée de préférence comme fébrifuge.

CINCHONA PUBESCENT. — *Cinchona pubescens* Vahl, in Act. Hafn. 1, tab. 2. — Lamb. Cinch. tab. 2. — *Cinchona cordifolia* Mutis. — *Cinchona officinalis* Linn. Syst. — *Cinchona hirsuta* Ruiz et Pav. Flor. Peruv. 2, tab. 192. — *Cinchona pallescens* et *Cinchona tenuis* Ruiz, apud Vitm. (ex De Cand. Prodr. 4, p. 353). — *Cinchona purpurea* Ruiz et Pav. Flor. Peruv. 2, tab. 193.

Tronc droit, haut de 20 à 25 pieds. Écorce d'un gris noirâtre en dehors, d'un roux jaunâtre en dedans. Ramules pubescents. Feuilles longues de 5 à 10 pouces, larges de 3 à 6 pouces, coriaces, ou subcoriaces, glabres ou pubescentes en dessus, pubescentes en dessous, souvent rougeâtres, cordiformes, ou ovales, ou ovales-lancéolées, ou elliptiques, ou elliptiques-oblongues, obtuses, ou subobtuses, ou acuminées, en général décurrentes sur le pétiole; pétiole long de 1 pouce à 2 pouces, en général ailé. Panicule ample, pubescente, brachiée. Calice violet : limbe court, à dents ovales, pointues, dressées. Corolle longue d'environ 1 pouce, pubérule ou cotonneuse à la surface externe, pourpre, ou carnée; segments velus en dessus, plus courts que le tube. Capsule longue d'environ 1 pouce, cylindracée, ou subfusiforme, ou ovale-oblongue, striée.

Cette espèce croît dans les régions froides des Andes, au Pérou ainsi que dans la Nouvelle-Grenade. Son écorce, remarquable par une amertume extrêmement intense, s'emploie de préférence à titre de tonique.

Cinchona de Humboldt. — *Cinchona Humboldtiana* Rœm. et Schult. Syst. — *Cinchona ovalifolia* Humb. et Bonpl. Plant. Équin. 1, tab. 19. (non Ruiz et Pav.) — Tratt. tab. 225.

Tronc haut de 8 à 12 pieds; écorce rimeuse, d'un gris foncé à l'extérieur, jaunâtre à l'intérieur. Ramules poilus. Feuilles longues de 4 à 6 pouces, luisantes en dessus, soyeuses en dessous, elliptiques, ou elliptiques-oblongues, subobtuses; pétiole pubescent, long d'environ 1 pouce. Stipules ovales, pubescentes. Panicule brachiée, lâche; bractées linéaires; pédoncules et pédicelles soyeux. Limbe calicinal court, campanulé. Corolle longue de 6 à 8 lignes, blanche, soyeuse à la surface externe; segments linéaires, pubescents aux 2 faces. Capsule longue d'environ 1 pouce, ellipsoïde, striée. (*Bonpland*, l. c.)

Cette espèce a été observée par MM. de Humboldt et Bonpland, dans les Andes du Pérou, province de Cuença. Son écorce est amère et astringente.

Cinchona a gros fruit. — *Cinchona macrocarpa* Vahl, in Act. Hafn. 1, tab. 3. (excl. syn.) — Lamb. Cinch. tab. 3. — *Cinchona ovalifolia* Mutis.

Petit arbre. Ramules cotonneux. Feuilles glabres et luisantes en dessus, cotonneuses ou moins souvent glabres en dessous, coriaces, elliptiques, ou elliptiques-oblongues; pétiole long d'environ 1 pouce. Stipules souvent plus longues que le pétiole, lancéolées, cotonneuses en dessous, glabres en dessus. Panicule trichotome, pubescente; pédicelles très-courts, en général ternés. Bractées lancéolées-linéaires, longues d'environ 1 pouce. Bractéoles subulées. Limbe calicinal campanulé, pubescent: dents courtes, pointues. Corolle longue d'environ 18 lignes, subcoriace, cotonneuse à la surface externe; segments lancéolés-oblongs, obtus, aussi longs que le tube, velus en dessus. Anthères un peu saillantes. Capsule longue d'environ 2 pouces, cylindracée, rétrécie à la base.

Cette espèce habite la Nouvelle-Grenade; son écorce, d'une amertume médiocre, ne se trouve pas souvent dans le commerce; on lui donne le nom de *Quinquina blanc*.

Cinchona dichotome. — *Cinchona dichotoma* Ruiz et Pav. Flor. Peruv. vol. 2, tab. 197.

Arbre peu élevé; écorce brune, rugueuse, marbrée de blanc. Feuilles oblongues-lancéolées : les jeunes soyeuses; les adultes glabres. Stipules ovales-oblongues, obtuses. Panicule lâche, pauciflore, dichotome. Capsule longue d'environ 2 pouces, très-grêle, linéaire-cylindracée, striée; valves naviculaires. Graines brunâtres, à aile étroite, souvent laciniée. (*Ruiz et Pavon*, l. c.)

Cette espèce croît dans les Andes du Pérou; son écorce est très-amère et légèrement acide.

Cinchona a feuilles pointues. — *Cinchona acutifolia* Ruiz et Pav. Flor. Peruv. 3, tab. 225.

Petit arbre, atteignant la hauteur de 20 pieds. Ramules légèrement pubescents. Feuilles luisantes en dessus, velues en dessous aux nervures, ovales, pointues, ondulées. Stipules ovales, pointues. Panicule pédonculée; pédicelles très-courts, ternés; bractées lancéolées, pointues. Dents calicinales petites, pointues. Corolle blanche, pubérule à la surface externe, cotonneuse à la surface interne; segments lancéolés. Anthères non-saillantes. Capsule longue d'environ 1 pouce, claviforme-turbinée, un peu comprimée, pubescente. Graines entourées d'un rebord membraneux. (*Ruiz* et *Pavon*, l. c.)

Cette espèce croît dans les forêts les plus élevées des Andes du Pérou, aux bords du fleuve Chicoplaya ou Taso; son écorce est médiocrement amère, mais très-styptique.

Cinchona a petites fleurs. — *Cinchona micrantha* Ruiz et Pav. Flor. Peruv. 2, tab. 194.

Feuilles longues de 3 à 4 pouces, larges de 2 pouces à 2 ½ pouces, ovales, ou obovales, ou elliptiques, obtuses, glabres (excepté en dessous) aux aisselles des nervures. Panicule brachiée, très-ample, multiflore. Corolle longue d'environ 3 lignes, blanche, soyeuse à la surface externe. Capsule longue de 7 à 8 lignes, oblongue.

Cette espèce habite les forêts les plus élevées des Andes du Pérou; l'écorce est nommée *Cascarillo fino* par les habitants du pays.

Cinchona glanduleux. — *Cinchona glandulifera* Ruiz et Pav. Flor. Peruv. vol. 3, tab. 224.

Arbrisseau haut de 10 à 12 pieds; écorce d'un blanc cendré en dehors, d'un jaune pâle en dedans, rugueuse. Rameaux droits. Feuilles ovales-lancéolées, ondulées, glabres et luisantes en dessus, subrévolutées aux bords, glanduleuses en dessous aux aisselles des nervures, et pubescentes ou velues de même que les ramules. Panicules subcorymbiformes, feuillées à la base. Dents calicinales subulées, de couleur pourpre. Corolle d'un blanc lavé de rose, longue d'environ 3 lignes; segments velus en dessus. Capsule petite, oblongue-cylindracée, inclinée après la déhiscence. Graines d'un jaune fauve, légèrement marginées. (*Ruiz* et *Pavon*, l. c.)

Cette espèce habite les Andes du Pérou, où on la nomme vulgairement *Cascarilla negrilla* (Cascarille noirâtre) ; son écorce est aromatique et d'une amertume très-intense.

CINCHONA A FLEURS CADUQUES. — *Cinchona caduciflora* Humb. et Bonpl. Plant. Équin. 1, p. 168 (in adnot.) — *Cinchona magnifolia* Humb. et Bonpl. l. c. tab. 39 (non Ruiz et Pavon.) — Tratt. tab. 353.

Arbre atteignant 100 pieds de haut. Ramules rougeâtres. Feuilles longues de 6 à 10 pouces, subcoriaces, luisantes, verticales, rapprochées, elliptiques-oblongues, légèrement pubescentes en dessous aux aisselles des nervures. Stipules membraneuses, blanchâtres. Fleurs inodores. Panicule brachiée. Corolle glabre, blanche, très-caduque. Capsule longue d'environ 18 lignes, membranacée, oblongue-cylindracée.

Cette espèce croît dans les Andes du Pérou ; suivant MM. de Humboldt et Bonpland, son écorce n'offre pas de propriétés médicales prononcées.

CINCHONA A FLEURS ROUGES. — *Cinchona rosea* Ruiz et Pav. Flor. Peruv. v. 2, tab. 199.

Arbre haut d'environ 15 pieds ; tronc droit, très-rameux ; écorce lisse, brune et marbrée de blanc. Ramules subtétragones. Feuilles grandes, très-glabres, luisantes, elliptiques-oblongues, acuminées, subobtuses. Stipules ovales, obtuses, pubescentes à la surface externe, de couleur pourpre. Panicule brachiée, pubescente ; ramules comprimés ; bractéoles ovales, pointues. Limbe calicinal court, pourpre. Corolle rose, longue d'environ 6 lignes, glabre à la surface externe ; segments courts, cotonneux en dessus. Étamines velues à leur base. Capsule oblongue, longue de 5 à 6 lignes. (*Ruiz* et *Pavon*, l. c.)

Cette espèce croît dans les forêts les plus élevées des Andes du Pérou. Son écorce n'est que légèrement amère, mais fortement astringente.

Genre RÉMIJA. — *Remija* De Cand.

Limbe calicinal supère, persistant, 5-fide. Corolle infondibuliforme; tube cylindracé; limbe 5-parti; segments valvaires en préfloraison, étalés, linéaires, pointus. Étamines 5, insérées vers le milieu du tube de la corolle, incluses; filets courts, anisomètres; anthères linéaires, dressées. Ovaire à 2 placentaires linéaires, charnus; ovules très-nombreux, imbriqués, ascendants. Style indivisé. Stigmates 2, linéaires, inclus. Capsule ovoïde, couronnée, 2-loculaire, septicide-bivalve de haut en bas; valves finalement bifides. Graines très-nombreuses, ascendantes, imbriquées, comprimées, peltées, bordées d'une aile membraneuse échancrée à la base. Embryon axile, rectiligne: cotylédons cordiformes, très-courts; radicule cylindrique, infère. (*Endlicher*, *Gen. Plant.* 1, p. 356.)

Arbrisseau. Feuilles opposées ou verticillées-ternées, coriaces, révolutées aux bords. Stipules caduques, lancéolées. Fleurs disposées en grappes axillaires interrompues. Corolle cotonneuse à la surface interne.

Ce genre, propre au Brésil, est fondé sur 4 espèces. L'écorce de ces végétaux est amère, astringente et douée de propriétés fébrifuges; les habitants du Brésil méridional s'en servent avec succès en place de Quinquina.

Rémija ferrugineux. — *Remija ferruginea* De Cand. Prodr. v. 4, p. 357. — *Cinchona ferruginea* Aug. Saint-Hil. Plantes Us. des Bras. tab. 2.

Arbrisseau haut de 4 à 5 pieds, couvert sur toutes ses parties herbacées (à l'exception de la surface supérieure des feuilles) d'une pubescence ferrugineuse, abondant surtout sur les pédoncules, les bractées et les calices. Tige grêle, presque simple. Feuilles longues de 5 à 8 pouces, larges de 18 à 24 lignes, fortement veineuses, lancéolées, ou lancéolées-oblongues, acuminées, subsessiles. Stipules linéaires-lancéolées, pointues, longues de 1/2 pouce. Grappes dressées ou ascendantes, longuement pédonculées, composées de 4 à 7 paires de cymules pauciflores. Bractées linéaires, pointues. Calice turbiné, à dents pointues. Corolle longue de 6 à 8 lignes, couleur de chair, légèrement courbée : segments linéaires-lancéolés, pointus, pubescents aux bords. Capsule longue de 6 à 10 lignes, comprimée.

Rémija de Vellozo. — *Remija Vellozii* De Cand. l. c. — *Cinchona Vellozii* Aug. Saint-Hil. l. c.

Cette espèce, dit M. Aug. de Saint-Hilaire, ne diffère de la précédente que par ses feuilles ovales, acuminées aux 2 bouts, larges de 3 à 4 pouces; par ses pédoncules ordinairement plus courts; ses fleurs plus longues et plus nombreuses.

Rémija de Saint-Hilaire. — *Remija Hilariana* De Cand. l. c. — *Cinchona Remijana* Aug. Saint-Hil. l. c.

Suivant M. Aug. de Saint-Hilaire, cette espèce ne diffère de la première que par des feuilles larges de 3 à 4 pouces, elliptiques, obtuses, un peu décurrentes sur le pétiole et terminées par une courte pointe.

Les trois espèces dont nous venons de traiter ont été observées par M. Aug. de Saint-Hilaire, au Brésil, entre les 21e et 17e degrés de L. S., sur les montagnes de la province des Mines, aux élévations de 2000 à 4000 pieds au-dessus du niveau de la mer. Les habitants de ces contrées les nomment indistinctement *Quina do serra* (Quinquina de montagne), et *Quina do Remijo*, parce qu'un chirurgien, nommé Remijo, fut le premier qui en indiqua l'usage.

Genre HYMÉNODYCTION. — *Hymenodyction* Wallich.

Limbe calicinal supère, 5-denté. Corolle infondibuliforme; gorge nue; limbe 5-fide; lobes plissés en préfloraison, dressés ou étalés pendant l'anthèse. Étamines 5, incluses, insérées à la gorge de la corolle; filets très-courts; anthères oblongues, dressées. Ovaire 2-loculaire; placentaires linéaires ; ovules très-nombreux, imbriqués, ascendants. Style indivisé, longuement saillant. Stigmate claviforme, court, légèrement lobé. Capsule presque ligneuse, 2-loculaire, loculicide-2-valve ; placentaires finalement libres. Graines nombreuses, ascendantes, imbriquées, comprimées, bordées d'une aile membraneuse, réticulée, bifide au hile. Embryon axile, rectiligne : cotylédons cordiformes ; radicule cylindrique, infère. (*Endlicher*, *Gen. Plant.* 1, p. 555.)

Arbres. Ramules comprimés. Feuilles opposées, pétiolées, coriaces. Stipules caduques, ciliées de glandules stipitées. Fleurs petites, verdâtres, pubescentes, fasciculées, disposées en panicule terminale ; inflorescences partielles racémiformes, pédonculées : les inférieures accompagnées chacune d'une feuille longuement pétiolée, membranacée, veineuse, convexe, colorée.

Ce genre, propre à l'Asie équatoriale, est fondé sur 6 espèces.

HYMÉNODYCTION ÉLANCÉ. — *Hymenodyction excelsum* Wallich, in Roxb. Flor. Ind. (ed. Wall.) ; Tent. Flor. Nepal. 1, tab. 22. — *Cinchona excelsa* Roxb. Corom. 2, tab. 106.

Tronc droit, élancé, acquérant un diamètre considérable ; écorce épaisse : l'extérieure subéreuse, grisâtre, rimeuse, se détachant souvent par plaques ; l'intermédiaire brune ; l'interne blanche. Branches nombreuses, étalées. Feuilles longues de 6 à 12 pouces, larges de 3 à 5 pouces, lancéolées-elliptiques, ou lancéolées-oblongues, acuminées, pubescentes (surtout en dessous) ; pétiole cylindrique, pubescent, long de 2 à 3 pouces. Stipules lancéolées, pointues. Feuilles florales conformes aux autres feuilles, mais moins grandes, rougeâtres. Panicule ample. Fleurs très-odorantes, d'un blanc verdâtre. Calice ovoïde : dents pointues. Lobes de la corolle ovales, étalés, 1 fois plus courts que le tube. Anthères à peine saillantes hors le tube de la corolle. Style 2 fois plus long que le tube de la corolle. Capsule oblongue, scabre, longue d'environ 9 lignes, marbrée de taches blanches.

Graines au nombre de 6 à 12 dans chaque loge, brunes, oblongues, petites, comprimées.

Cet arbre croît dans les montagnes de l'Inde. Son bois ressemble à celui de l'Acajou. Les couches internes de l'écorce sont astringentes et amères, comme les Quinquina du Pérou.

Genre EXOSTÉMMA. — *Exostemma* Rich.

Limbe calicinal supère, 5-parti. Corolle infondibuliforme : tube grêle; limbe 5-fide : lanières linéaires, étalées, ou révolutées. Étamines 5, insérées au fond du tube de la corolle, longuement saillantes; filets filiformes, libres, ou adnés au tube; anthères linéaires, dressées. Ovaire 2-loculaire; placentaires linéaires; ovules très-nombreux, suspendus, anatropes. Style long, filiforme, épaissi au sommet. Stigmate indivisé et subunilatéral, ou courtement bilobé. Capsule couronnée ou non-couronnée, 2-loculaire, coriace, septicide-bivalve; valves indivisées ou finalement bifides; placentaires finalement libres. Graines nombreuses, suspendues, imbriquées, comprimées, bordées d'une aile membraneuse, étroite, échancrée au hile. Embryon rectiligne; cotylédons ovales, subfoliacés; radicule cylindrique, allongée, supère. (*Endlicher, Gen. Plant.* **1**, p. 555.)

Arbres ou arbrisseaux. Feuilles opposées, courtement pétiolées. Stipules solitaires. Pédoncules axillaires ou terminaux. Fleurs blanches, ou rouges.

Ce genre, propre aux régions équatoriales, comprend environ 15 espèces. La plupart sont remarquables par des écorces douées de propriétés fébrifuges.

Sous-genre PITONIA De Cand.

Corolle glabre; tube plus long que les segments du limbe. Stigmate indivisé.

Exostémma des Antilles. — *Exostemma caribæum* Rœm. et Schult. Syst. — *Cinchona caribæa* Jacq. Amer. tab. 179, fig. 65. — Lamb. Cinch. tab. 4. — Gærtn. Fruct. 1, tab. 33. — *Cinchona jamaicensis* Wright, in Trans. Soc. Lond. vol. 67, p. 504, tab. 10. — Andr. Bot. Rep. tab. 481.

Arbrisseau à rameaux glabres, étalés, d'un brun noirâtre, striés, souvent marbrés de taches blanches ou jaunâtres et brillantes. Feuilles longues de 2 à 4 pouces, larges de 1 pouce à 2 pouces, ovales-lancéolées, acuminées, minces, glabres, courtement pétiolées. Stipules petites, acuminées, ciliées. Fleurs axillaires et terminales, solitaires; pédoncules à peine plus longs que les pétioles. Fleurs odorantes. Dents calicinales courtes, subobtuses. Corolle blanche: limbe à segments linéaires, subobtus. Étamines un peu saillantes; anthères très-longues, jaunes. Capsule ellipsoïde, lisse, luisante, noirâtre.

Cette espèce croît aux Antilles; on y emploie son écorce en guise de Quinquina.

EXOSTÉMMA A FEUILLES ÉTROITES. — *Exostemma angustifolium* Rœm. et Schult. Syst.—*Cinchona angustifolia* Swartz, Prodr.; Act. Holm. 1787, p. 117, tab. 3. - Lamb. Cinch. tab. 9.

Arbrisseau à rameaux grêles, effilés, glabres. Feuilles longues de 2 à 3 pouces, larges d'environ 6 lignes, mollement pubescentes aux 2 faces, courtement pétiolées, lancéolées-linéaires, pointues. Fleurs en panicules terminales; ramules filiformes, souvent trifides. Calice pubescent: dents dressées, subulées. Corolle longue d'environ 2 pouces: tube grêle; limbe à segments linéaires, étroits, obtus, réfléchis, à peu près aussi longs que le tube. Étamines plus longues que la corolle. Capsule courte, ovale, subpentagone.

Cette espèce croît à Saint-Domingue; son écorce est fébrifuge.

EXOSTÉMMA A FRUIT COURT. — *Exostemma brachycarpum* Rœm. et Schult. Syst.—*Cinchona brachycarpa* Swartz, Prodr. — Linds. in Trans. Soc. Roy. Edinb. 1794, p. 214, tab. 5. — Lambert, Cinch. tab. 8.

Feuilles longues d'environ 4 pouces, ovales, ou elliptiques, obtuses, glabres, très-courtement pétiolées. Stipules courtes, ovales, pointues. Fleurs en panicules trichotomes, terminales. Calice ovoïde : dents courtes, obtuses. Corolle longue de 3 à 4 pouces : tube grêle; limbe à segments linéaires, réfléchis. Étamines saillantes. Capsule ovale, marquée de 10 côtes très-saillantes.

Cette espèce, dont l'écorce jouit également de propriétés fébrifuges, n'est pas rare aux Antilles.

EXOSTÉMMA FLEURI. — *Exostemma floribundum* Rœm. et Schult. Syst. — *Cinchona floribunda* Swartz, Prodr. — Lamb. Cinch. tab. 7. — *Cinchona montana* Badier, in Journ. de Phys. 1789, p. 129, tab. 1. — *Cinchona Luciana* Vitm. Summ.

Arbre haut de 30 à 40 pieds. Tronc droit, acquérant 1 pied de diamètre. Rameaux glabres, d'un pourpre foncé. Feuilles longues de 8 à 10 pouces, larges de 3 à 4 pouces, très-glabres, luisantes en dessus, pâles en dessous, ovales-lancéolées, ou lancéolées-elliptiques, acuminées; pétiole long d'environ 1/2 pouce. Stipules oblongues, obtuses. Inflorescences terminales, paniculées, amples, brachiées, très-glabres : ramules comprimés. Dents calicinales courtes, subulées. Corolle à tube long d'environ 1 pouce; limbe à segments longs, linéaires. Étamines saillantes. Capsule oblongue, noirâtre, très-lisse, rétrécie à la base.

Cette espèce croît aux Antilles, où on la nomme vulgairement *Quinquina des pitons* (1). Son écorce, très-amère et astringente, s'emploie en guise de Quinquina; elle est en outre émétique.

Sous-genre BRACHYANTHUM De Cand.

Tube de la corolle à peine aussi long que les segments du limbe ou plus court. Stigmate indivisé ou bilobé.

EXOSTÉMMA CORYMBIFÈRE. — *Exostemma corymbiferum*

(1) Piton signifie le sommet d'une montagne.

Rœm. et Schult. Syst. — *Cinchona corymbifera* Forst. — Lamb. Cinch. tab. 5.

Feuilles amples, ovales-lancéolées, ou oblongues-lancéolées, acuminées, glabres, courtement pétiolées, d'un vert foncé. Stipules membraneuses, pointues. Inflorescences axillaires et terminales, corymbiformes, pédonculées, trichotomes, brachiées, amples, à peine débordées par les feuilles. Pédoncules garnis au sommet de 2 bractées foliacées. Dents calicinales courtes, pointues : segments de la corolle un peu plus courts que le tube, étroits, obtus, recourbés. Anthères un peu saillantes. Stigmate indivisé.

Cette espèce croît dans la Polynésie; son écorce est fortement amère et astringente.

Sous-genre PSEUDOSTEMMA De Cand.

Limbe calicinal tronqué ou légèrement 5-denté, tubuleux, ou subcampanulé. Tube de la corolle plus court que les segments du limbe.

Exostémma cuspidé. — *Exostemma cuspidatum* Aug. Saint-Hil. Plantes Usuelles des Brasil. tab. 3.

Petit arbre; tronc haut de 8 à 12 pieds. Feuilles longues de 9 à 15 pouces, subsessiles, lancéolées-obovales, acuminées, nerveuses, pubescentes en dessus, velues en dessous. Panicules terminales, plus courtes que les feuilles, très-rameuses, brachiées, pyramidales, pédonculées, composées de cymes trichotomes; ramules comprimés. Bractées ovales, pointues. Fleurs sessiles ou subsessiles, petites. Calice turbiné : limbe 5-denticulé. Corolle longue de 2 à 4 lignes, blanche; limbe à segments oblongs, obtus, réfléchis. Filets barbus au milieu, insérés au-dessous du milieu du tube. Stigmate bifide.

Exostémma austral. — *Exostemma australe* Aug. Saint-Hil. l. c. tab. 3, B.

Petit arbre. Feuilles longues de 12 à 15 pouces, larges de 7 à

8 pouces, obovales, subobtuses, subsinuolées, presque glabres en dessus, pubescentes en dessous, rétrécies en pétiole. Stipules persistantes, ovales-triangulaires, acérées. Panicules longues de 1/2 pied à 1 pied, terminales, sessiles, trifurquées dès la base, velues : les 2 branches latérales plus courtes que la centrale. Bractées linéaires-subulées. Fleurs glomérulées, subsessiles. Calice turbiné : limbe 5-denté. Corolle petite : lobes ovales, obtus, infléchis au sommet. Filets glabres, insérés à la gorge de la corolle.

Cette espèce et la précédente croissent dans les forêts-vierges du Brésil méridional, où on les désigne par le nom de *Quina do mato* (Quinquina de forêt). Leur écorce est amère et astringente; M. Aug. de Saint-Hilaire dit, qu'à défaut de médicaments plus efficaces, elle peut être employée comme fébrifuge, mais que, sous ce rapport, elle paraît être inférieure aux écorces des *Remija*.

Genre BOUVARDIA. — *Bouvardia* Salisb.

Limbe calicinal supère, 4-parti; segments linéaires-subulés, quelquefois alternant chacun avec une dent. Corolle infondibuliforme, allongée, finement papilleuse à la surface externe, glabre ou barbue à la surface interne; gorge nue; limbe 4-parti : segments courts, étalés. Étamines 4; anthères sessiles ou subsessiles, linéaires, incluses. Ovaire 2-loculaire; placentaires orbiculaires; ovules très-nombreux, amphitropes. Style filiforme. Stigmate bilamellé, saillant. Capsule subglobuleuse, un peu comprimée, membranacée, 2-loculaire, septifrage-bivalve au sommet. Graines nombreuses, comprimées, peltées, imbriquées, bordées d'une aile membraneuse. (*Endlicher, Gen.Plant.* 1, p. 554.)

Arbrisseaux. Feuilles opposées ou verticillées. Stipules adnées. Inflorescences cymeuses, trichotomes, terminales. Fleurs pourpres.

Ce genre, propre au Mexique, comprend environ 12 espèces. Les suivantes se cultivent fréquemment comme plantes d'ornement, dans les collections de serre.

A. *Feuilles verticillées. Tube de la corolle barbu à la surface interne, papilleux à la surface externe.*

Bouvardia de Jacquin. — *Bouvardia Jacquini* Kunth, in Humb. et Bonpl. Nov. Gen. et Spec. v. 3, p. 383. — *Ixora americana* Jacq. Hort. Schœnbr. 3, tab. 257. — *Ixora ternifolia* Cavan. Ic. 4, tab. 305. — *Houstonia coccinea* Andr. Bot. Rep. tab. 306. — Herb. de l'Amat. tab. 116. — *Bouvardia triphylla* Salisb. Parad. Lond. tab. 88. — Bot. Reg. tab. 107.

Jeunes pousses grêles, dressées, subtrigones, paniculées, ou trichotomes au sommet, glabres, ou pubérules. Feuilles longues de 1 pouce à 2 pouces, larges de 2 à 6 lignes, verticillées-ternées, courtement pétiolées, minces, luisantes en dessus, en général pubérules et scabres aux 2 faces, ovales-lancéolées, ou ovales, ou oblongues-lancéolées, pointues, cunéiformes à la base. Stipules plus courtes que le pétiole, persistantes, membranacées, subulées au sommet. Pédoncules solitaires ou ternés, 3-9-flores. Pédicelles courts, filiformes. Bractéoles subulées. Calice pubérule : segments subulés, recourbés, plus longs que l'ovaire. Corolle écarlate (par variation blanche), longue de 6 à 9 lignes : tube grêle, subclaviforme ; segments ovales, pointus, beaucoup plus courts qne le tube.

B. *Feuilles opposées. Corolle glabre.*

Bouvardia panaché. — *Bouvardia versicolor* Ker. Bot. Reg. tab. 245.

Ramules glabres. Jeunes pousses pubérules, 4-gones. Feuilles oblongues-lancéolées, ou lancéolées-oblongues, pointues, ciliolées, scabres et pubérules aux 2 faces, courtement pétiolées, longues de 1 pouce à 2 pouces. Stipules denticuliformes. Pédoncules courts, ordinairement 3-flores ; pédicelles très-courts, filiformes. Calice pubérule, campanulé : segments linéaires-lancéolés, un peu recourbés, plus longs que l'ovaire, beaucoup plus courts que la corolle. Corolle longue d'environ 1 pouce, écarlate à la surface externe, jaune à la surface interne; lobes ovales, acuminulés, beaucoup plus courts que le tube.

Genre PINKNÉYA. — *Pinkneya* Michx.

Limbe calicinal supère, 5-parti, persistant; segments dressés, souvent inégaux : l'un ample, foliacé, coloré; les 4 autres beaucoup moins grands. Corolle infondibuliforme; tube cylindracé; limbe 5-parti : lobes oblongs, étalés, recourbés. Étamines 5, insérées au fond de la corolle; filets sétacés, saillants; anthères oblongues, incombantes. Ovaire 2-loculaire; placentaires 2-lobés; ovules bisériés, horizontaux, anatropes. Style filiforme. Stigmate à 2 lobes obtus. Capsule didyme, subglobuleuse, subcoriace, 2-loculaire, loculicide-bivalve. Graines nombreuses, bisériées, horizontales, comprimées, incombantes; tégument extérieur lâche, membraneux, échancré au hile. Embryon rectiligne; cotylédons foliacés; radicule conique, centripète. (*Endlicher, Gen. Plant.* 1, p. 554.)

Arbrisseau. Feuilles opposées, pétiolées. Stipules caduques. Inflorescences axillaires et terminales, paniculées, composées de cymules 3-5-flores. Fleurs assez grandes, pubescentes.

Ce genre n'est fondé que sur l'espèce suivante :

PINKNÉYA PUBESCENT. — *Pinkneya pubens* Michx. Flor. Bor. Amer. 1, p. 151; tab. 113. — Gærtn. Fruct. tab. 194. — *Cinchona caroliniana* Poir. Dict. — *Pinknea pubescens* Pers. Ench.

Buisson multicaule, atteignant 15 à 20 pieds de haut. Rameaux brachiés. Jeunes pousses cotonneuses, un peu comprimées vers le sommet. Feuilles longues de 6 pouces ou plus, larges d'environ 3 pouces, coriaces, persistantes, luisantes et pubérules en dessus, cotonneuses ou pubescentes en dessous, lancéolées, ou lancéolées-elliptiques, ou lancéolées-oblongues, subacuminées, ou pointues ; pétiole cotonneux ou pubescent, long d'environ 1 pouce. Panicules courtes, denses, cymeuses, pédonculées, cotonneuses. Fleurs subsessiles, grandes. Segments calicinaux égaux, ou plus souvent l'un ou deux des segments beaucoup plus grands que les autres, bractéiformes, ovales, veineux, de couleur rose ou jaunâtre. Corolle longue de 12 à 15 lignes : tube d'un vert foncé ; segments elliptiques, obtus, révolutés, de couleur pourpre, presque 1 fois plus courts que le tube. Anthères courtes. Ovaire turbiné. Style plus court que les étamines. Capsule assez grosse, aplatie et nue au sommet, 1-sulquée de chaque côté.

Le *Pinknéya* n'a été observé que sur le littoral de la Caroline méridionale, de la Géorgie et de la Floride, dans les localités tourbeuses et marécageuses ; il fleurit en mai et juin. Son écorce est douée de propriétés fébrifuges ; dans le midi des États-Unis, on l'emploie parfois en guise de Quinquina. Cet arbrisseau mérite d'être cultivé dans les jardins ; mais il ne résiste pas, en plein air, aux hivers du nord de la France.

SECTION II. GARDÉNINÉES. — *Gardenieæ* A. Rich.

Péricarpe charnu, 2-loculaire, ou par avortement 1-loculaire; loges polyspermes. Graines aptères. Périsperme charnu. — Arbres ou arbrisseaux. Stipules interpétiolaires.

Genre SARCOCÉPHALUS. — *Sarcocephalus* Afzel.

Fleurs sessiles sur un réceptacle commun, auquel elles sont soudées, ainsi qu'entre elles, moyennant les tubes calicinaux. Limbe calicinal marginiforme, tronqué, très-court. Corolle infondibuliforme, 5- ou 6-fide. Étamines 5, ou 6; anthères sessiles, insérées à la gorge de la corolle.

Style saillant. Stigmate oblong-capitellé, indivisé. Péricarpes polyspermes, charnus : ceux de chaque capitule constituant un syncarpe globuleux, aréolé par les bords calicinaux. Graines petites, subréniformes.

Arbuste grimpant. Feuilles opposées, courtement pétiolées. Stipules indivisées. Capitules sessiles ou courtement pédonculés, terminaux. Fleurs roses.

Ce genre n'est fondé que sur l'espèce suivante :

SARCOCÉPHALUS A FRUIT COMESTIBLE. — *Sarcocephalus esculentus* Sabine, in Trans. Hort. Soc. Lond. vol. 5, tab. 18. — Lindl. ibid. v. 7, p. 56. — *Cephalina scandens* Thonn. in Schum. Plant. Guin. p. 105.

Feuilles elliptiques ou suborbiculaires, pointues, luisantes en dessus, pubérules en dessous aux aisselles des nervures. Stipules solitaires, triangulaires, subconnées par la base. Capitules fructifères du volume d'une Pêche.

Cet arbrisseau habite la Guinée, ainsi que la Sénégambie et les environs de Sierra-Léone. Son fruit est bon à manger.

Genre BURCHELLIA. — *Burchellia* R. Br.

Limbe calicinal supère, persistant, tubuleux, profondément 5-fide. Corolle tubuleuse, subclaviforme, 5-fide au sommet; gorge nue; lobes courts, imbriqués et contournés en préfloraison. Étamines 5, incluses, insérées vers le milieu du tube de la corolle ; anthères linéaires, subsessiles. Ovaire 2-loculaire, couronné par un disque épigyne charnu; ovules nombreux, anatropes. Style filiforme. Stigmate saillant, claviforme, indivisé, 2-sulqué. Baie subglobuleuse, couronnée, 2-loculaire. Graines très-nombreuses, anguleuses. Embryon rectiligne, axile, de moitié plus court que le périsperme ; radicule centripète. (*Endlicher, Gen. Plant.* 1, p. 564.)

Arbrisseaux. Feuilles opposées, courtement pétiolées. Stipules larges, cuspidées, caduques. Fleurs grandes, terminales, sessiles, agrégées en capitule; bractéoles minimes, distinctes. Corolle écarlate, pubérule à la surface externe.

Ce genre, propre aux régions les plus australes de l'Afrique, n'est fondé que sur les 2 espèces suivantes :

BURCHELLIA DU CAP. — *Burchellia capensis* R. Br. in Bot. Reg. tab. 466. — *Lonicera bubalina* Linn. fil. — *Cephaelis bubalina* Pers. Ench. — *Burchellia bubalina* Bot. Mag. tab. 2339.

Arbuste haut de 3 à 4 pieds. Jeunes pousses tétragones, pubérules, feuillées, souvent rameuses. Feuilles longues de 1 pouce à 4 pouces, larges de 6 à 20 lignes, coriaces, persistantes, luisantes, ovales, ou elliptiques, ou oblongues, ou lancéolées-oblongues, acuminulées, arrondies ou cordiformes à la base, glabres en dessus, pubérules (du moins à la côte et aux nervures) en dessous; pétiole pubérule, long de 2 à 3 lignes. Stipules à peine aussi longues que les pétioles, subcoriaces, pubérules, d'un brun roux, ovales-orbiculaires, cuspidées, ou acuminées-cuspidées. Capitules sessiles ou subsessiles, denses, multiflores. Calice pubérule; segments linéaires-lancéolés, pointus, 3 fois plus courts que la corolle. Corolle longue de près de 1 pouce : lobes ovales, acuminés, beaucoup plus courts que le tube. Style à peu près aussi long que la corolle. Stigmate assez gros, saillant.

Cette espèce, indigène au Cap de Bonne-Espérance, se cultive fréquemment, en serre tempérée, comme arbuste d'ornement; elle fleurit en mai et juin. L'extrême dureté de son bois lui a fait donner, par les colons hollandais, le nom de *Buffelhorn*, c'est-à-dire corne de buffle.

BURCHELLIA A PETITES FLEURS. — *Burchellia parviflora* Lindl. Bot. Reg. tab. 891.

Cette espèce paraît ne différer de la précédente, dont elle est peut-être une variété, que par ses fleurs moins grandes (longues de 6 à 8 lignes) et d'un écarlate plus clair. On la cultive aussi comme arbuste d'agrément.

Genre MUSSÉNDA. — *Mussænda* Linn.

Limbe calicinal supère, 5-parti ; segments non-persistants, dressés, pointus : l'un des extérieurs quelquefois transformé en bractée colorée, ample, foliacée, veineuse. Corolle infondibuliforme ; gorge velue ; limbe 5-parti. Étamines 5 ; anthères incluses ou peu saillantes, sessiles, insérées à la gorge de la corolle. Ovaire 2-loculaire ; placentaires révolutés, comme bilobés, médifixes ; ovules très-nombreux, horizontaux, anatropes. Baie subglobuleuse, 2-loculaire. Graines nombreuses, petites, scabres, lenticulaires. Embryon apicilaire, minime ; radicule épaisse, centripète. (*Endlicher*, *Gen. Plant.* 1, p. 563.)

Arbrisseaux ou arbuscules. Feuilles opposées, pétiolées. Stipules géminées, distinctes, ou soudées par la base, acuminées. Inflorescences terminales, cymeuses ; bractées petites.

Ce genre comprend une quinzaine d'espèces, dont la plupart appartiennent à la zone équatoriale de l'ancien continent.

Sous-genre BELILLA De Cand.

L'un des segments calicinaux ample, pétiolé, foliacé, coloré, veineux, simulant une grande bractée. Anthères incluses. Capsule ovoïde.

Mussénda touffu. — *Mussænda frondosa* Linn. — *Belilla* Hort. Malab. v. 2, tab 17 et 18. — *Mussænda zeylanica* Burm. Zeyl. tab. 76. — *Mussænda formosa* Linn. Mant. — *Mussænda glabra* Vahl, Symb. — Loddig. Bot. Cab. tab. 1269. — *Gardenia appendiculata* et *Gardenia Mussænda* Lamk. Dict.

Buisson haut de 6 à 10 pieds. Tiges rameuses, dressées, un peu tortueuses. Rameaux cylindriques, remplis de moëlle. Jeunes pousses cotonneuses, ou pubescentes, ou velues, ou presque glabres, feuillues. Feuilles longues de 2 à 4 pouces, larges de 1 pouce à 2 pouces, en général pubérules et scabres en dessus, cotonneuses ou pubescentes en dessous, moins souvent glabres, elliptiques, ou lancéolées-elliptiques, ou elliptiques-oblongues, acuminées, ou pointues. Cymes cotonneuses, ou pubescentes, ou glabres, paniculées. Segments calicinaux 2 à 4 fois plus longs que l'ovaire, plus ou moins pubescents ou velus (moins souvent glabres), subulés : le segment bractéiforme jaunâtre ou blanchâtre, ovale, ou elliptique, ou oblong, ou oblong-lancéolé, ou lancéolé, pointu, ou obtus. Corolle longue de 12 à 18 lignes, velue à la surface externe : tube rouge ou jaunâtre, grêle; limbe à segments étalés. Style aussi long que le tube de la corolle. Péricarpe glabre ou poilu, obové, ou pyriforme.

Cette espèce, remarquable par la beauté de ses fleurs ainsi que par le parfum qu'elles exhalent, est commune dans l'Inde et les archipels voisins; dans ces contrées, on la cultive fréquemment comme arbuste d'agrément.

MUSSÉNDA CORYMBIFÈRE. — *Mussænda corymbosa* Roxb. Flor. Ind. ed. 2, vol. 1, p. 556.

Tronc droit; branches nombreuses, opposées-croisées. Écorce lisse. Feuilles courtement pétiolées, oblongues, pointues, lisses aux 2 faces, longues de 6 à 9 pouces, larges de 2 à 3 pouces. Stipules cordiformes, acuminées-cuspidées. Cymes terminales, multiflores, denses. Bractées ovales-lancéolées. Segments calicinaux dressés, subulés : le segment bractéiforme d'un blanc pur, longuement pétiolé, oblong, glabre, pointu, 5- ou 7-nervé. Tube de la corolle grêle, au moins 2 fois plus long que le calice, renflé vers le milieu ; gorge fermée par des poils de couleur orange ; limbe à segments étalés, charnus, ovales, pointus, velus et de couleur orange en dessus, verdâtres en dessous. Style 1 fois plus court que le tube de la corolle. Baie oblongue. (*Roxburgh*, l. c.)

Cette espèce, également remarquable par l'élégance de ses fleurs, croît dans les mêmes contrées que la précédente. Dans l'Inde, on mange les sépales pétaloïdes de ses calices, en guise d'herbes potagères.

Genre TOCOYÉNA. — *Tocoyena* Aubl.

Limbe calicinal supère, très-courtement tubuleux, 5-denté. Corolle infondibuliforme ; tube filiforme, très-long; gorge dilatée, nue ; limbe 5-parti : segments courts, obtus. Anthères 5, sessiles, à peine saillantes, insérées à la gorge de la corolle, ovales, pointues. Ovaire 2-loculaire ; ovules très-nombreux. Style filiforme, épaissi et poilu au sommet. Stigmate claviforme, bilamellé. Baie légèrement charnue, couronnée, 2-loculaire. Graines nombreuses, ovales, nidulantes. (*Aublet.*)

Arbrisseaux ou sous-arbrisseaux inermes. Feuilles opposées, courtement pétiolées. Stipules triangulaires ou ovales. Fleurs en cymes terminales.

Ce genre, propre à l'Amérique équatoriale, ne comprend que 5 espèces. Ces végétaux sont remarquables par la beauté de leurs fleurs.

TOCOYÉNA A LONGUES FLEURS.—*Tocoyena longiflora* Aubl. Guian. 1, tab. 50. — Lamk. Ill. tab. 163, fig. 1. — *Ucriana speciosa* Willd. — *Tocoyena longifolia* Poir. Dict. (non Kunth.)

Sous-arbrisseau haut d'environ 3 pieds. Tiges dressées, glabres, verdâtres, moëlleuses, 4-gones, de la grosseur du petit doigt. Rameaux opposés, conformes aux tiges. Feuilles longues de 12 à 15 pouces, larges de 2 à 3 pouces, glabres, molles, lancéolées, acuminées. Stipules ovales, pointues, un peu charnues. Cymes denses, 12-15-flores. Fleurs subsessiles, odorantes, accompagnées chacune d'une petite bractée ovale, pointue. Calice court : dents ovales, pointues. Tube de la corolle long de 8 à 9 pouces, jaune, cylindrique ; lobes courts, blancs, ovales, pointus. Style à peu près aussi long que le tube de la corolle. Baie lisse, ovale. Graines très-petites. (*Aublet,* l. c.)

Cette plante croît dans les forêts de la Guiane.

Genre POSOQUÉRIA. — *Posoqueria* Aubl.

Limbe calicinal supère, court, 5-denté. Corolle infondibuliforme ; tube cylindrique, très-long ; gorge velue, à peine dilatée ; limbe 5-parti : segments étalés, un peu inégaux. Étamines 5, anisomètres, un peu saillantes, insérées à la gorge de la corolle ; filets très-courts, géniculés au sommet ; anthères oblongues, pointues. Ovaire 2-loculaire ; ovules nombreux. Style filiforme, inclus. Stigmate à 2 lobes filiformes. Baie ovoïde, couronnée, succulente, 2-loculaire, polysperme. (*Aublet, Jussieu.*)

Arbrisseaux ou sous-arbrisseaux. Rameaux cylindriques. Feuilles opposées, courtement pétiolées, coriaces. Stipules oblongues-triangulaires, subpersistantes. Fleurs en cymules terminales. Corolle blanche, très-longue.

Ce genre, propre à l'Amérique équatoriale, comprend 7 espèces.

Posoquéria a longues fleurs. — *Posoqueria longiflora* Aubl. Guian. 1, tab. 51. — *Solena longiflora* Willd. — *Kirtanthus longiflorus* Gmel.

Arbrisseau haut de 5 ou 6 pieds. Écorce verte, lisse ; bois dur, blanc. Rameaux grêles. Feuilles longues d'environ 7 pouces, larges de 2 ½ pouces, ovales-oblongues, glabres, un peu ondulées aux bords, acuminées ; pétiole long d'environ 1 pouce. Cymes pédonculées, 6-flores. Tube de la corolle long d'environ 1 pied, recourbé, pendant, verdâtre vers sa base ; gorge hérissée de poils blancs ; limbe à segments oblongs, obtus, réfléchis. Quatre des filets arqués, déclinés ; le cinquième plus court, dressé. Baie jaune, du volume d'un œuf de poule. Graines dures, arrondies, anguleuses, placées les unes sur les autres dans une pulpe rouge. (*Aublet*, l. c.)

Cette espèce, remarquable par la longueur extraordinaire de sa corolle, croît en Guiane, sur les bords des grandes rivières ; la chair du fruit est douce, succulente, et bonne à manger.

Genre GÉNIPA. — *Genipa* Plumier.

Limbe calicinal tronqué ou légèrement denté, tubuleux, supère. Corolle hypocratériforme : tube plus court ou à peine aussi long que le limbe calicinal ; gorge glabre ; limbe 5- ou 6-parti : segments plus longs que le tube. Anthères 5 ou 6, sessiles, saillantes, linéaires, insérées à la gorge de la corolle. Ovaire 2-loculaire ; ovules nombreux, amphitropes. Style indivisé. Stigmate claviforme, très-entier, obtus. Baie couronnée, cortiquée, pulpeuse, polysperme, rétrécie aux 2 bouts. Graines nidulantes dans la pulpe. Embryon oblique ; radicule vague, cylindrique ; cotylédons foliacés. (*Endlicher, Gen. Plant.* 1, p. 562.)

Arbres. Feuilles opposées. Stipules ovales, acuminées, caduques. Fleurs axillaires ou terminales, solitaires, ou subfasciculées. Corolle blanche au commencement de la floraison, puis jaunâtre.

Ce genre, propre à l'Amérique équatoriale, comprend 5 ou 6 espèces. Les fruits de plusieurs *Génipa* sont mangeables.

Génipa d'Amérique. — *Genipa americana* Linn. — Burm. Amer. tab. 136. — Gærtn. Fruct. 3, tab. 190. — *Gardenia Genipa* Swartz.

Tronc gros, droit ; écorce grisâtre, rugueuse. Cime ample, touffue. Branches étalées. Ramules subverticillés, feuillés au sommet. Feuilles longues d'environ 1 pied, sur 3 pouces de large, glabres, lancéolées, ou lancéolées-oblongues, subsessiles, rapprochées en rosette à l'extrémité des ramules. Pédoncules axillaires et terminaux, courts, pauciflores, trichotomes ; fleurs subfastigiées. Limbe calicinal tronqué. Corolle subrotacée : tube infondibuliforme ; limbe large d'environ 18 lignes : segments elliptiques-oblongs, pointus. Filets réfléchis. Stigmate saillant. Baie du volume d'une Orange, ellipsoïde, rétrécie en pointe aux 2 bouts : épicarpe charnu, un peu pubescent, d'un vert blanchâtre ; pulpe blanchâtre. Graines comprimées, anguleuses.

Cet arbre croît aux Antilles et dans l'Amérique méridionale. Les Brésiliens le nomment *Genepapo*. Ses fruits sont assez recherchés, à cause de leur pulpe acidule. Le bois du *Genipa* est d'un gris de perle et susceptible d'un assez beau poli ; on l'emploie, aux Antilles, à faire des montures de fusils.

Genre GARDÉNIA. — *Gardenia* Ellis.

Limbe calicinal supère, tubuleux, tronqué, ou denté, ou fendu plus ou moins profondément en 5 à 9 lanières. Corolle infondibuliforme ou hypocratériforme ; tube beaucoup plus long que le limbe calicinal ; gorge glabre ; limbe 5- à 9-parti : segments étalés, en préfloraison contournés. Anthères 5 à 9, insérées à la gorge de la corolle, sessiles, linéaires, un peu saillantes. Ovaire incomplètement 2-5-loculaire ; ovules nombreux, horizontaux. Style indivisé. Stigmate 2-denté ou bifide (lobes dressés), subclaviforme. Baie charnue, couronnée, incomplétement 2- à 5-loculaire, polysperme : endocarpe chartacé ou osseux ; placentaires pariétaux, charnus. Graines petites, nidulantes. Embryon rectiligne, axile : cotylédons foliacés ; radicule cylindrique, vague. (*Endlicher, Gen. Plant.* 1, p. 562.)

Arbres ou arbrisseaux, inermes, ou épineux. Feuilles opposées, ou rarement verticillées. Stipules entières. Fleurs axillaires ou terminales, le plus souvent solitaires, en général odorantes. Corolle blanche au commencement de la floraison, puis jaunâtre.

Ce genre est propre à la région équatoriale de l'Ancien Continent ; M. De Candolle (*Prodr.* vol. 4) en énumère 43 espèces. La plupart des *Gardénia* sont remarquables par l'arome et la beauté de leurs fleurs.

A. *Espèces inermes. Ovaire relevé de côtes provenant de la décurrence des segments calicinaux. Tube de la corolle cylindracé.* (De Cand. Prodr.)

GARDÉNIA MULTIFLORE. — *Gardenia florida* Linn. — Bot.

Reg. tab. 449. — Pluck. Alm. tab. 448, fig. 4. — *Gardenia jasminoides* Soland. in Phil. Trans. v. 52, tab. 20.

— β. A FLEURS DOUBLES. — *Catsjopiri* Rumph. Amb. vol. 7, tab. 14, fig. 2. — *Gardenia*, Ellis in Phil. Trans. vol. 51, tab. 23.—*Jasminum capense* Mill. Ic. tab. 180.—Buchoz, Ic. tab. 8. — Ehret. Pict. tab. 15.

Buisson haut de 6 pieds et plus, très-touffu. Écorce brune ou grisâtre. Rameaux glabres de même que toutes les autres parties de la plante. Ramules tétragones. Feuilles longues de 1 pouce à 3 pouces, larges de 6 à 18 lignes, oblongues, ou elliptiques-oblongues, ou lancéolées-oblongues, ou obovales, obtuses, ou pointues, cunéiformes à la base, coriaces, luisantes, subsessiles, opposées, ou quelquefois ternées. Fleurs axillaires et terminales, solitaires, subsessiles, très-odorantes. Limbe calicinal campanulé, profondément 5- à 9-fide : segments linéaires-lancéolés, pointus, dressés, aussi longs que le tube de la corolle. Corolle hypocratériforme, subcoriace ; limbe large de 1 pouce à 2 pouces : segments elliptiques, obtus, aussi longs que le tube, en même nombre que les segments calicinaux. Baie oblongue, glabre, anguleuse. Graines nidulantes dans une pulpe de couleur orange.

Cette espèce, qui se cultive si fréquemment, dans les serres, sous le nom vulgaire de *Jasmin du Cap*, paraît originaire de Chine ; du reste la beauté et le parfum de ses fleurs la font rechercher, dans toute l'Asie équatoriale, comme arbuste d'agrément. La pulpe de ses fruits s'emploie à teindre en jaune-orange.

GARDÉNIA RADICANT. — *Gardenia radicans* Thunb. Diss. tab. 1, fig. 1. — Andr. Bot. Rep. tab. 491. — Bot. Reg. tab. 73.

Ce *Gardénia* paraît ne différer du précédent qu'en ce qu'il est plus petit ; que sa tige est grêle, frutescente, procombante et radicante ; que ses feuilles sont plus étroites et plus pointues ; enfin par des segments calicinaux plus courts que le tube de la corolle.

Le *Gardenia radicans* est indigène du Japon ; on le cultive aussi comme arbuste d'agrément, tant en Europe qu'en Asie.

B. *Espèces inermes. Limbe calicinal tronqué, ou plus ou moins profondément divisé. Ovaire écosté. Tube de la corolle cylindracé.* (De Cand. Prodr.)

GARDÉNIA A LARGES FEUILLES. — *Gardenia latifolia* Ait. Hort. Kew. (non Roxb. ex Wight et Arn.) — Gærtn. fil. Fruct. 3, tab. 193, fig. 3.

Arbre. Feuilles opposées, ou verticillées-ternées, très-courtement pétiolées, elliptiques, ou obovales, glabres : aisselles des nervures munies d'une glandule poilue. Fleurs terminales, solitaires, subsessiles. Limbe calicinal campanulé, irrégulièrement fendu, hérissé à la surface interne. Corolle hypocratériforme; tube long, hérissé à la surface externe; limbe 9-parti : segments obliquement obovales, à peu près 1 fois plus courts que le tube, ciliés d'un côté. Stigmate gros, claviforme, biparti : segments bifides. Baie lisse, subglobuleuse : noyau testacé, mince, à 4 placentaires pariétaux. (*Wight* et *Arnott*, *Prodr. Flor. Penins. Ind.* 1, p. 395.)

Cette espèce croît dans les provinces méridionales de l'Inde.

GARDÉNIA ENNÉANDRE. — *Gardenia enneandra* Kœn. — *Gardenia latifolia* Roxb. Corom. v. 2, tab. 134.

Feuilles opposées, ou verticillées-ternées, subsessiles, ovales, ou obovales, glabres, munies aux aisselles des nervures d'une glande poilue. Fleurs terminales (au nombre de 1 à 3), subsessiles. Limbe calicinal court, irrégulièrement fendu. Corolle hypocratériforme : tube long, glabre; limbe 7-11-parti : segments aussi longs que le tube. Baie subglobuleuse, couronnée par la base du limbe calicinal; noyau mince, à 5 placentaires pariétaux. (*Wight* et *Arnott*, *Prodr. Flor. Penins. Ind.* v. 1, p. 394.)

Petit arbre. Branches presque dressées. Écorce lisse, grisâtre. Feuilles longues de 6 à 12 pouces, d'un vert foncé et luisantes en dessus. Fleurs très-grandes, très-odorantes. Calice petit, irrégulièrement denté. Limbe de la corolle large de 3 à 4 pouces.

Baie du volume d'un œuf de poule, d'un jaune grisâtre, un peu scabre ; noyau 5-valvé. Graines très-petites. (*Roxburgh*, l. c.)

Cette espèce, indigène dans l'Inde, est l'une des plus intéressantes parmi ses congénères, tant par son feuillage ample et luisant, que par la grandeur de ses fleurs, qui exhalent un parfum délicieux ; elle mériterait d'être cultivée de préférence comme plante de serre.

GARDÉNIA LUISANT. — *Gardenia lucida* Roxb. Flor. Ind. ed. 2, vol. 1, p. 707. — *Gardenia resinifera* Roth, Nov. Spec.

Bourgeons résineux. Feuilles oblongues, ou elliptiques, ou obovales, obtuses, ou courtement acuminées, subsessiles, parallélinervées, veineuses, coriaces, glabres, luisantes. Fleurs subterminales, pédonculées, solitaires. Limbe calicinal à 5 segments longs, subulés, hispidules à la surface interne. Corolle hypocratériforme : tube long, glabre, strié ; limbe 5-parti : segments obovales-oblongs, à peu près aussi longs que le tube, glabres. Stigmate indivisé. Baie drupacée, oblongue, couronnée par le limbe calicinal entier ; noyau très-dur, épais, osseux, à 2 placentaires pariétaux. (*Wight* et *Arnott, Prodr. Flor. Penins. Ind.* 1, p. 395.)

Petit arbre. Tronc court, dressé. Branches nombreuses, opposées-croisées, ascendantes ; écorce lisse, grisâtre. Jeunes pousses cylindriques, lisses, en général enduites d'une substance résineuse. Feuilles longues d'environ 6 pouces, sur 3 pouces de large, involutées et ondulées aux bords. Stipules annulaires, fimbriolées. Pédoncules cylindriques, claviformes, longs de 1/2 pouce à 1 pouce. Fleurs grandes, très-odorantes. Tube de la corolle long de 1 pouce à 2 pouces. Baie lisse, du volume d'un œuf de pigeon. (*Roxburgh*, l. c.)

Cette espèce croît dans l'Inde ; elle fleurit et fructifie durant presque toute l'année.

GARDÉINA GUMMIFÈRE. — *Gardenia gummifera* Linn. —

Gardenia gummifera et *Gardenia arborea* Roxb. Flor. Ind. (ex Wight et Arn.)

Arbre ou buisson. Bourgeons résineux. Feuilles sessiles, elliptiques-oblongues, ou ovales-oblongues, obtuses, ou courtement acuminées : les jeunes pubérules et un peu scabres ; les adultes glabres et luisantes. Fleurs terminales (au nombre de 1 à 3), subsessiles. Calice scabre et presque cotonneux ; limbe court, à 5 lobes ovales, acuminés. Corolle hypocratériforme : tube long, grêle, élargi au sommet, légèrement pubescent ; limbe 5-parti : segments étroits, oblongs, à peu près de moitié plus courts que le tube, presque glabres. Stigmate claviforme, indivisé, strié. Baie drupacée, oblongue, couronnée par le limbe calicinal entier ; noyau à 4 ou 5 placentaires pariétaux. (*Wight* et *Arnott, Prodr. Flor. Penins. Ind.* 1, p. 395.)

Cette espèce est indigène de l'Inde. Suivant Roxburgh, elle mérite d'être cultivée de préférence à la plupart de ses congénères, comme arbuste d'ornement. Les Hindous en mangent le fruit. Lorsque l'on entaille l'écorce du tronc ou des branches, il en suinte une résine jaune, analogue à la gomme *Élémi.*

C. *Espèces inermes. Ovaire écosté. Limbe calicinal tubuleux, 5- ou 6-denté, en outre fendu latéralement jusqu'au milieu. Tube de la corolle cylindracé.*

Gardénia Thunbergia. — *Gardenia Thunbergia* Linn. — Bot. Mag. tab. 1004. — Loisel. Herb. de l'Amat. vol. 6. — *Thunbergia capensis* Montin. in Act. Holm. 1773, tab. 11. — *Gardenia verticillata* Lamk. Dict. — *Gardenia crassicaulis* Salisb. Parad. Lond. tab. 46. — *Bergkias* Sonner. Voyage à la Nouv. Guin. tab. 17 et 18 ; Journ. de Phys. v. 3, p. 299, tab. 3. — *Chaquepiria Bergkia* Gmel. Syst. — *Piringa* Juss. in Mém. du Mus. vol. 6, p. 399. — *Sahlbergia* Neck. Elem.

Arbrisseau haut de 4 pieds et plus. Tronc droit, très-rameux au sommet ; écorce grisâtre. Rameaux nombreux, cylindriques, courts, raides, divergents, terminés chacun par un bourgeon vert et obtus. Feuilles verticillées-ternées, anisomètres, elliptiques, acuminées, vertes, glabres, luisantes, glandulifères en dessous aux aisselles des nervures : glandes poilues. Fleurs terminales, solitaires, sessiles, droites, très-odorantes. Limbe calicinal long de 1 pouce : dents subspathulées, concaves au sommet. Corolle à tube grêle, long de 3 pouces; limbe 5-10-parti, large de 2 pouces : segments elliptiques. Style saillant. Stigmate tronqué. Baie oblongue, incomplétement 4-loculaire.

Cette espèce, qui se cultive fréquemment en serre, est originaire du cap de Bonne-Espérance et des Philippines.

D. *Espèces épineuses.*

GARDÉNIA CAMPANULÉ. — *Gardenia campanulata* Roxb. Flor. Ind. ed. 2, vol. 1, p. 710.

Buisson haut d'environ 10 pieds. Tronc droit, mais court, très-rameux. Branches dressées ou étalées, raides. Écorce d'un vert brunâtre, assez lisse. Épines courtes, fortes, acérées, solitaires, terminant les ramules latéraux. Feuilles longues de 2 à 5 pouces, larges de 1 pouce à 2 pouces, opposées, courtement pétiolées, lancéolées, ou lancéolées-oblongues, lisses aux 2 faces. Stipules triangulaires, pointues. Fleurs petites, d'un jaune pâle, courtement pédonculées, agrégées aux extrémités des ramules. Limbe calicinal tubuleux, 5-denté. Tube de la corolle campanulé, 5-gone; limbe 6-parti : segments obliquement ovales. Style court. Stigmate inclus, 5-sulqué. Baie subglobuleuse, du volume d'une petite Pomme, lisse, déprimée, légèrement 5-sulquée aux 2 bouts, 1-loculaire; épicarpe épais, charnu, jaunâtre, fibreux; endocarpe testacé, à 5 placentaires subpariétaux. Graines petites, nidulantes dans une pulpe jaune.

Cette espèce croît dans les forêts du Chittagong ; les habitants en emploient le fruit comme purgatif et anthelmintique.

Genre RANDIA. — *Randia* (Houston.) Linn.

Limbe calicinal 5-fide ou denté, supère. Corolle hypocratériforme : tube court; limbe 5-parti. Anthères 5, oblongues-linéaires, sessiles, insérées à la gorge de la corolle. Ovaire 2-loculaire; ovules nombreux. Style indivisé. Stigmate biparti ou bilobé, épais, glabre. Baie couronnée, presque sèche, cortiquée, 2-loculaire, polysperme; placentaires axiles. Graines imbriquées, ou nidulantes dans la pulpe. Périsperme cartilagineux. (*Wight* et *Arnott*, *Prodr. Flor. Penins. Ind.* 1, p. 396.)

Arbrisseaux, ou petits arbres, souvent épineux. Épines opposées ou verticillées, axillaires. Feuilles sessiles ou courtement pétiolées, opposées. Stipules bilatérales, ou solitaires et intra-foliaires. Fleurs axillaires, subsessiles, en général solitaires.

Ce genre, qui comprend environ 40 espèces, est réparti entre les régions équatoriales des deux continents.

Sous-genre OXYCERAS De Cand.

Espèces le plus souvent épineuses. Tube de la corolle cylindracé.

Randia des buissons. — *Randia dumetorum* Lamk. Ill. tab. 156, fig. 4. — *Canthium coronatum* Lamk. Dict. — *Gardenia dumetorum* Retz. Obs.—Roxb. Corom. 2, tab. 136. — *Posoqueria dumetorum* Roxb. Flor. Ind. — *Randia spinosa* Blum. Bijdr. — *Gardenia spinosa* Thunb. Diss. tab. 2, fig. 4. — *Ceriscus malabaricus* Gærtn. Fruct. 1, tab. 28.

Épines opposées. Feuilles elliptiques, ou oblongues, ou obovales, subobtuses, cunéiformes à la base, glabres, ou légèrement pubescentes étant jeunes. Fleurs solitaires aux extrémités des jeunes pousses, courtement pédonculées. Limbe calicinal campanulé : lobes oblongs. Corolle hérissée à la surface externe: tube un peu plus long que les segments calicinaux, barbu à l'intérieur vers la base. Péricarpe subglobuleux ou oblong. (*Wight* et *Arnott, Prodr.*)

Petit arbre, ou buisson plus ou moins épineux, d'un port très-variable. Épines fortes, acérées, longues d'environ 1 pouce; Feuilles longues de 6 lignes à 2 pouces. Calice glabre ou pubescent : limbe persistant en entier. Corolle blanchâtre ou d'un jaune pâle; limbe large de 6 à 9 lignes : segments obliquement obovales, acuminulés. Anthères à moitié saillantes du tube. Baie lisse, jaune, du volume d'une Pomme sauvage, ou plus petite (quelquefois seulement du volume d'une Cerise). Graines elliptiques ou oblongues, petites, nombreuses, nidulantes dans une pulpe rougeâtre. (*Roxburgh*, l. c.; *Wight* et *Arnott*, l. c.)

Cette espèce, dit Roxburgh, est l'un des végétaux les plus communs sur la côte orientale de l'Inde. On l'emploie dans ces contrées à faire des haies, et comme bois à brûler. Les fleurs sont très-odorantes, mais peu abondantes.

Le fruit mûr, étant broyé et jeté dans les étangs, étourdit de suite les poissons; les pêcheurs hindous emploient souvent ce moyen dans les localités convenables.

Randia aquatique. — *Randia uliginosa* De Cand. Prodr. 4, p. 386.— *Gardenia uliginosa* Retz. Obs. — Roxb. Corom. 2, tab. 135. — *Posoqueria uliginosa* Roxb. Flor. Ind.

Branches dressées, tétraèdres. Ramules opposés-croisés, cylindriques, horizontaux, terminés par 1 à 4 épines, et par 1 à 3 fleurs courtement pédicellées. Feuilles courtement pétiolées, oblongues, ou oblongues-obovales, cunéiformes à la base, glabres, luisantes. Limbe calicinal tronqué ou obscurément 5-denté, tubuleux, un peu plus court que le tube de la corolle. Gorge de la corolle velue. Baie ellipsoïde, drupacée, lisse. (*Wight* et *Arnott, Prodr. Flor. Penins. Ind.* 1, p. 398.)

Petit arbre. Tronc court; écorce scabre, couleur de rouille. Épines fortes, nombreuses. Feuilles longues de 1 pouce à 3 pouces, larges de 10 à 20 lignes : celles des jeunes pousses distantes; celles des ramules florifères fasciculées. Fleurs odorantes, d'un blanc pur. Limbe de la corolle large de 2 pouces, 5-8-parti : segments suborbiculaires. Baie du volume d'un œuf de poule, grisâtre, ou d'un gris verdâtre. Graines nombreuses, elliptiques, lenticulaires, nidulantes dans une pulpe brunâtre, finalement dure et sèche.

Cette espèce n'est pas rare dans l'Inde; elle se plaît aux bords des rivières et des marais. Elle fleurit durant la plus grande partie de l'année, et mérite d'être cultivée dans les jardins.

Genre CATESBÉA. — *Catesbœa* Linn.

Limbe calicinal 4-denté ou 4-parti, persistant, supère. Corolle infondibuliforme : tube allongé, élargi au sommet ; limbe 4-lobé. Étamines 4, insérées au fond du tube de la corolle. Filets filiformes ; anthères linéaires, saillantes, ou incluses. Ovaire 2-loculaire ; ovules nombreux, suspendus, bisériés dans chaque loge, anatropes ; placentaires attachés au sommet des cloisons. Style filiforme, inclus. Stigmate bidenté. Baie globuleuse ou oblongue, couronnée, 2-loculaire, polysperme. Graines bisériées dans chaque loge, imbriquées, suspendues, squamiformes, aplaties. Embryon minime ; radicule supère. (*Endlicher, Gen. Plant.* 1, p. 558.)

Arbrisseaux. Épines supra-axillaires, simples. Feuilles opposées ou fasciculées, petites. Stipules solitaires, caduques. Fleurs solitaires, axillaires, pédicellées. Corolle blanchâtre ou jaunâtre.

Ce genre, dont M. De Candolle (*Prodr.* v. 4) énumère 7 espèces, est propre à l'Amérique équatoriale.

Catesbéa épineux. — *Catesbœa spinosa* Linn. — Lamk. Ill. tab. 67, fig. 1. — Bot. Mag. tab. 131. — Tratt. tab. 259. — Catesb. Carol. 2, tab. 100. — *Catesbœa longiflora* Swartz, Prodr.

Arbrisseau épineux, atteignant 15 à 20 pieds de haut. Épines droites, horizontales. Feuilles ovales ou elliptiques, pointues, petites, fasciculées sur les vieux ramules, en général plus longues que les épines. Fleurs longues de 5 à 6 pouces, pendantes, jaunâtres. Limbe calicinal minime, 4-denté ; dents pointues. Corolle glabre : tube claviforme au sommet. Anthères un peu saillantes. Style filiforme, aussi long que la corolle. Baie du volume d'un œuf de poule, lisse, jaune, ellipsoïde. Graines petites, anguleuses.

Cette espèce, remarquable par la grandeur de ses fleurs, croît aux Antilles et aux îles de Bahama. On la cultive dans les collections de serre. Son fruit est acidule, odorant et assez bon à manger.

Catesbéa a larges feuilles. — *Catesbœa latifolia* Lindl. Bot. Reg. tab. 858.

Feuilles obovales, luisantes, convexes, un peu plus courtes que les épines. Dents calicinales subulées. Fleurs pendantes. Corolle glabre, jaunâtre, longue de 4 pouces; tube obconique au sommet. Étamines saillantes. Baie ovoïde. (*De Cand. Prodr.* 4, p. 400.)

Cette espèce est indigène de Cuba.

Section III. HÉDYOTIDÉES. — *Hedyotideæ* Cham. et Schlecht.

Péricarpe biloculaire, soit bivalve, soit submembranacé et indéhiscent; loges en général polyspermes. Graines aptères. Périsperme en général charnu. — Arbrisseaux ou herbes. Feuilles opposées ou verticillées.

Genre CONDAMINÉA. — *Condaminea* De Cand.

Limbe calicinal cyathiforme, 5-denté, ou 5-crénelé, supère, non-persistant (se détachant par une rupture circulaire de sa base). Corolle infondibuliforme: tube un peu courbé, à peine plus long que le limbe calicinal, dilaté au sommet; limbe 5-parti: segments ovales, pointus, étalés, épaissis au sommet. Étamines 5, insérées au tube ou à la gorge de la corolle; filets filiformes, plus courts que la corolle; anthères oblongues-linéaires, bifides à la base, saillantes. Stigmate bilobé. Capsule turbinée, un peu comprimée, tronquée, ombiliquée, biloculaire, loculicide-bivalve, polysperme. Graines minimes, cunéiformes. (*De Cand. Prodr.* 4, p. 402.)

Arbrisseaux. Feuilles grandes, opposées, courtement pétiolées. Stipules interpétiolaires, biparties, acuminées, souvent connées. Inflorescences racémiformes ou cymeuses, multiflores, terminales.

Ce genre est propre à l'Amérique équatoriale; on en connaît 5 espèces.

CONDAMINÉA CORYMBIFÈRE. — *Condaminea corymbosa* De Cand. l. c. — *Macrocnemum corymbosum* Ruiz et Pavon, Flor. Peruv. 2, tab. 189.

Buisson haut d'environ 12 pieds. Tiges droites, simples, nues inférieurement, feuillues vers leur sommet; écorce d'un brun cendré. Feuilles longues de 1 pied et plus, subsessiles, coriaces, glabres, plissées, très-veineuses, luisantes en dessus, ovales-oblongues, acuminées, subcordiformes à la base. Stipules membraneuses, bifides : segments lancéolés, acérés. Inflorescences amples, cymeuses, corymbiformes; pédoncules et pédicelles accompagnés de bractéoles lancéolées, pointues. Calice coriace, de couleur pourpre : dents larges, courtes, obtuses. Corolle grande, épaisse, d'un pourpre foncé à l'extérieur, blanchâtre en dedans; gorge velue. Capsule d'un pourpre foncé. Graines jaunâtres.

Cette espèce croît dans les Andes du Pérou. Son écorce est souvent mêlée avec celles des Quinquinas; mais elle est beaucoup moins amère, et ne paraît pas douée de propriétés fébrifuges aussi efficaces.

Genre PORTLANDIA. — *Portlandia* P. Browne.

Tube calicinal 5-nervé; limbe supère, persistant, 5-fide : lobes oblongs, foliacés, grands. Corolle très-grande, infondibuliforme, pentagone; gorge évasée, nue; limbe à 5 lobes obtus. Ovaire biloculaire; placentaires saillants; ovules très-nombreux, horizontaux, anatropes. Style filiforme, un peu saillant. Stigmate indivisé. Capsule obovée ou suboblongue, 5-costée, rétuse au sommet, couronnée, 2-loculaire, polysperme, loculicide-bivalve au sommet; placentaires coriaces, axiles. Graines elliptiques, comprimées, chagrinées : hile charnu. Embryon rectiligne, axile : cotylédons semi-cylindriques, obtus; radicule cylindrique, centripète. (*Endlicher, Gen. Plant.* 1, p. 553.)

Arbrisseaux. Feuilles opposées, courtement pétiolées. Stipules larges, triangulaires. Pédoncules 1-3-flores, courts, axillaires. Corolle rouge ou blanchâtre, très-grande.

Ce genre, propre à l'Amérique équatoriale, n'est fondé que sur les deux espèces suivantes :

Portlandia a grandes fleurs. — *Portlandia grandiflora* Linn. — Jacq. Amer. tab. 44. — Lamk. Ill. tab. 162. — Browne, Jam. 164, tab. 11. — Smith, Ic. Pict. 1, tab. 6. — Bot. Mag. tab. 286. — Gærtn. Fruct. 1, tab. 31.

Arbrisseau haut d'environ 6 pieds. Tige droite, lisse, rameuse. Feuilles longues de 6 à 7 pouces, planes, luisantes, glabres, lancéolées-elliptiques, acuminées, souvent inéquilatérales à la base, courtement pétiolées. Stipules larges, acuminées, caduques. Fleurs subterminales, opposées, solitaires, courtement pédonculées, odorantes, semblables à celles du *Datura arborescent*. Segments calicinaux ovales, étalés, souvent colorés. Corolle longue de 5 à 6 pouces, sur 18 à 20 lignes de large, blanchâtre, subclaviforme, à 5 plis longitudinaux; lobes étroits, pointus. Étamines à peu près aussi longues que le tube; anthères contournées en spirale après l'anthèse. Capsule oblongue, 5-costée, pentagone. Graines petites, imbriquées.

Cette espèce, que l'ampleur de ses fleurs fait cultiver pour l'ornement des serres, habite les Antilles. Elle fleurit depuis le milieu de l'été jusqu'en automne. Son écorce est très-amère et douée de propriétés fébrifuges.

Portlandia a fleurs écarlates. — *Portlandia coccinea* Swartz, Prodr. — *Portlandia coriacea* Spreng. Syst.

Arbuste haut de 2 à 3 pieds. Tiges dressées, rameuses. Feuilles longues d'environ 3 pouces, sur 2 pouces de large, ovales, ou ovales-orbiculaires, obtuses, ou subacuminées, coriaces, luisantes, veineuses, glabres; pétiole court, épais, un peu comprimé. Stipules larges, ovales, pointues, apprimées. Fleurs solitaires, opposées, courtement pédonculées. Pédoncules glabres, anguleux, rougeâtres de même que le calice. Corolle longue d'environ 3 pouces, sur 2 pouces de large, écarlate : lobes dressés, ovales, pointus. Capsule subglobuleuse, obscurément pentagone.

Cette espèce, également remarquable par la beauté de ses fleurs, croît dans les montagnes de la Jamaïque.

Genre OPHIORRHIZA. — *Ophiorrhiza* Linn.

Tube calicinal court, turbiné; limbe supère, 5-fide, persistant. Corolle infondibuliforme : tube ample, plus long que le limbe calicinal; gorge barbue; limbe 5-fide : lobes courts. Étamines 5, incluses, insérées au tube de la corolle; filets courts; anthères lancéolées, dressées. Ovaire 2-loculaire, couronné par un disque charnu bilobé; placentaires oblongs, cylindriques, ascendants, libres, basifixes; ovules nombreux, anatropes. Style très-court, inclus. Stigmate bilobé. Capsule (en forme de mitre) large, comprimée, bilobée au sommet, couronnée, 2-loculaire, polysperme, loculicide-bivalve au sommet. Graines petites, subhexagones. Périsperme charnu, ou corné. Embryon rectiligne, axile, cylindrique. (*Wight* et *Arnott*, *Prodr. Flor. Penins. Ind.* 1, p. 404.)

Herbes vivaces, basses, quelquefois suffrutescentes. Feuilles opposées, pétiolées, membranacées : l'une souvent plus grande que l'autre de la même paire. Stipules bilatérales, minimes, caduques. Pédoncules axillaires et terminaux, cymeux ; pédicelles terminaux souvent en ombelle. Fleurs unilatérales, subsessiles.

Ce genre, propre à l'Asie équatoriale, comprend environ 20 espèces.

Ophiorrhiza Mungho. — *Ophiorrhiza Munghos* Linn. Mat. Med. p. 59, tab. 1.

Tige suffrutescente. Feuilles lancéolées-elliptiques, acuminées, très-minces, glabres. Stipules minimes, tronquées. Cymes (paniculées, ou corymbiformes, ou capituliformes) pédonculées, terminales, rameuses, nues. Tube de la corolle court, infondibuliforme. Style aussi long que le tube de la corolle. (*Wight et Arnott*, l. c.)

Feuilles longues de 4 à 6 pouces; pétiole court, velu. Limbe calicinal 5-denté. Corolle à lobes oblongs, pointus, poilus en dessus. Capsule obréniforme, aplatie, 5-costée.

Cette espèce croît dans l'Inde. Sa racine est très-amère; les Hindous la considèrent comme un antidote contre la morsure des serpents venimeux; mais Roxburgh pense que cette prétendue vertu est purement imaginaire.

Section V. **HAMÉLINÉES.** — *Hameliaceæ* A. Rich.

Péricarpe : baie pluriloculaire; loges polyspermes. Périsperme charnu. — Arbrisseaux ou arbres. Feuilles opposées ou verticillées.

Genre HAMÉLIA. — *Hamelia* Jacq.

Limbe calicinal supère, court, 5-lobé. Corolle tubuleuse, courtement 5-lobée; tube subpentagone; gorge nue. Étamines 5, insérées vers le milieu du tube de la corolle, incluses; filets filiformes; anthères oblongues-linéaires. Ovaire 5-loculaire, couronné par un disque conique; placentaires axiles, bilobés; ovules nombreux, horizontaux, anatropes. Style indivisé. Stigmate indivisé, obtus, subpentagone. Baie couronnée, 5-sulquée, 5-loculaire, polysperme; cloisons membraneuses. Graines minimes, comprimées, aréolées. Embryon axile, rectiligne : cotylédons obtus; radicule cylindrique, centripète. (*Endlicher, Gen. Plant.* 1, p. 61.)

Arbrisseaux. Feuilles opposées ou verticillées, pétiolées. Stipules solitaires, interpétiolaires. Inflorescences dichotomes ou trichotomes, cymeuses, souvent disposées en corymbes ou en panicules terminaux; bractées minimes. Corolle rouge ou orange.

Ce genre, propre à l'Amérique équatoriale, renferme environ 10 espèces; celles dont nous allons faire mention se cultivent comme arbustes d'ornement, dans les collections de serre.

Hamélia velu. — *Hamelia patens* Jacq. Amer. tab. 50; Pict. tab. 72. — Plum. Amer. tab. 218, fig. 1 et 2. — Smith, Exot. Bot. tab. 24. — *Hamelia coccinea* Swartz.

Arbrisseau haut de 5 à 6 pieds. Tiges glabres, rameuses. Jeunes pousses cotonneuses ou pubescentes, anguleuses. Feuilles longues de 2 à 4 pouces, larges de 10 à 15 lignes, verticillées-ternées, lancéolées-oblongues, ou lancéolées-elliptiques, pointues, molles, verdâtres et presque glabres en dessus, veloutées ou cotonneuses en dessous; nervures blanchâtres ou rougeâtres; pétiole velu. Cymes dichotomes ou trichotomes, racémiformes, dressées, ou horizontales, ou recourbées, disposées en ombelle terminale pédonculée. Fleurs subsessiles. Corolle écarlate, longue d'environ 1 pouce, pubérule ou veloutée à la surface externe. Baie noire, remplie d'un suc pourpre-noirâtre.

Cette espèce croît aux Antilles et dans l'Amérique méridionale.

Hamélia a corolle ventrue. — *Hamelia ventricosa* Swartz, Prodr. — Bot. Reg. tab. 1195. — *Hamelia grandiflora* L'Hérit. Sert. Angl. 4, tab. 7. — Salisb. Parad. Lond. tab. 55. — *Duhamelia ventricosa* Pers. Ench.

Grand arbrisseau. Rameaux glabres, cylindriques. Feuilles

verticillées-ternées, glabres, ovales, ou elliptiques, acuminées. Stipules subulées, recourbées. Cymes terminales, ou axillaires et terminales, racémiformes, trichotomes. Fleurs subsessiles, inclinées, subunilatérales. Dents calicinales ovales, pointues, dressées. Corolle longue d'environ 1 pouce, jaune, subcampanulée : tube ventru à la base. Baie oblongue, obscurément 10-gone, écarlate à la maturité.

Cette espèce habite la Jamaïque.

Hamélia a fleurs jaunes. — *Hamelia chrysantha* Swartz, Flor. Ind. Occid. — Jacq. Ic. Rar. 2, tab. 335. — Lamk. Ill. tab. 155, fig. 1. — Brown. Jam. tab. 14, fig. 1.

Rameaux glabres, cylindriques, souvent réclinés. Feuilles longues de 2 pouces ou plus, opposées, très-glabres, lancéolées-oblongues, ou lancéolées-elliptiques, acuminées, très-glabres. Cymes axillaires et terminales, racémiformes, disposées en panicule. Fleurs pédicellées. Dents calicinales ovales, subobtuses. Corolle longue d'environ 1 pouce, glabre, cylindracée, ventrue vers le milieu ; lobes ovales, obtus.

Cette espèce croît aux Antilles et dans l'Amérique méridionale.

Genre ALIBERTIA. — *Alibertia* A. Rich.

Fleurs par avortement unisexuelles. Tube calicinal subglobuleux; limbe supère, tubuleux, 5-denté. Corolle hypocratériforme ; tube cylindracé ; gorge nue ; limbe 5-parti : segments elliptiques-oblongs, pointus. Anthères 5, sessiles, linéaires, insérées à la gorge de la corolle, plus courtes que le limbe. Ovaire 5-loculaire ; ovules nombreux, horizontaux, anatropes. Style indivisé. Stigmate (indivisé et pointu dans les fleurs mâles) à 5 lanières linéaires. Baie subglobuleuse, déprimée, subcortiquée, couronnée, 5-loculaire, polysperme. Graines comprimées, enveloppées de pulpe. Embryon rectiligne, axile : cotylédons courts, obtus; radicule cylindrique, centripète. (*A. Richard, Mém. de la Soc. d'Hist. Nat. de Paris*, vol. 5, p. 234.)

Arbrisseau. Feuilles opposées, coriaces. Stipules subconnées, très-entières, pointues. Fleurs solitaires ou fasciculées, terminales, subsessiles.

Ce genre n'est fondé que sur l'espèce suivante :

Alibertia a fruit comestible. — *Alibertia edulis* A Rich. l. c. tab. 21, fig. 1. — *Genipa edulis* Rich. in Act. Soc. Nat. Par. p. 107. — *Gardenia edulis* Poir. Encycl. Suppl. v. 2, p. 708.

Cette plante croît à la Guiane, où son fruit est connu sous le nom de *Goyave noire*.

Section VII. **GUÉTTARDINÉES.** — *Guettardaceæ* Kunth.

Péricarpe : drupe contenant 2 à 8 noyaux 1-loculaires, ou un seul noyau pluri-loculaire; noyaux ou loges 1-spermes, ou rarement 2-spermes (à graines superposées). Graines subcylindriques, allongées, ordinairement basifixes. Périsperme charnu. — Arbrisseaux, ou petits arbres. Feuilles opposées, ou moins souvent verticillées-ternées. (*Wight et Arnott, Prodr. Flor. Ind.*)

Genre MORINDA. — *Morinda* Linn.

Fleurs sessiles sur un réceptacle commun subglobuleux. Tube calicinal obové (en général conné avec les tubes calicinaux des fleurs contiguës) ; limbe court, supère, à peine denté. Corolle infondibuliforme ; tube subcylindracé ; limbe étalé, 4- ou 5-lobé : estivation valvaire. Étamines 4 ou 5, insérées au tube de la corolle; filets en général très-courts ; anthères incluses ou rarement saillantes, linéaires. Ovaire 2-4-loculaire; loges 1-ovulées ; ovules basifixes, anatropes. Style filiforme. Stigmate bifide; lanières filiformes. Drupes 2-4-pyrènes, charnus, le plus souvent soudés en syncarpe aréolé par les restes des limbes calicinaux ; noyaux monospermes. Graines basifixes ; raphé souvent fongueux. Embryon rectiligne, axile ; radicule cylindrique, infère. (*Wight* et *Arnott*, Prodr. Flor. Penins. Ind. 1, p. 418. — *Endlicher*, *Gen. Plant.* 1, p. 539.)

Arbres, ou arbrisseaux (soit dressés, soit grimpants). Feuilles opposées, ou rarement verticillées. Stipules intra-pétiolaires, en général membranacées ou obtuses. Pédoncules solitaires ou fasciculés, axillaires, ou oppositifoliés, ou terminaux. Fleurs agrégées en capitules globuleux ou ovoïdes.

Ce genre, dont on connaît environ 40 espèces, est distribué entre les régions équatoriales de tout le globe. Les racines de la plupart des *Morinda* contiennent des matières tinctoriales.

Sous-genre ROYOC De Cand.

Corolle longue, infondibuliforme, 5-fide : gorge ample. Étamines 5. Pédoncules terminaux et géminés, ou axillaires, ou oppositifoliés.

Morinda a feuilles de Citronnier. — *Morinda citrifolia* Linn. — Gærtn. Fruct. 1, tab. 29. — Hort. Malab. 1, tab. 52. — Rumph. Amb. 3, tab. 99.

Subarborescent, glabre. Ramules tétragones. Feuilles elliptiques-oblongues, acuminées aux 2 bouts, luisantes. Stipules membranacées, obtuses. Capitules courtement pédonculés, oppositifoliés, ébractéolés. Anthères à moitié incluses dans le tube. Drupes soudés en syncarpe ovoïde, obtus, luisant.

Petit arbre, d'un port élégant. Tronc droit. Branches nombreuses, opposées-croisées, ascendantes. Écorce des jeunes arbres lisse, d'un gris clair. Feuilles opposées (les supérieures opposées à un pédoncule), longues de 5 à 10 pouces, larges de 3 à 5 pouces, courtement pétiolées, subobtuses, glabres. Stipules grandes, semi-lunées, lisses. Pédoncules courts, dressés, cylindriques, lisses, monocéphales. Capitules denses. Limbe calicinal marginiforme, tronqué. Corolle blanche, petite; gorge poilue; limbe 5-7-parti : segments lancéolés, pointus. Filets laineux, insérés un peu au-dessus du milieu du tube. Style à peu près aussi long que le tube de la corolle. Syncarpe du volume d'un œuf de poule, blanc à la maturité, succulent. (*Roxburgh, Flor. Ind.* ed. 2, v. 1, p. 542.)

Cet arbre croît dans l'Inde, ainsi qu'aux îles de la Sonde et aux Moluques ; il fleurit et fructifie durant toute l'année. Les Hindous et les Malais le cultivent fréquemment autour des habitations, à raison de son fruit, qui est mangeable et auquel ils attribuent aussi des propriétés diurétiques et emménagogues. Les feuilles, appliquées en cataplasmes, passent chez les Malais pour un excellent remède contre les coliques. L'écorce de la racine sert à teindre en rouge, mais la couleur qu'elle donne est peu durable.

MORINDA TINCTORIAL.—*Morinda tinctoria* Roxb. Flor. Ind. ed. 2, vol. 1, p. 543.

Subarborescent, glabre. Feuilles oblongues, ou oblongues-lancéolées, pointues aux 2 bouts, minces, non-luisantes. Stipules courtes. Capitules courtement pédonculés, oppositifoliés ou axillaires, ébractéolés. Anthères incluses. Style saillant. Drupes soudés en capitule globuleux.

Tronc haut seulement de quelques pieds, mais couronné par une tête assez ample, rameuse, touffue. Écorce subéreuse, rimeuse, d'un gris cendré. Feuilles longues de 6 à 10 pouces, opposées (excepté celles qui naissent vis-à-vis des pédoncules), courtement pétiolées, lisses aux 2 faces, pâles en dessous. Pédoncules longs d'environ 1 pouce, horizontaux, monocéphales. Capitules ellipsoïdes. Fleurs odorantes, d'un blanc pur, semblables à celles du Jasmin. (*Roxburgh*, l. c.)

Cette espèce est commune dans toute l'Inde; elle fleurit et fructifie durant la plus grande partie de l'année. L'écorce des racines est fréquemment employée à teindre en rouge, mais cette couleur ne devient ni brillante, ni durable. Le bois de l'arbre est dur et incorruptible, marbré de rouge et de blanc; on s'en sert, dans l'Inde, de préférence à tout autre bois, pour les montures de fusil. Les fruits verts, confits dans de la saumure, sont un assaisonnement fort goûté des Hindous.

Sous-genre PADAVARA De Cand.

Corolle courtement infondibuliforme, peu élargie à la gorge, 4-fide (accidentellement 5-fide). Étamines 4 (accidentellement 5). Pédoncules fasciculés en ombelle terminale. (*Wight* et *Arnott.*)

MORINDA A OMBELLES. — *Morinda umbellata* Linn. — *Morinda scandens* Roxb. Flor. Ind. ed. 2, v. 1, p. 548 (ex Wight et Arn.) — *Morinda Padavara* Juss. in Enc. Méth. Suppl. v. 4, p. 5. — Hort. Malab. v. 7, tab. 27. — Rumph. Amb. 3, tab. 98.

Grimpant, glabre. Feuilles cunéiformes-oblongues, ou lancéolées-oblongues, pointues, en général glandulifères en dessous aux aisselles des nervures; glandules poilues. Capitules globuleux. Limbe calicinal marginiforme, entier. Filets courts, inclus, barbus à la base; anthères saillantes. (*Wight* et *Arnott, Prodr. Flor. Penins.*)

Cette espèce croît dans l'Inde et aux Moluques. L'écorce de sa racine sert à teindre en rouge. La pulpe du fruit est aromatique et amère; les Malais la considèrent comme un excellent vermifuge.

Genre MITCHELLA. — *Mitchella* Linn.

Tube calicinal ovale-globuleux; limbe supère, 4-denté. Corolle infondibuliforme; tube cylindrique; limbe à 4 lobes étalés, poilus en dessus de même que la gorge. Étamines 4; filets adnés au tube; anthères ovales, un peu saillantes. Ovaire 4-loculaire; loges 1-ovulées; ovules basifixes, anatropes. Style filiforme; stigmates 4, inclus. Drupe subglobuleux, couronné, 4-pyrène : noyaux cornés, monospermes. Graines un peu comprimées, dressées.

Périsperme subcartilagineux. Embryon minime, basilaire, subglobuleux : cotylédons très-courts; radicule infère. (*A. Richard.*)

Herbes vivaces, glabres, rampantes. Feuilles opposées, pétiolées. Stipules solitaires, minimes. Fleurs axillaires ou terminales, soit solitaires et sessiles, soit géminées au sommet des pédoncules, et connées moyennant les tubes calicinaux. Corolle blanche ou rougeâtre.

Ce genre, propre à l'Amérique septentrionale, n'est fondé que sur deux espèces.

MITCHELLA RAMPANT. — *Mitchella repens* Linn. — Gærtn. Fil. Carp. 3, tab. 192. — Catesb. Carol. 1, tab. 20. — Pluck. Alm. tab. 144, fig. 2.

Tiges filiformes, rampantes, suffrutescentes, feuillées. Ramules florifères courts, redressés, feuillés jusqu'au sommet. Feuilles longues de 1 ligne à 8 lignes, subcoriaces, persistantes, glabres, d'un vert foncé (à veines blanches), luisantes, ovales ou suborbiculaires, cordiformes ou arrondies à la base, très-obtuses, ou moins souvent acuminulées; pétiole long de $^1/_2$ ligne à 3 lignes. Pédoncules solitaires, terminaux, très-courts, dressés, biflores au sommet : les 2 fleurs soudées moyennant les tubes calicinaux (quelquefois même par les corolles). Limbe calicinal très-court; dents pointues. Corolle longue d'environ 5 lignes, blanche, très-odorante, glabre à la surface externe; lobes elliptiques-oblongs, obtus, cotonneux en dessus, presque aussi longs que le tube. Syncarpes didymes, rouges, insipides.

Cette plante croît au Mexique et dans les provinces méridionales des États-Unis; elle se plaît dans les forêts humides, dont le sol est très-riche. On la cultive comme plante d'agrément. En Amérique, la décoction de ses feuilles est considérée par le peuple comme un excellent remède contre la dysurie. Le fruit est mangeable, mais insipide.

Genre VANGUÉRIA. — *Vangueria* Commers.

Limbe calicinal supère, minime, 5-denté, étalé. Corolle campanulée-subglobuleuse, 5-fide; gorge hérissée; lobes lancéolés, pointus, réfléchis. Étamines 5, insérées à la gorge de la corolle; filets très-courts; anthères oblongues, dressées, à peine saillantes. Ovaire 5-loculaire; loges 1-ovulées; ovules amphitropes, insérés vers le milieu de l'angle interne. Style filiforme. Stigmate capitellé et pentagone, ou mitriforme. Drupe succulent, non-couronné, 5-pyrène : noyaux osseux, 1-spermes, obtus à la base, pointus au sommet. Graines oblongues, attachées vers le milieu de l'angle interne des noyaux. Embryon grand, rectiligne, axile : cotylédons longs, plano-convexes; radicule supère, à peu près aussi longue que les cotylédons. (*Wight* et *Arnott, Prodr. Flor. Penins. Ind.*)

Petits arbres, ou arbrisseaux. Feuilles opposées, pétiolées. Stipules solitaires. Cymes axillaires, ou latérales (naissant aux aisselles des feuilles déjà tombées), multiflores, paniculées. Corolle d'un blanc verdâtre.

Ce genre, propre à l'ancien continent, n'est fondé que sur 3 espèces.

VANGUÉRIA A FRUIT COMESTIBLE. — *Vangueria edulis* Vahl, Symb. — Lamk. Ill. tab. 59. — *Vangueria cymosa* Gærtn. Fil. 3, tab. 193. — *Vangueria madagascariensis* Gmel. Syst. — *Vangueria Commersonii* Desfont. — Jacq. Hort. Schœnbr. 1, tab. 44. — *Vavanga chinensis* et *Vavanga edulis* Vahl, in Act. Soc. Nat. Hafn. v. 2, tab. 7.

Petit arbre, inerme. Rameaux glabres, cylindriques. Feuilles longues de 3 à 4 pouces, glabres, membranacées, ovales, ou oblongues, pointues aux 2 bouts, courtement pétiolées. Stipules lancéolées, acuminées. Cymes infra-foliaires, étalées, dichotomes; fleurs petites, pédicellées, éparses. Calice glabre. Style à peu près aussi long que le tube de la corolle. Stigmate gros, saillant, mitriforme. Drupe gros, pomiforme, ombiliqué.

Cette espèce, indigène de Madagascar, est intéressante à cause de son fruit, assez bon à manger. On la cultive dans l'Inde, ainsi qu'aux îles de France et de Bourbon.

VANGUÉRIA ÉPINEUX. — *Vangueria spinosa* Roxb. Flor. Ind. ed. 2, vol. 1, p. 536. — *Meynia spinosa* Link.

Grand buisson, ou petit arbre. Tronc irrégulièrement rameux. Branches en général épineuses. Épines opposées-croisées, fortes, rectilignes, souvent triparties. Feuilles longues de 3 à 4 pouces, opposées, ou verticillées-ternées, courtement pétiolées, ovales-oblongues, lisses. Cymes axillaires, corymbiformes, courtement pédonculées. Pédicelles assez longs, fasciculés. Fleurs petites, d'un vert pâle. Ovaire 4- ou 5-loculaire, turbiné. Style aussi long que la corolle. Stigmate capitellé, 5-sulqué, gros, saillant. Drupe globuleux ou turbiné, du volume d'une Cerise, lisse, jaune et succulent à la maturité. (*Roxburgh*, l. c.)

Cette espèce croît en Chine et au Bengale ; son fruit est bon à manger.

Genre GUÉTTARDA. — *Guettarda* Linn.

Limbe calicinal persistant ou non-persistant, tronqué, ou irrégulièrement denté, supère, tubuleux. Corolle hypocratériforme ; tube cylindrique ; gorge nue ; limbe de 4 à 9 lobes. Anthères 4 à 9, sessiles, incluses, insérées à la gorge de la corolle. Ovaire 4-9-loculaire ; loges 1-ovulées ; ovules basifixes, anatropes. Style indivisé. Stigmate capitellé, ou moins souvent 2-lobé. Drupe ovoïde ou subglobuleux, couronné, ou non-couronné, 1-pyrène : noyau osseux, 4- à 9-gone, 4- à 9-loculaire ; loges 1-spermes. Graines subcylindriques, basifixes. (*A. Richard.*)

Arbrisseaux, ou petits arbres. Feuilles opposées. Stipules pointues ou caduques, ou moins souvent engaînantes et tronquées. Pédoncules axillaires, bifurqués, ou moins souvent dichotomes ; fleurs sessiles dans les bifurcations et disposées en grappes unilatérales.

Ce genre, dont M. De Candolle (*Prodr.* v. 4) énumère 27 espèces, est distribué entre les régions intertropicales de tout le globe. La plupart des *Guéttarda* sont intéressants par la beauté de leurs fleurs.

Sous-genre CADAMBA (Sonnerat.) De Cand.

Limbe calicinal non-persistant. Noyau du drupe à loges courbées.

GUÉTTARDA ÉLÉGANT. — *Guettarda speciosa* Linn. — Lamk. Ill. tab. 154, fig. 2. — Hort. Malab. vol. 4, tab. 47 et 48. — *Cadamba jasminiflora* Sonnerat, Voyage à la Nouv. Guin. vol. 2, tab. 128. — *Jasminum hirsutum* Willd. et *Nyctanthes hirsuta* Linn. (ex Wight et Arn.)

Arbre inerme. Tronc rectiligne, dressé; écorce lisse, de couleur foncée. Branches nombreuses, opposées-croisées, horizontales, formant une tête ample et touffue. Feuilles longues de 6 à 9 pouces, larges de 4 à 6 pouces, lisses, coriaces, persistantes, presque croisées, glabres aux 2 faces, ou pubescentes en dessous, ovales, ou obovales, obtuses, quelquefois cordiformes à la base; pétiole long d'environ 18 lignes, cylindrique, coloré. Stipules grandes, oblongues-lancéolées, étalées, caduques. Cymes longuement pédonculées, veloutées, 2 fois bifurquées, beaucoup plus courtes que les feuilles. Pédoncules cylindriques, un peu infléchis, longs de 3 à 4 pouces. Bractées nombreuses, linéaires, obtuses, caduques. Fleurs sessiles, grandes, blanches, très-odorantes, au nombre d'environ 20 par cyme. Limbe calicinal cyathiforme, finalement caduc. Limbe de la corolle 4- à 9-parti : segments ovales-oblongs, obtus; tube long d'environ 18 lignes. Étamines en même nombre que les segments de la corolle. Style un peu plus court que le tube. Stigmate subglobuleux. Drupe sec, subglobuleux, déprimé, assez lisse : noyau ligneux, fibreux, 4-9-loculaire. Graines fortement courbées : concavité périphérique.

Cette espèce, remarquable par ses fleurs magnifiques, qui exhalent une odeur de Girofle, habite l'Inde et les archipels environnants; on la cultive fréquemment dans les jardins et autour des habitations : elle fleurit durant toute l'année. Roxburgh assure que ces fleurs ne sont jamais hermaphrodites.

Genre ANTIRHÉA. — *Antirhœa* Commers.

Limbe calicinal supère, court, persistant, campanulé, 4-denté. Corolle subinfondibuliforme ; tube cylindrique ; gorge nue ; limbe 4-parti : segments pointus, plus courts que le tube. Étamines 4, insérées à la gorge de la corolle ; anthères subsessiles, oblongues, incluses. Ovaire 2-loculaire ; loges 1-ovulées ; ovules anatropes, appendants, attachés à l'angle interne des loges. Style indivisé. Stigmate bifide. Drupe ovoïde ou oblong, charnu, couronné, 1-pyrène : noyau 2-loculaire. Graines solitaires dans chaque loge, oblongues-cylindracées. (*Endlicher, Gen. Plant.* 1, p. 541.)

Petits arbres. Feuilles opposées ou verticillées-ternées, pétiolées. Stipules pointues, caduques. Pédoncules axillaires, bifurqués : fleurs petites, blanchâtres, sessiles, quelquefois dioïques, disposées en épis unilatéraux sur les bifurcations du pédoncule.

Ce genre, propre à l'Afrique équatoriale, n'est fondé que sur 3 espèces.

Antirhéa verticillé. — *Antirhœa verticillata* De Cand. Prodr. vol. 4, p. 459. — *Malanea verticillata* Lamk. Ill. tab. 66, fig. 1. — *Antirhœa borbonica* Gmel. Syst. — *Cunninghamia verticillata* Willd. Spec.

Rameaux cylindriques, glabres, d'un brun cendré. Feuilles verticillées-ternées ou quaternées, oblongues-obovales, cunéiformes à la base, acuminées, glabres en dessus, légèrement pubérules en dessous, longues de 2 à 3 pouces, larges de 12 à 15 lignes, glandulifères en dessous aux aisselles des nervures : glandules poilues ; pétiole long de 3 à 4 lignes. Stipules lancéolées, pointues. Pédoncules longs de 12 à 15 lignes, velus, en général bifurqués. Corolle velue à l'extérieur. Drupe du volume d'un grain de Blé.

Cette espèce croît aux îles de France et de Bourbon, où on la connaît sous le nom vulgaire de *Bois de Losteau*. Son écorce passe pour un bon remède contre les hémorrhagies.

Section VIII. PÉDÉRINÉES. — *Pæderieæ* De Cand.

Péricarpe indéhiscent, à peine charnu, 2-loculaire : épicarpe facilement séparable de l'endocarpe, lequel offre 2 coques distinctes, comprimées, 1-spermes, finalement suspendues à un axe central filiforme. Périsperme charnu. — Arbustes grimpants. Feuilles opposées.

Genre PÉDÉRIA. — *Pæderia* Linn.

Limbe calicinal petit, persistant, supère, 5-denté (rarement 4-denté). Corolle infondibuliforme, hérissée à la surface interne, 5-lobée (rarement 4-lobée), plissée en estivation. Étamines 4 ou 5 (quelquefois abortives); filets très-courts, insérés vers le milieu du tube; anthères oblongues. Style indivisé, inclus. Stigmate bifide. Baie sèche, ovale-globuleuse, 2-loculaire : épicarpe testacé; coques planes antérieurement, convexes au dos, membraneuses aux bords, 1-spermes. Graines basifixes; embryon rectiligne, axile; cotylédons grands, foliacés, planes; radicule courte, cylindrique, infère. (*Endlicher, Gen. Plant.* 1, p. 538.)

Arbustes sarmenteux. Feuilles opposées, pétiolées. Stipules solitaires. Pédoncules axillaires et terminaux, rameux; fleurs petites, blanchâtres, souvent dioïques par avortement, disposées en cyme.

L'espèce que nous allons décrire est la seule qui puisse être rapportée avec certitude à ce genre.

Pédéria fétide. — *Pæderia fœtida* Linn.—Rumph. Amb. vol. 5, tab. 160. — Lamk. Ill. tab. 166, fig. 1. — Gærtn. fil. Carp. 3, tab. 195. — Kæmpf. Ic. tab. 9. — *Apocynum fœtidum* Burm. Flor. Ind.

Tige ligneuse, volubile. Jeunes pousses cylindriques, lisses. Feuilles longuement pétiolées, oblongues, ou oblongues-lancéolées, cordiformes à la base, glabres. Stipules largement cordiformes. Panicules axillaires et terminales, brachiées, multiflores. Bractées ovales, petites. Fleurs sessiles le long des dernières ramifications de la panicule. Calice 5-denté. Corolle d'un pourpre vif, assez grande : tube un peu gibbeux. Anthères incluses. Ovaire turbiné, 2-loculaire. Baie lisse, ovale, comprimée, 5-striée de chaque côté. (*Roxburgh, Flor. Ind.*)

Cette plante habite l'Inde et les Moluques, ainsi que le Japon. Toutes ses parties ont une odeur fétide. Roxburgh dit que les Hindous emploient la racine comme émétique.

Section IX. COFFÉINÉES. — *Coffeaceæ* De Cand.

Péricarpe : drupe charnu, 2-pyrène, ou par avortement 1-pyrène; noyaux 1-spermes (rarement 2-spermes), osseux, ou crustacés. Graines planes et unisulquées antérieurement, convexes au dos (rarement déprimées). Périsperme corné. — Arbres ou arbrisseaux. Feuilles opposées. Stipules géminées, ou solitaires.

Genre CANTHIUM. — *Canthium* Lamk.

Limbe calicinal court, persistant, 4- ou 5-denté, supère. Corolle subrotacée ; tube court ; gorge barbue ; limbe 4- ou 5-parti, étalé. Anthères 4 ou 5, subsessiles, insérées à la gorge de la corolle, à peine saillantes. Ovaire 2-loculaire ; ovules solitaires, amphitropes, attachés au milieu de la cloison. Style indivisé. Stigmate entier, ou rarement bilobé, ovale-globuleux, ou mitriforme. Drupe globuleux, ou didyme, 1- ou 2-pyrène; noyaux monospermes. Graines courbées, attachées au dessous du sommet. Périsperme subcorné. Embryon un peu arqué, axile; cotylédons subfoliacés; radicule supère, allongée. (*Endlicher, Gen. Plant.* 1, p. 537.)

Arbrisseaux. Ramules épineux ou inermes. Feuilles pétiolées, coriaces. Stipules solitaires. Pédoncules courts, axillaires, pluriflores.

Ce genre, propre à la zone équatoriale de l'ancien continent, comprend une trentaine d'espèces.

Canthium a petites fleurs. — *Canthium parviflorum* Lamk. Enc. — Roxb. Plant. Corom. 1, tab. 51. — Hort. Malab. 7, tab. 36. — Pluck. Alm. tab. 97, fig. 4. — *Webera tetrandra* Willd. Spec.

Rameaux épineux ou moins souvent inermes. Feuilles ovales, glabres, souvent fasciculées sur les vieux ramules. Grappes courtes, axillaires, pauciflores. Fleurs tétrandres. Stigmate subglobuleux, souvent bifide. Drupe obové, légèrement échancré, comprimé, sillonné de chaque côté. (*Wight* et *Arnott.*)

Buisson multicaule, touffu. Rameaux étalés. Épines opposées-croisées, supra-axillaires, horizontales, simples, très-fortes, très-acérées, quelquefois triparties. Feuilles courtement pétiolées, réfléchies, lisses, de grandeur variable. Stipules subulées. Grappes petites, à peu près aussi longues que les feuilles. Pédoncules et pédicelles lisses, cylindriques. Fleurs petites, jaunes. Calice 4-denté. Tube de la corolle gibbeux; segments ovales. Style un peu plus long que le tube de la corolle. Drupe du volume d'une Cerise, jaune, lisse, couronné; noyaux oblongs.

Cette espèce est commune dans l'Inde. On en fait d'excellentes haies. Les feuilles sont estimées par les Hindous, comme herbe potagère; le fruit est également mangeable.

Genre SIDÉRODENDRE. — *Siderodendron* Schreb.

Limbe calicinal marginiforme ou 4-denté, supère. Corolle hypocratériforme : tube long, cylindrique, renflé à la gorge; limbe 4-fide, étalé. Anthères 4, sessiles, un peu saillantes, ovales, insérées à la gorge de la corolle. Ovaire 2-loculaire, couronné par un disque charnu; loges 1-ovulées; ovules amphitropes, attachés vers le milieu de la cloison. Style indivisé. Stigmate 2-fide. Drupe sec, subglobuleux, non-couronné, 2-pyrène. Graines convexes au dos: hile ventral, large, orbiculaire, concave. Embryon subdorsal, subrectiligne: cotylédons cordiformes, foliacés; radicule allongée, infère. (*Endlicher, Gen. Plant.* 1, p. 536.)

Arbres. Rameaux cylindriques. Panicules tétragones de même que les pédicelles. Feuilles opposées, pétiolées, subcoriaces. Stipules solitaires. Pédoncules trifurqués ou trichotomes, axillaires. Corolle rose à l'extérieur, blanche à l'intérieur.

Ce genre, propre à l'Amérique équatoriale, n'est fondé que sur 2 espèces.

Sidérodendre triflore. — *Siderodendron triflorum* Vahl, Ecl. — *Siderodendron ferreum* Lamk. — *Sideroxyloides ferreum* Jacq. Amer. tab. 175, fig. 9.

Grand arbre. Feuilles ovales-lancéolées, glabres, luisantes, pointues. Pédoncules 2- ou 3-flores, géminés.

Cet arbre, remarquable par la dureté de son bois, croît aux Antilles; à la Martinique on le connaît sous le nom de *Bois de fer.*

Genre CHIOCOCCA. — *Chiococca* P. Browne.

Limbe calicinal supère, persistant, 5-denté. Corolle infondibuliforme, 5-fide: tube obconique; gorge nue; segments étalés. Étamines 5, incluses, insérées au fond de la corolle; filets barbus; anthères linéaires, dressées. Ovaire biloculaire, couronné par un disque charnu; loges 1-ovulées; ovules anatropes, appendants, attachés au sommet des loges. Style indivisé. Stigmate entier ou légèrement bilobé, claviforme. Drupe comprimé, subdidyme, couronné, 2-pyrène : noyaux comprimés, chartacés, 1-spermes. Graines suspendues, conformes au noyau. Périsperme charnu. Embryon rectiligne, axile ; radicule allongée, supère. (*Endlicher*, *Gen. Plant.*)

Arbrisseaux dressés ou sarmenteux. Feuilles opposées, pétiolées, glabres. Stipules persistantes, subulées, élargies à la base. Grappes simples ou paniculées, axillaires. Corolles changeantes (d'abord blanches, puis jaunes).

Ce genre est propre à l'Amérique équatoriale ; on n'y peut rapporter, avec certitude, que les 3 espèces dont nous allons faire mention. Les racines de ces végétaux sont de violents drastiques ; on leur attribue en outre la propriété d'être un antidote contre les effets délétères de la morsure des serpents venimeux.

CHIOCOCCA A GRAPPES. — *Chiococca racemosa* Linn. — Dill. Elth. tab. 228, fig. 295. — Sloane, Jam. tab. 188, fig. 3. — Plum. Ic. tab. 217, fig. 2. — Jacq. Amer. Pict. tab. 69. — Andr. Bot. Rep. tab. 284. — Hook, Exot. Flor. tab. 93. — Tratt. tab. 631.

Feuilles lancéolées-oblongues ou lancéolées-elliptiques, pointues aux 2 bouts. Stipules cuspidées. Grappes simples ou paniculées. Dents calicinales beaucoup plus courtes que le tube de la corolle. Filets pubérules.

Arbrisseau haut de 4 à 5 pieds, ou plus. Rameaux tantôt droits, tantôt grimpants. Feuilles longues de 1 pouce à 2 pouces, luisantes ; pétiole long de 2 à 4 lignes. Grappes tantôt plus courtes que les feuilles, tantôt aussi longues ou débordantes, un peu lâches ; pédoncules filiformes ; pédicelles opposés ; fleurs unilatérales ou subunilatérales, plus ou moins inclinées, odorantes, longues de 4 à 5 lignes. Dents calicinales dressées, pointues, plus courtes que l'ovaire. Corolle glabre : lobes oblongs, obtus, presque aussi longs que le tube. Drupe petit, blanc, luisant, lenticulaire : chair spongieuse.

Cette espèce habite les Antilles, le Mexique et la Floride; elle mérite d'être cultivée comme arbrisseau d'agrément.

Chiococca feuillu. — *Chiococca densifolia* Martius, Mat. Med. Brasil. p. 17; tab. 6.

Feuilles ovales, subcordiformes. Stipules apiculées. Grappes simples ou paniculées, multiflores. Dents calicinales beaucoup plus courtes que la corolle. Filets barbus. (De Cand. Prodr.)

Cette espèce croît au Brésil et à Cuba.

Chiococca alexitère. — *Chiococca anguifuga* Martius, l. c. p. 17, tab. 5. — *Chiococca brachiata* Ruiz et Pav. Flor. Peruv. tab. 219, fig. *b*. — *Chiococca racemosa* Kunth, in Humb. et Bonpl. — *Chiococca paniculata* Willd. in Rœm. et Schult. — *Chiococca pubescens* Willd. l. c. (ex De Cand. Prodr. v. 4, p. 483.)

Feuilles ovales, acuminées. Stipules courtes, très-larges, très-courtement apiculées. Grappes paniculées. Corolle à peine 3 fois plus longue que les dents calicinales. (De Cand. l. c.)

Cette espèce a été observée au Brésil, au Pérou, en Guiane et aux Antilles. Les Brésiliens emploient sa racine comme diurétique.

Genre IXORA. — *Ixora* Linn.

Limbe calicinal court, 4-denté, supère. Corolle hypocratériforme : tube grêle, cylindrique; gorge nue ou barbue; limbe 4- ou 5-parti, étalé, convoluté en préfloraison. Étamines 4 ou 5, un peu saillantes, insérées à la gorge de la corolle. Filets très-courts; anthères oblongues, dressées. Ovaire biloculaire, couronné par un disque épigyne charnu; loges 1-ovulées; ovules peltés, amphitropes, attachés vers le milieu de la cloison. Style indivisé. Stigmate bifide; lanières étalées ou révolutées. Drupe globuleux, couronné, 2-pyrène; noyaux monospermes, chartacés, convexes au dos, concaves antérieurement. Graines conformes aux noyaux : hile ventral. Périsperme cartilagineux. Embryon dorsal, courbé ; cotylédons foliacés ; radicule cylindrique, infère. (*Endlicher*, Gen. Plant. 1, p. 427.)

Petits arbres, ou arbrisseaux. Feuilles opposées, pétiolées. Stipules pointues ou aristées, élargies inférieurement. Inflorescences terminales, corymbiformes, ordinairement trichotomes. Fleurs souvent très-odorantes. Corolle blanche ou rouge.

Ce genre, propre à la région équatoriale de l'ancien continent, comprend une trentaine d'espèces. La plupart des *Ixora* sont remarquables par la beauté de leurs fleurs.

IXORA ÉCARLATE. — *Ixora coccinea* Linn. — Herb. de l'Amat. v. 3. — *Ixora grandiflora* Bot. Reg. tab. 154. — Burm. Zeyl. tab. 57. — Pluck. Alm. tab. 59, fig. 1. — Hort. Malab. 2, tab. 12.

Feuilles oblongues, ou elliptiques-oblongues, ou cunéiformes-obovales, pointues ou acuminées, mucronées, coriaces, luisantes en dessus, glabres, souvent cordiformes à la base. Corymbe subsessile, un peu lâche. Segments calicinaux pointus, connivents après la floraison. Tube de la corolle long ; segments ovales-lancéolés ou elliptiques, pointus. Style un peu saillant. Stigmate à lanières oblongues-linéaires. (*Wight* et *Arnott*, *Prodr. Flor. Penins. Ind.*)

Arbuste touffu, multicaule, haut de 3 à 4 pieds. Tiges dressées, peu rameuses. Feuilles longues de 3 à 4 pouces, larges d'environ 18 lignes, rapprochées, opposées-croisées, persistantes. Stipules subulées au sommet. Cymes trichotomes. Bractées petites, raides. Pédoncules et pédicelles courts, colorés. Fleurs nombreuses, inodores, d'un écarlate brillant. Tube de la corolle long de près de 2 pouces ; lobes plus courts que le tube. Drupe du volume d'une petite Cerise, rouge, succulent.

Cette espèce, qu'on cultive si fréquemment comme arbuste d'ornement, est originaire de Chine. Dans son climat natal, elle fleurit durant toute l'année.

IXORA BANDUCA. — *Ixora Banduca* Roxb. Flor. Ind. ed. 2, vol. 1, p. 376. — Bot. Reg. tab. 513. — *Banduca* Jones, in Asiat. Res. v. 4, p. 250. — *Shetti* Hort. Malab. v. 2, tab. 12 (ex Hamilt. in Trans. Linn. Soc. v. 14, p. 490.)

Feuilles oblongues ou elliptiques-oblongues, obtuses, mucronées, amplexicaules, glabres. Corymbes denses. Dents calicinales étalées. Lobes de la corolle ovales, obtus. Style à peu près aussi long que le tube de la corolle. (*Roxburgh.*)

Buisson touffu, très-rameux, divisé dès la base en une multitude de branches divergentes et disposées en tête hémisphérique. Écorce des vieilles branches d'un brun foncé, un peu scabre. Jeunes pousses vertes, lisses. Stipules courtes, cuspidées. Bractées pointues. Calice coloré. Corolle d'abord écarlate, puis d'un pourpre foncé; tube long, grêle. Drupe du volume d'un gros Pois, sphérique, charnu, pourpre à la maturité.

Cette espèce croît dans le nord de l'Inde. Elle fleurit durant toute l'année, mais plus abondamment pendant la saison des pluies. L'*Ixora coccinea*, et l'*Ixora Banduca*, dit Roxburgh, sont deux des plus magnifiques productions végétales de l'Inde.

IXORA RAIDE. — *Ixora stricta* Roxb. Flor. Ind. ed. 2, vol. 1, p. 379. — *Ixora coccinea* Loureir. Ait. (non Linn.) — Bot. Mag. tab. 169. — *Ixora speciosa* Willd. Enum. — *Ixora flammea* Salisb. Prodr. — *Flamma sylvarum* Rumph. Amb. 4, tab. 47.

Feuilles lancéolées-oblongues, subsessiles, glabres. Cymes denses, subhémisphériques. Lobes calicinaux ovales, subobtus. Tube de la corolle long; lobes arrondis, obtus. Anthères pointues. Style glabre, un peu saillant. Stigmate à lanières linéaires-oblongues.

Arbuste très-élégant, haut de 3 à 4 pieds, très-touffu. Tiges nombreuses, dressées, très-droites : écorce lisse, d'un brun foncé. Stipules longues, subulées. Corymbes très-denses : ramules brachiés, trichotomes, courts. Fleurs d'abord d'un orange vif, passant peu à peu à l'écarlate foncé. Calice charnu, coloré. Tube de la corolle long de 9 à 10 lignes. Drupe sphérique, lisse, succulent, rouge : noyaux rugueux.

Cette espèce est indigène aux Moluques et aux îles de la Sonde.

IXORA ORANGÉ. — *Ixora crocata* Lindl. Bot. Reg. tab. 782. — *Ixora chinensis* Lamk. Dict.

Feuilles fermes, subcoriaces, elliptiques-lancéolées. Cymes multiflores, fastigiées, denses. Dents calicinales ovales, pointues, courtes. Lobes de la corolle cunéiformes-obovales, au moins 3 fois plus courts que le tube. Style un peu saillant, légèrement poilu vers le milieu. Tube de la corolle long d'environ 15 lignes. (*De Cand. Prodr.*)

IXORA BRILLANT. — *Ixora fulgens* Roxb. Flor. Ind. ed. 2, vol. 1, p. 378. — *Flamma sylvarum* Rumph. Amb. vol. 4, tab. 46. — *Ixora lanceolata* Lamk. Dict. (ex De Cand.)

Feuilles subsessiles, lancéolées, pointues, glabres. Cymes denses, très-rameuses. Segments calicinaux cordiformes. Tube de la corolle long, filiforme, urcéolé au sommet; lobes lancéolés, pointus. Drupe didyme.

Tronc court, divisé peu au-dessus de terre en une multitude de branches vagues; écorce lisse, d'un brun foncé. Feuilles longues de 6 à 8 pouces, larges de 1 pouce à 3 pouces. Stipules courtes, cuspidées. Cymes à ramules opposés-croisés, multiflores, colorés; fleurs courtement pédicellées, assez grandes, de couleur écarlate. Drupe du volume d'un gros Pois, lisse, d'un pourpre foncé à la maturité. Graines subglobuleuses.

Cette espèce est originaire des Moluques. Elle fleurit pendant toute l'année.

IXORA ROSE. — *Ixora rosea* Wallich, in Roxb. Flor. Ind. ed. 1, vol. 1, p. 398. — Bot. Reg. tab. 540. — Bot. Mag. tab. 2428. — Loddig. Bot. Cab. tab. 729.

Feuilles subsessiles, oblongues, pointues, rétrécies ou échancrées à la base, pubérules en dessous aux nervures. Cymes amples, très-rameuses, lâches. Lobes calicinaux pointus, subciliés. Lobes de la corolle oblongs-cunéiformes, pointus. Stigmate saillant. — Ramules pubérules ou glabres. Feuilles quelquefois très-glabres. Corolle rose : tube long d'environ 1 pouce. (De Cand. Prodr.)

Cette espèce est indigène des Moluques.

Ixora agréable. — *Ixora blanda* Ker, Bot. Reg. tab. 100. —*Ixora alba* Roxb. Flor. Ind. ed. 2, vol. 1, p. 379. (non Linn. ex De Cand.)

Feuilles lancéolées-oblongues, ou lancéolées-elliptiques, pointues, sessiles, lisses, glabres. Cymes très-rameuses, denses, subhémisphériques, trichotomes. Dents calicinales courtes, subobtuses. Tube de la corolle grêle; lobes obovales, obtus. (*Roxburgh.*)

Arbrisseau dressé. Feuilles longues de 3 à 6 pouces, un peu ondulées. Stipules courtes, aristées. Fleurs très-nombreuses, inodores, blanches, de la grandeur de celles de l'*Ixora coccinea.*

Cette espèce est originaire de Chine. On la cultive dans l'Inde.

Ixora a feuilles cunéiformes. — *Ixora cuneifolia* Roxb. Flor. Ind. ed. 2, vol. 1, p. 380. — Bot. Reg. tab. 648. — Loddig. Bot. Cab. tab. 1215.

Feuilles oblongues-lancéolées, pointues, cunéiformes à la base, glabres. Cymes trichotomes, brachiées, longuement pédonculées; fleurs fasciculées aux extrémités des ramules. Segments calicinaux oblongs-lancéolés, 3 fois plus longs que l'ovaire. Tube de la corolle grêle; lobes ovales, obtus. Stigmate à lanières linéaires, recourbées. Drupe subglobuleux, turbiné. (*Wight* et *Arnott, Prodr. Flor. Penins.*)

Tronc court. Branches opposées, presque dressées : écorce lisse, brune. Jeunes pousses lisses, vertes. Feuilles fermes, luisantes, longues de 4 à 6 pouces, larges de 1 pouce à 2 ½ pouces. Stipules lancéolées-subulées. Fleurs subsessiles, odorantes, accompagnées chacune de 2 bractéoles subulées. Corolle d'un blanc pur, légèrement lavée de rose à la surface externe; tube long d'environ 8 lignes. Stigmate saillant. Baie du volume d'une petite Cerise, lisse, à la maturité d'un rouge vif. Graines subglobuleuses. (*Roxburgh*, l. c.)

Cette espèce croît dans l'Inde.

Ixora barbu. — *Ixora barbata* Roxb. Flor. Ind. ed. 2, v. 1, p. 385. — Bot. Mag. tab. 2505.

Feuilles courtement pétiolées, oblongues, lisses, glabres, pointues. Cymes paniculées, amples, trichotomes, lisses, accompagnées à leur base d'une paire de grandes bractées foliacées cordiformes. Lobes calicinaux pointus. Tube de la corolle long; gorge barbue. Drupe globuleux.

Grand buisson, très-rameux, touffu. Feuilles longues de 6 à 9 pouces, luisantes aux 2 faces. Corolle blanche : gorge barbue de longs poils blancs. Style à peu près aussi long que le tube. Stigmate claviforme.

Cette espèce est indigène de l'Inde.

Ixora a petites fleurs. — *Ixora parviflora* Vahl, Symb. 3, tab. 52. — Wight, in Hook. Bot. Misc. 3, p. 392; suppl. tab. 34. — *Ixora arborea* Smith, in Rees. Cycl. — De Cand. Prodr. — *Ixora Pavetta* Andr. Bot. Rep. tab. 78. (non Roxb.)

Feuilles linéaires-oblongues, ou oblongues, ou cunéiformes-obovales, obtuses, ou acuminulées, courtement pétiolées, souvent subcordiformes à la base, coriaces, luisantes. Stipules longuement cuspidées. Cymes sessiles ou pédonculées, paniculées, ou fastigiées, trichotomes, souvent accompagnées d'une paire de grandes bractées foliacées; fleurs agrégées aux extrémités des ramules. Dents calicinales petites, obtuses. Tube de la corolle grêle; lobes oblongs-linéaires, obtus, réfléchis. Style poilu, saillant. Lanières du stigmate oblongues, dressées. Drupe subdidyme. (*Wight* et *Arnott, Prodr. Flor. Penins. Ind.*)

Arbre haut de 15 à 20 pieds, ou plus. Écorce scabre, foncée. Feuilles longues de 3 à 4 pouces, larges de 1 pouce à 2 ½ pouces. Panicules dressées, allongées : ramules opposés-croisés, trichotomes. Fleurs petites, blanches, odorantes. Corolle longue d'environ 6 lignes. Drupe noir, du volume d'un Pois. (*Roxburgh.*)

Cette espèce croît dans l'Inde.

Genre PAVETTA. — *Pavetta* Linn.

Limbe calicinal 4- ou 5-denté, court, supère. Corolle hypocratériforme; tube grêle, cylindrique, ou renflé au sommet; gorge nue ou barbue; limbe 4- ou 5-parti, plus court que le tube, étalé, subirrégulier, contourné en estivation. Étamines 4 ou 5, insérées à la gorge de la corolle; filets très-courts; anthères linéaires. Ovaire 2- ou 3-loculaire, couronné par un disque charnu; loges 1-ovulées; ovules amphitropes, peltés, attachés vers le milieu des cloisons. Style indivisé, longuement saillant. Stigmate claviforme, indivisé. Drupe globuleux, couronné, 2- ou 3-pyrène, ou par avortement 1-pyrène; noyaux subchartacés, monospermes, convexes au dos, planes et profondément canaliculés antérieurement. Graines conformes aux noyaux : hile ventral. Embryon dorsal, un peu courbé; cotylédons foliacés; radicule allongée, infère. (*Endlicher*, Gen. Plant. 1, p. 535.)

Arbrisseaux. Feuilles opposées. Stipules cuspidées. Inflorescences terminales ou subterminales, corymbiformes, souvent trichotomes. Fleurs blanches.

Ce genre, propre à l'ancien continent, comprend une trentaine d'espèces. La plupart des *Pavetta* se font remarquer par la beauté des fleurs, et méritent d'être cultivés comme plantes d'agrément.

PAVETTA DE L'INDE. — *Pavetta indica* Linn. — Hort. Malab. v. 5, tab. 10. — Pluck. Alm. tab. 367, fig. 5. — Gærtn. Fruct. 1, tab. 25. — Bot. Reg. tab. 198. — Loisel. Herb. de l'Amat. v. 5, Ic. — *Pavetta alba* Vahl, Symb. (ex Wight et Arn.)— *Ixora paniculata* Lamk. Enc.— *Ixora Pavetta* Roxb. Flor. Ind. ed. 2, vol. 1, p. 386.

Feuilles ovales-oblongues, acuminées, rétrécies vers la base, pétiolées, glabres et luisantes en dessus. Stipules larges : les supérieures souvent soudées par la base. Cymes axillaires et terminales : les ramules primaires opposés. Boutons épaissis au sommet. Dents calicinales petites. Lobes de la corolle 2 à 3 fois plus courts que le tube, elliptiques-oblongs, obtus. Style glabre, 2 fois plus long que la corolle. Stigmate hispide. (*Wight* et *Arnott, Prodr. Flor. Penins.*)

Arbrisseau peu élevé. Branches ascendantes. Rameaux opposés-croisés. Écorce d'un gris cendré. Feuilles longues de 4 à 6 pouces, larges de 2 à 2 1/2 pouces, très-glabres, ou légèrement pubescentes en dessous. Cymes amples, subfastigiées, brachiées. Pédoncules et pédicelles lisses, cylindriques. Fleurs odorantes, petites. Drupe 1- ou 2-pyrène, du volume d'un Pois.

Cette espèce est commune dans l'Inde.

Genre SAPROSMA. — *Saprosma* Blum.

Limbe calicinal petit, supère, persistant, 4-denté. Corolle supère, 4-fide, hérissée. Étamines 4, insérées à la gorge de la corolle; filets courts. Stigmate 2-fide. Baie ellipsoïde, lisse, ombiliquée, couronnée, 1-loculaire, 1-sperme. Périsperme charnu. Radicule infère. (*Blume, Bijdr.* 956.)

Arbres ou arbrisseaux. Feuilles opposées, glabres. Fleurs axillaires ou terminales, agrégées, sessiles.

Ce genre n'est fondé que sur les deux espèces suivantes :

Saprosma arborescent. — *Saprosma arborescens* Blume, l. c.

Feuilles pétiolées, elliptiques-oblongues. Fleurs terminales, ou moins souvent axillaires.

Saprosma frutescent.—*Saprosma fruticosum* Blume, l. c.

Feuilles subsessiles, oblongues-lancéolées. Fleurs terminales, subsessiles.

Cette espèce et la précédente ont été observées par M. Blume, dans les montagnes de Java; l'une et l'autre sont remarquables par l'odeur très-fétide de leur bois et de leurs fruits.

Genre FARAMÉA. — *Faramea* (Aubl.) A. Rich.

Limbe calicinal supère, très-court, subtubuleux, 4-denté, ou très-entier. Corolle profondément 4-fide; tube cylindrique; gorge nue, un peu renflée; lobes plus longs que le tube, étalés, contournés en préfloraison. Étamines 4, insérées à la gorge de la corolle; filets très-courts; anthères oblongues, un peu saillantes. Ovaire 2-loculaire, ou quelquefois 1-loculaire par oblitération de la cloison; ovules solitaires dans chaque loge, ou (lorsque l'ovaire est 1-loculaire) géminés et collatéraux, basifixes, amphitropes. Disque pyramidal ou déprimé, charnu. Style indivisé. Stigmate bifide. Baie presque sèche, globuleuse, déprimée, ombiliquée, par avortement 1-loculaire, 1-sperme. Graine déprimée-globuleuse, basifixe : hile concave. Périsperme cartilagineux. Embryon minime, latéral, horizontal; radicule centrifuge. (*Endlicher, Gen. Plant.* 1, p. 534.)

Arbrisseaux, ou arbres, glabres, dichotomes. Feuilles opposées, coriaces. Stipules solitaires, élargies inférieurement, pointues, ou aristées. Inflorescences cymeuses ou ombellées, terminales; pédicelles épaissis au sommet. Corolle blanche.

Ce genre, dont on connaît une vingtaine d'espèces, est propre à l'Amérique équatoriale.

SECTION I. EUFARAMEA De Cand.

Fleurs en ombelles simples accompagnées d'une collerette de bractées caduques.

FARAMÉA A FLEURS SESSILES. — *Faramea sessiliflora* Aubl. Guian. 1, tab. 40, fig. 2.

Arbrisseau haut d'environ 7 pieds. Tige branchue peu au-dessus de terre. Feuilles subovales, pointues, subsessiles. Stipules aristées. Fascicules terminaux, ternés, 3- ou 4-flores, sessiles, accompagnés chacun d'une paire de grandes bractées. Fleurs très-odorantes.

Cette espèce habite la Guiane; ses fleurs exhalent une odeur analogue à celle du Jasmin.

SECTION II. TETRAMERIUM Gærtn.

Fleurs en cymes trichotomes ébractéolées.

FARAMÉA ODORANT. — *Faramea odoratissima* De Cand. Prodr. 4, p. 436. — Plum. Amer. tab. 156, fig. 2. — Browne, Jam. tab. 6, fig. 1. — *Coffea occidentalis* Linn. — Jacq. Amer. tab. 47. — *Ixora americana* Linn. Amœn. Acad. — *Tetramerium odoratissimum* Gærtn. fil. Carp. 3, tab. 196. — *Tetramerium occidentale* Nees et Mart. in Nov. Act. Nat. Cur. vol. 12.

Arbrisseau haut d'environ 6 pieds. Branches longues, rameuses. Feuilles elliptiques-oblongues, ou lancéolées-oblongues, brusquement acuminées, rétrécies à la base, courtement pétiolées, luisantes. Stipules aristées. Limbe calicinal tronqué. Baie globuleuse ou turbinée, du volume d'une Olive, d'un bleu noirâtre à la maturité.

Cette espèce croît aux Antilles. Elle mérite d'être cultivée à cause de l'odeur délicieuse qu'exhalent ses fleurs.

Genre CAFÉYER. — *Coffea* Linn.

Limbe calicinal supère, court, 4- ou 5-denté. Corolle tubuleuse-infondibuliforme : limbe 4- ou 5-parti, étalé, contourné en préfloraison. Étamines 4 ou 5, insérées à la gorge ou au tube de la corolle, saillantes, ou incluses; filets filiformes; anthères oblongues, dressées. Ovaire 2-loculaire; loges 1-ovulées; ovules amphitropes, attachés à la cloison. Disque cupuliforme ou convexe. Style indivisé. Stigmate biparti : segments révolutés ou rarement cohérents. Drupe ombiliqué, couronné, ou non-couronné, charnu, 2-pyrène; noyaux chartacés, monospermes, convexes au dos, planes et profondément 1-sulqués antérieurement. Graines conformes aux noyaux, convexes au dos, involutées antérieurement. Périsperme corné. Embryon court, dorsal, rectiligne, basilaire : cotylédons cordiformes ou oblongs, foliacés, radicule cylindrique, infère. (*Endlicher, Gen. Plant.* 1, p. 533.)

Arbrisseaux ou petits arbres. Feuilles opposées, courtement pétiolées. Stipules solitaires, en général indivisées. Pédoncules axillaires ou terminaux. Fleurs fasciculées, ou en cymes, ou en grappes.

Ce genre appartient aux régions intertropicales; M. De Candolle (*Prodr.* v. 4) en a énuméré 35 espèces, en remarquant toutefois que la plupart sont incomplétement connues, et devront probablement prendre place dans d'autres genres.

Sous-genre COFFE De Cand.

Limbe calicinal très-court, non-accrescent, en général oblitéré sur le fruit. Corolle à gorge le plus souvent nue. Fruit ovoïde ou globuleux. Stigmate bifide. — Stipules très-entières, non-ciliées. Pédoncules axillaires. Fleurs 4- à 7-fides (en général 5-fides, 5-andres).

Caféyer cultivé. — *Coffea arabica* Linn. — Gærtn. Fruct. 1, tab. 25. — Bot. Mag. tab. 1303. — Tratt. tab. 400. — Tussac, Flore des Antilles, tab. 18. — Loisel. Herb. de l'Amat. tab. 285. — Pluck. tab. 272, fig. 1. — *Coffea laurifolia* Salisb. Prodr.

Feuilles oblongues ou elliptiques-oblongues, brusquement acuminées, cunéiformes à la base, courtement pétiolées, très-glabres, coriaces, luisantes, persistantes. Cymules solitaires ou subfasciculées, axillaires, 3-7-flores. Fleurs courtement pédicellées, 5-fides, 5-andres. Lobes de la corolle oblongs ou oblongs-lancéolés, pointus, aussi longs ou un peu plus longs que le tube. Étamines saillantes. Drupe subglobuleux, ou ellipsoïde.

Arbre atteignant la hauteur de 30 à 40 pieds, sur 4 à 5 pouces de diamètre, ou arbrisseau. Branches opposées-croisées, horizontales, quelquefois inclinées, formant une tête conique-pyramidale d'un aspect très-élégant. Rameaux brachiés, lisses. Écorce des vieux troncs grisâtre, rimeuse. Jeunes pousses subtétragones, glabres de même que toutes les autres parties de la plante. Feuilles assez semblables à celles du Laurier, d'un vert gai, luisantes, subcoriaces, quelquefois ondulées aux bords, finement penninervées, longues de 2 à 6 pouces, larges de 10 à 30 lignes ; pétiole long de 3 à 6 lignes. Stipules courtes, persistantes, cuspidées au sommet, élargies inférieurement. Fleurs assez semblables à celles du *Jasmin officinal*, très-odorantes, agrégées, bractéolées. Bractéoles lancéolées-subulées, courtes. Calice petit, turbiné ; limbe minime, marginiforme, quinquédenticulé : dents pointues. Corolle blanche ou légèrement teinte de rose, subhypocratériforme, assez fugace : tube évasé au sommet, long de 3 à 4 lignes ; limbe large de 6 à 8 lignes. Disque cupuliforme. Filets plus courts que le limbe de la corolle, insérés à la gorge. Anthères linéaires, jaunes, versatiles, submédifixes, contournées après l'anthèse, longues de 4 à 5 lignes. Style presque aussi long que la corolle. Drupe du volume d'une petite Cerise, luisant, d'abord blanchâtre, puis jaunâtre, plus tard d'un rouge vermeil, enfin d'un pourpre brunâtre lors de la parfaite maturité ; chair pulpeuse, douceâtre ; coques ou noyaux très-minces. La graine constitue ce qu'on nomme vulgairement un *grain de Café*. Périsperme corné. Embryon plus court que le périsperme : cotylédons cordiformes-ovales, courts, 3-nervés à la base.

C'est à cette espèce qu'il conviendrait peut-être de réserver spécialement le nom de Caféyer, parce qu'elle seule produit le café, et que, parmi ses nombreuses congénères, il ne s'en est trouvé jusqu'aujourd'hui aucune autre, dont les graines soient douées des propriétés grâce auxquelles le vrai Caféyer occupe le premier rang parmi les végétaux utiles.

Suivant Raynal, le Caféyer croît spontanément dans les montagnes de l'Abyssinie ou du Sennâar, d'où il aurait été transporté, vers le milieu du xve siècle, dans les montagnes de l'Yémen : contrées où il se cultive en grand, et qui sont devenues la localité classique du café, parce qu'elles seules produisent le célèbre *moka*. De temps immémorial, à ce qu'on assure, les Éthiopiens ont connu l'usage aujourd'hui si universel de ce breuvage, auquel on a conservé, avec une faible altération, son nom arabe de *kahouéh*. De l'Arabie, l'usage du café se répandit bientôt en Syrie et en Égypte, et alla gagner Constantinople, où l'on en débitait publiquement dès 1554. On le connut à Venise vers 1615, et à Marseille en 1654. Le voyageur Thévenot l'apporta à Paris en 1667. Toutefois, la coutume de prendre du café était encore assez rare en France vers la fin du xviie siècle, époque à laquelle un Arménien nommé Paskal, ouvrit le premier café dans la capitale. Cet établissement n'eut point de vogue, car l'entrepreneur le transféra à Londres. Là, dès 1688, les cafés publics devinrent aussi nombreux qu'au Caire, si l'on croit le témoignage du botaniste Ray. Les Orientaux attribuent la découverte du café à un supérieur de couvent, lequel, après avoir remarqué l'effet produit par le fruit du Caféyer sur des boucs qui en mangeaient, en fit l'application aux moines ses subordonnés, pour les tenir éveillés pendant les offices; suivant d'autres, ce serait un mufti qui, prétendant surpasser en dévotion les dervis les plus pieux, fit le premier usage du café pour s'adonner sans interruption et sans somnolence à une prière fervente (1). *Rauwolff*, dans la relation de ses voyages en Orient, publiée en 1583, est le premier Européen qui fasse mention du

(1) Il est curieux de trouver chez les Japonais, une tradition tout-à-fait analogue relativement à la découverte du Thé.

café. Prosper Alpinus, en 1591, donna la première description du Caféyer.

L'usage du café était à peine connu en Europe, que les Hollandais importèrent le Caféyer de l'Arabie-Heureuse dans leurs possessions à Batavia, et qu'ils en envoyèrent, en 1690, de jeunes plants à Amsterdam. Au commencement du siècle dernier, un consul de France procura un jeune Caféyer à Louis XIV, qui le fit placer au Jardin du Roi, où l'on parvint bientôt à le multiplier dans les serres. Vers cette époque, on voulut essayer d'acclimater un végétal aussi précieux dans les colonies françaises des Antilles. Un bâtiment commandé par le capitaine Declieux fut chargé d'en transporter trois pieds à la Martinique. Deux périrent pendant la traversée, qui fut longue et périlleuse; le troisième ne réchappa que grâce aux soins et aux privations du capitaine, qui partageait sa ration d'eau avec le jeune Caféyer. Ce fut ce seul pied qui, sorti des serres du Jardin du Roi, devint, peu d'années après, la souche de toutes les plantations aujourd'hui d'une si grande importance pour les Antilles.

Le climat qui convient le mieux à la culture de ce végétal paraît être une chaleur modérée, mais constante, jointe à un certain degré d'humidité de l'air et du sol. On essaierait en vain d'acclimater le Caféyer dans toute contrée où la température tombe parfois au-dessous du point de congélation; une chaleur trop forte, ainsi que les variations brusques d'une température quelconque à une autre, lui sont également contraires. Dans l'Yémen, les cultures du Moka, si recherché à cause de sa qualité supérieure, sont établies dans les régions montueuses, à l'exposition du levant, et assez élevées pour jouir d'un climat tempéré; on y choisit les terrains substantiels et médiocrement humides. A Saint-Domingue, au témoignage de M. de Tussac, le climat des hautes montagnes où prospère le Caféyer est à peu près le même, quant à la température, que celui de France durant les mois d'octobre et de novembre; le thermomètre se tient même habituellement entre o et + 5° R., durant les mois de janvier, de février et de mars; toutefois le café de Saint-Domingue ne passait jamais pour être de bonne qualité. Dans les régions chaudes

des Antilles et de l'île Bourbon, on a soin de choisir, pour les plantations de Caféyers, des localités légèrement humides et ombragées, surtout aux expositions du nord ou de l'est. On a remarqué aussi que le Caféyer se refuse à croître dans les endroits soumis à l'influence des vents de mer. Les circonstances climatériques et la nature du terrain influent sans doute beaucoup sur la qualité des diverses sortes de café ; mais on manque de données certaines à ce sujet.

L'aspect d'une plantation de Caféyers est très-pittoresque, tant lorsque ces arbrisseaux se couvrent de fleurs au printemps et en automne, que lorsqu'ils se trouvent chargés de fruits. La récolte de ces fruits se fait à la main, et à mesure qu'ils mûrissent. Divers procédés sont mis en œuvre pour séparer les graines (le café du commerce) de la pulpe qui les enveloppe. La première consiste à répandre les fruits, à mesure que la récolte s'en fait, sur des glacis préparés à cet effet, et exposés au soleil ; on en forme une couche de 8 à 10 pouces d'épaisseur, que l'on remue 3 ou 4 fois par jour, pour empêcher la pourriture et la fermentation, et afin que toutes les graines sèchent également. Ainsi traités, les grains de café sont de couleur rougeâtre ou jaunâtre, et, quoique moins estimés dans le commerce des colonies, ils fournissent la meilleure infusion ; c'est la méthode constamment employée en Arabie, pour le moka, et celle suivie en général par les créoles pour le café destiné à leur propre consommation. La seconde manière consiste à jeter les fruits dans des cuves pleines d'eau, à les y laisser tremper pendant 24 à 48 heures, suivant la température plus ou moins élevée de l'atmosphère ; après cela on les étend sur des glacis, où on les remue plusieurs fois par jour, jusqu'à leur complète dessiccation : par ce procédé, le café acquiert une couleur de corne, et perd beaucoup en qualité. La troisième manière consiste à écraser les fruits moyennant une machine destinée à cet usage, à les faire tremper peu de temps, et enfin à les dessécher au soleil : les graines ainsi préparées prennent une couleur cornée verdâtre, et sont préférables à celles qui ont subi une macération plus prolongée. Enfin la préparation qui donne le meilleur café des colonies, consiste à faire passer à un moulin, appelé *grage*, les fruits nouvellement récoltés; opération qui en sépare toute la pulpe, sans enlever l'enveloppe immédiate des graines (c'est-à-dire les coques ou noyaux du drupe, nommés vulgairement le parchemin); cette opération faite, les graines restent exposées au soleil, sur des glacis, jusqu'à leur complète dessiccation : elles deviennent verdâtres, et sont connues dans le commerce sous le nom de *café gragé*, ou *café fin vert*. Les cafés dont les grains sont petits, arrondis et bien nourris, obtiennent la préférence sur les autres : ce sont eux qu'on vend pour du café moka; car celui-ci n'arrive guère jusqu'en Europe. Après les cafés moka, ce sont ceux de Java, de Bourbon, et de l'île de France qu'on recherche le plus. Les cafés d'Amérique sont les moins estimés.

Ce n'est que par la torréfaction que se développent la saveur suave et l'arome du café; il doit ses excellentes qualités à une substance extractive, que les chimistes appellent cofféine, jointe à une petite quantité d'une huile empyreumatique de nature particulière. Avant d'avoir subi la torréfaction, le café, comme l'on sait, n'offre qu'une saveur herbacée peu agréable; mais dans cet état il est doué de vertus fébrifuges bien constatées. Une torréfaction trop prolongée détruit la cofféine en même temps qu'elle volatilise l'huile empyreumatique qu'une chaleur douce vient de développer. Le café, tel qu'on a coutume de le prendre en infusion, est une liqueur à la fois tonique et fortement excitante; il exalte les facultés intellectuelles et sensitives, et rend moins sensible l'affaiblissement qui résulte des travaux d'esprit ou des fatigues corporelles; il favorise particulièrement la digestion et les sécrétions; mais si son usage modéré est utile, l'abus n'en est pas moins dangereux. Il convient aux tempéraments froids; mais ceux dont la constitution est délicate ou bilieuse doivent s'en abstenir. Une autre propriété très-marquée du café est celle de neutraliser l'effet de l'opium, et en général de tous les narcotiques ainsi que des boissons spiritueuses.

Caféyer de Bourbon. — *Coffea mauritiana* Lamk. Dict.;

Ill. tab. 160, fig. 2. — *Coffea sylvestris* Willd. in Rœm. et Schult. Syst. — *Coffea arabica* β, Willd. Spec.

Feuilles elliptiques-oblongues, subobtuses, rétrécies à la base, réticulées, glabres. Pédoncules axillaires, solitaires, 1-flores, très-courts. Drupe oblong, rétréci à la base. Graines oblongues, pointues à la base.

Cette espèce croît à l'île Bourbon, où on la nomme *Café marron* (c'est-à-dire Café sauvage); mais d'ailleurs ses graines ne participent point aux propriétés du vrai café.

Caféyer du Bengale. — *Coffea bengalensis* Roxb. Flor. nd. ed. 2, vol 1, p. 540.

Feuilles ovales ou oblongues, acuminées, subobtuses, glabres aux 2 faces, ou pubescentes en dessous aux nervures. Fleurs subsessiles, axillaires, en général ternées. Stipules subulées. Limbe calicinal presque entier. Corolle 5-fide, glabre à la surface interne; lobes ovales-oblongs. Anthères sessiles, médifixes, insérées au tube de la corolle, linéaires, à peine saillantes. Style à peu près de moitié plus court que la corolle. Stigmate biparti : lobes linéaires. Baie courte, ovoïde. (*Wight et Arnott, Prodr. Flor. Penins. Ind.*)

Buisson pyramidal, haut de 4 à 6 pieds. Tronc court. Branches très-nombreuses, rameuses. Feuilles subsessiles. Fleurs très-odorantes. Corolle d'un blanc pur. Lanières du stigmate presque aussi longues que le style. Baie du volume d'une petite Cerise, noire à la maturité.

Cette espèce croît dans les montagnes du Bengale. Au rapport de Roxburgh, ses graines peuvent, faute de mieux, être substituées au café; mais elles sont de qualité très-inférieure.

Caféyer a grappes. — *Coffea racemosa* Ruiz et Pavon, Flor. Peruv. 2, tab. 214, fig. *a*.

Feuilles elliptiques-oblongues, acuminées, glabres. Stipules bifides. Grappes axillaires et terminales : les florifères nutantes; les fructifères dressées. Fleurs subsessiles, 5-fides. Anthères saillantes. Baie ellipsoïde.

Arbrisseau haut d'environ 20 pieds. Rameaux étalés, comprimés, dichotomes, géniculés. Bractées petites, caduques. Limbe calicinal 5-denté, d'un blanc verdâtre. Corolle blanche : lobes réfléchis. Filets velus à la base. Baie rouge, du volume d'une Cerise.

Cette espèce croît au Pérou, où on la nomme vulgairement *Café;* on la cultive dans quelques localités, pour substituer ses graines au vrai café.

Genre PSYCHOTRIA. — *Psychotria* Linn.

Limbe calicinal court, supère, 5-lobé, ou 5-denté, ou tronqué. Corolle infondibuliforme, 5- (rarement 4-) fide, en général courte; gorge glabre ou barbue; limbe étalé ou recourbé : segments infléchis au sommet, valvaires en préfloraison. Étamines 5 (rarement 4); anthères saillantes ou incluses. Style indivisé. Stigmate bifide. Drupe couronné (souvent 10-costé, quelquefois 4-gone ou 4-sulqué), 2-pyrène : noyaux costés, ou anguleux, ou lisses, subcoriaces, 1-spermes. Graines dressées. Périsperme cartilagineux, non-rimeux. Embryon souvent petit; radicule infère. (*Wight* et *Arnott, Prodr. Flor. Penins. Ind.*)

Arbres, ou arbrisseaux, ou herbes vivaces. Feuilles opposées, pétiolées. Stipules plus ou moins soudées. Pédoncules en général terminaux. Fleurs en panicule ou en cyme.

M. De Candolle (*Prodr.* vol. 4.) rapporte à ce genre 177 espèces, dont la plupart croissent dans l'Amérique équatoriale. Plusieurs des *Psychotria* ont des propriétés drastiques.

Psychotria émétique. — *Psychotria emetica* Linn. fil. — Humb. et Bonpl. Plant. Équin. v. 2, tab. 126. — A. Rich. Hist. Ipéc. p. 27, tab. 2. — *Cephaelis emetica* Pers. Ench. — *Ipécacuanha* Flor. Méd. tab. 201.

Tige suffrutescente, dressée. Feuilles lancéolées-oblongues, pointues, membranacées, ciliées, pubescentes en dessous. Stipules solitaires, acuminées, très-courtes. Grappes axillaires, pauciflores, bifurquées. Drupe subglobuleux, écosté, ésulqué.

Arbuste haut de 12 à 18 pouces. Racine rampante, cylindrique, noueuse, noirâtre, de la grosseur du petit doigt, garnie de quelques fibrilles. Tiges simples, cylindriques, pubérules. Feuilles courtement pétiolées, glabres en dessus. Grappes petites. Segments calicinaux ovales-oblongs. Corolle blanche, 5-fide. Anthères incluses. Drupe bleuâtre.

Cette espèce croît au Pérou et dans la Nouvelle-Grenade, dans les localités ombragées des forêts. Ses racines, désignées dans le commerce sous le nom d'*Ipécacuanha noir*, participent aux propriétés émétiques de plusieurs autres Rubiacées dont les racines s'emploient en thérapeutique sous le nom d'*Ipécacuanha*; mais elles sont rarement importées en Europe.

Psychotria vénéneux. — *Psychotria noxia* Aug. Saint-Hil. Plant. Rem. du Brés. tab. 21, B.

Ramules aplatis. Feuilles lancéolées, acuminées, très-pointues, courtement pétiolées, glabres. Fleurs sessiles, fasciculées.

Arbrisseau. Ramules courts, nombreux, d'un pourpre noirâtre. Feuilles longues de 15 à 24 lignes, larges de 6 à 9 lignes, d'un vert gai. Pétiole long de 12 à 18 lignes. Fascicules 2-4-flores, terminaux, ou rarement axillaires. Bractées ovales, longuement acuminées, ciliolées. Calice turbiné, glabre : limbe presque 3 fois plus long que le tube; lanières semi-ovales, longuement acuminées. Corolle 5-fide, glabre, blanche, presque 4 fois plus longue que le calice; tube courbé, velu en dedans au-dessous des étamines; lanières semi-ovales, calleuses au sommet. Étamines saillantes, glabres. Drupe long de 3 lignes, elliptique, un peu comprimé, glabre.

M. Aug. de Saint-Hilaire a observé cette espèce au Brésil, dans les forêts vierges de la province des Mines; les habitants de ces contrées la considèrent comme vénéneuse.

Genre PALICOURÉA. — *Palicourea* Aubl.

Limbe calicinal supère, courtement 5-denté : dents inégales. Corolle tubuleuse, subcylindrique, gibbeuse ou courbée à la base, barbue intérieurement vers le milieu, courtement 5-lobée au sommet : lobes dressés. Étamines 5, incluses ou saillantes, insérées au tube de la corolle ; filets filiformes ; anthères linéaires, incombantes. Disque charnu. Ovaire 2-loculaire ; loges 1-ovulées ; ovules anatropes, attachés à la base de la cloison, ascendants. Style indivisé. Stigmate courtement bifide. Drupe charnu, couronné, costé, 2-pyrène : noyaux convexes et 5-costés au dos, planes antérieurement, monospermes. Graines basifixes, conformes au noyau. Périsperme corné. Embryon très-court, rectiligne : cotylédons subfoliacés ; radicule cylindrique, infère. (*Endlicher, Gen. Plant.* 1, p. 532.)

Arbrisseaux. Feuilles opposées ou rarement verticillées. Inflorescences thyrsiformes, ou cymeuses, ou paniculées, sessiles, ou pédonculées, terminales. Corolle jaune ou blanche.

Ce genre, propre à l'Amérique équatoriale, renferme une cinquantaine d'espèces. Les *Palicouréa* sont en général remarquables par la beauté de leurs fleurs.

Palicouréa de Marcgrave. — *Palicourea Marcgravii* Aug. Saint-Hil. Plant. Rem. du Brés. p. 231 ; tab. 22, fig. A.

Feuilles oblongues, ou lancéolées-oblongues, acuminées, pointues, courtement pétiolées, opposées. Cymes pédonculées. Corolle cotonneuse-papilleuse.

Arbrisseau haut de 5 à 6 pieds. Ramules glabres. Feuilles longues de 4 à 7 pouces, sur 1 à 2 pouces de large, glabres ou pubescentes ; pétiole long de 2 à 3 lignes. Cymes solitaires ou rarement ternées, terminales, quelquefois dibractéolées à la base. Pédoncule long de 1 à 2 pouces. Calice turbiné, court, 5-denté, pubérule. Corolle longue de 5 à 7 lignes, subcylindracée, gibbeuse à la base, 5-dentée, jaunâtre en dehors, pourpre en dedans et barbue au-dessus de la base. Étamines un peu inégales, glabres, incluses.

Cette espèce, remarquable par la beauté de ses fleurs, a été observée par M. de Martius au Brésil, dans les forêts vierges de la province des Mines. Elle passe pour vénéneuse.

PALICOURÉA TINCTORIAL. — *Palicourea tinctoria* Rœm. et Schult. Syst. — *Psychotria tinctoria* Ruiz et Pavon, Flor. Peruv. 2, tab. 211, fig. *a*.

Feuilles oblongues ou ovales-oblongues, acuminées, glabres, coriaces, fovéolées en dessous aux aisselles des nervures. Stipules lancéolées, connées par la base. Ramules courtement pédonculés, brachiés. Corolle barbue à la gorge. Filets velus. Drupe subglobuleux.

Arbrisseau glabre, très-rameux, atteignant la hauteur de 18 pieds. Rameaux cylindriques. Feuilles horizontales, luisantes en dessus, longues de 3 pouces, ou plus; pétiole long de 1/2 pouce Stipules semi-lancéolées, glanduleuses à leur base. Panicules subcymeuses, longues de 3 pouces. Bractées petites, ovales, pointues. Fleurs sessiles, ternées. Calice jaunâtre. Corolle d'un blanc jaunâtre : limbe rabattu. Drupe rougeâtre.

Cette espèce croît dans les Andes du Pérou. Les feuilles fournissent une belle couleur jaune, avec laquelle les habitants du pays teignent le fil, la laine et le coton.

PALICOURÉA DE GUIANE. — *Palicourea guianensis* Aubl. Guian. vol. 1, tab. 66. — *Psychotria Palicurea* Swartz, Flor. Ind. Occid. — *Stephanium guianense* Gmel. Syst. — *Simira Palicourea* Poir. Enc. Suppl.

Feuilles elliptiques ou elliptiques-oblongues, courtement acuminées, rétrécies à la base, membranacées, glabres, courtement pétiolées. Stipules bifides. Panicules très-rameuses, dressées. Corolle subcylindracée, pubérule à la surface externe, un peu courbée.

Arbrisseau à tige haute de 7 à 8 pieds; écorce lisse, verdâtre. Branches disposées en tête pyramidale. Feuilles longues de

1 pied et plus, larges de 5 à 6 pouces; pétiole long d'environ 1 pouce. Stipules larges, pointues. Panicule brachiée. Fleurs odorantes. Limbe calicinal très-petit. Corolle de couleur écarlate, un peu renflée vers le sommet. Étamines aussi longues que le tube.

Cette espèce élégante croît dans les forêts de la Guiane.

Genre CÉPHAÉLIS. — *Cephaelis* Swartz.

Limbe calicinal 4- ou 5-denté, très-court, supère. Corolle infondibuliforme; gorge nue ou velue; limbe courtement 4- ou 5-lobé. Étamines 4 ou 5, incluses, insérées au tube de la corolle; filets très-courts; anthères linéaires, incombantes. Disque déprimé. Ovaire 2-loculaire; loges 1-ovulées; ovules anatropes, ascendants, attachés à la base des cloisons. Style indivisé. Stigmate 2-fide. Drupe succulent ou presque sec, couronné, 2-pyrène : noyaux osseux, costés, 1-spermes. Graines basifixes. Périsperme corné. Embryon axile, rectiligne : cotylédons foliacés; radicule cylindrique, infère. (*Endlicher, Gen. Plant.* 1, p. 531.)

Arbrisseaux, ou herbes suffrutescentes. Feuilles opposées, pétiolées. Stipules géminées, souvent plus ou moins soudées. Inflorescences sessiles ou pédonculées, terminales, ou axillaires. Fleurs agrégées en capitules accompagnés d'involucre.

Ce genre, dont on connaît une trentaine d'espèces, est propre à l'Amérique équatoriale.

Céphaélis Ipécacuanha. — *Cephaelis Ipecacuanha* A. Rich. Hist. Ipéc. p. 21, tab. 1; Dict. des Sciences méd. v. 26, Ic. — Aug. Saint-Hil. Plant. Us. des Bras. tab. 6. — Martius, Mat. Med. Bras. 1, tab. 1. — *Cephaelis emetica* Pers. Ench. — *Callicocca Ipecacuanha* Brot. in Act. Soc. Lond. v. 6, tab. 11. — *Ipecacuanha officinalis* Arrud.

Herbe vivace, haute de 6 à 18 pouces. Souche horizontale,

grêle. Racines longues de 2 à 6 pouces, épaissies vers le bout, annelées, d'un gris noirâtre à l'extérieur, blanches en dedans, atteignant rarement la grosseur d'une plume à écrire. Tiges dressées ou ascendantes, simples, pubescentes aux entre-nœuds supérieurs. Feuilles longues de 1 ½ pouce à 3 pouces, larges de 12 à 15 lignes, subsessiles, scabres en dessus, pubescentes en dessous, lancéolées-oblongues, ou lancéolées-obovales, pointues. Stipules longues de 3 à 6 lignes, orbiculaires, ou semi-ovales, fimbriolées jusqu'au milieu. Capitule terminal, pédonculé, solitaire, serré, multiflore, de 4 à 6 lignes de diamètre. Involucre 4-12-phylle; bractées très-inégales : les extérieures plus grandes, suborbiculaires; les intérieures lancéolées, ou linéaires-lancéolées, ou linéaires. Calice hypocratériforme, 5-denté. Corolle longue d'environ 3 lignes, blanche : lobes linéaires-lancéolés, pointus, de moitié plus courts que le tube. Drupe petit, ovoïde, noirâtre : noyaux blanchâtres.

Cette plante fournit les racines émétiques si célèbres sous le nom d'*Ipécacuanha*, et qu'on désigne plus spécialement sous les noms d'*Ipécacuanha gris* ou *brun*. Elle croît dans les forêts humides et ombragées du Brésil, jusqu'au-delà du 22ᵉ degré de Lat. S.; suivant M. Aug. de Saint-Hilaire, elle abonde surtout dans les îles du Parahyba, et sur les bords des rivières appelées Rioxipoto et Pomba. Ses noms vulgaires portugais sont *poaya*, *poaya do mato*, et *poaya do boticar*. Le nom d'*ipécacuanha* est inconnu dans le Brésil méridional; selon M. de Saint-Hilaire, ce nom dérive de 4 mots indiens, savoir : *ipé* (écorce), *caa* (plante), *cua* (odorant), et *nha* (rayé). Le nom de *poaya* est employé en outre par les Brésiliens, à désigner toutes les autres plantes émétiques qu'on substitue au véritable Ipécacuanha.

SECTION X. **SPERMACOCINÉES.** — *Spermacoceæ* Cham. et Schlecht.

Corolle le plus souvent 4-fide, à estivation valvaire. Ovaire 2-4-loculaire; loges 1-ovulées ou rarement 2-ovulées. Stigmate bilamellé. Péricarpe sec ou charnu, capsulaire, ou de 2 à 4 coques soit inséparables, soit se séparant à la maturité. Périsperme subcorné. — Arbrisseaux ou herbes. Feuilles opposées. Stipules adnées, le plus souvent fimbriées. Fleurs en cymes ou en capitules.

Genre CÉPHALANTHE. — *Cephalanthus* Linn.

Limbe calicinal supère, anguleux, 4-denté. Corolle tubuleuse, grêle, 4-fide : lobes courts, presque dressés. Étamines 4, insérées au sommet du tube de la corolle; filets filiformes; anthères cordiformes, dressées. Ovaire obpyramidal, 2-4-loculaire; ovules solitaires, anatropes, suspendus au sommet des loges. Style indivisé, longuement saillant. Stigmate capitellé. Péricarpe coriace, obpyramidal, couronné, se séparant de bas en haut en 4 coques indéhiscentes et monospermes (2 des coques souvent aspermes, lorsque le fruit est 4-loculaire). Graines suspendues, oblongues-trièdres, calleuses au sommet. Périsperme cartilagineux. Embryon rectiligne, axile : cotylédons oblongs, foliacés; radicule courte, supère.

Arbrisseaux. Feuilles opposées ou verticillées-ternées. Stipules distinctes ou soudées, courtes. Pédoncules axillaires et terminaux, nus. Fleurs sessiles, agrégées en capitules globuleux : réceptacle commun poilu. Corolle petite, jaunâtre.

Ce genre appartient à l'Amérique; on ne peut y rapporter, avec certitude, que 3 espèces.

CÉPHALANTHE BOIS-BOUTON. — *Cephalanthus occidentalis* Linn. — Duham. Arb. 1, tab. 154. — Loisel. Herb. de l'Amat. tab. 272. — Barton, Med. Flor. tab. 91. — Schmidt, Arb. 1, tab. 45. — Gærtn. Fruct. 2, tab. 86.

Feuilles opposées ou verticillées-ternées, ovales, ou ovales-oblongues, ou elliptiques, ou elliptiques-oblongues, acuminées, arrondies ou cunéiformes à la base, pétiolées, pubérules-ferrugineuses en dessous aux nervures. Pédoncules longs, monocéphales : les terminaux ternés ; les axillaires (quelquefois nuls) solitaires.

Buisson haut de 6 à 15 pieds, ou arbrisseau. Tige très-rameuse. Écorce lisse, grisâtre. Jeunes pousses glabres ou pubérules, subtétragones. Feuilles longues de 3 à 6 pouces, larges de 1 ½ pouce à 3 pouces, subcoriaces, non-persistantes, quelquefois ondulées, en dessus glabres, luisantes, d'un vert foncé, en dessous un peu glauques, quelquefois très-glabres ; pétiole long d'environ 6 lignes, en général pubérule, légèrement marginé. Stipules triangulaires, pointues, membranacées, beaucoup plus courtes que le pétiole. Pédoncules longs de 1 pouce à 3 pouces, glabres, ou pubérules, raides, grêles, dressés, ou ascendants, ou subhorizontaux. Capitules florifères du volume d'une Cerise. Dents calicinales courtes, obtuses. Corolle longue de 2 ½ à 3 lignes, blanche, pubescente à la surface interne ; tube filiforme, évasé au sommet : lobes ovales, obtus. Étamines plus courtes que les lobes de la corolle : anthères subsessiles, sagittiformes-oblongues, d'un brun pâle. Ovaire tétragone. Style 2 fois plus long que la corolle, claviforme au sommet, filiforme inférieurement. Réceptacle-commun globuleux, très-poilu.

Cet arbrisseau, nommé vulgairement *Bois-bouton*, et qu'on cultive assez souvent dans les plantations d'agrément, croît aux États-Unis, depuis la Floride jusqu'au Canada, ainsi qu'au Mexique ; il ne prospère que dans les terrains marécageux et très-humides. Dans le nord de la France, la floraison se fait en août. L'écorce interne de la racine du Céphalanthe est d'une odeur agréable; on l'emploie fréquemment, aux États-Unis, comme remède pectoral.

Genre SPERMACOCE. — *Spermacoce* Linn.

Limbe calicinal 2-4- ou pluri-parti, court, supère, persistant, ou marcescent. Corolle hypocratériforme ou infondibuliforme; tube nu ou barbu à la gorge; limbe 4-lobé. Étamines 4, insérées à la gorge ou au tube de la corolle, saillantes, ou incluses; filets subulés; anthères ovales ou linéaires, dressées. Disque charnu. Ovaire 2-loculaire; ovules solitaires (1) dans chaque loge, peltés, amphitropes. Style indivisé. Stigmate 2-fide ou indivisé. Capsule couronnée, ou non-couronnée, septicide-bivalve, ou à 2 coques 1-spermes, se séparant finalement de haut en bas : l'une des coques restant close par la cloison ; l'autre septifrage, ouverte antérieurement. Graines ovales-oblongues, convexes au dos, planes et 1-sulquées antérieurement. Périsperme charnu. Embryon rectiligne, axile; cotylédons foliacés; radicule infère. (*Endlicher, Gen. Plant.* 1, p. 527.)

Herbes, ou sous-arbrisseaux. Tige et rameaux souvent tétragones. Feuilles opposées. Stipules engaînantes, adnées aux pétioles, fimbriées au sommet. Fleurs agrégées ou subverticillées, axillaires, sessiles, blanches, ou bleues, petites.

La plupart des *Spermacoce* croissent dans l'Amérique équatoriale; on en connaît environ 60 espèces.

Spermacoce Poaya. — *Spermacoce Poaya* Aug. Saint-Hil. Plant. Us. des Brasil. tab. 12.

Herbacé. Feuilles ovales-oblongues ou ovales-lancéolées, acuminées. Stipules multifides. Étamines saillantes. Stigmate biparti. Péricarpe dicoque. Fleurs en capitule terminal.

---

(1) Suivant M. A. de Saint-Hilaire, l'ovaire des *Spermacoce* est à loges 2-ovulées.

Herbe vivace, haute de 8 à 14 pouces, glabre, ou rarement pubescente. Racine blanche, grêle, d'une saveur analogue à celle de l'*Ipécacuanha*. Tige simple, dressée. Feuilles longues de 1 pouce à 2 pouces, larges de 5 à 9 lignes. Stipules longues de 3 à 5 lignes. Capitule de $^1/_2$ pouce de diamètre, accompagné de 2 à 6 bractées foliacées, pointues, plus petites que les feuilles. Bractéoles linéaires ou laciniées, minimes. Fleurs serrées. Calice turbiné, aplati : lanières oblongues-lancéolées. Corolle longue d'environ 6 lignes, d'un bleu de ciel, infondibuliforme ; lobes ovales-triangulaires, acuminés.

M. Aug. de Saint-Hilaire a observé cette plante au Brésil, dans les pâturages élevés de la province des Mines, dans la province de Saint-Paul, et dans celle des Missions. Dans ces contrées, on en substitue avec succès la racine à celle du véritable Ipécacuanha (*Cephalis Ipecacuanha*). Les feuilles sont remarquables par une saveur d'abord très-douce, et ensuite acide : on les emploie en décoction, contre les coliques et autres douleurs internes.

Spermacoce ferrugineux.—*Spermacoce ferruginea* Aug. Saint-Hil. l. c. tab. 13.

Herbacé. Feuilles lancéolées, ou ovales-lancéolées, ou lancéolées-oblongues, pointues, nerveuses, pubescentes. Stipules arrondies, pectinées. Fleurs verticillées et capitellées. Sépales linéaires-lancéolés. Corolle infondibuliforme : lobes ovales-lancéolés, poilus au sommet. Étamines saillantes. Stigmate indivisé. Capsule ovale-ellipsoïde, septicide-bivalve : valves bifides, acérées.

Herbe vivace, haute d'environ 1 pied. Racine grêle, brune à la surface, blanche en dedans, garnie de fibrilles capillaires. Feuilles longues d'environ 1 pouce, subsessiles, larges de 4 à 5 lignes. Tige pubescente, rameuse. Capitules de 4 à 8 lignes de diamètre, accompagnés de 6 à 8 bractées foliacées, ovales-oblongues. Bractéoles fimbriées. Corolle blanche, ou rose, ou violette, longue d'environ 3 lignes. Anthères bleues. Graines oblongues, inadhérentes.

Cette plante croît au Brésil, dans les pâturages élevés de la province des Mines et de celle de Saint-Paul. Au témoignage de M. Aug. de Saint-Hilaire, les habitants de ces contrées la substituent, comme émétique, à l'Ipécacuanha.

Genre RICHARDSONIA. — *Richardsonia* Kunth.

Limbe calicinal 3-7-parti, resserré à la base, court, supère, se détachant finalement par rupture circulaire. Dents presque égales. Corolle infondibuliforme : tube obconique, non-barbu à la gorge ; limbe 3-7-parti, étalé. Étamines 3 à 7, saillantes, insérées à la gorge de la corolle ; filets linéaires-subulés ; anthères ovales, versatiles. Disque peu apparent. Ovaire 3- ou 4-loculaire ; ovules solitaires dans chaque loge, peltés, amphitropes. Style indivisé. Stigmate 3- ou 4-fide : lobes subclaviformes. Péricarpe non-couronné, membranacé, se séparant à la maturité en 3 ou 4 coques closes, 1-spermes. Graines oblongues, convexes au dos, planes et 2-sulquées antérieurement. Périsperme charnu. Embryon rectiligne, axile : cotylédons foliacés ; radicule longue, infère. (*Endlicher, Gen. Plant.* 1, p. 528.)

Herbes décombantes ou diffuses, hispides, ou velues. Feuilles opposées. Stipules engaînantes, adnées aux pétioles. Capitules terminaux, accompagnés chacun d'un involucre de 4 bractées foliacées.

Ce genre, dont on connaît 10 espèces, est propre à l'Amérique équatoriale.

Richardsonia rose. — *Richardsonia rosea* Aug. Saint-Hil. Plant. Us. des Bras. tab. 7. — *Richardsonia emetica* Martius, Mat. Med. Bras. tab. 9, fig. 19.

Feuilles ovales-lancéolées, ou lancéolées-oblongues, ou lancéolées, pointues, scabres (surtout aux bords) ; entre-nœuds éloignés. Stipules profondément fimbriées. Corolle à lobes poilus, oblongs-lancéolés, pointus. Péricarpe à coques obcordiformes.

Herbe vivace, hispide. Racine tortueuse, de la grosseur d'un tuyau de plume, d'un noir violet à l'extérieur, blanche en dedans. Tiges longues de 12 à 18 pouces, diffuses, très-rameuses : rameaux étalés ou ascendants, garnis de longs poils blancs. Feuilles longues de 8 à 15 lignes, larges de 6 à 8 lignes, subsessiles. Stipules arrondies. Capitules de 3 à 4 lignes de diamètre. Bractées involucrales conformes aux feuilles. Calice obpyramidal. Corolle rose, longue d'environ 3 lignes.

Cette plante est commune dans les pâturages élevés du Brésil méridional, où on la désigne sous le nom de *Poaya do campo;* les habitants de ces contrées l'emploient en guise d'Ipécacuanha. M. Aug. de Saint-Hilaire assure que non-seulement elle est douée des mêmes propriétés que le véritable Ipécacuanha, mais que même on en obtient des résulta tssemblables, à dose moins forte.

RICHARDSONIA SCABRE. — *Richardsonia scabra* Aug. Saint-Hil. l. c. tab. 8. — *Richardia scabra* Linn. — *Richardia pilosa* Ruiz et Pav. Flor. Peruv. — Kunth, in Humb. et Bonpl. Nov. Gen. et Spec. tab. 279. — *Spermacoce hexandra* A. Rich. Hist. Ipéc. — *Richardsonia brasiliensis* Gom. Mem. Ip. p. 31, tab. 2. — Virey, in Journ. de Pharm. 1820, p. 257, Ic. — Hayn. Arzn. 8, tab. 21.

Feuilles obovales, ou lancéolées-obovales, ou oblongues, subobtuses, scabres. Stipules courtement fimbriées. Corolle à lobes ovales-lancéolés, pointus, poilus au sommet. Péricarpe à coques obcordiformes.

Herbe vivace, hispide. Racine simple ou rameuse, de la grosseur d'une plume à écrire, atteignant 1/2 pied de long, souvent annelée, blanchâtre. Tiges nombreuses, étalées, rameuses, longues de 5 à 8 pouces; entre-nœuds longs de 1 à 2 pouces. Feuilles longues de 8 à 12 lignes, larges de 3 à 7 lignes, subsessiles, d'un vert gai. Capitules multiflores, serrés, larges de 3 à 5 lignes. Involucre de 2 à 6 bractées sessiles, ovales, ou oblongues, ou lancéolées. Sépales ovales, pointus. Corolle longue d'environ 1 1/2 ligne, 5- ou 6-fide, blanche.

Cette plante est commune dans presque toute l'Amérique méridionale. Ses racines sont douées de propriétés analogues à celles du véritable Ipécacuanha ; on les importe en Europe, où elles sont connues, en pharmaceutique, sous le nom de *Ipécacuanha blanc*, ou *Ipécacuanha amylacé.*

Genre SÉRISSA. — *Serissa* Commers.

Limbe calicinal 4- ou 5-fide, court, supère : lobes alternant parfois avec des dents accessoires. Corolle infondibuliforme : tube poilu à la surface interne ; limbe 4- ou 5-lobé : lobes indupliqués en préfloraison. Étamines 4 ou 5, insérées à la gorge de la corolle ; filets très-courts ; anthères linéaires, saillantes. Disque charnu. Ovaire 2-loculaire ; loges 1-ovulées ; ovules peltés : micropyle infère. Style filiforme, indivisé. Stigmate à 2 lanières linéaires. Baie subglobuleuse, couronnée, 2-loculaire, 2-sperme. (*Endlicher, Gen. Plant.*)

Arbrisseau. Feuilles opposées (souvent fasciculées sur des ramules axillaires), subsessiles. Stipules fimbriées, adnées. Fleurs subfasciculées, terminales, subsessiles. Corolle blanche.

Ce genre n'est fondé que sur l'espèce suivante :

SÉRISSA FÉTIDE.—*Serissa fœtida* Commers. in Juss. Gen. — *Lycium japonicum* Thunb. Jap. tab. 17.—Bot. Mag. tab. 361. — *Lycium fœtidum* Linn. fil. —*Lycium indicum* Retz. Obs. — *Dysoda fasciculata* Lour. Coch. — *Dysoda fœtida* Salisb. Prodr. — *Buchozia coprosmoides* L'hérit. Diss.

Arbuste haut de 1 pied à 3 pieds. Tiges nombreuses, très-rameuses, dressées. Jeunes pousses feuillues, souvent pubescentes. Feuilles petites, glabres, d'un vert gai, minces, luisantes, oblongues, ou obovales, ou lancéolées-obovales, pointues, ou obtuses. Segments calicinaux ovales, pointus.

Cette plante, originaire de Chine, se cultive fréquemment comme arbuste d'agrément, non-seulement en Europe dans les collections de serre, mais encore dans presque toute l'Asie équatoriale. Elle fleurit durant la plus grande partie de l'année. Ses feuilles, lorsqu'on les écrase, exhalent une odeur désagréable.

SECTION XII. ÉTOILÉES. — *Stellatæ* Linn.

Feuilles verticillées, non-stipulées. — Corolle rotacée ou infondibuliforme; estivation valvaire. Ovaire 2-loculaire : loges 1-ovulées. Styles 2, distincts, ou plus ou moins soudés. Stigmates capitellés. Péricarpe baccien, ou (dans la plupart des espèces) sec et se séparant en deux coques indéhiscentes, monospermes. Périsperme charnu. Embryon rectiligne ou courbé : radicule allongée, infère.

Genre GALIUM. — *Galium* Linn.

Limbe calicinal inapparent. Corolle rotacée, 4-fide (rarement 5-fide). Étamines 4 (rarement 3), saillantes, insérées au tube de la corolle; filets filiformes; anthères dressées. Styles 2, courts, connés par la base. Péricarpe didyme, sec, ou légèrement charnu, se séparant en 2 coques closes, 1-spermes, planes antérieurement, convexes au dos. Graines adhérentes.

Herbes annuelles, ou vivaces (parfois suffrutescentes à la base). Inflorescences paniculées, ou cymeuses, axillaires, ou terminales. Corolle blanche, ou rouge, ou jaune.

Ce genre, dont M. De Candolle énumère 150 espèces, appartient presque exclusivement aux régions extra-tropicales de l'hémisphère septentrional.

GALIUM CAILLE-LAIT. — *Galium verum* Linn. — Flor. Dan. tab. 1146. — Schk. Handb. tab. 21. — Curt. Flor. Lond. 6, tab. 13. — *Galium luteum* Lamk. Fl. Franç.

Herbe vivace, multicaule, touffue, haute de 1 pied à 3 pieds.

Tiges dressées ou ascendantes, raides, 4-sulquées, pubérules, paniculées au-dessus du milieu, simples inférieurement ou garnies de ramules stériles. Feuilles fermes, luisantes et d'un vert foncé en dessus (tantôt lisses, tantôt scabres), glauques et finement pubescentes en dessous, linéaires, ou linéaires-filiformes, mucronées, révolutées aux bords, 1-nervées : les caulinaires verticillées au nombre de 6 à 12. Ramules florifères étalés, très-rameux, multiflores ; feuilles florales minimes, sétacées. Panicules partielles denses, pubérules. Pédicelles en général glabres : les fructifères subhorizontaux. Corolle petite, d'un jaune foncé (par variation blanche, ou d'un jaune pâle) : segments oblongs, arrondis, mucronulés. Péricarpe glabre ou rarement hispidule, lisse.

Cette plante, connue sous les noms vulgaires de *Caille-lait*, *vrai Caille-lait*, ou *Caille-lait jaune*, est commune sur les pelouses sèches ; elle fleurit en été.

Les sommités fleuries du Caille-lait passent pour diurétiques, astringentes et antispasmodiques ; mais la plante n'est guère employée en médecine. On croyait jadis que ces fleurs font cailler le lait ; des expériences faites plus récemment à ce sujet ont démontré que c'était sans aucun fondement. Les racines peuvent servir à teindre en rouge.

Genre GARANCE. — *Rubia* Linn.

Limbe calicinal très-entier ou inapparent. Corolle subcampanulée ou rotacée, 4- ou 5-partie. Étamines 4, ou 5, un peu saillantes, insérées au tube de la corolle ; filets courts ; anthères dressées. Styles 2, courts, soudés par la base. Baie didyme-subglobuleuse, succulente, 2-loculaire (accidentellement 1-loculaire par l'avortement de l'une des coques), lisse. Graines adhérentes, convexes au dos, planes antérieurement ; embryon un peu courbé.

Herbes vivaces ou suffrutescentes, le plus souvent hispides. Inflorescences axillaires et terminales, dichotomes.

ou trichotomes, bractéolées, ou ébractéolées. Corolle d'un blanc verdâtre, ou d'un jaune pâle.

Ce genre, dont on connaît environ 15 espèces, est propre aux régions extra-tropicales de l'ancien continent. Les racines des *Garances* contiennent des matières tinctoriales.

GARANCE TINCTORIALE.—*Rubia tinctorum* Linn.—Blackw. Herb. tab. 326. — Mill. Ic. tab. 1. — Schk. Handb. tab. 23. — Hayn. Arzn. 11, tab. 4. — Sibth. et Smith, Flor. Græc. tab. 141.

Herbe vivace, très-scabre. Tiges tétragones. Feuilles elliptiques-oblongues, ou lancéolées-elliptiques, ou lancéolées, pointues, subpétiolées, raides, non-persistantes, spinelleuses aux bords et en dessous sur la côte. Fleurs en cymes trichotomes. Corolle à segments ovales, terminés en pointe infléchie.

Racine longue, rampante, multicaule, rougeâtre. Tiges diffuses ou grimpantes, faibles, rameuses, obscurément 4-gones, longues de 2 à 5 pieds, hérissées de spinelles crochues, rétrorses. Feuilles longues de 2 à 4 pouces, un peu luisantes, d'un vert foncé : les inférieures verticillées-quaternées; les supérieures verticillées-sénées. Fleurs petites, jaunâtres. Baie d'abord rouge, noire à la maturité, luisante.

Cette espèce, indigène dans l'Europe méridionale et en Orient, fournit les racines si fréquemment employées pour teindre en rouge. Jadis, ces racines s'employaient en thérapeutique à titre de remède diurétique et apéritif; elles ont la propriété bien constatée de colorer en rouge les os des animaux qui en ont fait leur nourriture pendant un certain temps. La culture de la Garance forme une industrie importante pour plusieurs départements; toutefois, l'introduction de cette culture, en France, ne date que de la seconde moitié du dernier siècle.

GARANCE A FEUILLES CORDIFORMES. — *Rubia cordifolia* Linn.—Pall. Itin. 3, tab. 50, fig. 1; ed. gall. tab. 92.—*Rubia Munjista* Roxb. Flor. Ind. — *Rubia Munjith* Desv. Journ. de Bot. 1814, v. 2, p. 207.

Herbe vivace, en général très-scabre. Feuilles verticillées au nombre de 4 à 8, longuement pétiolées, oblongues, ou ovales, acuminées, ou pointues, 3-7-nervées, arrondies ou cordiformes à la base, spinelleuses aux bords et sur la côte. Cymes pédonculées, trichotomes, convexes, bractéolées. Corolle à segments lancéolés, pointus, infléchis au sommet.

Tiges diffuses ou grimpantes, longues, faibles, rameuses, tétragones, herbacées, ou suffrutescentes, souvent poilues au-dessous des articulations; angles ciliés de spinelles crochues, rétrorses. Bractées opposées, longues, sessiles, cordiformes. Fleurs petites, jaunâtres. Baie lisse, du volume d'un grain de Poivre, d'abord rouge, noire à la maturité.

Cette espèce croît dans les régions montueuses de toute l'Asie orientale et centrale, depuis l'équateur jusqu'au 51e degré de lat. N. (*Wight* et *Arnott, Flor. Penins. Ind.*) Dans l'Inde, il se fait une consommation considérable des racines de la plante, pour teindre en rouge.

Garance vénéneuse. — *Rubia noxia* Aug. Saint-Hil. Plant. Rem. du Brés. p. 229.

Tiges diffuses, hérissées. Feuilles quaternées, sessiles, elliptiques, obtuses, courtement cuspidées, trinervées, ponctuées, poilues en dessus, glabres en dessous excepté aux nervures. Pédoncules solitaires, axillaires, uniflores : fleur involucrée. Baie lisse, glabre.

Tiges hautes de 1 à 2 pieds, décombantes, diffuses, rameuses : poils de la partie inférieure dirigés de haut en bas. Feuilles longues d'environ 6 lignes, sur 3 lignes de large. Involucre à 4 bractées ovales, pointues, petites. Corolle rotacée, quadrifide, verdâtre. Étamines 4, très-courtes. Baie petite, cordiforme-globuleuse.

Cette espèce a été trouvée par M. Aug. de Saint-Hilaire dans les forêts vierges de la province des Mines; elle passe pour vénéneuse.

Genre ASPÉRULE. — *Asperula* Linn.

Limbe calicinal inapparent, ou 4-denticulé et très-court, non-persistant. Corolle infondibuliforme ou campanulée, 4-fide (rarement 5-fide); gorge nue. Étamines 4 (rarement 3), un peu saillantes, insérées au tube de la corolle; filets filiformes; anthères oblongues, ou linéaires. Styles 2, souvent soudés presque jusqu'au sommet. Péricarpe globuleux-didyme, sec, ou à peine charnu, non-couronné, se séparant en 2 coques monospermes, convexes au dos, planes antérieurement. Graines adhérentes. Embryon un peu courbé.

Herbes, ou sous-arbrisseaux. Fleurs axillaires et terminales, ou terminales, fasciculées, ou en cymes trichotomes, ou en panicules, ou solitaires. Corolle blanche, ou jaune, ou rouge.

Ce genre, qui comprend environ 40 espèces, est propre aux régions extra-tropicales de l'ancien continent. La plupart des *Asperula* croissent dans les contrées voisines de la Méditerranée.

Section CYNANCHICA De Cand.

Plantes vivaces. Inflorescences terminales. Corolle infondibuliforme.

A. *Pédoncules subternés, pauciflores : pédicelles fasciculés : bractées minimes. Corolle d'un rose pâle.*

Aspérula Cynanchique. — *Asperula Cynanchica* Linn. — Engl. Bot. tab. 33. — *Galium cynanchicum* Scopol. Carn. — *Asperula Rubeola* : α, Lamk. Flore Franç.

Racine pivotante, multicaule. Tiges diffuses ou ascendantes, très-rameuses, quadrangulaires, glabres. Feuilles quaternées, linéaires-filiformes, pointues, ou mucronées, révolutées et scabres aux bords : les supérieures anisomètres. Corolle 4-fide, pubérule à la surface externe : lobes oblongs, obtus, à peu près aussi longs que le tube. Péricarpe chagriné.

Herbe vivace, touffue. Racine rouge. Tiges longues de 1/2 pied à 1 pied, paniculées à partir du milieu, simples inférieurement, très-grêles, ou filiformes ; entrenœuds supérieurs beaucoup plus longs que les feuilles. Rameaux trichotomes. Feuilles raides : les caulinaires inférieures (quelquefois verticillées au nombre de 6) longues de 3 à 8 lignes ; les ramulaires très-petites. Pédoncules subfastigiés, dressés ; pédicelles courts. Bractées lancéolées, mucronées, opposées. Corolle à peine longue de plus de 1 ligne, carnée ou rose en dehors, blanche en dedans.

Cette espèce, connue sous les noms vulgaires de *Rubéole, petite Garance, Herbe de vie,* ou *Herbe à l'Esquinancie,* est commune sur les pelouses sèches et dans d'autres localités découvertes ; elle fleurit durant tout l'été. Toute la plante est légèrement astringente ; on la considérait jadis comme un spécifique contre les maux de gorge inflammatoires ; mais depuis longtemps son usage médical est tombé dans l'oubli. Dans le nord de l'Europe, on emploie ses racines, pour teindre en rouge.

B. *Fleurs en capitules involucrés. Bractées involucrales grandes, débordantes. Corolle d'un blanc pur : tube 2 fois plus long que les lobes.*

Aspérula d'Italie. — *Asperula taurina* Linn. — Barrel. Ic. 547. — Lobel. Ic. tab. 800, fig. 1. — *Asperula trinervia* Lamk. Flore Franç.

Racine rampante, multicaule. Tiges dressées ou ascendantes, peu rameuses, tétragones. Feuilles ovales, ou ovales-lancéolées, ou sublancéolées, acuminées, ou pointues, 3-nervées, courtement pétiolées, ciliolées, quaternées, en général pubérules aux 2 faces. Bractées involucrales au nombre de 6 à 12, ciliées : les extérieures conformes aux feuilles. Péricarpe chagriné.

Herbe haute de 1 pied à 18 pouces, touffue. Tiges grêles, pubérules, ou poilues, simples, ou rameuses vers leur sommet ; rameaux très-simples, divergents, souvent à un seul verticille de feuilles. Feuilles très-minces, d'un vert gai : les caulinaires inférieures très-petites ; les autres longues de 1 pouce à 2 pouces. Capitules terminaux, ou subterminaux, solitaires, ou géminés, ou ternés, longuement pédonculés, multiflores, assez denses. Fleurs subsessiles. Corolle longue de 5 à 6 lignes, glabre : lobes linéaires, obtus ; tube filiforme, évasé au sommet. Filets capillaires, saillants. Anthères linéaires, versatiles, d'un pourpre noirâtre.

Cette espèce, qu'on cultive parfois comme plante de parterre, croît dans les bois des montagnes de l'Europe méridionale. Elle fleurit en mai et juin.

Section GALIOIDES De Cand.

Plantes vivaces. Corolle subcampanulée.

Aspérula odorant. — *Asperula odorata* Linn. — Blackw. Herb. tab. 60. — Flor. Dan. tab. 562. — Engl. Bot. tab. 755. — Schk. Handb. tab. 23. — Mill. Ic. tab. 55. — *Galium odoratum* Scopol.

Racine rampante. Tiges dressées ou ascendantes, lisses, simples, barbellulées aux articulations. Feuilles verticillées au nombre de 6 ou 8, lancéolées, ou lancéolées-oblongues, ou oblongues, obtuses, ou pointues, mucronées, subpétiolées, glabres, scabres aux bords et à la côte. Cymes terminales, trichotomes, subfastigiées, longuement pédonculées. Bractées courtes, sublinéaires. Lobes de la corolle oblongs, obtus, un peu plus longs que le tube, non-débordés par les étamines. Péricarpe hispidule.

Racine grêle, rougeâtre, rameuse, articulée : articulations garnies de fibrilles rameuses. Tiges éparses ou subfasciculées, grêles, hautes de 1/2 pied à 1 pied ; entrenœuds plus longs que les feuilles. Feuilles assez fermes, un peu luisantes, d'un vert foncé : celles des 2 ou 3 premiers verticilles très-courtes, obovales ; les autres longues de 6 lignes à 1 pouce, larges de 1/2 ligne à 4 lignes ; bords et côte garnis de sétules érigées. Cymes solitaires, ou géminées, ou ternées, accompagnées chacune d'une collerette de 3 à 8 bractées beaucoup plus courtes que les rayons de la cyme. Corolle longue de 2 lignes : lobes oblongs, obtus. Styles inclus.

Cette espèce, nommée vulgairement *petit Muguet, Reine des bois,* ou *Hépatique des bois,* n'est pas rare dans les forêts humides, surtout dans les montagnes ; elle fleurit en mai ; on la cultive parfois comme plante d'ornement. Toute la plante a une odeur agréable, qui se développe surtout par la dessiccation ; son infusion passe pour diurétique et sudorifique.

CENT VINGT-SIXIÈME FAMILLE.

LES LYGODYSODÉACÉES. — *LYGODYSODEACEÆ.*

Lygodysodeaceæ Bartl. Ord. Nat. p. 208.

Suivant M. Bartling, ce petit groupe (fondé seulement sur le genre *Lygodysodea* Ruiz et Pav.; genre que M. De Candolle et d'autres auteurs ne séparent pas des Rubiacées) tient le milieu entre les Apocynées et les Rubiacées; il diffère des premières par le calice adhérent et par la corolle épigyne, tandis qu'il s'éloigne des Rubiacées par la conformation du fruit et des graines.

Caractères de la Famille.

Arbrisseaux grimpants. Rameaux volubiles, subcylindriques, noueux avec articulation.

Feuilles opposées, simples, très-entières, penninervées, pétiolées. Stipules solitaires-interpétiolaires, opposées.

Fleurs hermaphrodites, régulières, disposées en cymes ou en panicules. Pédoncules-communs axillaires ou supra-axillaires; pédicelles opposés.

Calice adhérent : limbe épigyne, 5-parti, persistant.

Corolle épigyne, non-persistante, 5-fide.

Étamines insérées au tube de la corolle et en même nombre que les lobes de celle-ci.

Pistil : Ovaire 1-loculaire, 2-ovulé. Style indivisé.

Péricarpe mince, crustacé, ruptile à la base, 1-loculaire, 2-sperme; placentaires 2, libres, basifixes, fermes, filiformes, ascendants entre le péricarpe et le dos des graines (1).

Graines suspendues au sommet des placentaires, aplaties; tégument crustacé, marginé par un faisceau vasculaire naissant du placentaire. Périsperme nul. Embryon rectiligne, comprimé : cotylédons planes, minces, foliacés, contigus; radicule courte, infère.

---

(1) M. De Candolle (Prodr. vol. 4, p. 470) ne partage point cette manière de voir; il considère le péricarpe des *Lygodysodea* comme composé de deux coques (les graines, suivant Ruiz et Pavon) finalement distinctes du calice qui les recouvre, mais soudées au tégument des graines.

VINGT-SIXIÈME CLASSE.

LES CONTOURNÉES.

CONTORTÆ Bartl.

CARACTÈRES.

Arbres, ou *arbrisseaux*, ou *sous-arbrisseaux*, ou *herbes*. Sucs-propres souvent laiteux. Tige ou rameaux cylindriques, ou tétragones, le plus souvent noueux avec articulation.

Feuilles opposées (rarement verticillées, ou éparses), simples, indivisées, très-entières, en général non-stipulées.

Fleurs axillaires ou terminales, régulières, hermaphrodites. Inflorescence variée.

Calice inadhérent, persistant, plus ou moins profondément divisé en 4 à 8 (le plus souvent en 5) lobes.

Corolle hypogyne, non-persistante (rarement marcescente), tubuleuse, ou rotacée, ou campanulée : lobes d'ordinaire en même nombre que ceux du calice, interposés, contournés ou rarement valvaires en préfloraison ; gorge souvent couronnée par des appendices pétaloïdes ou charnus.

Étamines insérées à la corolle, ordinairement en même nombre que les lobes de la corolle et alternes avec ceux-ci ; filets quelquefois soudés ; anthères dithèques.

Pistil : Un seul ovaire soit 1-soit 2-loculaire, ou 2 ovaires distincts, 1-loculaires. Placentaires centraux ou pariétaux, en général multi-ovulés. Styles 2, distincts, ou cohérents.

Péricarpe capsulaire, ou folliculaire, ou drupacé, ou baccien, polysperme, ou oligosperme, ou rarement monosperme.

Graines périspermées, ou apérispermées. Périsperme charnu ou corné. Embryon rectiligne, inclus : radicule en général adverse ; cotylédons foliacés en germination.

Cette classe se compose des *Loganiacées*, des *Apocynées*, des *Asclépiadées*, et des *Gentianées*.

CENT VINGT-SEPTIÈME FAMILLE.

LES LOGANIACÉES. — *LOGANIACEÆ.*

Loganiaceæ Endl. Gen. Plant. 1, p. 514. — *Loganieæ* R. Brown, Gen. Rem. in Flind. Voy. 2, p. 564; Tuck. Cong. p. 448. — Bartl. Ord. Nat. p. 205 (et *Apocynearum* genn.) — *Potalieæ* Martius, Nov. Gen. et Spec. Brasil. — *Strychneæ* De Cand. Théor. Élem. — *Strychnaceæ* Blume, Bijdr. — *Loganiaceæ*, *Potaliaceæ* et *Apocynearum* genn. Lindl. Introd. vol. 2. — *Gentianearum*, *Apocynearum* et *Carissearum* genn. Reichenb. Syst. Nat.

Cette famille ne diffère essentiellement des Rubiacées, que par l'ovaire inadhérent, et par l'insertion hypogynique de la corolle; d'un autre côté, elle se confond avec les Apocynées, de telle sorte qu'on ne saurait indiquer les caractères qui séparent nettement ces deux groupes.

Toutes les Loganiacées sont exotiques; la plupart habitent la zone équatoriale; quelques-unes croissent dans les contrées extra-tropicales de la Nouvelle-Hollande. En général, presque toutes les parties de ces végétaux sont d'une amertume extrême. Plusieurs espèces contiennent en outre un principe éminemment vénéneux (1); quelques-unes produisent des fruits remplis d'une pulpe mangeable.

CARACTÈRES DE LA FAMILLE (2).

Arbres, ou *arbrisseaux*. (Par exception *herbes.*) Sucs-propres en général aqueux. Tige ou rameaux noueux avec articulation.

(1) La *Strychnine* : substance alcaline particulière, découverte par MM. Pelletier et Caventou.

(2) D'après M. Endlicher (*Gen. Plant.* 1, p. 574.)

Feuilles opposées, pétiolées, très-entières, simples, stipulées, ou non-stipulées; pétioles de chaque paire (lorsqu'il n'y a pas de stipules) connés par la base en gaîne marginiforme. Stipules solitaires-interpétiolaires (soit libres, soit adnées des deux côtés aux pétioles), ou solitaires aux aisselles, ou bilatérales.

Fleurs hermaphrodites, régulières, solitaires, ou en grappes, ou en cymes, ou en panicules. Inflorescences axillaires ou terminales.

Calice persistant, inadhérent, soit 4-ou 5-fide à lobes valvaires en préfloraison, soit 4-ou 5-parti à segments imbriqués, quelquefois recouvert d'un grand nombre de squamules imbriquées.

Corolle hypogyne, non-persistante, campanulée, ou rotacée, ou infondibuliforme, 4- 5-ou 10-fide : segments valvaires ou convolutés en préfloraison.

Étamines insérées au tube ou à la gorge de la corolle et en même nombre que les lobes de celle-ci (alternes avec ces lobes lorsque la corolle est 4-ou 5-fide, antéposées lorsque la corolle est 10-fide). Filets filiformes ou subulés. Anthères dressées ou incombantes, dithèques : bourses longitudinalement déhiscentes.

Pistil : Ovaire 2-loculaire (par exception 4-loculaire); placentaires adnés à la cloison, ou basifixes et ascendants. Ovules nombreux ou très-rarement solitaires, peltés, amphitropes (par exception anatropes et attachés au fond des loges). Style filiforme, indivisé. Stigmate capitellé ou pelté, très-entier, ou légèrement 2-lobé, ou rarement bifide.

Péricarpe capsulaire, ou baccien, ou drupacé, 2-loculaire, oligosperme, ou polysperme, ou rarement 1-sperme.

Graines en général peltées et plus ou moins comprimées, souvent ailées, rarement attachées au fond des loges. Périsperme charnu, ou cartilagineux, ou subcorné. Embryon rectiligne, inclus, central, ou excentrique, quelquefois niché à l'une des extrémités de la graine : cotylédons plano-convexes ou foliacés; radicule le plus souvent vague ou infère, cylindrique.

M. Endlicher comprend dans cette famille les genres suivants :

Ire TRIBU. **LES LOGANIÉES**. — *LOGANIEÆ* Endl.

Estivation convolutive.

A. *Drupe dipyrène : noyaux monospermes. Graines anatropes, attachées au fond des loges.*

Pagamea Aubl. — *Gærtnera* Lamk. (Andersonia Willd. Sykesia Arnott.)

B. *Baie 2-loculaire, polysperme. Graines peltées, aptères.*

Potalia Aubl. (Nicandra Schreb. non alior.) — *Anthocleista* Afzel. — *Picrophlœus* Blum. — *Fagræa* Thunb. (Cyrtophyllum Reinw.)

C. *Capsule 2-loculaire, polysperme. Graines peltées, ailées.*

Usteria Willd. (Monodynamis Gmel.)

D. *Capsule 2-loculaire, polysperme. Graines peltées, aptères.*

Geniostoma Forst. (Anasser Juss.; ? Hæmospermum Reinw.) — *Logania* R. Br. (Euosma Andr.)

IIe TRIBU. **LES STRYCHNÉES**. — *STRYCHNEÆ* Endl.

Estivation valvaire.

A. *Capsule 5-loculaire, polysperme.*

Labordia Gaudich.

B. *Capsule 2-loculaire, 2-sperme. Graines peltées, ailées.*

Antonia Pohl.

C. *Baie 2-loculaire, 2-sperme. Graines peltées, aptères.*

Gardneria Wallich.

D. *Baie 2-loculaire, polysperme, ou par avortement monosperme ou oligosperme. Graines peltées, aptères.*

Ignatia Linn. (Ignatiana Loureir.) — *Strychnos* Linn. (Caniram Thouars.) — *Rouhamon* Aubl. (Lasiostoma Schreb.)

Genre POTALIA. — *Potalia* Aubl.

Calice turbiné, 4-parti; lobes arrondis, imbriqués : les intérieurs plus petits. Corolle tubuleuse-campanulée, profondément 10-fide; tube subcylindrique; lobes dressés, imbriqués, en préfloraison contournés. Étamines 10, antéposées, incluses, insérées au tube de la corolle; filets courts, subulés; anthères linéaires, dressées. Disque annulaire, entourant la base de l'ovaire. Ovaire 2-loculaire; placentaires 2, charnus, adnés à la base de la cloison, multi-ovulés; ovules amphitropes. Style filiforme. Stigmate pelté, obscurément 5-lobé. Baie molle, turbinée, 2-loculaire, polysperme. Graines anguleuses, peltées, enfoncées dans la pulpe des placentaires; tégument crustacé, aréolé. Périsperme cartilagineux. Embryon axile, rectiligne, presque aussi long que le périsperme : cotylédons très-courts, obtus; radicule conique, infère. (*Martius, Nov. Gen. et Spec.*)

Arbrisseaux. Feuilles opposées-croisées, pétiolées, stipulées : stipules solitaires-interpétiolaires, adnées en forme de gaîne. Inflorescences terminales, cymeuses, garnies de bractées squamuliformes.

Ce genre, dont on ne connaît que deux espèces, est propre à l'Amérique équatoriale.

POTALIA AMER. — *Potalia amara* Aubl. Guian. vol. 1, tab. 151.

Arbuste à tiges droites, simples, noueuses, suffrutescentes, de la grosseur du doigt. Feuilles longues d'environ 18 pouces, sur 5 pouces de large, lancéolées-oblongues, ou lancéolées-obovales, subacuminées, lisses, courtement pétiolées. Cyme pédonculée, trichotome, garnie à sa base d'une bractée engaînante. Fleurs pédicellées, 2-bractéolées à la base. Calice coriace, jaune : lobes larges, concaves, obtus. Corolle plus courte que le calice, blanche : tube très-court; lobes étroits, oblongs, courbés au sommet. Anthères verdâtres. Baie du volume d'une Cerise, déprimée au sommet. Graines très-petites. (*Aublet*, l. c.)

Cette plante croît dans les forêts de la Guiane. Toutes ses parties sont très-amères; à forte dose, elle est vomitive; la décoction de ses feuilles et de ses jeunes tiges passe pour antisyphilitique. Ses jeunes tiges distillent une résine jaune qui répand, lorsqu'on la brûle, une odeur suave, analogue à celle du Benjoin.

Genre STRYCHNOS. — *Strychnos* Linn.

Calice 4-ou 5-fide : segments imbriqués. Corolle 4-ou 5-fide, tubuleuse; gorge barbue ou imberbe; limbe valvaire en préfloraison, étalé pendant l'anthèse. Étamines 4 ou 5, insérées à la gorge de la corolle; filets très-courts; anthères un peu saillantes. Ovaire 2-loculaire; placentaires 2, un peu charnus, adnés à la cloison; ovules très-nombreux, amphitropes, peltés. Style filiforme. Stigmate capitellé, indivisé. Baie cortiquée, 1-loculaire, polysperme, ou par avortement 1-sperme. Graines comprimées, subdisciformes, aptères, nidulantes dans la pulpe, peltées. Périsperme cartilagineux, subbilamellé. Embryon subexcentrique, court, rectiligne, niché à l'une des extrémités du périsperme; cotylédons foliacés; radicule cylindrique, vague. (*Blume*, *Rumphia*, 1, p. 66.)

Arbrisseaux grimpants, ou arbres. Feuilles courtement

pétiolées, nerveuses; pétioles connés par la base : l'un de chaque paire souvent abortif, et muni à son aisselle d'un ramule cirriforme. Inflorescences cymeuses ou paniculées, axillaires et terminales. Fleurs d'un blanc verdâtre, souvent très-odorantes.

Toutes les parties de la plupart des *Strychnos* (excepté la pulpe de leur fruit, laquelle est mangeable dans plusieurs espèces), sont d'une extrême amertume, et plus ou moins vénéneuses ; les graines surtout, même à très-faible dose, sont un violent poison, tant pour l'homme que pour les animaux. Le principe délétère est dû à la *Strychnine*, substance alcaline particulière, découverte dans ces végétaux par MM. Pelletier et Caventou, et que ces célèbres chimistes ont aussi retrouvée dans l'*Ignatia ;* une très-petite quantité de cette substance, introduite soit dans l'estomac ou dans le gros intestin, soit dans une blessure externe, produit la mort à la suite de violentes convulsions tétaniques (1).

A. *Arbres ou arbrisseaux dressés, non-cirrifères.*

Strychnos Vomiquier. — *Strychnos Nux-vomica* Linn. — Blackw. Herb. tab. 395. — Roxb. Plant. Corom. 1, tab. 4. — Gærtn. Fruct. 2, tab. 179, fig. 7. — *Caniram* Hort. Malab. 1, tab. 37.

Feuilles ovales ou elliptiques, pointues, luisantes, 3- ou 5-nervées. Baies polyspermes. Cymes terminales.

Arbre de moyenne taille. Tronc court, mais assez gros, souvent tortueux. Branches irrégulières. Écorce lisse, d'un gris cendré. Bois de couleur blanche, d'un grain serré. Jeunes pousses très-lisses, d'un vert foncé. Feuilles longues de 1 1/2 pouce à 4 pouces, larges de 1 pouce à 3 pouces, lisses aux 2 faces. Cymes solitaires, pédonculées, trichotomes, lâches, multi-

(1) Entre autres expériences à ce sujet, un lapin, auquel on fit avaler un demi-grain de strychnine, mourut au bout de 5 minutes.

flores, larges de 1 pouce à 3 pouces. Fleurs petites. Calice 5-denté, persistant, long de 1 ligne. Corolle longue d'environ 5 lignes, infondibuliforme, glabre : lobes oblongs, pointus. Anthères oblongues, jaunes, subsessiles, à moitié saillantes hors du tube. Style aussi long que le tube de la corolle. Stigmate capitellé. Baie sphérique, lisse, du volume d'une Pomme de grosseur moyenne (d'environ 18 lignes de diamètre) : écorce un peu dure, de couleur orange à la maturité; pulpe blanche, gélatineuse. Graines blanchâtres, suborbiculaires. (*Roxburgh*, l. c.)

Cette espèce, dont les graines sont connues en Europe sous le nom de *noix-vomiques*, est commune dans l'Inde, où elle fleurit durant la saison la moins chaude. Le bois, étant très-dur, sert dans le pays à toutes sortes d'usages; celui de la racine surtout est d'une amertume extrême, et employé, par les médecins hindous, contre les fièvres intermittentes; on le considère aussi comme un antidote contre la morsure des serpents venimeux. La pulpe du fruit est recherchée par les oiseaux, et par conséquent non-vénéneuse.

En Europe, on fait usage des noix-vomiques réduites en poudre et mêlées à des substances alimentaires, pour faire périr les animaux nuisibles; c'est le moyen employé à Paris par la police, pour se débarrasser des chiens errants dans les rues. Des vomissements réitérés, accompagnés de violentes convulsions, sont les symptômes qui résultent de ces empoisonnements. Malgré l'action délétère de la noix-vomique, des praticiens célèbres en ont recommandé l'emploi, à petites doses, comme un excellent remède contre les paralysies, la manie, et autres affections nerveuses.

Strychnos des buveurs. — *Strychnos potatorum* Willd. Spec. — Roxb. Plant. Corom. 1, tab. 5. — *Strychnos Tettancotta* Retz. Obs.

Feuilles ovales ou elliptiques, pointues, lisses, triplinervées à la base. Cymes naissant à la base des jeunes pousses. Corolle velue à la gorge. Baies monospermes.

Arbre plus élevé que le *Strychnos Nux-vomica*. Écorce

profondément rimeuse. Feuilles longues de 1 ½ pouce à 3 pouces, larges de 10 à 20 lignes, courtement pétiolées. Cymes solitaires, petites, courtement pédonculées, trichotomes, lâches, 7-15-flores. Pédicelles courts : les latéraux 1-bractéolés à la base. Bractéoles courtes, subulées. Fleurs odorantes, longues de 2 à 3 lignes. Calice minime, 5-denté. Corolle infondibuliforme : lobes courts, oblongs, pointus. Anthères subsessiles, jaunes, saillantes hors du tube. Baie subglobuleuse, luisante, noire à la maturité, du volume d'une Cerise. Graine grisâtre, suborbiculaire, large d'environ 5 lignes.

Cette espèce croît dans les forêts des montagnes de l'Inde. Son bois, fort compacte et durable, sert à de nombreux usages dans l'économie domestique des habitants du pays. La pulpe du fruit mûr est mangeable, mais, au témoignage de Roxburgh, d'une saveur peu agréable. Les graines mûres sont séchées, et vendues à tous les marchés, dans l'Inde, parce qu'elles ont la propriété de clarifier l'eau trouble. Les Hindous, dit Roxburgh, ne boivent jamais de l'eau de puits, à moins qu'il leur soit impossible de se procurer de l'eau de rivière ou d'étang, laquelle est toujours plus ou moins trouble. Pour clarifier l'eau, on frotte la surface interne du vase qui la contient (et qui en général est d'argile sans émail), avec une graine de cet arbre; au bout de quelques instants, toutes les immondices se précipitent au fond, et l'eau reste parfaitement claire, sans aucune qualité malfaisante. Les officiers et les soldats de l'armée anglaise de l'Inde ont toujours soin de se pourvoir de ces graines, pour ne pas manquer d'eau potable en campagne.

STRYCHNOS DE MADAGASCAR. — *Strychnos madagascariensis* Poir. Enc. — *Caniram de Madagascar* Petit-Thou. in Dict. des Sciences Nat. vol. 6, p. 427.

Arbre de hauteur moyenne, très-voisin du *Strychnos potatorum;* il diffère de celui-ci, suivant Aubert du Petit-Thouars, par sa corolle 4-fide; le fruit est plus gros, d'environ 1 pouce de diamètre : il ne contient aussi qu'une seule graine, laquelle est plus large et plus comprimée.

Cette espèce croît à Madagascar : « Il est probable, dit Au-
» bert du Petit-Thouars, qu'on pourrait tirer de ses graines le
» même parti que de celles du *Strychnos potatorum*; l'essai
» mériterait d'autant plus d'être fait, que l'insalubrité de Ma-
» dagascar provient principalement de la mauvaise qualité des
» eaux. »

STRYCHNOS A FEUILLES DE TROËNE. — *Strychnos ligustrina* Blume, Rumphia, vol. 1, p. 68; tab. 25. — *Strychnos colubrina* auctor. (non Linn. ex Blum.) — *Lignum colubrinum* Rumph. Amb. 2, tab. 38 (mala).

Ramules quelquefois subspinescents au sommet. Feuilles ovales ou elliptiques, obtuses (rarement pointues), rétrécies à la base, trinervées, glabres. Cymes terminales, pauciflores. Baies globuleuses, 2-8-spermes.

Arbre ayant le port de l'Oranger. Tronc haut de 12 à 15 pieds, de ½ pied de diamètre ou plus, droit, irrégulièrement et profondément rimeux. Bois très-dur, très-amer, d'un jaune pâle. Écorce mince, d'un gris cendré. Branches et rameaux horizontaux, divariqués. Ramules dichotomes, cylindriques. Jeunes pousses courtes, comprimées, spinescentes au sommet. Feuilles longues de 12 à 18 lignes, larges de 8 lignes ou plus, subcoriaces, d'un vert foncé et luisantes en dessus, glauques en dessous; pétiole très-court. Cymes solitaires au sommet des jeunes pousses, dressées, de moitié au moins plus courtes que les feuilles, veloutées : pédoncule grêle, 2 fois plus long que les pétioles, en général trichotome-9-flore, quelquefois pluriflore, ou seulement 3-flore. Bractées opposées, subulées, longues d'environ 1 ligne. Boutons claviformes, finement pubérules. Calice 4- ou 5-parti, minime, turbiné : segments ovales, pointus, connivents, imbriqués par les bords. Corolle longue de 6 ou 7 lignes, infondibuliforme, blanchâtre, veloutée à la surface externe, glabre à la surface interne : tube droit ou un peu courbé; gorge imberbe; limbe de moitié plus court que le tube, 4-fide dans les fleurs centrales, 5-fide dans les fleurs latérales : segments semi-lancéolés, pointus, marginés. Étamines saillantes, dressées, imberbes, plus courtes que le limbe de la corolle. Filets très-courts; anthères cordiformes-oblongues, obtuses, jaunes. Style dressé, filiforme, glabre, débordant les étamines. Stigmate subbilobé. Baies (en général solitaires par suite de l'avortement des autres fleurs de la cyme) globuleuses, lisses, du volume d'une Prune de reine-Claude, d'un jaune verdâtre, finalement roussâtres; pulpe blanchâtre, succulente; écorce sèche, fragile. Graines en général lenticulaires, moins souvent ovales ou ellipsoïdes, veloutées, grisâtres; embryon de moitié plus court que le périsperme : cotylédons ovales, nerveux, planes; radicule cylindrique, obtuse, centrifuge, aussi longue que les cotylédons. (*Blume*, l. c.)

Cette espèce croît aux Moluques; c'est l'une de celles dont la racine est connue en matière médicale sous le nom de *bois de Couleuvrée*. Au témoignage de M. Blume, l'infusion à froid de cette racine est employée avec succès, par les Javanais, contre les paralysies des membres inférieurs, et autres affections nerveuses, ainsi que contre les maladies du foie, si communes dans les archipels de la mer des Indes; c'est également un excellent antispasmodique, tonique, fébrifuge et anthelmintique. Enfin, M. Blume est d'avis que le bois de Couleuvrée, administré avec les précautions nécessaires, est l'un des médicaments les plus précieux contre beaucoup de maladies, et qu'il est à regretter qu'on en fasse si rarement usage en Europe. Du reste, ce bois contient beaucoup de strychnine, de sorte qu'une trop forte dose produit facilement des stupeurs, des tremblements nerveux, et même le tétanos.

STRYCHNOS VONTAC.—*Strychnos Vontac* Petit-Thou. in Dict. des Sciences Nat. v. 6, p. 428. (sub *Caniram.*) —*Sthrychnos spinosa* Lamk. Ill. — Pluck. Phyt. tab. 170, fig. 4.

Feuilles obovales, acuminées, 5-nervées, glabres, spinifères aux aisselles. Cymes terminales. Corolle 5-fide, barbue à la gorge, à peine plus longue que le calice. Baies sphériques, polyspermes.

Petit arbre. Tronc haut de 9 à 12 pieds. Branches étalées.

Feuilles longues d'environ 3 pouces, sur 2 pouces de large, très-courtement pétiolées. Épines droites, solitaires, pointues, plus longues que le pétiole. Cymes fastigiées ou pyramidales, pédonculées; ramules opposés. Fleurs longues d'environ 3 lignes. Segments calicinaux linéaires. Corolle un peu ventrue : limbe large de 2 lignes. Fruit de 3 pouces de diamètre : épicarpe mince, charnu, de couleur orange à la maturité; endocarpe testacé; pulpe aqueuse. Graines plates, semblables à la Noix-vomique, mais plus petites.

Le *Vontac*, dit Aubert du Petit-Thouars, croît abondamment à Madagascar, sur les bords de la mer et dans les sables les plus arides. Ses fruits y sont souvent d'une heureuse ressource comme rafraîchissement : leur pulpe centrale se détache de tous côtés, en mûrissant, et prend une saveur agréable; cependant elle fait éprouver au gosier une astriction particulière, qui semble avertir qu'il ne serait pas sain d'en manger beaucoup. Cet arbre a été depuis longtemps introduit à l'île de France, où on lui donne le nom d'*arbre à savonnette;* mais ses fruits n'y arrivent point à maturité, et restent toujours amers.

STRYCHNOS FAUX-QUINQUINA. — *Strychnos Pseudo-Quina* Aug. Saint-Hil. Plant. Usuelles des Bras. tab. 1.

Feuilles subsessiles, ovales-elliptiques, obtuses, quintuplinervées, presque glabres en dessus, cotonneuses-ferrugineuses en dessous. Thyrses axillaires, denses, pubescents, subsessiles, oblongs-pyramidaux, composés d'ombelles simples ou 2-3-radiées. Lobes de la corolle lancéolés-linéaires, pointus. Baies glabres, globuleuses, monospermes.

Arbre d'environ 12 pieds, rabougri, tortueux, inerme. Écorce subéreuse, jaune d'ocre extérieurement, grisâtre en dedans. Rameaux nombreux, disposés en tête hémisphérique. Ramules tétragones, couverts de poils roux. Feuilles longues de 3 à 4 pouces, dures, cassantes, d'un vert jaunâtre, munies d'un bord calleux; pétiole épais, long de 2 à 3 lignes. Thyrses étalés ou ascendants, opposés, un peu plus ou moins longs que les feuilles; ramules courts; ombelles 3-7-flores, involucrées;

bractéoles petites, pointues, linéaires. Fleurs longues de 3 à 4 lignes, d'une odeur analogue à celle du Lilas. Corolle blanchâtre ou verdâtre. Baie jaune, de 7 à 8 lignes de diamètre. Graine d'un demi-pouce de diamètre.

Cet arbre croît au Brésil, dans toute la partie occidentale de la province des Mines appellée *certao* (désert), dans le district des Diamants, les déserts de Goyaz, etc. On le trouve généralement dans les savanes parsemées d'arbres rabougris.

« De toutes les plantes médicinales du Brésil, » dit M. de Saint-Hilaire « le *Strychnos pseudo-quina*, ou *Quina de Campo*, « est peut-être celle dont l'usage est le plus répandu, et dont « les propriétés sont les mieux constatées. A l'exception de la « baie, qui a une saveur douceâtre, et que les enfants mangent « avec plaisir, toutes les parties de la plante sont d'un goût ex- « trêmement amer et un peu astringent; mais c'est principale- « ment dans l'écorce que résident ces qualités, et c'est d'elle « aussi que les habitants du pays font usage. Ils s'en servent à « peu près dans toutes les maladies où les médecins d'Europe « administrent le Quinquina, et principalement dans les fièvres « intermittentes si communes sur les bords du Rio de San Fran- « cisco, et autres fleuves du Brésil méridional. Tantôt ils em- « ploient l'écorce du *Pseudo-quina* en décoction, et tantôt ils « la prennent en poudre à la dose de 2 à 3 centigrammes. Un « des médecins les plus éclairés du Brésil, qui avait fait des ex- « périences sur le *Strychnos pseudo-quina* comparativement « avec le *Quinquina du Pérou*, m'a assuré qu'il avait trouvé « l'écorce de la plante des *Mines* au moins égale pour les pro- « priétés à celle des véritables *Cinchona* de l'Amérique espa- « gnole; et les essais qui ont été tentés à Paris et dans les envi- « rons, tendent à confirmer cette assertion. » L'analyse chimique n'a pu découvrir, dans cette espèce, aucune trace de strychnine.

B. *Arbrisseaux sarmenteux, cirrifères.*

STRYCHNOS BOIS DE COULEUVRE. — *Strychnos colubrina*

Linn. — Blackw. Herb. tab. 403. — *Modira Caniram* Hort. Malab. v. 8, tab. 24.

Vrilles simples, finalement épaisses et ligneuses. Feuilles elliptiques ou oblongues, acuminées, subobtuses, triplinervées, luisantes. Cymes petites, terminales. Baies polyspermes.

Arbrisseau grimpant au delà du sommet des arbres les plus élevés. Tige atteignant de 8 à 12 pouces de diamètre. Bois dur, excessivement amer, d'un gris clair. Écorce d'un gris de cendre, plus ou moins scabre. Jeunes pousses lisses, vertes. Feuilles longues de 3 à 6 pouces, larges de 2 à 3 pouces, minces, courtement pétiolées. Vrilles latérales. Cymes petites, composées de 2 ou 3 paires de cymules opposées, velues, pauciflores. Fleurs petites, subternées. Bractées subulées, velues. Calice 5-parti, couvert d'une pubescence glandulifère. Corolle glabre, 5-fide, infondibuliforme : tube cylindrique; lobes linéaires-oblongs. Filets courts. Anthères subsagittiformes. Ovaire ovoïde, glabre. Style aussi long que la corolle. Stigmate capitellé. Baie du volume d'une Orange, 1-loculaire à la maturité; écorce testacée, tantôt d'un jaune vif, tantôt brunâtre; pulpe gélatineuse, jaune. Graines au nombre de 2 à 12, orbiculaires, aplaties, larges de près de 1 pouce : tégument mince, dur, velouté; hile barbu : embryon situé immédiatement auprès du hile; cotylédons cordiformes, 3-nervés; radicule ellipsoïde, appointante. (*Roxburgh, Flora Indica*, ed. 2, vol. 1, p. 578.)

Cette espèce croît dans l'Inde, où l'on attribue au bois de sa racine des propriétés fébrifuges et alexitères; on fait avec ce bois des vases dans lesquels on verse l'eau que l'on destine à servir de médicament, et qui s'empare ainsi du principe amer; lorsque la dose est trop forte, il en résulte une sorte d'ivresse, accompagnée de tremblements convulsifs.

Strychnos Tjétték. — *Strychnos Tieute* Lesch. in Annal. du Mus. vol. 16, p. 479; tab. 23 (ramulus sterilis).—Blume, Rumphia, vol. 1, p. 66; tab. 24.

Feuilles elliptiques ou oblongues, acuminées, glabres. Vrilles solitaires, oppositifoliées, épaissies au sommet. Cymes axillaires, lâches. Corolle nue à la gorge. Baies globuleuses, polyspermes.

Racine ligneuse, de la grosseur du bras d'un enfant, rameuse, rampante : rameaux longs, tuberculeux, de 1 à 2 pouces de diamètre, garnis de longues fibres presque simples; écorce mince, rougeâtre. Tronc grimpant au sommet des arbres les plus élevés, de la grosseur du bras d'un homme, tortueux, raide, cylindracé, légèrement noueux, souvent indivisé jusqu'à la hauteur de 80 à 120 pieds, brachié au sommet; écorce mince, ponctuée, brunâtre en dehors, jaunâtre en dedans; bois léger, poreux, jaunâtre, sans aucune amertume. Ramules florifères subhorizontaux, distiques, cylindriques, verdâtres, longs de 4 à 6 pouces, 4-6-phylles. Vrilles ligneuses, recourbées en spirale, longues de 1 à 2 pouces. Feuilles longues de 2 1/2 à 3 1/2 pouces, larges de 15 à 18 lignes, subcoriaces, glabres, luisantes aux 2 faces, d'un vert foncé en dessus, grisâtres en dessous, opposées, ou solitaires par avortement, rétrécies à la base; pétiole court. Cymes pédonculées, corymbiformes, simples, plus courtes que les feuilles, trichotomes, dibractéolées à la base des ramifications. Calice petit, non-persistant, dibractéolé à la base, 5-fide : lanières ovales, conniventes en forme de cloche. Corolle longue d'environ 9 lignes, d'un vert blanchâtre, infondibuliforme, odorante; limbe 5-fide, étalé, à peu près d'un tiers plus court que le tube : lanières linéaires-lancéolées, épaissies aux bords, terminées en pointe infléchie. Étamines glabres, beaucoup plus courtes que le limbe de la corolle; anthères subsessiles, ovales-oblongues, obtuses, semi-incluses. Style plus long que le tube de la corolle. Stigmate obtus, imberbe. Baie du volume d'un citron, globuleuse, lisse, très-glabre, luisante, d'un brun jaunâtre, finalement rougeâtre; écorce subligneuse, épaisse, fragile; pulpe semi-diaphane, blanchâtre, douceâtre, succulente. Graines elliptiques, ou ovales, ou suborbiculaires, veloutées, brunâtres, lenticulaires, ou plano-convexes. Embryon éloigné du hile, marginal, d'un tiers environ plus court que le périsperme; cotylédons cordiformes, acuminés, nerveux, foliacés; radicule claviforme, aussi longue que les cotylédons. (*Blume*, l. c.)

Cette espèce croît à Java, dans les forêts vierges les plus épaisses; les habitants du pays la désignent par les noms de *Tjéttek*, ou *Pokroé*. C'est d'elle que provient l'un des fameux poisons connus depuis longtemps sous les noms d'*Upas*, *Ipo*, ou *Hipo*, mais sur l'origine desquels Leschenault donna le premier des notions précises. La substance vénéneuse fournie par le *Strychnos Tjéttek* est appelée en malai *Upas radja* (c'est-à-dire poison le plus fort); l'autre substance analogue, que les Malais nomment aussi *Upas*, *Ipo*, ou *Hipo* (mots qui, en différents dialectes, signifient tous poison), ainsi que *Antjar* ou *Antsjar*, provient de l'*Antiaris toxicaria*, arbre de la famille des Artocarpées. Les Malais se servent de l'une et de l'autre de ces substances, pour empoisonner la pointe des flèches, dont la moindre blessure devient par ce moyen mortelle; ils préparent aussi avec ces poisons, des appâts qui donnent promptement la mort aux animaux qui en mangent; la chair des animaux tués soit par ce moyen, soit par celui des flèches empoisonnées par l'Upas, ne conserve aucune qualité nuisible : seulement faut-il avoir soin d'enlever les parties qui ont été en contact immédiat avec la substance délétère.

Au témoignage de M. Blume, la préparation de l'*Upas-radja* consiste à faire bouillir dans de l'eau, pendant une heure environ, une certaine quantité de racine du *Strychnos Tjéttek*, mondée et réduite en fragments; puis on décante le liquide, et on le fait évaporer, à feu lent, jusqu'à ce qu'il soit réduit à la consistance d'un sirop épais; cet extrait est extrêmement amer et de couleur noirâtre; dans cet état, on y ajoute du suc des racines de *Kæmpferia Galanga*, de Gingembre, d'Ognon et d'Ail, ainsi que du Poivre-noir réduit en poudre très-fine; enfin le tout est de nouveau exposé pendant peu de temps au feu; alors l'opération est terminée, et l'on conserve le poison dans des tuyaux de Bambou.

Nous empruntons encore à l'excellent travail de M. Blume les détails suivants sur l'*Upas-radja*. L'écorce du tronc du *Strychnos Tjéttek* ne laisse point écouler de suc, lorsqu'on y fait des incisions; mais le bois de l'arbre contient un suc limpide, aqueux, insipide, qui découle par gouttes lorsqu'on entaille profondément le tronc, et qui est sans propriétés nuisibles. L'écorce de la racine contient un suc aqueux, rougeâtre, styptique et d'une odeur nauséeuse : c'est dans ce suc que réside le principe délétère de l'Upas; toutefois, l'écorce du tronc et des rameaux renferme aussi ce principe, quoiqu'en moindre quantité. Ce principe vénéneux est de nature fixe, et le temps ne lui fait rien perdre de sa dangereuse énergie, laquelle est due à la présence de la strychnine, combinée à une matière extractive extrêmement amère et de nature résineuse. L'addition des matières aromatiques contribue beaucoup à rendre plus délétère l'action de l'Upas, du moins lorsque ce poison est introduit dans des blessures; cela paraît dû à ce que le poison du Tjéttek, étant pur, n'exerce pas d'action excitante sur les vaisseaux absorbants; aussi le suc de ce végétal peut-il être appliqué, sans aucun danger, sur la peau nue, ce qu'on ne saurait faire impunément avec le suc-propre de l'*Antjar;* mais lorsqu'on ajoute au poison du Tjéttek des excitants tels que le Poivre, le Gingembre, etc., on le fait participer à la nature de ceux-ci, et on lui ouvre, pour ainsi dire, la voie pour s'introduire plus facilement dans l'économie animale. Le poison du Tjéttek n'offre pas les mêmes principes constituants que celui de l'*Antiaris;* aussi agit-il d'une manière différente. Il affecte bien plus vite et plus violemment tous les animaux et il produit de tout autres symptômes que l'*Upas-antjar;* presqu'à l'instant de l'infliction de la blessure il se manifeste un abattement général, des tremblements, et des éjections alvines; la faculté de se mouvoir est très-affaiblie ou anéantie : l'animal tombe sur la tête ou sur l'un des flancs comme frappé d'un vertige subit; cet abattement est bientôt suivi de violentes convulsions des membres et d'un état tétanique, auquel se joint une oppression des organes respiratoires, qui ne tarde pas à amener la mort par suffocation; il est peu d'animaux qui résistent plus d'un quart d'heure à cette crise, et souvent ils expirent quelques minutes après l'infliction de la blessure. Les cadavres des animaux morts de ce poison n'offrent aucune trace d'inflammation, ni immédiatement autour de la blessure, ni aux organes de la respiration et de la digestion; mais les poumons et l'aorte sont engorgés de sang coagulé; le cerveau offre des congestions encore plus fortes, et la moëlle épinière est dans un état inflammatoire. Aucun autre poison, soit végétal, soit animal, n'agit d'une manière aussi prompte et aussi violente sur le système nerveux. L'extrait du *Tjétték*, soit pur, soit après avoir subi la préparation dont nous avons parlé plus haut, n'est pas moins délétère lorsqu'on l'administre à l'intérieur, même à très-petite dose; toutefois il agit beaucoup moins subitement que lorsque le poison a été introduit dans une blessure; les symptômes qui se manifestent sont à peu près les mêmes que dans ce dernier cas, si ce n'est que les organes digestifs des cadavres se trouvent en état d'inflammation. Le remède le plus efficace contre les blessures empoisonnées par l'Upas-radja, est la cautérisation instantanée de la partie affectée; mais si le poison a déjà eu le temps d'agir sur le système nerveux, on doit essayer des saignées copieuses, des frictions avec des huiles essentielles, enfin l'opium et le camphre, administrés à l'intérieur. Lorsque le poison a été introduit dans les voies digestives, l'administration copieuse d'eau froide acidulée ainsi que la saignée sont surtout à recommander.

Genre IGNATIA. — *Ignatia* Linn. fil.

Calice campanulé, 5-denté. Corolle infondibuliforme; tube long, filiforme; limbe 5-parti : segments oblongs, obtus, valvaires en préfloraison. Étamines 5, insérées au fond de la corolle, incluses; filets filiformes; anthères conniventes. Ovaire ovoïde. Style filiforme. Stigmate biparti : lanières filiformes. Drupe ligneux, 1-loculaire, polysperme. Graines anguleuses, peltées. Périsperme cartilagineux. Embryon axile, rectiligne, presque aussi long que le périsperme; cotylédons plano-convexes; radicule cylindrique, vague.

Arbrisseau grimpant. Feuilles opposées, pétiolées. Cymes petites, axillaires, pauciflores, pédonculées. Fleurs très-longues, nutantes, blanches, odorantes.

Ce genre n'est fondé que sur l'espèce suivante.

Ignatia amer. — *Ignatia amara* Linn. fil. — Gærtn. Fruct. 2, tab. 179, fig. 8. — *Strychnos Ignatii* Lamk. Enc.

Tige forte, grimpante. Rameaux très-nombreux, grêles, longs, sarmenteux, cylindriques. Feuilles longues de 6 à 7 pouces, glabres, pétiolées, ovales, pointues. Pédicelles courts, raides, cylindriques. Calice court, campanulé; dents ovales, obtuses. Tube de la corolle long d'environ 6 pouces; limbe plane, à segments obtus. Fruit pyriforme, du volume d'une Poire de bon-chrétien. Graines de forme variable, oblongues et subanguleuses, ou tétragones, ou lenticulaires, brunes, ou couleur de bistre; un peu rugueuses; périsperme verdâtre.

Ce végétal, dont les graines sont connues en thérapeutique sous les noms de *fèves de saint Ignace* (parce que les missionnaires jésuites les firent connaître en Europe), ou *Igasures*, croît dans la Cochinchine et aux îles Philippines; dans ces contrées, les fèves de saint Ignace sont considérées comme un remède à peu près universel, et leur emploi était autrefois très-préconisé en Europe, quoiqu'elles soient aujourd'hui à peu près hors d'usage. Ces graines sont d'une extrême amertume, et, ainsi que l'ont démontré MM. Pelletier et Caventou, elles contiennent de la strychnine en quantité plus considérable même que les noix-vomiques. Aussi est-il résulté des expériences de MM. Magendie et Delile, que la fève de saint Ignace agit absolument de la même manière sur l'économie animale, que la noix-vomique. La mort qu'elle occasionne lorsqu'on l'administre à haute dose, paraît également due au spasme qui s'empare des organes respiratoires et à l'asphyxie qui en est la suite. Suivant Loureiro, la fève de saint Ignace serait pourtant moins dangereuse que la noix-vomique; il assure en avoir donné à la dose d'environ deux drachmes à des chevaux, des buffles et des porcs, sans que ces animaux en eussent souffert, tandis qu'une dose bien moins forte de noix-vomique devenait mortelle pour des chevaux.

CENT VINGT-HUITIÈME FAMILLE.

LES APOCYNÉES. — *APOCYNEÆ.*

Apocyneæ R. Brown, Prodr. Flor. Nov. Holl.; Diss. de Asclepiadeis, in Mem. Werner. Soc. I. — Bartl. Ord. Nat. p. 203 (excl. genn.) — *Apocynearum* pars, Juss. Gen. — *Apocyneæ Vinceæ* De Cand. in Duby, Bot. Gall. — *Contortæ*, trib. II : *Apocyneæ* et III : *Carisseæ* (excl. genn.) Reichenb. Syst. Nat. p. 211. — *Apocynaceæ* Lindl. Intr. ed. 2, p. 299. — Endl. Gen. Plant. 1, p. 377.

Cette famille, que nous ne croyons pas suffisamment distincte des Asclépiadées, n'est pas moins voisine des Loganiées, des Gentianées, et même des Rubiacées. La plupart des espèces habitent la région équatoriale; on en connaît environ deux cents.

Presque toutes les *Apocynées* contiennent un suc laiteux, très-âcre et caustique; toutefois, dans quelques espèces, ce suc-propre, loin d'avoir des propriétés délétères, est insipide et peut même servir d'aliment; dans plusieurs espèces, ce suc, en se condensant à l'air, forme du caoutchouc. Les graines de quelques espèces sont du nombre des poisons les plus dangereux que l'on connaisse; néanmoins, les fruits charnus que produisent plusieurs autres Apocynées sont bons à manger. Quelques espèces fournissent des matières tinctoriales, et notamment de l'Indigo; d'autres ont des propriétés toniques et fébrifuges, ou purgatives, ou émétiques. Enfin, un grand nombre d'Apocynées méritent d'être cultivées comme plantes d'ornement.

Caractères de la Famille.

Arbres, ou *arbrisseaux* (souvent volubiles), ou moins souvent *herbes* vivaces. Sucs-propres en général laiteux.

Tiges et rameaux cylindriques ou anguleux, le plus souvent noueux avec articulation.

Feuilles opposées ou moins souvent verticillées (par exception éparses), simples, très-entières, souvent paralléli-veinées, en général non-stipulées. Stipules ordinairement remplacées par des glandules interpétiolaires.

Fleurs régulières, hermaphrodites, terminales, ou axillaires, ou interpétiolaires, le plus souvent disposées en cymes.

Calice 5-fide ou 5-parti (par exception 4-fide), inadhérent, persistant, en général petit.

Disque annulaire ou à plusieurs squamules distinctes, hypogyne, ou subpérigyne.

Corolle tubuleuse, ou campanulée, ou rotacée, hypogyne, non-persistante, 5-fide (par exception 4-fide); gorge souvent barbue ou couronnée d'appendices variés; lobes alternes avec les divisions calicinales, contournés et imbriqués en préfloraison (par exception valvaires), le plus souvent obliques et inéquilatéraux.

Étamines en même nombre que les lobes de la corolle, interposées, insérées au tube ou à la gorge de la corolle. Filets libres, en général très-courts. Anthères dressées, conniventes, dithèques, introrses, appliquées sur le stigmate (auquel elles sont souvent soudées en partie), libres entre elles, ou cohérentes, souvent appendiculées ou mucronées; bourses contiguës antérieurement, ou divergentes à la base, déhiscentes chacune par une fente longitudinale; pollen granuleux, quelquefois cohérent.

Pistil : Ovaire 2-loculaire à placentaires axiles, ou bien 2 ovaires distincts, 1-loculaires, à placentaire sutural; par exception : ovaire 1-loculaire, à 2 placentaires suturaux. Ovules en nombre indéfini ou rarement en nombre défini, anatropes, ou amphitropes. Un seul style. Stigmate terminal, bifide, ou moins souvent indivisé, souvent dilaté en forme de disque à la base.

Péricarpe bi-folliculaire (ou par avortement 1-folliculaire), moins souvent capsulaire et 2-loculaire, ou baccien, ou drupacé ; par exception capsule 1-loculaire, 2-valve.

Graines en nombre indéfini (ou moins souvent solitaires), souvent aigrettées. Périsperme charnu ou corné, quelquefois nul ou très-mince. Embryon rectiligne, le plus souvent foliacé; cotylédons planes (rarement involutés longitudinalement); radicule de direction variée.

La famille des Apocynées comprend les genres suivants :

Ire TRIBU. **LES CARISSÉES.** — *CARISSEÆ* Endl.

Pistil à ovaire solitaire soit 2-loculaire (à 2 placentaires septifixes), soit 1-loculaire (à 2 placentaires suturaux). Péricarpe baccien ou rarement capsulaire.

Carissa Linn. (Arduina Linn. Antura Forsk.) — *Hancornia* Gomez. (Mangaiba Marcg.) — *Ambelania* Aubl. (Willughbeia Schreb.) — *Pacouria* Aubl. — *Collophora* Mart. — *Landolphia* Palis. Beauv. — *Melodinus* Forst. — *Couma* Aubl. — *Chilocarpus* Blum. — *Willughbeia* Roxb. (Ancylocladus Wall.)—*Leuconotis* Jack. — *Allamanda* Linn. (Orelia Aubl.)

IIe TRIBU. **LES OPHIOXYLÉES.** — *OPHIOXYLEÆ* Endl.

Pistil à ovaire didyme, ou à 2 ovaires distincts. Péricarpe drupacé.

Ophioxylon Linn. — *Vallesia* Ruiz et Pav. — *Tan-*

ghinia Thouars.—*Thevetia* Linn. (Ahouai Tourn. Cerbera Juss.) — *Cerbera* Linn. (Manghas Burm.) — *Ochrosia* Juss. (Ophioxylon Pers.) — *Kopsia* Blum. — *Rauwolfia* Plum. — *Condylocarpon* Desfont. — *Alyxia* Banks. (Gynopogon Forst.)

IIe TRIBU. LES PLUMÉRIÉES. — *PLUMERIEÆ* Endl.

Pistil de 2 ovaires distincts. Péricarpe de 2 follicules. Graines inaigrettées, le plus souvent peltées.

Hunteria Roxb.—*Urceola* Roxb.—*Tabernæmontana* Linn. (Rejouia Gaudich.; ? Pandaca Thouars.)—*Voacanga* Thouars. — *Orchipeda* Blum. — *Aspidosperma* Mart. et Zuccar. —*Plumeria* Linn. — *Cameraria* Plum. — *Gonioma* E. Mey. — *Rhazya* Decaisne.—*Amsonia* Walter. — *Vinca* Linn. (Pervinca Tourn.) — *Lochnera* Reichenb. (Vinca Dumort.)—*Plectaneia* Thouars.

IVe TRIBU. LES ALSTONIÉES. — *ALSTONIEÆ* Endl.

Péricarpe de 2 follicules coriaces. Graines peltées, ciliées, barbues aux 2 bouts.

Alstonia R. Brown.

Ve TRIBU. LES ÉCHITÉES. — *ECHITEÆ* Endl.

Péricarpe de 2 follicules coriaces ou membranacés, distincts, ou moins souvent connés. Graines à hile aigretté.

Echites P. Br. — *Ichnocarpus* R. Br. — *Beaumontia* Wallich. — *Holarrhena* R. Br. — *Pachypodium* Lindl. (Belonites E. Mey.) — *Adenium* Rœm. et Schult. —

Isonema R. Br. — *Thenardia* Kunth. — *Vallaris* Burm. (Emericia Rœm. et Schult. Peltanthera Roth.) — *Parsonsia* R. Br. (Forsteronia Meyer, Esseq.) — *Ecdysanthera* Hook. et Arn. — *Heligme* Blum. (Helygia Blum.) — *Lyonsia* R. Br.—*Pottsia* Hook. et Arn.—*Apocynum* Linn. — *Ectadium* E. Mey. — *Cryptolepis* R. Br. — *Prestonia* R. Br. — *Balfouria* R. Br. — *Nerium* R. Br. — *Strophanthus* De Cand.

VIe TRIBU. LES WRIGHTIÉES. — *WRIGHTIEÆ* Endl.

Péricarpe de 2 follicules. Graines aigrettées à l'extrémité opposée au hile.

Wrightia R. Br. — *Kixia* Blum. (Hasseltia Blum.)

Genres douteux.

Alafia Thouars. — *Systrepha* Burch. — *Anabata* Willd. (Sulzeria Rœm. et Schult.) — *Dissolena* Loureir. — *Vahea* Lamk.

Ire TRIBU. LES CARISSÉES. — *CARISSEÆ* Endl.

Pistil à ovaire solitaire, soit 2-loculaire (à placentaires septifixes), soit 1-loculaire (à 2 placentaires suturaux). Péricarpe baccien ou rarement capsulaire.

Genre CARISSA. — *Carrissa* Linn.

Calice 5-fide ou 5-parti. Corolle infondibuliforme ou hypocratériforme : limbe 5-parti ; gorge nue ou fermée par des poils. Étamines 5, incluses, insérées vers le milieu de la corolle. Ovaire 2-loculaire ; loges pauci-ovulées; placentaires adnés à la cloison. Style filiforme. Stigmate 2-fide, élargi à la base. Baie 2-loculaire, oligosperme, ou par avortement 1-sperme. Graines peltées, comprimées; périsperme corné; embryon axile, rectiligne; cotylédons foliacés; radicule cylindrique, supère.

Arbres ou arbrisseaux, à suc-propre laiteux. Feuilles opposées, accompagnées de stipules interpétiolaires, sétiformes. Pédoncules axillaires ou terminaux, multiflores, quelquefois spinescents.

Ce genre est propre aux contrées inter-tropicales de l'Ancien continent. On en connaît environ 15 espèces.

Carissa Carandas. — *Carissa Carandas* Linn. — Roxb. Corom. 1, tab. 77. — Wight et Arn. in Hook. Bot. Mag. Comp. 1, p. 227, cum Ic. — *Carandas* Rumph. Amb. 7, tab. 25.

Grand buisson épineux. Branches nombreuses, dichotomes, divariquées, cylindriques, raides, glabres : ramules comprimés. Épines opposées dans les bifurcations des rameaux et des ramules : les raméaires 1 ou 2 fois bifurquées; les ramulaires en général simples; toutes droites, acérées, divergentes. Feuilles courtement pétiolées, elliptiques, ou elliptiques-oblongues, obtuses, ou légèrement échancrées, très-entières, glabres, luisantes, subcoriaces. Pédoncules géminés, ou ternés, ou quaternés, terminaux, longs d'environ 1 pouce, glabres, 3- ou pluriflores. Pédicelles 1-bractéolés à la base, disposés en corymbe. Calice fendu jusqu'au milieu : lobes triangulaires, acuminés, légèrement pubescents. Corolle beaucoup plus longue que le calice : tube imberbe, d'un jaune verdâtre; limbe jaune : segments oblongs, pointus, pubescents, presque 2 fois plus courts que le tube, un peu recourbés. Étamines incluses, insérées au-dessous du milieu du tube; anthères linéaires, acuminées, subsessiles. Ovaire oblong : loges 4-ovulées. Style filiforme, épaissi au sommet. Stigmate biparti : lanières filiformes, ciliées au sommet. Baie du volume d'une petite Prune, verdâtre, glabre, ellipsoïde : loges 1-4-spermes. Graines elliptiques, comprimées, concaves antérieurement, amincies aux bords; tégument mince; périsperme épais; cotylédons suborbiculaires, foliacés; radicule cylindrique.

Cette espèce est commune dans l'Inde, où on l'emploie fréquemment à faire des haies, excellentes à raison du port touffu de la plante, et des nombreuses épines dont elle est armée. Le fruit est assez bon à manger, surtout en confiture.

Carissa comestible. — *Carissa edulis* Vahl, Symb. — *Antura* Forsk. Flor. Ægypt. Arab.

Buisson à rameaux dichotomes, velus au sommet. Feuilles subsessiles, raides, ovales, pointues (les inférieures obtuses), glabres, peu veineuses. Pédoncules terminaux, fasciculés, pauciflores. Lobes calicinaux lancéolés-linéaires, courts. Tube de la corolle rouge, 4 fois plus long que le calice : segments linéaires-lancéolés, réfléchis.

Cette espèce croît en Arabie; ses fruits sont mangeables.

Carissa amer. — *Carissa xylopicron* Petit-Th. Observ. p. 24, et p. 80 Ic.

Petit arbre. Tronc d'environ 6 pouces de diamètre; écorce mince, gercée; cime touffue, pyramidale. Feuilles ovales, acuminées, glabres, veineuses, fermes. Pédoncules latéraux, épineux, 1- ou 2-flores, longs d'environ 2 pouces. Baie longue d'environ 1 pouce, ovale-oblongue, acuminée, 12-15-sperme. Graines aplaties, marginées : rebord membraneux.

Cette espèce croît dans les montagnes de l'île de Bourbon. Son bois, semblable à celui du Buis, a une saveur amère qu'il communique à l'eau par infusion, et que l'on regarde comme très-stomachique; on en fait des gobelets dans lesquels on laisse séjourner du vin qu'on veut rendre plus stomachique.

Genre COUMA. — *Couma* Aubl.

Calice 5-parti. Corolle subinfondibuliforme; tube cylindrique, renflé au milieu; gorge fermée par des poils;

limbe 5-fide : lanières étroites, subobliques, défléchies. Étamines 5, incluses, insérées vers le milieu du tube de la corolle ; filets très-courts ; anthères sagittiformes-ovales. Ovaire subglobuleux, déprimé, strié, 1-loculaire ; placentaires 2, pariétaux, multi-ovulés. Style subulé. Stigmate oblong, biparti, entouré à la base d'un appendice squamiforme. Baie globuleuse, charnue, 1-loculaire, 3-5-sperme. Graines nidulantes, presque planes, suborbiculaires. (*A. Richard, in Ann. des Sciences Nat.* 1, p. 56.)

Arbre à suc laiteux. Feuilles verticillées-ternées, courtement pétiolées. Fleurs en panicules axillaires. Pédicelles articulés, subtrigones, 3-bractéolés à la base. Corolle rose. Fruit mangeable.

Le genre n'est fondé que sur l'espèce suivante.

Couma de Guiane. — *Couma guianensis* Aubl. Flor. Guian. Suppl. p. 39 ; tab. 392. — *Cerbera triphylla* Rudg. Guian. tab. 48.

Arbre à tronc haut de 30 pieds et plus, sur 2 pieds de diamètre ; écorce grise, épaisse. Cime touffue. Ramules trigones. Feuilles ovales, pointues, glabres, d'un beau vert en dessus, un peu pâles en dessous ; pétiole concave en dessus. Baies longuement pédonculées, roussâtres, subglobuleuses, déprimées au sommet : pulpe roussâtre.

Cet arbre croît dans les forêts de la Guiane et à l'île de Cayenne ; les Galibis le nomment *Couma*, et les Créoles *Poirier*. Ses fruits, avant la maturité remplis d'un suc âcre et laiteux, finissent par devenir assez bons à manger ; on les vend aux marchés de Cayenne.

Genre AMBÉLANIA. — *Ambelania* Aubl.

Calice 5-parti. Corolle hypocratériforme ; tube cylindrique, rétréci au sommet ; gorge nue ; limbe 5-parti : segments obliques, ondulés. Étamines 5, incluses, insérées au fond de la corolle ; anthères sagittiformes, subsessiles. Ovaire 2-loculaire; ovules très-nombreux, attachés à toute la surface de la cloison. Style court, filiforme, tétragone. Stigmate ovoïde, bicuspidé, dilaté en forme de disque à la base. Baie ovoïde, charnue, 2-loculaire, polysperme. Graines arrondies, aplaties, chagrinées.

Arbrisseau. Feuilles opposées (celles de chaque paire souvent inégales). Cymules axillaires, subsessiles, pauciflores. Fleurs de grandeur médiocre. Corolle blanche.

Ce genre, dont les caractères ne sont connus qu'incomplétement, n'est fondé que sur l'espèce suivante.

Ambélania a fruit acide. — *Ambelania acida* Aubl. Guian. 1, tab. 104. — Lamk. Ill. tab. 169.

Tronc haut de 7 à 8 pieds; écorce grisâtre. Rameaux noueux, feuillés. Feuilles lancéolées-oblongues ou lancéolées-elliptiques, pointues, subsessiles, fermes, glabres, un peu ondulées aux bords : les plus grandes atteignant 7 pouces de long, sur 3 pouces de large. Fleurs courtement pédicellées. Calice petit : segments pointus. Tube de la corolle long d'environ 4 lignes; segments ovales-lancéolés, pointus, un peu plus longs que le tube. Baie du volume d'un œuf de pigeon, d'un jaune citron, glabre, rugueuse, ellipsoïde, subacuminée. Graines brunes, nidulantes, longues d'environ 3 lignes.

Cet arbre croît à l'île de Cayenne, où les Créoles le nomment *Quienbiendent*, et les Galibis *Paravéri*. Le fruit, dit Aublet, est bon à manger, quoique laiteux : après l'avoir dépouillé de sa peau extérieure, on le fait tremper dans l'eau pendant quelque temps; ainsi préparé, il a un goût acidule et agréable. On confit ces fruits soit dépouillés, soit non-dépouillés : la confiture de ces derniers est légèrement purgative; on la considère, à Cayenne, comme antidyssentérique.

Genre MÉLODINUS. — *Melodinus* Forst.

Calice 5-parti. Corolle hypocratériforme : tube cylindrique; gorge fermée soit par 5 squamules bifides ou entières, soit par 20 squamules bisériées; limbe 5-parti. Étamines 5, insérées vers le milieu du tube de la corolle; anthères subsessiles, oblongues, pointues, incluses. Ovaire 2-loculaire; placentaires adnés à la cloison; ovules très-nombreux, amphitropes. Style court, indivisé. Stigmate subclaviforme, biapiculé au sommet. Baie charnue, globuleuse, 2-loculaire, polysperme, remplie de pulpe. Graines nidulantes, comprimées, peltées, périspermées : tégument rugeux, épais. Embryon rectiligne, axile : cotylédons elliptiques ou oblongs, foliacés; radicule cylindrique, vague, ou centripète. (*Roxburgh, Flor. Ind*. — *Endlicher, Gen. Plant.*)

Arbrisseaux sarmenteux. Feuilles opposées, courtement pétiolées, très-glabres, luisantes. Inflorescences axillaires, ou axillaires et terminales, cymeuses.

Ce genre est propre à la zone équatoriale de l'ancien continent.

MÉLODINUS MONOGYNE. — *Melodinus monogynus* Roxb. Flor. Ind. ed. 2, vol. 2, p. 56. — Bot. Reg. tab. 834.

Feuilles lancéolées, glauques, acuminées. Cymes axillaires et terminales, arrondies, denses, brachiées. Gorge de la corolle fermée par 5 squamules indivisées.

Sarments très-longs, grimpant au delà du sommet des arbres. Jeunes-pousses cylindriques, lisses, lactescentes. Feuilles longues de 3 à 6 pouces, larges de 1 pouce à 2 pouces. Cymes trichotomes. Bractées oblongues, acuminées. Fleurs assez grandes, blanches, odorantes. Segments calicinaux lisses, elliptiques-oblongs. Corolle à segments subfalciformes; squamules laineuses, ensiformes. Baie subglobuleuse, très-lisse, d'un jaune orange très-foncé, du volume d'une petite Orange; pulpe ferme. Graines ovales, du volume de celles du Concombre : tégument externe d'un brun foncé. (*Roxburgh*, l. c.)

Cette espèce croît dans les forêts de l'Inde; les habitants du pays mangent la pulpe du fruit, laquelle est d'une saveur douceâtre assez agréable.

Genre WILLUBÉIA. — *Willughbèia* Roxb.

Calice 5-denté ou 5-fide. Corolle hypocratériforme : tube renflé vers le milieu ; gorge nue ; limbe à 5 segments sub-lancéolés, étalés. Étamines 5, insérées peu au-dessus de la base de la corolle ; filets très-courts ; anthères subsagittiformes, non-cohérentes. Ovaire 1-loculaire ; placentaires 2, pariétaux. Style court. Stigmate conique, engaîné par les anthères. Baie subovoïde, 1-loculaire, cortiquée, pulpeuse, polysperme. Graines nidulantes, apérispermées, enveloppées dans un arille charnu subfibreux ; radicule mammiforme. (*Roxburgh.*)

Arbrisseaux grimpants, le plus souvent cirrifères. Feuilles opposées, veineuses. Inflorescences cymeuses ; pédoncules axillaires, ou axillaires et terminaux.

Ce genre est propre à l'Asie équatoriale.

Willubéia à fruit comestible. — *Willughbeia edulis* Roxb. Plant. Corom. vol. 3, p. 77, tab. 280.

Arbuste sarmenteux, non-cirrifère. Feuilles oblongues, acuminées. Pédoncules axillaires et terminaux, courts, pauciflores : fleurs comme fasciculées. Baies grosses, sphériques.

Sarments très-longs, grimpant au delà du sommet des arbres les plus élevés. Écorce du tronc et des vieilles branches tuberculeuse, brune à l'intérieur, acquérant un demi-pouce d'épaisseur. Feuilles courtement pétiolées, luisantes, parallélinervées, longues de 3 à 5 pouces, larges de 1 pouce à 2 pouces. Pédoncules solitaires. Fleurs petites, d'un pourpre pâle, courtement pédicellées. Bractées ovales, solitaires à la base de chaque pédicelle. Segments calicinaux ovales, subciliés. Corolle pubérule à la surface interne. Étamines incluses. Baie du volume d'un gros Citron : écorce épaisse, assez lisse, d'un brun jaunâtre ; pulpe molle, jaunâtre. Graines de forme variée, du volume d'un petit Haricot : tégument mince, friable. Embryon jaune. (*Roxburgh*, l. c.)

Cette espèce croît dans l'Inde : elle fleurit et fructifie durant presque toute l'année. Toutes les parties de la plante contiennent un suc copieux, visqueux, et d'un blanc pur; étant exposé au contact de l'air, ce suc ne tarde pas à se solidifier, et forme une sorte de *caoutchouc*. Les Hindous mangent le fruit de la plante.

Genre ALLAMANDA. — *Allamanda* Linn.

Calice 5-parti. Corolle infondibuliforme; tube cylindrique, couronné à la gorge par 5 squamules ciliées; limbe ample, campanulé, 5-fide : lanières obtuses, subanisomètres. Étamines 5, incluses, insérées à la gorge de la corolle; anthères subsessiles, sagittiformes, conniventes. Ovaire 1-loculaire, comprimé; placentaire marginal, multi-ovulé; ovules suspendus à de longs funicules. Capsule coriace, elliptique-orbiculaire, lenticulaire, spinelleuse, 1-loculaire, longitudinalement 2-valve, polysperme; valves placentifères aux bords. Graines suspendues, imbriquées, comprimées, bordées d'une large aile membraneuse. Périsperme mince, cartilagineux. Embryon rectiligne : cotylédons cordiformes-ovales, foliacés; radicule linéaire, acuminée, centrifuge. (*Endlicher, Gen.*)

Arbrisseaux ou sous-arbrisseaux lactescents. Tiges dressées ou grimpantes. Feuilles verticillées. Pédoncules terminaux et interpétiolaires, multiflores. Fleurs grandes, jaunes.

Ce genre, dont on ne connaît que 5 espèces, appartient à l'Amérique équatoriale.

ALLAMANDA CATHARTIQUE. — *Allamanda cathartica* Linn. — Lamk. Ill. tab. 171. — Gærtn. Fruct. 1, tab. 61, fig. 4. — Schrad. et Wendl. Sert. Hannov. tab. 29. — Bot. Mag. tab. 338. — Plum. Icon. 29. — Herb. de l'Amat. vol. 3. — *Orelia grandiflora* Aubl. Guian. 1, tab. 106.

Arbrisseau grimpant. Tiges noueuses. Feuilles longues de 3 à 6 pouces, ordinairement quaternées, lancéolées, sessiles, pointues, glabres et rugueuses en dessus, couvertes en dessous d'un duvet brunâtre, avec quelques poils blancs sur la côte; nervures peu saillantes. Pédoncules axillaires, solitaires, un peu velus, droits, raides, dichotomes, pauciflores, 1-bractéolés à la base. Bractées squamuliformes. Fleurs très-grandes. Segments calicinaux lancéolés. Corolle longue de près de 3 pouces; tube très-évasé au sommet, grêle inférieurement, beaucoup plus long que le calice. Capsule large de près de 2 pouces, hérissée d'épines très-serrées, semblables à celles de la capsule du *Datura Stramonium*. Graines larges d'environ 8 lignes.

Cette espèce croît dans l'Amérique méridionale. L'infusion de ses feuilles passe pour un excellent purgatif. La plante se cultive dans les collections de serre, à cause de l'élégance de ses fleurs.

IIe TRIBU. **LES OPHIOXYLÉES.** — *OPHIOXYLEÆ* Endl.

Pistil à 2 ovaires distincts, ou à 1 ovaire didyme. Péricarpe drupacé.

Genre OPHIOXYLE. — *Ophioxylon* Linn.

Calice persistant, 5-fide. Corolle infondibuliforme: tube long, renflé au milieu; limbe à 5 segments obliques, étalés. Étamines 5, insérées au milieu du tube de la corolle; anthères subsessiles. Ovaire 2-loculaire, didyme; ovules solitaires, attachés à la base de l'angle interne des loges. Style filiforme, inclus. Stigmate capitellé. Péricarpe de 2 drupes légèrement cohérents (ou par avortement à un seul drupe), 1-pyrènes: noyaux osseux, rugueux, acuminés à la base, 1-spermes. Graines comprimées, inadhérentes. Embryon rectiligne, à peu près aussi long que le périsperme; cotylédons foliacés, suborbiculaires; radicule cylindrique, supère. (*Roxburgh, Flor. Ind.*)

Arbuste tantôt dressé, tantôt sarmenteux. Feuilles

verticillées (au nombre de 3 à 5). Cymes axillaires, longuement pédonculées, multiflores.

L'espèce suivante constitue à elle seule le genre.

Ophioxyle alexitère. — *Ophioxylon serpentinum* Linn. — Gærtn. Fruct. 2, tab. 109. — Wendl. in Rœm. Arch. I, tab. 7, fig. 2. — Jacq. Hort. Schœnbr. tab. 389. — Bot. Mag. tab. 784. — *Radix Mustela* Rumph. Amb. vol. 7, tab. 16. — *Tsiovanna Amel Podi* Hort. Malab. vol. 6, tab. 47.

Arbuste grimpant ou volubile lorsqu'il croît dans un sol fertile, petit et droit lorsqu'il vient dans des localités arides. Écorce d'un gris cendré. Feuilles longues de 4 à 5 pouces, larges d'environ 2 pouces, courtement pétiolées, cunéiformes-oblongues, pointues, ondulées, lisses. Pédoncules longs, cylindriques, tantôt presque dressés, tantôt pendants. Fleurs en fascicules denses. Pédicelles et calices d'un rouge brillant. Corolle blanche. Drupes lisses, d'un noir luisant à la maturité, succulents, du volume d'un petit Pois : noyaux subtrapéziformes. (*Roxburgh*, *Flor. Ind.* ed. 2, vol. 1, p. 694.)

Cette plante croît dans l'Inde et aux Moluques. Les Hindous en emploient la racine comme fébrifuge, et ils lui attribuent la propriété de guérir les morsures des serpents venimeux.

Genre TANGHINIA. — *Tanghinia* Petit-Thou.

Calice 5-parti, étalé. Corolle hypocratériforme; tube muni d'une glandule sous chaque étamine; gorge fermée par 5 squamules voûtées, conniventes, opposées aux étamines; limbe 5-parti; lanières obliques, réfléchies. Étamines 5, incluses, insérées au-dessous de la gorge de la corolle; anthères cordiformes, subsessiles, appliquées sur le stigmate. Ovaire didyme. Style filiforme. Stigmate capitellé, déprimé, bituberculé en dessus. Drupe par avortement solitaire (ou étairion de 2 drupes), 1-pyrène: noyau fibreux, ligneux, semi-bivalve, 1-sperme. Graine adhérente, apérispermée. Cotylédons plano-convexes, charnus. Radicule courte, supère.

Arbre. Feuilles éparses, coriaces, agrégées à l'extrémité des ramules. Panicules terminales, cymeuses, solitaires ; pédicelles articulés et bractéolés à la base. Corolle panachée de rose et de pourpre.

Ce genre n'est fondé que sur l'espèce suivante.

TANGHINIA VÉNÉNEUX. — *Tanghinia venenifera* Petit-Thou. Gen. Madag. p. 10, tab. 31. — Bojer, in Hook. Bot. Misc. 3, p. 290; tab. 110. — *Cerbera Tanghin* Hook. in Bot. Mag. tab. 2968.

Arbre d'un port élégant. Rameaux dressés. Feuilles longues de 4 à 10 pouces, courtement pétiolées, subcoriaces, d'un beau vert, glabres, lancéolées, pointues. Panicules amples, subcymeuses, dressées, multiflores, un peu lâches, aphylles ; pédoncule commun assez gros, raide, cylindrique : ramifications alternes ; pédicelles solitaires ou fasciculés, gros, dressés, plus courts que les fleurs, 1-bractéolés à la base. Bractées ovales, pointues, sessiles, petites, membranacées, d'un vert pâle. Sépales oblongs-lancéolés, pointus, à peu près de moitié plus courts que le tube de la corolle. Corolle à tube claviforme, verdâtre, long d'environ 1 pouce ; segments ovales ou ovales-lancéolés, pointus, plus courts que le tube, d'un rose pâle, avec une tache basilaire d'un pourpre foncé. Drupe du volume d'un œuf de pigeon, subpyriforme, lisse, subacuminé, d'un pourpre verdâtre. Graine du volume d'une Amande.

Cet arbre croît à Madagascar, où on le nomme *Voa* (c'est-à-dire arbre) *Tanking*. Ses graines sont un violent poison, qui paraît avoir la plus grande analogie avec celui de la *Noix-vomique*. On assure qu'une seule de ces graines suffit pour tuer plus de vingt hommes.

Dans certaines parties de Madagascar, les graines du *Tanghinia* servent à un usage qui rappelle la manière dont jadis on procédait en Europe, en matière criminelle. Lorsqu'un individu est soupçonné d'un crime, on le soumet à l'épreuve du Tangking; c'est-à-dire qu'on le force d'avaler une certaine dose de cette graine; s'il en recouvre, il est reconnu innocent; sinon, c'est une preuve de la culpabilité de l'accusé.

Genre THÉVÉTIA. — *Thevetia* Linn.

Calice 5-parti, étalé. Corolle hypocratériforme; tube claviforme; gorge 5-dentée; limbe 5-parti: segments obtus, obliques. Étamines 5, insérées au tube de la corolle, incluses. Style filiforme. Stigmate bilamellé. Drupe charnu, globuleux, ou déprimé, 1-pyrène; noyau ligneux, fibreux, sub-biloculaire, 1-ou 2-sperme, comprimé, 3-ou 4-gone, hiant au sommet de l'un ou de deux des angles. Graines apérispermées, d'abord adnées par un hile linéaire, finalement détachées.

Arbres. Feuilles éparses, en général agrégées vers l'extrémité des ramules. Pédoncules axillaires ou terminaux, uniflores. Fleurs grandes. Corolle jaune.

Les *Thévétia* contiennent un suc laiteux caustique, et leurs graines surtout sont très-vénéneuses. Ce genre appartient à l'Amérique équatoriale; on en connaît 6 espèces.

Thévétia Ahuoaï. — *Thevetia Ahouaï* Juss. — *Cerbera Ahouaï* Linn. — Lamk. Ill. tab. 170, fig. 1. — Andr. Bot. Rep. tab. 231. — Bot. Mag. tab. 737.

Arbre ayant le port d'un Poirier; écorce grisâtre. Feuilles longues d'environ 3 pouces, sur 18 lignes de large, glabres, coriaces, luisantes, subsessiles, ovales, ou ovales-oblongues, pointues, agrégées vers l'extrémité des ramules. Corymbes terminaux, 5-7-flores, sessiles, solitaires: pédoncules courts, dressés. Corolle à tube long d'environ 1 pouce; segments obliquement obovales, plus courts que le tube. Drupe subglobuleux, déprimé, terminé en pointe obtuse; noyau trigone, triangulaire-pyramidal, échancré au sommet, large d'environ 1 pouce. Graine du volume d'un Haricot.

Cette espèce croît dans l'Amérique méridionale. Son bois, à ce qu'on dit, est si fétide, qu'on ne peut même l'employer à brûler. Lors de la maturité du fruit, la graine est tout à fait libre dans le noyau, de sorte que, lorsqu'on l'agite, elle résonne presque comme un grelot; les naturels du Brésil font avec ces noyaux des sortes de chapelets qui leur tiennent lieu d'instrument à musique.

Thévétia a feuilles linéaires.—*Cerbera Thevetia* Linn. — Plum. Amer. Ic. 18. — Jacq. Amer. tab. 34. — Pluck. Alm. tab. 207.—Lamk. Ill. tab. 170.—Bot. Mag. tab. 2309.

Arbrisseau haut de 12 à 15 pieds. Rameaux cylindriques, cicatriqueux. Feuilles longues de 3 à 5 pouces, très-étroites, lancéolées-linéaires, pointues, glabres, très-rapprochées. Fleurs odorantes, axillaires vers les extrémités des ramules, nutantes; pédoncules grêles, solitaires, plus ou moins inclinés. Corolle longue d'environ 1 pouce. Drupe globuleux, verdâtre, pendant; noyau trigone, 1-sperme, 1-sulqué.

Cette espèce croît aux Antilles et dans l'Amérique méridionale. On la cultive dans les collections de serre.

Genre CERBÉRA. — *Cerbera* Linn.

Calice 5-parti : segments étalés ou révolutés. Corolle infondibuliforme; gorge 5-dentée; limbe à 5 segments obliques. Étamines 5, insérées vers le sommet du tube de la corolle, incluses; anthères subsessiles, conniventes, mucronées. Ovaire 2-loculaire, didyme; placentaires septiformes, partageant chaque loge en 2 compartiments; ovules géminés ou quaternés dans chaque loge, adnés aux placentaires. Style filiforme. Stigmate disciforme, convexe, échancré au sommet, crénelé au bord. Péricarpe à 2 coques distinctes, ou (par avortement de l'une des loges de l'ovaire) à coque solitaire, semi-bivalves, plus ou moins charnues, subbiloculaires (par le placentaire), monospermes : endocarpe fibreux. Graines apérispermées, adnées aux placentaires : cotylédons plano-convexes ; radicule courte, supère.

Arbres ou arbrisseaux. Feuilles éparses ou opposées. Inflorescences terminales ou dichotoméaires, cymeuses, trichotomes. Fleurs grandes, odorantes.

Ce genre est propre à l'Asie équatoriale. Toutes les parties des *Cerbéra*, mais surtout les fruits, sont drastiques et vénéneux.

Cerbéra arbrisseau. — *Cerbera fruticosa* Roxb. Flor. Ind. ed. 2, vol. 2, p. 691.

Branches et rameaux dichotomes. Feuilles lancéolées ou lancéolées-oblongues, acuminées, opposées, lisses, stipulées. Coques presque sèches, en général solitaires, en forme d'urne oblique.

Tige divisée presque dès la base en quantité de branches raides, lisses, cylindriques. Feuilles longues de 5 à 6 pouces, larges de 2 à 3 pouces, courtement pétiolées, en général éloignées. Stipules interpétiolaires, pointues. Cymes d'abord terminales, puis dichotoméaires : ramules courts. Fleurs semblables à celles du *Vinca rosea*, mais plus grandes. Bractées opposées, triangulaires, pointues. Calice persistant : segments oblongs, glabres, couronnés par une glandule. Corolle d'un rose vif, panachée de pourpre à la gorge : tube long de près de 2 pouces, brusquement renflé vers le sommet, grêle inférieurement; gorge poilue; segments obovales-oblongs. Anthères sagittiformes, complétement incluses. Ovaire velu, à loges 2-ovulées (1 ovule de chaque côté des placentaires). Style presque aussi long que le tube de la corolle. Stigmate grand, recouvert par les anthères. Péricarpe mince, fibreux, du volume d'une petite Fève, velu, veineux, tronqué au sommet, d'un pourpre foncé tirant sur le vert, s'ouvrant antérieurement depuis le sommet jusque vers le milieu. Graine ovale-oblongue : tégument blanc, mou, épais. Embryon d'un jaune pâle. Cotylédons conformes à la graine; radicule ovoïde. (*Roxburgh*, l. c.)

Cette espèce, remarquable par la beauté de ses fleurs, habite le Pégou.

Cerbéra Odollam. — *Cerbera Odollam* Gærtn. Fruct. 2, tab. 124. — Roxb. Flor. Ind. ed. 2, vol. 2, p. 692. — *Odallam* Hort. Malab. 1, tab. 39. — *Cerbera Manghas* Bot. Mag. tab. 1845.

Feuilles éparses, lancéolées, penninervées, lisses. Segments calicinaux linéaires, révolutés.

Arbre atteignant la dimension d'un grand Poirier. Rameaux trichotomes; écorce très-lisse, d'un vert foncé. Feuilles agrégées vers l'extrémité des ramules, courtement pétiolées, coriaces. Cymes terminales. Bractées conformes aux segments calicinaux. Corolle grande, blanche : segments subfalciformes. Étamines incluses. Ovaire à loges 4-ovulées. Stigmate très-grand, conique, à bord cupuliforme, creusé de 10 fossettes.

Cette espèce est commune sur les côtes de l'Inde, dans les marais salés. Son bois, de couleur blanche, est remarquablement tendre et spongieux.

Cerbéra Manghas. — *Cerbera Manghas* Linn. — Burm. Zeyl. tab. 70, fig. 1.

Arbre haut d'environ 20 pieds. Bois blanc, tendre; écorce lisse. Rameaux tortueux, un peu étalés. Feuilles longues de 8 à 12 pouces, larges d'environ 3 pouces, lancéolées, pointues, courtement pétiolées, glabres, marginées par une nervure. Grappes terminales, rameuses, courtement pédonculées. Fleurs grandes, blanches. Lobes de la corolle ovales, aussi longs que le tube. Drupes ellipsoïdes, verdâtres, du volume d'un œuf d'oie, un peu comprimés d'un côté, parsemés de petits points blancs.

Cette espèce croît dans l'Inde et à Ceylan; dans ces contrées, on en emploie l'écorce comme purgatif.

IIIe TRIBU. LES PLUMÉRIÉES. — *PLUMERIEÆ* Endl.

Pistil de 2 ovaires distincts. Péricarpe à 2 follicules. Graines inaigrettées, le plus souvent peltées.

Genre URCÉOLA. — *Urceola* Roxb.

Calice 5-denté. Corolle urcéolée, 5-dentée, inappendiculée. Étamines 5, incluses, insérées au fond de la corolle; anthères subsessiles, sagittiformes. Style indivisé. Stigmate ovoïde, marginé à la base. Ovaire engaîné par un disque annulaire. Follicules coriaces, subglobuleux, un peu comprimés, semi-bivalves, polyspermes. Graines réniformes, enfoncées dans une pulpe charnue.

Arbrisseau grimpant. Feuilles opposées. Inflorescence terminale, très-rameuse, paniculée. Fleurs petites. Corolle verdâtre.

Le genre n'est fondé que sur l'espèce suivante.

Urcéola a Caoutchouc. — *Urceola elastica* Roxb. in Asiat. Res. vol. 5, p. 169, cum Ic.

Tiges ligneuses, rameuses. Feuilles elliptiques-oblongues, acuminées, nerveuses, glabres.

Cette plante croît à Sumatra. Le suc laiteux que son écorce contient en abondance, se condense au contact de l'air et forme du Caoutchouc.

Genre TABERNÉMONTANA. — *Tabernæmontana* Linn.

Calice 5-parti, persistant : lobes munis antérieurement d'une glandule basilaire. Corolle hypocratériforme; gorge nue; limbe 5-parti : segments obliques. Étamines 5, incluses, insérées vers le milieu du tube de la corolle; anthères sagittiformes, subsessiles. Disque nul. Style indivisé, filiforme. Stigmate bifide, dilaté à la base. Follicules oblongs ou subglobuleux, charnus, pulpeux, polyspermes, 1-valves. Graines réniformes, un peu comprimées, anguleuses, périspermées, nidulantes dans une pulpe celluleuse. Embryon rectiligne : cotylédons foliacés ; radicule cylindrique.

Arbres ou arbrisseaux. Feuilles opposées, à stipules interpétiolaires. Inflorescences cymeuses, subdichotomes. Fleurs en général élégantes, odorantes.

Ce genre, dont on connaît environ 40 espèces, est propre à la zone équatoriale.

Tabernémontana Arbre-vache. — *Tabernæmontana utilis* Arnott, in Edinb. Phil. Journ. Jun. 1830.

Arbre à tronc haut de 30 à 40 pieds, sur 16 à 18 pouces de diamètre. Écorce cendrée, un peu rugueuse. Feuilles subcoriaces, planes, paralléli-veineuses, glabres, oblongues, acuminées. Cymes axillaires, pédonculées. Segments calicinaux obtus, ciliolés. Corolle à lobes arrondis, très-courts. (Fruit inconnu.)

Ce végétal remarquable a été observé dans la Guiane anglaise, sur les bords du Démérari ; les naturels du pays le nomment *Hya-hya*. Le suc laiteux que contient son écorce, et qui en découle abondamment lorsqu'on y pratique des incisions, loin d'offrir l'âcreté presque générale aux sucs-propres des Apocynées, est insipide et peut servir d'aliment ; on prétend même qu'il est plus nutritif que le lait de vache, dont on ne saurait le distinguer, étant mêlé au café.

Genre PLUMÉRIA. — *Plumeria* Linn.

Calice 5-fide. Corolle infondibuliforme ; tube grêle, cylindrique ; gorge nue ; limbe 5-parti : segments obliques. Étamines 5, incluses, insérées à la base de la corolle ; anthères conniventes. Style court, indivisé. Stigmate claviforme, bifide. Disque annulaire. Follicules cylindriques, ventrus, polyspermes, divariqués, ou réfléchis, 1-valves. Graines comprimées, imbriquées, ailées d'un côté : aile membraneuse.

Arbres, ou arbrisseaux. Feuilles grandes, alternes. Fleurs grandes, odorantes, disposées en corymbes terminaux. Corolle rouge, ou blanche, ou jaune.

Ce genre, dont on connaît environ 30 espèces, est propre à l'Amérique équatoriale; ces végétaux sont remarquables par la beauté de leurs fleurs.

Pluméria rouge. — *Plumeria rubra* Linn. — Bot. Reg. tab. 780. — Lois. Herb. de l'Amat. vol. 7, Ic.

Arbrisseau haut de 12 à 15 pieds; cîme lâche ou médiocrement rameuse, ample; bois solide, jaunâtre, amer. Rameaux cylindriques, un peu tortueux. Feuilles longues d'environ 7 pouces, larges de 2 ½ à 3 pouces, roselées à l'extrémité des ramules, étalées, planes, glabres, très-lisses en dessus, penninervées, pointues, oblongues, ou ovales-oblongues; pétiole long de 2 pouces. Corymbes solitaires, pédonculés. Fleurs grandes, odorantes. Corolle rouge ou carnée: gorge de couleur orange. Follicules longs de ½ pied, sur 1 pouce de diamètre vers leur milieu, chagrinés.

Cette espèce, qui paraît originaire de l'Amérique méridionale, se cultive fréquemment aux Antilles, ainsi que dans les collections de serre, à cause de l'élégance de ses fleurs, qui se succèdent presque toute l'année.

Pluméria blanc. — *Plumeria alba* Linn. — Jacq. Amer. tab. 174, fig. 2. — Lois. Herb. de l'Amat. vol. 7, Ic.

Arbrisseau semblable à l'espèce précédente par le port. Rameaux longs, feuillus au sommet, nus inférieurement. Feuilles longues d'environ 1 pied, larges de 12 à 18 lignes, oblongues, ou lancéolées-oblongues, vertes et luisantes en dessus, blanchâtres en dessous, révolutées aux bords, réticulées, pétiolées. Corymbes subfasciculés, ou géminés, ou solitaires, pédonculés.

Fleurs grandes, très-odorantes. Corolle blanche, à gorge jaunâtre. Follicules longs d'environ 6 pouces, sur 6 lignes de diamètre, coriaces, noirâtres, lisses.

Cette espèce, qu'on cultive aussi comme plante d'ornement, est indigène des Antilles; elle contient un suc-propre caustique.

Pluméria a fleurs closes. — *Plumeria pudica* Linn.

Arbrisseau haut d'environ 5 pieds. Feuilles planes, oblongues, veineuses, roselées à l'extrémité des rameaux. Fleurs nombreuses, très-odorantes. Corolle jaunâtre, à limbe droit, contourné.

Cette espèce se cultive aux Antilles, dans les jardins.

Genre AMSONIA. — *Amsonia* Walt.

Calice 5-fide. Corolle infondibuliforme; tube cylindrique; gorge barbue; limbe 5-fide: lanières subobliques. Étamines 5, incluses, insérées vers le milieu du tube de la corolle; anthères ovales, obtuses. Style indivisé. Stigmate pelté. Follicules coriaces, cylindriques, érigés, polyspermes, 1-valves. Graines subcylindriques, tronquées aux 2 bouts, médifixes.

Herbes vivaces. Feuilles éparses, veineuses. Inflorescence terminale, paniculée, cymeuse. Fleurs bleues.

Ce genre, propre à l'Amérique septentrionale, ne comprend que 3 espèces; on les cultive comme plantes d'ornement.

Amsonia a larges feuilles. — *Amsonia latifolia* Elliot, Sketch. — Bot. Reg. tab. 151. — *Tabernæmontana Amsonia* Linn.

Plante multicaule, touffue, glabre, ou presque glabre, haute d'environ 2 pieds. Tiges grêles, dressées, feuillues, cylindriques, glabres, très-simples jusqu'après la floraison, puis rameuses au sommet. Feuilles longues de 1 pouce à 3 pouces, larges de 6 à 15 lignes, glabres aux 2 faces, ou légèrement pubérules en dessous, d'un vert foncé en dessus, glauques en dessous, courtement pétiolées, lancéolées-oblongues, ou lancéolées-elliptiques, ou lancéolées, acuminées-acérées, ou pointues. Panicule multiflore, assez dense, tantôt aphylle et courtement pédonculée, tantôt feuillée à la base et sessile; pédicelles filiformes, courts, subfasciculés. Calice minime : segments dentiformes, dressés, pointus. Corolle longue de 6 lignes; segments linéaires-lancéolés, pointus, aussi longs que le tube. Follicules longs de 12 à 18 lignes, lisses, glabres, rectilignes, grêles, subobtus. Graines brunes, lisses, glabres, cylindracées, 1-sériées, longues de 2 à 3 lignes.

Cette espèce croît aux États-Unis, dans les localités humides; elle fleurit au printemps.

AMSONIA A FEUILLES DE SAULE. — *Amsonia salicifolia* Ell. Sketch. — Bot. Mag. tab. 1873.

Cette espèce paraît ne différer de la précédente que par des feuilles plus étroites (lancéolées, ou lancéolées-linéaires), et des follicules plus grêles, subflexueux, pointus.

Cette plante croît dans les provinces méridionales des États-Unis; elle fleurit au printemps.

AMSONIA A FEUILLES ÉTROITES. — *Amsonia angustifolia* Michx. Flor. Bor. Amer. — *Tabernæmontana angustifolia* Vent. Choix. tab. 29.

Suivant les auteurs, cette plante se distingue par des feuilles linéaires ou lancéolées-linéaires, très-étroites, pubescentes de même que la tige; elle croît dans les mêmes contrées que les précédentes, et fleurit vers la fin du printemps.

Genre PERVENCHE. — *Vinca* Linn.

Calice 5-fide. Corolle hypocratériforme; gorge évasée, barbue, couronnée d'un anneau membraneux à 5 plis; limbe 5-parti : lobes étalés, obtus, obliques. Étamines 5, incluses, insérées vers le milieu du tube de la corolle;

filets géniculés à la base, ascendants, élargis au sommet; anthères conniventes, recouvrant le stigmate, couronnées d'un appendice barbu. Deux glandules hypogynes, obtuses, alternes avec les ovaires. Style claviforme, indivisé. Stigmate conique, 5-gone, barbu au sommet, dilaté à la base en forme de disque. Péricarpe bifolliculaire : follicules allongés, cylindriques, 1-valves, subcoriaces, par avortement oligospermes. Graines oblongues-cylindracées, chagrinées, 1-sulquées antérieurement, tronquées aux 2 bouts, 1-sériées, superposées, submédifixes, attachées à la suture. Périsperme corné, involuté. Embryon petit, apicilaire : cotylédons très-courts; radicule supère.

Herbes vivaces. Tiges décombantes ou réclinées, en général suffrutescentes. Rameaux florifères dressés ou ascendants. Feuilles opposées, coriaces, persistantes, courtement pétiolées. Pédoncules solitaires, axillaires, 1-flores, nus: les florifères dressés; les fructifères réclinés. Corolle grande, bleue (par variation blanche ou violette).

Ce genre, propre à l'Europe et à l'Orient, ne comprend que 3 espèces.

A. *Tiges suffrutescentes; rameaux florifères dressés.*

PERVENCHE COMMUNE. — *Vinca minor* Linn. — Blackw. Herb. tab. 59. — Engl. Bot. tab. 917. — Schk. Handb. tab. 51. — Guimp et Hayn. Deutsch. Holz. tab. 26. — Jaume saint-Hil. Flore et Pom. Franç. tab. 289, *a.* — *Pervinca minor* Mœnch, Meth.

Tiges très-grêles, décombantes, radicantes. Feuilles ovales, ou ovales-lancéolées, ou lancéolées-oblongues, ou lancéolées-elliptiques, obtuses. Follicules ovales-oblongs, acuminés. Segments calicinaux linéaires-lancéolés, pointus.

Rhizome grêle, rampant, rameux, blanchâtre, garni de quantité de longues fibres rameuses. Tiges glabres de même que toutes les autres parties de la plante, longues, nombreuses : les jeunes simples. Rameaux florifères longs de 6 à 12 pouces, simples, feuillés. Feuilles longues de 6 à 20 lignes, larges de 3 à 9 lignes, luisantes, d'un beau vert; pétiole long de 1 ligne à 2 lignes, ordinairement biglanduleux au sommet. Pédoncules filiformes, longs de 6 à 12 lignes. Calice long d'environ 2 lignes, 1 fois plus court que le tube de la corolle. Limbe de la corolle large d'environ 1 pouce : segments plus longs que le tube, étalés, cunéiformes-obovales, obliquement tronqués au sommet, rétrécis à la base. Follicules longs de 6 à 12 lignes, striés, finalement brunâtres. Graines brunes, longues d'environ 2 lignes.

Cette espèce, connue sous les noms vulgaires de *petite Pervenche, Pervenche commune, petit Pucelage,* ou *Violette des sorciers,* n'est pas rare en Europe, dans les haies, les buissons et les bois; elle fleurit au printemps, et quelquefois derechef en automne. Toutes les parties de la plante ont une saveur âcre, un peu astringente et amère; elles sont faiblement purgatives et sudorifiques; leur décoction s'employait jadis comme vulnéraire et fébrifuge; la médecine empirique leur attribue, à tort ou à raison, la propriété de diminuer et de suspendre la sécrétion du lait, soit à l'époque de l'accouchement, soit au moment où l'on veut terminer l'allaitement.

L'élégance et la précocité des fleurs de la Pervenche recommandent cette plante pour l'ornement des parterres; elle se prête surtout, à raison de son port bas et touffu, à former des bordures et des glacis toujours verts. On en possède une variété à fleurs doubles.

PERVENCHE A GRANDES FLEURS. — *Vinca major* Linn. — Engl. Bot. tab. 514. — Duham. ed. nov. vol. 1, tab. 14. — *Pervinca major* Mœnch, Meth.

Tiges dressées ou réclinées, rameuses. Feuilles ovales, ou ovales-elliptiques, ou ovales-lancéolées, pointues, ou obtuses, souvent ciliolées, ordinairement arrondies ou cordiformes à la base. Segments calicinaux linéaires-lancéolés ou subulés. Follicules grêles, cylindracés, subulés au sommet.

Rhizome rampant, multicaule. Tiges grêles, glabres, cylindriques, longues de 1 pied à 3 pieds. Feuilles longues de 1 pouce à 3 pouces, larges de 6 lignes à 2 pouces, luisantes, d'un beau vert; pétiole long de 3 à 6 lignes, ailé, ou marginé, en général biglanduleux vers le sommet. Pédoncules longs de 6 à 20 lignes (en général plus courts que les feuilles), filiformes. Calice long de 5 à 8 lignes, tantôt presque aussi long que le tube de la corolle, tantôt jusqu'à 1 fois plus court. Limbe de la corolle large de 6 à 18 lignes; lobes cunéiformes ou obovales, rétrécis à la base, obliquement tronqués au sommet, étalés. Follicules longs de 2 à 3 pouces.

Cette espèce, nommée vulgairement *grande Pervenche*, habite l'Europe méridionale. Elle fleurit au printemps et en été. On la cultive comme plante de parterre.

B. *Tiges herbacées, décombantes de même que les rameaux.*

Pervenche herbacée. — *Vinca herbacea* Wald. et Kit. Plant. Rar. Hungar. tab. 9. — Bot. Mag. tab. 2002. — Bot. Reg. tab. 301. — Jaume Saint-Hil. Flore et Pom. Franç. tab. 289, *b*.

Feuilles oblongues, ou lancéolées-oblongues, ou oblongues-lancéolées, ou linéaires-lancéolées, obtuses, ou pointues, subsessiles, ciliolées-denticulées. Segments calicinaux courts, subulés. Follicules fusiformes ou cylindracés, grêles, acuminés.

Rhizome grêle, rampant, multicaule. Tiges très-grêles, longues de 6 à 18 pouces, simples, ou rameuses. Feuilles en général plus étroites que celles de la *Pervenche commune*. Pédoncules longs de 6 à 18 lignes, filiformes, en général à peu près aussi longs que les feuilles. Calice long à peine de 2 lignes. Tube de la corolle long de 4 à 6 lignes; limbe large de 6 à 8 lignes; segments cunéiformes-obovales, obliquement tronqués au sommet, rétrécis à la base, à peu près aussi longs que le tube. Follicules longs de 6 à 12 lignes, striés, brunâtres à la maturité, tantôt parallèles, tantôt plus ou moins divergents. Graines brunes, longues de 2 à 3 lignes.

Cette espèce, qu'on cultive aussi comme plante de parterre, croît en Hongrie et dans les contrées plus orientales de l'Europe.

Genre LOCHNÉRA. — *Lochnera* Reichenb.

Calice 5-fide. Corolle hypocratériforme; tube grêle, évasé au sommet; gorge resserrée, couronnée d'une houppe de poils; limbe 5-parti : segments équilatéraux, acuminulés. Étamines 5, incluses, insérées vers le sommet du tube de la corolle; filets très-courts, filiformes; anthères conniventes au-dessus du stigmate, non-barbues. Deux glandules hypogynes, lancéolées, alternes avec les ovaires. Style filiforme, indivisé. Stigmate pentagone, dilaté à la base en forme de disque. Follicules cylindriques, polyspermes. Graines subcylindriques, peltées, tronquées aux 2 bouts. (*Endlicher, Gen. Plant.* 1, p. 583.)

Sous-arbrisseau. Feuilles opposées, pétiolées, bistipulées. Fleurs solitaires, ou géminées, ou subfasciculées, axillaires, courtement pédonculées. Corolle grande, rose, ou par variation blanche.

Ce genre n'est fondé que sur l'espèce suivante.

Lochnéra rose. — *Lochnera rosea* Reichenb. Consp. — *Vinca rosea* Linn. — Medic. Observ. 83. — Bot. Mag. tab. 248. — Mill. Dict. tab. 186. — Loisel. in Herb. de l'Amat. vol. 8. Ic.

Tiges subdichotomes, dressées. Jeunes pousses pubescentes, feuillues. Feuilles oblongues, obtuses, mucronulées, un peu charnues, d'un vert gai, longues de 1 pouce à 3 pouces : les jeunes pubérules; les adultes glabrescentes; pétiole long de 2 à 3 lignes. Stipules petites, caduques, linéaires-spathulées. Segments calicinaux beaucoup plus courts que le tube de la corolle, subulés. Corolle d'un rose plus ou moins vif, ou blanche, souvent avec un cercle pourpre à l'embouchure du tube; tube long de 1 pouce; segments cunéiformes-obovales, ou obovales-rhomboïdaux, comme onguiculés, étalés, en général presque aussi longs que le tube.

Cet arbuste, qui passe pour originaire de Madagascar, se cultive fréquemment comme plante d'ornement.

Ve TRIBU. LES ÉCHITÉES. — *ECHITEÆ* Endl.

Péricarpe de 2 follicules coriaces ou membranacés, distincts, ou moins souvent connés. Graines à hile aigretté.

Genre APOCYN. — *Apocynum* Linn.

Calice 5-fide. Corolle campanulée, 5-fide, garnie en dedans de 5 denticules incluses, pointues, opposées aux lobes; gorge nue. Étamines 5, incluses, insérées à la base du tube de la corolle. Filets très-courts. Anthères sagittiformes, appendiculées, cohérentes avec le milieu du stigmate. Pistil de 2 ovaires distincts, multi-ovulés. Styles très-courts. Stigmate conique, dilaté à la base. Cinq squamules hypogynes. Follicules grêles, distincts, polyspermes. Graines aigrettées. (*R. Brown.*)

Herbes vivaces. Tiges dressées, rameuses. Feuilles opposées, courtement pétiolées. Inflorescences axillaires, ou dichotoméaires, ou terminales, cymeuses, ou paniculées. Fleurs blanches ou roses, petites.

Ce genre, propre à la zone tempérée de l'hémisphère septentrional, comprend 5 ou 6 espèces.

Apocyn Gobe-mouche. — *Apocynum androsæmifolium* Linn. — Bot. Mag. tab. 280. — Herb. de l'Amat. vol. 2.

Plante glabre, haute de 2 à 3 pieds. Tiges grêles, cylindriques, souvent rougeâtres. Rameaux étalés ou réclinés, feuillés, simples. Feuilles longues de 1 pouce à 3 pouces, larges de 6 à 18 lignes, d'un beau vert en dessus, glauques en dessous, fermes, ovales, ou ovales-elliptiques, ou ovales-lancéolées (les raméaires supérieures souvent oblongues), pointues, mucronées, arrondies ou subcordiformes à la base; pétiole long de 1 à 2 lignes. Cymes axillaires et terminales, solitaires, longuement pédonculées, dichotomes, lâches, 5-15-flores. Pédicelles courts, 1-bractéolés à la base. Fleurs d'un rose assez vif, de la grandeur de celles du

Muguet. Segments calicinaux ovales, acuminés, presque membraneux, imbriqués par les bords, beaucoup plus courts que la corolle. Lobes de la corolle ovales, ou ovales-oblongs, obtus, courts, un peu recourbés. Follicules longs d'environ 30 lignes, très-grêles, pointus.

Cette espèce, qu'on cultive comme plante de parterre, croît aux États-Unis; elle fleurit en août et septembre. Son nom de *Gobe-mouche* est dû à ce que les insectes, avides du suc mielleux que sécrète le fond de la corolle, insinuent leur trompe par le passage étroit qui se trouve entre les squamules hypogynes et les ovaires; puis, lorsque ces insectes veulent retirer leur trompe, elle se trouve engagée d'autant plus fortement qu'ils font plus d'efforts pour la relever.

Genre NÉRIUM. — *Nerium* Linn.

Calice 5-parti. Corolle hypocratériforme; gorge couronnée par 5 appendices fimbriés, ou liguliformes, opposés aux segments du limbe ; limbe 5-parti : segments très-obliques, contournés. Étamines 5, incluses, insérées vers le milieu du tube de la corolle. Anthères sagittiformes, aristées ou plumeuses au sommet, cohérentes avec le milieu du stigmate. Pistil de 2 ovaires cohérents, ou distincts, multi-ovulés. Style indivisé, filiforme. Stigmate obtus, dilaté à la base. Point de squamules hypogynes. Follicules subcylindracés, polyspermes. Graines aigrettées. (*R. Brown.*)

Arbrisseaux non-sarmenteux. Feuilles persistantes, coriaces, paralléli-veinées, verticillées, ou opposées. Inflorescences terminales, solitaires, cymeuses. Fleurs grandes, en général odorantes. Corolle rose, ou pourpre, ou blanche.

Ce genre est propre à l'Ancien continent. Presque toutes les espèces croissent dans l'Asie équatoriale. Le suc-propre de ces végétaux est âcre et vénéneux.

a) *Corolle à appendices liguliformes, 3-5-fides au sommet. Anthères aristées.*

Nérium Laurier-Rose. — *Nerium Oleander* Linn. — Blackw. Herb. tab. 531. — Lamk. Ill. tab. 574. — Schk. Handb. tab. 52. — Sibth. et Smith, Flor. Græc. tab. 248. — Loddig. Bot. Cab. tab. 700 (flore albo). — Bot. Reg. tab. 74 (flore pleno). — Herb. de l'Amat. vol. 2 (flore pleno). — Loisel. in Duham. ed. nov. vol. 5, tab. 23.

Buisson touffu, rameux, atteignant jusqu'à 20 pieds de haut; rarement petit arbre, dont le tronc peut acquérir la grosseur du corps d'un homme. Branches subdichotomes, dressées de même que les rameaux. Ramules feuillus, trigones, finalement bifurqués au sommet. Écorce d'abord verdâtre, finalement grisâtre. Feuilles longues de 1 pouce à 5 pouces, larges de 3 à 8 lignes, verticillées-ternées (moins souvent opposées, ou verticillées-quaternées), érigées, d'un vert foncé en dessus, d'un vert glauque en dessous, glabres, lancéolées, ou lancéolées-linéaires, acérées, courtement pétiolées; côte blanchâtre, très-saillante en dessous. Cymes plus ou moins longuement pédonculées, multiflores, trichotomes, bractéolées aux ramifications. Pédoncule trièdre de même que ses ramifications, raide, dressé. Pédicelles courts, ordinairement ternés. Bractées caduques, colorées, subcoriaces, linéaires-lancéolées, ou subulées, ordinairement ternées. Fleurs presque inodores. Calice rougeâtre, petit: segments linéaires-lancéolés, pointus, acérés. Corolle rose (par variation blanche, ou panachée de blanc et de rose): tube long d'environ 6 lignes, évasé au sommet; lobes étalés, un peu plus longs que le tube, obliquement obovales, obtus, comme onguiculés. Follicules longs de 3 à 6 pouces, grêles, coriaces, semi-cylindriques, planes antérieurement, convexes au dos, striés, cannelés, d'un brun noirâtre, d'abord cohérents, finalement distincts, rétrécis au sommet, subobtus. Graines imbriquées, bisériées, subcylindracées, cotonneuses-ferrugineuses, longues d'environ 3 lignes, couronnées d'une aigrette de poils roussâtres, caducs, un peu plus longs que l'amande.

Cette espèce, nommée vulgairement *Laurier-Rose*, ou *Laurose*, est commune dans toute la région méditerranéenne. Elle se plaît aux bords des eaux courantes. La floraison dure tout l'été, et même une partie de l'automne.

Toutes les parties du Laurier-Rose, mais surtout l'écorce et les feuilles, sont très-vénéneuses; leur principe délétère est à la fois âcre et narcotique; on les préconisait jadis comme antisyphilitiques, et contre les maladies chroniques de la peau, mais on ne les emploie guère en médecine. Tout le monde sait que cet arbrisseau est très-recherché pour l'ornement des jardins; sa culture est très-facile; toutefois il faut l'abriter en orangerie, durant l'hiver, dans le nord de la France. On assure que les émanations de ses fleurs peuvent devenir très-dangereuses, dans une chambre close.

b) *Corolle à appendices profondément fimbriés. Anthères plumeuses au sommet.*

NÉRIUM ODORANT. — *Nerium odorum* Willd. — Bot. Mag. tab. 2032, et 1799. — Bot. Reg. tab. 74. — Hort. Malab. v. 9, tab. 1 et 2.

Buisson ou petit arbre, ayant le port, le feuillage, et l'inflorescence du Laurier-Rose. Feuilles en général plus étroites. Fleurs blanches, ou carnées, ou jaunâtres, ou roses, ou pourpres, souvent doubles, très-odorantes.

Cette espèce, qu'on cultive fréquemment comme arbrisseau d'ornement, est originaire de l'Inde.

NÉRIUM COTONNEUX. — *Nerium tomentosum* Roxb. Flor. Ind. ed. 2, vol. 2, p. 6. — *Nelam-pala* Hort. Malab. vol. 9, tab. 3 et 4.

Arborescent. Feuilles elliptiques-oblongues, pointues, cotonneuses aux 2 faces. Corolle à appendices charnus, glandiformes, lacérés. Anthères cuspidées. Follicules divariqués, subcylindriques, scabres.

Petit arbre. Écorce ferrugineuse, ponctuée de petites verrues scabres. Jeunes pousses fortement cotonneuses. Feuilles courtement pétiolées, longues de 2 à 3 pouces, larges de 1 pouce à 18 lignes. Cymes petites, corymbiformes, terminales. Bractées petites, caduques. Fleurs assez grandes, blanches. Corolle à appendices de couleur orange. Segments calicinaux elliptiques-oblongs, obtus. Anthères convergentes. Follicules longs de 8 à 9 pouces, sur 2 pouces en circonférence. Graines oblongues, comprimées; aigrette soyeuse, d'un blanc pur. (*Roxburgh*, l. c.)

Cette espèce croît dans les montagnes de l'Inde. Toutes ses parties contiennent un suc jaune très-copieux; délayé avec de l'eau, ce suc-propre peut servir à teindre les étoffes de coton en jaune; cette couleur est vive et durable.

Genre STROPHANTHE. — *Strophanthus* De Cand.

Calice 5-parti. Corolle infondibuliforme; limbe 5-fide; segments très-longuement appendiculés au sommet; gorge couronnée par 10 squamules indivisées. Étamines 5, incluses, insérées vers le milieu du tube de la corolle; anthères aristées ou mucronées, sagittiformes. Pistil de 2 ovaires multi-ovulés. Style indivisé, filiforme. Stigmate subcylindracé, dilaté à la base. Cinq squamules hypogynes. Follicules divariqués, obtus, polyspermes. Graines aigrettées. (*R. Brown.*)

Arbustes sarmenteux. Feuilles opposées. Fleurs en corymbes terminaux.

Les *Strophanthes* sont remarquables par des fleurs très-élégantes, et par la singulière conformation de leur corolle. Ce genre est propre à la zone équatoriale.

STROPHANTHE DICHOTOME. — *Strophanthus dichotomus* De Cand. in Bullet. de la Soc. philomat. III, tab. 8. — Desfont. in Annal. du Mus. vol. 1, tab. 27. — Burm. Ind. tab. 8. — *Echites caudata* Linn.

Tige et rameaux ligneux, volubiles. Feuilles ovales-orbiculaires, mucronées, glabres, luisantes en dessus, pétiolées. Corymbes terminaux ou dichotoméaires, courts, 3-5-flores; pédoncules dressés. Corolle grande : lobes ovales, terminés chacun en appendice d'environ 5 pouces de long.

Cette espèce croît dans l'Inde. On la cultive dans les collections de serre.

VIe TRIBU. LES WRIGHTIÉES. — *WRIGHTIEÆ* Endl.

Péricarpe de 2 follicules. Graines aigrettées à l'extrémité opposée au hile.

Genre WRIGHTIA. — *Wrightia* R. Br.

Calice 5-parti, garni en dedans de 5 ou 10 squamules. Corolle hypocratériforme; limbe 5-parti; gorge couronnée de 5 squamules lacérées ou dentées. Étamines 5, saillantes, insérées à la gorge de la corolle; anthères sagittiformes, cohérentes avec le milieu du stigmate. Pistil de 2 ovaires cohérents, multi-ovulés. Style indivisé, subclaviforme. Stigmate obtus, échancré. Follicules distincts ou cohérents, polyspermes. Graines apérispermées, aigrettées; cotylédons involutés; radicule supère. (*R. Brown.*)

Arbres ou arbrisseaux. Feuilles opposées. Fleurs en corymbes terminaux. Corolle blanche ou écarlate.

Ce genre est propre à la zone équatoriale.

WRIGHTIA ANTIDYSSENTÉRIQUE. — *Wrightia antidyssenterica* R. Brown. — *Nerium antidyssentericum* Linn. — Burm. Zeyl. tab. 77. — *Codaga-pala* Hort. Malab. 1, tab. 47.

Arbrisseau. Feuilles ovales, acuminées, courtement pétiolées. Corymbes terminaux ou latéraux. Follicules grêles, cohérents au sommet.

Arbrisseau haut de 6 à 10 pieds, d'un port élégant. Écorce grisâtre. Feuilles longues de 2 ½ à 3 pouces, larges d'environ

18 lignes, vertes, glabres. Fleurs blanches, odorantes, de la grandeur et presque de la forme de celles du Jasmin. Follicules longs de 6 à 12 pouces, glabres, cylindriques.

Cette espèce croît dans l'Inde. L'écorce de sa racine est considérée comme un excellent remède contre les dyssenteries.

WRIGHTIA TINCTORIAL. — *Wrightia tinctoria* R. Brown. — Bot. Reg. tab. 933. — *Nerium tinctorium* Roxb. Flor. Ind. — Burm. Zeyl. tab. 77.

Arborescent. Feuilles ovales-oblongues, pointues. Panicules terminales. Follicules pendants, très-longs, cohérents au sommet.

Arbre de hauteur moyenne. Tronc de forme très-irrégulière, acquérant 1 1/2 pied à 2 pieds de diamètre, sur 10 à 15 pieds de haut, souvent creux. Écorce des vieux troncs scabre ; écorce des branches et des jeunes troncs assez lisse, d'un gris de cendre. Bois très-blanc et compacte, ayant l'apparence de l'ivoire. Branches vagues, formant une cîme irrégulière. Rameaux opposés. Feuilles longues de 6 à 10 pouces, larges de 3 à 4 pouces, nombreuses, courtement pétiolées, assez lisses, d'un vert pâle. Fleurs d'environ 18 lignes de diamètre, odorantes, disposées en panicules lâches subglobuleuses. Une petite bractée ovale sous chaque ramification de la panicule. Segments calicinaux semi-orbiculaires, persistants. Corolle blanche : tube court, un peu gibbeux; segments obliques, linéaires-oblongs, étalés; appendices nombreux, blancs, rameux. Filets très-courts, raides, insérés à la gorge de la corolle. Anthères barbues antérieurement de poils blancs. Style aussi long que le tube de la corolle. Follicules longs de 12 à 20 pouces, très-grêles. Graines longues, grêles. Cotylédons convolutés. (*Roxburgh, Flor. Ind.* ed. 2, vol. 2, p. 4.)

Cette espèce croît dans les basses régions des montagnes de l'Inde; elle perd ses feuilles durant la saison froide; les nouvelles feuilles se développent, en même temps que les fleurs, en mars et en avril. C'est une plante tinctoriale précieuse : dans l'Inde, on extrait de ses feuilles de l'Indigo de très-bonne qualité.

WRIGHTIA ÉCARLATE. — *Wrightia coccinea* R. Brown. —

Bot. Mag. tab. 2696. — *Nerium coccineum* Roxb. Flor. Ind. — Loddig. Bot. Cab. tab. 894.

Arborescent. Feuilles subsessiles, ovales-oblongues, acuminées, distiques. Fleurs terminales, au nombre de 1 à 4. Appendices de la corolle soudés en forme d'entonnoir à 5 lobes. Follicules linéaires, scabres. (*Roxburgh.*)

Arbre atteignant une hauteur considérable. Bois blanc, ferme. Écorce lisse, de couleur cendrée. Feuilles longues de 2 à 6 pouces, larges de 1 pouce à 2 1/2 pouces, glabres, d'un vert foncé, très-courtement pétiolées. Fleurs en cymules courtement pédonculées. Segments calicinaux subcordiformes. Corolle grande, écarlate : tube subcampanulé, très-court, charnu. Segments épais, obliquement obovales, révolutés peu après l'épanouissement; appendices de couleur pourpre, arrondis, un peu crénelés. Filets épais, très-courts. Anthères sagittiformes, cohérentes en forme de cône. Stigmate inclus, bilobé. Follicules longs de près de 1 pied, couleur d'Olive, de la grosseur du petit doigt. Graines imbriquées, linéaires-lancéolées, longuement barbues; cotylédons convolutés.

Cette espèce croît dans l'Inde, où son bois, qui est très-léger et en même temps solide, s'emploie fréquemment à des ouvrages de tour et de menuiserie. Les fleurs sont très-élégantes.

CENT VINGT-NEUVIÈME FAMILLE.

LES ASCLÉPIADÉES. — *ASCLEPIADEÆ.*

Apocynearum pars, Juss. Gen. — *Asclepiadeæ* Jacq. Misc. Austr. I. — Juss. in Ann. du Mus. v. 5, p. 261, et vol. 15, p. 345. — R. Brown, in Mem. Wern. Soc. vol. 1, p. 12; et in Linn. Transact. v. 21. — C. L. Treviran. Zeitschr. Physiol. v. 2. — Ad. Brongn. in Annal. des Scienc. Nat. v. 24. — Ehrenb. in Linnæa., vol. 4: Uber das Pollen der Asclepiadeen. — Bartl. Ord. Nat. p. 201. — Wight et Arn. Contrib. — E. Meyer, Comment. Plant. Afric. austr. — Endl. Gen. Plant. 1, p. 586. — *Asclepiadearum* trib. I et II, Reichenb. Syst. Nat. p. 207 (1).

Les *Asclépiadées*, quoique très-remarquables par la structure si particulière de leurs organes sexuels, sont néanmoins extrêmement voisines des Apocynées, parmi lesquelles les comprenaient M. de Jussieu et beaucoup d'autres botanistes. On connaît près de quatre cents espèces de ce groupe; la plupart croissent dans les régions les plus chaudes du globe; fort peu habitent l'Europe.

De même que les Apocynées, la plupart des Asclépiadées contiennent un suc-propre laiteux, plus ou moins âcre et amer; mais en général ce suc paraît être beaucoup moins vénéneux que celui des Apocynées, et il existe même plusieurs Asclépiadées dont le suc-propre ou toutes les parties herbacées peuvent servir d'aliment; dans d'autres espèces, ce suc est doué de vertus médicales très-prononcées. Les racines de beaucoup de ces végétaux sont éminemment sudorifiques, ou émétiques, ou purgatives. Cette famille renferme aussi plusieurs

(1) M. Reichenbach comprend en outre dans cette famille, les Passiflorées.

espèces précieuses soit à titre de plantes tinctoriales, soit à cause de la ténacité de leurs fibres corticales. Les fleurs de beaucoup d'Asclépiadées sont très-élégantes.

Caractères de la Famille.

Arbrisseaux ou *herbes*, en général lactescents. Tiges et rameaux cylindriques et subarticulés (moins souvent charnus et anguleux).

Feuilles opposées (rarement verticillées ou éparses), simples, très-entières, pétiolées (nulles ou abortives dans les espèces à tiges et rameaux charnus). Stipules nulles, ou interpétiolaires et sétiformes.

Fleurs hermaphrodites, régulières, disposées en ombelles, ou en cymes, ou en grappes, ou en fascicules, ou rarement solitaires. Pédoncules interpétiolaires ou moins souvent axillaires.

Calice 5-fide ou 5-parti, inadhérent, persistant, en général court; estivation imbricative.

Corolle campanulée, ou urcéolée, ou rotacée, ou tubuleuse, hypogyne, non-persistante, 5-fide; tube ou gorge quelquefois munis d'appendices pétaloïdes ou charnus; lobes alternes avec les divisions calicinales, contournés et imbriqués (très-rarement valvaires) en préfloraison.

Étamines 5, insérées à la base de la corolle, interposées. Filets le plus souvent monadelphes; androphore en général accompagné d'une ou de plusieurs couronnes de staminodes (soit libres, soit soudés). Anthères extrorses, dressées, adnées, dithèques, soudées en tube (par exception libres), le plus souvent terminées en languette membraneuse; bourses contiguës, parallèles, déhiscentes chacune (avant l'épanouissement de la fleur) par une fente soit longitudinale, soit apicilaire, ou moins souvent par une fente transversale; pollen (à l'époque de l'ouverture des anthères) de chaque bourse cohérent en une ou deux masses (de forme déterminée) recouvertes chacune d'une pellicule membraneuse, et s'attachant à des appendices particuliers du stigmate (1); dans plusieurs espèces, les masses polliniques appartenant aux bourses collatérales de deux anthères contiguës, se soudent en une seule masse; dans plusieurs autres, chaque masse pollinique ne se compose que d'un petit nombre de granules facilement séparables.

Pistil : Ovaires 2, distincts, ou quelquefois cohérents par la base, 1-styles, 1-loculaires, multi-ovulés; ovules suspendus; placentaire nerviforme, adné à la suture ventrale. Styles continus avec les ovaires, distincts, mais appliqués l'un contre l'autre, en général très-courts. Stigmate terminal, commun aux 2 styles, gros, disciforme, ou capitellé, pentagone, mutique, ou rostré, très-entier, ou bifide, ou rarement multifide : angles alternes avec les anthères, munis chacun vers sa base d'un petit appendice cartilagineux, auquel s'attachent (lors de la fécondation) les masses polliniques.

Péricarpe 2-folliculaire, ou par avortement 1-folliculaire; follicules 1-valves, polyspermes, s'ouvrant par la suture ventrale : placentaire libre après la déhiscence.

Graines imbriquées, en général comprimées, le plus souvent aigrettées au hile. Périsperme mince, charnu,

(1) Avant que M. R. Brown n'eût démontré la véritable structure des fleurs des Asclépiadées, les masses polliniques de ces fleurs étaient considérées comme les anthères mêmes, et celles-ci comme des appendices du stigmate.

ou par exception nul. Embryon rectiligne, axile; cotylédons planes, foliacés; radicule supère, voisine du hile.

La famille des Asclépiadées se compose des genres suivants :

Ire TRIBU. LES PÉRIPLOCÉES. — *PERIPLOCEÆ* R. Br.

Étamines à filets libres ou presque libres. Masses polliniques granuleuses, solitaires ou 4 à 4 sur chaque appendice stigmatique.

Cryptostegia R. Br. — *Finlaysonia* Wallich. — *Periploca* Linn. — *Streptocaulon* Wight et Arn. — *Gymnanthera* R. Br. — *Decalepis* Wight et Arn. — *Brachylepis* Wight. et Arn. — *Hemidesmus* R. Br. — *Lepistoma* Blum. — *Phyllanthera* Blum.

IIe TRIBU. LES SÉCAMONÉES. — *SECAMONEÆ* Endl.

Étamines à filets soudés. Masses polliniques au nombre de 20, lisses, appliquées 4 à 4 aux appendices stigmatiques.

Secamone R. Br. — *Toxocarpus* Wight et Arn. — *Goniostemma* Wight et Arn.

IIIe TRIBU. LES ASCLÉPIADÉES VRAIES — *ASCLEPIADEÆ VERÆ* R. Br.

Étamines à filets soudés. Masses polliniques au nombre de 10, attachées par paires aux appendices stigmatiques, lesquels sont creusés chacun d'un sillon longitudinal.

Section I. **CYNANCHINÉES**. — *Cynancheæ* Endl.

Masses polliniques pendantes, attachées soit par leur sommet, soit latéralement au-dessus du milieu.

Hybanthera Endl. — *Astephanus* R. Br. — *Hæmax* E. Mey. — *Microloma* R. Br. — *Parapodium* E. Mey. — *Metastelma* R. Br. — *Schubertia* Mart. et Zuccar. — *Tweedia* Hook. et Arn. — *Lachnostoma* Kunth. — *Macroscepis* Kunth. — *Pentasachme* Wallich. — *Eustegia* R. Br. — *Sarcostemma* R. Br. — *Philibertia* Kunth. — *Dœmia* R. Br. (Dimia Spreng.) — *Ditassa* R. Br. — *Holostemma* R. Br. — *Cynanchum* Linn. — *Endotropis* Endl. — *Schizoglossum* E. Mey. — *Cynoctonum* E. Mey. — *Vincetoxicum* Mœnch. — *Cordylogyne* E. Mey. — *Solenostemma* Hayn. — *Glossostephanus* E. Mey. — *Metaplexis* R. Br. — *Urostelma* Bunge. — *Rhyssolobium* E. Mey. — *Kanahia* R. Br. — *Raphistemma* Wallich. — *Seutera* Reichenb. (Lyonia Elliot.) — *Diplolepis* R. Br. (Sonninia Reichb.) — *Oxypetalum* R. Br. (Gothofreda Vent.) — *Schistogyne* Hook. et Arn. — *Physianthus* Mart. et Zuccar. (Arauja Broter.) — *Calotropis* R. Br. — *Pentatropis* R. Br. — *Iphisia* Wight et Arn. — *Oxystelma* R. Br. — *Brachylepis* Hook. et Arn. — *Enslenia* Nutt. (Ampelanus Rafin.) — *Gomphocarpus* R. Br. — *Lagarinthus* E. Mey. — *Pachycarpus* E. Mey. — *Xysmalobium* R. Br. — *Acerates* R. Br. — *Podostigma* Elliot. (Stylandra Nutt.) — *Ananthrix* Nutt. — *Asclepias* Linn. — *Otaria* Kunth. — *Pentarrhinum* E. Mey. — *Aspidoglossum* E. Mey.

SECTION II. **GONOLOBINÉES.** — *Gonolobeæ* Endl.

Masses polliniques transverses, attachées par l'extrémité externe, cachées sous le stigmate.

Dregea E. Mey. — *Gonolobus* Rich. (Gonolobium Pursh.) — *Matelea* Aubl.

SECTION III. **PERGULARINÉES.** — *Pergularieæ* Endl.

Masses polliniques dressées ou conniventes, apprimées, attachées par la base ou au-dessous du milieu.

Sarcolobus R. Br. — *Gymnema* R. Br. — *Belostemma* Wallich. — *Tylophora* R. Br. — *Hoya* R. Br. (Schollia Jacq. fil. Sperlingia Vahl.) — *Pterostelma* Wight. — *Physostelma* Wight. — *Tenaris* E. Mey. — *Heterostemma* Wight et Arn. — *Cosmostigma* Wight. — *Marsdenia* R. Br. — *Dischidia* R. Br. (Colyris Vahl. Conchophyllum Blum.) — *Leptostemma* Blum. — *Stephanotis* Thouars. (Isaura Commers.) — *Pergularia* Linn. — *Baxtera* Reichenb. (Harrisonia Hook. non alior.) — *Orthanthera* Wight. — *Leptadenia* R. Br. — *Fischeria* De Cand. — *Microstemma* R. Br. — *Brachystelma* R. Br. — *Sisyranthus* E. Mey. — *Ceropegia* Linn. — *Eriopetalum* Wight. — *Bucerosia* Wight et Arn. — *Hutchinia* Wight et Arn. — *Caralluma* R. Br. — *Stapelia* Linn. (Stapelia, Gonostemon, Podanthes, Tridentea, Tromotriche, Caruncularia, Orbea, Obesia, Duvalia, et Pectinaria Haw. Hoodia Sweet.) — *Apteranthes* Mikan. — *Piaranthus* R. Br. — *Heurnia* R. Br.

Ire TRIBU. LES PÉRIPLOCÉES. — *PERIPLOCEÆ* R. Br.

Étamines à filets libres ou presque libres. Masses polliniques granuleuses, solitaires ou 4 à 4 sur chaque appendice stigmatique.

Genre PÉRIPLOCA. — *Periploca* Linn.

Calice 5-parti. Corolle rotacée, 5-fide; gorge couronnée par 5 tubercules aristés, opposés aux étamines: arêtes charnues, dressées, oncinées au sommet. Étamines 5, saillantes, insérées à la gorge de la corolle; filets libres; anthères apiculées au sommet, barbues au dos, adhérentes par la base au milieu du stigmate; masses polliniques solitaires, appliquées chacune au sommet d'une des glandules stigmatiques. Stigmate mutique, à 5 angles obtus. Follicules cylindracés, polyspermes. Graines aigrettées.

Arbrisseaux glabres, le plus souvent volubiles. Feuilles opposées, luisantes. Inflorescences interpétiolaires, ou terminales, cymeuses.

Périploca de Grèce. — *Periploca græca* Linn. — Lamk. Ill. tab. 177. — Duham. Arb. 2, tab. 22. — Bot. Reg. tab. 803. — Bot. Mag. tab. 2289.

Arbuste glabre, volubile, atteignant jusqu'à 40 pieds de haut. Rameaux grêles, souvent entrelacés, feuillés. Ramules florifères axillaires, dressés, simples, en général courts. Feuilles pétiolées, subcoriaces, oblongues, ou elliptiques, ou ovales-lancéolées, penninervées: les raméaires longues de 2 à 4 pouces, acuminées, acérées; les ramulaires plus petites, en général arrondies au sommet et mucronulées. Cymes terminales ou interpétiolaires, solitaires, pédonculées, lâches, trichotomes, brachiées, 2-bractéolées aux ramifications. Bractées petites, subulées. Calice minime, glabre, à 5 dents ovales, pointues. Corolle large d'environ 6 lignes, d'un vert jaunâtre en dessous, d'un pourpre brunâtre en dessus : segments oblongs, obtus, étalés, cotonneux aux bords. Filets des étamines courts, velus, élargis à la base. Follicules longs de 3 à 4 pouces, grêles, subcoriaces, acuminés, cohérents au sommet. Graines planes, imbriquées, brunâtres : aigrette longue, blanche, soyeuse.

Cette espèce croît dans l'Europe méridionale et en Orient; on la cultive comme arbrisseau d'ornement : ses nombreux sarments et son feuillage élégant la rendent propre à couvrir les murs et les treillages. Le suc de la plante passe pour vénéneux.

Genre HÉMIDESME. — *Hemidesmus* R. Br.

Calice 5-fide. Corolle rotacée, 5-fide; gorge à 5 squamules mutiques, alternes avec les lobes. Étamines 5, saillantes, insérées au tube de la corolle; filets connés par la base. Anthères cohérentes entre elles, non-soudées au stigmate; masses polliniques au nombre de 20, appliquées 4 à 4 aux appendices du stigmate. Stigmate presque plane, mutique : appendices réniformes. Follicules cylindracés, lisses, divariqués, polyspermes. Graines aigrettées. (*R. Brown. Wight et Arnott.*)

Arbrisseaux volubiles, glabres. Feuilles opposées, luisantes en-dessus. Cymes interpétiolaires. Fleurs petites. Corolle subcoriace.

Ce genre est propre à l'Asie équatoriale.

Hémidesme officinal. — *Hemidesmus indicus* R. Br. — Burm. Zeyl. tab. 83, fig. 1. — *Asclepias Pseudosarsa* Roxb. Flor. Ind. ed. 2, vol. 2, p. 39. — *Periploca indica* Linn. — *Naru-nindi* Hort. Malab. vol. 10, tab. 34.

Tiges volubiles, ou grimpantes, ou diffuses, ligneuses, très-grêles. Feuilles lisses, luisantes, 2-stipulées, variant de la forme ovale à la forme linéaire. Grappes axillaires, sessiles, spiciformes : fleurs et bractées imbriquées. Follicules linéaires, divariqués.

Racine longue, grêle, rameuse : écorce odorante, d'un brun ferrugineux. Tiges assez longues, de la grosseur d'un tuyau de plume d'oie, ou moins. Feuilles courtement pétiolées, fermes, de forme et de grandeur très-variables : celles des jeunes pousses radicales en général linéaires et pointues; les autres lancéolées, ou ovales, ou elliptiques-oblongues. Stipules petites, caduques. Fleurs petites. Bractées squamiformes. Segments calicinaux pointus. Corolle verte à la surface externe, d'un pourpre foncé à la surface interne : limbe plane; segments oblongs, pointus, rugueux en dessus. Follicules longs, grêles. (*Roxburgh*, l. c.)

Cette plante croît dans l'Inde, où elle est fort commune dans toutes les localités incultes. Ses racines, soit fraîches, soit séchées, exhalent une odeur très-agréable; les médecins anglais résidant dans l'Inde la connaissent sous le nom de *Salsepareille sauvage*, parce qu'elle participe aux propriétés médicales de la Salsepareille.

IIe TRIBU. LES SÉCAMONÉES. — *SECAMONEÆ* Endl.

Étamines à filets soudés. Masses polliniques au nombre de 20, *lisses, appliquées* 4 *à* 4 *aux appendices stigmatiques.*

Genre SÉCAMONE. — *Secamone* R. Br.

Calice 5-fide. Corolle rotacée, 5-fide. Couronne de 5 squamules latéralement comprimées, simples. Étamines saillantes; masses polliniques dressées. Stigmate rétréci au sommet : appendices ésulqués. Follicules lisses, polyspermes. Graines aigrettées.

Arbrisseaux volubiles ou non volubiles, glabres. Feuilles opposées. Cymes interpétiolaires, dichotomes. Fleurs petites.

Ce genre appartient aux contrées intertropicales et subtropicales de l'ancien continent.

Sécamone d'Orient. — *Secamone ægyptiaca* R. Br. in Hort. Kew. — *Secamone Alpini* R. et S. Syst. — *Periploca Secamone* Linn. — *Secamone*, Prosper. Alpin. p. 63, tab. 48.

Arbrisseau grimpant. Tiges et rameaux lisses. Feuilles lancéolées, pointues, étroites, pétiolées. Fleurs très-petites, blanchâtres. Corolle à segments pointus, velus en dessus. Follicules pendants, glabres, ventrus. Graines à aigrette soyeuse.

Cette espèce croît en Égypte et en Syrie; son suc-propre est âcre et drastique; on en prépare la substance connue en pharmaceutique sous le nom de Scammonée de Smyrne.

IIIe TRIBU. LES ASCLÉPIADÉES VRAIES. — *ASCLEPIADEÆ VERÆ* R. Br.

Section I. CYNANCHINÉES. — *Cynancheæ* Endl.

Masses polliniques pendantes, attachées soit par leur sommet, soit latéralement au-dessus du milieu.

Genre CYNANQUE. — *Cynanchum* Linn.

Calice 5-parti. Corolle subrotacée, 5-partie. Couronne tubuleuse, engaînant les organes sexuels, 5-10-fide au sommet; 5 squamules intérieures, parallèles aux lobes et aux anthères. Anthères à appendice apicilaire membraneux; masses polliniques ventrues, pendantes, atténuées au sommet, infrà-apicifixes. Stigmate couronné d'une pointe bifide. Follicules cylindracés, divariqués, polyspermes. Graines aigrettées. (*Endlicher, Gen. Plant.* 1, p. 591.)

Herbes vivaces, volubiles. Feuilles opposées, cordiformes. Fleurs petites, disposées en ombelles (simples ou paniculées) interpétiolaires.

Ce genre appartient aux contrées voisines de la Méditerranée.

CYNANQUE DE MONTPELLIER. — *Cynanchum monspeliacum* Linn. — Flor. Græc. tab. 251. — Jacq. Ic. Rar. tab. 340.

Racine rampante. Tiges diffuses ou grimpantes, grêles, rameuses, feuillées, subdichotomes, longues de 2 à 4 pieds. Feuilles longues de 1 pouce à 3 pouces, d'un vert glauque, glabres, ou légèrement pubescentes, longuement pétiolées, ovales, ou ovales-lancéolées, ou triangulaires, ou triangulaires-lancéolées, mucronées, pointues, ou acuminées, ou rarement obtuses : base réniforme, ou cordiforme-bilobée, ou plus ou moins profondément cordiforme. Ombelles cymeuses ou paniculées, solitaires, pédonculées, tantôt débordées par les feuilles, tantôt débordantes, lâches, ou plus ou moins denses, multiflores. Fleurs petites, blanches.

Cette plante est commune dans l'Europe méridionale ; son suc concrété et mis en masse est connu en pharmaceutique sous le nom de *Scammonée de Montpellier ;* ce suc est un violent drastique, dont on ne fait plus guère usage en médecine.

Genre DOMPTE-VENIN. — *Vincetoxicum* Mœnch.

Calice 5-parti. Corolle subrotacée ; 5-partie. Couronne scutelliforme, charnue, 5-10-lobée, inappendiculée en dedans. Étamines 5. Anthères terminées en appendice membraneux ; masses polliniques ventrues, attachées au-dessous du sommet. Stigmate mucroné. Follicules ventrus, lisses, étalés, polyspermes. Graines aigrettées. (*Endlicher, Gen. Plant.* 1, p. 59.)

Herbes vivaces. Tiges dressées, ou volubiles au sommet. Feuilles opposées. Fleurs petites, disposées en ombelles interpétiolaires.

Ce genre est propre à l'Europe.

DOMPTE-VENIN COMMUN. — *Vincetoxicum officinale* Mœnch, Meth. — *Asclepias Vincetoxicum* Linn. — Flor. Dan. tab. 849. — Bull. Herb. tab. 51. — Schk. Handb. tab. 55. — *Cynanchum Vincetoxicum* R. Br.

Racine rampante, blanchâtre, garnie de quantité de fibres. Tiges hautes de 1 pied à 2 pieds, dressées, feuillues, simples, ou moins souvent rameuses, pubérules, ou glabres. Feuilles longues de 1 pouce à 4 pouces, minces, courtement pétiolées, ovales, ou ovales-lancéolées, ou ovales-oblongues, acuminées, cordiformes à la base, glabres en dessus, pubérules aux bords et en dessous aux nervures. Ombelles plus ou moins longuement pédonculées, 2-ou 3-radiées, subpaniculées, lâches : ombellules pauciflores; pédoncule-commun filiforme, dressé; pédicelles capillaires, plus courts que le pédoncule. Fleurs petites, blanches. Segments calicinaux lancéolés, acuminés. Segments de la corolle obtus, glabres en dessus. Follicules fusiformes, acuminés, longs de 18 lignes à 2 pouces, souvent solitaires par avortement. Graines planes, marginées, brunes : aigrette soyeuse, blanche.

Cette plante, nommée vulgairement *Dompte-venin*, est commune dans presque toute l'Europe; elle croît de préférence dans les localités arides; la floraison dure presque tout l'été. La racine du Dompte-venin est âcre et amère; à dose un peu élevée, elle agit soit comme purgatif, soit comme émétique, mais on n'en fait guère usage à ces titres; on lui attribue en outre des propriétés alexitères, sudorifiques, et emménagogues.

Genre SOLÉNOSTEMME. — *Solenostemma* Hayn.

Calice 5-parti. Corolle rotacée, 5-fide. Couronne 5-partie : segments condupliqués, carénés, obtus, opposés aux étamines. Anthères terminées en appendice membraneux; masses polliniques pendantes, atténuées et attachées au sommet. Stigmate mutique. Follicules lisses, ventrus, polyspermes, en général par avortement solitaires. Graines aigrettées. (*Endlicher*, *Gen. Plant.* 1, p. 592.)

Sous-arbrisseau non-volubile. Feuilles opposées. Ombelles axillaires, multiflores.

Ce genre n'est fondé que sur l'espèce suivante.

Solénostemme officinal.—*Solenostemma officinale* Hayn. Arzn. Gew. IX, tab. 38. — *Cynanchum Arghel* Delile, Flor. Ægypt. tab. 20, fig. 2. — Nees, Offic. Pflanz. Suppl. I, tab. 13. — *Cynanchum oleæfolium* Nectoux, Voy. p. 20, tab. 3.

Arbuste touffu, haut d'environ 2 pieds. Tiges grêles, cylindriques, glabres. Rameaux opposés. Feuilles longues d'environ 1 pouce, coriaces, d'un vert glauque en dessus, blanchâtres et pubérules en dessous, ovales-lancéolées, ou lancéolées-oblongues, pointues. Ombelles cymeuses, denses, petites, pédonculées, glabres. Fleurs petites, blanches. Segments calicinaux étalés, lancéolés, pointus, presque aussi longs que la corolle. Lobes de la corolle lancéolés, pointus, étalés. Follicules subfusiformes, acuminés, presque ligneux.

Cette plante croît en Égypte, où on la nomme *Arghel*. Ses feuilles sont purgatives, et se trouvent souvent mélangées, dans le commerce, avec le *Séné*.

Genre CALOTROPIS. — *Calotropis* R. Br.

Calice 5-parti. Corolle subcampanulée, profondément 5 fide; tube anguleux : angles sacciformes à l'intérieur. Couronne de 5 squamules carénées, recourbées à la base, adnées longitudinalement à l'androphore. Anthères terminées en appendice membraneux; masses polliniques comprimées, pendantes, atténuées et attachées au sommet. Stigmate mutique. Follicules ventrus, lisses, polyspermes. Graines aigrettées. (*R. Brown.*)

Arbrisseaux non-sarmenteux, glabres. Feuilles grandes, opposées. Ombelles simples ou composées, interpétiolaires. Fleurs grandes, très-élégantes.

Ce genre est propre aux contrées intertropicales et subtropicales de l'ancien continent.

Calotropis gigantesque.—*Calotropis gigantea* R. Brown. — *Asclepias gigantea* Willd. — Bot. Reg. tab. 58. — *Ma-*

dorus Rumph. Amb. vol. 7, tab. 14, fig. 1. — *Ericu* Hort. Malab. vol. 2, tab. 31 et 32.

Feuilles subsessiles, amplexicaules, cunéiformes-oblongues, ou oblongues-obovales, barbues en dessus à la base, cotonneuses en dessous. Ombelles simples ou moins souvent composées. Corolle à lobes réfléchis, involutés.

Grand buisson. Tronc très-rameux, presque dressé, atteignant la grosseur de la jambe d'un homme, ou plus. Écorce de couleur cendrée. Jeunes pousses cotonneuses-laineuses. Feuilles longues de 4 à 6 pouces, larges de 2 à 3 pouces, opposées-croisées, lisses et glabres en dessus (excepté à la base), couvertes en dessous d'un duvet laineux très-serré, de couleur blanche. Pédoncules interpétiolaires, opposés, laineux, presque dressés, de moitié plus courts que les feuilles. Involucre de plusieurs écailles oblongues, pointues. Fleurs grandes, élégantes. Corolle blanche, ou panachée de rose et de pourpre. (*Roxburgh, Flor. Ind.* ed. 2, vol. 2, p. 30.)

Cette plante est, au témoignage de Roxburgh, l'une des plus communes de l'Inde, où on la désigne par les noms de *Mudar*, *Yercum*, et *Alkund*; elle vient dans toutes les localités, mais de préférence dans les décombres et au pied des murailles; on la trouve en fleurs et en fruits durant toute l'année. En faisant une blessure dans une partie quelconque de l'arbrisseau, il en sort une grande quantité d'un suc âcre et laiteux; les Hindous attribuent à ce suc quantité de vertus médicales, et ils l'emploient surtout avec avantage à titre de remède antisyphilitique et anthelmintique, ainsi que contre les terribles maladies de la peau, si fréquentes dans l'Asie équatoriale. Le charbon qu'on obtient du bois de cette plante est excellent pour la préparation de la poudre à tirer. Dans quelques contrées de l'Inde, on tire parti de la filasse soyeuse que contient l'écorce des jeunes pousses.

On cultive le *Calotropis* dans les serres, à cause de l'élégance de ses fleurs.

CALOTROPIS ÉLANCÉ. — *Calotropis procera* R. Br. in Hort.

Kew. — *Asclepias procera* Willd. — Schneev. Ic. tab. 18. — *Asclepias gigantea* Andr. Bot. Rep. tab. 271.

Cette espèce, indigène en Perse, paraît ne différer essentiellement de la précédente que par sa corolle à segments étalés et non réfléchis ni involutés. On la cultive aussi comme plante d'ornement.

Genre OXYSTÉLMA. — *Oxystelma* R. Br.

Calice 5-parti. Corolle subrotacée, 5-fide. Couronne de 5 folioles pointues, entières. Anthères terminées en appendice membraneux ; masses polliniques comprimées, pendantes, atténuées et attachées au sommet. Stigmate mutique. Follicules lisses, polyspermes. Graines aigrettées. (*R. Brown.*)

Sous-arbrisseaux volubiles, glabres. Feuilles opposées. Fleurs en grappes ou en ombelles interpétiolaires.

Ce genre est propre à l'Asie équatoriale.

Oxystélma comestible. — *Oxystelma esculentum* R. Br. — *Asclepias rosea* Roxb. Flor. Ind. ed. 2, vol. 2, p. 40. — *Periploca esculenta* Willd. — Roxb. Plant. Corom. 1, tab. 2.

Herbe vivace, volubile. Feuilles linéaires, pointues, lisses, arrondies à la base. Grappes latérales, pauciflores, plus longues que les feuilles. Lobes de la corolle ciliés. Follicules oblongs, bouffis.

Racine composée de fibres filiformes. Tiges nombreuses, très-longues, très-rameuses, lisses, cylindriques. Feuilles longues de 4 à 6 pouces, larges de 3 à 4 lignes. Fleurs grandes, élégantes, inodores. Corolle blanche, avec une légère teinte de rose, striée de veines pourpres.

Cette espèce habite l'Inde. Elle ne végète que durant la saison pluvieuse. Roxburgh dit qu'à sa connaissance, les Hindous ne font aucun usage de la plante, mais qu'elle est broutée par le bétail ; elle abonde en suc laiteux.

Genre GOMPHOCARPE. — *Gomphocarpus* R. Br.

Calice 5-fide. Corolle 5-partie : segments réfléchis. Couronne de 5 folioles cuculliformes, inappendiculées antérieurement, en général 1-dentées de chaque côté vers la base. Anthères terminées en appendice membraneux; masses polliniques comprimées, pendantes, atténuées et attachées au sommet. Stigmate déprimé, mutique. Follicules (en général par avortement monospermes) ventrus, polyspermes, hérissés de spinelles molles. Graines aigrettées. (*R. Brown*)

Arbrisseaux, ou sous-arbrisseaux, non-sarmenteux. Feuilles opposées ou verticillées. Ombelles interpétiolaires, multi-flores. Fleurs blanches ou rouges, élégantes.

Les *Gomphocarpes* croissent dans les régions extra-tropicales de l'ancien continent; on en connaît 4 espèces.

Gomphocarpe frutescent. — *Gomphocarpus fruticosus* R. Br. in Hort. Kew. — *Asclepias fruticosa* Willd. — Mill. Ic. tab. 45. — Bot. Mag. tab. 1628.

Sous-arbrisseau haut de 3 à 7 pieds. Tiges et rameaux grêles, dressés : les jeunes pubescents, feuillus. Feuilles longues de 1 pouce à 5 pouces, larges de 1 ligne à 8 lignes, opposées, ou verticillées-ternées, courtement pétiolées, minces, d'un vert glauque (surtout en dessous), glabres, très-finement pennivei-nées, lancéolées, ou lancéolées-linéaires, acérées. Ombelles simples, longuement pédonculées, solitaires, 5-12-flores, lâches, en général débordées par les feuilles; pédicelles filiformes, presque aussi longs que le pédoncule, pubérules. Calice petit : segments linéaires-lancéolés, pointus. Corolle large de 3 à 4 lignes, blanche : segments ovales ou elliptiques, acuminulés, réfléchis. Couronne panachée de jaune et de brun : squamules conniventes, un peu plus longues que les étamines. Pédicelles fructifères défléchis, résupinés. Follicules ovoïdes, acuminés, longs d'environ 1 pouce.

Cette espèce habite l'Afrique septentrionale, ainsi que la Syrie et les contrées les plus méridionales de l'Europe; elle fleurit durant tout l'été; on la cultive comme arbuste d'ornement.

Genre ASCLÉPIADE. — *Asclepias* Linn.

Calice 5-parti. Corolle rotacée, 5-partie, réfléchie. Couronne de 5 folioles cuculliformes, conniventes, munies chacune antérieurement d'un appendice subulé saillant. Anthères terminées en appendice membraneux; masses polliniques pendantes, comprimées, atténuées et attachées au sommet. Stigmate déprimé, mutique. Follicules lisses, ventrus, polyspermes. Graines aigrettées.

Herbes vivaces, non-volubiles. Feuilles opposées, ou éparses, ou verticillées. Fleurs blanches, ou rouges, ou jaunes, disposées en ombelles (simples) interpétiolaires ou rarement terminales.

La plupart des *Asclépiades* habitent l'Amérique; on en connaît environ 50 espèces; ces végétaux intéressent en général par la beauté ainsi que par le parfum de leurs fleurs; les longs poils soyeux qui couronnent leurs graines peuvent servir à des usages économiques; plusieurs espèces ont des vertus médicales très-prononcées.

A. *Feuilles opposées.*

Asclépiade de Syrie.—*Asclepias syriaca* Linn.—Blackw. Herb. tab. 521. —*Beid el ossar* Vesling. in Linn. Trans. vol. 14, p. 239. — *Apocynum syriacum* Clus. Hist. 2, p. 87. — Munting. tab. 104.

Feuilles elliptiques ou elliptiques-oblongues (les supérieures souvent lancéolées-oblongues), arrondies et mucronées au sommet, glabres en dessus, cotonneuses en dessous, courtement pétiolées. Tiges très-simples. Ombelles interpétiolaires, solitaires, multiflores, subglobuleuses, pédonculées, nutantes. Follicules gros, ellipsoïdes, acuminés, plus ou moins courbés.

Racine rampante. Tiges droites, fermes, dressées, feuillues, hautes de 2 à 4 pieds, pubérules, parsemées de points brunâtres. Feuilles atteignant jusqu'à 6 pouces de long, un peu charnues, fermes, vertes en dessus, blanchâtres en dessous, parallèliveinées. Ombelles solitaires entre les feuilles supérieures. Pédoncules longs de 2 à 4 pouces, pubérules de même que les pédicelles; pédicelles longs, filiformes. Fleurs odorantes, assez grandes, panachées de rose et de blanc.

Cette espèce croît en Syrie; c'est la seule, parmi ses nombreuses congénères, qui soit indigène de l'ancien continent. On la cultive fréquemment comme plante d'ornement. Son suc-propre est âcre et caustique. En Orient, la bourre soyeuse des graines sert à ouater les habits et à faire des matelas. Les tiges de la plante fournissent une filasse assez tenace.

Asclépiade incarnat. — *Asclepias amœna* Linn. — Dill. Hort. Elth. tab. 27, fig. 30. — Sweet, Brit. Flow. Gard. ser. 2, vol. 1, tab. 82. — *Asclepias incarnata* Linn. — Jacq. Hort. Vindob. tab. 107. — Bot. Reg. tab. 250.

Tiges simples, ou rameuses vers le sommet. Feuilles ovales-lancéolées, ou oblongues-lancéolées, ou linéaires-lancéolées, ou oblongues, pointues, arrondies ou cunéiformes à la base, glabres, ou pubérules, courtement pétiolées. Ombelles interpétiolaires et terminales, dressées, denses, multiflores, souvent géminées.

Tiges glabres ou pubescentes, grêles, dressées, feuillues, souvent rougeâtres. Feuilles longues de 2 à 6 pouces, larges de 6 à 18 lignes, d'un vert foncé en dessus, d'un vert pâle en dessous. Fleurs odorantes, d'un pourpre plus ou moins foncé; follicules fusiformes, longuement acuminés, longs de 18 lignes à 2 pouces.

Cette espèce, indigène des États-Unis, se cultive comme plante de parterre; elle fleurit en été.

Asclépiade de Curaçao. — *Asclepias currasavica* Linn. — Dill. Elth. tab. 30, fig. 33. — Bot. Reg. tab. 81.

Tiges simples, ou rameuses au sommet. Feuilles oblongues-lancéolées, pétiolées, glabres. Ombelles interpétiolaires, solitaires, dressées.

Racine fibreuse. Tige haute de 1 pied à 2 pieds, pubérule, feuillée. Fleurs assez petites, de couleur orange. Follicules tuberculeux.

Cette espèce croît dans l'Amérique méridionale, où ses racines s'emploient comme succédanée de l'Ipécacuanha. La plante se cultive pour l'ornement des serres.

B. *Feuilles éparses* (*les supérieures souvent verticillées*).

Asclépiade tubéreuse. — *Asclepias tuberosa* Linn. — Bot. Reg. tab. 76. — Herb. de l'Amat. vol. 2. — *Asclepias decumbens* Linn. — Sweet, Brit. Flow. Gard. ser. 2, vol. 1, tab. 24.

Tiges dressées, ou ascendantes, ou subdiffuses, hérissées, très-feuillues. Feuilles oblongues, ou oblongues-lancéolées, ou linéaires-lancéolées, subsessiles, subcordiformes à la base, obtuses, ou pointues, mucronées, scabres en dessus, cotonneuses en dessous. Ombelles latérales ou subterminales, dressées, multiflores, pédonculées.

Racine tubéreuse. Tiges longues de 1 pied à 2 pieds, fermes, tantôt simples, tantôt brachiées au sommet. Feuilles longues de 1 pouce à 3 pouces, larges de 2 à 12 lignes, fermes, d'un vert foncé et pubérules en dessus, blanchâtres en dessous. Ombelles le plus souvent rapprochées en corymbe terminal; pédoncules et pédicelles velus. Fleurs longues d'environ 3 lignes, d'un orange brillant. Segments calicinaux oblongs-lancéolés, pointus. Corolle glabre : segments oblongs, obtus. Couronne dressée.

Cette espèce croît dans les provinces méridionales des États-Unis. On la cultive comme plante d'ornement. La décoction de sa racine passe pour diurétique et sudorifique, ainsi que pour un remède contre les pleurésies; à forte dose, elle est purgative.

SECTION III. PERGULARINÉES. — *Pergulariceæ* Endl.

Masses polliniques dressées ou conniventes, apprimées, attachées par la base ou au-dessous du milieu.

Genre GYMNÉMA. — *Gymnema* R. Br.

Calice 5-parti. Corolle suburcéolée, 5-fide ; gorge nue, ou couronnée par 5 squamules ou denticules alternes avec les lobes. Androphore inappendiculé. Anthères terminées en appendice membraneux ; masses polliniques basifixes, dressées. Stigmate mutique. Follicules grêles, lisses, polyspermes. Graines marginées, aigrettées. (R. Brown.)

Arbrisseaux ou sous-arbrisseaux le plus souvent volubiles. Feuilles opposées. Ombelles interpétiolaires, simples ou composées.

GYMNÉMA TINCTORIAL. — *Gymnema tingens* R. Br. in Mem. Wern. Soc. I. — *Asclepias tingens* Roxb. Corom. v, 3. tab. 239 ; Flor. Ind. ed. 2, vol. 2, p. 53.

Tige et branches ligneuses, volubiles. Feuilles cordiformes, pointues, glabres, pétiolées. Ombelles composées. Corolle inappendiculée, 10-canaliculée à la surface interne : sillons ciliolés. Follicules ovales-lancéolés, lisses, charnus.

Tige et sarments grimpant au delà des arbres les plus élevés. Écorce assez lisse, brunâtre étant jeune, finalement grisâtre. Feuilles longues de 3 à 6 pouces, larges de 2 à 4 pouces ; pétiole long d'environ 1 pouce, cannelé, lisse. Ombelles racémiformes après la floraison : pédicelles un peu plus longs que les pédoncules, divergents. Fleurs blanchâtres ou d'un jaune pâle, nombreuses. Tube de la corolle aussi long que les organes sexuels ; segments obliquement ovales. Follicules longs d'environ 4 pouces, sur 1 pouce de diamètre, divariqués, lisses.

Cet arbuste croît au Pégou, où l'on emploie ses feuilles à faire de l'Indigo.

Genre HOYA. — *Hoya* R. Br.

Calice 5-parti. Corolle rotacée, 5-fide. Couronne de 5 folioles déprimées, charnues, 1-dentées en-dessus. Anthères terminées en appendice membraneux; masses polliniques basifixes, conniventes, comprimées. Stigmate mutique ou subapiculé. Follicules lisses, polyspermes. Graines aigrettées. (*R. Brown.*)

Arbustes volubiles ou décombants, en général radicants. Feuilles charnues ou membranacées, opposées. Ombelles interpétiolaires, multiflores.

Hoya charnu. — *Hoya carnosa* R. Br. in Hort. Kew. — *Asclepias carnosa* Linn. — Bot. Mag. tab. 788. — Smith, Exot. Bot. tab. 70. — Herb. de l'Amat. vol. 3.

Arbuste volubile, radicant. Tiges et rameaux grêles, très-longs, finalement ligneux. Feuilles longues de 2 à 4 pouces, larges de 1 pouce à 2 pouces, oblongues, ou elliptiques-oblongues, ou lancéolées-oblongues, subacuminées, courtement pétiolées, charnues, glabres, luisantes, d'un vert foncé en dessus, d'un vert très-pâle en dessous. Ombelles simples, lâches, courtement pédonculées; pédicelles longs, filiformes, déclinés. Calice petit. Corolle large de 4 à 5 lignes, d'un blanc tirant sur le rose, stelliforme, charnue, comme émaillée, finement veloutée : lobes ovales-triangulaires, obtus. Couronne stelliforme, pourpre, débordant à peine les sinus de la corolle.

Cette espèce, très-remarquable par l'élégance de ses fleurs, est originaire de Chine, et se cultive fréquemment pour orner les serres.

Genre MARSDÉNIA. — *Marsdenia* R. Br.

Calice 5-parti. Corolle urcéolée ou rotacée, 5-fide. Couronne de 5 squamules comprimées, entières, inappendiculées. Anthères terminées en appendice membraneux; masses polliniques basifixes, dressées. Stigmate mutique ou rostré. Follicules lisses, polyspermes. Graines à hile chevelu. (*R. Brown.*)

Arbustes volubiles ou dressés. Feuilles opposées. Inflorescences cymeuses, ou thyrsiformes, interpétiolaires.

Ce genre est réparti entre les contrées intertropicales de tout le globe.

Marsdénia tenace. — *Marsdenia tenacissima* Wight et Arn. Contrib. p. 42. — *Asclepias tenacissima* Roxb. Plant. Corom. vol. 3, tab. 240; Flor. Ind. ed. 2, vol. 2, p. 51.

Arbuste volubile. Feuilles longuement pétiolées, cordiformes, pointues, velues. Thyrses pendants. Stigmate rostré. Follicules ovales-oblongs, obtus, cotonneux.

Tige grimpant à des hauteurs considérables. Branches peu nombreuses. Jeunes pousses veloutées; entrenœuds en général très-longs. Feuilles longues de 4 à 6 pouces, larges de 3 à 4 pouces, finement pubérules et très-molles aux 2 faces. Pétiole long de 2 à 4 pouces, velouté, cylindrique. Thyrses grands, à ramules alternes, nombreux, inclinés, ombellifères; ombellules petites. Bractées petites. Segments calicinaux 1 fois plus courts que le tube de la corolle, pubescents en dessous. Corolle d'un jaune verdâtre : segments obliquement ovales, terminés en pointe obtuse. Étamines et pistil à peu près aussi longs que le tube de la corolle. Follicules longs d'environ 6 pouces, subcylindriques, canaliculés antérieurement, de 4 à 5 pouces de circonférence. Graines minces, obovales, à rebord membraneux : aigrette longue, soyeuse. (*Roxburgh*, l. c.)

Cette espèce, très-remarquable par la tenacité de ses fibres corticales, croît dans les montagnes de l'Inde; les habitants de ces contrées ont coutume d'en faire les cordes à arc : ce sont les jeunes pousses très-vigoureuses, dont les fibres sont faciles à débarrasser du parenchyme, qu'ils emploient à cet usage; une personne habituée à ce travail peut sans peine obtenir 6 livres de fibres dans l'espace d'une journée. « Ces fibres, « dit Roxburgh, ainsi que celles de l'*Urtica tenacissima*, sont « des plus fortes qui existent dans le règne végétal; un cordon

« de chanvre, pris pour point de comparaison, rompit sous un « poids de 158 livres, étant sec, et sous 190, étant mouillé; un « cordon de même grosseur, fait de fil du *Marsdenia tenacis-* « *sima*, rompit sous un poids de 248 livres, étant sec, et sous « 343, étant mouillé; un cordon de fil d'*Urtica tenacissima* « rompit sous un poids de 240 livres, étant sec, et sous 278, « étant mouillé. »

Genre PERGULARIA. — *Pergularia* Linn.

Calice 5-parti. Corolle hypocratériforme, 5-fide : tube urcéolé; gorge poilue. Couronne de 5 squamules comprimées, entières, appendiculées antérieurement. Anthères terminées en appendice membraneux; masses-polliniques basifixes, dressées. Stigmate mutique. Follicules lisses, ventrus, polyspermes. Graines à hile chevelu. (*R. Brown.*)

Herbes ou arbustes volubiles. Feuilles opposées, membranacées. Inflorescences interpétiolaires. Fleurs jaunes, odorantes, disposées en ombelles ou en cymes.

Ce genre appartient aux régions intertropicales de l'ancien continent. Les espèces dont nous allons parler se cultivent comme plantes d'ornement de serre.

PERGULARIA TRÈS-ODORANT. — *Pergularia odoratissima* Smith, Ic. pict. fasc. 3, tab. 16. — Andr. Bot. Rep. tab. 185. — Bot. Reg. tab. 412.

Feuilles cordiformes, acuminées, acérées, molles, légèrement pubescentes. Tube de la corolle laineux en dedans, plus long que le calice. Lobes linéaires-oblongs.

Tiges ligneuses, radicantes aux articulations; écorce d'abord lisse, grisâtre, finalement rimeuse, subéreuse. Jeunes pousses légèrement veloutées. Feuilles longues de 2 à 4 pouces, larges de 1 pouce à 3 pouces, pétiolées. Pétiole cylindrique, long d'environ 1 pouce. Cymes solitaires, multiflores, plus courtes que les feuilles. Corolle d'un jaune verdâtre; limbe large de près de 1 pouce. Follicules grands, oblongs, acuminés. Graines imbriquées, ovales, comprimées, bordées d'une aile membraneuse.

Cette espèce est originaire de Chine.

PERGULARIA MINEUR. — *Pergularia minor* Andr. Bot. Rep. tab. 184. — Bot. Mag. tab. 755.

Cette espèce, indigène de l'Inde, diffère de la précédente par des feuilles courtement acuminées-cuspidées; des cymes pauciflores; des calices de même longueur que le tube de la corolle; des corolles à lobes arrondis.

Genre CÉROPÉGIA. — *Ceropegia* Linn.

Calice 5-parti. Corolle infondibuliforme, ventrue à la base, 5-fide au sommet; lanières liguliformes, cohérentes au sommet. Organes sexuels inclus. Couronne 5-à 15-lobée; lobes 1-ou 2-sériés: les intérieurs liguliformes, opposés aux anthères. Anthères inappendiculées au sommet; masses polliniques basifixes, dressées. Stigmate mutique. Follicules cylindracés, lisses, polyspermes. Graines aigrettées. (*R. Brown.*)

Herbes ou sous-arbrisseaux volubiles. Racine tubéreuse. Ombelles pauci-ou multi-flores, interpétiolaires.

Ce genre appartient aux régions intertropicales de l'ancien continent.

CÉROPÉGIA BULBEUX. — *Ceropegia bulbosa* Roxb. Plant. Corom. 1, tab. 7.

Tiges herbacées. Feuilles obovales, courtement pétiolées, charnues. Ombelles courtement pédonculées, pauciflores.

Racine napiforme, déprimée, fibreuse à la base, du volume d'une petite Pomme. Tiges lisses, succulentes, longues de 2 à 4 pieds. Feuilles courtement acuminées. Ombelles latérales, de la longueur des feuilles : pédoncules pauciflores, de direction vague. Fleurs dressées, assez grandes. Calice 5-denticulé: dents pointues. Corolle à tube verdâtre, renflé aux 2 bouts, contracté au milieu; limbe pourpre, cotonneux : segments linéaires, dressés, cohérents au sommet. Staminodes filiformes, subulés, plus courts que le tube de la corolle. Follicules grêles, longs de 3 à 4 pouces. (*Roxburgh*, l. c.)

Cette espèce croît dans l'Inde. Les Hindous mangent toutes les parties de la plante, soit cuites, soit sans autre préparation. La racine fraîche a un goût de Navet; la saveur de la tige et des feuilles est semblable à celle du Pourpier.

CÉROPÉGIA ACUMINÉ. — *Ceropegia acuminata* Roxb. Plant. Corom. 1, tab. 8.

Tiges herbacées. Feuilles courtement pétiolées, linéaires-lancéolées, pointues, charnues. Ombelles courtement pédonculées, pauciflores.

Racine semblable à celle de l'espèce précédente. Feuilles longues de 2 à 4 pouces, larges de 3 à 6 lignes. Fleurs et fruits semblables à ceux de l'espèce précédente.

Cette espèce croît dans l'Inde; toutes ses parties sont mangeables.

CÉROPÉGIA TUBÉREUX. — *Ceropegia tuberosa* Roxb. Plant. Corom. 1, tab. 9.

Tiges herbacées. Feuilles charnues, pétiolées, acuminées : les inférieures cordiformes ou ovales; les supérieures oblongues. Ombelles pédonculées, pauciflores, en général plus longues que les feuilles.

Racine composée de longues fibres charnues, renflées çà et là en tubercules difformes, irréguliers. Tiges grêles, cylindriques, longues de 4 à 12 pieds. Feuilles longues de 2 à 3 pouces, larges de 1 pouce à 2 pouces. Corolle d'un jaune livide, longue d'environ 1 pouce : lobes filiformes, souvent non-cohérents.

Cette espèce croît dans les mêmes contrées que les 2 précédentes; toutes ses parties sont mangeables.

Genre STAPÉLIA. — *Stapelia* Linn.

Calice 5-parti. Corolle rotacée, profondément 5-fide,

charnue. Organes sexuels saillants. Couronne double : l'extérieure composée de squamules indivisées ou diversement fendues ; l'intérieure composée de squamules subulées soit indivisées, soit bifides. Anthères inappendiculées au sommet ; masses polliniques basifixes, dressées. Stigmate mutique. Follicules subcylindracés, lisses, polyspermes. Graines aigrettées. (*Endlicher*, *Gen. Plant.*)

Plantes charnues, vivaces, aphylles : tiges et rameaux anguleux, souvent tuberculeux. Fleurs raméaires, en général grandes et élégantes, mais très-fétides.

Ce genre appartient aux régions extra-tropicales de l'Afrique australe. Les *Stapélia* sont remarquables par la singularité de leur port et de leurs fleurs ; on en connaît plus de cent espèces, dont la plupart sont cultivées dans les collections de plantes grasses.

Sous-genre STAPELTONIA Endl. (*Stapelia* Haw.)

Couronne extérieure 5-partie : lanières indivisées. Couronne intérieure à 5 cornicules simples ou biparties.

STAPÉLIA A GRANDES FLEURS. — *Stapelia grandiflora* Mass. Stap. tab. 11. — Bot. Mag. tab. 585.

Rameaux dressés, tétragones, claviformes, florifères à la base. Corolle velue : segments lancéolés, acuminés, ciliés. Pédoncules claviformes, plus courts que la corolle.

Plante haute d'environ 1 pied. Rameaux droits, pubescents : angles garnis de dents écartées, un peu courbées, mucronulées. Pédoncules redressés, 1-5-flores. Corolle large de près de 3 pouces, plane, d'un pourpre foncé.

STAPÉLIA HÉRISSÉ. — *Stapelia hirsuta* Linn. — Jacq. Misc. 1, tab. 3. — Bot. Reg. tab. 756. — Herb. de l'Amat. vol. 2.

Rameaux tétragones, ascendants, florifères au sommet. Pédoncules cylindriques, aussi longs que la corolle. Corolle à segments ovales, velus aux bords.

Tiges longues d'environ 18 pouces, épaisses, glabres, tuberculeuses aux angles. Pédoncules 1-flores. Corolle large de près de 3 pouces, d'un jaune ou d'un pourpre livide, très-fétide.

Sous-genre GONOSTEMON Haw.

Couronne externe de 5 folioles liguliformes. Couronne interne à cornicules simples, oncinées.

Stapélia divariqué. — *Stapelia divaricata* Mass. Stap. tab. 22. — Bot. Mag. tab. 1007.

Rameaux tétragones, pointus, divariqués, florifères vers leur milieu. Pédoncules plus longs que la corolle. Segments de la corolle lancéolés, acuminés, ciliés, révolutés aux bords.

Tiges longues de 6 à 7 pouces, très-rameuses, grêles; angles garnis de dents presque droites, éloignées, obtuses. Pédoncules géminés, ou ternés, ou solitaires, 1-flores, longs d'environ 1 pouce. Segments calicinaux linéaires, pointus. Corolle glabre excepté aux bords, luisante, de couleur carnée en dessus, d'un vert brun en dessous.

Sous-genre PODANTHES Haw.

Couronne externe 5-partie : lanières échancrées. Couronne interne à cornicules très-courtes, simples, rabattues en-dedans.

Stapélia incarnat. — *Stapelia incarnata* Haw. Stap. tab. 34.

Rameaux dressés, 4-gones. Fleurs subsessiles. Corolle glabre, à segments planes, lancéolés.

Plante très-glabre, haute d'environ 1 pied. Tiges et rameaux à angles dentés : dents caulinaires courtes, horizontales, pointues, ou calleuses; dents raméaires plus allongées, dressées, pointues. Fleurs naissant vers les extrémités des rameaux. Corolle blanche ou carnée, petite.

Stapélia verruqueux. — *Stapelia verrucosa* Mass. Stap. tab. 8.

Rameaux ascendants, tétragones, florifères à la base. Pédoncules plus longs que la corolle. Corolle verruqueuse : segments ovales, pointus.

Branches nombreuses, décombantes; rameaux longs d'environ 6 pouces : dents nombreuses, subopposées-croisées. Pédoncules longs de 1 pouce. Corolle d'un jaune pâle, plane, parsemée de points rougeâtres.

Sous-genre ORBÉA Haw.

Couronne externe de 5 squamules étalées, 2-ou 3-dentées. Couronne interne à cornicules bifides : la lanière intérieure plus longue, claviforme.

Stapélia panaché. — *Stapelia variegata* Linn. — Lamk. Ill. tab. 178, fig. 1. — Bot. Mag. tab. 26. — Herb. de l'Amat. vol. 2.

Rameaux tétragones, ascendants, florifères à la base. Pédoncules plus longs que la corolle. Corolle glabre, rugueuse; segments ovales, pointus.

Plante basse, rameuse dès la base. Tiges et rameaux à dents subhorizontales, obtuses ou pointues. Fleurs solitaires. Corolle verdâtre en dessus, d'un jaune de soufre en dessous, panachée de taches d'un pourpre foncé.

Cette espèce, qu'on nomme vulgairement *Crapaudine*, est remarquable par l'aspect dégoûtant et par l'odeur cadavéreuse de ses fleurs.

FIN DU TOME HUITIÈME DES PHANÉROGAMES.

COLLECTION DE MANUELS

FORMAT IN-18,

Formant une Encyclopédie des Sciences et des Arts, par une réunion de Savans et de Praticiens:

MM. **AMOROS**, directeur du Gymnase; **ARSENNE**, peintre; **BOISDUVAL**, naturaliste; **BOSC**, de l'Institut; **CHORON**, directeur de l'Institut royal de musique; **JULIA-FONTENELLE**, professeur de chimie; **LACROIX**, membre de l'Institut; **LAUNAY**, fondeur de la colonne de la place Vendôme; **SÉBASTIEN LENORMAND**, professeur de technologie; **LESSON**, correspondant de l'Institut; **RIFFAULT**, ancien directeur des poudres et salpêtres; **RICHARD**, professeur; **TERQUEM**, professeur aux écoles royales; **THILLAYE**, professeur de chimie; **TOUSSAINT**, architecte; **VERGNAUD**, etc., etc.

Tous les Traités se vendent séparément. Les suivans sont en vente; les autres paraîtront successivement. Pour les recevoir francs de port, on ajoutera 50 cent. par volume in-18. La plupart des volumes sont de 300 à 400 pages.

Manuel d'Astronomie, 2 fr. 50 c. — D'Arpentage et Art de lever les plans, 2 fr. 50 c. — Arithmétique, 2 fr. 50 c. — Algèbre, 3 fr. 50 c. — Géométrie, 3 fr. 50 c. — Chimie, 3 fr. 50 c. — Chimie amusante, 3 fr. — Mécanique, 3 fr. 50 c. — Mathématiques amusantes, 3 fr. — Produits chimiques; 2 vol., 7 fr. — Constructeur de Machines à vapeur, 2 fr. 50 c. — Optique, 2 vol., 6 fr. — Physique, 2 fr. 50 c. — Physique amusante, 3 fr. — Sorciers, ou Magie blanche dévoilée, 3 fr. — Météorologie, 3 fr. 50 c. — Électricité, Paratonnerres et Paragrêles, 2 fr. 50 c. — Écoles primaires, moyennes et normales, 2 fr. 50 c. — Dessinateur, 3 fr. — Perspective, 3 fr. — Constructeur de cartes, 3 fr. — Géographie, 3 fr. 50 c. — Géographie de la France, 2 fr. 50 c. — Voyageur dans Paris, 3 fr. 50 c. — Voyageur aux environs, 3 fr. — Bonne compagnie, 2 f. 50 c. — Jeunes gens, ou Sciences et arts, et récréations qui leur conviennent, 2 vol., 6 fr. — Demoiselles, ou Arts et métiers qui leur conviennent, 3 fr. — Musique, 1 fr. 50 c. — Danse, 3 fr. 50 c. Gymnastique, 2 gros vol. et atlas, 10 fr. 50 c. — Jeux de société, 3 fr. — Jeux de calculs, ou Académie des jeux, 3 fr. — Calligraphie, ou l'Art d'écrire, 3 fr. — Style épistolaire, 3 fr. — Littérature, 1 fr. 75 c. — Philosophie expérimentale, 3 fr. 50 c. — De l'Orthographiste, 2 fr. 50 c. — Biographie, 2 vol., 6 fr. — Histoire naturelle, ou *Genera* complet, contenant les trois règnes de la nature, 2 vol., 7 fr. — Minéralogie, 3 fr. 50 c. — Botanique élémentaire, 3 fr. 50 c. — Flore française, 3 vol., 10 fr. 50 c. — Histoire des crustacés, 2 vol., 6 fr. — Entomologie, ou Histoire naturelle des insectes, 2 vol. 7 fr. — Mollusques et coquilles, 3 fr. 50 c. — Ornithologie, ou Histoire des oiseaux, 2 vol., 7 fr. — Mammalogie, ou Histoire naturelle des Mammifères, 3 fr. 50 c. — Histoire naturelle médicale, 2 vol, 5 fr. — Naturaliste, ou l'Art d'empailler les animaux, 2 fr. 50 c. — Habitans de la campagne, 2 fr. 50 c. — Herboriste, Épicier, Droguiste et Grainetier-Pépiniériste, 2 vol. 7 fr. — Physiologie végétale, 3 fr. — Cultivateur français, 2 vol. 5 fr. — Cultivateur forestier, 2 vol., 5 fr. — Jardinier, 2 vol., 5 fr. — Jardinier des primeurs, 3 fr. — Abeilles, Vers à soie, 3 fr. — Zoophile, ou l'Art d'élever les animaux domestiques, 2 f. 50 c. — Destructeur des animaux nuisibles, 3 fr. — Chasseur, 3 fr. — Gardes-Champêtres, 2 fr. 50 c. — Propriétaire et Locataire, 2 fr. 50 c. — Praticien, ou Traité de la science du Droit, 3 fr. 50 c. — Des Officiers municipaux, 3 fr. — Poids et mesures, 3 fr. — Contributions directes, 2 fr. 50 c. — Gardes nationaux, 1 fr. 25 c. — Sapeur-Pompier, 1 fr. 50 c. — Hygiène, ou l'art de conserver sa santé, 3 fr. — Dames, ou l'art de la toilette, 3 fr. — Maîtresse de maison et Parfaite ménagère, 2 fr. 50 c. — Économie domestique, 2 fr. 50 c. — Gardes-malades, ou l'Art de se soigner et de soigner les autres, 2 fr. 50 c. — Médecine et Chirurgie domestiques, 3 fr. 50 c. — Vétérinaire, 3 fr. — Amidonnier et Vermicellier, 3 fr. — Architecture, ou Traité de l'art de bâtir, 2 vol., 7 fr. — Toisé des bâtimens 1re partie, Maçonnerie, 2 fr. 50 c. — 2e partie, Menuiserie, Peinture, etc., 2 fr. 50 c. — Artificier, Salpêtrier, Poudrier, 3 fr. — Armurier-fourbisseur, 3 fr. — Banquier, Agent de change et Courtier, 2 fr. 50 c. — Bijoutier, Joaillier et Orfèvre, 2 vol. 7 fr. — Blanchiment et blanchissage, 3 fr. 50 c. — Bonnetier et fabricant de bas, 3 fr. — Bottier et Cordonnier, 3 fr. — Boulanger et Meunier, 3 fr. 50 c. — Bourrelier et Sellier, 3 fr. — Brasseur, 2 fr. 50 c. — Cartonnier, Cartier et Fabricant de cartonnage, 3 fr. — Charpentier, 3 fr. 50 c. — Chamoiseur, Maroquinier, Peaussier et Parcheminier, 3 fr. — Chandelier et Cirier, 3 fr. — Charcutier, 2 fr. 50 c. — Charron et Carrossier, 2 vol., 6 fr. — Chaufournier, Art de faire les mortiers, cimens, etc., 3 fr. — Coiffeur, 2 fr. 50 c. — Cuisinier et Cuisinière, 2 fr. 50 c. — Distillateur, Liquoriste, 3 fr. — Fabricant de Cidre et de Poiré, 2 fr. 50 c. — Fablicant de draps, 3 fr. — Fabricant d'huiles, 3 fr. — Fabricant de chapeaux en tous genres, 3 fr. — Fabricant de papiers, 2 vol. et atlas, 10 fr. 50 c. — Fabricant de sucre, 3 fr. 50 c. — Ferblantier et Lampiste, 3 fr. — Fleuriste et Plumassier, 2 fr. 50 c. — Fondeur sur tous métaux, 2 vol., 7 fr. — Maître de forges, 2 vol., 6 fr. — Graveur en tous genres, 3 fr. — Horloger, 3 fr. 50 c. — Imprimeur en lettres, 3 fr. — Limonadier, Confiseur, 2 fr. 50 c. — Lithographie, 3 fr. — Marchand de bois et de Charbons, 3 fr. — Mécanicien, Fontainier, Plombier, 3 fr. — Menuisier et Ébéniste, 2 vol., 6 fr. — Mouleur en plâtre, 2 fr. 50 c. — Mouleur en médailles, 1 fr. 50 c. — Négociant et Manufacturier, 2 fr. 50 c. — Parfumeur, 2 fr. 50 c. — Pharmacie populaire, 2 vol., 6 fr. — Marchand Papetier et Régleur, 3 fr. — Pâtissier, 2 fr. 50 c. — Pêcheur, 3 fr. — Peintre en bâtimens, 2 fr. 50 c. — Peintre en miniature, Gouache, Lavis à la sepia et à l'aquarelle, 3 fr. — Peintre d'histoire et Sculpteur, 2 vol., 6 fr. — Poêlier-Fumiste, 3 fr. — Porcelainier, Faïencier, Potier de terre, 2 vol. 6 fr. — Relieur, 3 fr. — Savonnier, 3 fr. — Serrurier, 3 fr. — Tailleur d'habits, 2 fr. 50 c. — Tanneur-Corroyeur, 3 fr. 50 c. — Tapissier, Décorateur et Marchand de Meubles, 2 fr. 50 c. — Teinturier-Dégraisseur, 3 fr. — Teneur de Livres en partie simple et en partie double, 3 fr. — Tourneur, 2 vol. 6 fr. — Verrier, Fabricant de Glaces, Cristaux, 3 fr. — Vigneron et Art de faire le vin, 3 fr. — Jaugeage et Débitans de boissons, 3 fr. — Vinaigrier-Moutardier, 3 fr. — Fabricant d'étoffes imprimées et de papiers peints, 3 fr. — Fabricant d'indiennes, 3 fr. 50 c. — Luthier, 2 fr. 50 c.

(Pour plus de détails, voir le catalogue qui se distribue gratis chez l'éditeur.)

Ouvrages sous presse.

Manuel du Bibliophile et de l'Amateur de livres. — du Coloriste. — du Coutelier. — de Correspondance commerciale. — de Chronologie. — d'Économie politique. — du Facteur d'orgues. — du Filateur en général, et du Tisserand. — du Fabricant de soie. — de Géographie générale. — de Géologie. — de Locutions vicieuses. — du Maçon, Plâtrier, etc. — de Musique vocale et instrumentale, par M. Choron. — de Mythologie. — de Sténographie.

VOYAGE AUTOUR DU MONDE

ET A LA RECHERCHE

DE LA PÉROUSE,

Par M. Dumont-D'Urville.

Exécuté sous son commandement et par ordre du gouvernement, sur la corvette L'ASTROLABE, pendant les années 1826, 1827, 1828 et 1829.

HISTOIRE DU VOYAGE.

Cinq gros volumes in-8°, divisés en 10 livraisons, avec des vignettes en bois, dessinées par MM. *Sainson* et *Tony Johannot*, accompagnés d'un atlas contenant 20 planches ou cartes grand in-folio.

CONDITIONS DE LA SOUSCRIPTION.

L'*Histoire du Voyage* formera 5 gros vol. in-8°, divisés en 10 livraisons, plus un atlas de 20 planches ou cartes, divisé en deux livraisons, *en tout douze livraisons*. Le prix de chaque livraison, pour Paris, sera de 5 fr., et de 6 fr. 50 c., franche de port, pour les départemens. La 10e livraison est en vente.

NOUVEL ATLAS NATIONAL

DE LA FRANCE,

Par départemens, divisés en arrondissemens et cantons, avec le tracé des routes royales et départementales; des canaux, rivières, cours d'eau navigables, des chemins de fer construits et projetés; indiquant par des signes particuliers les relais de poste aux chevaux et aux lettres, et donnant un précis statistique, sur chaque département, dressé à l'échelle de 1/350000 par CHARLE, géographe, attaché au dépôt général de la guerre, membre de la Société de géographie; avec des augmentations, par DARMET, chargé des travaux topographiques au ministère des affaires étrangères; imprimé sur format in-folio, grand-raisin des Vosges, de 25 pouces en largeur, et de 17 pouces en hauteur.

PRIX :

Chaque carte séparée, en noir	0	40 c.
Idem, coloriée	0	60
L'atlas complet, avec titre et table, noir	32	00
Idem, colorié	48	00
——— Cartonné, en plus	8	00

ATLAS

des différentes Parties

DE

L'HISTOIRE NATURELLE,

Et qui se vendent séparément.

ATLAS POUR LA BOTANIQUE, composé de 120 planches, fig. noires. 18 fr., et fig. col. 36 f.

ATLAS POUR LES MOLLUSQUES, représentant les Mollusques et les Coquilles; 51 planch., fig. noires, 7 f. col. 14 f.

ATLAS POUR LES CRUSTACÉS, 18 planch. fig. noires, 3 f. col. 6 f.

ATLAS POUR LES INSECTES, 110 planch., fig. noires, 17 f. col. 34 f.

ATLAS POUR LES MAMMIFÈRES, 80 pl. fig. noires, 12 f. col. 24 f.

ATLAS POUR LES MINÉRAUX, 40 pl., fig. noires, 6 f. col. 12 f.

ATLAS POUR LES OISEAUX, 120 planch., fig. noires, 20 f. col. 40 f.

ATLAS POUR LES POISSONS. 155 pl., fig. noires, 24 f. col. 48 f.

ATLAS POUR LES REPTILES, 54 pl., fig. noires, 9 f. col. 18 f.

ATLAS POUR LES ZOOPHITES, représentant la plupart des vers et des animaux-plantes; 25 pl., fig noires, 6 f., fig. col. 12 f.

MANUEL MUNICIPAL, ou Répertoire des maires, adjoints, conseillers municipaux, juges de paix, commissaires de police, et des citoyens français, dans leurs rapports avec l'ordre administratif et l'ordre judiciaire, les colléges électoraux, la garde nationale, l'armée, l'administration forestière, l'instruction publique et le clergé; contenant l'exposé complet des droits et des devoirs des officiers municipaux et de leurs administrés, selon la législation nouvelle; suivi d'un appendice dans lequel se trouvent des formules d'arrêtés, délibérations, procès-verbaux et autres actes d'administration ou de police municipale; par M. BOYARD, président à la cour royale d'Orléans, ci-devant à celle de Nancy. Deux volumes in-8°. Prix : 10 fr., et franc de port, 13 fr.

Cet ouvrage tout nouveau, d'un jurisconsulte célèbre, est indispensable à tous les administrateurs des communes. Sous la forme alphabétique, ce livre présente un répertoire complet de toutes les matières qui se rattachent au droit municipal. Lois, ordonances, décrets, réglemens, jurisprudence, opinion des publicistes, tout s'y trouve analysé de manière à offrir sur chaque question la raison de décider. M. Boyard a même ajouté, dans un appendice, des modèles d'actes de tous les genres. Ce simple exposé suffit pour faire apprécier l'incontestable utilité de l'ouvrage de M. Boyard, dans un moment surtout où l'élection a renouvelé le personnel des conseils municipaux. Il faut encore ajouter qu'ayant été tout récemment publié, le *Manuel municipal* a, sur les anciens ouvrages du même genre, l'avantage de présenter l'état actuel, la dernière forme de la législation.

MANUEL DES OFFICIERS MUNICIPAUX. Nouveau Guide des maires, adjoints et conseillers municipaux, dans leurs rapports avec l'ordre administratif et l'ordre judiciaire, les colléges électoraux, la garde nationale, l'armée, l'administration forestière, l'instruction publique et le clergé; contenant l'exposé des droits et des devoirs des officiers municipaux et de leurs administrés, selon la législation nouvelle; suivi d'un formulaire de tous les actes d'administration et de police administrative et judiciaire par M. BOYARD. Un gros vol. in-18. Prix : 3 fr., et franc de port, 4 fr.

Ce *Nouveau Guide*, qui est extrait de l'important ouvrage indiqué ci-dessus, obtient le plus brillant succès.

SCHOENHERR. *Synonymia insectorum* CURCULIONIDES. Ouvrage comprenant la synonymie de la description de tous les Curculionites connus, par M. SCHOENHERR. 4 vol. in-8°. (Ouvrage latin.) Prix : 9 fr. chaque partie.

(*Le volume premier, contenant deux parties, est en vente.*)

On trouve chez le même éditeur un petit nombre d'exemplaires restant de la *Synonymia insectorum*, du même auteur. Chacun des trois volumes qui composent cet ouvrage est accompagné de planches coloriées, dans lesquelles l'auteur a fait représenter des espèces nouvelles. Un demi-volume, consacré à des descriptions d'espèces inédites est annexé au troisième tome, sous forme d'appendice. Le prix de ces trois volumes et demi est de 30 fr. pris à Paris.

ICONES HISTORIQUE DES LÉPIDOPTÈRES d'Europe nouveaux ou peu connus; par le docteur *Boisduval*.

Cet ouvrage, en faisant connaître les nouvelles découvertes, forme un supplément indispensable à tous les auteurs iconographes. Il contiendra environ trente livraisons. Chaque livraison se compose de deux planches coloriées et du texte correspondant, imprimé sur papier vélin. Prix de la livraison pour les souscripteurs. 3 fr.

COLLECTION ICONOGRAPHIQUE ET HISTORIQUE DES CHENILLES D'EUROPE, avec des applications à l'agriculture. Par MM. *Boisduval, Bambur* et *Graslin*.

Cet ouvrage, dans lequel toutes les chenilles seront peintes d'après la nature vivante, à leurs différens âges, par les premiers artistes ou par les auteurs, sur les plantes dont elles se nourrissent, formera environ soixante à soixante-dix livraisons, composées chacune de trois planches coloriées, et du texte correspondant imprimé sur papier vélin. Prix de chaque livraison pour les souscripteurs, 3 fr.

Ces ouvrages sont parvenus à la 20e livraison; et MM. les souscripteurs ont été à même de comparer avec ce qui avait été fait jusqu'à présent, et de juger par la haute perfection de la partie iconographique, que nous ne sommes pas restés au-dessous des promesses faites dans notre prospectus.

ENTOMOLOGIE de Madagascar, Bourbon et Maurice. —LÉPIDOPTÈRES, par le docteur *Boisduval*, avec des notes sur les métamorphoses, par M. *Sganzin*.

Cet ouvrage, traité avec la même perfection et le même soin que les deux précédens, contient un grand nombre d'espèces nouvelles, la plupart fort remarquables, ainsi que la description des espèces anciennement connues. Il se compose de 8 livraisons grand in-8° vélin, et chaque livraison contient deux feuilles de texte et deux planches coloriées représentant un grand nombre d'individus.

Le prix de la livraison est de 4 francs. Toutes les livraisons sont en vente.

ICONOGRAPHIE ET HISTOIRE DES LÉPIDOPTÈRES ET DES CHENILLES de l'Amérique septentrionale; par le docteur *Boisduval* et par le major *John Leconte*, de New-York.

Cet ouvrage, dont il n'avait paru que huit livraisons, et interrompu par suite de la révolution de 1830, va être continué avec rapidité. Les livraisons 9 et 10 sont en vente, et les suivantes paraîtront à des intervalles très-rapprochés.

L'ouvrage comprendra environ quarante livraisons. Chaque livraison contient trois planches coloriées, et le texte correspondant. Prix pour les souscripteurs, 3 fr. la livraison.

FAUNE DE L'OCÉANIE; par le docteur *Boisduval*. Un gros volume in-8° imprimé sur grand papier vélin.

COURS D'ENTOMOLOGIE, ou de l'Histoire naturelle des Crustacés, des Arachnides et des insectes, par M. *Latreille*. — Première année. Un gros vol. in-8° avec un Atlas composé de vingt-quatre planches. Prix 15 fr. Cet ouvrage est le dernier qu'ait publié M. Latreille.

NOUVELLES ANNALES DU MUSÉUM D'HISTOIRE NATURELLE. Recueil des mémoires de MM. les professeurs de cet établissement et autres natralistes célèbres, sur les branches des sciences naturelles qui y sont enseignées. — L'année 1832 commence la série et forme un volume. Le prix est de 30 fr. pour Paris, et 33 francs pour les départemens. — Quatre cahiers composent l'année; ils paraissent tous les trois mois, et forment à la fin de l'année un vol. in-4° d'environ soixante feuilles, orné de vingt planches au moins.

CHOIX (NOUVEAU) DE CHANSONS ET DE POÉSIES LÉGÈRES, 3 jolis vol. in-32. 3 fr.

CHOIX (NOUVEAU) D'ANECDOTES ANCIENNES ET MODERNES, tirées des meilleurs auteurs, contenant les faits les plus intéressans de l'histoire en général, les exploits des héros, traits d'esprits, saillies ingénieuses, bons mots, etc., etc.; suivi d'un PRÉCIS SUR LA RÉVOLUTION FRANÇAISE, par M. *Bailly*, 5e édit.; revue, corrigée et augmentée, par madame *Celnart*. 4 vol in-18, ornés de jolies vignettes, 7 fr.

HISTOIRE DE POLOGNE, par M. *Zielinski*, professeur au lycée de Varsovie. 2 vol. in-8°. 15 fr. franco 18 fr.

Cette histoire impartiale de Pologne est placée au premier rang, car l'auteur a puisé aux sources originales tous les détails qui se rattachent à l'existence d'une nation digne d'exciter le plus grand intérêt.

POÉSIES D'ADAM MICKIEWICZ; 3 vol. in-18, papier vélin superfin d'Aunonay. 15 fr. franco, 18 fr.

STATISTIQUE DE LA SUISSE, par M. *Picot*, de Genève. 1 gros vol. in-12 de plus de 600 pages. 7 fr., et franco, 8 fr. 50 c.

La Suisse a éprouvé tant de changemens, que ce tableau, conforme à son état actuel, doit obtenir un grand succès.

NOTES SUR LES PRISONS DE LA SUISSE et sur quelques-unes du continent de l'Europe: moyens de les améliorer; par M. Fr. Cuningham; suivies de la description des prisons améliorées de Gand, Philadelphie, Ilchester et Milbank, par M. Buxton. In-8°, 4 fr. 50, franco. 5 fr. 50 c.

EXTRAIT D'UN DISCOURS SUR L'ORIGINE DU CLERGÉ, les progrès et la décadence du pouvoir temporel, par l'ancien archevêque de T..... Broch. in-8°, 2 fr. franco. 2 fr. 50 c.

GÉOMÉTRIE PERSPECTIVE, avec ses applications à la recherche des ombres, par G. H. Dufour, colonel du génie, membre de la Légion-d'Honneur, et secrétaire de la Société des Arts de Genève; in-8°, avec un atlas de 22 planches in 4°, 6 fr., franco. 7 fr.

RECUEIL GÉNÉRAL ET RAISONNÉ DE LA JURISPRUDENCE et des attributions des justices de paix, en toutes matières, civiles, criminelles, de police, de commerce, d'octroi, de douanes, de brevets d'invention, contentieuses et non contentieuses, etc., etc., par M. *Biret*. Cet ouvrage, honoré d'un accueil distingué par les magistrats et les jurisconsultes, vient d'être totalement refondu dans une troisième édition; c'est à présent une véritable encyclopédie où l'on trouve tout, absolument tout ce que l'on peut désirer sur ces matières. Toutes les questions de droit, de compétence, de procédure, y sont traitées, et des lacunes, des controverses très-nombreuses y sont examinées et aplanies; troisième édition. 2 forts vol. in-8°. 14 fr.

MANUEL DES EXPERTS EN MATIÈRES CIVILES, ou Traités, d'après les Codes civil, de procédure et de commerce: 1° des experts, de leur choix, de leurs devoirs, de leurs rapports, de leur nomination, de leur nombre, de leur récusation, de leurs vacations, et des principaux cas où il y a lieu d'en nommer; 2° des biens et des différentes espèces de modifications de la propriété; 3° de l'usufruit, de l'usage et de l'habitation; 4° des servitudes et services fonciers; 5° des réparations locatives, de la garantie des défauts de la chose vendue, de la vérification des écritures, du faux incident civil, des mines, relativement aux indemnités auxquelles elles peuvent donner lieu entre les propriétaires de terrains et les concessionnaires, et de l'estimation ou fixation de la valeur des différentes espèces de biens, notamment de ceux qui sont expropriés pour cause d'utilité publique; 6° des bois taillis, des futaies et forêts, de leur séparation, délimitation et arpentage, le tout d'après les règles établies par le Code forestier.

Cet ouvrage, indispensable aux architectes, entrepreneurs, propriétaires, fermiers, locataires experts et autres, est terminé par des modèles de procès-verbaux, ou rapports des principales opérations d'experts en matières contentieuses et non-contentieuses, par M. Ch., ancien jurisconsulte, auteur du *Manuel des arbitres*, 6e édit. 6 fr.

MANUEL DES ARBITRES, ou Traité des principales connaissances nécessaires pour instruire et juger les affaires soumises aux décisions arbitrales, soit en matières civiles ou commerciales, contenant les principes, les lois nouvelles, les décisions intervenues depuis la publication de nos Codes, et les formules qui concernent l'arbitrage, ouvrage indispensable aux personnes qui consentent à être nommées arbitres ou qui sont attachées à l'ordre judiciaire, ainsi qu'aux notaires, négocians, propriétaires, etc.; par M. Ch., ancien jurisconsulte, auteur du *Manuel des Experts*. Nouvelle édition. 8 fr.

VOYAGE MÉDICAL AUTOUR DU MONDE, exécuté sur la corvette du roi *La Coquille*, commandée par le capitaine *Duperrey*, pendant les années 1822, 1823, 1824 et 1825, suivi d'un MÉMOIRE SUR LES RACES HUMAINES RÉPANDUES DANS L'OCÉANIE, LA MALAISIE ET L'AUSTRALIE; par M. *Lesson*, 1 vol. in-8°. 4 fr. 50 c.

PROMENADE AUTOUR DU MONDE, par M. *Arago*. 2 gros vol. et atlas de 25 planches. 55 fr.

CARTE TOPOGRAPHIQUE DE SAINTE-HÉLÈNE, très-bien gravée. 1 fr. 50 c.

CHIMIE APPLIQUÉE AUX ARTS, par *Chaptal*, membre de l'Institut. Nouvelle édition avec les additions de M. *Guillery*. 5 liv. en un seul gros volume in-8°, grand papier. 20 fr.

NOSOGRAPHIE GÉNÉRALE ÉLÉMENTAIRE; ou Description et Traitement rationel de toutes les maladies; par M. *Seigneur-Gens*, docteur de la Faculté de Paris. Nouvelle édition. 4 vol. in-8°. 20 fr.

CODE DES MAITRES DE POSTE, *des Entrepreneurs de diligences et de roulage, et des Voituriers en général par terre et par eau*, ou Recueil général des Arrêts du Conseil, Arrêts de réglement, Lois, décrets, Arrêtés, Ordonnances du roi et autres actes de l'autorité publique, concernant les Maîtres de postes, les Entrepreneurs de diligences et voitures publiques en général, les Entrepreneurs et Commissionnaires de roulage, les Maîtres de coches et de bateaux, etc.; par M. *Lanoë*, avocat à la Cour royale de Paris. 2 vol. in-8°. 12 fr.

GALERIE DE RUBENS, dite du Luxembourg, faisant suite aux Galeries de Florence et du Palais-Royal, par MM. *Mathei et Castel*, 13 livraisons contenant 25 planches, 1 gros vol. in-folio (ouvrage terminé.)

Prix de chaque livraison, figures noires. 6 fr.
Avec figures coloriées. 10 fr.

MÉMOIRES SUR LA GUERRE DE 1809 EN ALLEMAGNE, avec les opérations particulières des corps d'Italie, de Pologne, de Saxe, de Naples et de Walcheren; par le général *Pelet*, d'après son journal fort détaillé de la campagne d'Allemagne, ses reconnaissances et ses divers travaux, la correspondance de Napoléon avec le major-général, les maréchaux, les commandans en chef; accompagnés de pièces justificatives et inédites. 4 vol. in-8°. 28 fr.

PRÉCIS HISTORIQUE SUR LES RÉVOLUTIONS DES ROYAUMES DE NAPLES ET DE PIÉMONT en 1820 et 1821, suivi de documens authentiques sur ces événemens; par le comte D... 2e édition. 1 vol. in-8°. 4 f. 50 c.

PROCÈS DES EX-MINISTRES, Relation exacte et détaillée, contenant tous les débats et plaidoyers recueillis par les meilleurs sténographes. 3e édit. 3 gros vol. in-18, ornés de quatre portraits gravés sur acier. 7 fr. 50 c.

Rien n'a été négligé pour que cette relation soit la plus complète. Les séances du procès ont été collationnées sur le *Moniteur*.

L'ART DE CONSERVER ET D'AUGMENTER LA BEAUTÉ, de corriger et déguiser les imperfections de la nature; par *Lamy*. 2 jolis vol. in-18, ornés de gravures. 6 f.

ORDONNANCE SUR L'EXERCICE ET LES MANOEUVRES D'INFANTERIE, du 4 mars 1831. (École du soldat et de peloton). 1 vol. in-18, orné de figures. 75 c.

NOUVEAU COURS DE THÈMES pour les sixième, cinquième, quatrième, troisième et deuxième classes, à l'usage des collèges; par M. *Planche*, professeur de rhétorique au collège royal de Bourbon, et M. *Carpentier*. Ouvrage recommandé pour les collèges par le Conseil royal de l'Université. 2e édit., entièrement refondue et augmentée, 5 vol. in-12. 10 fr.

Les mêmes avec les corrigés à l'usage des maîtres. 10 vol. in-12. 22 fr. 50 c.

On vend séparément.

Cours de sixième à l'usage des élèves. 2 fr.
Le corrigé à l'usage des maîtres. 2 fr. 50 c.
Cours de cinquième à l'usage des élèves. 2 fr.
Le corrigé. 2 fr. 50 c.
Cours de quatrième à l'usage des élèves. 2 fr.
Le corrigé. 2 fr. 50 c.
Cours de troisième à l'usage des élèves. 2 fr.
Le corrigé. 2 fr. 50 c.
Cours de seconde à l'usage des élèves. 2 fr.
Le corrigé. 2 fr. 50 c.

ŒUVRES POÉTIQUES DE BOILEAU, nouvelle édition, accompagnée de notes faites sur Boileau par les commentateurs ou littérateurs les plus distingués; par M. *J. Planche*, professeur de rhétorique au Collège royal de Bourbon, et M. *Noël*, inspecteur-général de l'Université. Un gros vol. in-12. 1 fr. 50 c.

MANUEL DE LITTÉRATURE A L'USAGE DES DEUX SEXES, contenant un précis de rhétorique, un traité de la versification française, la définition de tous les différens genres de compositions en prose et en vers, avec des exemples tirés des prosateurs et des poètes les plus célèbres, et des préceptes sur l'art de lire à haute voix; par M. *Vigée*, 3e édit., revue par madame la comtesse *d'Hautpoul*, 1 vol. in-18. 1 fr. 75 c.

ART DE BRODER, ou Recueil de modèles coloriés analogues aux différentes parties de cet art, à l'usage des demoiselles; par *Augustin Legrand*. 1 vol. obl. 7 fr.

LA SCIENCE ENSEIGNÉE PAR LES JEUX, ou Théorie scientifique des jeux les plus usuels, accompagnée de recherches historiques sur leur origine, servant d'introduction à l'étude de la mécanique, de la physique, etc.; imité de l'anglais, par M. *Richard*, professeur de mathématiques. Ouvrage orné d'un grand nombre de vignettes gravées sur bois par M. *Godard fils*. 2 jolis vol. in-18. 7 f.

LES BEAUTÉS DE LA NATURE, ou Description des arbres, plantes, cataractes, fontaines, volcans, montagnes, mines, etc., les plus extraordinaires et les plus admirables, qui se trouvent dans les quatre parties du monde; par M. *Antoine*. 1 vol., orné de six gravures, 2 fr. 50 c.

LA BOTANIQUE DE J.-J. ROUSSEAU, contenant tout ce qu'il a écrit sur cette science, augmentée de l'exposition de la méthode de Tournefort et de Linnée, suivie d'un Dictionnaire de botanique et de notes historiques; par M. *Deville*. 2e édit. 1 gros vol., orné de 8 planches. 4 fr.

Figures coloriées. 5 fr.

LES CHIENS CÉLÈBRES, 5e édition, augmentée de traits nouveaux et curieux sur l'instinct, les services, le courage, la reconnaissance et la fidélité de ces animaux; par M. *Fréville*. 1 gros vol. in-12, orné de planches. 3 fr.

LES ANIMAUX CÉLÈBRES, anecdotes historiques sur les traits d'intelligence, d'adresse, de courage, de bonté, d'attachement, de reconnaissance, etc., des animaux de toute espèce, ornés de gravures; par *M. Antoine*, 2 vol. in-12. 6 fr.

M. GRAISSINET, ou Qu'est-il donc? Histoire comique, satirique et véridique, publiée par *Duval*. 4 vol. in-12. 10 fr.

Ce roman, écrit dans le genre de ceux de Pigault, est un des plus amusans que nous ayons.

PENSÉES ET MAXIMES DE FÉNELON, 2 vol. in-18. Portrait. 3 fr.

PENSÉES DE J.-J. ROUSSEAU, 2 vol. in-18. Portrait. 3 fr.

— — DE VOLTAIRE. 2 vol. in-18. Portrait 3 fr.

ÉVERAT, imprimeur, rue du Cadran, n° 16.

COLLABORATEURS.

MM.

AUDINET-SERVILLE, *ex-président de la Société Entomologique, Membre de plusieurs Sociétés savantes, nationales et étrangères.* (ORTHOPTÈRES, NÉVROPTÈRES ET HÉMIPTÈRES).

AUDOUIN, *Professeur-Administrateur du Muséum, Membre de plusieurs Sociétés savantes, nationales et étrangères.* (ANNELIDES).

BIBRON, *Aide-Naturaliste au Muséum*, collaborateur de M. Duméril pour les Reptiles.

BOISDUVAL, *Membre de plusieurs Sociétés savantes, nationales et étrangères, auteur de l'*Entomologie de l'Astrolabe, *de l'*Icones des Lépidoptères d'Europe, *de la* Faune de Madagascar, *etc. etc.* (LÉPIDOPTÈRES).

DE BLAINVILLE, *Membre de l'Institut, Professeur-Administrateur du Muséum d'Histoire Naturelle, Professeur à la Faculté des Sciences, etc.* (MOLLUSQUES).

DE BREBISSON, *Membre de plusieurs Sociétés savantes, auteur des* Mousses *et de la* Flore de Normandie. (PLANTES CRYPTOGAMES).

A. DE CANDOLLE, de Genève (BOTANIQUE).

CUVIER (Fr.), *Membre de l'Institut* (CÉTACÉS).

DEJEAN (le comte) *Lieut.t général, Pair de France.* (COLÉOPTÈRES).

DESMAREST, *Membre correspondant de l'Institut, Professeur de Zoologie à l'École vétérinaire d'Alfort.* (POISSONS).

MM.

DUMÉRIL, *Membre de l'Institut, Professeur-Administrateur du Muséum d'Histoire Naturelle, Professeur à l'École de Médecine, etc. etc.* (REPTILES).

LACORDAIRE, *Naturaliste-voyageur, Membre de la Société Entomologique, etc.* (INTRODUCTION A L'ENTOMOLOGIE).

HUOT, GÉOLOGIE.

* **BRONGNIART** }
DELAFOSSE } MINÉRALOGIE.

LESSON, *Membre correspondant de l'Institut, Professeur à Rochefort, etc.* (ZOOPHYTES ET VERS).

MACQUART, *Directeur du Muséum de Lille, auteur des* Diptères du Nord de la France, *etc. etc.* (DIPTÈRES).

MILNE-EDWARS, *Professeur d'Histoire Naturelle, Membre de diverses Sociétés savantes, etc. etc.* (CRUSTACÉS).

LE PELETIER DE SAINT-FARGEAU, *Président de la Société Entomologique, auteur de la* Monographie des Tenthrédines, *etc. etc.* (HYMÉNOPTÈRES).

SPACH, *Aide-Naturaliste au Muséum.* (PLANTES PHANÉROGAMES).

WALCKENAER, *Membre de l'Institut; travaux sur les Arachnides, etc. etc.* (ARACHNIDES ET INSECTES APTÈRES).

CONDITIONS DE LA SOUSCRIPTION.

Les Suites à Buffon *formeront 55 volumes in-8° environ, imprimés avec le plus grand soin et sur beau papier; ce nombre paraît suffisant pour donner à cet ensemble toute l'étendue convenable. Chaque auteur s'occupant depuis longtemps de la partie qui lui est confiée, l'éditeur sera à même de publier en peu de temps la totalité des traités dont se composera cette utile collection.*

A partir de janvier 1834, il paraîtra a peu près tous les mois un volume in-8°, accompagné de livraisons d'environ 10 planches noires ou coloriées.

Prix du texte, chaque volume (1) . . . . 5 f. 50 c.

Prix de chaque livraison { *noire* . . . . 3.
{ *coloriée* . . . . 6.

N. Les personnes qui souscriront pour des parties séparées paieront chaque volume 6 fr. 50

Un petit nombre d'exemplaires seront imprimés sur grand papier vélin, dont le prix sera double.

ON SOUSCRIT, SANS RIEN PAYER D'AVANCE,
A LA LIBRAIRIE ENCYCLOPÉDIQUE DE RORET,
RUE HAUTEFEUILLE, N° 10 BIS, A PARIS,
AU COIN DE CELLE DU BATTOIR.

(1) *L'Editeur ayant à payer pour cette collection des honoraires aux auteurs, le prix des volumes ne peut être comparé à celui des réimpressions d'ouvrages appartenant au domaine public et exempts de droits d'auteur, tels que Buffon, Voltaire, etc. etc.*

* *N'ont pas été compris dans la première souscription les ouvrages de* M.rs BRONGNIART, DELAFOSSE, HUOT.

www.ingramcontent.com/pod-product-compliance
Ingram Content Group UK Ltd.
Pitfield, Milton Keynes, MK11 3LW, UK
UKHW020255230726
13925UKWH00001B/53

9 782013 654517